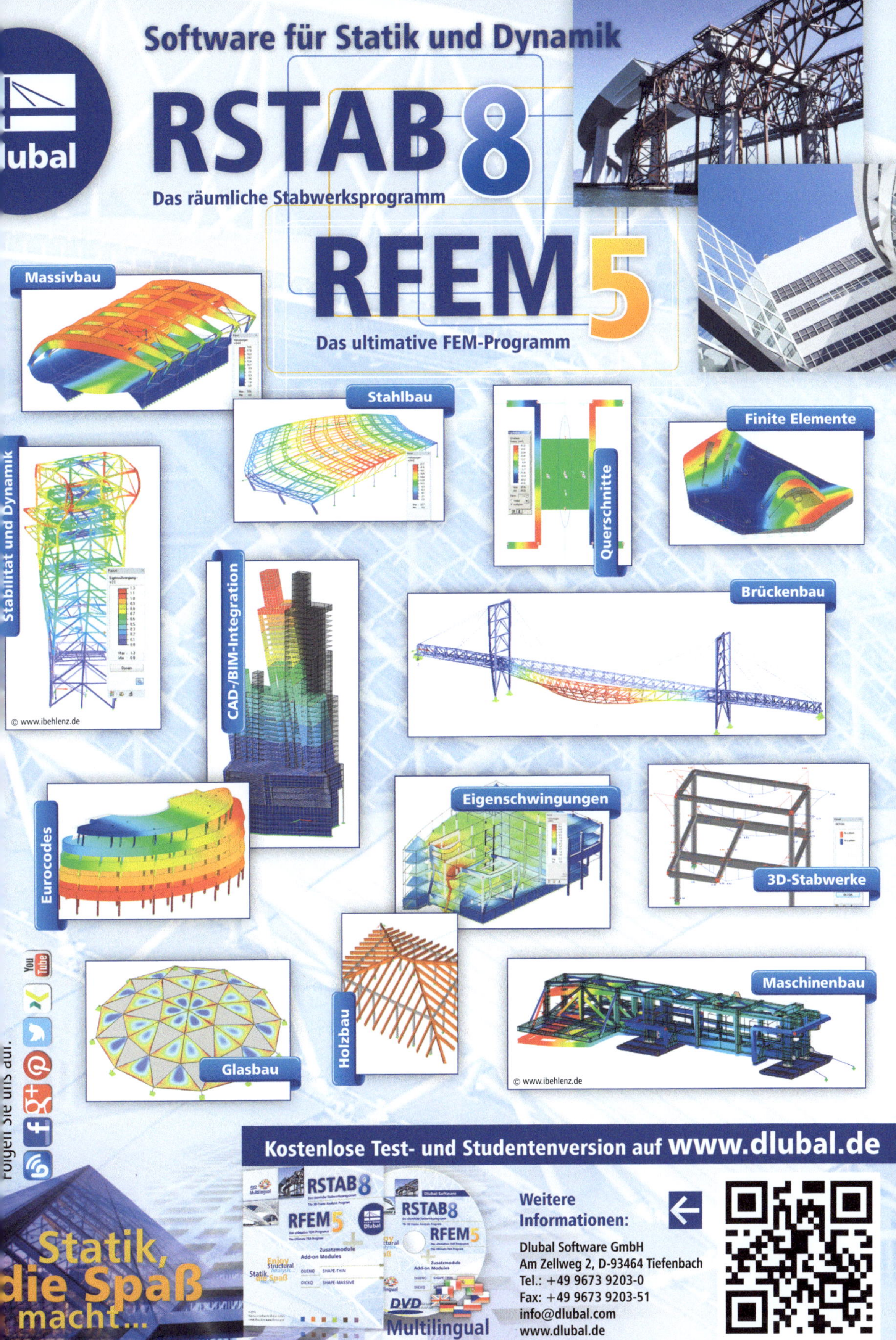
Software für Statik und Dynamik
Dlubal
RSTAB 8
Das räumliche Stabwerksprogramm
RFEM 5
Das ultimative FEM-Programm
Massivbau
Stahlbau
Querschnitte
Finite Elemente
Stabilität und Dynamik
© www.ibehlenz.de
CAD-/BIM-Integration
Brückenbau
Eurocodes
Eigenschwingungen
3D-Stabwerke
Glasbau
Holzbau
Maschinenbau
© www.ibehlenz.de
Folgen Sie uns auf:
Kostenlose Test- und Studentenversion auf www.dlubal.de
Statik, die Spaß macht...
Multilingual
Weitere Informationen:
Dlubal Software GmbH
Am Zellweg 2, D-93464 Tiefenbach
Tel.: +49 9673 9203-0
Fax: +49 9673 9203-51
info@dlubal.com
www.dlubal.de

Finite Elemente in der Baustatik-Praxis

Prof. Dr.-Ing. Christian Barth
M.Eng. Dipl.-Ing. (FH) Walter Rustler

Finite Elemente in der Baustatik-Praxis

Mit vielen Anwendungsbeispielen

2., überarbeitete und erweiterte Auflage

Beuth Verlag GmbH · Berlin · Wien · Zürich

Bauwerk

Berlin · Wien · Zürich
Am DIN-Platz
Burggrafenstraße 6
10787 Berlin

Telefon: +49 30 2601-0
Telefax: +49 30 2601-1260
Internet: www.beuth.de
E-Mail: info@beuth.de

Druck und Bindung: PrintGroup, Szczecin

Gedruckt auf säurefreiem, alterungsbeständigem Papier nach DIN EN ISO 9706.

ISBN 978-3-410-23451-7

Vorwort

Die Finite Elemente Methode (FEM) hat längst alle Bereiche des Ingenieurwesens durchdrungen. Durch ihre Universalität und Allgemeingültigkeit hat sie sich auch im Bauwesen fest etabliert.

In den letzten Jahren wurde von den Softwarehäusern viel in die Benutzeroberflächen investiert. Die FE-Programme sind somit hinsichtlich der Bedienung erheblich komfortabler geworden - ein statisches System einzugeben, ist in der Regel ziemlich leicht. Gerade durch diesen Umstand ist ein neues, nicht zu unterschätzendes, Problem entstanden. Die einfache Bedienung täuscht häufig darüber hinweg, dass fundierte Kenntnisse bezüglich der Theoriehintergründe und der verwendeten Software unerlässlich sind. Eine gute Software ersetzt mit Sicherheit nicht den Ingenieur und eine Verwendung der Software als „Blackbox“ ist gefährlich.

Der Schwerpunkt des Buches konzentriert sich auf die praktischen Anwendungsaspekte der Methode. Die Autoren verzichten bewusst auf eine ausführliche Darstellung der theoretischen Grundlagen. Im Literaturverzeichnis wird aus der Fülle der hierzu bereits vorhandenen Arbeiten auf einige ausgewählte verwiesen.

Mit den notwendigen Theoriekenntnissen und etwas Erfahrung mit einem Softwareprodukt kann sich ziemlich schnell ein „Gefühl“ für den Umgang mit der Methode entwickeln. Wenn zudem die Theoriehintergründe gleich an einem praktischen Beispiel nachvollzogen werden können, ist ein guter „Lernerfolg“ garantiert.

Der Aufbau des Buches entspricht dieser Herangehensweise.

Die als notwendig erachteten Theorieerläuterungen zur FEM werden zunächst allgemein und dann in Bezug auf die verwendete Software erläutert. Daran schließen sich möglichst einfache Beispiele an, die die Methode mit all ihren Besonderheiten transparent machen und die gewonnenen Kenntnisse festigen sollen.

Das Ziel der gewählten Vorgehensweise besteht darin, dem praktisch tätigen Ingenieur die FEM weniger durch Differentialgleichungen und Funktionale näher zu bringen, als vielmehr durch eben diese Beispiele, mit denen er durch seine Berufspraxis bestens vertraut ist. Auch Studierende finden damit leichter einen praxisgerechten Einstieg.

Da umfangreiche Ergebnisauswertungen mitunter die Übersichtlichkeit beeinträchtigen, werden diese in den Beispielen nur sparsam verwendet.

Eine Test-Version des FE-Programms RFEM und des Programms RSTAB der Firma Dlubal Software GmbH und alle Beispiele des Buches sind auf der Mediathek des Beuth-Verlages (www.beuth-mediathek.de) verfügbar. So können weitere interessierende Ergebnisse leicht erzeugt und veranschaulicht werden. Auch ein Modifizieren interessierender Parameter ist möglich.

Folgende Thesen stellen Leitmotiv und Schwerpunktthemen des vorliegenden Buches dar:

These 1: Die FEM ist Vertrauenssache, d. h. Vertrauen in die Methode, zur verwendeten Software und natürlich nicht zuletzt in die eigenen Kenntnisse auf diesem Gebiet.

These 2: FE-Ergebnisse sind nicht gleich FE-Ergebnisse. Die Softwareprodukte weisen Unterschiede auf, die mitunter wesentlichen Einfluss auf die Qualität der Ergebnisse haben.

These 3: Es liegt auch im Verantwortungsbereich der Softwarehäuser, Anwender auf mögliche Fehlerquellen hinzuweisen und für die Probleme der FEM zu sensibilisieren.

These 4: Maßnahmen des Softwarehauses, die dazu dienen, innere Vorgänge des Programms transparent zu gestalten, erhöhen die Anwendersicherheit wesentlich.

These 5: Für das Verstehen und zum Verinnerlichen der Arbeitsweise des Programms mit den enthaltenen Theorien und Annahmen sollte immer ein entsprechender Aufwand eingeplant werden.

These 6: Durch einfache Vergleichsrechnungen kann sich der Anwender ein Bild über die Leistungsfähigkeit und evtl. Schwachpunkte der verwendeten Software verschaffen.

These 7: Ein gesundes Misstrauen und Erfahrungen sind notwendig, um wirklichkeitsnahe und wirtschaftliche Ergebnisse mit der FEM zu erreichen.

These 8: Bei komplizierten Systemen, wie sie vor allem beim Arbeiten im 3D-Modus auftreten, ist ein schrittweiser Aufbau mit einhergehender Kontrolle wichtig. Die Übersicht darf in keiner Phase der Bearbeitung verloren gehen.

Die in diesem Buch dokumentierten Ergebnisse wurden mit den Programmen RFEM und RSTAB ermittelt. Andere Programme werden für die untersuchten Fälle und Theorien bei vergleichbaren Ansätzen tendenziell ähnliche Ergebnisse ermitteln. Die aus den Beispielen gewonnenen Erkenntnisse weisen damit eine gewisse Allgemeingültigkeit auf. Da die Ansätze für die finiten Elemente in der Regel bei den unterschiedlichen Softwareprodukten variieren, wird es trotzdem immer mehr oder weniger große Unterschiede geben. Im Zweifelsfall sollten durch Vergleichsrechnungen Erfahrungen mit dem jeweils eingesetzten Produkt gesammelt werden.

Dresden, im August 2013

Prof. Dr.-Ing. Christian Barth
M.Eng., Dipl.-Ing. (FH) Walter Rustler

INHALT

VORWORT

KAPITEL 1: ALLGEMEINES, HINTERGRÜNDE UND THEORETISCHE GRUNDLAGEN ZUR FINITE-ELEMENTE-METHODE

KAPITEL 2: VOM REALEN BAUWERK ZUM FE-MODELL

Kapitel 5: Lagerbedingungen

Kapitel 6: Bodenmodelle

Kapitel 7: Eigenwertlösungen

KAPITEL 1

ALLGEMEINES, HINTERGRÜNDE UND THEORETISCHE GRUNDLAGEN ZUR FINITE-ELEMENTE-METHODE

1 Historische Entwicklung

Die FEM ist eng verknüpft mit der technologischen Entwicklung digitaler Rechenanlagen. Der Bauingenieur und Erfinder Konrad Zuse entwickelte um 1940 die erste programmierbare digitale Rechenanlage. Die Z3 arbeitete auf elektromagnetischer Basis, bestand aus 2600 Fernmelderelais und hatte eine Rechenleistung von 3-5 Sek. pro Multiplikation. Auch die theoretischen Hintergründe der Methode waren in den Ansätzen bereits vorhanden. Courant [1.1] modifizierte 1943 das Ritz´sche Verfahren, in dem er Ansätze mit Unbekannten an den Bereichsrändern vornahm. Im Prinzip war damit damals schon der Grundgedanke der FEM geboren. Aber weder die Rechentechnik noch die theoretischen Grundlagen waren auf einem Stand, der nennenswerte Entwicklungen zuließ.

Erst 1954 überträgt Argyris die Deformationsmethode und damit die FEM auf Stabtragwerke. Die Entwicklungen von Turner, Clough, Martin und Topp [1.2] führen 1956 zu einer Ausbreitung der Methode auf alle Bereiche der Kontinuumsmechanik. Obwohl sich die FEM und die dazu notwendige Rechentechnik schon auf einem anwendungsreifen Stand befand, wurde der Begriff „finite element“ erstmals von Clough [1.3] auf der 2. ASCE-Konferenz 1960 geprägt bzw. offiziell publiziert. Die erste Anwendung im Bauwesen gab es übrigens auch schon im Jahr 1960 [1.3].

In der Folge setzte vor allem an den Universitäten und Hochschulen eine stürmische Weiterentwicklung der FEM ein, da hier Rechentechnik zunehmend in größerem Umfang zur Verfügung stand. Als Pioniere der FEM sind die Namen Zienkiewicz, Argyris und Bathe zu nennen, die durch ihre Standardwerke die Grundlagen der FEM einem breiten Leserkreis zugängig machten. Die Liste der maßgebenden Entwickler der Methode ließe sich sicher noch weiter fortsetzen.

In den Jahren ab 1970 konzentrierten sich die Entwicklungen auf nichtlineare Probleme und Methoden zur Fehlerabschätzung.

Neben der wissenschaftlichen Weiterentwicklung, die noch nicht abgeschlossen ist, gab es in den letzten Jahren auch viele Impulse aus der Ingenieurpraxis. Durch eine zunehmende Branchenspezialisierung und die lange Anwendung auf breiter Basis entstand ein reicher Erfahrungsschatz, der in die Programme einfloss. Auch im Bauwesen existieren somit spezielle Lösungsmodelle, die herkömmliche Ingenieurlösungen mit den modernen FE-Praktiken verbinden. Die Palette reicht dabei von alltäglichen Aufgaben wie z.B. Unterzugs- oder Bodenmodellierungen bis hin zu komplexen Problemen wie z.B. Erdbebenanalysen.

2 Das Grundprinzip der FEM

Fast alle in der Baupraxis angewendeten Computerprogramme beruhen auf der Deformationsmethode. Im Gegensatz zur Kraftgrößenmethode, wo die Unbekannten Kräfte und Momente sind, geht die Deformationsmethode von unbekannten Verschiebungen und Verdrehungen aus. Da sie für Computerberechnungen übersichtlicher ist und schematischer umgesetzt werden kann, hat sich die Deformationsmethode durchgesetzt. Andere gebräuchliche Bezeichnungen sind Deformationsverfahren, Verschiebungsgrößenverfahren oder Weggrößenverfahren.

Wollte man ein Tragwerk mathematisch beschreiben, so würde dies auf die Lösung von partiellen Differentialgleichungen hinauslaufen und nur in wenigen Fällen wäre eine analytische Lösung möglich. Im Rahmen der FEM wird dieses, aus unendlich vielen kleinen Materieelementen bestehende, reale Tragwerk in ein Netz von endlichen (finiten) untereinander verbundenen Teilen (Elemente) zerlegt, für die das mechanische Verhalten durch Näherungsansätze beschrieben wird. Es wird somit das Randwertproblem des realen Tragwerkes auf die zerlegten einzelnen finiten Elemente mit ihren Ansatzräumen projiziert. Die Eigenschaften des Elementkontinuums der finiten Elemente werden an diskreten Punkten - den Knotenpunkten - beschrieben. Die Knotenpunkte wiederum stellen die Verbindung zwischen den einzelnen finiten Elementen her, so dass die Eigenschaften der Gesamtstruktur abgebildet werden können. Durch den Bezug auf diese diskreten Punkte entsteht jetzt ein „endliches" lösbares Gleichungssystem. Die Zerlegung erfolgt in den Programmen weitestgehend automatisch durch Netzgeneratoren.

In den Knotenpunkten werden Weggrößen als Freiheitsgrade definiert und die Lastwerte zusammengefasst. Wie viele Freiheitsgrade in den Knotenpunkten auftreten, hängt von dem zu berechnenden Tragwerk ab. Bei 3D-Systemen sind es in der Regel sechs Freiheitsgrade (3 Verschiebungen, 3 Verdrehungen). Bei ebenen Systemen reduzieren sich diese auf 3 Freiheitsgrade. Bei Plattentragwerken gibt es z. B. als Freiheitsgrade eine Verschiebung und zwei Verdrehungen und bei Scheibentragwerken zwei Verschiebungen und ggf. zusätzlich noch eine Verdrehung.

Die Anzahl der Knotenpunkte multipliziert mit den Freiheitsgraden ergibt die Größe des nun auf diskrete Punkte bezogenen Gleichungssystems[1]. Die Diskretisierung, d.h. die Zerlegung des Tragwerkes in Finite Elemente und die Beschreibung der Eigenschaften des Elementkontinuums in den Knoten, stellt den Grundgedanken der FEM dar.

Hier noch einmal die Leitgedanken der FEM zusammengefasst:

1. Einteilung des Tragwerkes in endliche Finite Elemente durch Generierung eines Elementnetzes
2. Beschreibung der mechanischen Eigenschaften des Einzelelementes an den Knotenpunkten, einschließlich der Diskretisierung der Elementbelastungen

   $\Rightarrow$ Das Ergebnis ist die Steifigkeitsbeziehung des Einzelelementes

   (Die Dimension der Elementsteifigkeitsmatrix ergibt sich aus der Anzahl der Knotenpunkte multipliziert mit den darin enthaltenen Freiheitsgraden)
3. Zusammensetzung der einzelnen Elemente zur Gesamtstruktur unter Wahrung der kinematischen Verträglichkeitsbedingungen und der statischen Gleichgewichtsbedingungen sowie Generierung des Gesamtbelastungsvektor

   $\Rightarrow$ Das Ergebnis ist die Steifigkeitsbeziehung des Gesamtsystems

   (Die Dimension des so entstandenen Gesamtgleichungssystems ergibt sich aus der Anzahl aller Knoten multipliziert mit den Freiheitsgraden / Knoten[1])
4. Einbau der Lagerungsbedingungen

[1] Ggf. minus der Anzahl der starren Lagerungen des Systems

5. Lösen des Gleichungssystems, d.h. die Ermittlung des Verschiebungsvektors
6. Rückrechnung auf das Einzelelement und Ermittlung der Schnittgrößen

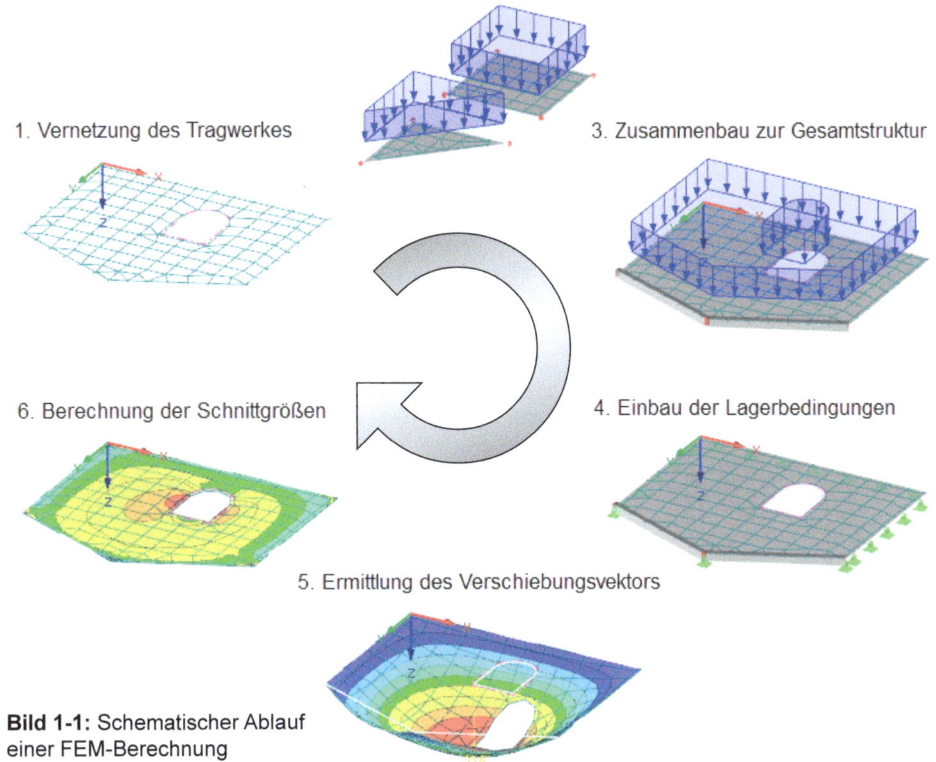

Bild 1-1: Schematischer Ablauf einer FEM-Berechnung

3 Vor- und Nachteile der FEM

Herkömmliche Verfahren sind zur Berechnung allgemeiner Tragwerke in der Regel nur eingeschränkt anwendbar. Leistungsfähige FE-Programme zeichnen sich hier hingegen durch eine Allgemeingültigkeit und Universalität aus, die kaum noch Wünsche offen lässt. Die Berücksichtigung von beliebigen Belastungen, Geometrien und Lagerungen sind genauso selbstverständlich wie die freie Definition der Materialeigenschaften und die Beachtung verschiedener Bettungsmodelle. Auch für die Kopplung von Platten- und Faltwerksmodellen mit Unterzügen bzw. für die Erfassung komplexer Strukturen ist die FEM prädestiniert.

Selbst konstruktiv bedingte Nichtlinearitäten wie einseitige Federn, Gelenke und zug- oder druckschlaffe Stäbe lassen sich in vielen Programmen ohne Probleme einbeziehen.

In den letzten Jahren ist ein deutlicher Trend hin zur Berechnung von größeren Modellen zu erkennen, da neben der enorm verbesserten Leistungsfähigkeit von Hard- und Software auch die Generierungstechniken für komplexe Tragwerke auf einen neuen Stand gebracht worden sind. Wird das Tragwerk in einzelne Statik-Positionen zerlegt und berechnet, muss der Anwender die Lasten von einer Position zur anderen übertragen und die Lagerungen, welche die Verbindungen zum nächsten Teilsystem darstellen, realistisch definieren. Eine Berechnung am Gesamtsystem dagegen hat den Vorteil, dass diese „Arbeiten“ durch die

Modellierung der Gesamtstruktur entfallen und die Berechnung in vielen Bereichen wirklichkeitsnäher wird. Das Bild 1-2 verdeutlicht diese Vorgehensweise.

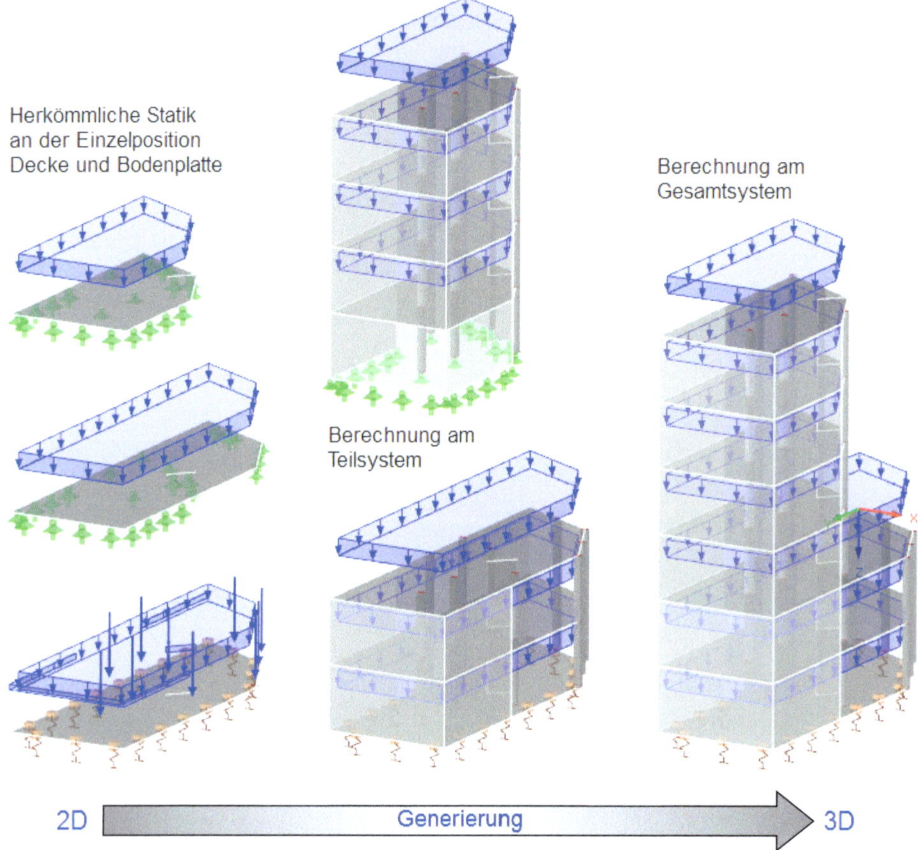

Bild 1-2: Vom 2D- zum 3D-Modell - Die FEM als leistungsfähiges Berechnungsverfahren

Die Berechnung von komplexen Systemen kann allerdings nicht uneingeschränkt empfohlen werden, da sie auch mit Nachteilen verbunden sein kann.

Diese sind u. a.:

- Durch die Komplexität des Tragwerkes kann man leicht die Übersicht verlieren
- Modellierungsfehler können schneller übersehen werden
- Bei Generierungsfehlern ist die Ursachensuche mitunter langwierig
- Große Datenmengen müssen verwaltet, berechnet und gespeichert werden
- Besonders bei nichtlinearen Aufgaben können lange Rechenzeiten anfallen
- Die Nachvollziehbarkeit und prüffähige Dokumentation der Ergebnisse ist aufwendiger
- Große 3D-Systeme sind unflexibel für Änderungen, da selbst bei Korrekturen an Teilsystemen in der Regel alles neu berechnet werden muss. Außerdem ist der Zugriff auf das Gesamtmodell bei Änderungen immer notwendig
- Die Anforderungen an die Software hinsichtlich der komfortablen und übersichtlichen Eingabe, der Berechnung und der Unterstützung bei der Fehlersuche sind hoch
- Beim Anwender sollten Erfahrungen in der 3D-Modellierung vorliegen

- Reale Effekte, die durch die Erstellung von Gebäuden in Bauabschnitten entstehen, werden bei der Berechnung als 3D-Modell „in einem Guss" mitunter falsch wiedergegeben (vgl. Beispiel Stockwerkrahmen in Kapitel 2)

Ist der Aufwand für die Erstellung des FE-Modells für die statische Analyse erst einmal realisiert, stellen dynamische Untersuchungen (ggf. für eine Erdbebenanalyse) oder die Lösung von Stabilitätsaufgaben keinen größeren zusätzlichen Generierungsaufwand mehr dar und können falls gewünscht sofort angeschlossen werden. Gerade für komplexe statische Systeme kann das von großem Vorteil sein. Die früher praktizierte mitunter aufwendige Erstellung von einfachen Ersatzmodellen, die „per Hand" berechnet wurden, kann somit entfallen. Für bestimmte Aufgabenstellungen ist es manchmal ohnehin sehr schwer bzw. sogar unmöglich, ein geeignetes Ersatzmodell zu finden.

Statische Berechnung
Verformungen infolge Eigenlast

Dynamische Berechnung
Höhere Biegeeigenform

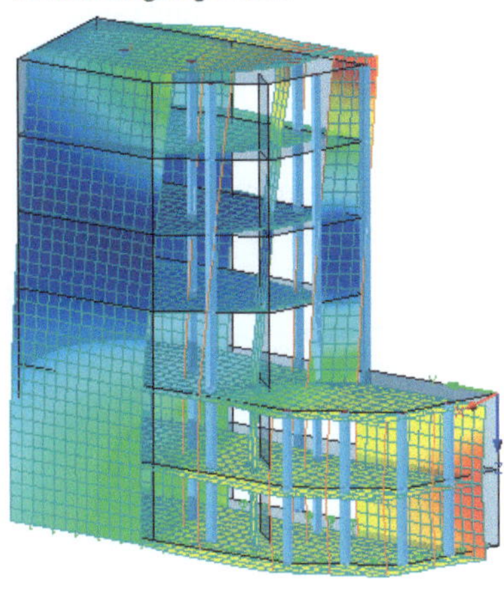

Stabilitätsberechnung
Stabilitätsversagen eines Wandbereiches

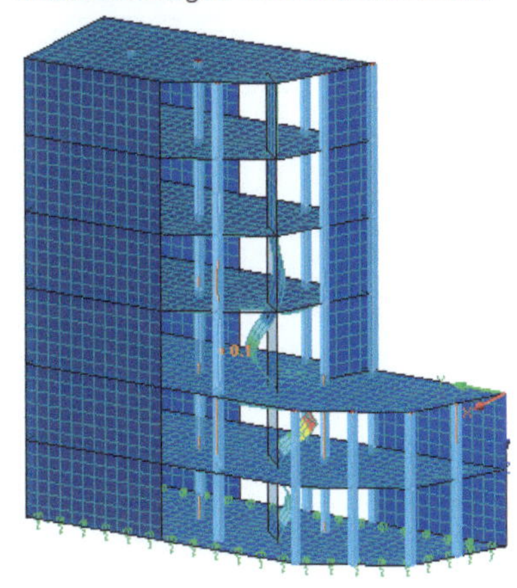

Bild 1-3: Von der statischen Berechnung zur dynamischen- und Stabilitätsberechnung

Das Bild 1-3 zeigt Beispiele für solche weitergehende Berechnungen. Aus dem für die statische Analyse generierten 3D-System erhält man nach einer dynamischen Analyse die dargestellte Eigenschwingform. Die als Ergebnis der Stabilitätsanalyse ermittelte Knickfigur zeigt im Bild deutlich das versagende Teilsystem.

Die Lösung von geometrisch nichtlinearen Aufgaben wie Theorie 2. Ordnung, Theorie der großen Verschiebungen und Berücksichtigung von Seilelementen ist letzten Endes nur eine Frage der Leistungsfähigkeit der vorhandenen Software. Das gilt auch für die Berechnung nach physikalisch nichtlinearen Theorien, wenn z. B. das Hook´sche Gesetz nicht mehr gilt.

All diesen Vorteilen ist es zu verdanken, dass die FEM eine derartige Verbreitung erfahren hat.

Den vielen Vorzügen stehen nur zwei, aber dafür nicht unwesentliche grundsätzliche methodische Nachteile gegenüber:

1. Die FEM ist eine Näherungsberechnung
2. An singulären Stellen steht keine Lösung zur Verfügung

Wenn der Anwender über entsprechende Kenntnisse verfügt und die verwendete Software dafür Lösungen zur Verfügung stellt, sind diese Nachteile allerdings gut beherrschbar. Im Kapitel 3 wird dieses Thema ausführlich behandelt.

Zusammenfassend kann gesagt werden, dass es zur Anwendung der FE-Methode im Bauwesen trotz der genannten Nachteile keine vergleichbare Alternative gibt. Das gilt auch bzw. besonders für Berechnungen am Gesamtsystem (vgl. Bild 1-2).

Ergänzende interessante Ausführungen zu den Besonderheiten des „Rechnens am Gesamtmodell“ sind in [1.4] bis [1.11] zu finden.

4 Klassifizierung Finiter Elemente

Die FEM hat im Laufe der Zeit eine Vielzahl von Entwicklungen hervorgebracht. Eine Klassifizierung nach ausgewählten Kriterien soll zum einen die Komplexität verdeutlichen und zum anderen einen allgemeinen Überblick verschaffen.

Dimension des Finiten Elementes

Da in einem numerischen Modell Stab-, Flächen- und Volumenelemente auftreten können, ist eine Klassifizierung nach der geometrischen Dimension des Finiten Elementes sinnvoll. So sind Stabelemente eindimensionale, Flächenelemente zweidimensionale und Volumenelemente dreidimensionale Finite Elemente (vgl. Bild 1-4).

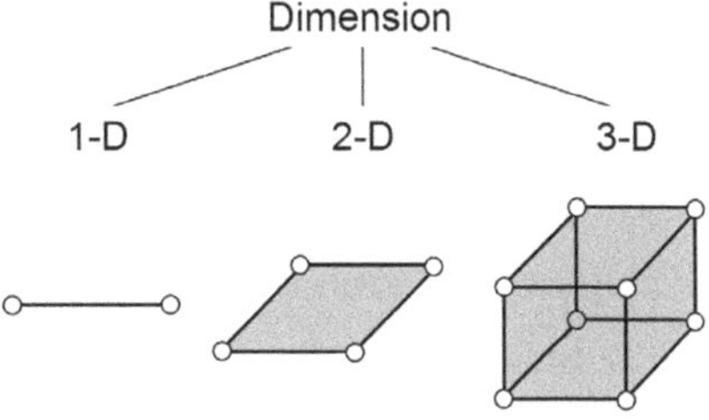

Bild 1-4:
Klassifizierung nach der Dimension

Obwohl das Wort „Finite Elemente" häufig mit einer Nährungslösung verbunden wird, liefern „reine" Stabtragwerke in der Regel genaue Lösungen[2] - zumindest trifft das bei den einfachen statischen Berechnungen zu. Flächen- und Volumenelemente hingegen sind, methodisch bedingt, immer mit Fehlern behaftet.

Klassifizierung nach der Tragwirkung

Zunächst wird zwischen ebenen und gekrümmten Elementen unterschieden (vgl. Bild 1-5). Wird das ebene Finite Element durch Lasten senkrecht zur Tragwerksebene und Momente in Tragwerksebene belastet, spricht man von einem Plattenelement. Entsprechend zu dieser Belastung sind Festhaltungen in z-Richtung und Einspannungen um die x- bzw. y-Achse möglich (die Tragwerksebene liegt hier in der x-y-Ebene). Häufig finden Elemente mit den drei Verschiebungsfreiheitsgraden $\mathbf{v}_z$, φ_x und φ_y pro Knoten Anwendung.

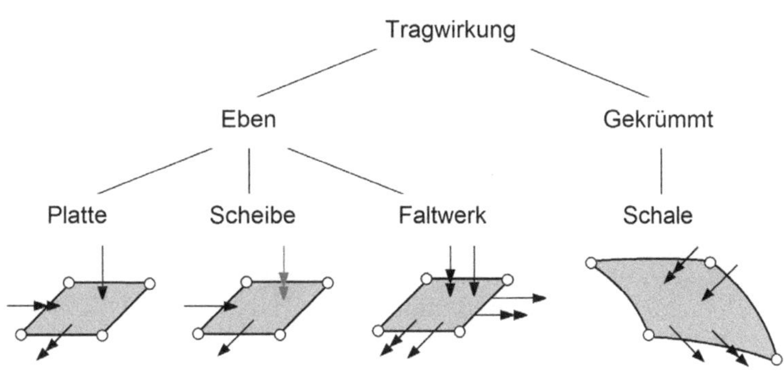

Bild 1-5: Klassifizierung nach der Tragwirkung

Bei einer Scheibe wirken die Lasten in der Tragwerksebene. Dementsprechend können Festhaltungen in x- bzw. y-Richtung definiert werden. Mitunter existieren für das Element nur die Freiheitsgrade $\mathbf{v}_x$ und $\mathbf{v}_y$ (Tragwerksebene in der x-y-Ebene). Ist im Scheibenelement ein so genannter dritter Freiheitsgrad φ_z enthalten, können ein Moment (in Bild 1-5 grau) und eine Festhaltung als Verdrehung um die z-Achse berücksichtigt werden. Dieser dritte Freiheitsgrad[3] ist bei der Berechnung von Faltwerken und bei Kopplungen mit anderen Elementen sehr wichtig.

[2] Im Sinne der analytischen Lösungen der Kontinuumsmechanik

[3] RFEM verfügt über diesen Freiheitsgrad

Faltwerkselemente enthalten sowohl die Eigenschaften der Platten- wie auch die der Scheibenelemente. Eine saubere Kopplung bei Faltwerksstrukturen und zwischen Balken- und Flächenelementen ist nur möglich, wenn alle sechs Freiheitsgrade in den für die Kopplung notwendigen Knoten enthalten sind.

Bei einzelnen Faltwerkselementen ist zunächst die Platten- und Scheibentragwirkung getrennt. Erst beim Zusammenbau der einzelnen Steifigkeitsbeziehungen zum Gesamtsystem erfolgt eine Verbindung der Tragwirkungen über die Transformation der Knotenfreiheitsgrade „am Knick“. Im Gegensatz dazu sind bei den gekrümmten Elementen beide Tragwirkungen bereits im Element über differentialgeometrische Größen gekoppelt. Gekrümmte Elemente finden bei der Lösung alltäglicher Ingenieuraufgaben im Bauwesen kaum Anwendung.

Klassifizierung nach der Form

Für die automatische Generierung der Netzstruktur gibt es vielfältige Strategien. Häufig bestehen die Netze aus Dreieck- und Viereckelementen. Bei Viereckelementen unterscheidet man noch allgemeine Viereckelemente und als Sonderfall die Rechteckelemente (vgl. Bild 1-6). N-Ecke gibt es nur in Spezialprogrammen.

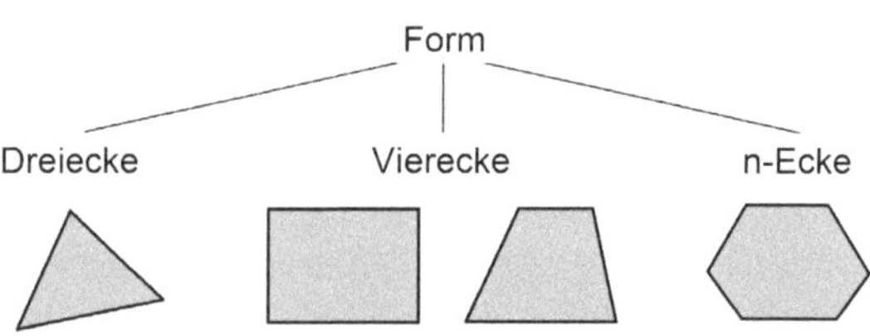

Bild 1-6: Klassifizierung nach der Form

Klassifizierung nach der Anordnung der Knoten

Die Anzahl und Anordnung der Knoten mit ihren Freiheitsgraden sind wichtige Charakteristika, da sie die Eigenschaften der Finiten Elemente bestimmen. In Bild 1-7 sind übliche Knotenanordnungen dargestellt. Die primären Eckknoten legen z.B. die Form des Elementes fest. Die sekundären Seitenmittenknoten dienen häufig zur Verbesserung des Ansatzes.

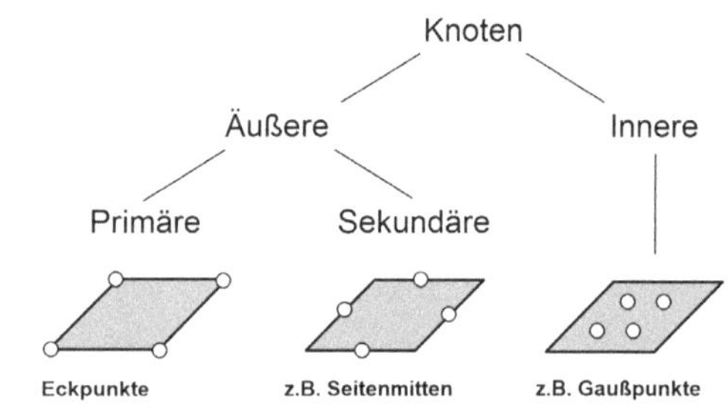

Bild 1-7:
Klassifizierung nach Anordnung der Knoten

Klassifizierung nach der Form der Berandung

Zur genauen Abbildung von gekrümmten Randbereichen können höhere Funktionen als lineare verwendet werden (vgl. Bild 1-8). Für baupraktische Belange sind derartige Approximationen aber nicht relevant, da sich die Handhabung als zu kompliziert erwiesen hat. Es ist üblich, gekrümmte Ränder durch Polygone anzunähern. Ggf. muss in diesen Bereichen eine Verfeinerung des Netzes durchgeführt werden.

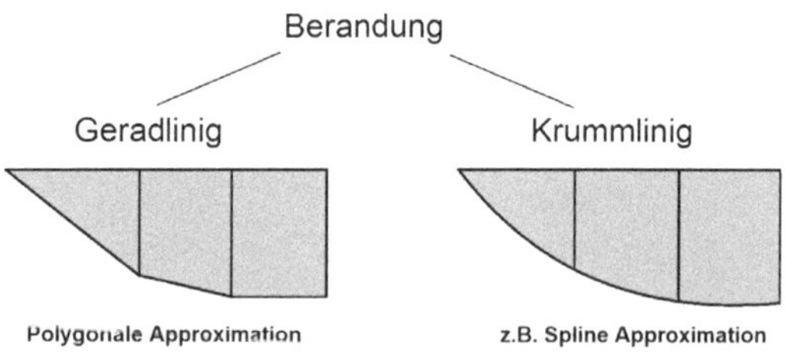

Bild 1-8: Klassifizierung nach der Berandung

Die Bilder 1-5 bis 1-8 beziehen sich auf zweidimensionale Elemente. Die aufgeführten Klassifizierungen können auch für dreidimensionale finite Elemente erweitert werden. In den Statikprogrammen sind für die Form der Volumenelemente Hexaeder mit 8 Knoten, Pentaeder („Keile“ mit 6 Knoten, „Pyramiden“ mit 5 Knoten) und Tetraeder mit 4 Knoten üblich (vgl. RFEM-Volumenelemente in Bild 1-28 und Bild 1-29). Die Knoten sind mit drei (v_x, v_y, v_z) oder sechs Freiheitsgraden (v_x, v_y, v_z, φ_x, φ_y, φ_z) ausgestattet. Auch bei Volumenelementen arbeitet man mitunter mit Seitenmittenknoten, wie im Bild 1-7 für die Flächenelemente dargestellt. Bei der Modellierung von Strukturen mit 3D-Elementen werden vorhandene gekrümmte Berandungen in der Regel ebenfalls analog den Flächenelementen polygonal angenähert.

5 Einführungsbeispiel: Ebenes Fachwerk

5.1 Vorbetrachtungen

Die zweidimensionalen Finiten Elemente, also Scheiben-, Platten- und Faltwerkselemente, sowie ihre Kopplung mit Stab- und Volumenelementen stehen im Mittelpunkt der Betrachtungen dieses Buches. Auf die Grundlagen der Stabelemente, die gut und ausführlich in der einschlägigen Statik-Literatur beschrieben sind, wird weniger eingegangen.

Trotzdem sollen in diesem Kapitel einfache Fachwerkselemente dazu benutzt werden, um das unter Punkt 2 beschriebene Grundprinzip der FEM und die internen Berechnungsschritte zu veranschaulichen. Mit einem einfachen System aus drei Stäben soll eine übersichtliche Darstellung erreicht werden.

Die bei der Berechnung eines FE-Systems im Rechner weitgehend unsichtbar ablaufenden Berechnungsschritte sind:

- Ermittlung der lokalen Elementsteifigkeitsbeziehungen
- Transformation der Steifigkeitsbeziehungen auf das globale Koordinatensystem
- Aufbau der Gesamtsteifigkeitsbeziehung
- Einbau der Lagerungsbedingungen
- Lösung des Gleichungssystems
- Ermittlung der Auflagerkräfte und Elementschnittgrößen

Die Beschreibung erfolgt in Anlehnung an [3.2], in dem ein ähnliches Beispiel, allerdings mit 6 Stäben, enthalten ist.

Die oben beschriebene Abfolge ist übrigens unabhängig von den im FE-System verwendeten Elementtypen. Bei Balken-, Flächen- oder Volumenelementen kommen nur zusätzliche Freiheitsgrade hinzu und die Elementsteifigkeitsbeziehungen werden entsprechend aufwendiger und komplizierter. Diese größeren Steifigkeitsmatrizen sind für eine übersichtliche und komprimierte Darstellung der Berechnungsschritte dann natürlich nicht so gut geeignet wie die hier verwendeten einfachen Fachwerkelemente.

5.2 Detaillierte Darstellung der Berechnungsschritte

5.2.1 Statisches System

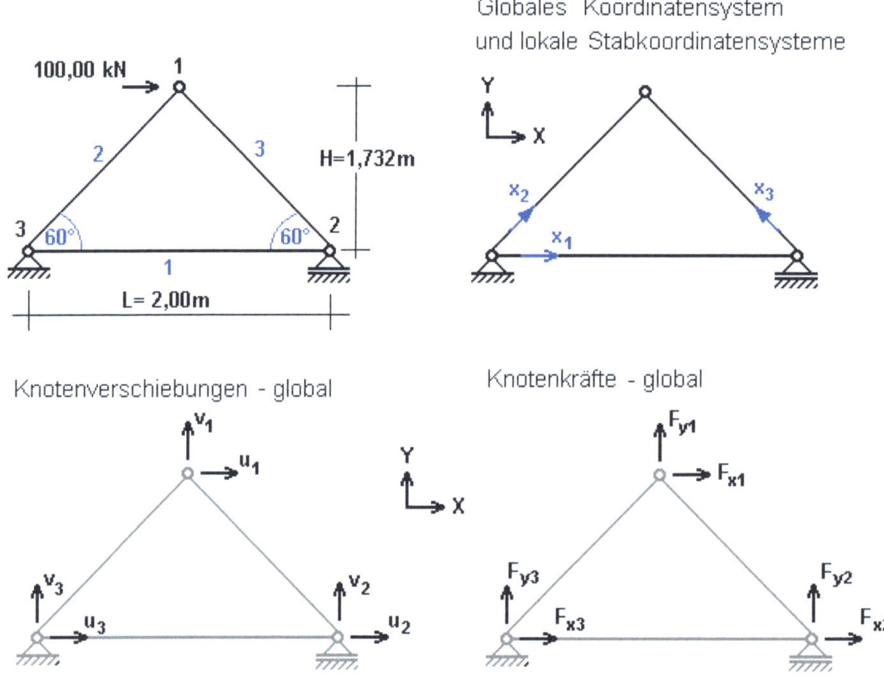

Bild 1-9: System und Topologie des Einführungsbeispiels

Das in Bild 1-9 dargestellte System besitzt nur drei Knoten, die mit drei Fachwerkstäben verbunden sind. Die somit vorhandenen 9 Freiheitsgrade (3 Knoten · 3 Verschiebungen v_x, v_y, ϕ_z) reduzieren sich auf sechs wesentliche Freiheitsgrade, da die bei den Balkenelementen notwendigen Verdrehungen bei Fachwerkstäben keine Bedeutung haben. An diesem einfachen System soll nun der gesamte Ablauf einer FE-Berechnung erläutert werden.

Aus Gründen der Übersicht werden im Folgenden die Maßeinheiten nur für die Ergebniswerte angeführt. Alle Eingangswerte sind in kN, m und rad.

5.2.2 Ermittlung der lokalen Elementsteifigkeitsbeziehung

Die durch die konstante Normalkraft (N) hervorgerufene Längenänderung beträgt:

$$\Delta\delta = \frac{N \cdot L}{E \cdot A} \qquad (1\text{-}1)$$

Δδ ergibt sich aus der Differenz der lokalen Knotenverschiebungen:

$$\Delta\delta = u_{2\,lok} - u_{1\,lok}$$

Damit erhält man für die Normalkraft N:

$$N = \frac{E \cdot A}{L} \Delta\delta = \frac{E \cdot A}{L}\left(-u_{1\,lok} + u_{2\,lok}\right) \qquad (1\text{-}2)$$

bzw. in Matrizenschreibweise:

$$N = \frac{E \cdot A}{L}\begin{bmatrix}-1 & 1\end{bmatrix} \cdot \begin{bmatrix}u_{1\,lok} \\ u_{2\,lok}\end{bmatrix}$$

$$N = S_{e\,lok} \cdot u_{e\,lok} \qquad (1\text{-}3) \qquad \text{mit} \quad S_{e\,lok} = \frac{E \cdot A}{L}\begin{bmatrix}-1 & 1\end{bmatrix}$$

$S_{e\,lok}$ wird als Spannungsmatrix bezeichnet. Nach dem Lösen des Gleichungssystems dient Gl. 1-3 zur Ermittlung der Stabkräfte.

Ausgehend von der Definition der Stabendkräfte nach (Bild 1-10) kann man folgende Gleichgewichtsbedingung aufstellen:

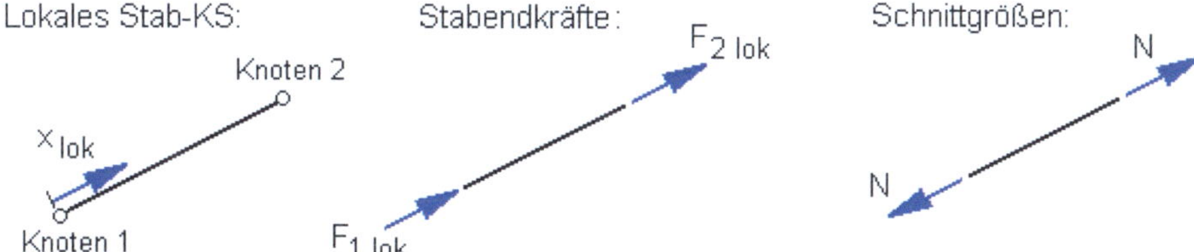

Bild 1-10: Definitionen - lokal

Die Stabendkräfte und Schnittgrößen unterscheiden sich lediglich durch das Vorzeichen (vgl. Bild 1-10).

$$F_{1\,lok} = -N = \frac{E \cdot A}{L}\left(u_{1\,lok} - u_{2\,lok}\right)$$

$$F_{2\,lok} = N = \frac{E \cdot A}{L}\left(-u_{1\,lok} + u_{2\,lok}\right) \qquad (1\text{-}4)$$

Damit ist die für die Deformationsmethode typische Kraft-Verschiebungs-Beziehung

$$K_e \cdot u_e = F_e$$

hergeleitet. Sie lautet in Matrizenschreibweise:

$$\frac{E \cdot A}{L}\begin{bmatrix}1 & -1 \\ -1 & 1\end{bmatrix} \cdot \begin{bmatrix}u_{1\,lok} \\ u_{2\,lok}\end{bmatrix} = \begin{bmatrix}F_{1\,lok} \\ F_{2\,lok}\end{bmatrix}$$

$$K_{e\,lok} \cdot u_{e\,lok} = F_{e\,lok} \qquad (1\text{-}5) \qquad \text{mit} \quad K_{e\,lok} = \frac{E \cdot A}{L}\begin{bmatrix}1 & -1 \\ -1 & 1\end{bmatrix}$$

$K_{e\,lok}$ wird als Elementsteifigkeitsmatrix bezeichnet.

Für die drei Fachwerkstäbe ergeben sich somit nach Gl. 1-5 und 1-3 folgende lokale Elementsteifigkeitsbeziehung und Spannungsmatrix:

$$\begin{bmatrix} F_{1\,lok} \\ F_{2\,lok} \end{bmatrix} = K_{e\,lok} \cdot \begin{bmatrix} u_{1\,lok} \\ u_{2\,lokj} \end{bmatrix} = 262.500 \begin{bmatrix} 1 & -1 \\ -1 & 1 \end{bmatrix} \cdot \begin{bmatrix} u_{1\,lok} \\ u_{2\,lok} \end{bmatrix}$$

$$S_{e\,lok} = 262.500 \begin{bmatrix} -1 & 1 \end{bmatrix} \begin{bmatrix} u_{1\,lok} \\ u_{2\,lok} \end{bmatrix}$$

5.2.3 Transformation der Steifigkeitsbeziehungen auf das globale Koordinatensystem

Für die Verschiebungen gelten folgende Zusammenhänge:

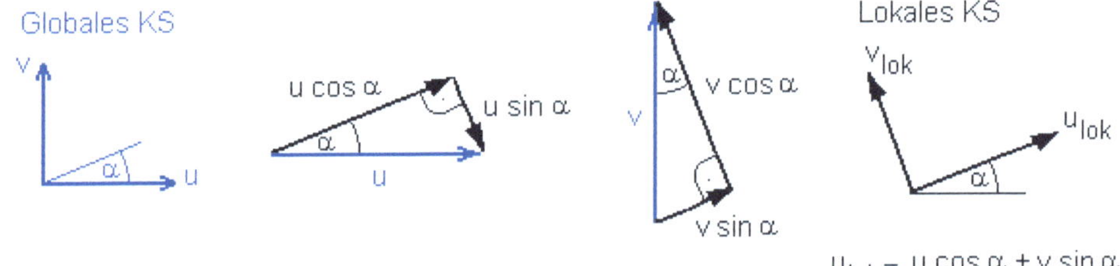

Bild 1-11a: Transformation der Verschiebungen

Die Beziehung zwischen den lokalen und globalen Verschiebungen lautet somit in Matrizenschreibweise:

$$\begin{bmatrix} u_{lok} \\ v_{lok} \end{bmatrix} = \begin{bmatrix} \cos\alpha & \sin\alpha \\ -\sin\alpha & \cos\alpha \end{bmatrix} \cdot \begin{bmatrix} u \\ v \end{bmatrix} \qquad (1\text{-}6)$$

Da es für den Fachwerkstab nur Verschiebungen in der lokalen u-Richtung gibt, erhält man auf die Knoten bezogen:

$$\begin{bmatrix} u_{1\;lok} \\ u_{2\;lok} \end{bmatrix} = \begin{bmatrix} \cos\alpha & \sin\alpha & 0 & 0 \\ 0 & 0 & \cos\alpha & \sin\alpha \end{bmatrix} \cdot \begin{bmatrix} u_1 \\ v_1 \\ u_2 \\ v_2 \end{bmatrix}$$

und damit die Transformationsmatrix der Verschiebungen:

$$u_{e\,lok} = T \cdot u_e \qquad (1\text{-}7) \qquad \text{mit} \quad T = \begin{bmatrix} \cos\alpha & \sin\alpha & 0 & 0 \\ 0 & 0 & \cos\alpha & \sin\alpha \end{bmatrix}$$

Für die Kräfte hingegen gilt:

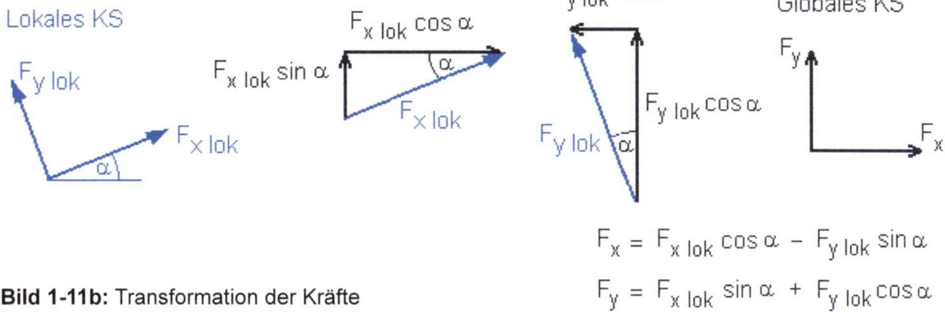

Bild 1-11b: Transformation der Kräfte

In Matrizenschreibweise ausgedrückt ergibt sich für die Transformation zwischen globalen und lokalen Kräften:

$$\begin{bmatrix} F_x \\ F_y \end{bmatrix} = \begin{bmatrix} \cos\alpha & -\sin\alpha \\ \sin\alpha & \cos\alpha \end{bmatrix} \cdot \begin{bmatrix} F_{x\,lok} \\ F_{y\,lok} \end{bmatrix} \qquad (1\text{-}8)$$

Da für den Fachwerkstab nur lokale Kräfte in x-Richtung existieren, erhält man für die globalen Stabendkräfte:

$$\begin{bmatrix} F_{x1} \\ F_{y1} \\ F_{x2} \\ F_{y2} \end{bmatrix} = \begin{bmatrix} \cos\alpha & 0 \\ \sin\alpha & 0 \\ 0 & \cos\alpha \\ 0 & \sin\alpha \end{bmatrix} \cdot \begin{bmatrix} F_{x1\,lok} \\ F_{x2\,lok} \end{bmatrix}$$

$$F_e = T^T \cdot F_{e\,lok} \qquad (1\text{-}9)$$

Ein Vergleich von Gl. 1-7 und 1-9 zeigt, dass die Transformationsmatrix der Kräfte durch Transponieren der Transformationsmatrix der Verschiebungen gewonnen werden kann.

Unter Verwendung von Gl. 1-5: $F_{e\,lok} = K_{elok} \cdot u_{e\,lok}$

und Gl. 1-9: $F_e = T^T \cdot F_{e\,lok}$

erhält man: $F_e = T^T \cdot K_{e\,lok} \cdot u_{e\,lok}$

Unter Verwendung von 1-7: $u_{e\,lok} = T \cdot u_e$

erhält man: $F_e = \left[T^T \cdot K_{e\,lok} \cdot T\right] \cdot u_e = K_e \cdot u_e$

Die globale Elementsteifigkeitsmatrix ergibt sich somit aus der lokalen zu:

$$K_e = \left[T^T \cdot K_{e\,lok} \cdot T\right] \qquad (1\text{-}10)$$

Ausführlich lautet die Gleichung:

$$K_e = \frac{E \cdot A}{L} \begin{bmatrix} \cos\alpha & 0 \\ \sin\alpha & 0 \\ 0 & \cos\alpha \\ 0 & \sin\alpha \end{bmatrix} \cdot \begin{bmatrix} 1 & -1 \\ -1 & 1 \end{bmatrix} \cdot \begin{bmatrix} \cos\alpha & \sin\alpha & 0 & 0 \\ 0 & 0 & \cos\alpha & \sin\alpha \end{bmatrix}$$

bzw. nach Ausführung der Matrizenmultiplikation:

$$\frac{E \cdot A}{L} \begin{bmatrix} \cos^2\alpha & \sin\alpha \cdot \cos\alpha & -\cos^2\alpha & -\sin\alpha \cdot \cos\alpha \\ & \sin^2\alpha & -\sin\alpha \cdot \cos\alpha & -\sin^2\alpha \\ & & \cos^2\alpha & \sin\alpha \cdot \cos\alpha \\ \text{symm.} & & & \sin^2\alpha \end{bmatrix} \cdot \begin{bmatrix} u_1 \\ v_1 \\ u_2 \\ v_2 \end{bmatrix} = \begin{bmatrix} F_{x1} \\ F_{y1} \\ F_{x2} \\ F_{y2} \end{bmatrix} \qquad (1\text{-}11)$$

Die Seifigkeitsmatrix nach Gl. 1-11 ist wie die aller finiten Elemente symmetrisch.

Zur Ermittlung der Schnittgrößen ist noch die Transformation der Spannungsmatrix auf globale Koordinaten notwendig.

Unter Verwendung von Gl. 1-3: $N = S_{e\,lok} \cdot u_{e\,lok}$

und Gl. 1-7: $u_{e\,lok} = T \cdot u_e$

erhält man: $N = [S_{e\,lok} \cdot T] \cdot u_e$

Die globale Spannungsmatrix ergibt sich somit zu:

$$S_e = [S_{e\,lok} \cdot T] \qquad (1\text{-}12)$$

Unter Verwendung von Gl. 1-3 erhält man:

$$S_e = \frac{E \cdot A}{L} [-1 \;\; 1] \begin{bmatrix} \cos\alpha & \sin\alpha & 0 & 0 \\ 0 & 0 & \cos\alpha & \sin\alpha \end{bmatrix}$$

bzw.: $$S_e = \frac{E \cdot A}{L} [-\cos\alpha \;\; -\sin\alpha \;\; \cos\alpha \;\; \sin\alpha] \qquad (1\text{-}13)$$

Zur Einhaltung der Kompatibilität der Verschiebungen müssen die Knoten-Stabzuordnungen nach Bild 1-9, die so genannten Koinzidenzen, eingehalten werden. Je nach der Lage im globalen Koordinatensystem erhält man nach Gl. 1-11 und 1-13 folgende globale Elementsteifigkeits- und Spannungsbeziehungen.

Stab 1: da $\alpha = 0$, gilt lokal = global und
$F_{1\,lok} = F_{3x}$ bzw. $F_{2\,lok} = F_{2x}$ mit
$u_{1\,lok} = u_3$ bzw. $u_{2\,lok} = u_2$

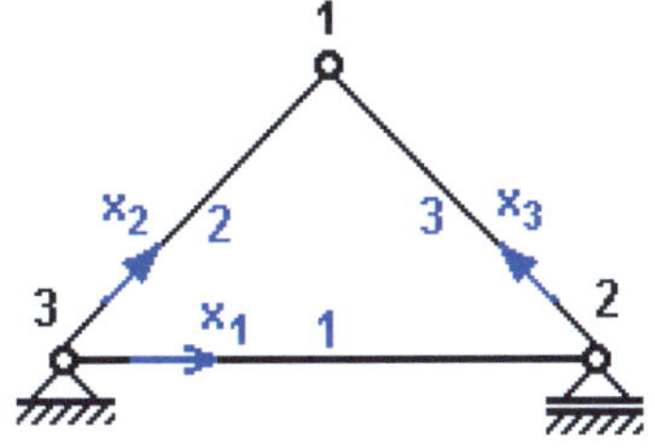

$$\begin{bmatrix} F_{x3} \\ F_{x2} \end{bmatrix} = 262.500 \begin{bmatrix} 1 & -1 \\ -1 & 1 \end{bmatrix} \cdot \begin{bmatrix} u_3 \\ u_2 \end{bmatrix}$$

$$S_1 = 262.500 \begin{bmatrix} -1 & 1 \end{bmatrix} \cdot \begin{bmatrix} u_3 \\ u_2 \end{bmatrix}$$

Koinzidenzen		
Stab	1.Knoten	2.Knoten
1	3	2
2	3	1
3	2	1

Stab 2 ($\alpha = 60°$) nach Gl. 1-11:

$\sin\alpha = 0.866$, $\sin^2\alpha = 0.75$, $\cos\alpha = 0.5$, $\cos^2\alpha = 0.25$, $\sin\alpha \cdot \cos\alpha = 0.433$

$$\begin{bmatrix} F_{x3} \\ F_{y3} \\ F_{x1} \\ F_{y1} \end{bmatrix} = 262.500 \begin{bmatrix} 0,25 & 0,433 & -0,25 & -0,433 \\ 0,433 & 0,75 & -0,433 & -0,75 \\ -0,25 & -0,433 & 0,25 & 0,433 \\ -0,433 & -0,75 & 0,433 & 0,75 \end{bmatrix} \cdot \begin{bmatrix} u_3 \\ v_3 \\ u_1 \\ v_1 \end{bmatrix}$$

und nach Gl. 1-13:

$$S_2 = 262.500 \begin{bmatrix} -0,5 & -0,866 & 0,5 & 0,866 \end{bmatrix} \cdot \begin{bmatrix} u_3 \\ v_3 \\ u_1 \\ v_1 \end{bmatrix}$$

Stab 3 ($\alpha = 120°$) nach Gl. 1-11:

$\sin\alpha = 0.866$, $\sin^2\alpha = 0.75$, $\cos\alpha = -0.5$, $\cos^2\alpha = 0.25$, $\sin\alpha \cdot \cos\alpha = -0.433$

$$\begin{bmatrix} F_{x2} \\ F_{y2} \\ F_{x1} \\ F_{y1} \end{bmatrix} = 262.500 \begin{bmatrix} 0,25 & -0,433 & -0,25 & 0,433 \\ -0,433 & 0,75 & 0,433 & -0,75 \\ -0,25 & 0,433 & 0,25 & -0,433 \\ 0,433 & -0,75 & -0,433 & 0,75 \end{bmatrix} \cdot \begin{bmatrix} u_2 \\ v_2 \\ u_1 \\ v_1 \end{bmatrix}$$

und nach Gl. 1-13:

$$S_3 = 262.500 \begin{bmatrix} 0,5 & -0,866 & -0,5 & 0,866 \end{bmatrix} \cdot \begin{bmatrix} u_2 \\ v_2 \\ u_1 \\ v_1 \end{bmatrix}$$

5.2.4 Aufbau der Gesamtsteifigkeitsbeziehung

Die Bedingungen für den Aufbau der Gesamtsteifigkeitsmatrix sind:

- Kompatibilität der Elementverschiebungen mit den Knotenverschiebungen
- Erfüllung der Gleichgewichtsbedingungen am Knotenpunkt

Die Kompatibilität der Verschiebungen wird erfüllt, indem der Bezug auf ein globales KS gewählt wird und beim Zusammenbau der Elemente die Koinzidenzen beachtet werden.

Aus der Erfüllung des Gleichgewichtes der Stabendkräfte und der Knotenlasten am Knotenpunkt und der zu den Knotenkräften zugeordneten Steifigkeiten ergibt sich die Vorschrift, dass die Terme der Elementsteifigkeitsmatrix in den entsprechenden Knoten addiert werden dürfen.

Nach der Einspeicherung aller globalen Einzelsteifigkeitsmatrizen durch Addition der einzelnen Anteile unter Beachtung der Koinzidenzen entsteht schließlich die Gesamtsteifigkeitsbeziehung:

$$K_{indef} \cdot u_{indef} = F_{indef} \qquad (1\text{-}14)$$

Die Bildungsvorschrift ergibt sich aus der Indizierung der Kräfte und Verschiebungen, d. h. jeder Term der Einzelsteifigkeitsmatrizen ist eindeutig einer Stelle in der Gesamtsteifigkeitsmatrix zugeordnet.

Es ergibt sich somit (Stab 1= schwarz, Stab 2= blau, Stab 3= rot):

	u_1	v_1	u_2	v_2	u_3	v_3
F_{x1}	0,25 0,25	0,433 -0,433	-0,25	0,433	-0,25	-0,433
F_{y1}	0,433 -0,433	0,75 0,75	0,433	-0,75	-0,433	-0,75
F_{x2}	-0,25	0,433	1 0,25	-0,433	-1	
F_{y2}	0,433	-0,75	-0,433	0,75		
F_{x3}	-0,25	-0,433	-1		1 0,25	0,433
F_{y3}	-0,433	-0,75			0,433	0,75

· 262.500

Die Gesamtsteifigkeitsbeziehung lautet nach dem Ausmultiplizieren und der Einführung des Belastungsvektors:

						·		=	
1,31E+05	0,00E+00	-6,56E+04	1,14E+05	-6,56E+04	-1,14E+05		u_1		100
0,00E+00	3,94E+05	1,14E+05	-1,97E+05	-1,14E+05	-1,97E+05		v_1		0
-6,56E+04	1,14E+05	3,28E+05	-1,14E+05	-2,63E+05	0,00E+00		u_2		0
1,14E+05	-1,97E+05	-1,14E+05	1,97E+05	0,00E+00	0,00E+00		v_2		0
-6,56E+04	-1,14E+05	-2,63E+05	0,00E+00	3,28E+05	1,14E+05		u_3		0
-1,14E+05	-1,97E+05	0,00E+00	0,00E+00	1,14E+05	1,97E+05		v_3		0

Da die Randbedingungen noch nicht eingearbeitet sind, ist das System noch beweglich und die Matrix K_{indef} damit singulär (indefinites Gleichungssystem).

5.2.5 Einbau der Lagerungsbedingungen

Die Berücksichtigung von einfachen starren Festhaltungen kann auf zwei verschiedenen Wegen erfolgen.

Variante 1: Das Gleichungssystem nach Gl. 1-14 wird so manipuliert, dass die Lösung automatisch für die festgehaltenen Freiheitsgrade null ergibt.

Mathematisch wird das dadurch erzwungen, dass das Hauptdiagonalelement der entsprechenden Festhaltung mit einer sehr großen Zahl und der entsprechende Lastwert mit null belegt werden.

Man erhält somit ein Gleichungssystem, das jetzt lösbar ist (positiv definit):

$$K \cdot u = F \qquad (1\text{-}15)$$

Die vollständige Beziehung lautet:

1,31E+05	0,00E+00	-6,56E+04	1,14E+05	-6,56E+04	-1,14E+05		u_1		100
0,00E+00	3,94E+05	1,14E+05	-1,97E+05	-1,14E+05	-1,97E+05		v_1		0
-6,56E+04	1,14E+05	3,28E+05	-1,14E+05	-2,63E+05	0,00E+00	·	u_2	=	0
1,14E+05	-1,97E+05	-1,14E+05	1,00E+12	0,00E+00	0,00E+00		v_2		0
-6,56E+04	-1,14E+05	-2,63E+05	0,00E+00	1,00E+12	1,14E+05		u_3		0
-1,14E+05	-1,97E+05	0,00E+00	0,00E+00	1,14E+05	1,00E+12		v_3		0

Variante 2: Die den Festhaltungen entsprechenden Spalten der Gesamtsteifigkeitsmatrix werden mit null multipliziert und können damit gestrichen werden.

Um ein lösbares GS zu erhalten, müssen auch die entsprechenden Zeilen getilgt werden.

Die gestrichenen Zeilen beschreiben das Gleichgewicht an den festgehaltenen Freiheitsgraden. Diese Gleichungen werden später zur Ermittlung der Auflagerkräfte herangezogen.

Das Gleichungssystem reduziert sich nach dem Streichen der Freiheitsgrade 4 bis 6 auf 3 Unbekannte:

1,31E+05	0,00E+00	-6,56E+04		u_1		100
0,00E+00	3,94E+05	1,14E+05	·	v_1	=	0
-6,56E+04	1,14E+05	3,28E+05		u_2		0

5.2.6 Lösung des Gleichungssystems

Nach der Lösung des Gleichungssystems erhält man nach Variante 1 sechs Verschiebungsgrößen:

$$\begin{bmatrix} u_1 \\ v_1 \\ u_2 \\ v_2 \\ u_3 \\ v_3 \end{bmatrix} = \begin{bmatrix} 0{,}8571 \\ -0{,}0550 \\ 0{,}1905 \\ 0 \\ 0 \\ 0 \end{bmatrix} \cdot 10^{-3}\ \mathrm{m}$$

Eine gleichwertige Lösung ergibt sich aus dem Gleichungssystem nach Variante 2:

$$\begin{bmatrix} u_1 \\ v_1 \\ u_2 \end{bmatrix} = \begin{bmatrix} 0{,}8571 \\ -0{,}0550 \\ 0{,}1905 \end{bmatrix} \cdot 10^{-3}\ \mathrm{m}$$

5.2.7 Ermittlung der Auflagerkräfte und Elementschnittgrößen

Die Auflagerkräfte werden durch Einsetzen der ermittelten Knotenverschiebungen in den gestrichenen Teil der Matrix nach Gl. 1-14 errechnet.

F_{Y2}		1,14E+05	-1,97E+05	-1,14E+05		0,8571E-03
F_{X3}	=	-6,56E+04	-1,14E+05	-2,63E+05	·	-0,0550E-03
F_{Y3}		-1,14E+05	-1,97E+05	0,00E+00		0,1905E-03

$$\begin{bmatrix} F_{Y2} \\ F_{X3} \\ F_{Y3} \end{bmatrix} = \begin{bmatrix} 86{,}6 \\ -100 \\ -86{,}6 \end{bmatrix} \mathrm{kN}$$

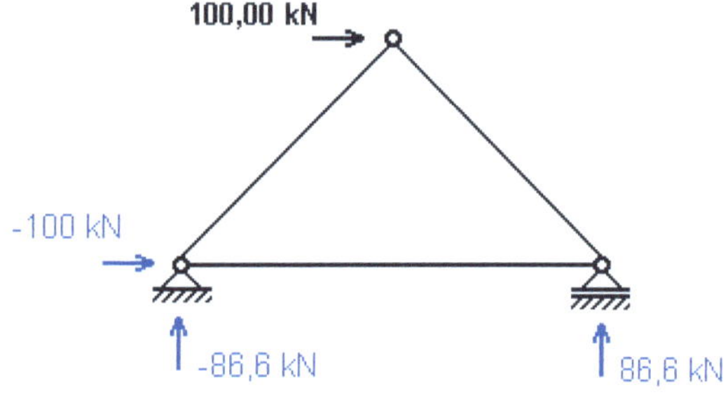

Bild 1-12: Stützkrafte

Zur Ermittlung der Elementschnittgrößen werden die entsprechenden globalen Knotenverschiebungen in die auf das globale Koordinatensystem transformierten Spannungsbeziehungen eingesetzt (vgl. Gleichungen am Ende von 5.2.3).

$$S_1 = 262.500\,[-1 \quad 1] \cdot \begin{bmatrix} 0 \\ 0{,}1905 \cdot 10^{-3} \end{bmatrix} = 50\ \mathrm{kN}$$

$$S_2 = 262.500\left[-0{,}5 \quad -0{,}866 \quad 0{,}5 \quad 0{,}866\right] \cdot \begin{bmatrix} 0 \\ 0 \\ 0{,}8571 \cdot 10^{-3} \\ -0{,}055 \cdot 10^{-3} \end{bmatrix} = 100\,\text{kN}$$

$$S_3 = 262.500\left[0{,}5 \quad -0{,}866 \quad -0{,}5 \quad 0{,}866\right] \cdot \begin{bmatrix} 0{,}1905 \cdot 10^{-3} \\ 0 \\ 0{,}8571 \cdot 10^{-3} \\ -0{,}055 \cdot 10^{-3} \end{bmatrix} = -100\,\text{kN}$$

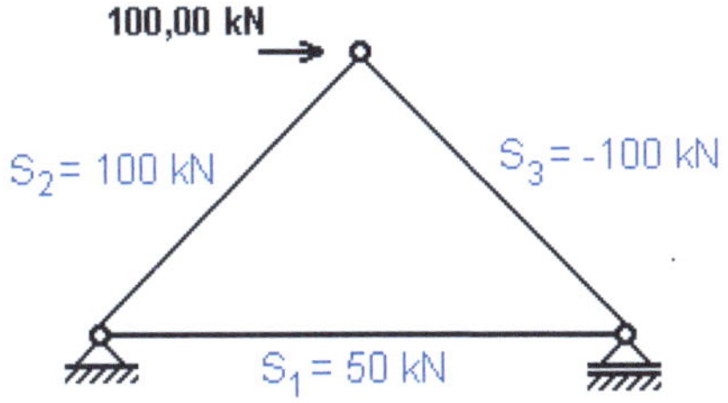

Bild 1-13: Stabkräfte

6 Elementtypen und Ansatzfunktionen

6.1 Freiheitsgrade und Kopplung finiter Elemente

Der Näherungscharakter einer FE-Lösung ist, wie bereits schon erwähnt, ein wesentlicher Nachteil der Methode. Da wir für Stabtragwerke bei statischen linearen Aufgabenstellungen genaue Ergebnisse erhalten, stehen die Flächen- und Volumenelemente im Brennpunkt der Diskussion, wenn es um das Thema Genauigkeit geht.

Die Entwicklung auf dem Gebiet der Finiten Elemente hat eine Vielzahl von Elementtypen mit unterschiedlichen Eigenschaften hervorgebracht. Forschungseinrichtungen, die über viel Erfahrung auf diesem Gebiet verfügen, sind prädestiniert für solche Entwicklungen. Häufig kooperieren die Softwarehäuser mit diesen Entwicklungszentren bzw. entnehmen die neuesten Entwicklungen aus deren Publikationen.

Für den Anwender eines FE-Programms ist es natürlich immer vorteilhaft und wichtig, wenn die Programme regelmäßig an den neuesten Stand der Forschung angepasst werden. Diese Art von Programmpflege erfordert von den Softwarehäusern einen nicht unbedeutenden Aufwand und entzieht sich in der Regel der Kenntnis des Anwenders, da sie weder in den Ein- noch in den Ausgabeprogrammen direkt sichtbar wird.

Die Anforderungen an moderne Finite Elemente sind heute groß. In Kapitel 3 wird dieses Thema ausführlich diskutiert und es wird auch gezeigt, wie jeder Anwender selbst mit einfachen Standardbeispielen die Leistungsfähigkeit der implementierten Elemente testen kann.

Ein Element, das in allen Testbereichen beste Ergebnisse erzielt, gibt es offensichtlich nicht. Die Entwicklung von Finiten Elementen wird immer eine Suche nach dem besten Kompromiss sein. Es stellt sich demnach die Frage, wodurch sich dieser Kompromiss letzten Endes auszeichnet. Ein zeitgemäßes Element sollte sich durch Ausgewogenheit auszeichnen, ein breites Einsatzspektrum besitzen, keine Schwächen aufweisen und gute Konvergenzeigenschaften unter allen denkbaren Bedingungen besitzen. In der Literatur findet man mitunter den Begriff „robuste Elemente" für derartige Eigenschaften. Neben den ausgewogenen „Grundeigenschaften" sollten die Elemente auch für höhere Theorien bzw. andere Berechnungsaufgaben, wie geometrische oder physikalische nichtlineare Berechnungen bzw. dynamische Aufgaben oder Stabilitätsaufgaben erweiterbar bzw. geeignet sein. Neben diesen Anforderungen gibt es noch eine Reihe anderer Zwangspunkte, die bei der Entwicklung Finiter Elemente zu beachten sind.

Zum näheren Verständnis dazu einige Gedanken:

Finite Elemente werden durch die Anzahl und Anordnung der Knoten (vgl. Bild 1-7) und den in den Knoten definierten Freiheitsgraden klassifiziert. Prinzipiell ist damit eine Vielzahl von Elementvariationen möglich. Die Anzahl der Knoten und die darin enthaltenen Freiheitsgrade korrespondieren mit dem Ansatz des Elementes. Der Ansatz wird durch Ansatzfunktionen, auch Formfunktionen genannt, repräsentiert. Darunter sind die für jeden Freiheitsgrad angenommenen Einheitsverschiebungszustände zu verstehen, die überlagert den wirklichen Verschiebungszustand annähern sollen.

Bild 1-14 zeigt die Formfunktionen eines kubischen Plattenansatzes für die Einheitsverschiebungszustände im Knoten A. Dargestellt sind die Formfunktionen eines Elementes für die Querverschiebungen w=1 und die Verdrehungen ϕ_x=1 bzw. ϕ_y=1.

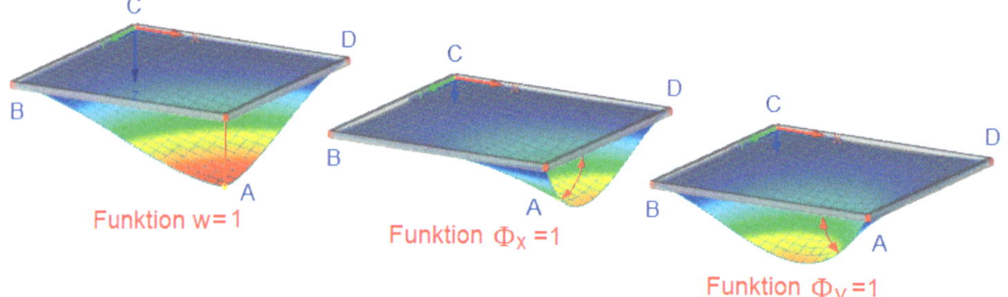

Bild 1-14: Beispiel für den kubischen Ansatz eines 4-Knotenflächenelementes mit 3 Freiheitsgraden pro Knoten

Da der Ansatz wesentlich die Eigenschaften des Elementes bestimmt, stellt er ein wichtiges Charakteristika dar.

Im Allgemeinen gilt: Je mehr Knoten und Freiheitsgrade, desto höher die Ansatzfunktionen und desto höher die Genauigkeit. Neben den Verschiebungen und Verdrehungen wären auch höhere Ableitungen als zusätzliche Freiheitsgrade denkbar. Damit könnte man die Freiheitsgrade pro Knoten und somit die Genauigkeit erhöhen.

Knoten und Freiheitsgrade eines Finiten Elementes kann man allerdings nicht beliebig erhöhen, da andere Forderungen dem entgegenstehen. Für dreidimensionale Systeme mit

Stab- und Flächenelementen ist z. B. die räumliche Transformierbarkeit der Freiheitsgrade wichtig. Diese ist vorhanden, wenn die Freiheitsgrade im Knoten einem Vektor zugeordnet werden können, der die drei Verschiebungs- bzw. Verdrehungskomponenten enthält. Der Zusammenbau der einzelnen Elementsteifigkeitsmatrizen zur Systemsteifigkeitsmatrix (vgl. Schritt 3 in Bild 1-1) ist dann problemlos möglich - die Stab- und Flächenelemente sind koppelfähig. Höhere Ableitungen, wie oben erwähnt, wären hier störend.

Für komplexe Aufgabenstellungen sollten neben Balken- und Flächenelementen auch Volumenelemente zur Verfügung stehen, die ebenfalls hinsichtlich Koppel- und Leistungsfähigkeit zu den Stab- und Flächenelementen passen müssen.

Neben den vielfältigen Gestaltungsmöglichkeiten der Ansätze, gibt es also eine Reihe von Zwängen, die zu beachten sind.

Die Forderung nach einer Kopplung der in einem System vorhandenen Finiten Elemente und der damit verbundenen Transformierbarkeit der Freiheitsgrade hat dazu geführt, dass in den meisten kommerziellen Programmen, die 3D-Systeme berechnen können, Elemente mit **drei Verschiebungen** (v_x, v_y, v_z) und **drei Verdrehungen** (ϕ_x, ϕ_y, ϕ_z) pro Knoten implementiert sind. Diese sechs Freiheitsgrade befinden sich **in den Eckknoten** der Elemente (vgl. Bild 1-15). Mitunter existieren auch Freiheitsgrade im inneren Bereich, aber selten auf den Rändern.

Für die ebenen Systeme und Sonderfälle werden dann die Freiheitsgrade (FG), wie Bild 1-15 zeigt, entsprechend reduziert.

	Stabelement 2 Knoten	**Flächenelement** 4 bzw. 3 Knoten	**Volumenelement** 8 bzw. 6 Knoten
Räumliche Systeme	3D-Balkenelement FG/Knoten: $v_x\ v_y\ v_z\ \Phi_x\ \Phi_y\ \Phi_z$	Faltwerkselement FG/Knoten: $v_x\ v_y\ v_z\ \Phi_x\ \Phi_y\ \Phi_z$	Volumenelement FG/Knoten: $v_x\ v_y\ v_z\ \Phi_x\ \Phi_y\ \Phi_z$ bzw. nur $v_x\ v_y\ v_z$
2D-Systeme (x-y-Ebene)	2D-Balkenelement FG/Knoten: $v_z\ \Phi_x\ \Phi_y$	Scheibe FG/Knoten: $v_x v_y\ \Phi_z$ Platte FG/Knoten: $v_z\ \Phi_x\ \Phi_y$	
Sonderfälle	Fachwerkstab FG/Knoten: $v_x\ v_y\ v_z$		

Bild 1-15: Typische Elemente und Freiheitsgrade für 3D- und 2D-Berechnungen

Das Bild 1-16 zeigt typische Kopplungen zwischen ein-, zwei- und dreidimensionalen Elementen.

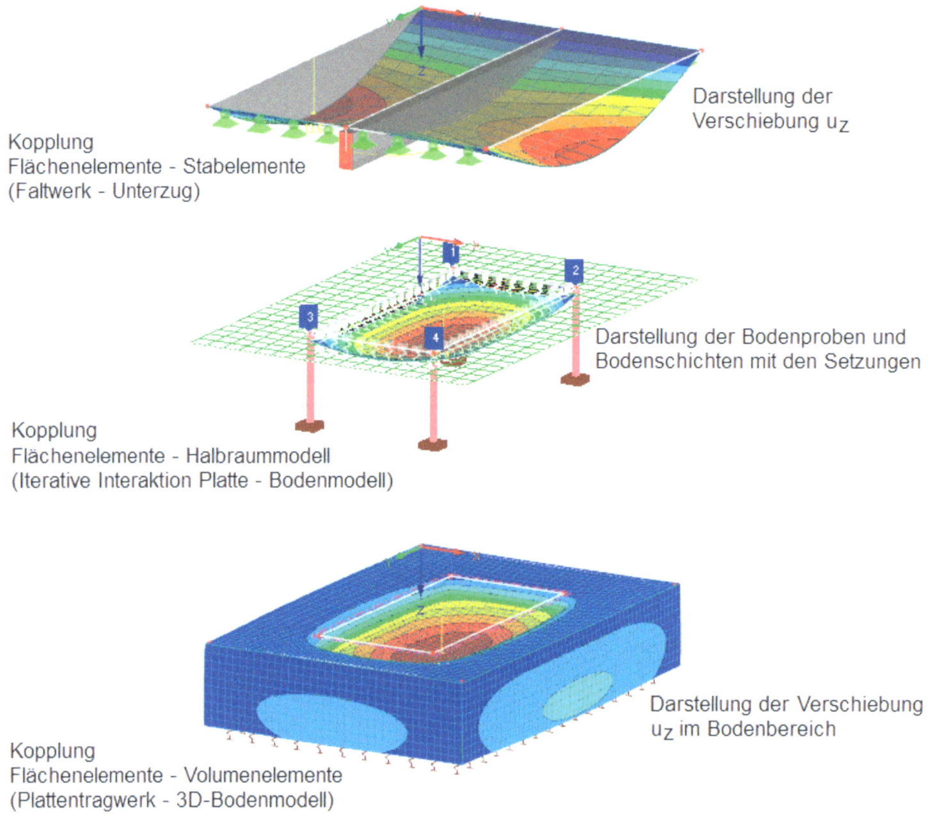

Bild 1-16: Beispiele für Kopplungen in FEM-Programmen

Wird die Koppelfähigkeit von Elementen diskutiert, sollte das Thema Seitenmittenknoten (vgl. Bild 1-7) der Vollständigkeit wegen nicht unerwähnt bleiben. Die Seitenmittenknoten erhöhen zwar die Ansatzordnung und damit die Genauigkeit, sind aber in Bezug einer Kopplung mit Balkenelementen oder mit Elementen ohne Seitenmittenknoten eher hinderlich. Koppelt man Elemente mit und ohne Seitenmittenknoten ist die Stetigkeit der Verschiebungen verletzt, da diese an den Elementrändern zweier benachbarter Elemente zwischen den Eckknoten nicht mehr kompatibel ist. Das hat wiederum Konsequenzen für die Konvergenzeigenschaften. Seitenmittenknoten treten deshalb gelegentlich nur in der Herleitung des Elementes auf und werden dann durch spezielle Techniken wieder entfernt (herauskondensiert). Bei Volumenelementen beschränkt man sich mitunter auf nur drei Verschiebungen, selbst wenn die Kompatibilität in Bezug auf die Verdrehungen mit Balken oder Flächenelementen nicht erfüllt ist[4]. Die Ergebnisse sind in der Regel trotz der fehlenden Verdrehungen ausreichend genau.

Bild 1-17 zeigt Beispiele für solche nicht kompatiblen Elementzuordnungen.

[4] RFEM verfügt über kompatible Volumenelemente mit sechs Freiheitsgraden

Elementkopplungen	
Plattenelement mit Seitenmittenknoten und Balkenelement	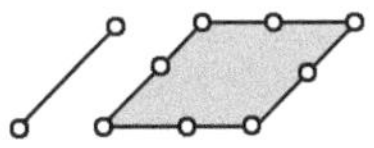
Viereckelement ohne Seitenmittenknoten und Dreieckelement mit Seitenmittenknoten	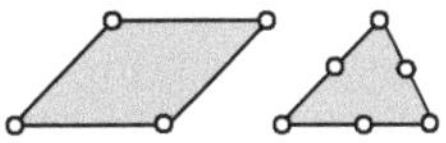
Volumenelement mit FG v_x v_y v_z und Faltwerkselement mit FG v_x v_y v_z Φ_x Φ_y Φ_z	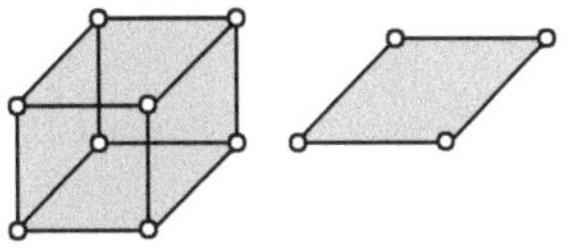
Faltwerkselemente untereinander mit FG v_x v_y v_z Φ_x Φ_y (6. FG für Scheibenverdrehung nicht im Ansatz)	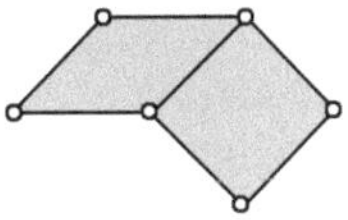

Bild 1-17: Beispiele für inkompatible Kopplungen

Trotz der hier diskutierten Zwänge existiert in der Entwicklung der Elemente noch ein großer Raum an Variationsmöglichkeiten. Das hat zur Folge, dass sich die Finiten Elemente in den verschiedenen Softwareanwendungen zwar in den Freiheitsgraden nicht unterscheiden, dafür aber in den Eigenschaften mitunter stark. Hier stellt der jeweilige Elementtyp einen wesentlichen Einflussfaktor dar.

6.2 Elemententwicklungen - allgemein

Dieser Abschnitt soll die historische Entwicklung der baupraktisch interessanten Finiten Elementtypen kurz umreißen und einige häufig in der Literatur verwendete Begriffe erklären.

In der Fachliteratur existieren in großer Anzahl ausführliche Elementbeschreibungen, vor allem für Platten- und Scheibenelemente. Auf einige Ausgewählte wird im Folgenden verwiesen.

Zunächst gab es vorwiegend Elemente mit reinen Verschiebungsansätzen. Bei diesen Deformationsmodellen sind die Freiheitsgrade Verschiebungsgrößen. Für baupraktische Belange waren in der Regel nur Drei- und Viereckelemente mit geraden Rändern und damit einer linearen Beschreibung der Elementgeometrie von Interesse. Im Gegensatz dazu wurden häufig für die Ansätze selbst höhere Funktionen verwendet. Sie gehören damit zur Gruppe der subparametrischen Elemente. Diese höheren Ansätze kamen bei Platten- und teilweise auch bei Scheibenelementen zum Einsatz.

Deformationsmodelle können die kinematische Verträglichkeit generell erfüllen, die Gleichgewichtsbedingungen (statische Verträglichkeit) allerdings nur an den Knotenpunkten und für die Struktur nur angenähert.

Die ersten Deformationsmodelle waren die „klassischen“ Finiten Elemente mit stetigen Verschiebungsansätzen, auch als konforme Elemente bezeichnet. (Nähere Erklärungen zum Begriff der Konformität sind im Kapitel 3 nachzulesen).

Andere Entwicklungen führten zu nichtkonformen Verschiebungselementen (Verletzung der Stetigkeit relevanter Verschiebungsansätze). Zum einen versuchte man durch die zusätzliche Einführung von Freiheitsgraden an den Rändern bzw. im Elementbereich die Ansatzordnung zu erhöhen und damit das Ergebnis zu verbessern. Zum anderen führten die unter Punkt 6.1 beschriebenen Forderungen nach der Transformierbarkeit der Knotenfreiheitsgrade und der damit verbundenen Fähigkeit verschiedene Elemente zu koppeln wiederum zu einer Einschränkung in der Wahl der Freiheitsgrade (im Räumlichen 3 Verschiebungen und 3 Verdrehungen). Dieser Widerspruch und die Tatsache, dass die nichtkonformen Elemente auf Grund der Verletzung der Stetigkeit der Ansätze Nachteile in Bezug auf das Lösungsverhalten aufwiesen, führten schon bald zu der Suche nach weiteren Alternativen.

Die Kraftgrößenmethode arbeitet im Gegensatz zur Deformationsmethode mit Kraftansätzen. Hier werden die Gleichgewichtsbedingungen in der Struktur erfüllt, die geometrische Verträglichkeit aber nur in angenäherter Form. Die Knotenparameter stellen Spannungs- oder Schnittgrößen dar und ggf. Parameter, die physikalisch nicht mehr interpretierbar sind. Die wichtige Forderung nach einer beliebigen Transformation der Freiheitsgrade und damit einer Kopplung verschiedener Elementtypen ist bei diesen Knotenparametern nicht gegeben. Somit stellen die Ansätze für die Spannungen bzw. Schnittgrößen, die prinzipiell sinnvoll wären, im Zusammenhang mit der reinen Kraftgrößenmethode keine Alternative dar.

Eine vorteilhafte Lösung ergibt sich aus der Mischung der beiden Ansatzarten. Bei diesen so genannten hybriden Modellen werden die Prinzipien der Kraft- und Verschiebungsmethode zu einem hybriden Arbeitsprinzip verschmolzen. Hybride Elemente wurden sowohl für Platten- als auch für Scheibenlösungen entwickelt.

In [3.2] ist eine Auswahl klassischer Deformations- und hybrider Ansätze für Platten- und Scheibenelemente beschrieben.

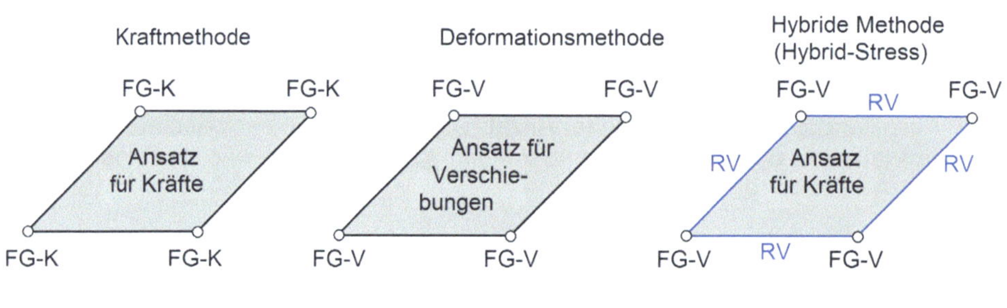

Bild 1-18: Hybrides Modell im Vergleich zum Kraft- und Deformationsmodell

In den Softwareanwendungen, denen hybride Elemente zu Grunde liegen, haben sich die hybriden Spannungsmodelle (Hybrid-Stress-Method [1.12]) etabliert. Die Bezeichnung Spannungsmodell (im Gegensatz zu dem hybriden Deformationsmodell) deutet darauf hin, dass die Spannungen bzw. Schnittgrößen im inneren der Elemente approximiert werden. Entlang der Elementränder wird allerdings ein Verschiebungsansatz gewählt (vgl. Bild 1-18). Entsprechend diesem Ansatz stellen die Elementfreiheitsgrade Verschiebungsgrößen dar. Dadurch erhält man ebenso wie bei den reinen Verschiebungsansätzen eine Steifigkeitsmatrix. Die Transformierbarkeit und Koppelfähigkeit mit anderen Elementen ist damit prinzipiell gegeben. Hybride Elemente können die statische Verträglichkeit im inneren des Elementes (Erfüllung des Gleichgewichtes) und die kinematische Verträglichkeit entlang der Elementränder (Stetigkeit der relevanten Verschiebungen) erfüllen. Das ist ein Vorteil zu der vorab erwähnten Kraft- und Verschiebungsmethode. In der Regel zeichneten sich hybride Elemente gegenüber den anfänglich entwickelten Deformationselementen durch eine höhere Konvergenz aus.

6.3 Scheibenelemente

6.3.1 Elemente mit Drehfreiheitsgraden

Die einfachen klassischen konformen Verschiebungselemente mit linearen Ansätzen, also Dreieckelemente mit konstantem Verzerrungszustand (CST-Elemente) beziehungsweise Viereckelemente mit bilinearen Ansätzen, die in den Anfängen der kommerziellen Nutzung der FEM noch in den Programmen enthalten waren, sind in den meisten Softwareanwendungen durch wesentlich leistungsfähigere Elemente ersetzt wurden. Die Scheibenelemente mit linearen Ansätzen erforderten eine hohe Netzdichte, um das Tragwerk nicht zu steif zu approximieren. Besonders bei der Berechnung von Faltwerken waren diese Elemente nachteilig, da man nur wegen den gegenüber den Plattenelementen weniger leistungsfähigen Scheibenelementen feiner vernetzen musste.

Die zeitgemäßen modernen Scheibenelemente besitzen höhere Ansatzfunktionen und enthalten den für die Kopplung mit Balken-, Faltwerks- und Volumenelementen wichtigen „dritten Freiheitsgrad“. Häufig stellt dieser Freiheitsgrad eine echte physikalische Verdrehung, wie in Bild 1-19 dargestellt, dar. Für diese Elemente können auch Momente um die z-Achse als Belastung eingegeben werden. Unproblematisch sind derartige Kopplungen unter anderem wegen der Netzabhängigkeit allerdings nicht.

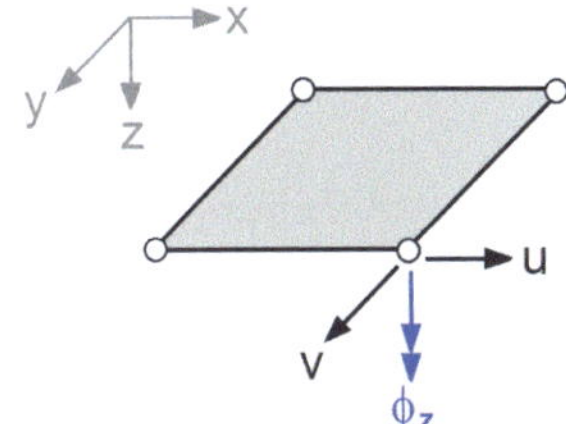

Bild 1-19: Viereckelement mit Drehfreiheitsgrad

In [1.14] werden verschiedene Modellansätze für diesen Rotationsfreiheitsgrad diskutiert, ein Drei- und Viereckelement mit einem reinen Deformationsansatz vorgestellt sowie Konvergenztests durchgeführt.

Die ausführliche Beschreibung von Elementen mit einer hybriden Elementformulierung findet man z. B. unter [1.13].

Die in RFEM eingesetzten Deformations-Scheibenelemente wurden aus einem isoparametrischen 6-Knoten-Dreieckelement und einem ebenfalls isoparametrischen 8-Knoten-Viereckelement mit zunächst nur zwei Verschiebungsfreiheitsgraden pro Knoten abgeleitet.

Unter isoparametrischen Elementen sind Elemente zu verstehen, bei denen die gleichen funktionellen Ansätze zur Beschreibung des Verformungsverhaltens auch zur Beschreibung der Elementgeometrie benutzt werden. Das 6-Knoten-Dreieckelement und das 8-Knoten-Viereckelement besitzen neben den Eckknoten noch einen Seitenmittenknoten je Elementseite (vgl. Bild 1-20), der quadratische Ansätze ermöglicht. Dieser Seitenmittenknoten vergrößert allerdings unnötig die Element- und damit auch die Systemmatrix. Außerdem fehlt der oben beschriebene Drehfreiheitsgrad.

Die aus diesen Elementen entwickelten und in RFEM eingesetzten Dreieck- und Viereckelemente besitzen weitestgehend die Vorteile der isoparametrischen Elemente ohne jedoch die oben erwähnten Nachteile aufzuweisen. Durch eine spezielle Interpolation wurden die Seitenmittenknoten eliminiert und der „dritte Freiheitsgrad“ als echte physikalische Verdrehung ergänzt (vgl. Bild 1-20). Bei diesem Vorgehen entstehen aber so genannte Null-Energie-Formen (Zero Energy Modes), die zu einer singulären Steifigkeitsmatrix führen können. Die Einführung von Penalty-Funktionen und spezielle Annahmen bei der numerischen Integration beim Aufbau der Elementsteifigkeitsmatrix verhindern das Auftreten dieser Null-Energie-Formen.

Da das Element geradlinig berandet ist und höhere Ansatzfunktionen besitzt, gehört es zur Gruppe der subparametrischen Elemente.

Die so entstandenen neuen Elemente zeichnen sich durch gute Konvergenzeigenschaften aus. Außerdem ist die vollständige Kompatibilität und Koppelfähigkeit mit den weiteren in RFEM eingesetzten Balken-, Faltwerks- und Volumenelementen abgesichert.

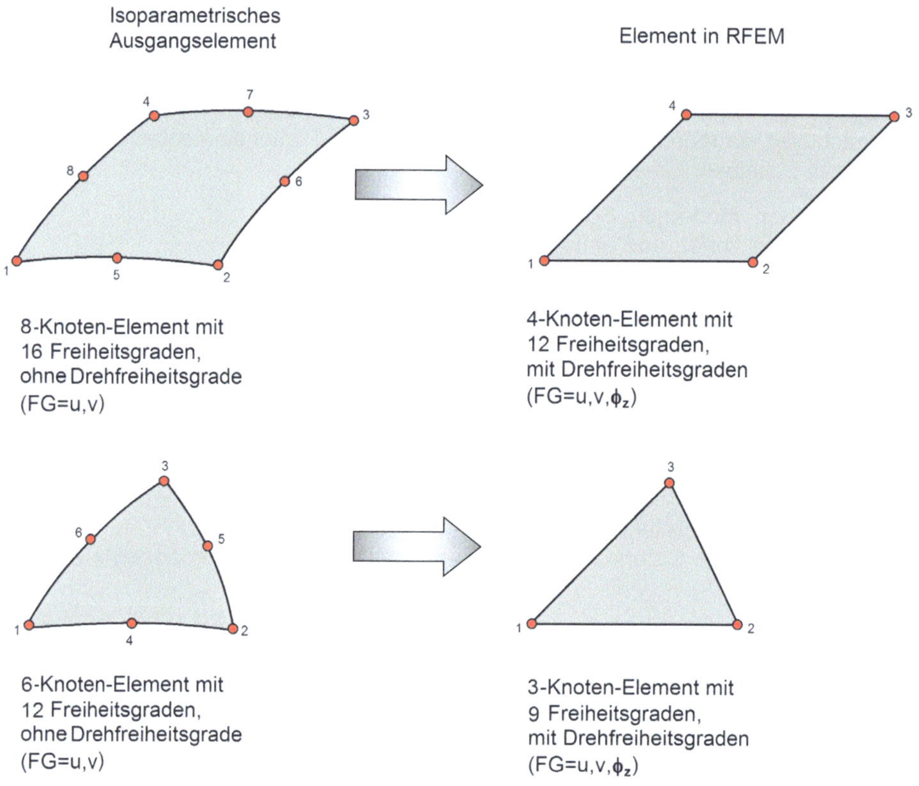

Bild 1-20: Scheibenelemente in RFEM

Die Konvergenzeigenschaften der RFEM-Scheibenelemente können im Kapitel 3 (Viereckelemente in Beispiel Netz-05, Dreieckelemente in Beispiel Netz-06) nachvollzogen werden.

Weitere Beispiele in Kapitel 3 zeigen, dass die Scheibenelemente in RFEM wichtige Eigenschaften erfüllen, wie

- die Approximation konstanter Verzerrungszustände (Beispiel Patchtest-SB),
- die geometrische Isotropie und Drehungsinvarianz (Beispiel Invariant-02) und
- die Invarianz gegen Starrkörperverschiebungen (Beispiel Invariant-04).

6.3.2 Grundlegende Definitionen

Scheibenelemente gehören wie Platten- und Faltwerkselemente zu den Flächentragwerken, deren Dicke im Verhältnis zur Länge und Breite gering ist. Sie sind so dünn, dass es ausreichend ist, ihre Mittelebene zu betrachten.

Bei den Scheibenelementen werden die auftretenden Spannungen zu Schnittgrößen - bezogen auf die Mittelebene - zusammengefasst bzw. reduziert. In Bild 1-21 sind die Längs- (n_x, n_y) und Schubschnittgrößen (n_{xy}) dargestellt. Sie stellen Kräfte je Längeneinheit dar (z. B. in KN/m). Häufig werden sie deshalb mit kleinen Buchstaben bezeichnet, im Gegensatz zu den mit großen Buchstaben bezeichneten Stabschnittgrößen, die auf keine Längeneinheit bezogen sind[5]. Für die später zu behandelnden Platten- und Faltwerkselemente gelten in Bezug auf die Bezeichnungen im Allgemeinen die gleichen Grundsätze.

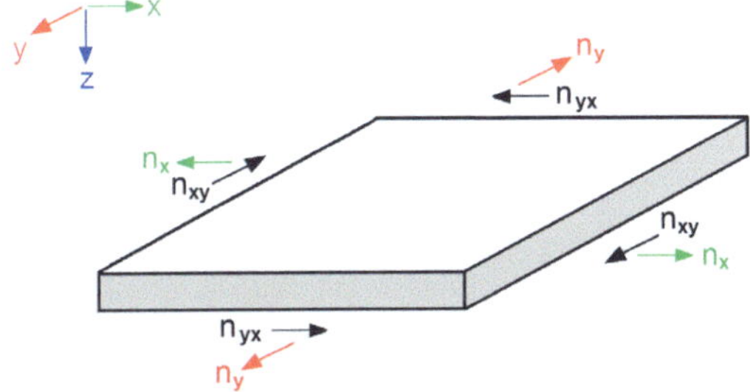

Bild 1-21: Definition der Schnittgrößen für Scheibenelemente

Die angenommene konstante Spannungsverteilung über die Höhe führt zu einfachen Umrechnungen zwischen Schnittgrößen und Spannungen, wie die Gleichungen 1-16 und 1-17 zeigen. Aufgrund der trivialen Beziehungen existieren auch Scheibenprogramme, die nur die über die Höhe konstant verteilten Spannungen ausgeben[6].

Das Bild 1-21 stellt die Richtungen und Bezeichnungen der Schnittgrößen dar, ohne auf das Gleichgewicht am Element einzugehen. Wegen $\tau_{xy} = \tau_{yx}$, gilt auch $n_{xy} = n_{yx}$.

[5] Nach diesem Prinzip arbeitet auch RFEM

[6] RFEM verfügt über Ausgabemöglichkeiten für Schnittgrößen und Spannungen.

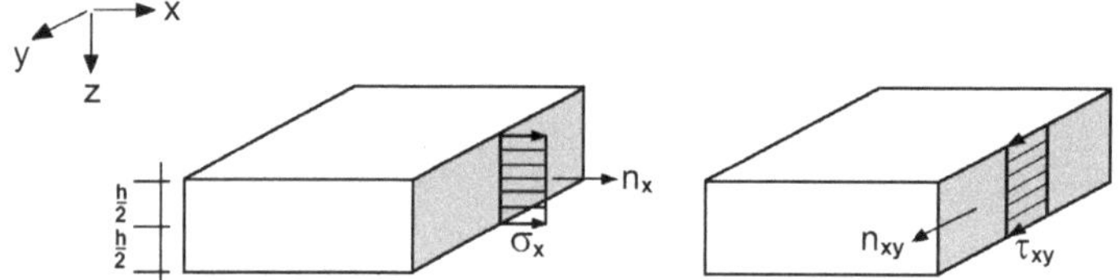

Bild 1-22: Spannungen und Schnittgrößen der Scheibe im Schnitt x= konst.

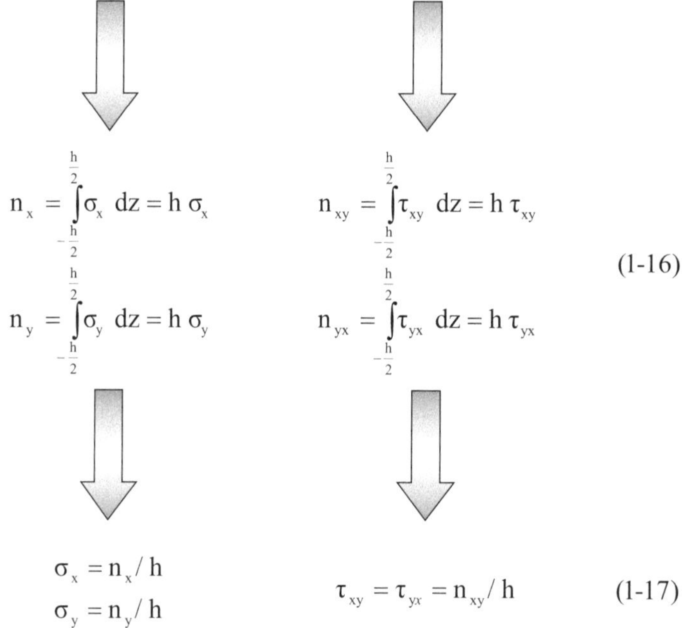

$$n_x = \int_{-\frac{h}{2}}^{\frac{h}{2}} \sigma_x \, dz = h\,\sigma_x \qquad n_{xy} = \int_{-\frac{h}{2}}^{\frac{h}{2}} \tau_{xy} \, dz = h\,\tau_{xy}$$

$$n_y = \int_{-\frac{h}{2}}^{\frac{h}{2}} \sigma_y \, dz = h\,\sigma_y \qquad n_{yx} = \int_{-\frac{h}{2}}^{\frac{h}{2}} \tau_{yx} \, dz = h\,\tau_{yx} \qquad (1\text{-}16)$$

$$\sigma_x = n_x / h \qquad \sigma_y = n_y / h \qquad \tau_{xy} = \tau_{yx} = n_{xy} / h \qquad (1\text{-}17)$$

Das Beispiel Scheibe-Definitionen soll die zwei Ausgabemöglichkeiten anhand einer einfachen Aufgabenstellung verdeutlichen.

Beispiel Scheibe-Definitionen

Statisches System / Eingabewerte

Rechteckscheibe 9,00 m · 3,00 m mit drei unterschiedlichen Dicken, zweiseitig gelagert (u_X= starr, u_Y= starr)

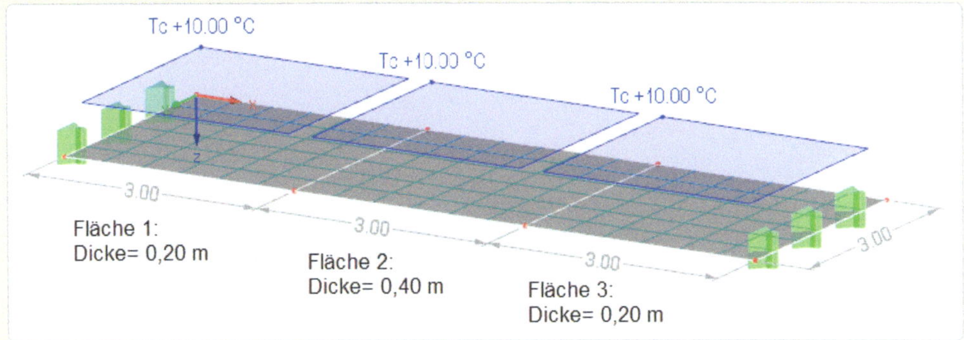

Material Scheibe: E= 3.300 kN/cm², G= 1.370 kN/cm², α= 0,00001/Grad C mit γ= 0 und μ= 0,2

Flächen: 3 Scheibenbereiche mit 0,20 m bzw. 0,40 m Dicke

Belastung: Gleichförmige Temperatur T= 10 °C für gesamten Scheibenbereich

Vernetzung: Angestrebte Länge der Finiten Elemente in *„Berechnung“* unter *„FE-Netz-Einstellungen“* = 0,5 m

Eingabe in RFEM

Beim Anlegen der neuen Position wird für den Modelltyp die Einstellung *„2D - XY“* (Scheibe) gewählt.

Die Scheibe soll in drei Teilflächen mit den zugehörigen konstanten Dicken eingegeben werden.

Die gleichförmige Temperatur ist als *„Neue Flächenlast grafisch“* entsprechend dem nebenstehenden Dialog zu erzeugen.

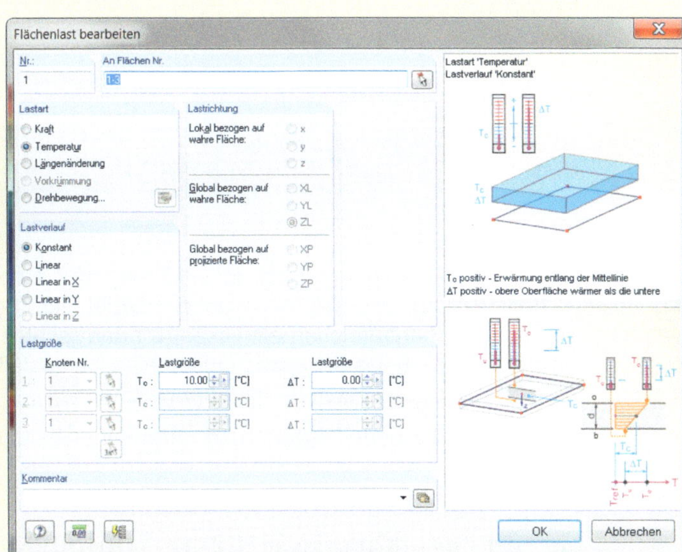

Für die Mittelbildung der Ergebnisse wird die Voreinstellung im Zeigen-Navigator *„Durchlaufend innerhalb Flächen“* (Mittelbildung am Knoten innerhalb der 3 definierten Flächen) verwendet*.

Ergebnisse

Für die Verschiebungen in der x-y-Ebene erhält man:

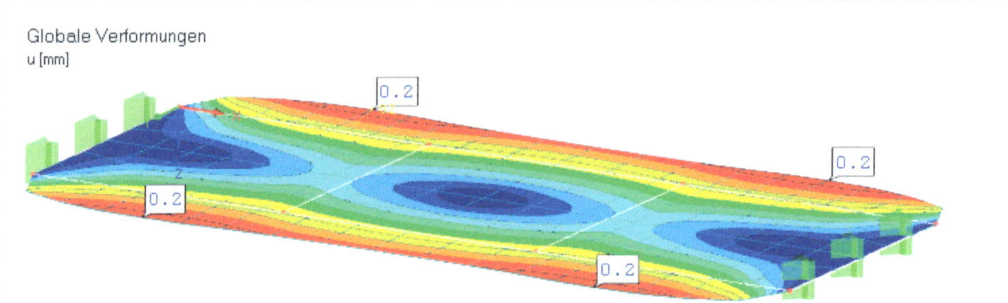

Aufgrund der in x-Richtung behinderten Ausdehnung baut sich bei gleichförmiger Erwärmung eine nahezu konstante Schnittgröße n_x auf (mittiger Schnitt):

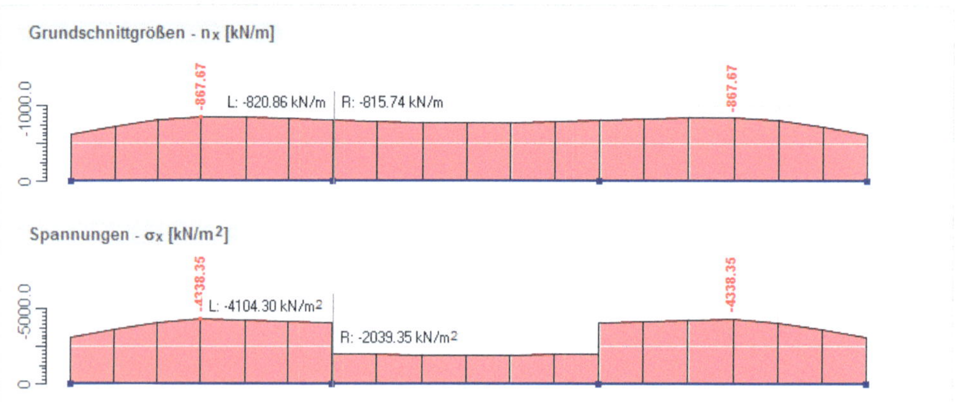

Erkenntnisse

Bedingt durch die nicht durchgeführte Mittelbildung der Knotenergebnisse zwischen den Flächen (Mittlung nur innerhalb der Flächen) ergibt sich für n_x an den Berührungslinien zwischen den Flächenbereichen ein linkes (L:) und rechtes (R:) Ergebnis (vgl. Bild), das aufgrund der Näherungslösung etwas unterschiedlich ausfällt. Erwartungsgemäß verschwindet dieser Unterschied mit zunehmender Netzfeinheit.

RFEM ermittelt zuerst die Schnittgrößen und daraus im zweiten Schritt die Spannungen σ_x nach Gl. 1-17.

Z. B. ergibt sich für den zweiten Knoten von links:

$$\sigma_{xL} = n_x / h = -820{,}86 \text{ kN/m} / 0{,}2 \text{ m} = -4104{,}30 \text{ kN/m}^2$$

$$\sigma_{xR} = n_x / h = -815{,}74 \text{ kN/m} / 0{,}4 \text{ m} = -2039{,}35 \text{ kN/m}^2$$

Durch die unterschiedlichen Scheibendicken ergeben sich für σ_x die im Bild dargestellten größeren Sprünge für den Verlauf der Spannung in x-Richtung.

* Das Thema Mittelbildung bzw. Glättung der Ergebnisse wird im Kapitel 3 näher erläutert

6.4 Plattenelemente

6.4.1 Schubstarre und schubweiche Elemente

Zunächst sollen die wesentlichen Unterschiede zwischen der Theorie der dünnen Platten (schubstarre Elemente) und der Theorie der dicken Platten (schubweiche Elemente) erläutert werden.

Während bei der klassischen Theorie der dünnen Platten die Schubverformungen infolge der Querkräfte vernachlässigt werden, müssen dafür bei der Theorie der dicken Platten spezielle erweiterte Ansätze angenommen werden. Bei dünnen Platten dominiert die reine Biegetragwirkung. Deshalb ist die vereinfachte Biegetheorie auch ausreichend. Mit zunehmender Dicke nimmt der Anteil des Querschubeinflusses an der Tragwirkung zu. Der Fehler bei einer Vernachlässigung dieses Anteils ist ab einer bestimmten Dicke so groß, dass die höhere Theorie der dicken Platte zwingend erforderlich wird.

Wann eine Platte nun als „dünn" oder „dick" anzusehen ist, hängt nicht vom Verhältnis „Abmessung zu Dicke" des einzelnen finiten Elementes ab, sondern von den Gegebenheiten im statischen System. Einflussfaktoren sind hier neben der Plattendicke u. a. vor allem die Stützweiten (Länge, Breite, Radius), die Lagerungsart und die Lastart sowie deren Verteilung. Ein verbindlicher Wert kann auf Grund der Vielzahl der Einflüsse nicht angeben werden.

Wie bei den Balkenelementen kann aber als grobe Orientierung ein Verhältnis Dicke zu charakteristische Länge h/L (L z. B. Abstand zwischen den Lagerungen) herangezogen werden.

In [1.19] sind folgende Grenzen angegeben:

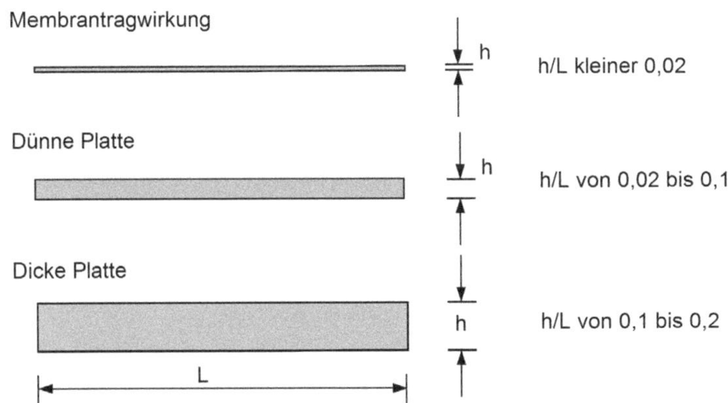

Bild 1-23: Orientierung zur Auswahl von Elementtypen

In einigen Literaturquellen wird der Gültigkeitsbereich der Theorie der dünnen Platten nur bis zu einem Verhältnis h/L von 0,05 definiert.

Ist h/L jedoch größer als 0,2 kommt man in einen Bereich, wo auch die Theorie der dicken Platten ihre Gültigkeit verliert. Eine Berechnung mit Volumenelementen ist dann angebracht.

Bereits 1945 wurden von Reissner [1.17] und 1951 von Mindlin [1.18] entsprechende Erweiterungen der klassischen Kirchhoffschen Biegetheorie mittels der Variationsmethode formuliert. Deshalb bezeichnet man die Theorie der dicken Platten auch als Reissner-Mindlin Theorie. Häufig wird als Synonym auch nur der Name Mindlin verwendet.

Die Annahme der Kirchhoffschen Theorie, dass die Normale zur unverformten Mittelfläche auch im verformten Zustand noch senkrecht zu dieser steht (Normalenhypothese), wird hier nicht mehr aufrechterhalten. Es wird zwischen den Verdrehungen (φ_x, φ_y) und den partiellen Ableitungen der Querverschiebungen ($\partial w/\partial x$, $\partial w/\partial y$) unter Einbeziehung der Schubverzerrungen (γ_{XZ}, γ_{YZ}) unterschieden (vgl. Bild 1-24). Nach der Kirchhofftheorie gilt quasi $\gamma_{XZ} = \gamma_{YZ} = 0$.

Demnach gilt:

$$\varphi_X = \frac{\partial w}{\partial y} - \gamma_{YZ}$$

$$\varphi_Y = -\frac{\partial w}{\partial x} + \gamma_{XZ} \qquad (1\text{-}18)$$

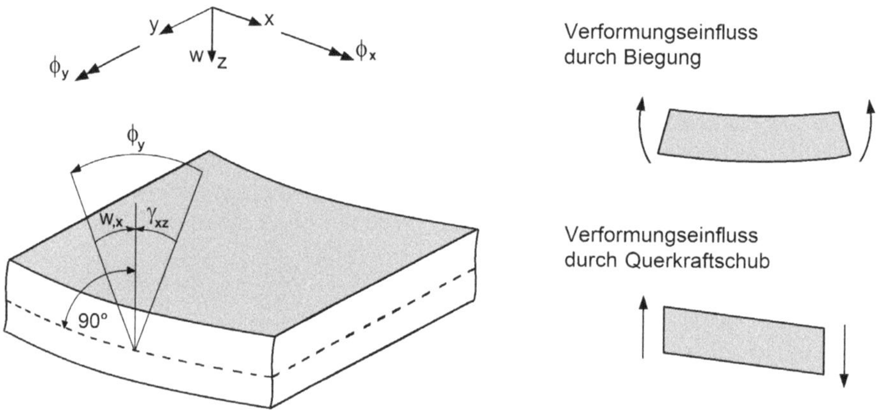

Bild 1-24: Biegung und Schub bei dicken Platten

Neben der Berücksichtigung der Schubverzerrungen gibt es auch grundlegende Unterschiede bei der Ermittlung der Querkräfte nach der Kirchhoff bzw. Reissner-Mindlin Theorie. Da diese die Genauigkeit der Ergebnisse beeinflussen, soll etwas näher darauf eingegangen werden.

Die Krümmungs-Verschiebungsbeziehung lautet bei beiden Theorien:

$$\kappa_x = \frac{\partial \varphi_y}{\partial x} \qquad \kappa_y = -\frac{\partial \varphi_x}{\partial y} \qquad \kappa_{xy} = \frac{\partial \varphi_y}{\partial y} - \frac{\partial \varphi_x}{\partial x} \qquad (1\text{-}19)$$

Nach der Reissner-Mindlin Theorie lassen sich aus Gl. 1-18 die Scherwinkel ermitteln:

$$\gamma_{YZ} = \frac{\partial w}{\partial y} - \varphi_X \qquad \gamma_{XZ} = \frac{\partial w}{\partial x} + \varphi_Y \qquad (1\text{-}20)$$

Die Momenten-Krümmungsbeziehung (isotropes Material) gilt ebenfalls für beide Theorien:

$$\begin{bmatrix} m_x \\ m_y \\ m_{xy} \end{bmatrix} = \frac{E \cdot h^3}{12(1-\mu^2)} \begin{bmatrix} 1 & \mu & 0 \\ \mu & 1 & 0 \\ 0 & 0 & (1-\mu)/2 \end{bmatrix} \cdot \begin{bmatrix} \kappa_x \\ \kappa_y \\ \kappa_{xy} \end{bmatrix} \qquad (1\text{-}21)$$

mit E = Elastizitätsmodul,

μ = Querdehnzahl und

h = Elementdicke

Die Querkräfte werden bei der Kirchhoffschen Theorie aus den Ableitungen der Momente ermittelt:

$$q_x = \frac{\partial m_x}{\partial x} + \frac{\partial m_{xy}}{\partial y} \qquad q_y = \frac{\partial m_y}{\partial y} + \frac{\partial m_{xy}}{\partial x} \qquad (1\text{-}22)$$

Bei der Reissner-Mindlin Theorie werden die Querkräfte hingegen direkt aus den Scherwinkeln berechnet. Für ebenfalls isotropes Material gilt:

$$\begin{bmatrix} q_X \\ q_Y \end{bmatrix} = \frac{5 \cdot E \cdot h}{12(1+\mu)} \begin{bmatrix} 1 & 0 \\ 0 & 1 \end{bmatrix} \cdot \begin{bmatrix} \gamma_{XZ} \\ \gamma_{YZ} \end{bmatrix} \qquad (1\text{-}23)$$

Durch diese direkte Ermittlung nach Gl. 1-23 sind die Querkräfte nach der Mindlin Theorie im Allgemeinen genauer. Das gilt auch für dünne Platten. Das Beispiel Querkraftvergleich unter 6.4.3 verdeutlicht diesen Sachverhalt.

Die höhere Mindlin Theorie erlaubt im Gegensatz zur klassischen Kirchhoffschen Theorie die exakte Erfüllung der Plattenrandbedingungen (drei statische und drei geometrische). Deshalb unterscheidet man für die schubweichen Platten in so genannte harte und weiche Randbedingungen. In Kapitel 5 wird das Thema (vgl. Beispiel Randbedingungen) näher erläutert.

Vor allem auf dem Gebiet der dicken Plattenelemente gab es in den in den letzten Jahrzehnten Erkenntniszuwächse. Interessante Entwicklungen stellen so genannte **D**iskrete **K**richhoff-**M**indlin Elemente (**DKM**-Elemente) dar. Im Gegensatz zu den mit ihnen verwandte schubstarren **D**iskreten **K**richhoff-Elementen (**DK**-Elemente) deutet die Bezeichnung Mindlin auf eine schubweiche Formulierung hin. Die Bezeichnung „diskret" rührt von der Tatsache her, dass die Schubverzerrungen (γ_{xz}, γ_{yz}) nur an diskreten Knotenpunkten mit den übrigen Verschiebungsfeldern gekoppelt sind. Für diesen Elementtyp gelten geringere Anforderungen in Bezug auf die Stetigkeit der Verschiebungsansätze (nur C_0-stetig). In [1.15] sind die Grundlagen für ein DKM-Drei- und ein DKM-Viereckelement beschrieben. Außerdem wird ein Vergleich der Ergebnisse nach den Theorien dünne Platte / dicke Platte für unterschiedliche Verhältnisse h/L vorgenommen. Grundlegende Ausführungen zu diesen Elementtypen sind in [1.20] zu finden.

Eine ausführliche Beschreibung eines klassischen schubweichen hybriden Elements findet man z. B. in [1.16]

In RFEM werden Deformationselemente verwendet, die sich schon mehrfach in verschiedenen Programmen sehr gut bewährt haben.

Das Dreieckelement mit 9 Freiheitsgraden (vgl. Bild 1-25) basiert auf Ansätzen nach LYNN-DHILLON. Für die Approximation der Verdrehungen werden dabei lineare Ansätze verwendet. Ergänzende quadratische Ansätze für die Querverschiebungen verbessern die Konvergenzeigenschaften des Elementes.

Die in RFEM implementierten Viereckelemente mit 12 Freiheitsgraden (vgl. Bild 1-25) sind unter der Bezeichnung MITC4 [vgl. Bathe 1.21] bekannt. Hier werden gemischte Interpolationspolynome für die Querverschiebungen, Verdrehungen und Schubverzerrungen verwendet. Das Element ist frei von Null-Energie-Formen (Zero Energy Modes).

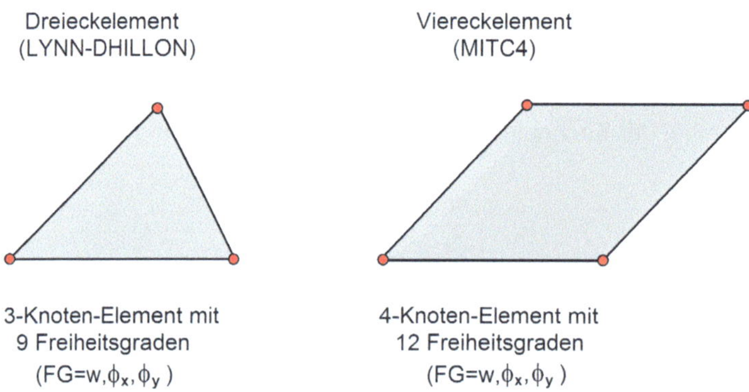

Bild 1-25: Plattenelemente in RFEM

Wie die Beispiele in Kapitel 3 zeigen, erfüllen die RFEM-Plattenelemente alle allgemeinen Anforderungen, die üblicherweise an finite Elemente gestellt werden.

Das sind:

- die Approximation konstanter Krümmungszustände (Beispiel Patchtest-PL),
- die geometrische Isotropie und Drehungsinvarianz (Beispiel Invariant-01) und
- die Invarianz gegen Starrkörperverschiebungen (Beispiel Invariant-03).

Die ebenfalls im Kapitel 3 durchgeführten Vergleiche mit strengen Lösungen weisen die Konvergenzeigenschaften der Elemente aus:

- für die Viereckelemente (Beispiele Netz-01, Netz-03) und
- für die Dreieckelemente (Beispiele Netz-02, Netz-04).

Nachfolgend noch eine Betrachtung zum Thema Sicherheit bei der Anwendung:

Bei der Berechnung von Platten macht man natürlich nichts falsch, wenn dünne Platten mit der Kirchhoffschen Theorie und dicke Platten mit der Reissner-Mindlin Theorie berechnet werden. Voraussetzung ist natürlich, dass beide Elementtypen in dem jeweiligen Softwareprodukt enthalten sind.

Wie extrem ungenau die Ergebnisse sein können, wenn dicke Platten mit der Kirchhoffschen Theorie berechnet werden, zeigt das Beispiel Dicke Platte unter 6.4.3.

Auf der anderen Seite gibt es Reissner-Mindlin-Elemente, die bei der Berechnung von dünnen Platten zu Versteifungseffekten (Shear Locking) neigen und so das Ergebnis stark verfälschen.

Das eigentliche Problem ist der nicht klar definierbare Übergangsbereich (nur grobe Orientierung über das Verhältnis h/L), der keine eindeutige Definition erlaubt, ob eine dünne oder dicke Platte vorliegt. Die beste Lösung für den Anwender ist, wenn die Reissner-Mindlin-Elemente ohne Probleme auch für dünne Platten geeignet sind.

In den oben erwähnten Diskreten Krichhoff-Mindlin Elementen (DKM-Elemente) wird dieses Ziel über einen so genannten Schubverzerrungseinflussfaktor [1.15] erreicht, der quasi zwischen den beiden Theorien „vermittelt“. Wird dieser Faktor null gesetzt, ergibt sich schließlich die „schubstarre Lösung“ (DK-Elemente).

Bei den in RFEM implementierten Reissner-Mindlin Elementen wird das Niveau des Anteils der Querschubspannungsenergie an der Gesamtenergiebilanz über einen ebenfalls speziellen Faktor automatisch optimal angepasst.

Wenn, wie es bei diesen Elementen der Fall ist, keine Probleme bei der Berechnung von dünnen Platten mit der schubweichen Theorie (Reissner-Mindlin) bestehen, empfiehlt sich die Nutzung der schubweichen[7] Elemente grundsätzlich. Sie decken schließlich den ganzen Bereich von den dünnen bis hin zu den dicken Platten ab. Der Anwender muss sich bei den üblichen Plattenberechnungen keine weiteren Gedanken über das Verhältnis h/L machen[8].

In Kapitel 3 (Beispiel Shear Locking) wird gezeigt, dass die RFEM-Plattenelemente frei von den oben erwähnten Versteifungseffekten sind.

[7] In RFEM ist deshalb die Biegetheorie nach Mindlin unter „Berechnung“ in „Berechnungsparameter…“ unter „Globale Berechnungsparameter“ voreingestellt

[8] Ausnahmen sehr dünne (Membranen) und sehr dicke Flächen (Volumen)

6.4.2 Grundlegende Definitionen

Wie schon bei der Beschreibung der Scheibenelemente ausgeführt, ist es auch bei den Plattenelementen ausreichend die Mittelebene zu betrachten. Die Plattenschnittgrößen stellen ebenfalls auf diese Mittelfläche reduzierte Spannungsverteilungen dar. Der Zusammenhang zwischen den Biegespannungen und den Schnittgrößen ist allerdings erwartungsgemäß nicht so trivial (vgl. Gl. 1-24 und 1-25) wie bei den Scheibenelementen.

In Bild 1-26 sind die Biege- (m_x, m_y) und Drillmomente (m_{xy}), sowie die Querkräfte (q_x, q_y) dargestellt. Wegen $\tau_{xy} = \tau_{yx}$, gilt auch $m_{xy} = m_{yx}$. Sie stellen Schnittkräfte je Längeneinheit dar (z. B. in kNm/m bzw. kN/m) und werden deshalb, wie schon erwähnt, mit kleinen Buchstaben bezeichnet.

Das Prinzip der Indizierung der Schnittgrößen weicht bei Platten von der bekannten Balkenlösung ab. Um die Unterschiede herauszustellen, ist in Bild 1-26 neben der Definition der Plattenschnittgrößen auch die Definition des Balkenelementes mit dargestellt.

Es gelten folgende Regeln:

Das Balkenmoment erhält üblicherweise als Index die Achse, um die das Moment dreht. Die Querkraft wird durch die Richtung bezeichnet, in der sie wirkt.

Bei Platten sind die Biegemomente auf die durch sie hervorgerufenen Spannungen definiert. m_x erzeugt demnach bei Platten Normalspannungen in x-Richtung und m_y in y-Richtung. Beim Drillmoment m_{xy} bzw. m_{yx} steht der erste Index für die Richtung der Flächennormalen und der zweite Index für die Richtung der daraus resultierenden Schubspannungskomponente (vgl. Bild 1-27). Die Indizierung der Plattenquerkräfte richtet sich nach dem zugehörigen Biegemoment.

Das Bild 1-26 stellt auch hier lediglich die Richtungen und Bezeichnungen der Schnittgrößen dar, ohne auf das Gleichgewicht am Element einzugehen.

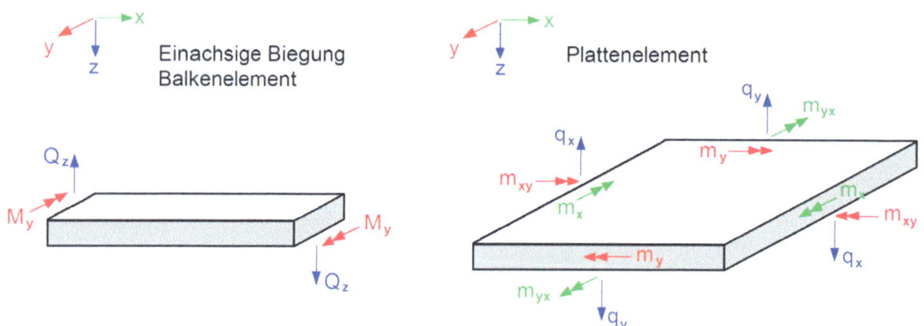

Bild 1-26: Definition der Schnittgrößen für Balken- und Plattenmoment

Für Balken und Platten gilt, dass positive Biegemomente an der Unterseite Zug erzeugen. Positive Drillmomente bewirken bei den Platten an der Plattenunterseite Schubspannungen in Richtung der positiven Koordinatenrichtung. In Bild 1-27 kann dieser Zusammenhang leicht nachvollzogen werden.

Zwischen Schnittgrößen und Spannungen gelten entsprechend der Elastizitätstheorie folgende Beziehungen:

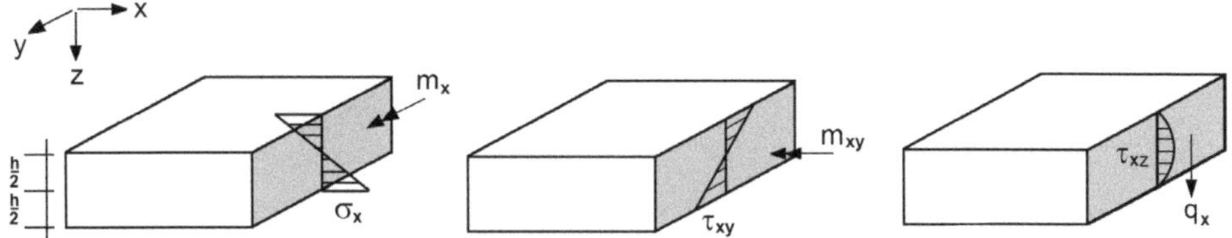

Bild 1-27: Spannungen und Schnittgrößen der Platte im Schnitt x= konst.

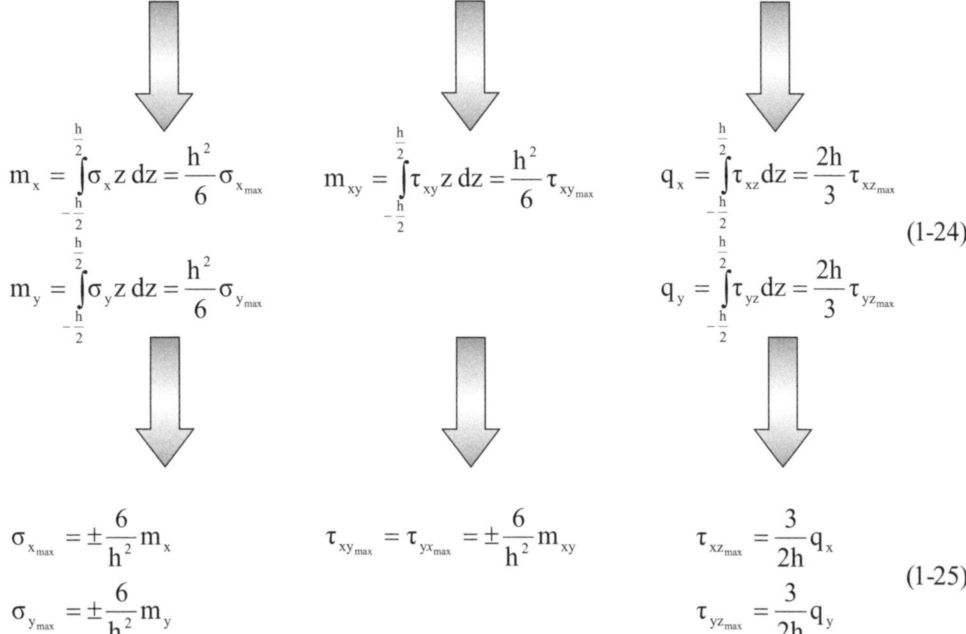

$$m_x = \int_{-\frac{h}{2}}^{\frac{h}{2}} \sigma_x z\,dz = \frac{h^2}{6}\sigma_{x_{max}} \qquad m_{xy} = \int_{-\frac{h}{2}}^{\frac{h}{2}} \tau_{xy} z\,dz = \frac{h^2}{6}\tau_{xy_{max}} \qquad q_x = \int_{-\frac{h}{2}}^{\frac{h}{2}} \tau_{xz} dz = \frac{2h}{3}\tau_{xz_{max}}$$

$$m_y = \int_{-\frac{h}{2}}^{\frac{h}{2}} \sigma_y z\,dz = \frac{h^2}{6}\sigma_{y_{max}} \qquad q_y = \int_{-\frac{h}{2}}^{\frac{h}{2}} \tau_{yz} dz = \frac{2h}{3}\tau_{yz_{max}} \qquad (1\text{-}24)$$

$$\sigma_{x_{max}} = \pm\frac{6}{h^2} m_x \qquad \tau_{xy_{max}} = \tau_{yx_{max}} = \pm\frac{6}{h^2} m_{xy} \qquad \tau_{xz_{max}} = \frac{3}{2h} q_x$$

$$\sigma_{y_{max}} = \pm\frac{6}{h^2} m_y \qquad \tau_{yz_{max}} = \frac{3}{2h} q_y \qquad (1\text{-}25)$$

Das Beispiel Platte-Definitionen zeigt das Prinzip der Ausgabe von Plattenschnittgrößen und Spannungen in RFEM.

Beispiel Platte-Definitionen

Statisches System / Eingabewerte

Rechteckplatte 9,00 m · 3,00 m mit drei unterschiedlichen Dicken, zweiseitig eingespannt (u_Z= starr, ϕ_X= starr, ϕ_Y= starr)

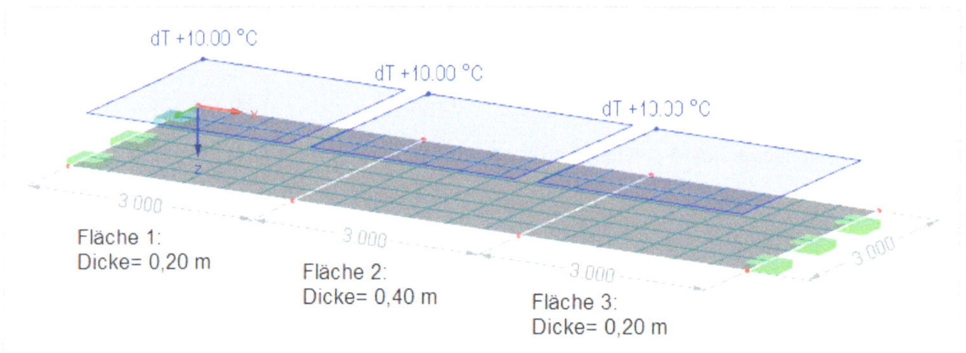

Material Platte: E= 3.300 kN/cm², G= 1.370 kN/cm², α= 0,00001/Grad C mit γ= 0 und μ= 0,2

Flächen: 3 Plattenbereiche mit 0,20 m bzw. 0,40 m Dicke

Belastung: Ungleichförmige Temperatur ΔT= 10 °C für gesamten Plattenbereich

Vernetzung: Angestrebte Länge der Finiten Elemente in *„Berechnung“* unter *„FE-Netz-Einstellungen“* = 0,5 m

Eingabe in RFEM

Beim Anlegen der neuen Position wird für den Modelltyp die Einstellung *„2D - XY“* (Platte) gewählt.

Die Platte wird analog des zuvor beschriebenen Scheibenbeispiels über drei Teilflächen mit den zugehörigen konstanten Dicken erzeugt.

Die Eingabe der ungleichförmigen Temperatur erfolgt als Flächenlast entsprechend dem nebenstehenden Dialog.

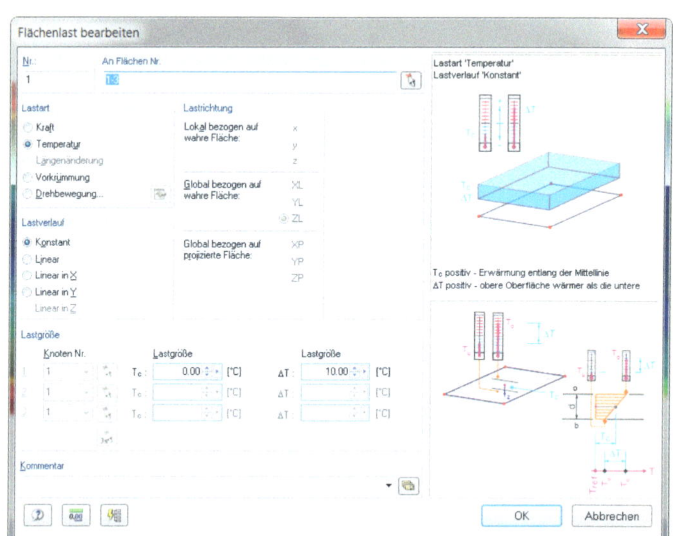

Für die Mittelbildung der Ergebnisse werden die programmseitigen Voreinstellungen verwendet (Durchlaufend innerhalb Flächen).

Ergebnisse

Die Verschiebungen in z-Richtung ergeben sich zu:

Globale Verformungen
u [mm]
0.6
0.2
0.2
0.2
0.2

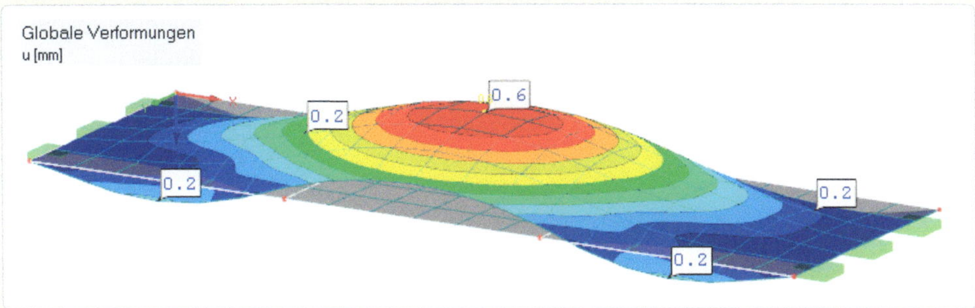

In einem mittigen Längsschnitt erhält man

- für die Schnittgröße m_x und die daraus ermittelten
- Spannungen an der Plattenunterseite (σ_x,+) und
- Spannungen an der Plattenoberseite (σ_x,-)

folgende Ergebnisse:

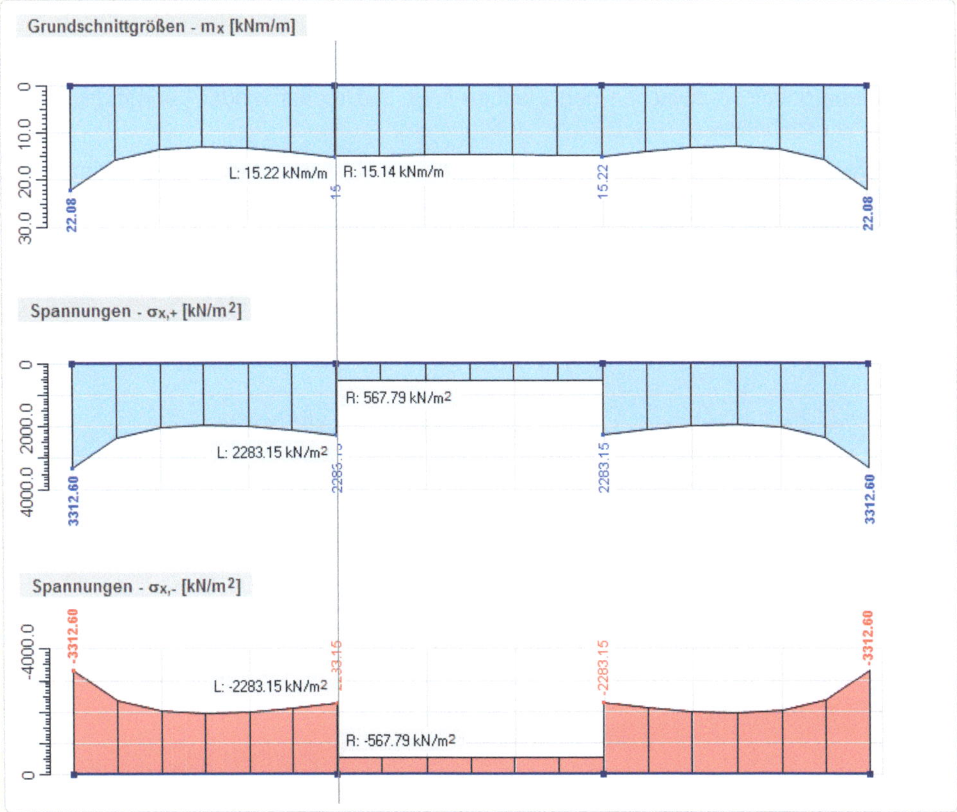

Grundschnittgrößen - mx [kNm/m]
L: 15.22 kNm/m
R: 15.14 kNm/m
22.08
15.22
22.08
Spannungen - σx,+ [kN/m2]
R: 567.79 kN/m2
L: 2283.15 kN/m2
3312.60
2283.15
3312.60
Spannungen - σx,- [kN/m2]
L: -2283.15 kN/m2
R: -567.79 kN/m2
-3312.60
-2283.15
-3312.60

Für die Querkraft v_x (q_x) und die daraus ermittelten Schubspannungen τ_{xz} ergeben sich im gleichen Schnitt:

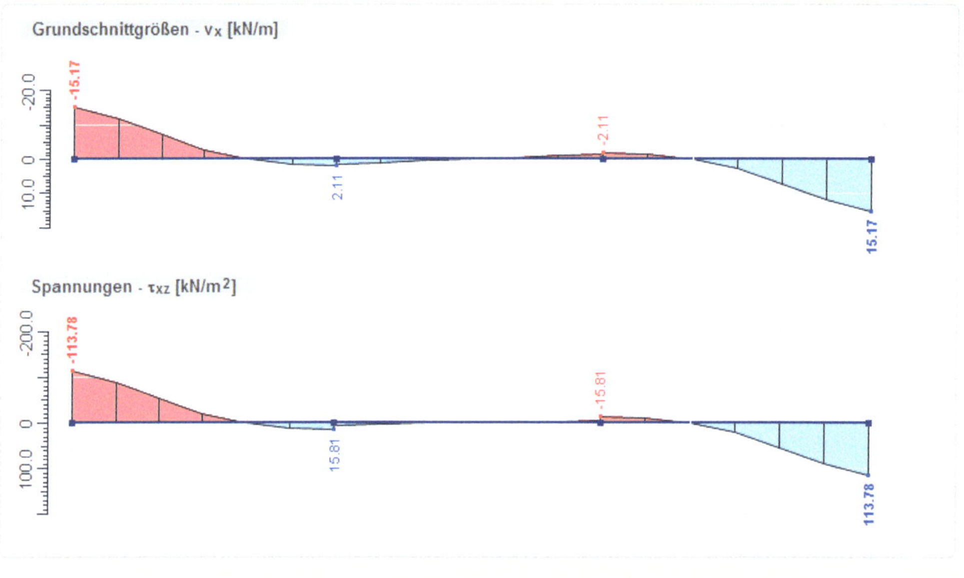

Erkenntnisse

Hier ergeben sich für die Schnittgrößen aufgrund der nicht durchgeführten Mittelbildung der Knotenergebnisse zwischen den Flächen links und rechts wieder geringfügig unterschiedliche Ergebnisse.

Da RFEM auch bei den Platten zuerst die Schnittgrößen und danach die Spannungen ermittelt, erhält man durch die Dickensprünge ebenfalls Spannungssprünge (vgl. σ_x,+ und σ_x,- im mittigen Schnitt).

Nach Gl. 1-25 ergibt sich z. B. für den zweiten Knoten von links:

$$\sigma_{x\,max,\,L} = \pm\frac{6}{h^2}m_x = \pm\frac{6}{0{,}2\,m^2}15{,}22\,kNm/m = \pm\,2283{,}15\,kN/m^2$$

$$\sigma_{x\,max,\,R} = \pm\frac{6}{h^2}m_y = \pm\frac{6}{0{,}4\,m^2}15{,}14\,kNm/m = \pm\,567{,}79\,kN/m^2$$

Die maximale Schubspannung z. B. für den rechten Knoten errechnet sich nach Gl. 1-25 zu (vgl. $\tau_{xz\,max}$ im mittigen Schnitt):

$$\tau_{xz\,max} = \frac{3}{2h}q_x = \frac{3}{2\cdot 0{,}2m}15{,}17\,kN/m = 113{,}78\,kN/m^2$$

6.4.3 Beispielrechnungen zu schubstarren und schubweichen Elementen

In den meisten FE-Programmen sind sowohl die Theorien nach Kirchhoff als auch nach Mindlin implementiert. Die Voreinstellung des Elementtyps und der damit verwendeten Theorie wird unterschiedlich gehandhabt. Deshalb sollte die entsprechende Einstellung immer geprüft werden. Häufig stellt die Voreinstellung auch eine indirekte Empfehlung des Softwareherstellers entsprechend der Einsatzmöglichkeiten der enthaltenen Elemente dar (siehe auch Erläuterungen unter 6.4.1).

Wie schon erwähnt, ist in RFEM die Theorie nach Mindlin eingestellt.

Das Beispiel Dicke Platte verdeutlicht den Fehler, der entsteht, wenn man eine dicke Platte nach der Theorie der dünnen Platten berechnet. Haupteinfluss ist das bereits diskutierte Verhältnis Plattendicke / charakteristische Länge (h/L). Es wird der Bereich h/L= 0,05 bis h/L= 0,25 untersucht. Beginnend mit dem Übergangsbereich dünne Platte / dicke Platte (h/L= 0,05) wird der Grenzbereich (h/L= 0,25) erreicht, wo ggf. schon eine Berechnung mit Volumenelementen sinnvoll wäre.

Interessant ist in diesem Beispiel auch, wie unterschiedlich sich dieser Fehler bei einer verteilten bzw. konzentrierten Last entwickelt. Der Einflussfaktor „Lastart" wird hier deutlich.

Beispiel Dicke Platte

Statisches System / Eingabewerte

Dicke Kreisplatte, Radius= 5,00 m mit gelenkiger Randlagerung (u_z= starr)

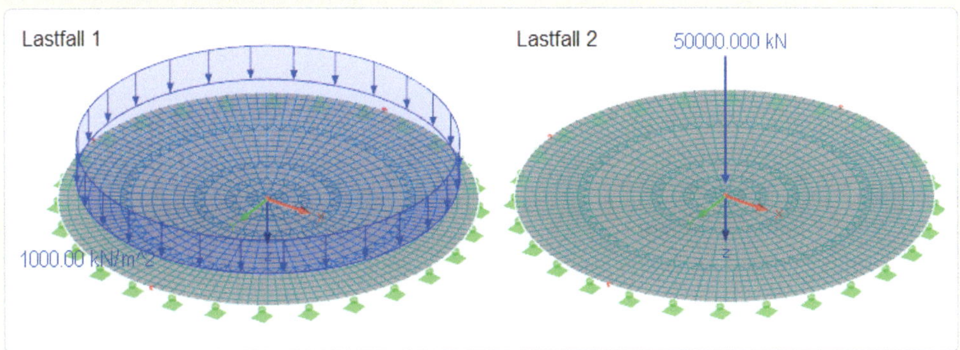

Material Platte:

E= 2.830 kN/cm², G= 1.179,17 kN/cm², mit γ= 0 und μ= 0,2

Platte: Dicke= Variation von 0,50 m bis 2,5 m,
Theorie nach Kirchhoff bzw. Mindlin

Belastung:

LF1: Flächenlast 1.000 kN/m²
LF2: Einzellast 50.000 kN

Vernetzung:

Angestrebte Länge der Finiten Elemente in *„Berechnung"* unter *„FE-Netz-Einstellungen"* = 0,25 m

Eingabe in RFEM

Zur Generierung der Kreisplatte wird zunächst entsprechend dem nebenstehenden Dialog eine Kreislinie erzeugt.

Die neue Fläche wird über *„Linie picken"* der kreisförmigen Linie zugeordnet.

Da die Platten mit den variierenden Dicken mit der Theorie nach Kirchhoff und Mindlin berechnet werden sollen, ist unter *„Berechnung"* in *„Berechnungsparameter…"* unter *„Globale Berechnungsparameter"* die Biegetheorie nach Mindlin und Kirchhoff entsprechend umzustellen.

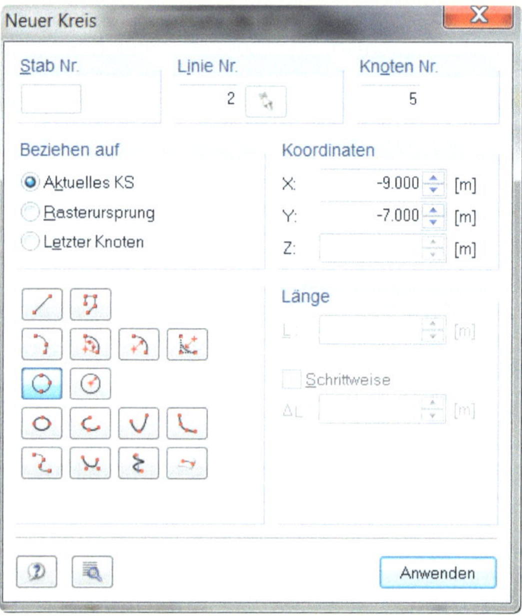

Um die Schnittgrößen der Kreisplatte auf die radialen bzw. tangentialen Richtungen zu beziehen, ist das Elementkoordinatensystem im Dialog *„Fläche bearbeiten"* entsprechend des untenstehenden Bildes einzustellen.

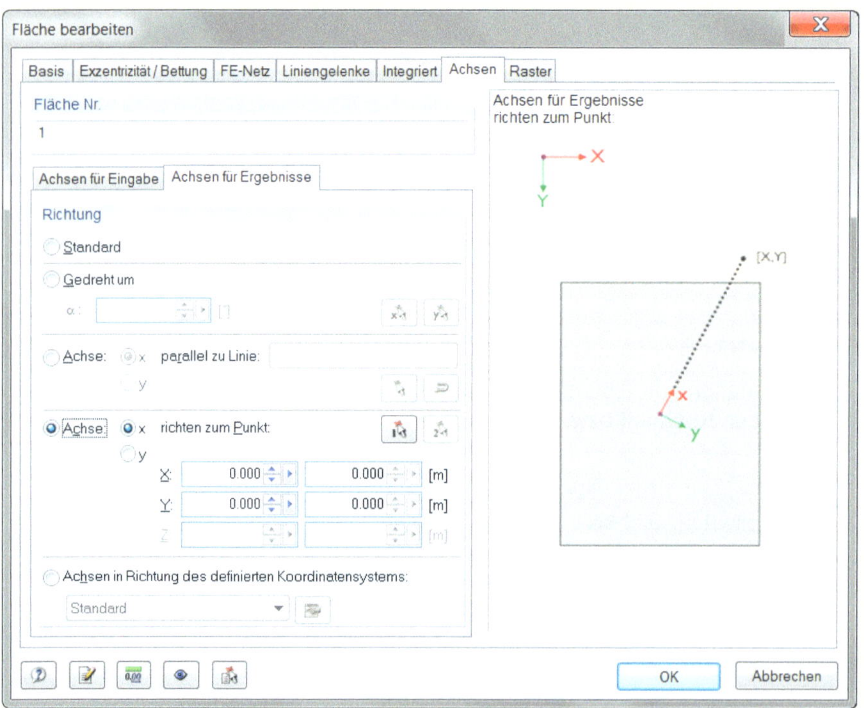

ERGEBNISSE

Analytische Lösung für Lastfall 1 (Flächenlast):

In Abhängigkeit von den unterschiedlichen Dicken erhält man für die maximale Durchbiegung der dicken Platte in der Mitte:

$$w = w_B + w_S \quad \text{mit } w_B \text{...Verschiebung infolge Biegung}$$
$$\text{und } w_S \text{...Verschiebung infolge Schubverzerrungen}$$

dabei beträgt: $$w_B = \frac{p \cdot r^4}{64 \cdot K} \frac{(5+\mu)}{(1+\mu)} \quad \text{mit } p = \text{Lastordinate}, \; r = \text{Radius und}$$

$$K = \frac{E \cdot h^3}{12(1-\mu^2)} \quad \text{mit } E = \text{E-Modul}, \; h = \text{Plattendicke}, \; \mu = \text{Querdehnzahl}$$

und: $$w_S = \frac{1{,}2 \cdot p \cdot r^2}{4 \cdot G \cdot h} \quad \text{mit } G = \text{Schubmodul}$$

Nach Einsetzen der Parameter entsprechend des Beispieles ergibt sich:

$$w = w_B + w_S = 17{,}226 / h^3 + 0{,}636 / h \quad [\text{mm}]$$

Das maximale Moment ist unabhängig von der Plattendicke und beträgt:

$$M_t = M_\varphi = \frac{p \cdot r^2}{16} \cdot (3+\mu) = 5.000 \text{ kNm/m}$$

Das Schnittmoment m_{xy} ergibt sich zu null.

RFEM-Lösung:

Auswertung der Durchbiegung in Plattenmitte für Lastfall 1 (Flächenlast):

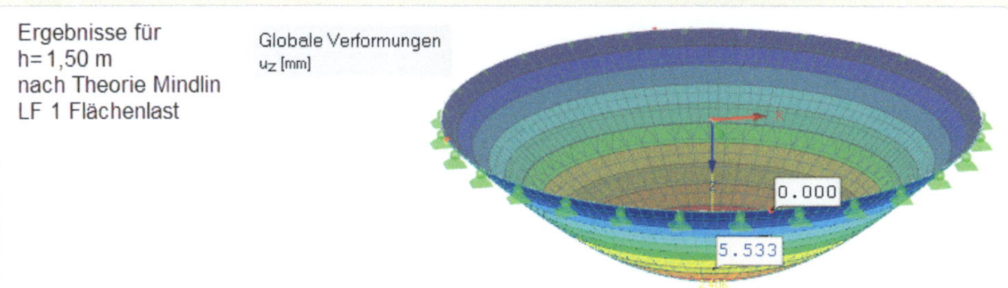

Im Vergleich RFEM-Lösung / analytische Lösung erhält man:

		Analytische Lösung [mm]		RFEM-Lösung [mm]		Abweichung in %	
h [m]	h/D	Kirchhoff	Mindlin	Kirchhoff	Mindlin	Kirchhoff	Mindlin
0,50	0,05	137,808	139,080	137,840	139,080	0,02	0,00
1,00	0,10	17,226	17,862	17,230	17,868	0,02	0,03
1,50	0,15	5,104	5,528	5,105	5,533*	0,02	0,09
2,00	0,20	2,153	2,471	2,154	2,475	0,03	0,15
2,50	0,25	1,102	1,357	1,103	1,360	0,05	0,23

* vgl. Verformungsbild oben

Erkenntnisse

Die oben in der Tabelle dargestellten Ergebnisse zeigen eine sehr gute Übereinstimmung der FE-Lösung mit der analytischen Lösung. Das gilt für beide untersuchten Theorien.

Da es sich hier ausgehend von den geometrischen Verhältnissen um dicke Platten handelt (die erste Platte in der Tabelle mit h/D= 0,05m könnte noch als dünne Platte gelten), ist für die Berechnung die Theorie nach Mindlin obligatorisch.

Werden dicke Platten nach der Theorie von Kirchhoff berechnet, steigt der Fehler (hier Abweichung von „Kirchhoff" gegenüber „Mindlin") mit der zunehmenden Dicke des Tragwerkes. Die anschließend aufgeführte Tabelle zeigt die Entwicklung des Fehlers bei Vergrößerung der Dicke für die Durchbiegung in Plattenmitte. Erwartungsgemäß ist der Fehler bei der konzentrierten Last (LF2) größer als bei der verteilten Last (LF1), da der Anteil der Schubverzerrungen an der Gesamtverschiebung im Bereich der Einzellast an Einfluss gewinnt.

		Flächenlast			Einzellast		
		w in [mm]		Fehler	w in [mm]		Fehler
h [m]	h/D	Kirchhoff	Mindlin	%	Kirchhoff	Mindlin	%
0,50	0,05*	137,840	139,080	0,89	215,990	223,560	3,39
1,00	0,10	17,230	17,868	3,57	26,999	30,945	12,75
1,50	0,15	5,105	5,533	7,74	8,000	10,650	24,88
2,00	0,20	2,154	2,475	12,97	3,375	5,368	37,13
2,50	0,25**	1,103	1,360	18,90	1,728	3,324	48,01

* Grenzbereich Theorie dünne Platte / dicke Platte

** Grenzbereich Theorie dicke Platte / Volumenelemente

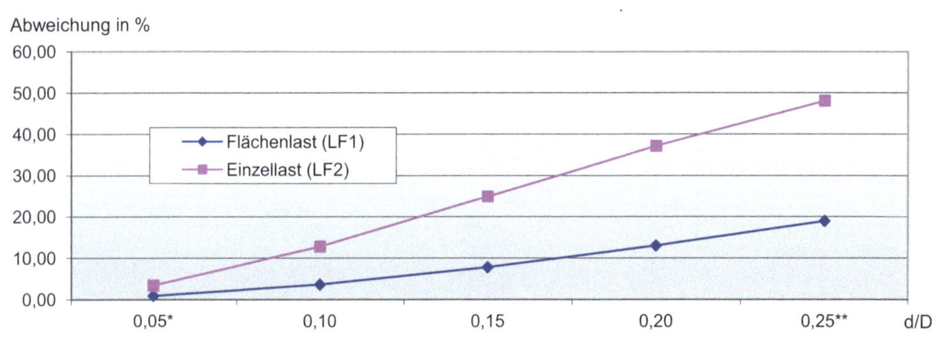

Setzt man einen tolerierbaren Fehler von kleiner 3% an, ist bei dem Lastfall Flächenlast für die Platten mit h/D= 0,05 (Fehler=0,89%) die Kirchhoffsche Theorie ausreichend. Beim Lastfall Einzellast hingegen liegt der Fehler bei der Platte mit h/D= 0,05 (Fehler=3,39%) schon über dem tolerierbaren Fehlerbereich.

Dieser hier beispielhaft dargestellte starke Einfluss der Lastverteilung zeigt stellvertretend für die anderen Einflussfaktoren, dass es sehr schwierig ist, allgemeine Grenzwerte für die Gültigkeit der jeweiligen Theorien festzulegen. So ist es auch selbstverständlich, dass die Ergebnisse für die hier untersuchte Kreisplatte nur bedingt auf andere Systeme übertragen werden können.

Im Folgenden wird das Thema Genauigkeit der Querkräfte näher betrachtet.

Wie in 6.4.1 beschrieben, werden die Querkräfte je nach verwendeter Theorie nach unterschiedlichen Prinzipien berechnet. Querkräfte können ggf. ein Problem im Hinblick auf ihre Genauigkeit darstellen. Dass Querkräfte für die Bemessung eine geringere Rolle spielen als die Momente, sollte kein Grund dafür sein, ungenaue Querkräfte zu tolerieren.

Bei der Theorie nach Kirchhoff werden die Querkräfte aus den Ableitungen der Momente (vgl. Gl. 1-22) ermittelt und sind damit um eine Konvergenzordnung schlechter als die Momente selbst. Das heißt, sind die Momente gerade noch genau genug, würden die Querkräfte den Qualitätsanspruch nicht mehr erfüllen.

Nach der Reissner-Mindlin Theorie hingegen werden die Querkräfte direkt aus den Scherwinkeln (vgl. Gl. 1-23) berechnet, was gegenüber der Kichhoffschen Theorie zu einer Genauigkeitssteigerung führt.

Das Beispiel Querkraftvergleich verdeutlicht diesen Qualitätsunterschied anhand eines einfachen Beispiels.

Die Ergebnisauswertung zeigt, dass es auch im Hinblick auf die Genauigkeit der Querkräfte sinnvoll ist, mit der Plattentheorie nach Mindlin zu arbeiten.

Beispiel Querkraftvergleich

Statisches System / Eingabewerte

2 Platten 8,00 m · 4,00 m mit unterschiedlicher Vernetzung

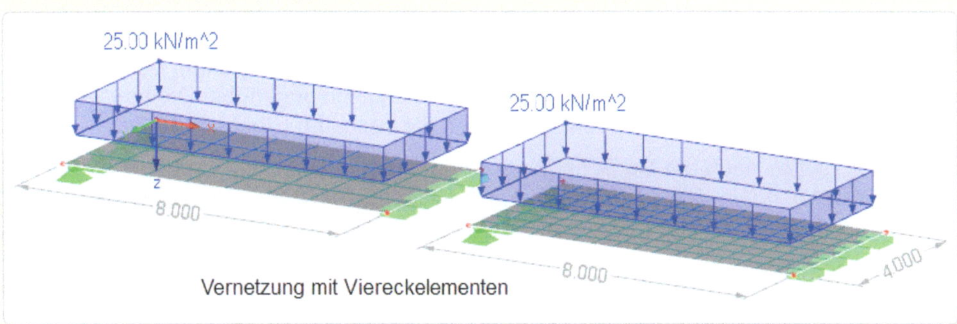

Vernetzung mit Viereckelementen

Lagerung:
Einseitig eingespannt (Linienlager u_Z= starr, φ_X= starr, φ_Y= starr bzw. nur u_Z= starr)

Material Platte:
E= 3.300 kN/cm², G= 1.650 kN/cm² mit γ= 0 und μ= **0!**

Platte: Dicke= 18 cm

Belastung:
Flächenlast= 25,00 kN/m²

Vernetzung:

Netz1: Viereckelementnetz mit Netzdichte 1,00 m · 1,00 m
Netz2: Viereckelementnetz mit Netzdichte 0,50 m · 0,50 m
Netz3: Dreieckelementnetz mit Netzdichte 1,00 m · 1,00 m
Netz4: Dreieckelementnetz mit Netzdichte 0,50 m · 0,50 m

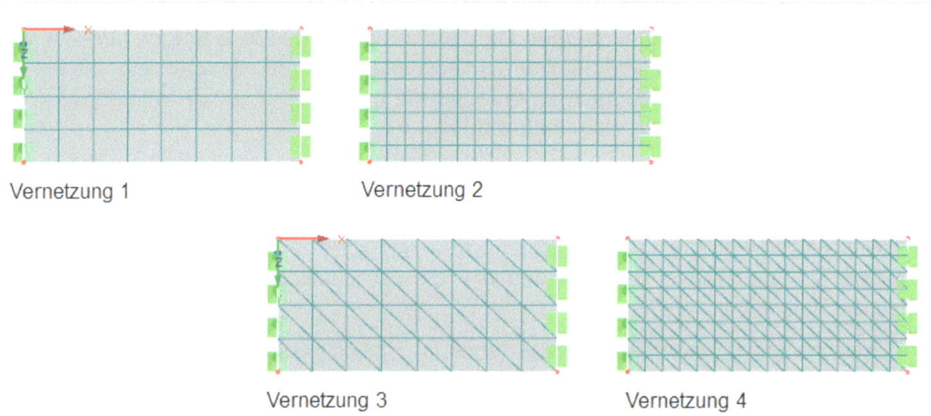

Eingabe in RFEM

Da die Platten mit der Theorie nach Kirchhoff und Mindlin berechnet werden sollen, ist wie im vorhergehenden Beispiel unter *„Berechnung"* in *„Berechnungsparameter..."* unter *„Globale Berechnungsparameter"* die Biegetheorie nach Mindlin und Kirchhoff entsprechend umzustellen.

Die Voreinstellung der Vernetzung ist in RFEM so gewählt, dass möglichst viele Viereckelemente und wenig Dreieckelemente entstehen. Bei der vorliegenden Rechteckplatte entstehen ausschließlich Rechteckelemente. Diese erzielen gegenüber Dreieckelementen und verzerrten Viereckelementen qualitativ auch die besseren Ergebnisse.

Als Option gibt es noch die Möglichkeit das Netz nur mit Dreieckelementen zu gestalten. Unter *„Berechnung"* im Dialog *„FE-Netz-Einstellungen..."* ist dann *„Nur Dreieckelemente"* anzukreuzen.

Die unterschiedlichen Netzdichten sind den jeweiligen Flächen zuzuweisen. Unter Strukturdaten sind die FE-Netzverdichtungen aufgelistet (vgl. Bild rechts). Diese Einstellungen haben Vorrang vor den Einstellungen im Dialog *„FE-Netz-Einstellungen..."*

Ergebnisse

Da die Querdehnzahl null ist, kann als Referenzlösung der einseitig eingespannte Balken herangezogen werden. Für die Querkräfte ergeben sich folgende über die Plattenbreite konstant verteilten Ergebnisse:

Querkraft am gelenkigen Rand: -3q · L/8= 75,00 kN/m

Querkraft am eingespannten Rand: -5q · L/8= 125,00 kN/m

Ergebnisse der FE-Lösung:

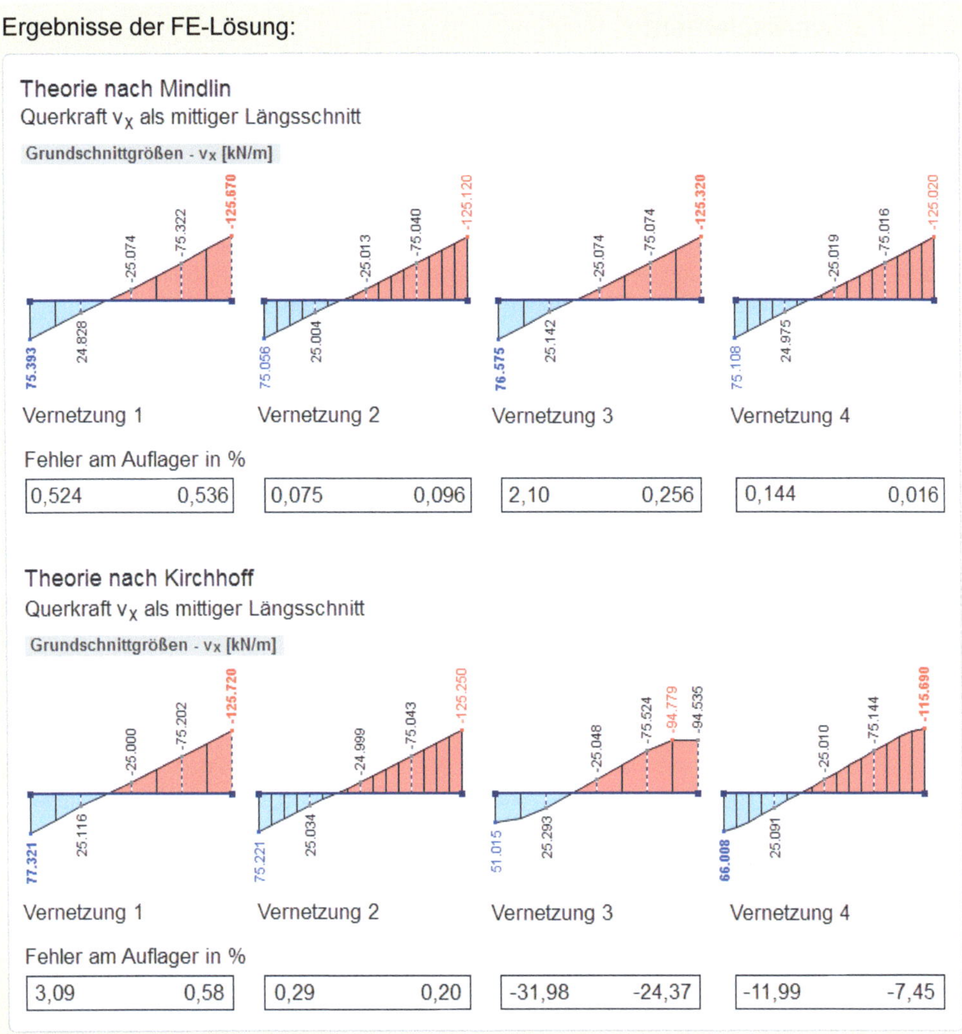

Erkenntnisse

Betrachtet man die Ergebnisse, so wird wie erwartet unabhängig von der gewählten Theorie deutlich, dass die feineren Vernetzungen den Fehler reduzieren und die Viereckelemente genauere Ergebnisse erreichen.

Schwerpunkt der Auswertung soll hier allerdings der Einfluss der beiden unterschiedlichen Theorien und die damit verbundene verschiedene Querkraftermittlung sein. Es handelt sich hier entsprechend der Eingabeparameter um eine dünne Platte. Die Querkräfte unter Verwendung der Theorie nach Mindlin (die eigentlich für dicke Platten prädestiniert ist) sind gegenüber der Theorie nach Kirchhoff trotzdem genauer. Die vorab erwähnte Genauigkeitssteigerung bei Verwendung der Theorie nach Mindlin ist somit in diesem Beispiel gut nachvollziehbar.

Aufgrund des hohen Fehlers bei den Querkräften nach der Kirchhoff Theorie, besonders im Bereich der Dreiecke, sollten zeitgemäße Programme die genaueren Mindlin-Elemente beinhalten bzw. über ähnliche verbesserte Verfahren zur Querkraftermittlung verfügen.

6.5 Faltwerkselemente

Faltwerkselemente dienen vor allem der Berechnung von räumlichen Strukturen. Auch hier ist es ausreichend die Mittelebene zu betrachten, da die Dicke der Teilstrukturen im Verhältnis zur Länge und Breite gering ist.

Ein Faltwerkselement stellt die **Kombination von Platten- und Scheibenelementen** dar (vgl. unter Punkt 4. - Klassifizierung nach der Tragwirkung). In der Regel existieren in den Knoten alle 6 Freiheitsgrade (3 Verschiebungen und 3 Verdrehungen). Es können somit Kräfte und Momente in und senkrecht zur Tragwerksebene auftreten. Dementsprechend existieren auch Scheiben- und Plattenschnittgrößen bzw. Spannungen.

Auf weitere Erläuterungen kann hier verzichtet werden, da die Scheiben- und Plattenelemente vorangehend bereits ausführlich erklärt wurden. Die bereits beschriebenen Schnittkraftdefinitionen gelten ebenfalls.

6.6 Volumenelemente

6.6.1 Allgemeines und Elemente in RFEM

Auch bei den Volumenelementen gibt es verschiedene Elementtypen. Für jeden Eckknoten müssen mindestens 3 Verschiebungsfreiheitsgrade existieren. Damit wird eine Kopplung mit den 2D-Elementen (Platten, Scheiben, Faltwerke) und den 1D-Elementen (Balken-, Fachwerkstab) prinzipiell möglich. Eine vollständige Kompatibilität mit 2D- und 1D-Elementen wird aber nur erreicht, wenn die Knoten zusätzlich noch 3 Verdrehungsfreiheitsgrade aufweisen.

Die in RFEM implementierten leistungsfähigen Volumenelemente wurden aus einem isoparametrischen 20-Knotenelement mit 3 Verschiebungsfreiheitsgraden je Knoten (u, v, w) entwickelt [1-19]. Die Formfunktionen sind hier quadratische Polynome. Dieses Element besitzt 8 Ecknoten und 12 Seitenmittenknoten (vgl. Bild 1-28). Damit ergeben sich insgesamt 60 Freiheitsgrade (20 Knoten · 3 Freiheitsgrade pro Knoten).

Die Seitenmittenknoten des Ausgangselementes und das Fehlen der oben erwähnten Drehfreiheitsgrade (es existieren vorerst nur die Freiheitsgrade u, v, w) stören bei der Kopplung mit den 1D- und 2D-Elementen. Außerdem würde der Seitenmittenknoten die Bandbreite vergrößern und damit den Speicherplatz sowie die Rechenzeit beim Lösen des Gleichungssystems erhöhen. Bei Verwendung von Volumenelementen entstehen schnell größere Systeme, so dass die Rechenzeit hier eine wichtige Größe darstellt.

Deshalb wurden die Seitenmittenknoten durch eine spezielle Interpolation eliminiert und die Drehfreiheitsgrade als echte physikalische Verdrehung ergänzt. Das Ergebnis ist das in RFEM eingesetzte und in Bild 1-28 dargestellte 8-Knoten-Kubus-Element mit 6 Freiheitsgraden pro Knoten (u, v, w, ϕ_x, ϕ_y, ϕ_z), also ein Element mit insgesamt 48 Freiheitsgraden (8 Knoten · 6 Freiheitsgrade).

Das neue Element enthält ähnlich wie bei den RFEM-Scheibenelementen zunächst noch Null-Energie-Formen (Zero Energy Modes), die zu einer singulären Steifigkeitsmatrix führen können. Die Einführung von so genannten Penalty-Funktionen und die Durchführung einer numerischen 8-Punkte-Integration beim Aufbau der Elementsteifigkeitsmatrix verhindern das Auftreten dieser Null-Energie-Formen.

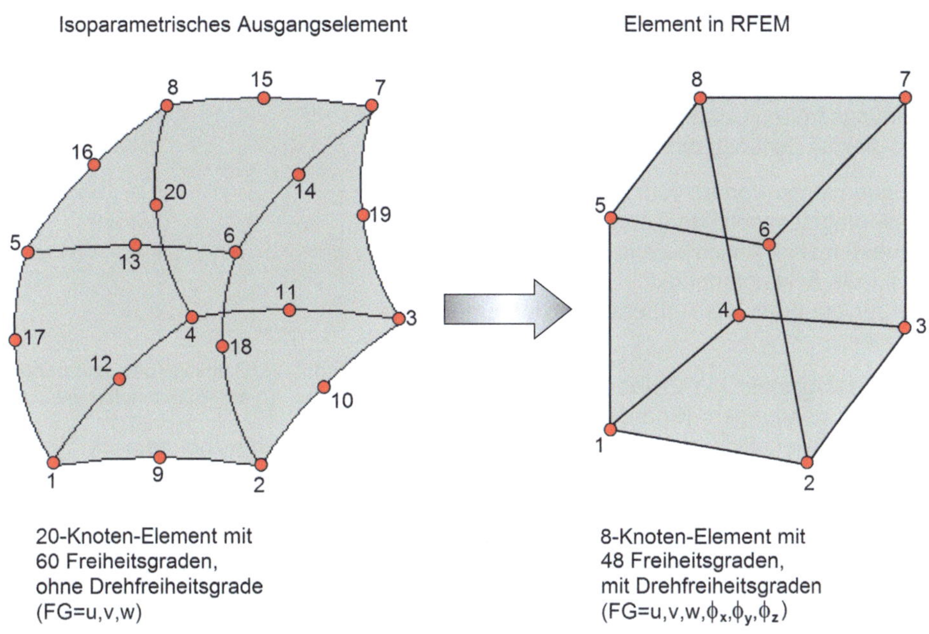

Bild 1-28: Volumenelemente in RFEM (Kubus)

Für die Generierung des Elementnetzes sind neben den Kubus-Elementen noch weitere 3D-Volumenelemente (vgl. Bild 1-29) notwendig, die z. B. bei der Kopplung mit Dreieck- und Stabelementen entstehen. Diese in RFEM enthaltenen Elemente werden durch das Prinzip der Degenerierung aus dem 8-Knoten-Kubus-Element gewonnen. Die Kubuselemente zeichnen sich durch eine höhere Genauigkeit aus.

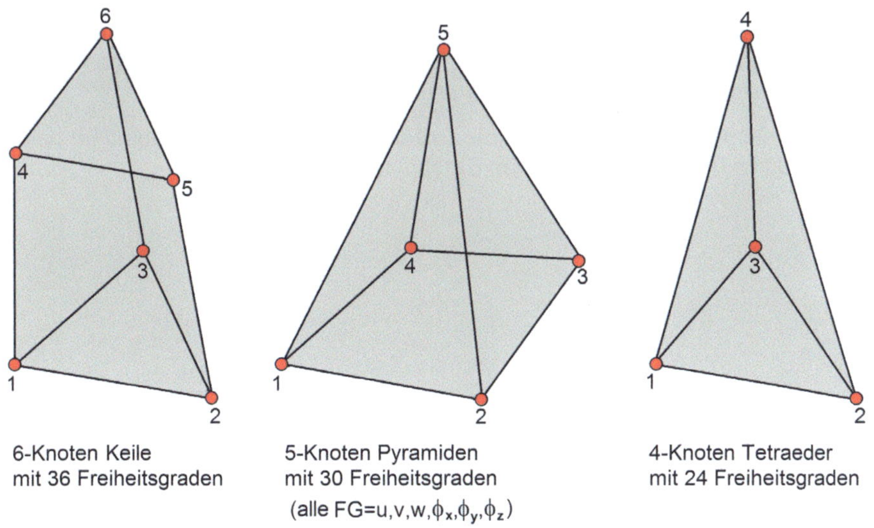

Bild 1-29: RFEM - Volumenelemente zur Netzkomplettierung

Die RFEM-Volumenelemente sind grundsätzlich auch für geometrisch und physikalisch nichtlineare Berechnungen geeignet.

6.6.2 Grundlegende Definitionen und Ausgabe in RFEM

RFEM gibt die zur vollständigen Beschreibung des räumlichen Spannungszustandes notwendigen 6 Spannungsgrößen (3 Normalspannungen und 3 paarweise gleiche Schubspannungen - vgl. Bild 1-30) aus.

Die Spannungen werden vom Programm direkt in den Gauss-Integrationspunkten ermittelt, da sie dort am genauesten sind. Anschließend erfolgt die Extrapolation auf die Eckknotenpunkte, deren Werte auch die Basis für die grafische Aufbereitung der Ergebnisse darstellen.

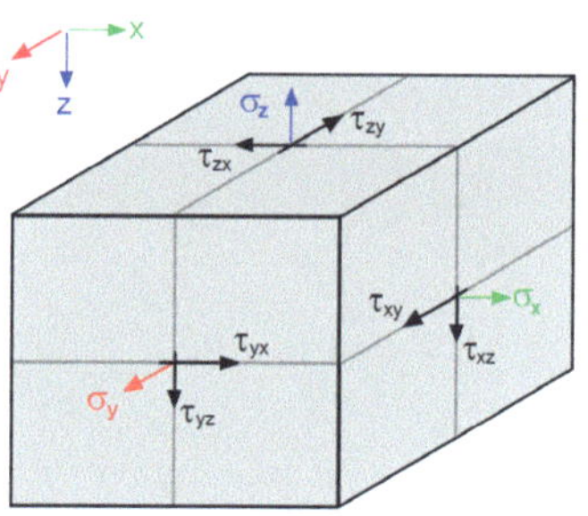

Bild 1-30: Definition der Spannungen am Volumenelement

Die auf das globale X-Y-Z-Koordinatensystem bezogenen 6 Spannungen (Spannungstensor 2. Stufe) kann man bekanntlich auf ein Hauptachsensystem transformieren, bei dem die Schubspannungen null sind. Diese als Hauptspannungen bezeichneten Größen können ebenfalls in RFEM ausgegeben werden.

6.6.3 Beispielrechnung mit Vergleich zur Theorie der dicken Platte

Interessant ist ein Vergleich zwischen Berechnungen mit 2D-Modellen und 3D-Volumenmodellen im Grenzbereich der Gültigkeit der Theorie der dicken Platten. Durch Parameteruntersuchungen lässt sich z. B. an ausgewählten Beispielen prüfen, bis zu welchem Verhältnis h/D die Theorie der dicken Platten ihre Gültigkeit behält. Die 3D-Berechnung kann dabei als Referenzlösung dienen.

Nachfolgend wird die bereits unter 6.4.3 berechnete Kreisplatte (Beispiel Dicke Platte) als Volumenmodell erstellt. Während für das 2D-Modell die Verhältnisse h/D von 0,05 bis 0,25 untersucht wurden, soll im folgenden Vergleich mit Volumenelementen nur das Verhältnis h/D von 0,15 (h= 1,50 m) gewählt werden. Bei diesen geometrischen Gegebenheiten müssten die Ergebnisse nach den unterschiedlichen Theorien noch gut übereinstimmen. Bei einem Verhältnis von h/D von 0,25 (Grenzbereich Dicke Platte / Volumenelemente) sind allerdings schon größere Abweichungen zu erwarten.

Das Beispiel Volumenmodell beschreibt die Erstellung des 3D-Modells aus dem bekannten Beispiel „Dicke Platte“ und führt einen Ergebnisvergleich durch.

Beispiel Volumenmodell

Statisches System / Eingabewerte

Ausgangspunkt der Generierung ist das unter 6.4.3 erstellte Beispiel Dicke Platte (Radius= 5,00m mit gelenkiger Randlagerung)

Material Volumenkörper:
E= 2.830 kN/cm², G=1.179,17 kN/cm²
mit γ= 0 und μ= 0,2

Höhe Volumenkörper: 1,50 m

Belastung:
Flächenlast bei z= 0,75 mit p= 1.000 kN/m²

Lagerung:
Linienlager u_X= u_Y= u_Z= starr bei z= 0,75

Vernetzung:
Angestrebte Länge der Finiten Elemente in *„Berechnung"* unter *„FE-Netz-Einstellungen"* = 0,25 m

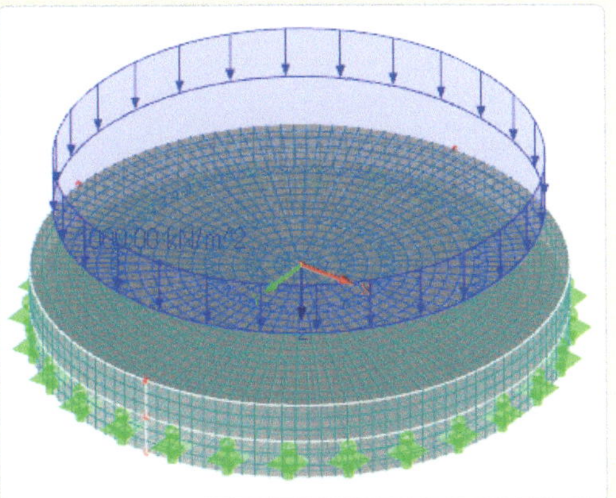

Eingabe in RFEM

Unter *„Modelldaten"* (rechte Maustaste) *„Basisangaben"* wird für den Modelltyp *„3D"* (Faltwerk) gewählt.

Die ursprüngliche Plattenfläche erhält den Typ *„Null"* (vgl. Bild).

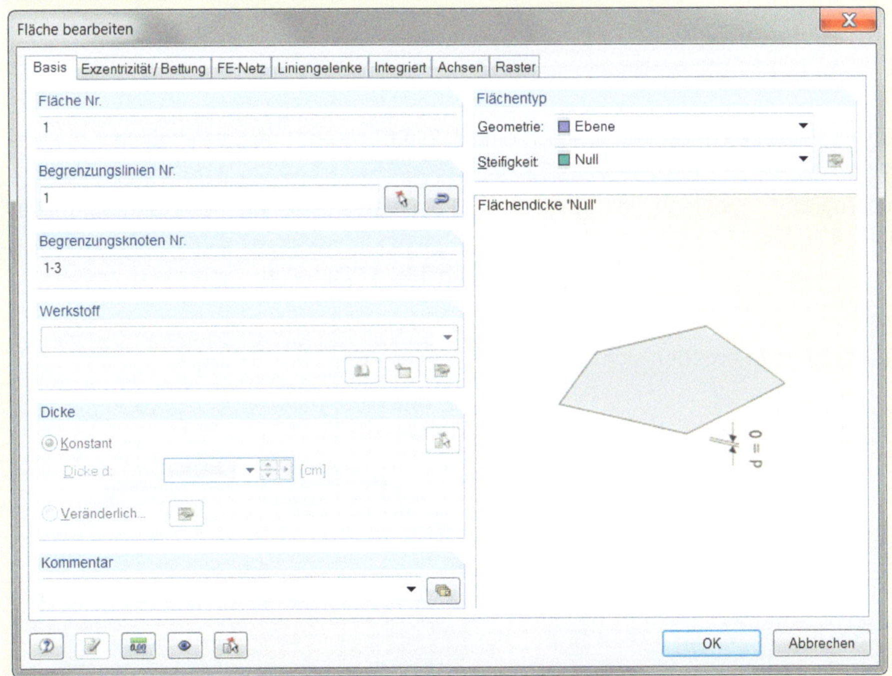

Im nächsten Schritt werden von der neu entstandenen und selektierten Nullfläche zwei Kopien erstellt (vgl. Bild).

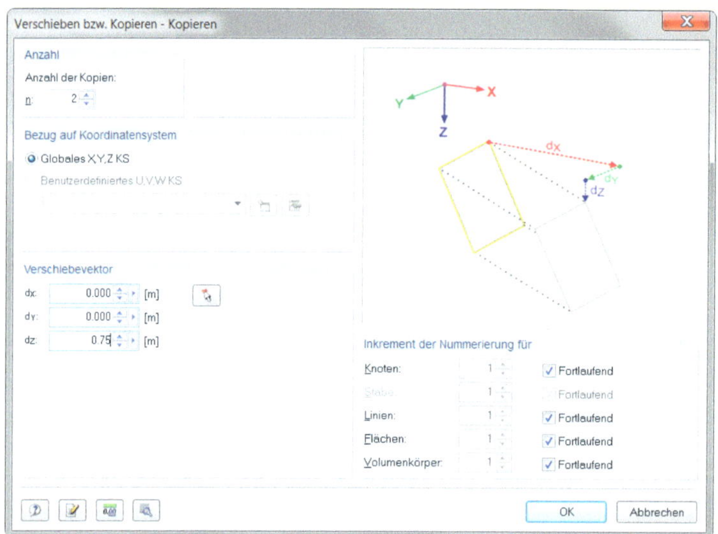

Die erste Kopie bei z= 0,75 dient der Aufnahme des mittig angeordneten Linienlagers und der Flächenlast. Die zweite Kopie bei z= 1,50m stellt die untere Begrenzung des Volumenkörpers dar.

Wenn unter (weitere Detaileinstellungen) die Einstellung:

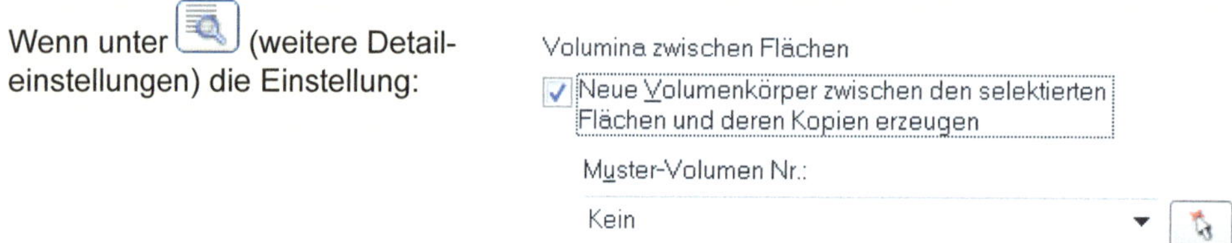

gewählt wird, erzeugt RFEM automatisch einen Volumenkörper und weist diesem ein Material zu.

Das ursprüngliche Linienlager wird gelöscht und ein festes Lager auf den Rand der mittleren Fläche gesetzt.

Im letzten Schritt weist man der Flächenlast die mittlere Fläche zu.

Ergebnisse

Die Durchbiegungen ergeben sich zu:

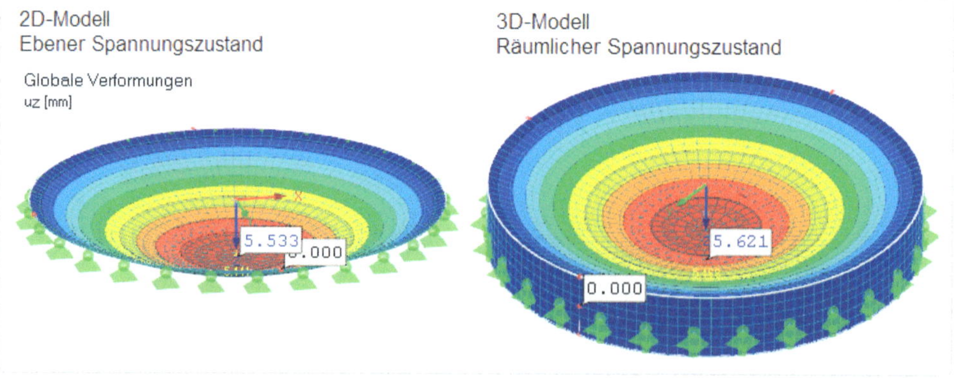

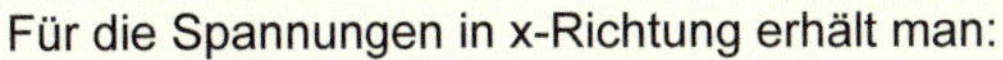

Für die Spannungen in x-Richtung erhält man:

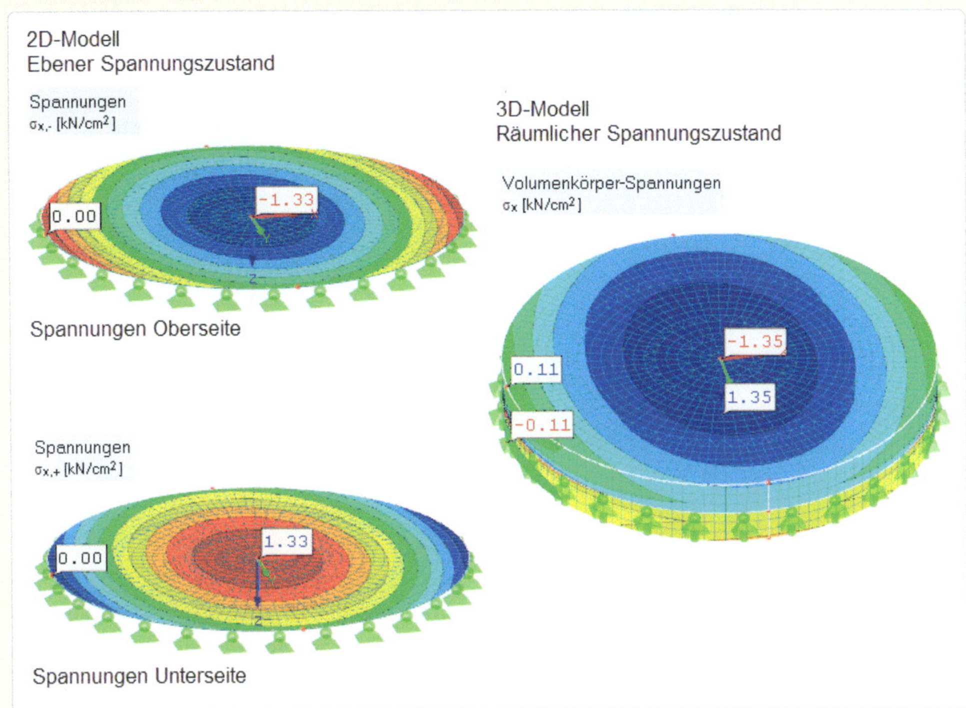

Analog ergeben sich die Spannungen in y-Richtung:

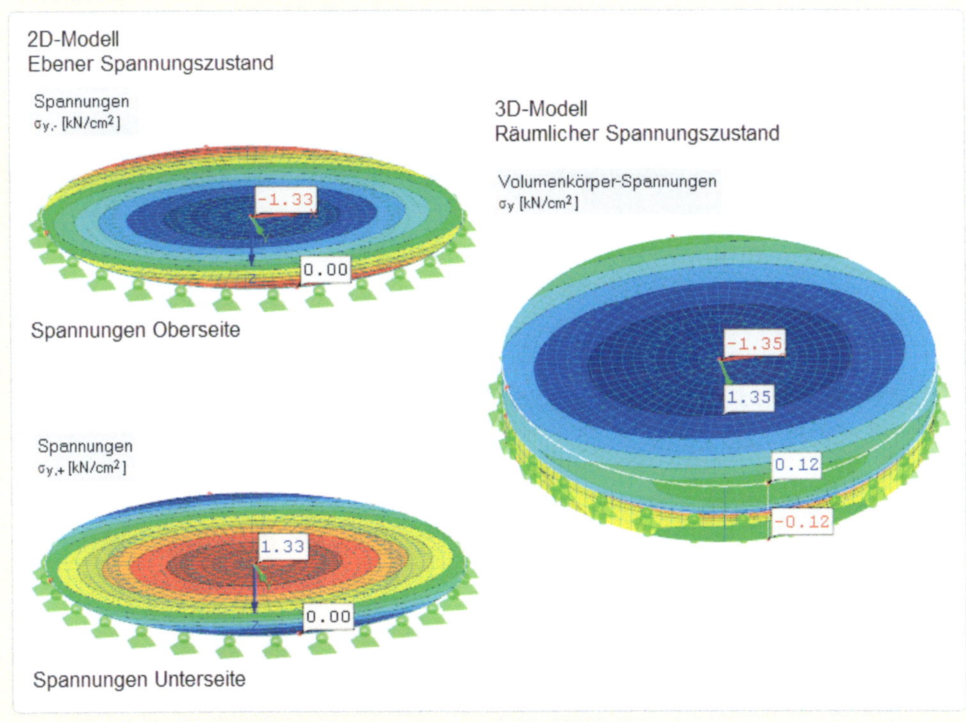

Für σ_z erhält man erwartungsgemäß:

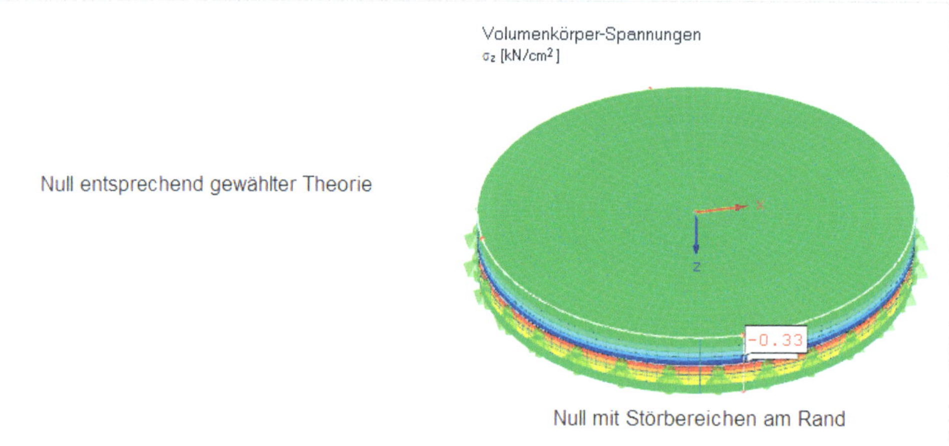

ERKENNTNISSE

Verschiebungen u_z:

Für den Vergleich der maximalen Durchbiegungen der zwei Modelle soll die analytische Lösung für die dicke Platte w= 5,528 mm als Referenzlösung dienen (vgl. Beispiel Dicke Platte).

Das Ergebnis für das 2D-Modell beträgt 5,533 mm, was einem Fehler von 0,09% entspricht.

Der maximalen Durchbiegung des 3D-Modells von 5,621 mm entspräche bei Zugrundelegung des Referenzwertes eine Abweichung von 1,68%.

Spannungen σ_x und σ_y:

Für eine Gegenüberstellung der Spannungen wird als Vergleichswert ebenfalls die analytische Lösung mit einem maximalen Moment von 5.000 kNm/m (vgl. Beispiel Dicke Platte) ausgewählt.

Demnach erhält man für die maximalen Spannungen:

$$\sigma_{x\,max} = \sigma_{y\,max} = \pm\frac{6}{h^2} m_{x\,bzw.\,y} = \pm\frac{6}{150^2} 5000\,kN/cm^2 = \pm 1{,}33\,kN/cm^2$$

Trotz der unterschiedlichen zugrunde gelegten Theorien für das 2D- und 3D-Modell unterscheiden sich die Ergebnisse nur marginal und stimmen auch gut mit der Referenzlösung überein.

Bei den vorliegenden geometrischen Verhältnissen, d. h. einem Radius von 5,00 m und einer Höhe von 1,50 m (h/D= 0,15) hat sich damit die eingangs formulierte Erwartung erfüllt.

Kapitel 2

Vom realen Bauwerk zum FE-Modell

1 Vorbemerkungen

In diesem Kapitel sollen die Grundlagen der Modellbildung und die dabei möglicherweise auftretenden Probleme näher betrachtet werden.

Die Abbildung des realen Bauwerkes als statisches Berechnungsmodell erfolgt immer idealisiert und ist dadurch mit mehr oder weniger großen Fehlereinflüssen behaftet.

Bei jeder Erstellung des Berechnungsmodells durchläuft der Ingenieur einen Komplex von Idealisierungen, Vereinfachungen, Annahmen und speziellen Modellbildungsfragen. Die Wirkung einer Einflussgröße auf die Genauigkeit des Ergebnisses kann ggf. noch beurteilt werden - die komplexe Wirkung der vielen einzelnen unterschiedlichen Annahmen ist jedoch sehr schwer zu durchschauen. Schließlich geht bei jeder Idealisierung und bei jedem Modellbildungsschritt ein Stück Realität verloren.

Da sich Kombinationen von Fehlereinflüssen verstärkt auswirken können, sollte der Fehler bei jedem einzelnen Schritt so gering wie möglich gehalten werden. Dazu sind fundierte Kenntnisse und ein sorgfältiges Arbeiten bei der Modellierung unabdingbar. Auf der anderen Seite sollten aber auch Aufwand und Nutzen in einem vernünftigen und ausgewogenen Verhältnis stehen. Es macht natürlich keinen Sinn, wenn durch eine eingeführte notwendige Näherung die „erste Stelle hinter dem Komma“ gerundet und mit viel Aufwand an Überlegungen die „dritte Stelle nach dem Komma“ genauer berechnet wird.

Die Berechnung von komplexen 3D-Systemen, wie sie ja in der Regel real vorliegen, ist durch die Entwicklung der Soft- und Hardware erst in den letzten Jahren mit vertretbarem Aufwand möglich geworden. Die neuen Techniken werden von den Ingenieuren gut angenommen und so ist im Bauwesen ein deutlicher Trend hin zur Berechnung von komplexen Strukturen zu beobachten. Allerdings stellt dies erhöhte Anforderungen sowohl an den Bearbeiter als auch an die verwendete Software. Die dabei auftretenden möglichen Probleme wurden bereits im vorangehenden Kapitel diskutiert. Deshalb ist es damals wie heute allgemein üblich, aus einem größeren Bauwerk einzelne Teilsysteme herauszulösen und diese unter Berücksichtigung der Randbedingungen als übersichtliche 2D-Systeme zu berechnen. Das richtige „Herauslösen“ aus der realen 3D-Umgebung erfordert natürlich auch Kenntnisse im Hinblick auf die Modellbildung. Die dabei auftretenden Fehler können, wie die nachfolgend beschriebenen Beispiele zeigen, mitunter erheblich sein.

Wenn die Abbildung der realen Gegebenheiten mit einem einfachen 2D-Modell nicht möglich ist, muss dieses durch geeignete Maßnahmen verbessert oder letzten Endes doch als 3D-Modell berechnet werden. Da unsere Bauwerke zunehmend attraktiver und architektonisch anspruchsvoller werden und somit oft komplizierte Formen annehmen, ist die Berechnung als 3D-System ohnehin häufig die einzige sinnvolle Möglichkeit (z. B. komplexe Hochbaustrukturen wie die BMW-Welt in München (Bild 2-1) oder die Disney Concert Hall in LA).

Bild 2-1: Doppelkegel der BMW-Welt in München

2 Allgemeine Fragen der Modellbildung

Nach Bild 2-2 kann die Modellbildung in zwei wesentliche Schritte unterteilt werden.

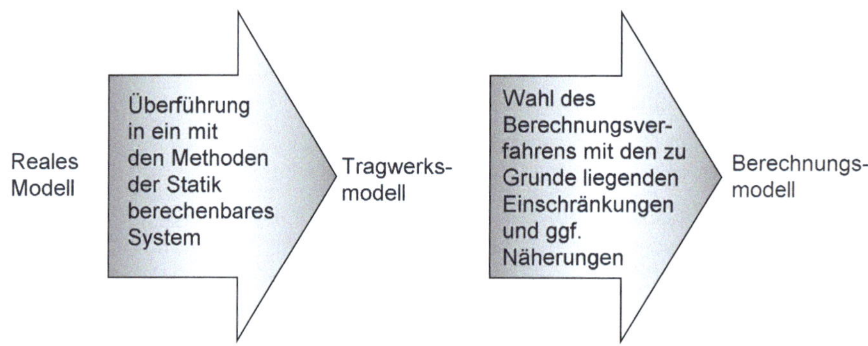

Bild 2-2: Zwei wesentliche Schritte der Modellbindung

Im ersten Schritt sind die zu verwendende Theorie, das statische System und die Eingangsgrößen festzulegen.

Es ist zu klären, ob das Tragwerk als Volumen-, Flächen- oder Stabmodell zu berechnen ist (z. B. Bild 2-3).

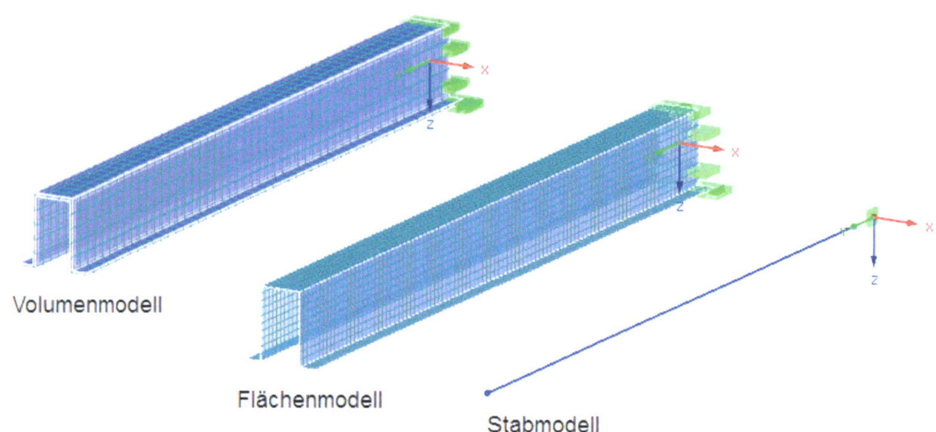

Bild 2-3: Modellierungsvarianten eines Stahlprofils

Weitere grundsätzliche Fragen sind:

- Handelt es sich um eine statische -, dynamische - oder Stabilitätsberechnung?
- Ist die Berechnung als ebenes (2D) oder räumliches System (3D) sinnvoll oder ggf. notwendig?

- Ist eine Berechnung am unverformten Tragwerk zulässig (geometrisch lineare oder nichtlineare Theorie)?
- Kann ein lineares Materialgesetz angenommen werden (physikalisch lineare oder nichtlineare Theorie)?
- Gibt es Tragglieder, die nur unter bestimmten Bedingungen Lasten aufnehmen können, wie z. B. druckschlaffe Stäbe oder einseitig wirkende Lagerbedingungen bzw. Gelenke (ggf. konstruktive Nichtlinearität)?

Die Eingangsgrößen des statischen Systems sind festzulegen, wie z. B.:

Materialparameter
- Elastizitäts- und Schubmodul sowie Querkontraktionszahl
- Drillsteifigkeit der Platte, Torsionssteifigkeit des Balkens
- Isotropes oder orthotropes Material (Richtung der Orthotropie)

Lagerungsbedingungen
- Punkt- (z. B. Stütze), Linien- (z. B. Wand) oder Flächenlagerung (Bettung)
- Gelenkige oder eingespannte Lagerung
- Starre oder elastische Lagerung (Ermittlung der Steifigkeit)
- Beschreibung in Bezug auf ein globales, lokales oder speziell definiertes Koordinatensystem

Gelenke
- Stab- und Flächengelenke
- Frei bewegliches oder elastisches Gelenk (Ermittlung der Steifigkeit, z. B. entsprechend Bild 2-4)

Lasten
- Definition durch Richtung, Richtungssinn und Betrag
- Punkt- (z. B. Stütze aus OG), Linien- (z. B. Wand aus OG), Flächen- (Eigengewicht) oder Volumenlast (Wichte)
- Bezug auf Fläche (z. B. Wasserlast) oder projizierte Fläche (z. B. Windlast)
- Schlaffe oder gekoppelte Lasten

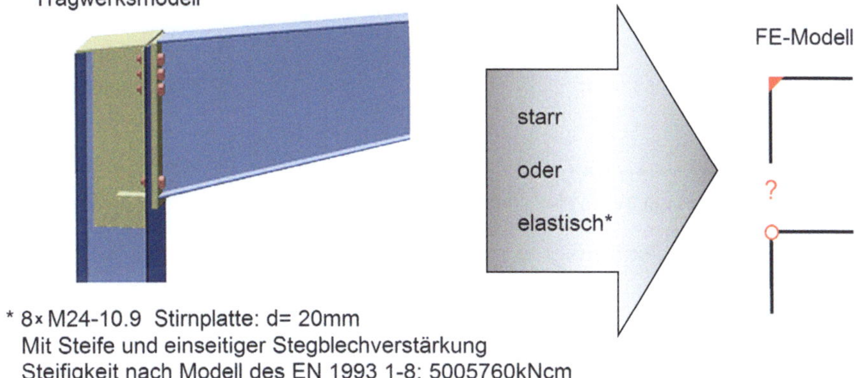

Bild 2-4: Beispiel für Modellierung einer Rahmenecke

Nachdem im zweiten Schritt das Berechnungsverfahren (z. B. die FEM) gewählt wurde, sind weitere Modellierungsfragen zu entscheiden, wie z. B.:

- Wird die Berechnung nach der schubstarren Theorie (Kirchhoff Theorie für Platten, Theorie nach Bernoulli für Stäbe) oder nach der schubweichen Theorie

(Reissner-Mindlin-Theorie für Platten, Theorie nach Timoshenko für Stäbe) durchgeführt?

- Dürfen bei tordierten Stäben die Einflüsse aus der Wölbkrafttorsion vernachlässigt werden?
- Wird der Unterzug eines Flächentragwerkes exzentrisch angeschlossen oder wird zentrisch mit erhöhtem Trägheitsmoment gerechnet?
- Soll als Bodenmodell das Bettungsmodulverfahren, das Steifezifferverfahren oder eine komplette 3D-Modellierung gewählt werden?

Es könnten sicher noch weitere Modellierungsfragen aufgezählt werden. Die hier stichpunktartig genannten Themen zeigen, wie viele Entscheidungen getroffen werden müssen und wie komplex die Bildung eines Berechnungsmodells ist.

Auf viele dieser Fragen findet der Leser eine Antwort in den nachfolgenden Kapiteln. Die Erläuterungen in den Beispielen und die Auswertung der Ergebnisse sollen einen Eindruck über die Auswirkungen der einzelnen Modellierungsschritte vermitteln. Letzten Endes ist immer entscheidend, wie weit man sich durch die eine oder andere Annahme mit seinem Modell von der Realität entfernt. Bei der Vielzahl der Einflussgrößen ist das keine leichte Aufgabe.

Als Letztes sollen noch die häufig vorzunehmenden geometrischen Vereinfachungen angesprochen werden. Sie sind in der Regel eher unproblematisch. Typisch sind die für statische Systeme achsbezogenen Idealisierungen. So werden Plattenaußenkanten auf die Wandmitte gelegt und Stützpunkte, Auflagerlinien, Öffnungen usw. den Systemlinien angepasst (vgl. Bild 2-5).

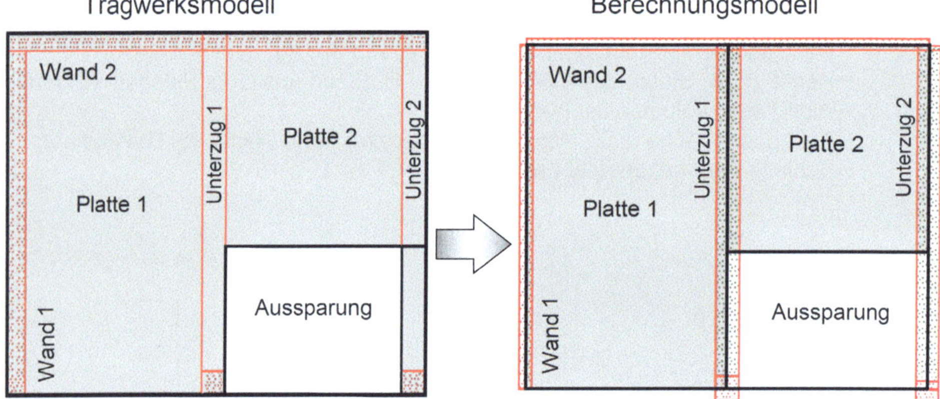

Bild 2-5: Beispiel für den Bezug auf Systemlinien

Es ist auch sinnvoll Wandversätze (vgl. Bild 2-6) anzugleichen.

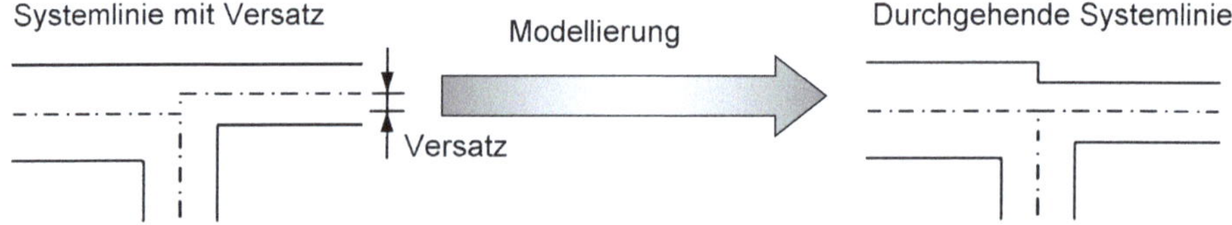

Bild 2-6: Wandversätze durch unterschiedliche Wandstärken

Wird das nicht gemacht, entstehen unter Umständen ungünstige Elementformen (siehe Bild 2-7), die sich negativ auf die Genauigkeit der Ergebnisse auswirken.

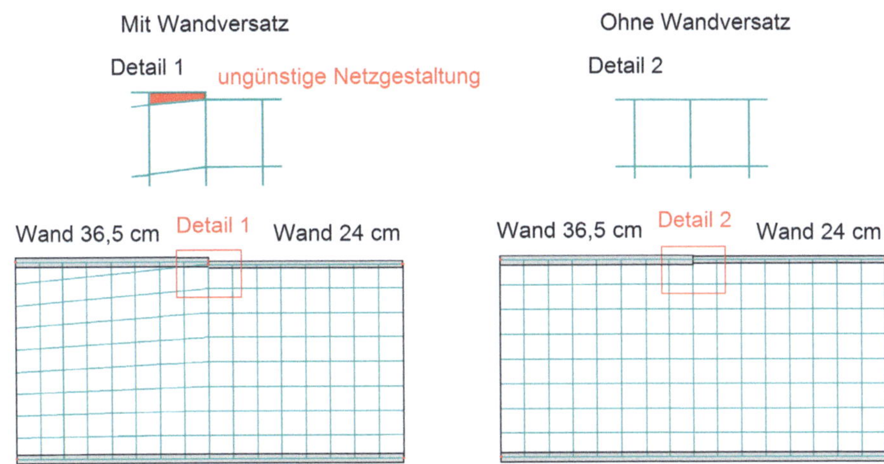

Bild 2-7: Beispiel für geometrisch ungünstige Elementformen bei einer Plattenlösung bei unzweckmäßiger Modellierung von Wandversätzen

Das Versatzmaß selbst beeinflusst das Ergebnis ebenfalls ungünstig (vgl. Bild 2-8).

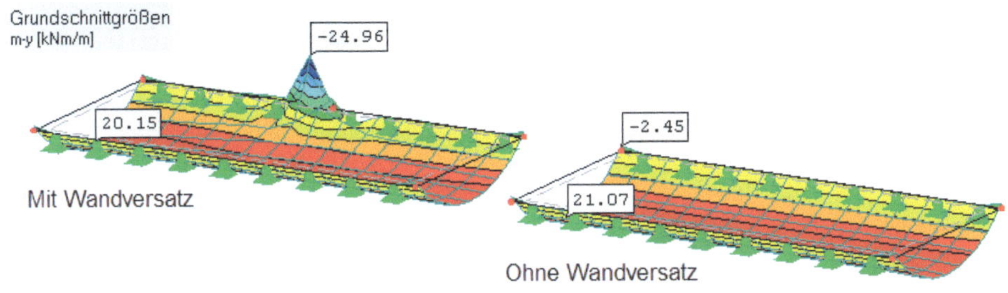

Bild 2-8: Beeinflussung der Schnittgrößen einer Platte in Spannrichtung durch einen Wandversatz

Bei gekrümmten Berandungen von Flächen, wie z. B. Kreisbögen, ist ebenfalls eine geometrische Idealisierung vorzunehmen. Der Rand wird im Allgemeinen polygonal angenähert. Das FE-Netz ist hier entsprechend fein zu gestalten, um ausreichend genaue Ergebnisse zu erhalten.

Je nachdem, wie genau die gekrümmten Geometriebereiche angenähert werden, entstehen Störungen in den Ergebnisverläufen. Bild 2-9 zeigt als Beispiel die Ergebnisse einer gelenkig gelagerten Kreisplatte unter Gleichlast für drei verschiedene Vernetzungen. Das grobe Netz prägt seine Form dem Schnittgrößenbild auf. Mit zunehmender Netzverfeinerung wird der Kreisbogen immer besser angenähert, wodurch die Störbereiche stark reduziert werden.

Interessant ist auch der Einfluss der zwei prinzipiell unterschiedlichen Vernetzungsstrategien auf die Ergebnisse. Die Vernetzung im Bild 2-9 oben orientiert sich an einem kartesischen Raster, während sich die Vernetzung unten an einem polaren Raster ausrichtet.

Das Ringmoment beträgt nach der analytischen Lösung in der Mitte 50,00 kNm/m und am Rand Null. Das Drillmoment ergibt sich im gesamten Plattenbereich zu Null, wobei sich diese Ergebnisse auf ein polares Koordinatensystem beziehen. Aus den Abweichungen der FE-Lösung zu diesen Werten kann die Genauigkeit der Ergebnisse abgeschätzt werden.

Eine sich an der Geometrie des Tragwerkes orientierende Vernetzung (in diesem Fall das polare Raster) erzielt in der Regel bessere Ergebnisse. Bei Betrachtung des Drillmomentes wird das hier deutlich.

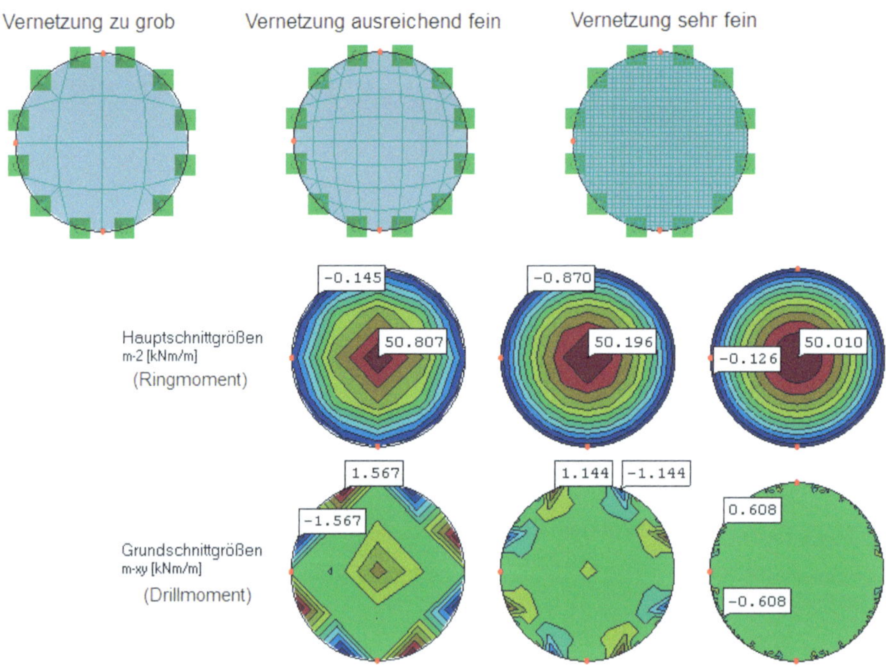

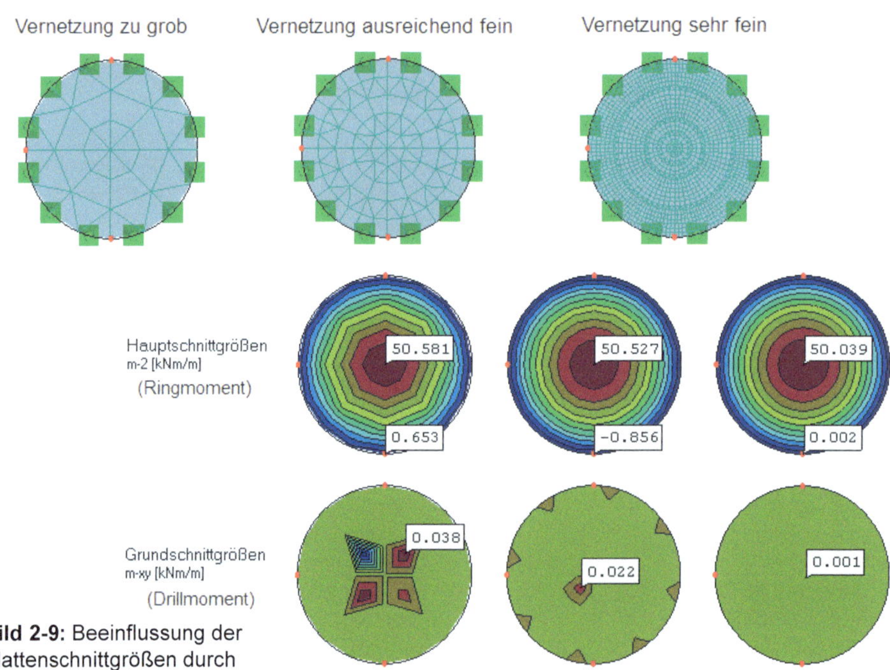

Bild 2-9: Beeinflussung der Plattenschnittgrößen durch polygonale Annäherung der Randkurve

Die Geometrieannäherung für gekrümmte Tragwerke, wie z. B. Zylinderschalen oder Kugelschalen, erfolgt nach ähnlichen Prinzipien. Hier wird allerdings die 3D-Geometrie im Allgemeinen durch Fassetten in Form von Faltwerkselementen angenähert. Seltener werden so genannte gekrümmte Schalenelemente angewendet, die bereits auf der Ebene der Elementbeschreibung über Informationen bezüglich der vorliegenden Schalengeometrie verfügen.

Eine Geometrieannäherung ist mitunter auch bei Stabtragwerken notwendig. Bei gekrümmten Stäben arbeitet man z. B. ebenfalls häufig mit polygonalen Approximationen. In Bild 2-10 wird die polygonal angenäherte FE-Lösung eines gekrümmten Stabzuges mit der entsprechenden geschlossenen Lösung verglichen. Die Störbereiche sind hier an den diskontinuierlichen Elementübergängen bei den Querkraft- und Momentenverläufen zu erkennen. Bei einer feineren Zerlegung des Bogens nähert sich die FE-Lösung der geschlossenen Lösung an.

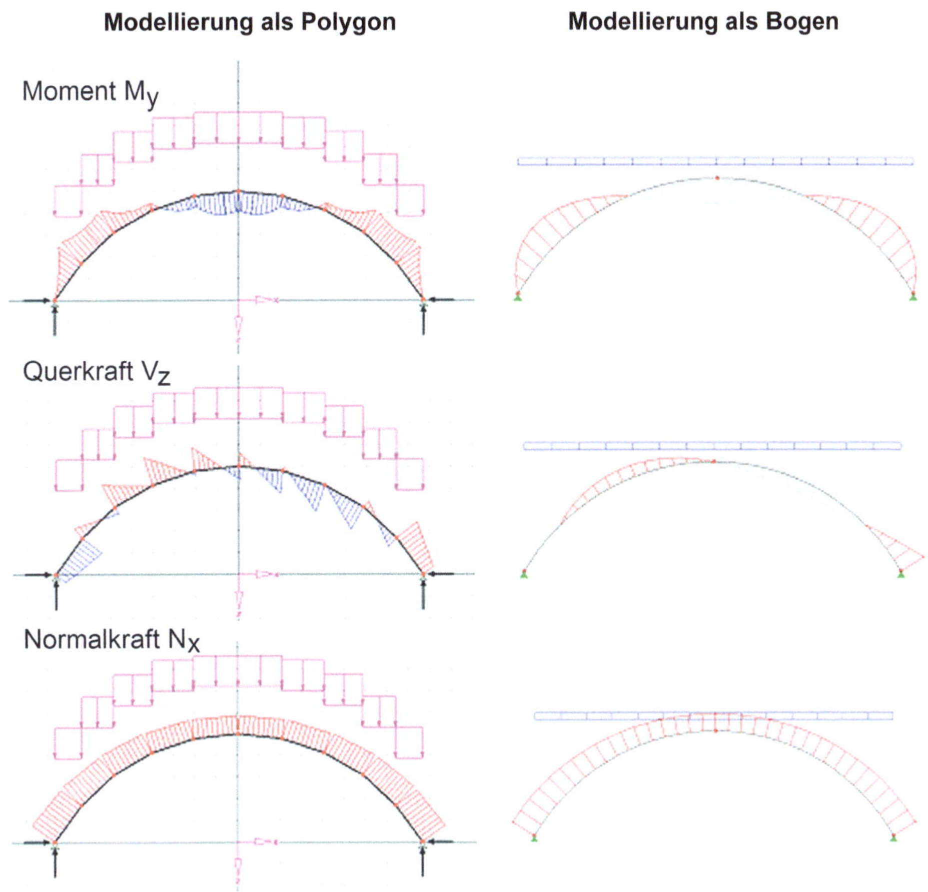

Bild 2-10: Ergebnisunterschiede in Abhängigkeit der Geometrieannäherung für einen gekrümmten Stabzug

3 Vom 3D-Modell zum 2D-Modell

3.1 Berücksichtigung der Bauwerkssteifigkeit

Wenn ein zu berechnendes Teilprojekt aus einem komplexen Bauwerk herausgelöst wird, muss das gewissermaßen weggelassene reale Umfeld in Form von Randbedingungen möglichst wirklichkeitsnah ersetzt werden.

Neben den elastischen Eigenschaften der Punkt-, Linien-, und Flächenlager, die in den Kapiteln 5-Lagerbedingungen und 6-Bodenmodelle näher diskutiert werden, sind auch versteifende Bauteile mitunter signifikant für die Trageigenschaften. Die Einflüsse daraus werden häufig unterschätzt. Wenn die Steifigkeitsverteilung des realen Bauwerks maßgeblichen Einfluss auf die Schnittgrößen hat und diese nicht durch geeignete Maßnahmen im 2D-Modell abgebildet werden kann, bleibt nur die Berechnung als 3D-Modell übrig.

Das Beispiel Bauwerkssteifigkeit vergleicht die Lösung eines 3D-Modells mit zwei Lösungen eines 2D-Modells. Der Unterschied der 2D-Modelle besteht darin, dass einmal die Lagerbedingungen, welche die Wände des 3D-Systems ersetzen sollen, realistisch als elastische Dreh- und Dehnfedern und zum anderen als starre Lager modelliert wurden. Die Geometrie des Beispiels ist trivial - aber ausreichend genug, um auch die bei komplizierten Aufgabenstellungen auftretenden Effekte zu verdeutlichen.

Beispiel Bauwerkssteifigkeit

Statisches System / Eingabewerte

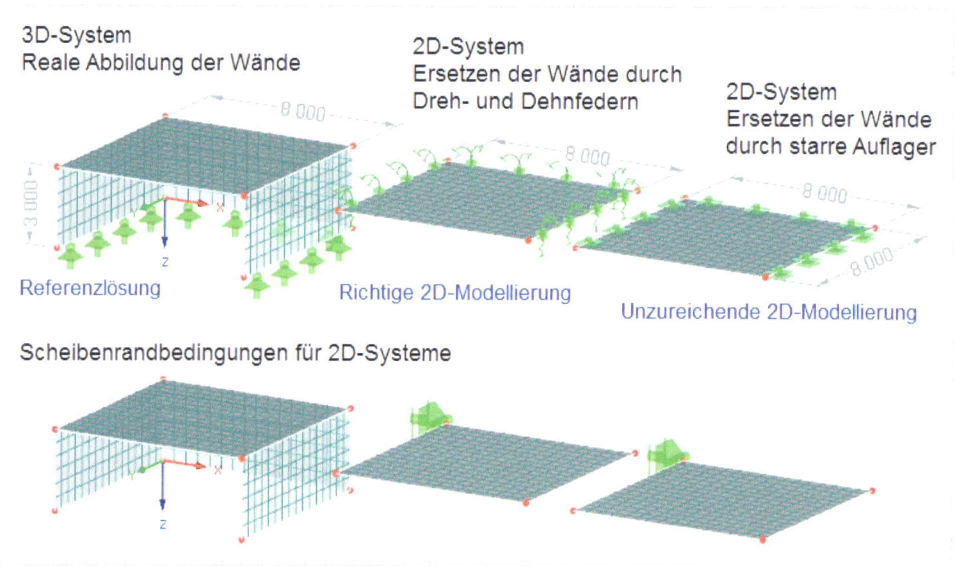

Geometrie: Grundrissabmessungen: 8,00 m · 8,00 m, Höhe Wände: 3,00 m

Material für Platten und Wände:

Beton C30/37: E= 3.300 kN/cm², G= 1.370 kN/cm² mit μ= 0,2 und γ= 25 kN/m³

Belastung: Eigengewicht

Tragwerksdicke: d= 18 cm für Platten und Wände

Linienlager: (lokal) 3D-System links: v_X= starr, v_Y= starr, v_Z= starr für Wandfußpunkte
2D-System Mitte: v_Z= elastisch (1.980.000,00 kN/m²) nach Gl. 5-5
ϕ_X= elastisch (16.038,00 kNm/rad/m) und
ϕ_y= elastisch (495.000,00 kNm/rad/m) nach Gl. 5-6
2D-System rechts: v_Z= starr, ϕ_X= starr ϕ_Y= starr

Knotenlager für 2D-Systeme: v_X= starr, v_Y= starr, ϕ_Z= starr (Scheibenrandbedingungen)

Vernetzung: Angestrebte Länge der Finiten Elemente = 0,5 m

Eingabe in RFEM

Beim Anlegen der neuen Position wird für den Modelltyp *„3D“* (Faltwerk) gewählt, da alle drei oben dargestellten Tragwerke gemeinsam in einem Beispiel generiert werden sollen. Daher sind die eigentlichen „2D-Platten“ wie 3D-Strukturen zu behandeln. Um eine Beweglichkeit zu verhindern, wird an einem Knoten eine statisch bestimmte Lagerung in Richtung der Scheibenfreiheitsgrade eingeführt (siehe Knotenlager für „2D-Systeme“ im Knoten oberen links). Da die Belastung für den Scheibenanteil null ist (Eigengewicht wirkt nur in Z-Richtung) und die Platten- und Scheibentragwirkung entkoppelt ist, ergeben sich für die „2D-Systeme“ nur Plattenschnittgrößen (Scheibenschnittgrößen $n_x = n_y = n_{xy} = 0$).

Das 3D-System ist durch die Lagerung der Wandfußpunkte bereits festgehalten. Durch die 3D-Struktur entstehen für die horizontalen und vertikalen Flächen neben den Plattenschnittgrößen auch Scheibenschnittgrößen.

Die Linienlager für die „2D-Systeme“ werden in Bezug auf das lokale Koordinatensystem definiert und ihnen werden die unter Statisches System / Eingabewerte angegeben Steifigkeiten zugeordnet* (vgl. Bild).

„2D-System“ Mitte:

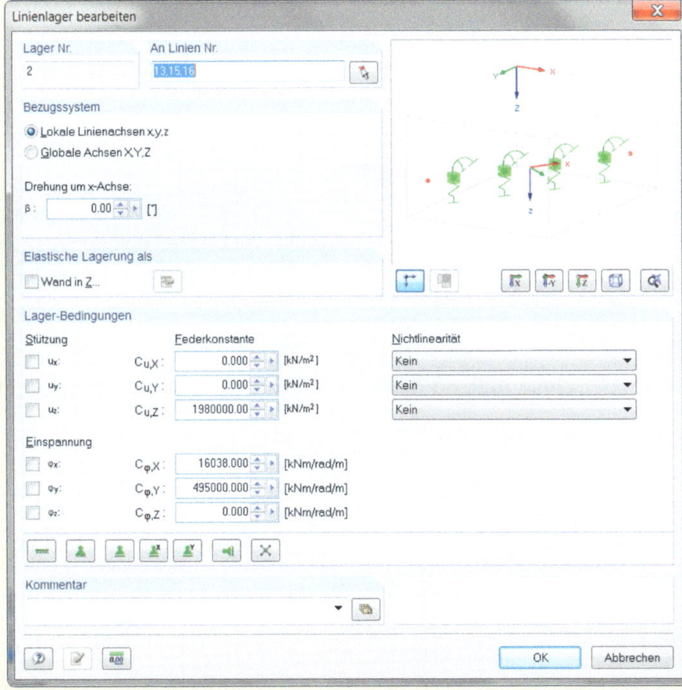

* Unter dem Menüpunkt „Wand in Z“ können in RFEM auch die Federsteifigkeiten komfortabel über die Geometrie und die Materialparameter der Wand automatisch ermittelt werden

„2D-System“ rechts:

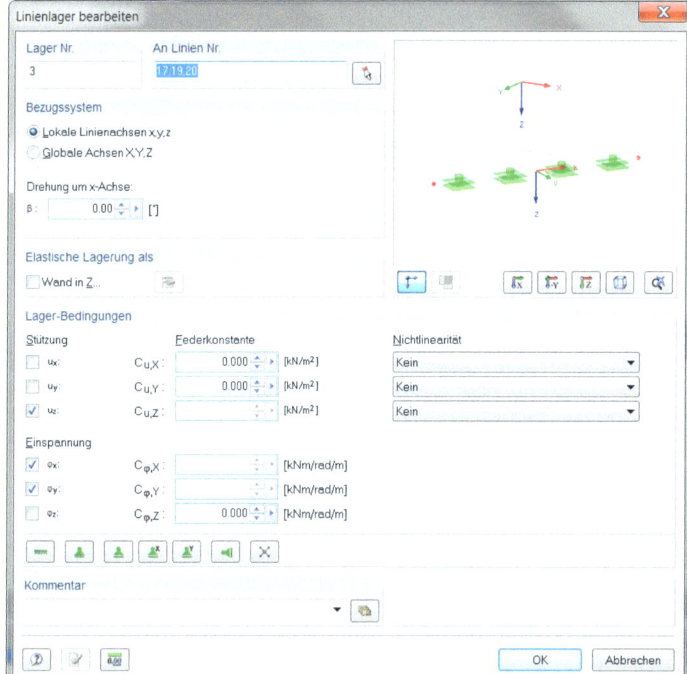

ERGEBNISSE

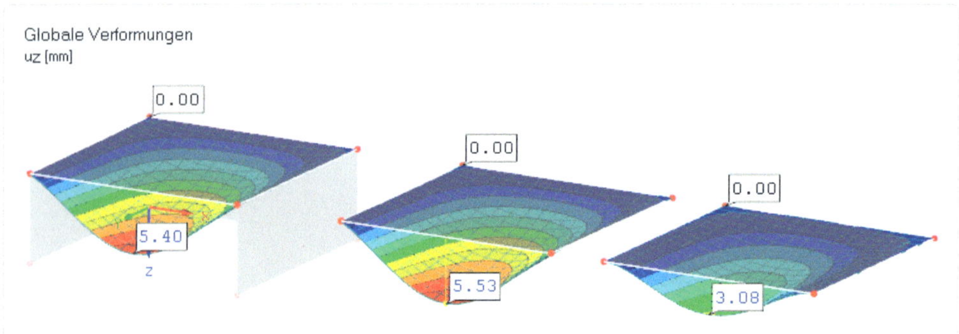

In einem Schnitt entlang des freien Randes ergeben sich folgende Verdrehungen:

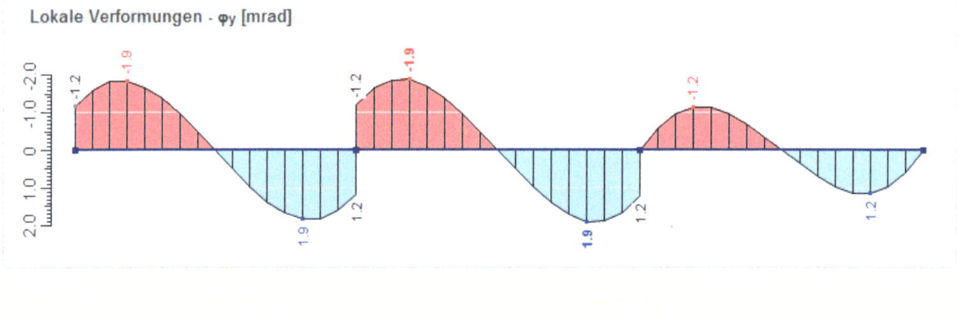

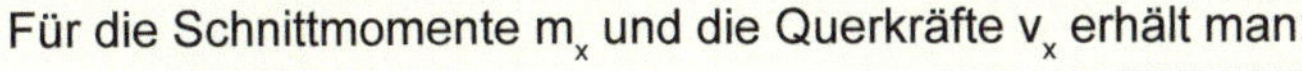

Für die Schnittmomente m_x und die Querkräfte v_x erhält man:

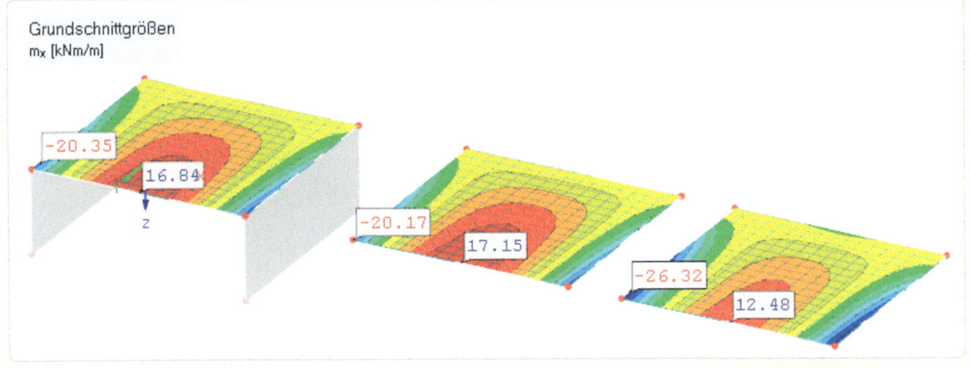

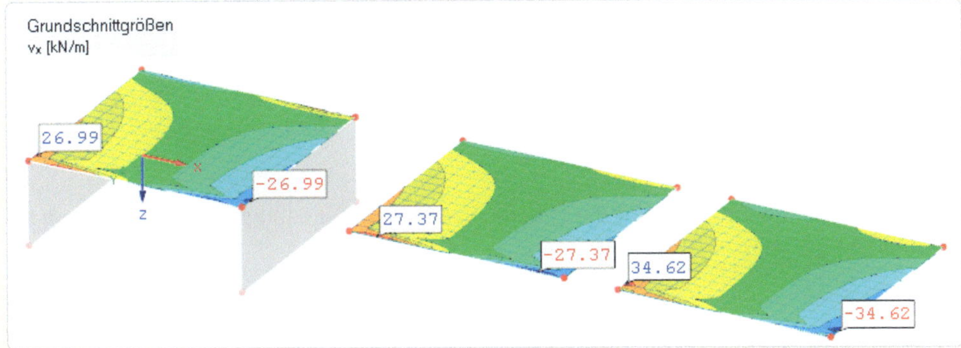

Die geringfügig vorhandenen Scheibenschnittgrößen für das 3D-System werden nicht mit dargestellt. Da diese jedoch auch auf die Bemessung Einfluss haben, soll abschließend ein Vergleich der as-Werte vorgenommen werden. Nach Starten von RF-BETON Flächen werden für die Bemessung nach EN 1992-1-1:2004/AC:2010 NA:DIN folgende Materialwerte zu Grunde gelegt:

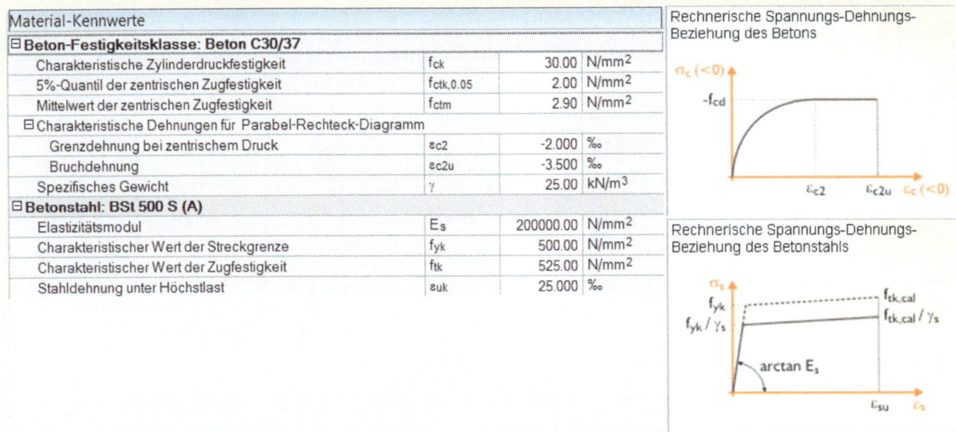

Material-Kennwerte			
⊟ **Beton-Festigkeitsklasse: Beton C30/37**			
Charakteristische Zylinderdruckfestigkeit	f_{ck}	30.00	N/mm²
5%-Quantil der zentrischen Zugfestigkeit	$f_{ctk,0.05}$	2.00	N/mm²
Mittelwert der zentrischen Zugfestigkeit	f_{ctm}	2.90	N/mm²
⊟ Charakteristische Dehnungen für Parabel-Rechteck-Diagramm			
Grenzdehnung bei zentrischem Druck	ε_{c2}	-2.000	‰
Bruchdehnung	ε_{c2u}	-3.500	‰
Spezifisches Gewicht	γ	25.00	kN/m³
⊟ **Betonstahl: BSt 500 S (A)**			
Elastizitätsmodul	E_s	200000.00	N/mm²
Charakteristischer Wert der Streckgrenze	f_{yk}	500.00	N/mm²
Charakteristischer Wert der Zugfestigkeit	f_{tk}	525.00	N/mm²
Stahldehnung unter Höchstlast	ε_{uk}	25.000	‰

Die Betondeckung für die obere und untere Bewehrung beträgt 3,0 cm (d-1) bzw. 4,0 cm (d-2).

Nach Zuordnen des Lastfalls Eigengewicht unter *„Basisangaben"* in der Tabelle *„Zu bemessen"* und dem Start der Berechnung ergeben sich für die obere und untere Bewehrung in x-Richtung folgende Bemessungswerte:

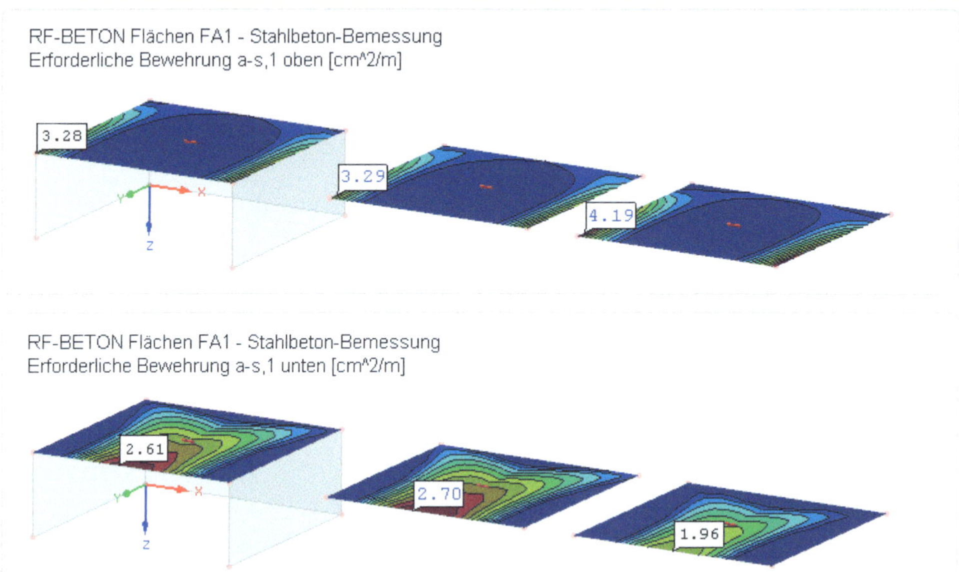

Die anschließende Tabelle zeigt die Unterschiede der „2D-Lösungen" zur 3D-Lösung für die oben dargestellten Ergebnisse:

	3D-System (Referenzlösung)	„2D-System" mit Dreh- und Dehnfedern		„2D-System" Starre Lagerung	
	Wert	Wert	Abw. in %	Wert	Abw. in %
Maximale Durchbiegung [mm]	5,40	5,53	2,41	3,08	42,96
Maximale Verdrehung am Rand [mrad]	1,2	1,2	-	0	-
Min m_x [kNm/m]	-20,35	-20,17	0,88	-26,32	29,34
Max m_x [kNm/m]	16,84	17,15	1,84	12,48	25,89
Max as1 oben [cm²/m]	3,28	3,29	0,30	4,19	27,74
Max as1 unten [cm²/m]	2,61	2,70	3,44	1,96	24,90

Erkenntnisse

Die Werte in der Tabelle zeigen eine ausreichend gute Übereinstimmung zwischen dem 3D-System und dem 2D-System mit Dreh- und Dehnfedern und verdeutlichen die unrealistische Modellbildung durch die starre Einspannung entlang der Ränder. Die Einspannmomente werden durch diese starre Lagerung zu hoch ermittelt und die Feldmomente entsprechend zu gering. Dieser Zustand spiegelt sich auch in den Bemessungsergebnissen wider.

3.2 Lasten in FE-Modellen

Lasten in FE-Berechnungen sind immer „schlaffe Lasten“, d. h. die in der Regel vorhandene Kopplung der Lastanteile durch die jeweiligen Bauteile, die diese Lasten eintragen, geht in reinen 2D-Berechnungen verloren. Auch hier steht die Frage, wann dürfen die aussteifenden Wirkungen der Bauteile auf die Lasten in der Modellbildung vernachlässigt werden und wann nicht. In den Beispielen Lastaussteifung-01 bis Lastaussteifung-04 werden typische Situationen an einem einfachen Modell erörtert. Die Beispiele beinhalten ein Scheibentragwerk und eine elastisch gebettete Fundamentplatte, die zum einen in **einer** 3D-Position gemeinsam und zum anderen in **zwei** getrennten 2D-Positionen berechnet werden. Bei der getrennten Berechnung, quasi als Scheibe und Platte, geht die Kopplung verloren. Nur die Lasten werden von einer Position auf die andere übertragen. Zur weiteren Vereinfachung wird das Eigengewicht vernachlässigt und stellvertretend für die üblichen Lasten nur eine Linienlast betrachtet.

Beispiel Lastaussteifung-01

Statisches System / Eingabewerte

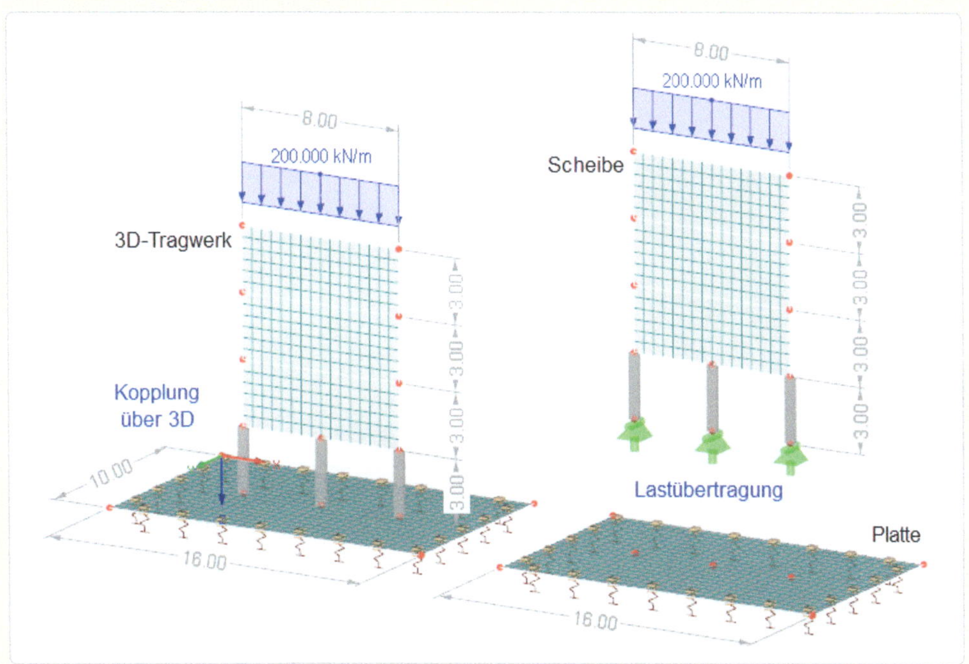

Material für 3D-Flächen, Scheibe, Platte und Stützen:

Beton C30/37: E= 3.300 kN/cm², G= 1.370 kN/cm² mit μ= 0,2 und γ= 0

Belastung:

Gleichlast 200 kN/m

bzw. Einzellasten für Position Platte aus Stützkräften von Position Scheibe

Tragwerksdicke:

Scheibe d= 20 cm, Platte d= 40 cm (3D-Flächen analog)

Bettung Platte:

$c_{u,x}$= 180 kN/m³, $c_{u,y}$= 180 kN/m³, $c_{u,z}$= 1800 kN/m³ (3D-Fläche analog)

Stützenabmessungen:

b= 50 cm, d= 20 cm, L= 3,00 m

Stützenlagerung für Einzelposition Scheibe:

v_X= starr, v_Y= starr, v_Z= starr, ϕ_X= starr

Vernetzung:

Angestrebte Länge der Finiten Elemente = 0,5 m

Glättung der Flächenschnittgrößen:

Verlauf der Schnittgrößen/Spannungen = durchlaufend gesamt

Eingabe in RFEM

Beim Anlegen der neuen Position wird für den Modelltyp *„3D“* (Faltwerk) gewählt.

Daher sind die Einzelpositionen Platte und Scheibe ebenfalls wie 3D-Strukturen zu behandeln.

Um die Beweglichkeit der Platte in X- und Y-Richtung zu verhindern, müssen neben der Bettung in vertikaler Richtung auch Bettungen in X- und Y-Richtung definiert werden (vgl. Bild).

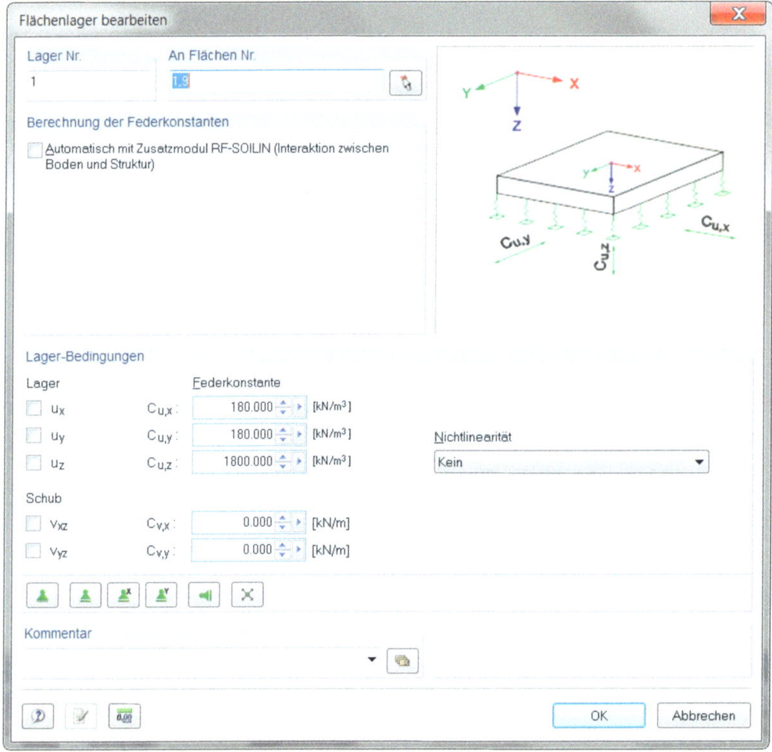

Die Position Scheibe wird an den Stützenfußpunkten in X-, Y- und Z-Richtung gelagert. Um eine Beweglichkeit des Teilsystems um die globale X-Achse auszuschließen, ist zusätzlich noch die Randbedingung ϕ_X= starr zu setzen.

Im ersten Berechnungsgang werden die Stützkräfte der Teilposition Scheibe ermittelt. Diese werden anschließend als Belastung für die Platte eingegeben und es wird noch einmal neu berechnet.

Ergebnisse

Das folgende Bild zeigt neben den Systemverschiebungen die für die Position Scheibe ermittelten Stützkräfte sowie die daraus resultierende Belastung für die Teilposition Platte.

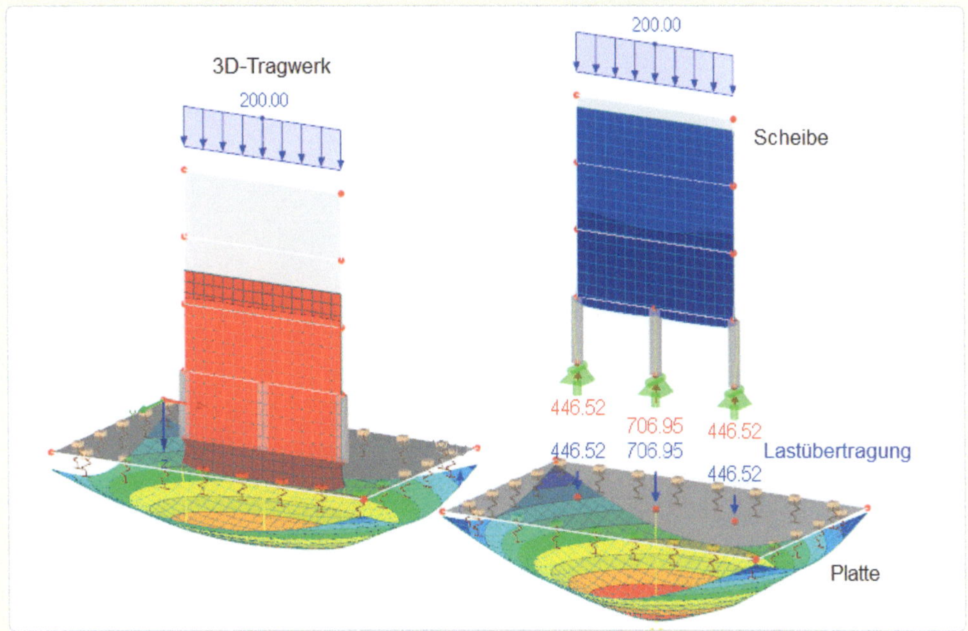

Das anschließende Bild zeigt einen Vergleich der Verschiebungen u, sowie der Schnittgrößen m_x und m_y des 3D-Systems mit der Platte. Der mittige horizontale Schnitt führt in der „Bodenplatte" über die Stützenfußpunkte des 3D-Systems und den Lasteinleitungspunkten der Teilposition Platte.

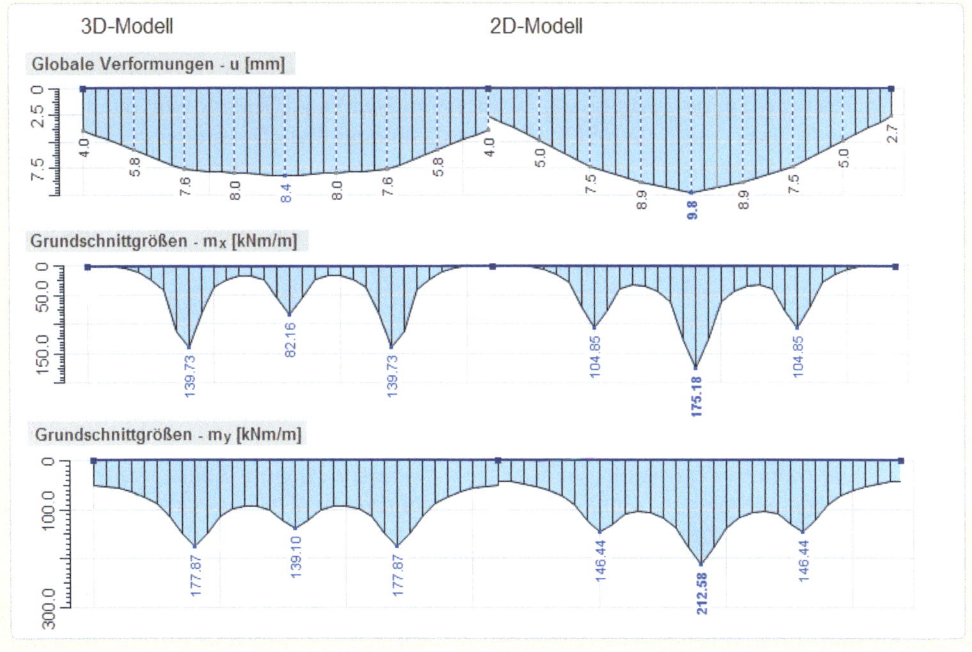

Zur Bewertung der oben dargestellten Ergebnisse sind die Normalkräfte in den Stützen interessant:

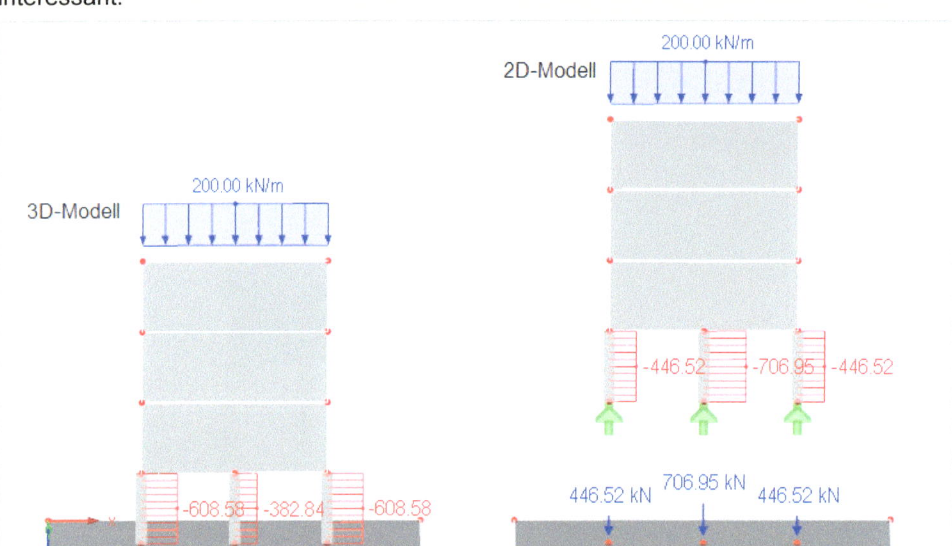

Erkenntnisse

Wie man sieht, fallen die Ergebnisse qualitativ und quantitativ sehr unterschiedlich aus. Die Einleitung der Stützlasten der Scheibe als schlaffe Lasten in das Plattenmodell ist bei diesen Steifigkeitsverhältnissen eine völlig andere Situation als die Lastübertragung im 3D-Modell, wo die Lasten durch die Steifigkeitsbeziehungen gekoppelt sind.

Bei Betrachtung der Deformationen im mittigen Schnitt erkennt man die real vorhandene Kopplung der Lasten im 3D-Modell an dem flacheren Verlauf im mittleren Bereich (linke Kurve). Die schlaffen Lasten im Plattenmodell (rechte Kurve) führen zu einer stärkeren Durchbiegung in diesem Bereich. Die Folge ist, dass das maximale Moment m_x bei der Platte (rechte Kurve) in der Mitte auftritt, während im 3D-Modell (linke Kurve) die maximalen Momente m_x an den seitlichen Stützenanschlüssen auftreten. Der Momentenverlauf m_y zeigt ähnliche Tendenzen.

Beispielhaft sollen die Ergebnisse für m_x an den Stützenanschlüssen bzw. Lasteinleitungen zwischen beiden Modellen verglichen werden. Die Ergebnisse des 3D-Modells werden als Referenzwerte zu Grunde gelegt:

	3D-Modell m_x [kNm/m]	2D-Modell m_x [kNm/m]	$\text{Abweichung}_{2D\text{-}Modell}$ [%]
$m_{x\,Links}$ bzw. $m_{x\,Rechts}$	139,73	104,85	25,0
$m_{x\,Mitte}$	82,16	175,18	113,2

Es muss hier darauf hingewiesen werden, dass die ausgewählten Tabellenwerte an Unstetigkeitsstellen auftreten. Maßnahmen zur Abminderung bzw. Ausrundung der Maximalwerte, wie in Kapitel 3 beschrieben, wurden nicht vorgenommen. Trotzdem lassen diese großen Abweichungen den Schluss zu, dass eine Vernachlässigung der Kopplung im 2D-Modell in diesem Fall zu nicht tolerierbaren Abweichungen führt. Neben den Plattenschnittgrößen betrifft das auch die Stützenschnittgrößen.

Im nächsten Schritt soll das 2D-Modell verbessert werden. Die beim 3D-Modell vorhandene Kopplung zwischen den Lasten soll durch einen steifen Träger, der die Lasten im 2D-Modell verbindet, abgebildet werden. Am 3D-Modell werden keine Änderungen vorgenommen.

Beispiel Lastaussteifung-02

Statisches System / Eingabewerte

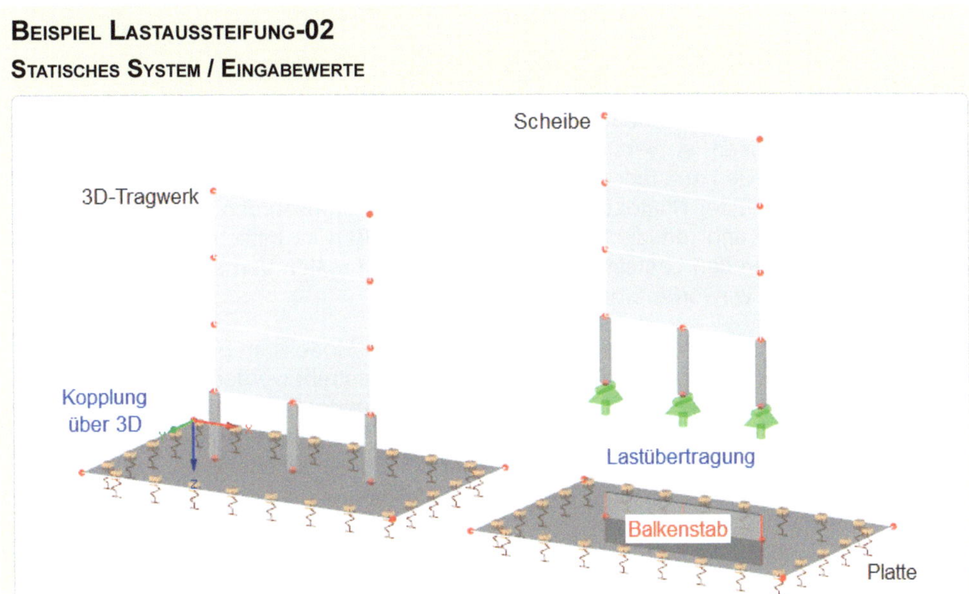

Die Eingabewerte entsprechen dem Beispiel Lastaussteifung-01.
Zusätzlich werden zwei Balkenstäbe mit b= 20 cm und h= 225 cm mit dem Material C30/37 (ohne Eigenlast) zwischen den Lasteinleitungspunkten des Plattenmodells gesetzt.

Ergebnisse

Im mittigen horizontalen Schnitt ergeben sich folgende Ergebnisse:

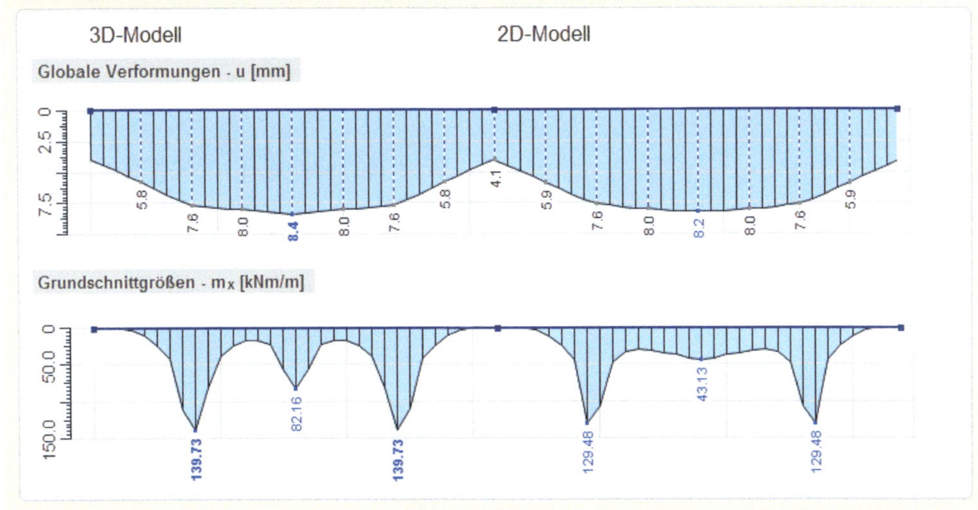

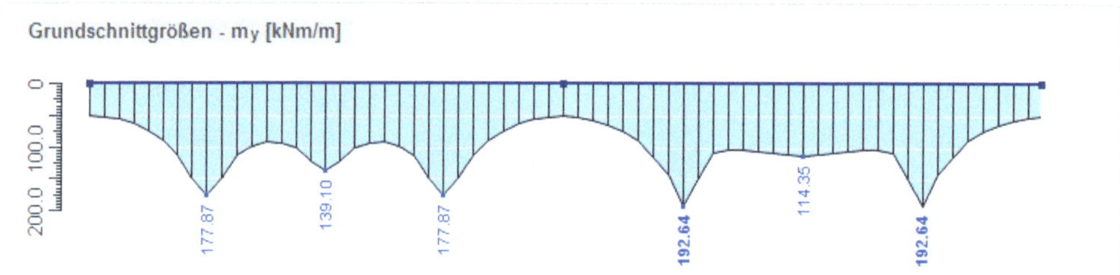

Erkenntnisse

Die Ergebnisse zeigen jetzt einen qualitativ ähnlichen Verlauf. Wie an den Verschiebungsfunktionen zu erkennen ist, versteift allerdings der Balkenstab die Platte zwischen den Lasteintragungspunkten zu stark (vgl. rechte Kurve). Die FE-Lösung verbindet in diesem Bereich den Stab mit der Platte. Der Stab, der nur zur Verbesserung der Lösung dienen sollte, trägt nun mit und reduziert die Plattenschnittgrößen im mittleren Bereich. Da die Verbindung zwischen den Lasteintragspunkten nicht den realen Verhältnissen entspricht, muss dieser Ansatz verworfen werden.

Da der Ansatz zur Verbesserung der Ergebnisse des 2D-Modells im Beispiel Lastaussteifung-02 nicht zum Ziel führte, soll jetzt eine Lösung angestrebt werden, in der der Balken nicht mit der Platte verbunden ist. Das wird erreicht, indem der Balken nach oben verschoben wird. Die Verbindung zu den Lasteintragspunkten erfolgt mittels senkrechter Stäbe. Zweckmäßigerweise werden diese Stäbe wie im 3D-Modell dimensioniert. Auch bei diesem Beispiel werden keine Änderungen im 3D-Modell vorgenommen.

Beispiel Lastaussteifung-03

Statisches System / Eingabewerte

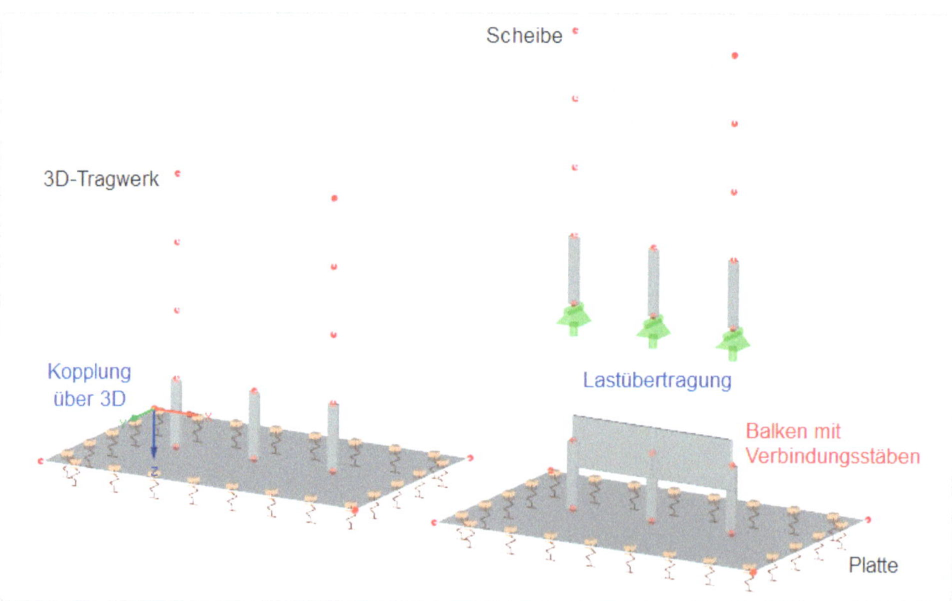

Die Eingabewerte entsprechen dem Beispiel Lastaussteifung-01.

Zusätzlich werden zwei Balkenstäbe mit b= 20 cm und h= 225 cm in einer Höhe von 3,00 m über den Lasteinleitungspunkten und drei Verbindungsstäbe vom Balken zur Platte gesetzt.

Der Querschnitt der Verbindungsstäbe entspricht dem des 3D-Modells (b= 50 cm, d= 20 cm). Allen zusätzlich gesetzten Stäben wird das Material C30/37 zugeordnet (ohne Eigenlast).

Ergebnisse

Im mittigen horizontalen Schnitt ergeben sich folgende Ergebnisse:

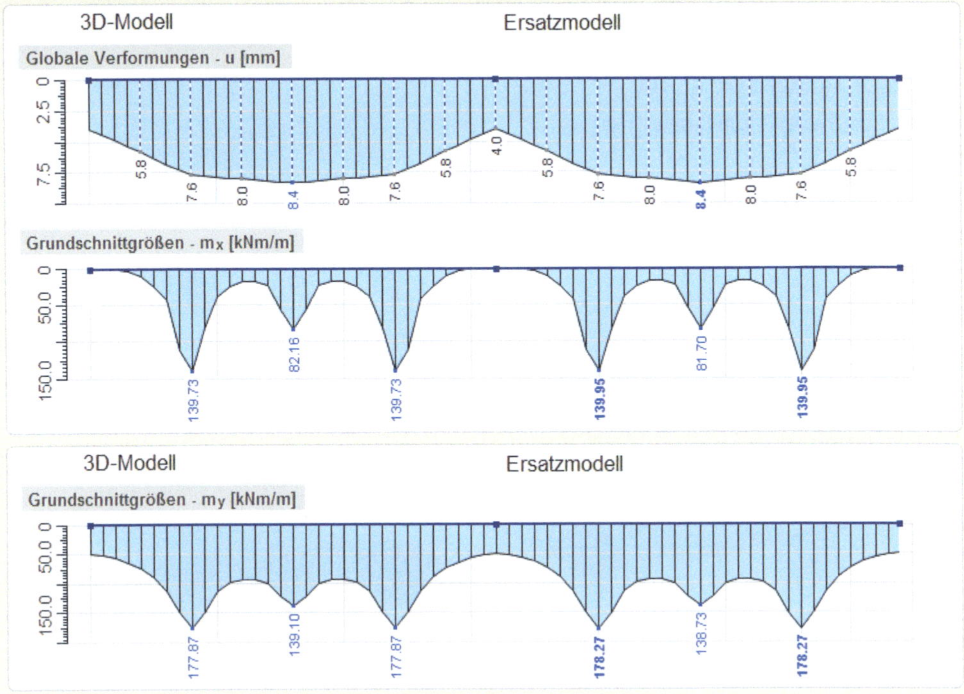

Erkenntnisse

Die Ergebnisse zeigen jetzt eine sehr gute Übereinstimmung.

Für m_x ergeben sich bei den beiden Modellen z. B. an den drei Spitzenwerten folgende Ergebnisse bzw. Abweichungen:

	3D-Modell m_x [kNm/m]	2D-Modell m_x [kNm/m]	$\text{Abweichung}_{2D\text{-}Modell}$ [%]
m_{xLinks} bzw. $m_{xRechts}$	139,73	139,95	0,16
m_{xMitte}	82,16	81,70	0,56

Die gewählte Konstruktion mit den zusätzlichen Stäben ist somit geeignet, die Ergebnisse des 2D-Modells wesentlich zu verbessern und stellt eine sinnvolle Alternative zur Berechnung als 3D-Modell dar.

Ein Nachteil besteht hier aber darin, dass die Steifigkeit des horizontalen Verbindungsbalkens abgeschätzt werden muss. Zunächst kann für die Breite des Balkens die Scheibendicke gewählt werden. Das Material entspricht ebenfalls dem der Scheibe. Die Eigenlast ist null, da ja nur die aussteifende Wirkung modelliert werden soll. Etwas schwierig ist die Festlegung der Balkenhöhe. In diesem Beispiel wurde ein Viertel der Scheibenhöhe gewählt (9,00 m / 4= 2,25 m). Beim Ansetzen der ganzen Scheibenhöhe würde der Verbindungsbalken zu steif approximiert. Im Übrigen gilt jedoch, dass selbst bei etwas fehlerhaft abgeschätzter Steifigkeit des Balkens mit diesem Modell eine deutliche Ergebnisverbesserung gegenüber dem ursprünglichen 2D-Modell erreicht wird.

In den untersuchten Beispielen besteht die Wandscheibe aus steifem Beton. Interessant ist, wie die Unterschiede zwischen den 3D- und 2D-Modellen ausfallen würden, wenn die Wandscheibe aus wesentlich weicherem Mauerwerk bestünde. Das nächste Beispiel soll darüber Aufschluss geben. Die im Beispiel getroffene Annahme für das System bezüglich des Mauerwerksmaterials ist natürlich stark idealisiert - aber trotzdem zweckmäßig, da sie nur die Tendenz in der Ergebnisbeeinflussung sichtbar machen soll.

Beispiel Lastaussteifung-04

Statisches System / Eingabewerte

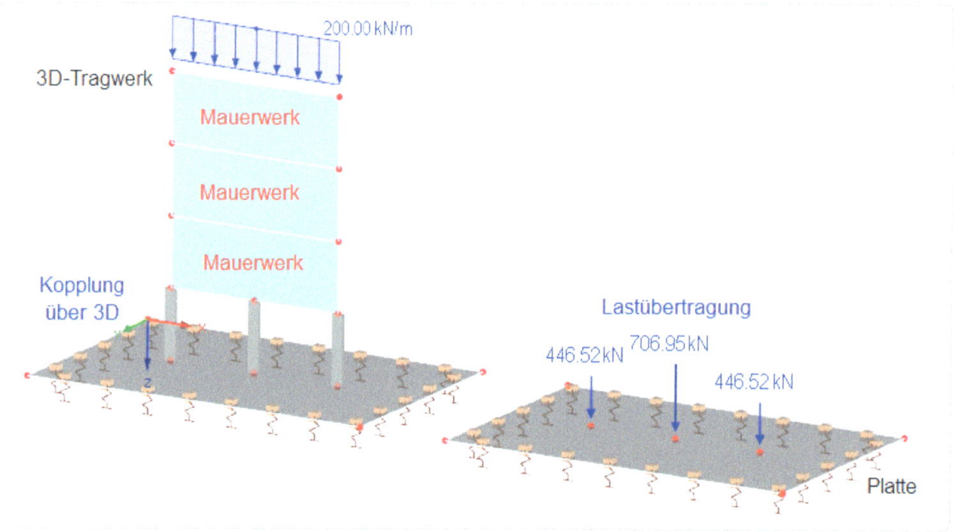

Die Eingabewerte entsprechen dem Beispiel Lastaussteifung-01.

Das Material der Wandscheibe (Beton C30/37) wird durch Mauerwerk ersetzt:

$E = 210\ kN/cm^2$, $G = 91{,}30\ kN/cm^2$ (FKL 4, MGII) mit $\mu = 0{,}15$ und $\gamma = 0$

Eingabe in RFEM

Ausgehend vom Beispiel Lastaussteifung-01 wird das oben beschriebene Mauerwerksmaterial angelegt und den drei vertikalen Flächen zugewiesen.

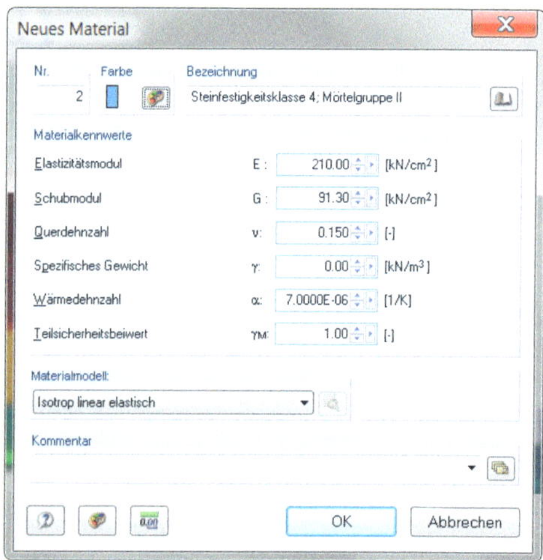

Ergebnisse

Systemverschiebungen:

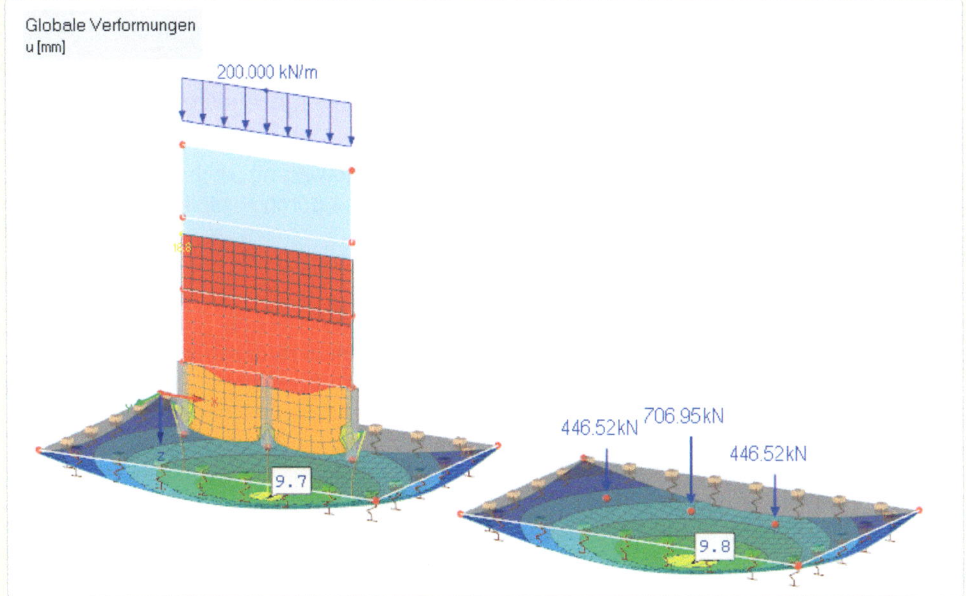

Im mittigen horizontalen Schnitt ergeben sich folgende Ergebnisse:

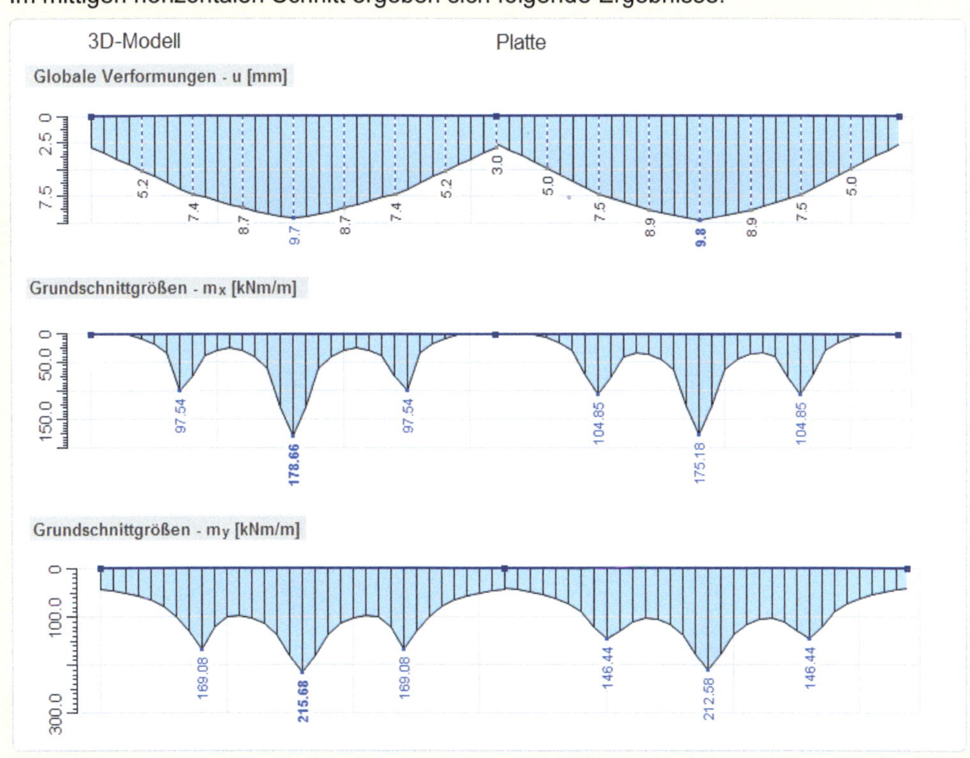

Erkenntnisse

Im Vergleich zu den vorangehenden Beispielen ergeben sich für das 3D-Modell qualitativ andere Momentenverläufe. Das maximale Moment tritt jetzt nicht mehr an den Außenstützen, sondern wie bei der nicht durch Balken versteiften 2D-Plattenlösung in der Mitte auf.

Die Ergebnisse der beiden Modelle zeigen hier eine weitgehende Übereinstimmung. Durch das weichere Material der Wandscheibe und die damit einhergehende geringere Koppelwirkung hat sich die 3D-Lösung der Plattenlösung mit den schlaffen Lasten angenähert.

Selbst wenn bei Mauerwerk eine geringfügige Aussteifungswirkung „rechnerisch" entsteht, kann in der Regel davon ausgegangen werden, dass diese durch Rissbildungen noch abgemindert wird.

Fazit:

Es ist generell üblich, einzelne Bauwerkspositionen aus einem räumlichen System herauszulösen und zur Vereinfachung getrennt als 2D-Modell zu berechnen. Die untersuchten Beispiele zeigen allerdings, dass dabei manchmal spezielle Zusatzüberlegungen notwendig sind, um realitätsnahe Ergebnisse zu erhalten. Als realitätsnah wurden hier die Ergebnisse der 3D-Bererechnung angenommen, da in diesem Modell die aussteifende Wirkung der Last einleitenden Konstruktion automatisch mit berücksichtigt wird. Diese Steifigkeit ist für die zu wählende Ersatz-Modellierungsvariante letzten Endes ausschlaggebend. Bei einem weichen Material ist die Lösung eher unproblematisch (vgl. Beispiel Lastaussteifung-04). Eine steifere Konstruktion, die zu einer maßgebenden Kopplung der Lasten führt, erfordert hingegen bei einem Umbrechen auf ein 2D-System zusätzliche Eingabeüberlegungen (wie im Beispiel Lastaussteifung-03 dargestellt) bzw. letzten Endes doch eine Berechnung als 3D-System.

3.3 Einfluss des Bauablaufes

Häufig verbinden Ingenieure die Berechnung an einem komplexen Gesamtmodell mit einer wirklichkeitsnäheren Modellbildung und damit auch mit genaueren Ergebnissen. Wie die bereits untersuchten Beispiele zeigen, ist das im Allgemeinen auch so. Allerdings gibt es auch Ausnahmen - sogar solche, bei denen die Berechnung am 3D-Modell zu einer Verfälschung der Ergebnisse führt.

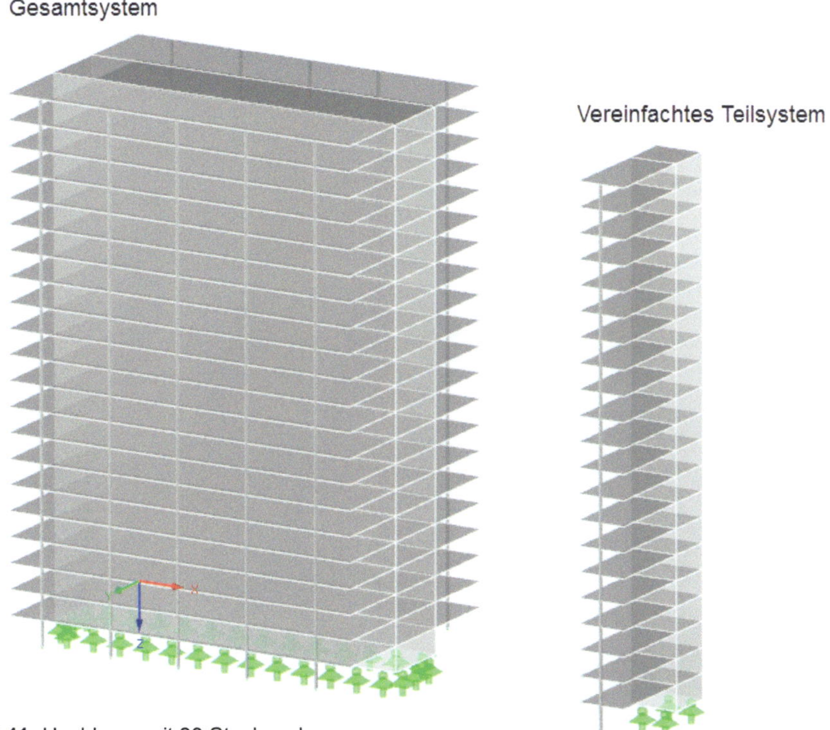

Bild 2-11: Hochhaus mit 20 Stockwerken

Ein nicht zu unterschätzender Einflussfaktor in einer numerischen Berechnung ist z. B. die richtige Simulierung des Bauablaufes. Bischoff und Bletzinger zeigen in [1.4] an einem einfachen Beispiel leicht verständlich zu welchen Fehlern eine Vernachlässigung des Einflusses des Bauablaufs in einer Berechnung am Gesamtmodell führen kann. Im Beispiel Stockwerkrahmen wird das in [1.4] diskutierte Beispiel mit ähnlichen Gegebenheiten mittels RFEM nachgestellt. Es handelt sich dabei um ein 20-stöckiges Hochhaus (Bild 2-11 links) mit einem innen liegenden Aussteifungskern. Die Deckenplatten sind in diesen Kern eingespannt und an der gegenüberliegenden Seite auf Stützen gelagert.

Da eine Betrachtung der Ergebnisse am gesamten Modell zu unübersichtlich wäre, erfolgt die Auswertung an einem repräsentativen Teilsystem (Bild 2-11 rechts). Dieses Teilsystem ist ausreichend, um die hier auftretenden Besonderheiten zu verdeutlichen.

Im Tragverhalten des 3D-Modells stellt sich ein sehr interessanter Effekt ein. Die Stützen werden auf Grund ihrer kleineren Querschnittsfläche stärker zusammengedrückt als der innen liegende Kern. Diese Verschiebung addiert sich über die Stockwerke nach oben auf und führt zu den in Bild 2-12 dargestellten Verschiebungsunterschieden in den einzelnen Etagen. Man kann sich gut vorstellen, dass dadurch das Biegemoment der weitgehend einachsig tragenden Decken des vereinfachten Teilsystems stark beeinflusst wird. Die Platten „hängen" sich von unten nach oben zunehmend an den Aussteifungskern. Dadurch vergrößert sich das Einspannmoment, während sich das Feldmoment verringert.

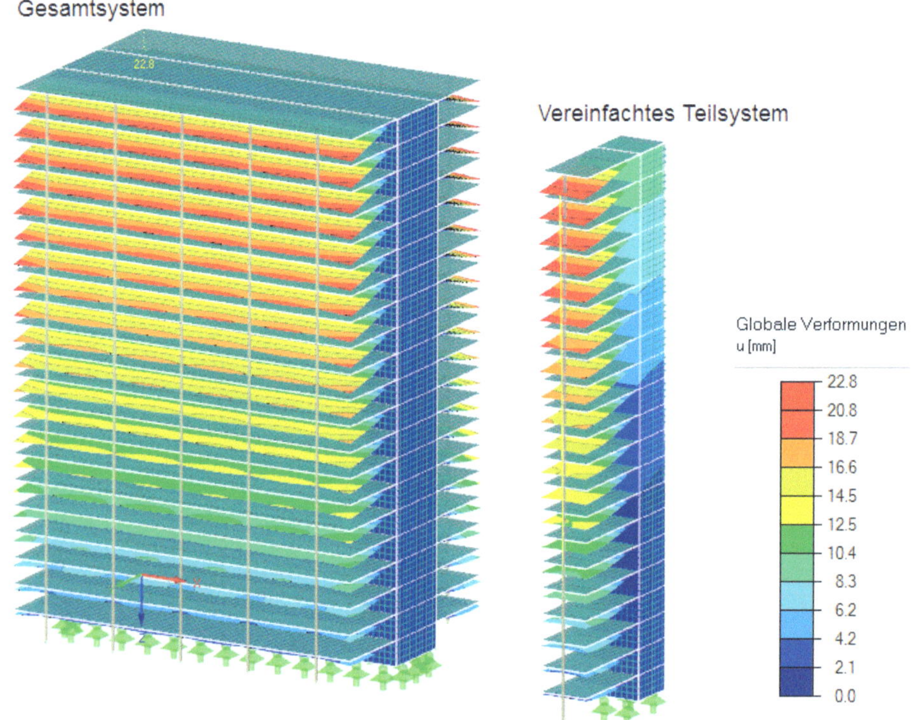

Bild 2-12: Systemverformungen unter Eigenlast

Dieses Ergebnis entspricht der Annahme, dass das Bauwerk in einem Zug erstellt und dann mit dem Eigengewicht belastet wird. In der Realität wirkt das Eigengewicht jedoch von Anfang an und der Höhenunterschied im Bereich der Stützen wird in der Bauphase ausgeglichen - die oben liegenden Stützen werden quasi „länger eingebaut".

Im Beispiel Stockwerkrahmen sollen die Ergebnisse des in Bild 2-12 dargestellten linken Systems näher betrachtet und ein Vergleich zur „Handrechnung" durchgeführt werden.

Beispiel Stockwerkrahmen

Statisches System / Eingabewerte

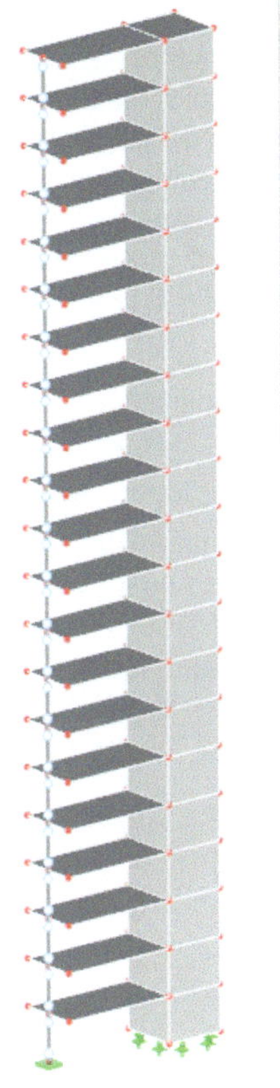

Material für Decken, Stützen und Kern:

E= 3.300 kN/cm², G= 1.370 kN/cm²
mit μ= 0,2 und γ= 25 kN/m³

Tragwerksdicke:

Decke d= 20 cm (durchgehend im Kern), Kern d= 40 cm

Stützenabmessungen:

b= 20 cm, d= 20 cm, L= 3,00 m (gelenkig angeschlossen)

Geschosshöhe: 3,0 m

Lagerung für alle Bauteile in Z= 0 m:

v_X= starr, v_Y= starr, v_Z= starr
für Stütze zusätzlich
Φ_X= starr, Φ_y= starr, Φ_z= starr

Vernetzung:

Angestrebte Länge der Finiten Elemente= 0,5 m

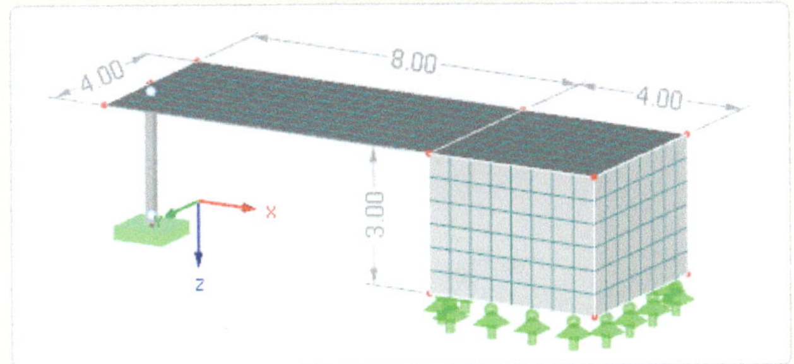

Eingabe in RFEM

Beim Anlegen der neuen Position wird für den Modelltyp „*3D*“ (Faltwerk) gewählt.

Zunächst wird das untere Geschoss generiert. Anschließend werden die zu kopierenden Elemente selektiert und mit Hilfe der Kopierfunktion in einem Schritt 20-mal nach oben kopiert (vgl. Dialog rechts).

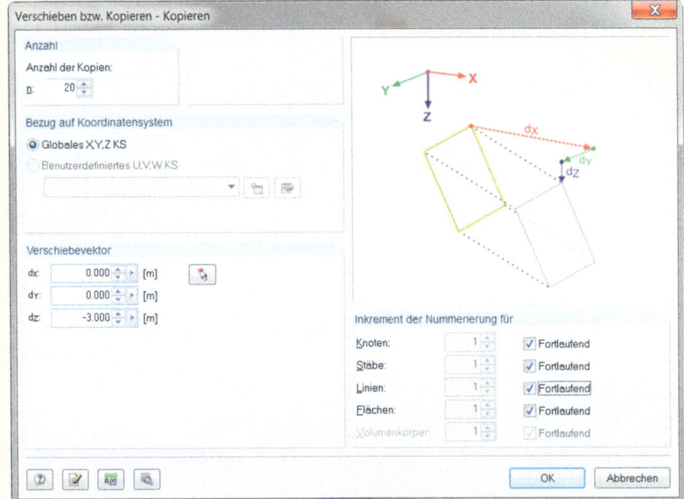

Hinweis: Beim Selektieren mit aufgezogenem Rechteckfenster von rechts unten nach links oben werden die „angerissenen“ Elemente erfasst. So können die Flächen und der Stab leicht ohne die Lagerungen selektiert werden (vgl. Bild). Zieht man das Fenster von links oben nach rechts unten auf, werden all die Elemente erfasst, die vollständig im Fenster liegen.

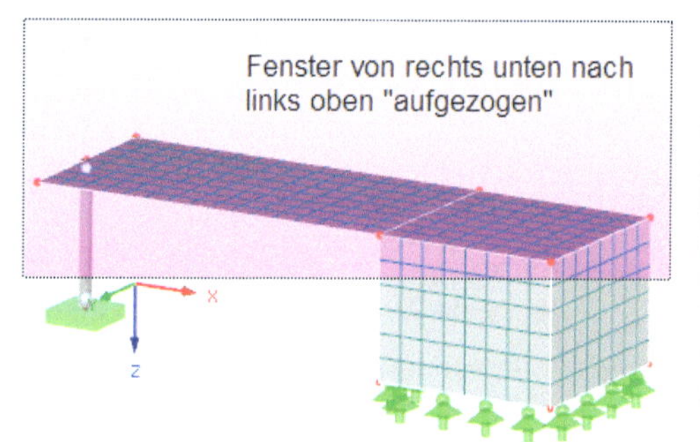

Ergebnisse

Das folgende Bild zeigt die Entwicklung der Feld- und Einspannmomente für die Haupttragrichtung der Deckenplatten in den einzelnen Etagen (Lastfall Eigengewicht).

Für diese Darstellung werden über die Ausschnittfunktion nur die Ergebnisse der Deckenplatten ausgewertet.

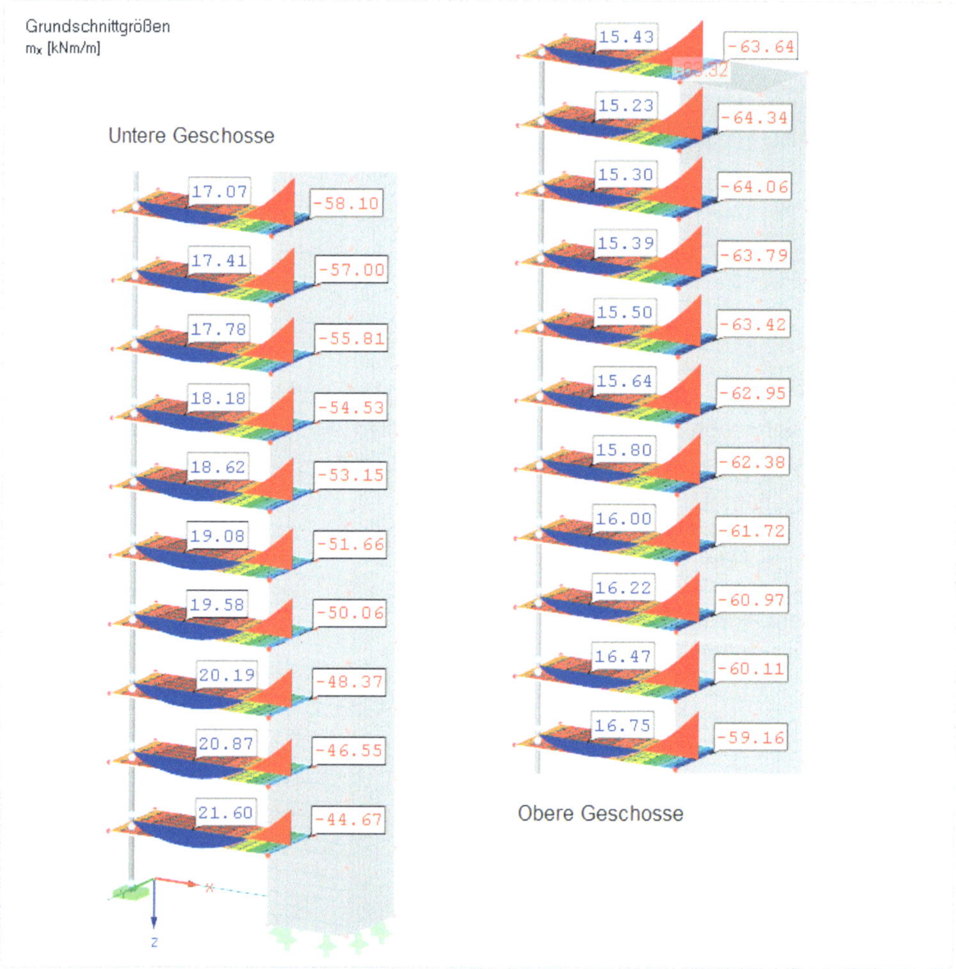

Erkenntnisse

Bei der Betrachtung der Ergebnisse wird deutlich, dass die Feldmomente von unten (21,6 kNm/m) nach oben (15,43 kNm/m) abnehmen, wobei die Einspannmomente die umgekehrte Tendenz zeigen (unten= -44,67 kNm/m, oben= -63,64 kNm/m). Im Folgenden sollen diese Abweichungen kommentiert werden.

Da die Deckenplatten im 3D-Modell weitestgehend ihre Last einachsig abtragen, kann man zunächst als Vergleich eine Handrechnung heranziehen.

Für eine einseitig eingespannte Einfeldplatte ergibt sich bei starrer Lagerung unter Eigengewicht (d= 20 cm) bei den im 3D-Modell vorliegenden Abmessungen

für das Moment am eingespannten Rand:

$-q \cdot L^2/8 = -40{,}00$ kNm/m

und für das maximale Feldmoment:

$9q \cdot L^2/128 = 22{,}50$ kNm/m

Die Ergebnisse eines einfachen FE-Modells, das dem Aufbau der einzelnen Etagen sehr ähnlich ist, weichen nur geringfügig von der Handrechnung ab:

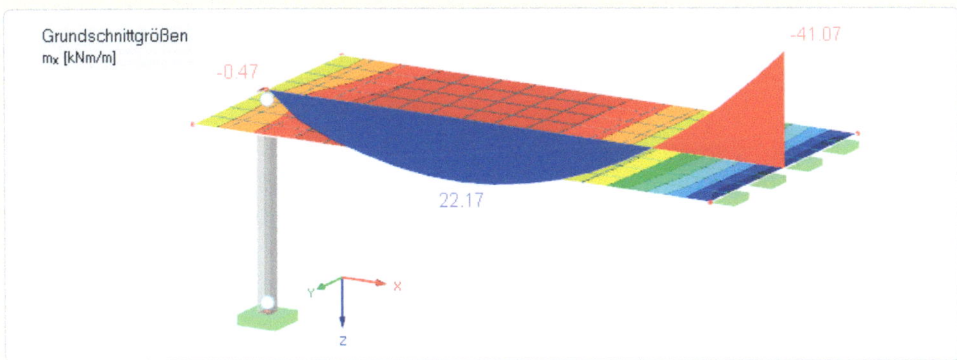

Werden nun die Ergebnisse der Handrechnung oder die des einfachen FE-Modells mit den Ergebnissen des 21-stöckigen Teilsystems verglichen, so stimmen sie am besten mit denen der untersten Etage überein.

Die mit der Etagenhöhe zunehmenden Abweichungen hängen mit dem bereits beschriebenen Effekt zusammen:

> Die Stützen drücken sich auf Grund ihres geringeren Querschnitts im Vergleich zum Kern stärker zusammen. Durch das Aufaddieren über die Etagen wird die Verschiebungsdifferenz nach oben immer größer.

Das Stützmoment vergrößert sich damit im Vergleich zum Erdgeschoss in diesem Beispiel um immerhin ca. 42% - das Feldmoment wird um ca. 29% entlastet.

Die Unterschiede relativieren sich natürlich sofort, wenn der Stützenquerschnitt vergrößert und damit die Verschiebungsdifferenz verringert wird. In diesem Beispiel wurden bewusst eine sehr schlanke Stütze und ein steifer Kern gewählt, um die auftretenden Effekte überhöht aufzuzeigen. Bei einer Stütze von 30 cm·30 cm vergrößert sich das Stützmoment nur noch um ca. 16% - das Feldmoment wird im letzten Geschoss um ca. 11% entlastet. Bei einer weiteren Vergrößerung der Stütze z. B. auf 40 cm·40 cm sind die Unterschiede zwischen Erdgeschoss und letztem Geschoss nur noch marginal.

Entscheidend für die Ergebnisunterschiede sind demnach die Steifigkeitsverhältnisse der untersuchten Systeme. Trotz der dadurch bedingten, unter Umständen großen Abweichungen, würde die Bemessung für beide Varianten der Ergebnisermittlung wohl dennoch zu einem sicheren Tragwerk führen [vgl. auch 1.4]. Die Realität liegt wahrscheinlich zwischen den hier diskutierten Ergebnissen. Der oben beschriebene „Höhenausgleich“ über die Etagen, der im 3D-System nicht modelliert wurde, ist ohnehin nur im Zusammenhang mit dem Lastfall Eigengewicht zu sehen.

Dieses einfache Beispiel zeigt, dass die Berücksichtigung des Baufortschrittes in bestimmten Fällen eine nicht zu unterschätzende Aufgabe ist und das Ergebnis stark beeinflussen kann.

Unabhängig davon gibt es Tragwerke, bei denen eine korrekte Simulation von Zwischenzuständen auch aus anderen Gründen sinnvoll ist. Abgesehen von einigen speziellen Bauwerken, wie z. B. Brücken, wird das zurzeit häufig umgangen bzw. gar nicht beachtet [vgl. auch 1.8].

Die Entwickler von Statikprogrammen werden sich zunehmend mit Baufortschrittsmodellen befassen müssen. Diese werden deshalb wohl in Zukunft einen festen Bestandteil der Statikprogramme darstellen [siehe auch 1.4].

4 Nichtlineare Aufgaben

4.1 Allgemeines

Ein wesentlicher Nachteil aller nichtlinearen Berechnungen ist, dass das Superpositionsgesetz nicht mehr gilt. Die Lastfälle können demnach nicht mehr nach der Berechnung beliebig kombiniert werden. Die entsprechend der Normen zu definierenden Lastfallkombinationen sind vorher festzulegen. Anschließend ist die Berechnung lastkombinationsweise durchzuführen. Der erhöhte Aufwand für die genauere Beschreibung der nichtlinearen Gesetze und für die Gestaltung der Ergebnisüberlagerung sollte nicht unterschätzt werden - er ist ggf. erheblich. Wenn zwischen linearer und nichtlinearer Berechnung gewählt werden kann, steht immer die Frage, ob sich der erhöhte Berechnungsaufwand lohnt.

Die nichtlinearen Berechnungsaufgaben sind in drei grundlegende Aufgaben gruppierbar:

1. Geometrische Nichtlinearität
2. Physikalische Nichtlinearität
3. Konstruktive Nichtlinearität

Eine ausführliche Darstellung des komplexen und sehr umfangreichen Themas der nichtlinearen Berechnungen würde den Rahmen des Buches sprengen. In den anschließenden Ausführungen soll deshalb nur ein erster Einblick in die oben aufgeführten grundlegenden nichtlinearen Aufgaben gegeben und exemplarisch je ein Berechnungsbeispiel aufgeführt werden.

Die drei Arten der Nichtlinearitäten werden anschließend einzeln betrachtet. Es ist selbstverständlich, dass es viele praktische Aufgabenstellungen gibt, in denen diese in verschiedenen Kombinationen zu berücksichtigen sind (z. B. Fließgelenktheorie II. Ordnung als Kombination von geometrischer und physikalischer Nichtlinearität).

4.2 Geometrisch nichtlineare Berechnung

Zunächst kann nach der Berücksichtigung der geometrischen Parameter in den Berechnungsansätzen die folgende grobe Klassifizierung vorgenommen werden:

- Theorie I. Ordnung (lineare Theorie):
  Die Berechnung erfolgt am unverformten Tragwerk, die Änderung der Geometrie des Tragwerkes durch die Belastung hat keinen Einfluss auf die Ergebnisse

- Theorie II. Ordnung (für Stäbe):
  Die Änderung der Geometrie des verformten Tragwerkes wird berücksichtigt, die Verformungen sind jedoch klein, so dass Ansatzglieder höherer Ordnung vernachlässigt werden

- Theorie III. Ordnung (für Stäbe und Flächen):
  Da hier größere Verformungen berücksichtigt werden, spricht man auch von der Theorie der großen Verformungen, zusätzlich werden weitere geometrische nichtlineare Einflüsse durch Einbeziehen höherer Ansatzglieder berücksichtigt

Eine Berechnung nach der Theorie I. Ordnung ist häufig ausreichend, da die Baukonstruktionen eine große Steifigkeit besitzen. Bei größeren Verformungen und zum Nachweis von Knicken oder Biegedrillknicken sind höhere Theorien notwendig. Bei Seil- oder Membrankonstruktionen und für Beulnachweise muss auf die Theorie der großen Verformungen zurückgegriffen werden.

Die FE-Programme unterscheiden sich bezüglich der geometrisch nichtlinearen Ansätze mitunter stark. So kann man selbst bei der Berechnung nach der Theorie II. Ordnung für ein einfaches räumliches Stabsystem mit verschiedenen Programmen qualitativ sehr unterschiedliche Ergebnisse erhalten (vgl. [2-6]). Noch gravierender fallen in der Regel die Unterschiede bei der Theorie III. Ordnung aus (dies gilt auch für Flächentragwerke) und wenn zusätzliche Effekte wie z. B. Biegedrillknicken berücksichtigt werden sollen. Nach Gensichen und Lumpe [2-6] sollte ein zukunftssicheres neues Programmkonzept für Stabtragwerke Probleme wie Biegedrillknicken, Schubverformungen und Wölbkrafttorsion von Anfang an optional berücksichtigen. Gegenwärtig ist diesbezüglich allerdings noch viel Entwicklungsarbeit seitens der Programmhersteller zu leisten.

Auf Grund des unterschiedlichen Qualitätsniveaus der am Markt befindlichen Produkte sollte sich der Anwender deshalb in jedem Fall damit vertraut machen, was die im Programm enthaltene Theorie letzten Endes leistet. Ggf. sind eigene Vergleichsrechnungen durchzuführen.

Ein Beispiel soll dies verdeutlichen:

Ein Biegeknicknachweis lässt sich in der Regel trotz der oben erwähnten Lösungsunterschiede mit den meisten Stabtragwerksprogrammen durchführen. Für einen Biegedrillknicknachweis ist allerdings die Berücksichtigung der Wölbkrafttorsion notwendig (7. Freiheitsgrad). Enthält das Stabtragwerksprogramm diese spezielle Theorie nicht, muss der Stab auf andere Art nachgewiesen werden. Entweder erfolgt der Nachweis nach dem Ersatzstabverfahren z. B. gem. Stahlbau-Grundnorm DIN 18 800, Teil 2 oder man geht vom Stab- zu einem Flächen- oder Volumenmodell über und führt den Nachweis für das komplexere Modell unter Verwendung der Ansätze höherer Ordnung. Die zweite Möglichkeit bietet sich an, da moderne Programme heute in der Lage sind, aus einem eindimensionalen System, wie dem Stab, unter Verwendung der Querschnittsabmessungen sehr schnell Flächen- und Volumenmodelle automatisch zu erzeugen (vgl. Stahlprofil in Bild 2-3).

Ein weiterer möglicher seitens der Normen zugelassener Weg ist die Berechnung am Gesamtsystem nach Theorie II. bzw. III. Ordnung unter Berücksichtigung von Imperfektionen.

Häufig kann man in den Programmen bei der Berechnung nach Theorie II. bzw. III. Ordnung die „entlastende Wirkung durch die Berücksichtigung der Zugkräfte“ ein- bzw. ausstellen[1]. Die Berücksichtigung der Zugkräfte führt zu einer zusätzlichen Stabilisierung und bewirkt in der Regel eine höhere Auslastung des Tragwerkes.

Bei nichtlinearen Berechnungen können die Schnittgrößen auf die verformte oder unverformte Struktur bezogen werden[1].

Die Ansätze nach der Theorie II. oder III. Ordnung schlagen sich in der so genannten geometrischen Steifigkeitsmatrix nieder. Durch ihre Verformungsabhängigkeit wird diese in einem iterativen Prozess so lange korrigiert und das Gleichungssystem erneut gelöst, bis ein stabiler Zustand (Steuerung über ein Abbruchkriterium) erreicht wird.

[1] In RFEM unter *„Berechnungsparameter“* möglich

Anhand eines einfachen Beispiels für ein Flächentragwerk soll der Einfluss der geometrisch nichtlinearen Theorie verdeutlicht werden. Untersucht wird ein 3D-Tragwerk, das in einer Tragrichtung über eine Spannweite von 8 m die Last abträgt. Zunächst wird das Beispiel mit der üblichen linearen Theorie berechnet. Im zweiten Schritt erfolgt die Berechnung nach der Theorie III. Ordnung. Da der Einfluss der höheren Theorie von der Größe der Verformung abhängt, wird die Dicke des Tragwerkes variiert. Alternativ könnten auch unterschiedliche Belastungen gewählt werden. Die Spannweite, die Tragwerksdicken und die Lagerung sind bewusst so gewählt, dass ein spürbarer Einfluss durch die höhere Theorie entsteht.

Das Beispiel Geometrische Nichtlinearität beschreibt die Eingabe und diskutiert die erzielten Ergebnisse entsprechend der zu Grunde gelegten Theorien.

Beispiel Geometrische Nichtlinearität

Statisches System / Eingabewerte

3D-Fäche 8,00 m · 4,00 m mit gelenkiger Randlagerung (u_X= starr, u_Y= starr, u_Z= starr)

Material Fläche:

E= 3.300 kN/cm²,

G= 1.650 kN/cm²

mit μ= **0 !** und γ= 0

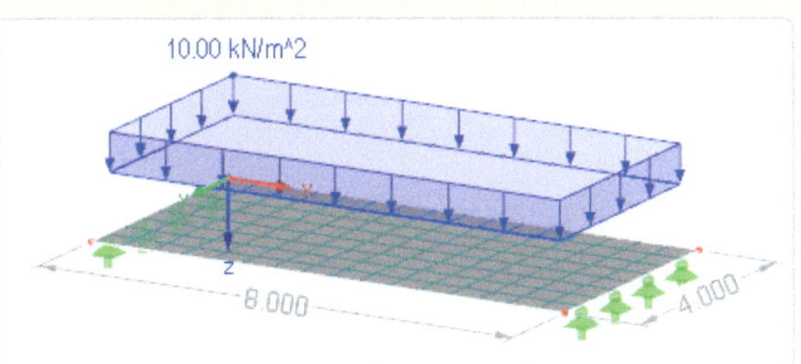

Die Dicke variiert von 0,15 m bis 0,30 m in 0,05 m-Schritten

Belastung in Z-Richtung:

Gleichlast 10 kN/m²

Vernetzung: Angestrebte Länge der Finiten Elemente = 0,5 m

Eingabe in RFEM

Beim Anlegen der neuen Position wird für den Modelltyp *„3D“* (Faltwerk) gewählt.

Nach Eingabe des Systems wird unter *„Berechnung“ „Berechnungsparameter“* in *„Lastfälle“* entsprechend dem untenstehenden Dialog die lineare (I. Ordnung) bzw. die nichtlineare (III. Ordnung) Theorie eingestellt.

Berechnungsparameter

Berechnungstheorie

- I. Ordnung (geometrisch linear)
- II. Ordnung (P-Delta)
- III. Ordnung (große Verformungen)
- Durchschlagproblem

Lösungsmethode für das System

der nichtlinearen algebraischen Gleichungen:

- Newton-Raphson
- Newton-Raphson kombiniert mit Picard
- Picard
- Newton-Raphson mit konstanter Steifigkeitsmatrix
- Modifizierter Newton-Raphson

Optionen

- Entlastende Wirkung durch Zugkräfte berücksichtigen
- Belastung mit Faktor multiplizieren: [-]
  - Ergebnisse durch Lastfaktor zurückdividieren
- Schnittgrößen auf verformte Struktur beziehen für:
  - Normalkräfte N
  - Querkräfte V_y und V_z
  - Momente M_y, M_z und M_t
- Versuchen, den kinematischen Mechanismus zu berechnen (Hinzufügen einer kleine geometrische Steifigkeit in der ersten Iteration)
- Benutzerdefinierte Anzahl der Laststufen: 1 [-]
- Materialien (E, G) - Dividieren mit Teilsicherheitsfaktor γ_M aus Tab. 1.3

Ergebnisse

Lineare Theorie:

Obwohl das System über alle sechs Freiheitsgrade verfügt, spielen nur die Plattenfreiheitsgrade eine Rolle. Das Flächentragwerk trägt die Last über seine Biegesteifigkeit ab. Eine Kopplung zur Membrantragwirkung existiert nicht und die Scheibenschnittgrößen n_x, n_y und n_{xy} sind somit null.

Die Biegeschnittgrößen sind unabhängig von den Steifigkeitsverhältnissen, da sich bei diesem System ein quasi statisch bestimmtes Verhalten einstellt. Unabhängig von der Dicke des Tragwerkes ergibt sich in Analogie zur Berechnung des Balkens folgende maximale Plattenschnittgröße:

$$\max m_x = q \cdot L^2/8 = 80{,}00 \text{ kNm/m}$$

mit L= Spannweite und q= Gleichlast

Die Durchbiegungen variieren entsprechend der eingegebenen Tragwerksdicken.

In einem horizontalen mittigen Schnitt ergeben sich folgende Ergebnisse (d= 20 cm):

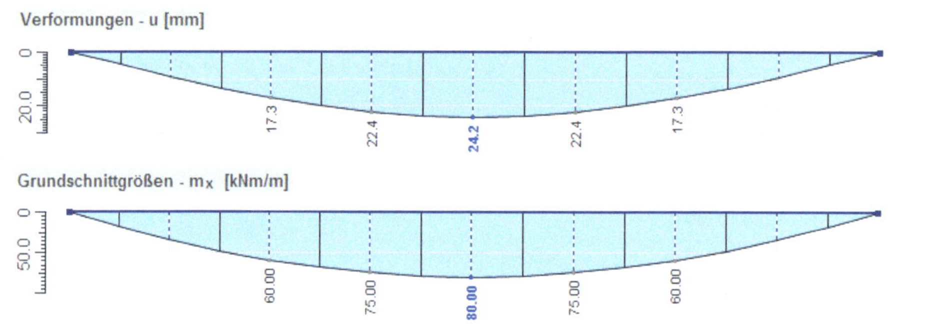

Nichtlineare Theorie:

Bei der Berechnung nach der Theorie III. Ordnung werden die Biege- und Dehnsteifigkeiten bei Eintreten einer Querverschiebung gekoppelt. Dadurch wird neben dem Biegespannungszustand auch ein Membranspannungszustand aktiviert. Das Programm arbeitet jetzt iterativ unter Berücksichtigung der eingetretenen Verformungen.

Die Biegeschnittgrößen sind nun nicht mehr unabhängig von der Dicke des Flächentragwerkes.

Für die Schnittgrößen in Richtung der Haupttragrichtung ergeben sich in einem mittigen horizontalen Schnitt folgende Ergebnisse (d= 20 cm):

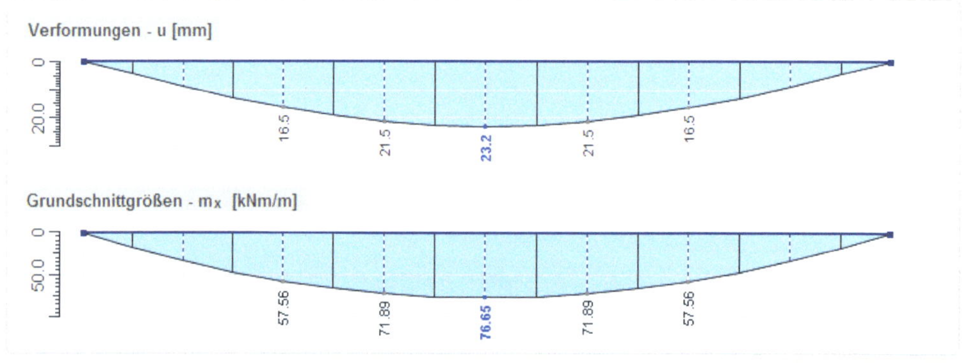

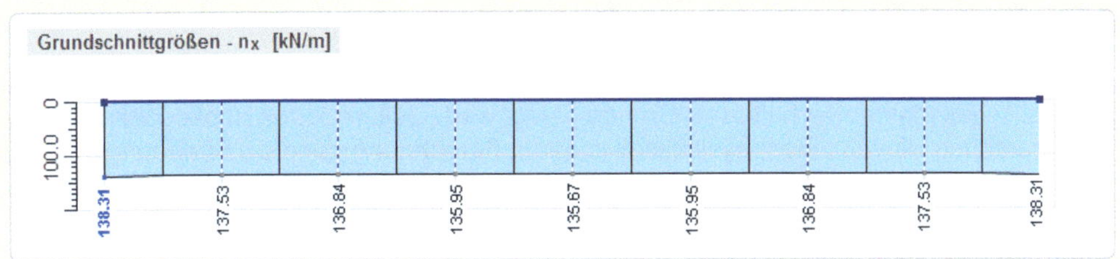

Zusammenfassend ergeben sich für die untersuchten Tragwerksdicken folgende Ergebnisse:

	Lineare Theorie		Nichtlineare Theorie 3.Ordnung		
Dicke	max u	max m_x	max u	max m_x	n_x Mitte
[cm]	[cm]	[kNm/m]	[cm]	[kNm/m]	[kN/m]
15	5,74	80	4,50	62,51	384,59
20	2,42	80	2,32	76,65	135,67
25	1,24	80	1,23	79,21	47,43
30	0,72	80	0,71	79,65	19,29

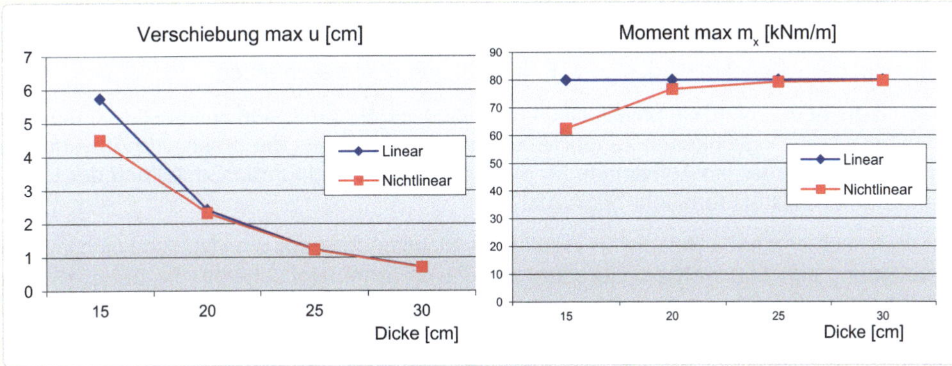

Erkenntnisse

An den Grafiken ist deutlich zu erkennen, dass sich der Einfluss der geometrisch nichtlinearen Theorie mit zunehmender Verformung verstärkt.

Durchbiegungen von weniger als einem Zentimeter bei einer Flächendicke von 30 cm ergeben annähernd gleiche Ergebnisse. Bei den größeren Durchbiegungen der dünneren Flächen ist der Anteil der Membrantragwirkung schon stärker ausgeprägt. Bei der 15 cm dicken Fläche unterscheiden sich z. B. die Verschiebungen bereits um 27%. Das Biegemoment reduziert sich durch die Aktivierung der Schnittgröße n_x bei der nichtlinearen Theorie um 22%.

Die hier diskutierte Veränderung des Tragverhaltens durch die Effekte aus der Theorie III. Ordnung verschwindet sofort, sobald eine Seite des Linienlagers in x-Richtung beweglich wird. Die Membrantragwirkung kann dann nicht in dieser Form aufgebaut werden.

Bei der Definition der Randbedingungen sollte immer von einer elastischen Lagerung ausgegangen werden. Die im Beispiel angenommene starre Lagerung in x-Richtung ist in der Regel nicht praxisgerecht.

4.3 Physikalisch nichtlineare Berechnung

Wenn im Berechnungsmodell z. B. durch die Eingabe eines konstanten E-Moduls ein linear-elastisches Materialverhalten zu Grunde gelegt wird (Gültigkeit des Hookeschen Gesetzes), sprechen wir von einer physikalisch linearen Berechnung. Sind die Spannungen nicht mehr proportional den Dehnungen, liegt eine physikalische Nichtlinearität vor. In diesem Fall ist die Steifigkeitsmatrix durch das inkludierte nichtlineare Materialgesetz last- bzw. verformungsabhängig und die Berechnung wird iterativ bis zum Erreichen eines Abbruchkriteriums durchgeführt.

Nach ihrer Dimension unterscheidet man in einachsige (Stäbe), zweiachsige (Platte, Scheibe, Faltwerk, Schale) oder dreiachsige (Volumenkörper) Stoffgesetze.

Die Palette der nichtlinearen Berechnungen ist weit gefächert. Sie reicht von der Modellierung von elastisch-plastischem Materialverhalten mit speziellen Fließbedingungen (nach Tresca, von Mises, Hill, Drucker-Prager [vgl. 2.1]) bis hin zur Abbildung von sehr detaillierten Spannungs-Dehnungs-Diagrammen.

Im Stahlbau ist z. B. die Fließgelenktheorie sehr verbreitet [vgl. 2.2]. Die besonderen Eigenschaften der Werkstoffe Mauerwerk, Beton, Stahlbeton und Spannbeton stehen wiederum im Massivbau im Mittelpunkt. Vor allem wegen des Aufreißens der Querschnitte haben diese Werkstoffe ein ausgeprägtes nichtlineares Trag- und Verformungsverhalten. Es ist somit verständlich, dass mit der Weiterentwicklung von Soft- und Hardware zunehmend auch nichtlineare Stahlbetonmodellierungen Einzug in die Berechnungsprogramme halten. Modelle, in denen auch die „Mitwirkung des Betons zwischen den Rissen“ (tension stiffening) berücksichtigt wird, sind z. B. in [2.3] und [2.4] beschrieben.

Obwohl die neuen Normen physikalisch nichtlineare Berechnungen zulassen und die programmseitigen Möglichkeiten zunehmend vorhanden sind, ist die praktische Anwendung auf Grund des erhöhten Aufwandes für die Modellierung und für die Gestaltung der Überlagerungsregeln trotzdem sehr begrenzt.

Mit dem nachfolgenden Beispiel Physikalische Nichtlinearität soll eine typische nichtlineare Berechnung simuliert werden. Berechnet wird eine Stahlbetonscheibe, die bei Erreichen einer bestimmten Spannung entlang einer definierten Linie reißen soll. Um auch hier ein möglichst einfaches Modell zu erzeugen, wird die „Rissfuge“ entlang dieser Linie durch den Einbau von nichtlinearen Stäben erzeugt. Des Weiteren wird vereinfacht angenommen, dass das Material an dieser Stelle vollständig reißt.

Die Scheibe ist im unteren Teil rechts und links vertikal gelagert. Eine horizontale Linienfeder entlang der linken und rechten Seite soll die Einbindung in die umliegende Konstruktion modellieren.

Um das nichtlineare Verhalten zu verdeutlichen, wird die Berechnung mit unterschiedlichen Belastungen durchgeführt.

Beispiel Physikalische Nichtlinearität

Statisches System / Eingabewerte

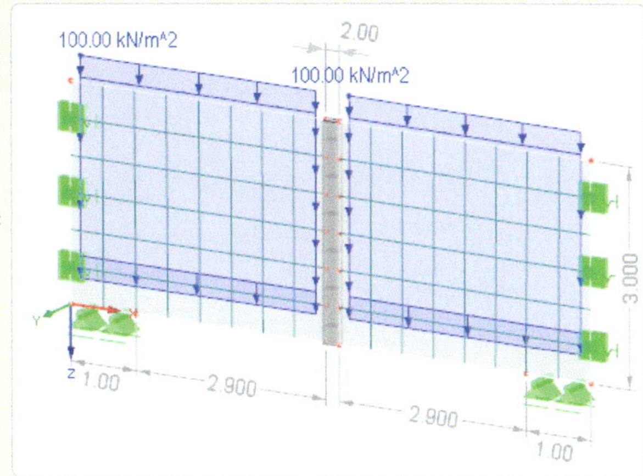

Scheibe 8,00 m · 3,00 m

Vertikale Lagerung unterer Rand:
  Linienlager u_z= starr,
  Länge je 1,0 m

Horizontale Lagerung:
  Rechter und linker Rand
  Linienfeder $c_{u,x}$= 5.000 MN/m²

Material Scheibe und Stäbe:
  E= 3.300 kN/cm²,
  G= 1.650 kN/cm²
  mit μ= 0 und γ= 0

Dicke: 0,20 m

Belastung:
  Gleichlast in Z-Richtung
  25 kN/m², 50 kN/m²,
  75 kN/m² bzw. 100 kN/m²

Basisangaben für Lastfall:
  I. Ordnung (linear)

Die Scheibenfläche ist in der Mitte über die gesamte Höhe von 3,00 m durch horizontale Stäbe (Länge=0,2 m, Dicke=200 mm) äquivalent ersetzt. Die Höhe der Stäbe variiert entsprechend ihrer Lage (vgl. Eingabe unten).

Vernetzung: Angestrebte Länge der Finiten Elemente = 0,5 m

Eingabe in RFEM

Beim Anlegen der neuen Position wird für den Modelltyp *„2D - XZ“* (Scheibe) gewählt.

Die beiden Wandflächen werden mit einem Zwischenraum von 0,2 m erzeugt.

An den Stellen der späteren Netzknoten werden zunächst zwei Knotenreihen mit einem vertikalen Abstand von 0,5 m für die nachfolgend einzugebenden Stäbe gesetzt. Es sind 7 Stäbe notwendig um die Lücke zu schließen.

Der obere und untere Stab haben eine Höhe von 250 mm. Die mittleren Stäbe haben eine Höhe von 500 mm. Damit im oberen und unteren Bereich keine Lücken entstehen, werden die Stäbe dort exzentrisch angeschlossen. Der obere Stab mit einem Versatz von e_z= 125 mm, der untere mit einem von e_z= -125 mm.

- Stabexzentrizitäten
  - 1: G; 0,125; 0,125
  - 2: G; 0,-125; 0,-125
- Stabteilungen
- Stäbe
  - 1: 26; Balkenstab; 3: Rechteck 200/250; L: 0.2 m
  - 2: 11; Balkenstab; 2: Rechteck 200/500; L: 0.2 m
  - 3: 21; Balkenstab; 2: Rechteck 200/500; L: 0.2 m
  - 4: 23; Balkenstab; 2: Rechteck 200/500; L: 0.2 m
  - 5: 24; Balkenstab; 2: Rechteck 200/500; L: 0.2 m
  - 6: 25; Balkenstab; 2: Rechteck 200/500; L: 0.2 m
  - 7: 27; Balkenstab; 3: Rechteck 200/250; L: 0.2 m

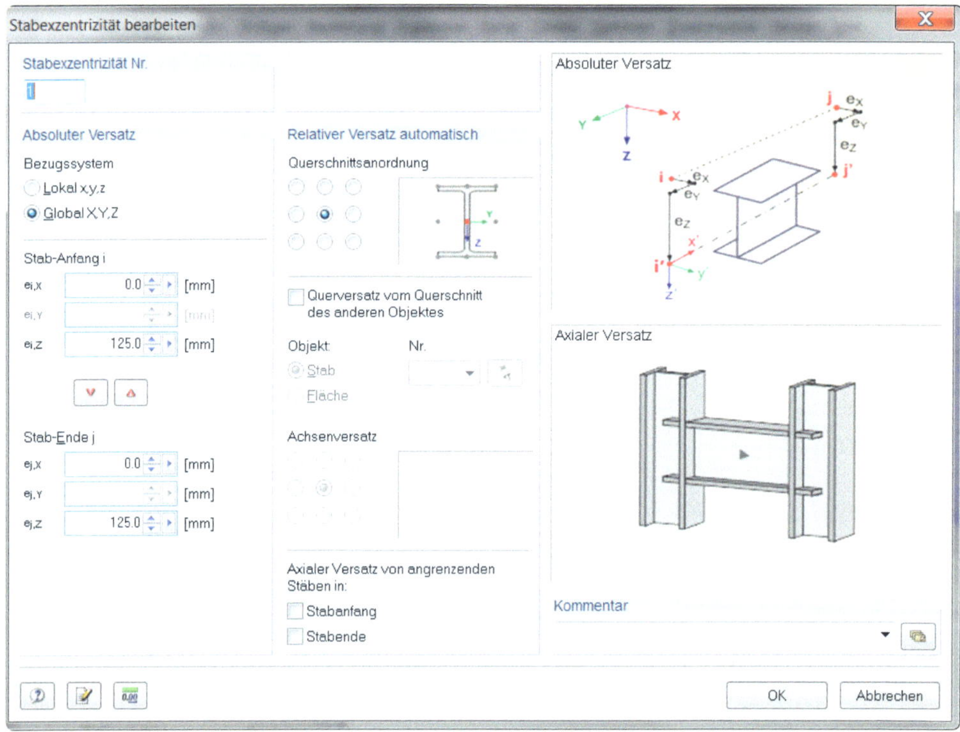

Um das Reißen in der vertikalen Fuge zu simulieren, wird ein nichtlineares Materialgesetz für die Stäbe eingeführt. Für die Stabnichtlinearität wird entsprechend dem nebenstehenden Dialog *„Reißen bei Zug"* definiert. Anschließend wird die Stabnichtlinearität allen 7 Stäben im Menü *„Stab bearbeiten"* unter *„Einstellungen"* zugewiesen.

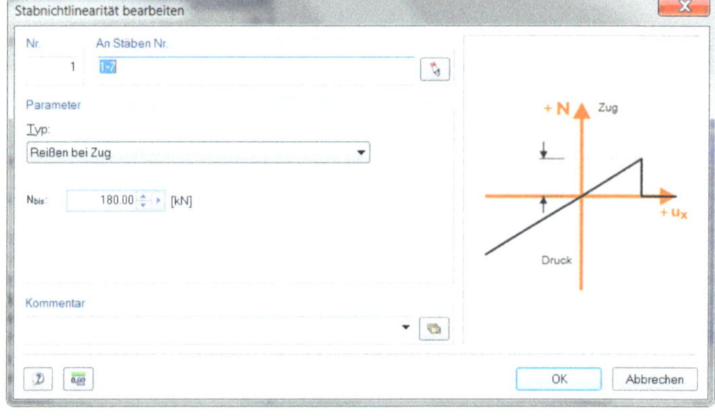

Die Berechnung wird für die vier Flächenlasten durchgeführt. Bei der nichtlinearen Berechnung werden die Stabkräfte geprüft. Erreicht ein Stab eine Zugkraft von größer als 180 kN, fällt dieser aus. Anschließend wird neu berechnet und im nächsten Schritt werden die Stäbe wiederum geprüft. Der Vorgang wiederholt sich so lange, bis keine Stäbe mehr ausfallen. Die Versagensgrenze der Stäbe kann man aus den aufnehmbaren Zugspannungen ermitteln.

Ergebnisse

Vergleich lineare Theorie (= ohne Stabnichtlinearität) und nichtlineare Theorie (= mit Stabnichtlinearität) bei Flächenlast = 100 kN/m²:

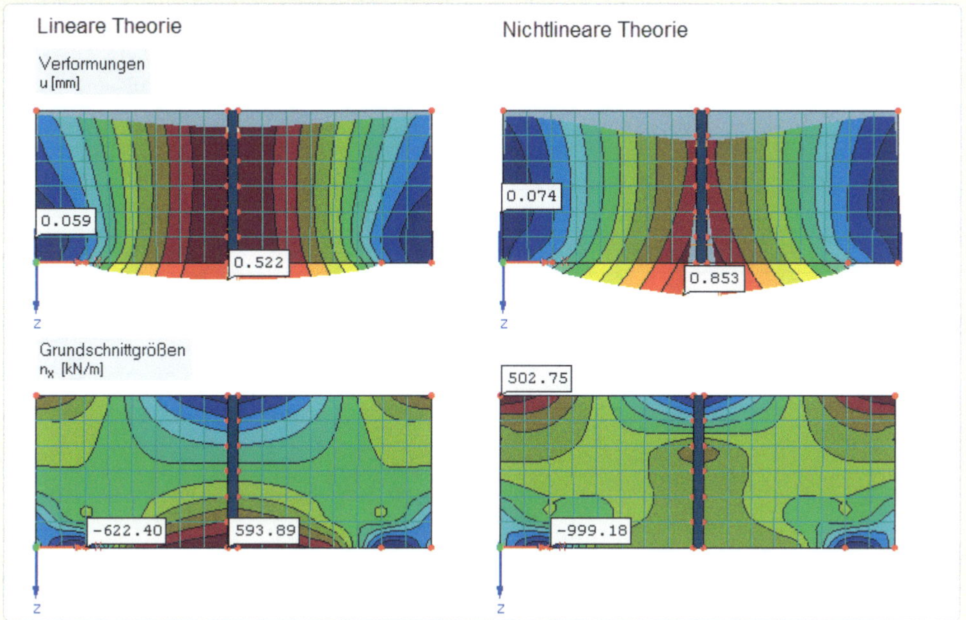

Bei der nichtlinearen Berechnung fallen die Stäbe von unten nach oben aus. Nachdem die unteren vier Stäbe ausgefallen sind, wird ein stabiler Zustand erreicht und die Berechnung abgeschlossen. Im Bild rechts ist das Öffnen der Fuge im unteren Bereich zu erkennen.

Zur Vervollständigung der Ergebnisse werden nachfolgend die Flächenschnittgröße n_x und die Stabnormalkräfte N im Bereich der Fuge dargestellt:

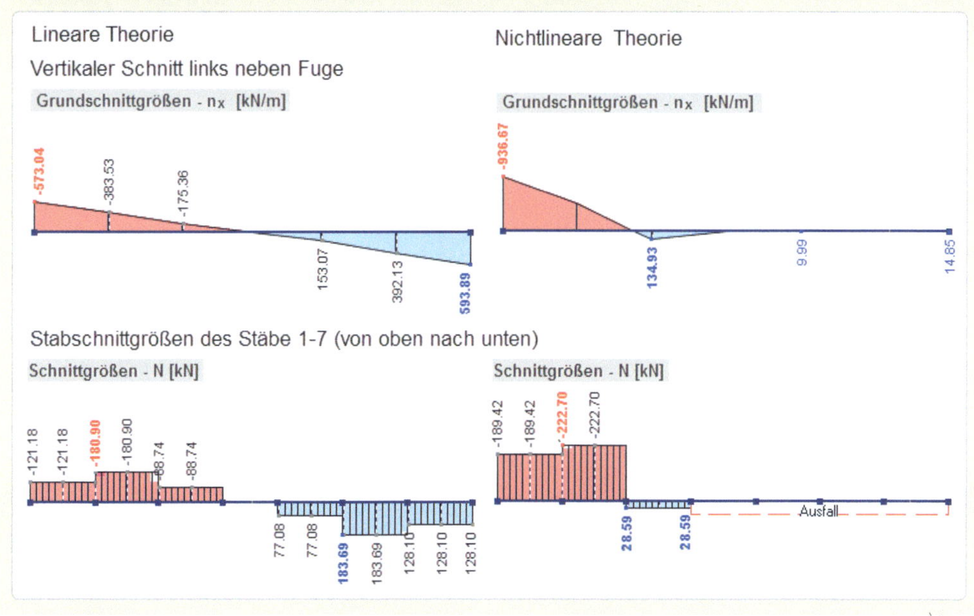

Zusammenfassend erhält man für die in der Aufgabenstellung gegebenen vier Flächenlasten für die nichtlineare Berechnung folgende Ergebnisse:

	Nichlineare Berechnung	
Flächenlast	max u	min n_x
[kN/m²]	[mm]	[kN/m]
25	0,130	-143,26
50	0,261	-286,52
75	0,391	-429,78
100	0,853	-936,67

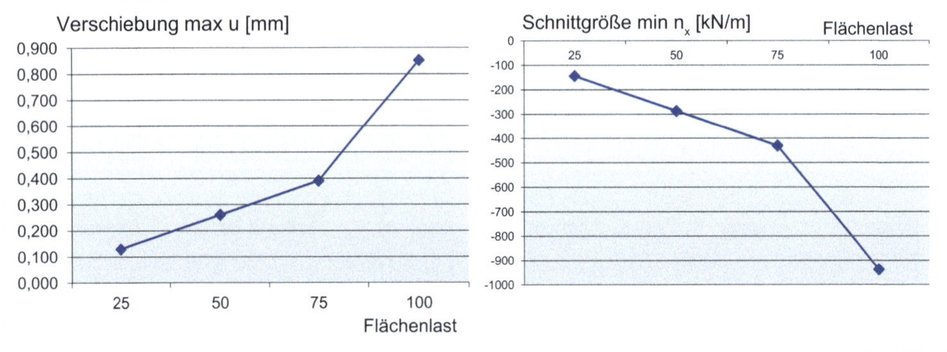

Erkenntnisse

Für Flächenlasten bis 75 kN/m² verhält sich das System linear. Die Verschiebungen, Stabschnittkräfte und Flächenschnittgrößen verändern sich im gleichen Verhältnis wie die Belastung. Mit dem Reißen des Materials bei der Flächenlast von 100 kN/m² wird der physikalisch nichtlineare Prozess eingeleitet, wodurch die Verformungen überproportional anwachsen.

4.4 Konstruktive Nichtlinearität

Eine konstruktive Nichtlinearität wird durch im Berechnungsmodell definierte Eigenschaften hervorgerufen, die von bestimmten Bedingungen abhängen. Je nachdem, wie sich diese Bedingungen gestalten, werden statische Objekte wirksam oder nicht wirksam bzw. ein- oder ausgeschaltet.

Konstruktive Nichtlinearitäten werden z. B. hervorgerufen durch:

- Einseitig wirkende Lager, wie z. B. Zug- oder Drucklager
- Richtungsabhängig wirkende Auflagerdrehfedern
- Zug- oder druckschlaffe Stäbe
- Seilelemente oder Knickstäbe, die in Kombination mit geometrischen Nichtlinearitäten wirken
- Einseitig wirkende Bettung
- Stab- oder Flächengelenke mit speziellen konstruktiven Ausfallbedingungen

Das Programm sollte so lange iterieren, bis die eingeführten Bedingungen erfüllt sind. Kommen z. B. in einem System mehrere Seilelemente vor, wird - nachdem im ersten Schritt die ausfallenden Stäbe ermittelt werden - erneut gerechnet und ggf. weitere Stäbe als ausfallend deklariert. In mehreren Berechnungszyklen können sich so auch Stäbe wieder einschalten, wenn sich die Ausfallbedingungen durch das neu entstandene statische System geändert haben usw.

In seltenen Fällen gibt es auch alternierende Zustände für das Ein- und Ausschalten der statischen Objekte, so dass die Iteration nicht beendet werden kann. Kommt es durch die ausfallenden Objekte zu einem beweglichen System, führt die Iteration natürlich ebenso nicht zum Ziel.

Auch für diese Art der Nichtlinearität gibt es ein anschließendes Beispiel. Diese wird hier durch einseitig wirkende Linienlager hervorgerufen. Ob es zu einem Ausfall der Lager kommt, hängt von der jeweiligen Belastungssituation ab. Der Lastfall 1 bewirkt z. B. ein teilweises Ausfallen der Lager, während der Lastfall 2 zu keinem Lagerausfall führt. Die **vor** der nichtlinearen Berechnung festzulegende Kombination der Lastfälle ist letzten Endes entscheidend für die Ausfallsituation an den Linienlagern.

Beispiel Konstruktive Nichtlinearität

Statisches System / Eingabewerte

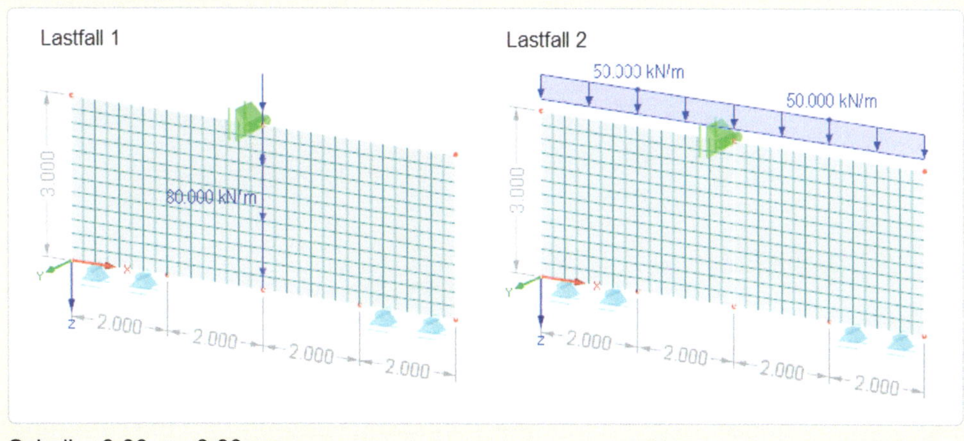

Scheibe 8,00 m · 3,00 m

Vertikale Lagerung unterer Rand:

Linienlager u_z= starr, Länge je 2,0 m, Ausfallbedingungen: *„Ausfall falls Lagerkraft negativ“*

Horizontales Punktlager: u_x= starr

Material Scheibe:

E= 3.300 kN/cm², G= 1.650 kN/cm², mit μ= 0 und γ= 0

Dicke: 0,20 m

Belastung:

LF 1: Vertikale Linienlast in Scheibenmitte = 80 kN/m

LF 2: Vertikale Linienlast oberer Rand = 50 kN/m

Vernetzung:

Angestrebte Länge der Finiten Elemente 0,25 m

Eingabe in RFEM

Beim Anlegen der neuen Position wird für den Modelltyp *„2D - XZ“* (Scheibe) gewählt.

Für die Linienlager werden die Ausfallbedingungen entsprechend dem untenstehenden Dialog festgelegt. Wenn in der Lagerfuge Zug auftritt (entspricht negative Lagerkräfte), fällt dieser Bereich im Verlauf der Iteration aus. RFEM beendet die Berechnung, wenn ausschließlich positive Lagerkräfte ermittelt wurden.

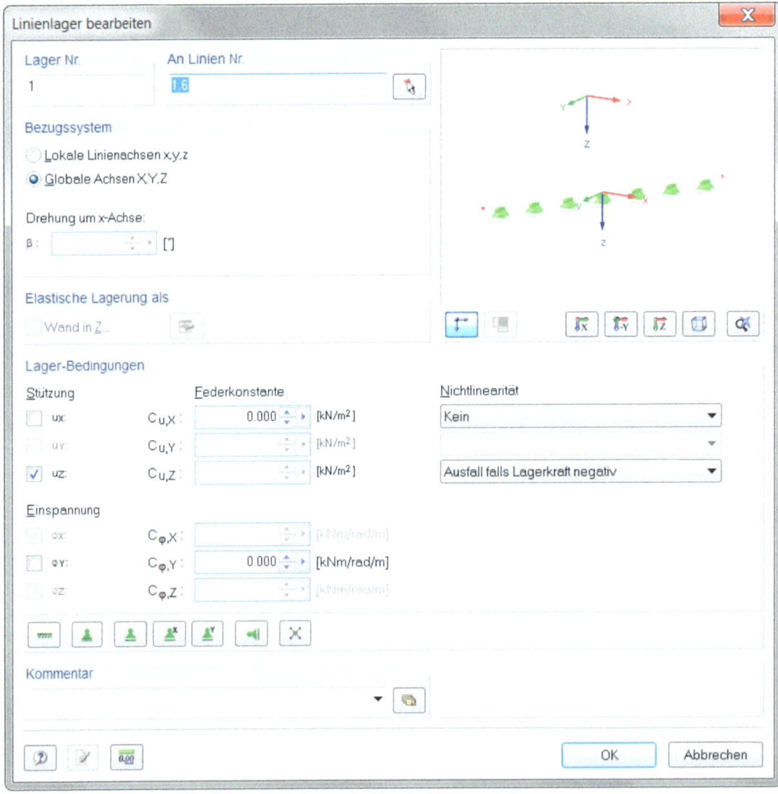

Das Knotenlager am oberen Rand dient zur horizontalen Festhaltung des Systems.

Ergebnisse

Für die zwei Lastfälle ergeben sich folgende Verformungen und Lagerreaktionen:

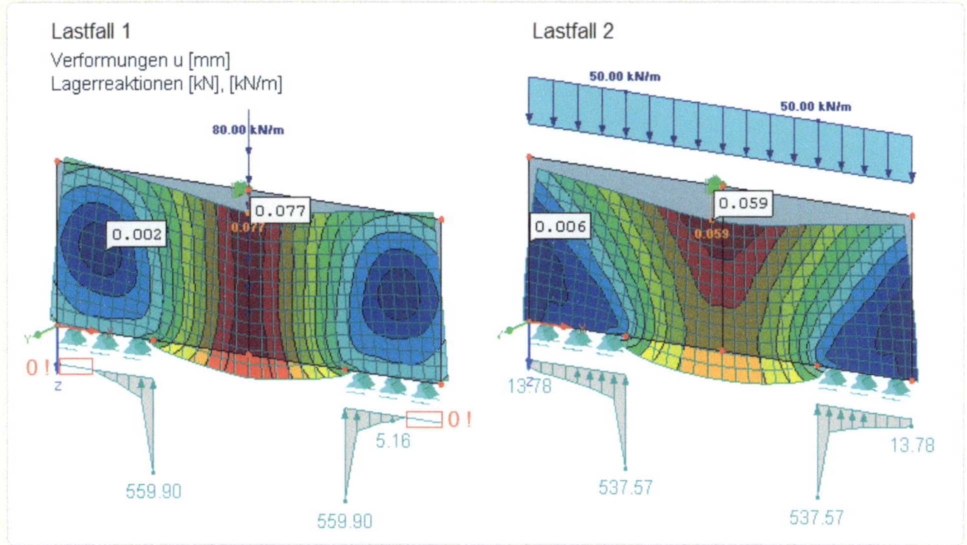

Erkenntnisse

Beim Lastfall 1 kommt es zu einem Ausfall der Lager. RFEM rechnet hier iterativ. Beim Lastfall 2 ist nur ein Berechnungsschritt notwendig, da alle Lagerkräfte schon zu Beginn positiv sind.

5 Beispiel einer Deckenberechnung in RFEM

Der gesamte Planungsprozess eines Bauwerkes lässt sich heute in einer digitalen Prozesskette abbilden. Am Anfang der Planungen erstellt in der Regel der Architekt mit dem Bauherrn ein visuelles Modell des Bauwerks. Das Architekturmodell (reales Modell) enthält auch Informationen, die für die Statik von untergeordneter Rolle sind wie z.B. Fenster und Türen. Das Architekturmodell wird zu einem Strukturmodell (Tragwerksmodell) weiterentwickelt, in dem die wesentlichen tragenden Bauteile wie Stützen, Träger, Wände und Decken in ihrer Position festgehalten sind. Durch die funktionelle Beschreibung der Räume sowie durch die örtliche Lage stehen auch die wesentlichen Vorgaben für die Lastannahmen bereits fest. Dieses Modell ist die Grundlage des analytischen Modells (Berechnungsmodell), welches durch weitere Idealisierungen aus dem Strukturmodell entsteht. Im analytischen Modell werden Fundamente durch Lagerungen und Verbindungen durch biegesteife, nachgiebige oder gelenkige Anschlüsse modelliert. In der Regel ist das analytische Modell weniger exakt in der Geometrie, da kleine Exzentrizitäten, Öffnungen und Versätze meist nicht mit berücksichtigt werden. Dafür enthält es Angaben zur Steifigkeit des Tragwerks.

Die Abarbeitung der oben beschriebenen Prozesskette mit Softwarelösungen verschiedener Hersteller ist in den Grundzügen weitestgehend ähnlich. Ein wichtiger Punkt ist dabei die Durchgängigkeit und die Effektivität der einzelnen Bearbeitungsschritte. Verständlicherweise möchte kein Anwender die in irgendeiner Form vorliegenden digitalen Informationen aufwendig noch einmal manuell eingeben. Dieser nachvollziehbare Zwang zum effektiven Arbeiten führte bei den etablierten Softwarehäusern in den letzten Jahren zu erfreulichen Fortschritten in Richtung dieser Durchgängigkeit und natürlich auch bei der Entwicklung leistungsfähiger und komfortabler Schnittstellen.

Nachfolgend sollen die einzelnen Bearbeitungsschritte der Prozesskette anhand eines durchgehenden Plattenbeispiels erläutert werden. Die verschiedenen Möglichkeiten von RFEM und die Gestaltung eines effektiven Arbeitsablaufs stehen dabei im Vordergrund. Neben vielen allgemeingültigen Erläuterungen wird bewusst auch auf die Besonderheiten von RFEM eingegangen.

Die nachfolgenden Abbildungen dienen zur Demonstration der prinzipiellen Eingabeschritte. Mit der 30 Tage-Testversion von RFEM können alle Details der abgebildeten Dialoge, die hier aus Platzgründen eventuell nicht lesbar sind, nachvollzogen werden.

5.1 Strategien zur Systemerzeugung in RFEM

5.1.1 Manuelle Systemeingabe in RFEM

RFEM verfügt über eine sehr komfortable grafische Benutzeroberfläche mit sehr leistungsfähigen CAD-Funktionen. Liegt kein brauchbares CAD-Modell der Struktur vor, kann in RFEM ohne große Mühe das statische System auch für komplexe räumliche Tragwerke generiert werden. Im Raum lassen sich Raster und Hilfslinien anlegen. Die Dateneingaben können parallel auch über Tabellen erfolgen. Es stehen verschiedene Koordinatensysteme (kartesisch, polar, zylindrisch) zur Verfügung. Eine breite Palette von Linientypen (Gerade, Polygon, Kreisbogen, Spline, NURBS), Flächentypen (eben, gekrümmt, Rotationsflächen) und Volumenkörper sind möglich. CAD-Funktionen wie Kopieren, Verschieben, Spiegeln, Projizieren, Versetzen oder Verlängern sind unverzichtbare Werkzeuge zur Bearbeitung der Strukturdaten.

5.1.2 Import von Linienmodellen aus CAD-Systemen über DXF-Datei

Bei der Modelleingabe in RFEM kann in vielfältiger Weise auf bereits vorliegende CAD-Daten zurückgegriffen werden. Jedes CAD-System benutzt in der Regel ein eigenes Dateiformat. Daraus begründen sich die für den Planungsprozess nachteiligen Austauschprobleme. Es gibt jedoch einige Formate, die praktisch als Standard-Formate große Bedeutung haben. Eines der geläufigsten Formate ist das DXF-Format (Drawing Interchange Format), das von der Firma Autodesk entwickelt wurde und praktisch von allen CAD-Herstellern in unterschiedlicher Tiefe unterstützt wird. RFEM kann dieses Format lesen und schreiben. Damit ist es möglich, Berandungslinien von Flächen und Schwerlinien von Stäben komfortabel zu importieren. Zweckmäßigerweise sollte die Zeichnung so vorbereitet sein, dass nicht alle Linien und Texte in einem einzigen Layer liegen, sondern die Statiklinien einen eigenen Layer erhalten. Sind die Daten sinnvoll organisiert, so brauchen die überflüssigen Linien nicht nach dem Import in RFEM manuell gelöscht werden. Als Ergebnis erhält man sofort das Linienmodell des Tragwerks in RFEM (vgl. Beispiel auf folgender Seite).

5.1.3 Import von Linienmodellen aus CAD-Dateien über Folien-Technik

Diese Vorgehensweise ist dem direkten Import einer DXF-Datei verwandt. Dabei werden aber im ersten Schritt nicht sofort die Berandungslinien importiert, sondern es wird eine Hintergrundfolie mit den Linien angezeigt, deren Endpunkte Greifpunkte in RFEM sind. Diese Greifpunkte werden wie Rasterpunkte bei der Eingabe von Knoten und Linien gefangen. Man kann auf diese Weise auch mehrere (DXF-)Dateien hinterlegen und diese zur Geometrieeingabe verwenden.

Als fortgeschrittene Methode kann man in RFEM neben den Knoten sofort auch die Linien der hinterlegten Hintergrundfolien anfassen und diese dann mit einem Versatzmaß versehen. Somit ist es möglich, die Wand-Randlinie anzupicken und über das Versatzmaß die Wandmittellinie zu erzeugen.

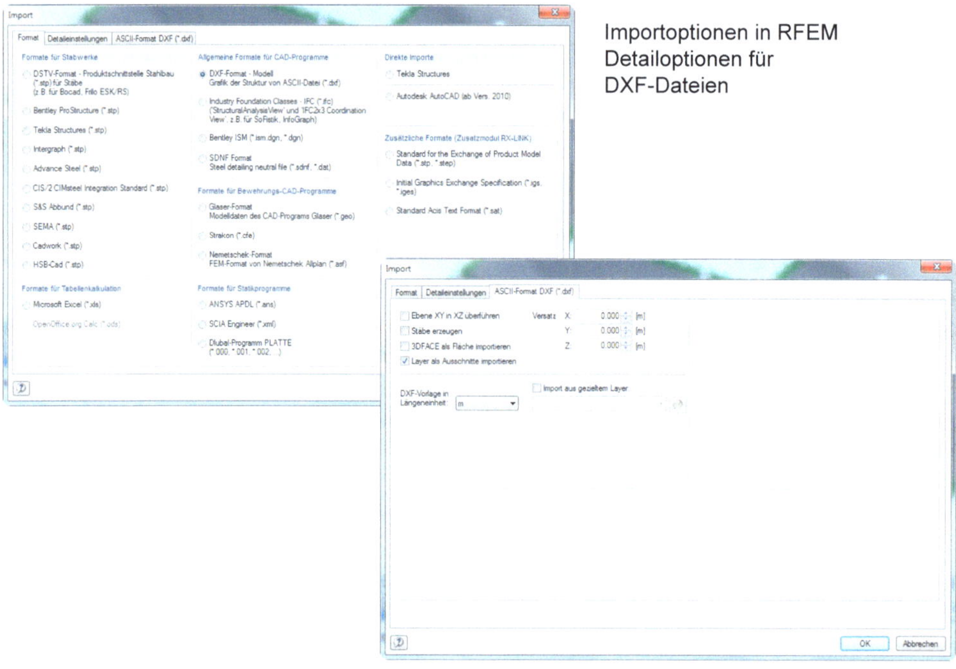

Importoptionen in RFEM
Detailoptionen für
DXF-Dateien

Beispiel zu 5.1.2: Direkter Import von Linienmodellen aus AutoCAD in RFEM

Zeichnung im CAD

Der Grundriss einer Decke liegt als Zeichnung in AutoCAD vor. Die Wände, auf denen die Decke lagert, sind durch die Innen- und Außenkante dargestellt. In einem besonderen Layer, der nur die statisch relevanten Systemlinien enthält, werden jetzt mit AutoCAD-Mitteln die Mittellinien der Wände konstruiert. Dabei können auch weitere Linien, z.B. für Unterzüge mit gezeichnet werden. Auf diese Weise konstruiert man im CAD ein Drahtmodell des Systems und blendet alle für die Statik unrelevanten Details aus. Es besteht gleichzeitig die Gelegenheit, eventuelle Versätze zu begradigen, sofern diese vernachlässigt werden können.

Im Beispiel sind die statischen Systemlinien rot als Mittellinie der Wände (schwarz) eingezeichnet.

Das so eliminierte statische System lässt sich entweder als DXF-Datei speichern und in RFEM importieren, oder über die mitgelieferte Schnittstelle zu AutoCAD direkt per Knopfdruck nach RFEM transportieren. Dies erfordert, dass sowohl RFEM als auch AutoCAD auf dem Rechner installiert sind.

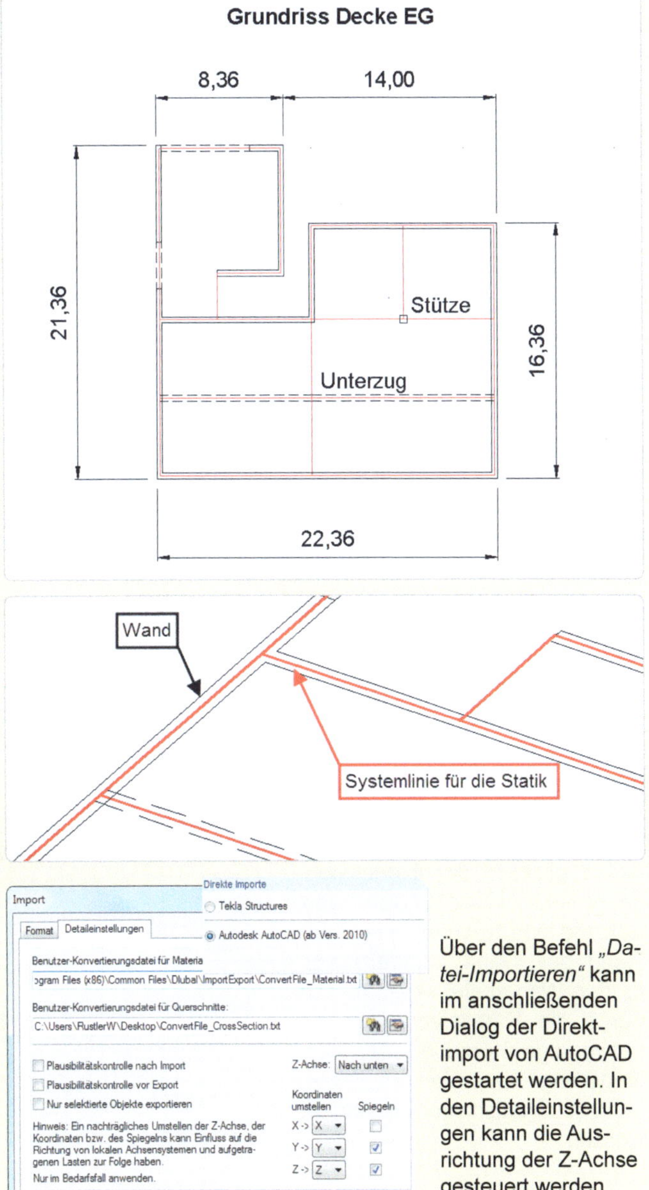

Über den Befehl *„Datei-Importieren“* kann im anschließenden Dialog der Direktimport von AutoCAD gestartet werden. In den Detaileinstellungen kann die Ausrichtung der Z-Achse gesteuert werden.

Beim Import nach RFEM ist noch auf die korrekte Abstimmung der Ausrichtung der Z-Achse zu achten. In der Statik arbeitet man häufig mit der Ausrichtung der globalen Z-Achse nach unten. Im CAD wird diese oft nach oben ausgerichtet. Über eine besondere Einstellung in den Exportoptionen kann man dies bei Bedarf anpassen.

Beispiel zu 5.1.3: Import einer Decke aus AutoCAD in RFEM über Hintergrund-Folie

Zeichnung im CAD

Die Zeichnung der Decke im CAD beinhaltet die Außen- bzw. die Innenkanten der Wände, Stützen, Unterzüge und eventuell noch andere Informationen. Diese wird als DXF-Datei abgespeichert.

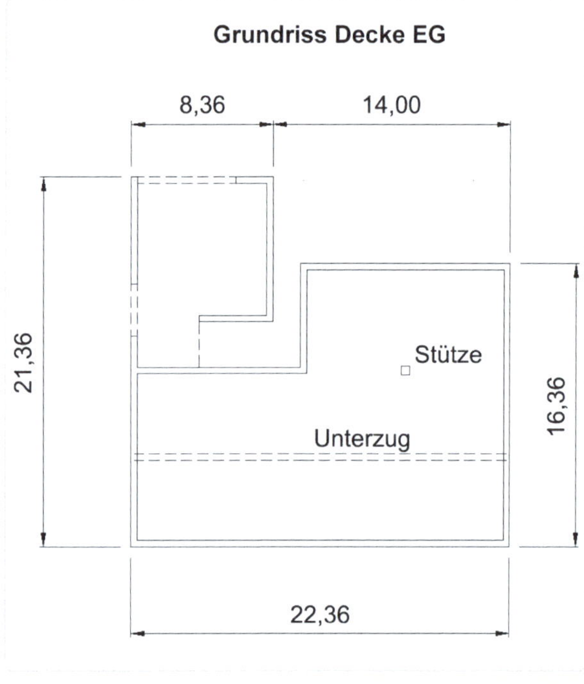

Über einen Klick mit der rechten Maustaste im Daten-Navigator in RFEM kann der Befehl zum Erzeugen einer neuen Hintergrundfolie aktiviert werden. Daraufhin muss die DXF-Datei ausgewählt und eingelesen werden. Eine eventuelle unterschiedliche Ausrichtung der globalen Z-Achse im CAD und in RFEM kann über Spiegelfunktionen korrigiert werden. Das CAD-Modell erscheint im Hintergrund des RFEM-Arbeitsbereiches.

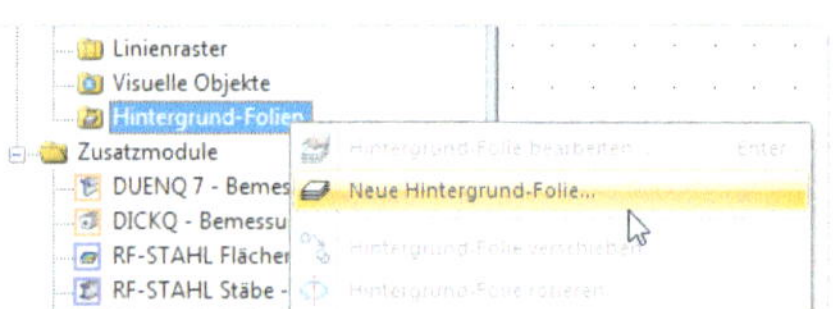

Auswahl Neue Hintergrundfolie...

In einem zweiten Schritt werden dann die Linien in RFEM durch Abgreifen der Wandlinien in der Hintergrundfolie erzeugt. Durch die Möglichkeit der Berücksichtigung eines Versatzmaßes werden die RFEM-Linien nicht am Rand der Wand, sondern z.B. in der Wandmitte erzeugt. Die durch die Parallelverschiebung notwendige Kürzung oder Verlängerung der Linien an Ecken kann automatisch vorgenommen werden.

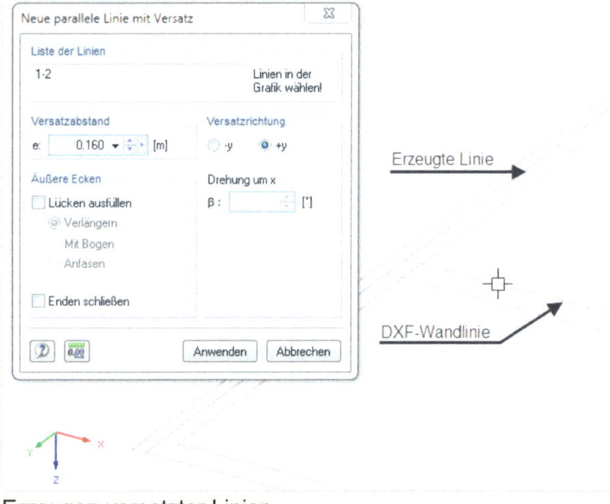

Erzeugen versetzter Linien

Die Hintergrundfolien lassen sich nach erfolgter Eingabe des Modells wieder ausblenden.

5.1.4 Übergabe eines Systems mittels direkten Schnittstellen

Moderne Statik- und CAD-Programme verfügen heute über programmierbare Schnittstellen (API für Application Programming Interface). Diese Schnittstellen ermöglichen einen Zugriff auf die Programmdaten über ein weiteres externes Programm. Mit geringen Programmierkenntnissen und einer geeigneten Programmiersprache (z.B. VBA, VB.Net, C# oder C++) können so sehr leistungsfähige Tools zur Systemerzeugung geschaffen werden. Man nutzt diese Technologie auch, um verschiedene Applikationen direkt miteinander zu koppeln. Dabei kann die Umsetzung zwischen Architekturmodell, Strukturmodell und statischem Analysemodell durch das externe Programm erledigt werden. Mittlerweile existieren aber auch CAD-Lösungen, die neben dem Architekturmodell automatisch ein statisches Modell mitführen. Der Anwender hat dabei die Möglichkeit, die Lage der statischen Systemlinien im CAD-Modell zu beeinflussen und auch weitere Statikdaten, wie Auflager oder Gelenke mit anzugeben. Diese analytischen Modelle lassen sich dann direkt ohne Änderungen in das Statikprogramm übernehmen (siehe auch Beispiel zu 5.1.4 auf der nächsten Seite). Die Übergabe beschränkt sich dabei aber nicht nur auf die Systemlinien, sondern erlaubt auch den Austausch von Objekten wie Wänden, Platten, Trägern und Stützen. Dabei werden auch die Bauteildicken, Profile und Materialangaben übertragen. Durch eine eindeutige und unveränderbare Kennzeichnung der Objekte durch so genannte „unique identifiers" oder kurz „ids" lassen sich zwei Datenmodelle eines Systems referenzieren. Das bedeutet, dass z.B. die Stütze im CAD-Modell die gleiche „id" besitzt wie im Statikprogramm. Dadurch ist es möglich, zwei Modelle miteinander zu vergleichen und bei Bedarf Änderungen in einem System auf das andere System zu übertragen. Fehlen in einem Modell einige Objekte, so braucht man nur die Identitäten beider Modelle auszuwerten und die fehlenden „ids" führen dann zu den betreffenden Bauteilen.

Auf diese Art und Weise können sowohl ganze Gebäudemodelle als auch Teilstrukturen übertragen werden. Die Berechnung kann also wahlweise als 3D Gesamtmodell oder auch in einzelnen Teilpositionen erfolgen. Beispielsweise lassen sich aus dem 3D Gebäudemodell im CAD nur einzelne Decken nach RFEM exportieren. Der größere Berechnungsaufwand bei Gebäudemodellen teilt sich dann in kleinere und überschaubare Teilberechnungen auf. Diese Zerlegung in Teilpositionen besitzt allerdings auch einige Nachteile. Zum einen besteht die Gefahr, dass räumliche Effekte unterschiedlicher Steifigkeiten nicht richtig erfasst werden und zum anderen muss man sich um die korrekte Weiterleitung der Lasten von Ebene zu Ebene kümmern. Änderungen der Belastungen können sich schnell auf viele Teilpositionen fortpflanzen und zu immensem Aufwand führen. Einige Programmanbieter bieten hierfür daher automatische Lastübernahmen an.

Eine Diskussion bezüglich der Vor- und Nachteile von Berechnungen am Teil- oder Gesamtsystem wird auch in Kapitel 1 unter Punkt 3 geführt.

Beispiel zu 5.1.4 CAD-Statik-Kopplung Autodesk Revit Structure und RFEM

Modell in Autodesk Revit Structure

Das Modell wird in Autodesk Revit Structure erstellt. Im CAD-System können Schnitte, Ansichten Übersichtszeichnungen, Massenauszüge und andere Pläne generiert werden. Die Modellierung erfolgt in 3D Objekten. Im Modell lassen sich tragende von nichttragenden Objekten unterscheiden. Nur tragende Objekte werden an das Statikprogramm weitergegeben. Dabei kann Einfluss auf die Lage der statischen Bezugslinien, Gelenke und Lagerungen genommen werden. Ebenso lassen sich Lastfälle und Lasten definieren. Bereits bei der Modellierung in Revit Structure muss der Anwender besonders auf die korrekte Erstellung des statischen Systems achten.

RFEM und Revit Structure müssen gemeinsam installiert sein. Die Übergabe der Daten wird über eine Programmerweiterung in Revit Structure gestartet. Im folgenden Dialog sind verschiedene Optionen einstellbar. Es kann unterschieden werden, ob nur die Struktur oder auch die Belastung übergeben werden soll. Exzentrizitäten für Flächen und Stäbe sind optional vernachlässigbar. Fundamente können als Knotenlager oder Linienlager übergeben werden. Das entstehende RFEM-Modell kann, wie jede andere Struktur, weiter angepasst und bearbeitet werden.

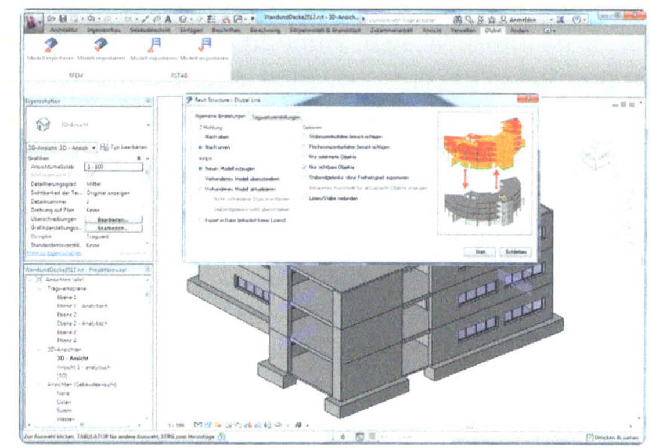

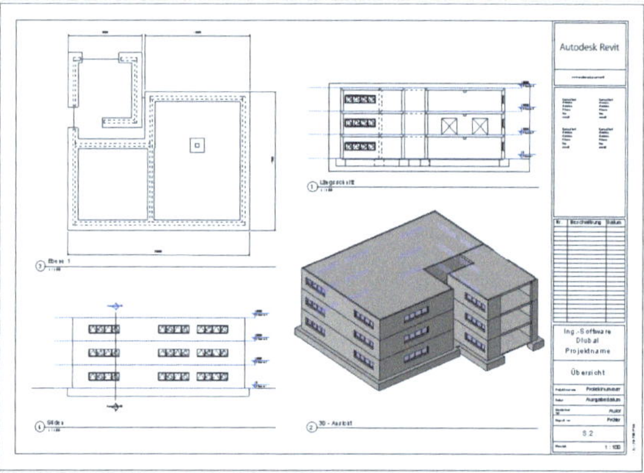

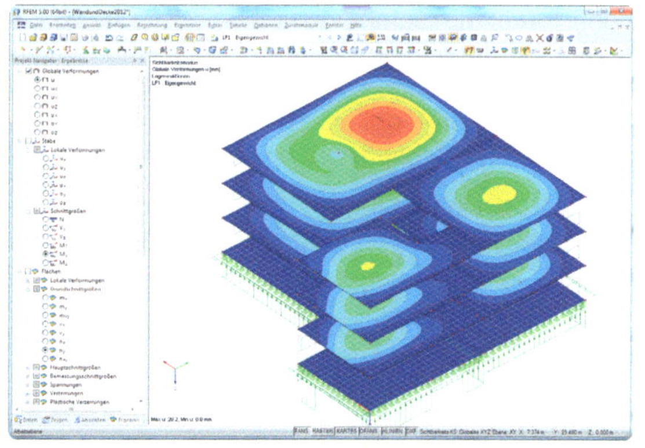

Abbildung rechts:
Oben: Modell in Revit Structure
Mitte: Übersichtspläne, Ansichten und Schnitte
Unten: Modell in RFEM mit Darstellung der Verformungen der Decken.

5.2 Statisches System für Beispiel Geschossdecke

In den nachfolgenden Punkten 5.3 bis 5.9 wird am Beispiel einer Geschossdecke die Berechnung innerhalb von RFEM und den notwendigen Zusatzmodulen exemplarisch durchgeführt. Die wichtigsten Schritte der Arbeit mit FEM-Programmen im Hochbau werden dabei erläutert. Das Beispiel zeigt auch, welche Möglichkeiten Programme allgemein und RFEM insbesondere bieten. Zunächst folgen hier die Geometrie-, Material-, Belastungs- und allgemeinen Eingabedaten.

Beispiel Geschossdecke

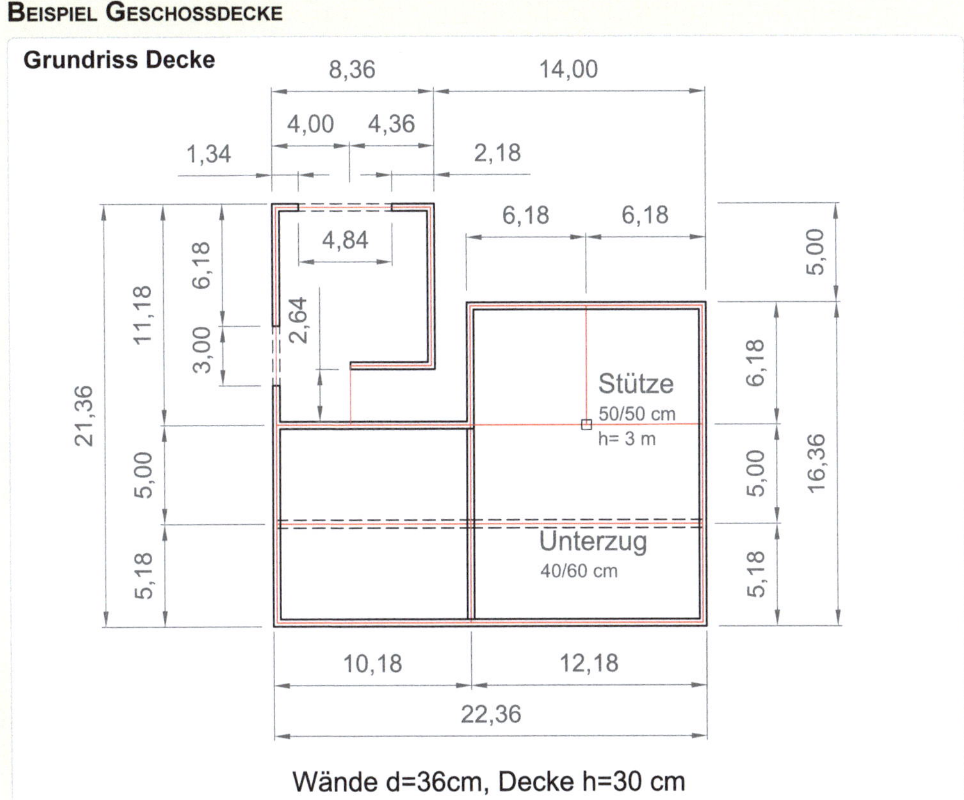

Berechnung nach linearer Theorie I. Ordnung als 2D-Plattenmodell.
Bemessung nach DIN EN 1992-1-1.

Material Decke, Stütze, Wände und Unterzug:
Bewehrungskorrosion ausgelöst durch Karbonatisierung
→ Expositionsklasse XC1, trocken oder ständig nass
→ Anforderungsklasse S3 mit w_{max} = 0,4 mm, Mindestbetondeckung $c_{min,dur}$= 10mm bzw. Stabdurchmesser Φ, Vorhaltemaß Δ_{Cdev}= 10mm
Mindestbetonfestigkeitsklasse: C16/20
Gewählt: C30/37 im Hinblick auf Bemessung in den Grenzzuständen der Tragfähigkeit und Gebrauchstauglichkeit

E= 2.830 kN/cm^2,
G= 1.180 kN/cm^2
mit μ= 0,2 und γ= 25 kN/m^3

Vertikale Lagerung auf Wänden mit Breite d= 36cm und h= 3m

Stütze: 50x50cm, h= 3m

Belastung:

Eigengewicht der Decke über automatische Ermittlung durch das Programm	
Last aus zusätzlichem Deckenbelag (Estrich, Fußbodenbelag)	2,50 kN/m²
Nutzlast der Decke	3,00 kN/m²

5.3 Eingabe der Strukturdaten in RFEM

RFEM verfügt über verschiedene Möglichkeiten der Modellierung von Strukturen. In diesem Beispiel werden die Grunddaten der Deckengeometrie aus einer Hintergrund-Folie übernommen und dann innerhalb von RFEM die noch fehlenden Objekte für Flächen, Stäbe, Lager etc. ergänzt.

Anlegen einen neuen Modells

Beim Anlegen der neuen Position (Menübefehl „Datei-Neu“) wird für den Typ der Struktur *„2D - XY“* gewählt. Unter *„Klassifizierung von Lastfällen und Kombinationen“* wird die Norm *„EN 1990“* mit dem Nationalen Anhang *„DIN“*, sowie unter *„Kombinationen automatisch erzeugen“* die Option *„Ergebniskombination (nur für lineare Berechnung)“* eingestellt.

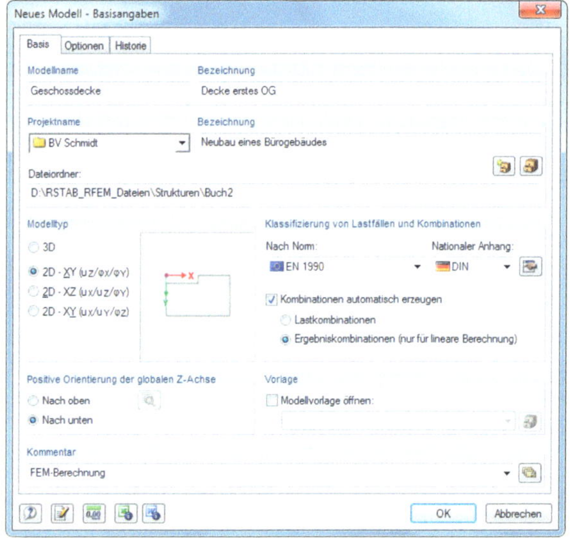

Hinweis

Dieser Dialog wird beim Start von RFEM automatisch eingeblendet, falls beim letzten Verlassen von RFEM kein Modell offen war.

Einlesen der Hintergrund-Folie

Zur Eingabe der Deckenplatte wird zunächst eine Hintergrund-Folie hinterlegt. (Menübefehl *„Einfügen-Hintergrund-Folie“*). Dazu muss die DXF-Datei angewählt und importiert werden. Die DXF-Datei wird im Hintergrund dargestellt, wobei Linien und deren Endpunkte Fangpunkte für die Eingabe in RFEM darstellen. Die DXF-Datei wurde dazu im CAD bereits mit statischen Randlinien versehen (rote Linien in obiger Grundrissdarstellung).

Eingeben der Linien

Im nächsten Schritt werden die Linien erzeugt. Folgende Schritte sind dabei auszuführen:

Der Dialog zum Setzen der neuen Linien wird am besten über den Button *„Neue Linie grafisch"* aufgerufen.

Im Dialog *„Neue Linie"* können verschiedene Linientypen angewählt werden. Durch Abgreifen der magnetischen Fangpunkte von der DXF-Folie werden die Randlinien eingegeben.

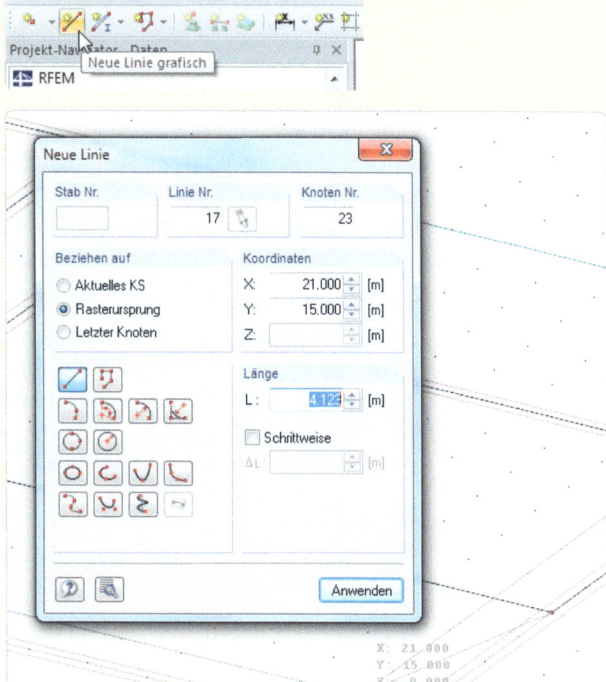

Eingeben der Flächen

Die Randlinien begrenzen die Flächen der Decke. Die Eingabe der Flächen erfolgt über den Button *„Neue ebene Fläche mittels Selektion der Begrenzungslinien"*.

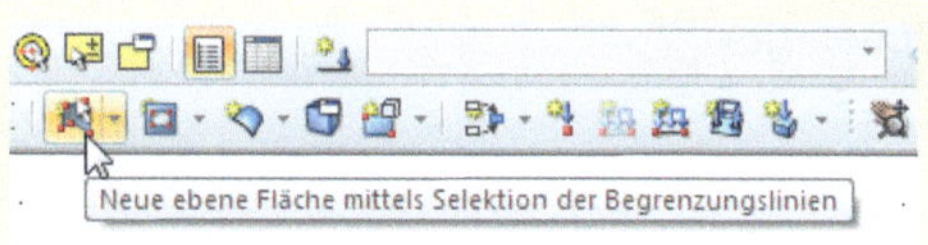

Im folgenden Dialog muss das Material (aus Bibliothek auswählbar) und die Dicke der Fläche angegeben werden. Dabei wird die Dicke der Deckenflächen vorab geschätzt. Eine geeignete Abschätzung kann über die Begrenzung der Biegeschlankheit nach [2.7, 5.3.4] erfolgen.

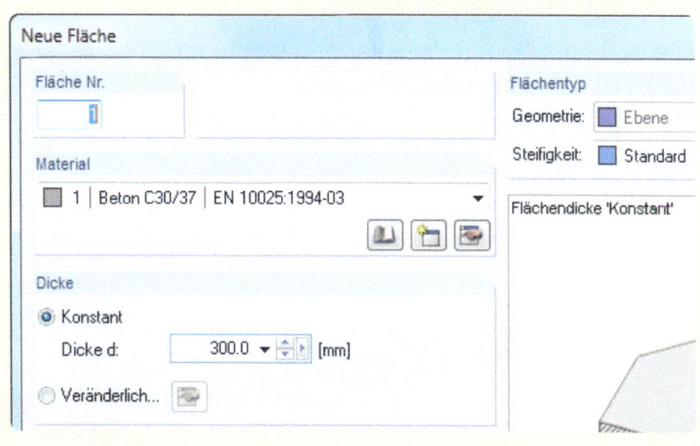

Demnach soll für eine Begrenzung der Durchbiegung im Hinblick auf das Erscheinungsbild und der Gebrauchstauglichkeit eines Bauteils oder Tragwerks auf l/250 folgende Biegeschlankheit nicht unterschritten werden:

$$\frac{l}{d} = K\left[11 + 1{,}5\sqrt{f_{ck}}\frac{\rho_0}{\rho} + 3{,}2\sqrt{f_{ck}}\left(\frac{\rho_0}{\rho} - 1\right)^{\frac{3}{2}}\right]$$

mit:

l: Stützweite in [m]
d: Dicke der Decke in [m]
K: Beiwert zur Berücksichtigung des statischen Systems
ρ_0: Referenzbewehrungsgrad; $\rho_0 = 10^{-3}\sqrt{f_{ck}}$ mit f_{ck} in N/mm²
ρ: Erforderlicher Zugbewehrungsgrad infolge Bemessungsmoment
f_{ck}: Charakteristischer Wert der Zylinderdruckfestigkeit des Betons in N/mm²

Für weitere Details zur Begrenzung der Verformungen siehe [2.7].

Wertet man obige Formel mit einer größten Spannweite der Decke zwischen Auflagern bzw. Unterzug von 8 m, K= 1,3, ρ_0 = 0,55% ρ = 0,5% und f_{ck} = 30 N/mm² aus, so ergibt sich eine erforderliche Mindestdicke von 26 cm. In Anlehnung daran wird eine Deckenstärke von 30 cm gewählt.

Nach *„OK“* im Dialog *„Neue Fläche“* können die Randlinien der Flächen gepickt werden.

In Vorbereitung auf die spätere feldweise Zuordnung der Lasten in den Lastfällen werden 7 einzelne Flächen generiert.

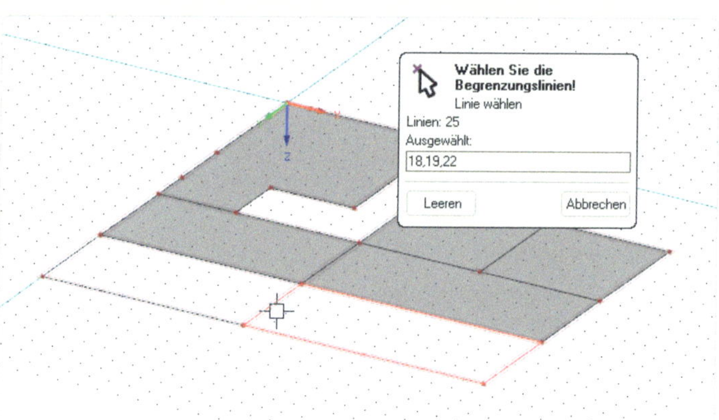

Eingabe der Lagerbedingungen

Die Auflagerung auf den Wänden wird über Linienlager realisiert. Die Wandsteifigkeit kann dabei Berücksichtigung finden.

Button: *„Neues Linienlager grafisch“*

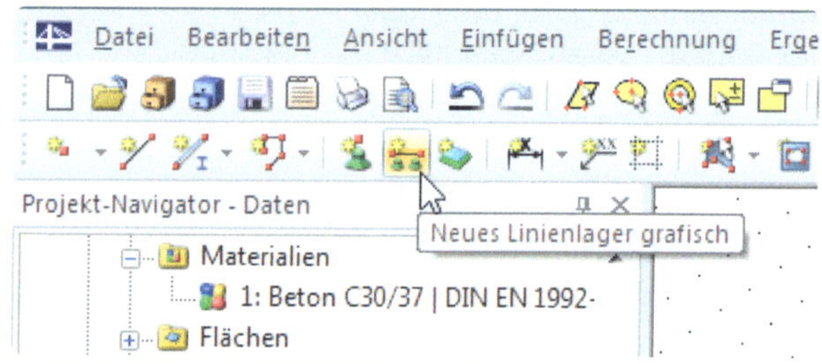

Bei der Eingabe kann die Wandsteifigkeit automatisch aus der Wandgeometrie ermittelt werden. Dabei werden für Kopf- und Fußseite gelenkige Lagerungen angenommen.

Als Ergebnis erhält man die Federsteifigkeiten des Linienlagers.

Durch wiederholtes Bestätigen mit *„OK"* schließen sich die Dialoge und es können alle gelagerten Randlinien mit diesem Linienlager-Typ per Mausklick versehen werden.

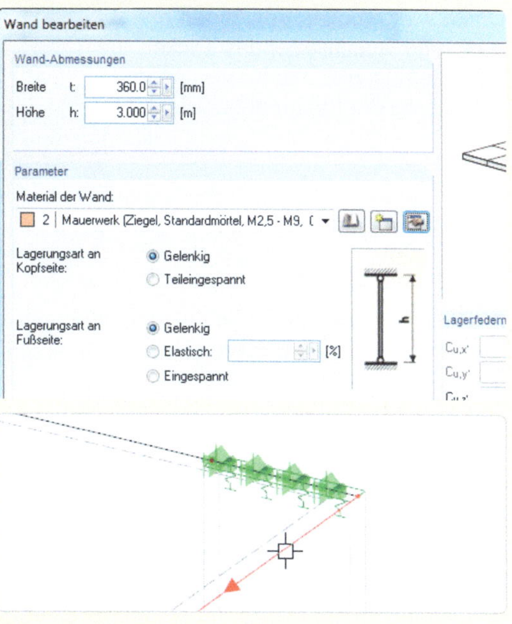

Eingabe der Lagerung aufgrund der Stütze als Punktlager

Wie bei der Wand, kann auch bei der Stütze die Steifigkeit für das Knotenlager aus der Stützengeometrie ermittelt werden.

Dazu benötigt man den Button *„Neues Knotenlager grafisch"*.

In den folgenden Dialogen werden dann die Einstellungen für die Stützenabmessungen und Stützenlagerungen vorgenommen. Als Modellierungstyp für das Knotenlager wird *„Elastische Flächenbettung"* gewählt.

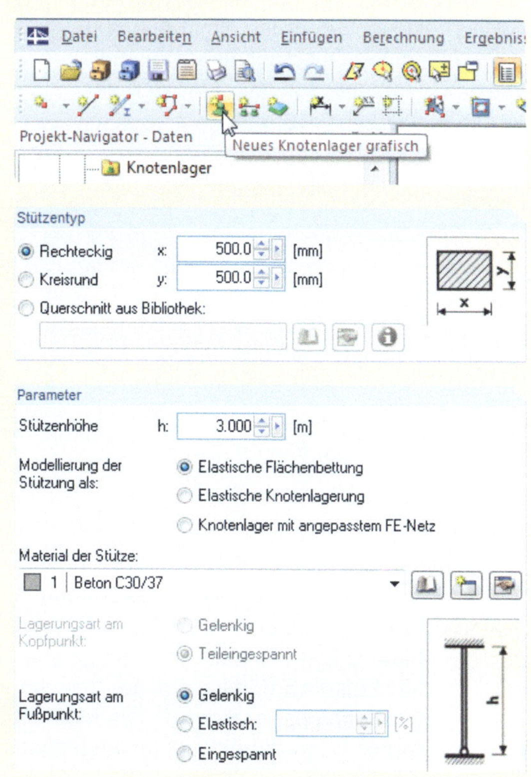

Durch wiederholtes Bestätigen mit *„OK“* und anschließendes Picken des Knotens wird das Knotenlager am Knoten der Stütze angebracht.

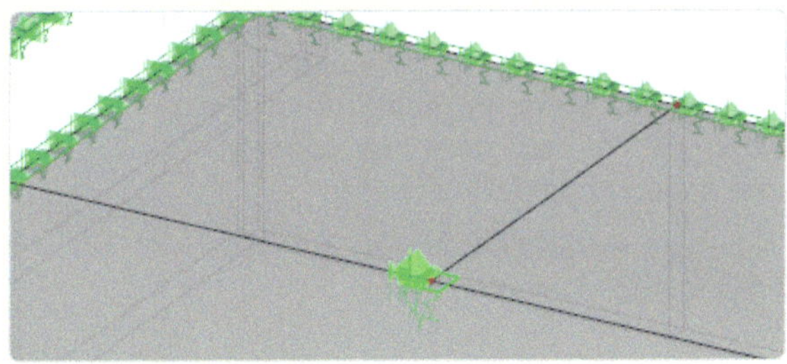

Eingabe des Unterzuges

Die beiden Unterzug-Stäbe werden als Rippen modelliert. Dazu muss zunächst ein Querschnitt definiert werden. Als Querschnitt ist der unter der Platte liegende Rechteck-Querschnitt vorzugeben.

Die Eingabe des Querschnitts erfolgt am einfachsten über einen Rechtsklick mit der Maustaste im Navigator auf den Eintrag *„Querschnitte - Neuer Querschnitt“*.

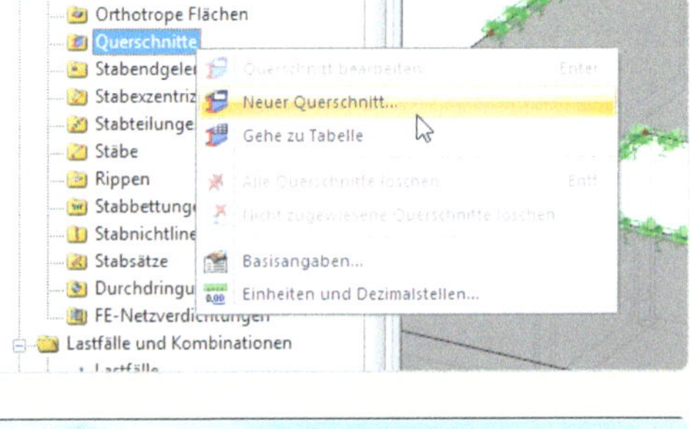

Danach müssen die Querschnittsabmessungen und das Material definiert werden. Es wird ein Rechteckquerschnitt 400/600 eingegeben. Die Querschnittswerte ermittelt RFEM automatisch. Mit *„OK“* wird der Vorgang abgeschlossen.

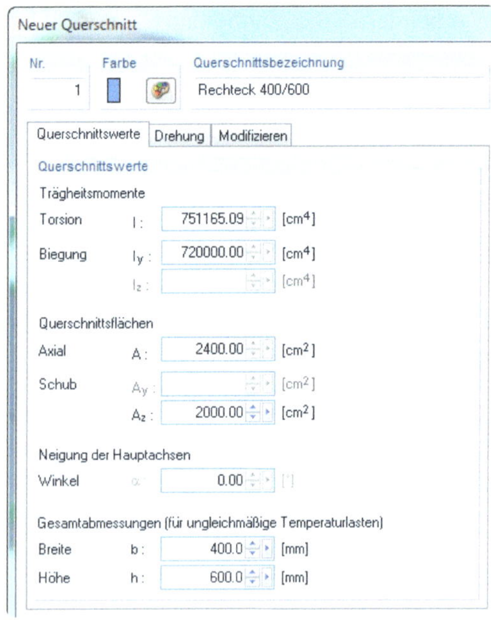

Hinweis

Eine detaillierte Beschreibung der in RFEM verwendeten Unterzugmodelle befindet sich in Kapitel 4.

Mitwirkende Breiten

Die mitwirkenden Breiten sind für das linke und rechte Feld sowie im Auflagerbereich wegen der Abhängigkeit von der effektiven Spannweite des Unterzuges unterschiedlich. Damit die unterschiedlichen mitwirkenden Breiten eingegeben werden können, werden die Linien des Unterzuges im Bereich des Momenten-Nulldurchgangs nochmals geteilt. Die Lage des Momentennullpunkts ist abhängig von der Belastung.

In EN 1992-1-1, 5.3.2.2 wird der Abstand der Momenten-Nullpunkte vereinfacht mit

$l_0 = 0{,}15 \cdot l_l$ (siehe Abbildung unten)

angegeben. Für beide Seiten ergibt sich daraus gerundet ein Abstand von

$0{,}15 \cdot l_1 = 1{,}5$ m und $0{,}15 \cdot l_2 = 1{,}8$ m

Nachträgliches Teilen der Linien mit definiertem Abstand. Der Befehl *„Linie teilen mittels Abstand"* ist über das Kontextmenü nach Rechtsklick mit der Maus auf die Linie zugänglich.

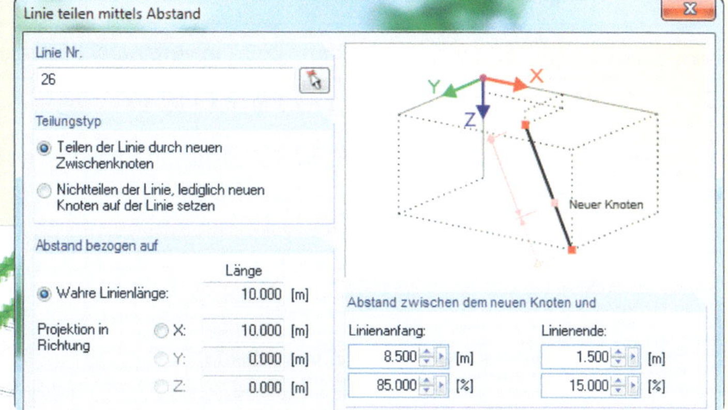

Im nächsten Schritt werden die Linien des Unterzuges nacheinander selektiert und mit der rechten Maustaste der Befehl *„Linie bearbeiten"* angewählt. Im Register *„Stab"* wird *„Vorhanden"* eingestellt. Es öffnet sich ein weiterer Dialog, in dem der Stabtyp Rippe sowie der Querschnitt angegeben werden muss. Mittels des Buttons *„Stabtyp bearbeiten"* werden die Rippendetails zugänglich. Hier sind die betreffenden Lagen der Rippen, angeschlossene Flächen und die mitwirkenden Breiten für die Rippenschnittgrößen einstellbar. Als mitwirkende Breite sollte näherungsweise die nach nach EN 1992-1-1 vorgeschlagene mitwirkende Breite eingestellt werden.

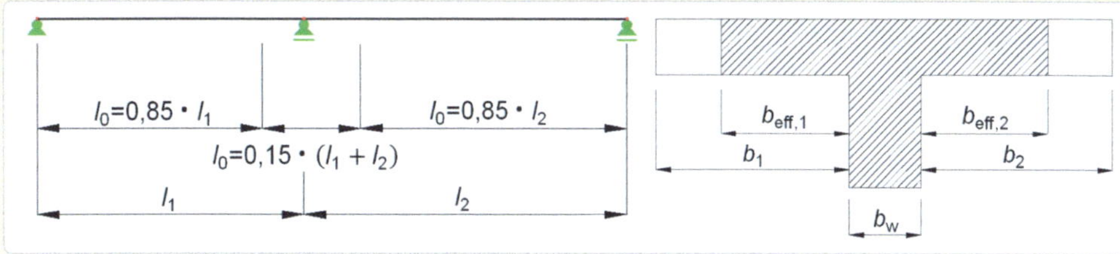

Mitwirkende Plattenbreite zur Ermittlung der Schnittgrößen nach EN 1992-1-1

Dabei ist:

$$b_{eff} = \sum b_{eff,i} + b_w \quad \text{mit} \quad b_{eff,i} = 0{,}2b_i + 0{,}1l_o \leq 0{,}2l_o \leq b_i$$

$l_0 = 0{,}85 \cdot l_i$ die angenäherte wirksame Stützweite mit

$l_1 = 10$ m und $l_2 = 12$ m

b_i die tatsächlich vorhandene Gurtbreite $b_i \approx (5{,}18m - 0{,}36m - 0{,}2m) : 2 = 2{,}3m$

b_w die Stegbreite

Für die einzelnen Abschnitte ergibt sich:

Linkes Feld	Stützbereich	Rechtes Feld
l_1=10 m	$l_1 + l_2$=22 m	l_2=12 m
l_0=0,85 • l_1=8,5 m	l_0=0,15 • 22 m=3,3 m	l_0=0,85 • l_2=10,2 m
$b_i \approx$ (5,18 m-0,36 m-0,2 m) : 2=2,3 m vereinfacht für alle Bereiche		
$b_{eff,i}$=0,2 • 2,3 m+0,1 • 8,5 m= 1,31 m≤0,2 • 8,5=1,7 m≤2,3 m	$b_{eff,i}$=0,2 • 2,3 m+0,1 • 3,3 m= 0,79 m≥0,2 • 3,3=0,66 m≤2,3 m ⇒ $b_{eff,i}$=0,66 m	$b_{eff,i}$=0,2 • 2,3 m+0,1 • 10,2 m= 1,48 m≤0,2 • 10,2=2,04 m≤ 2,3 m
$b_{eff}=\sum b_{eff,i}+b_w=$ 2 • 1,31 m+0,4 m=3,02 m	$b_{eff}=\sum b_{eff,i}+b_w=$ 2 • 0,66 m+0,4 m=1,72 m	$b_{eff}=\sum b_{eff,i}+b_w=$ 2 • 1,48 m+0,4 m=3,36 m

Das Bild zeigt die Eingabe der mitwirkenden Breiten für das rechte Feld (Flächen 5 und 6).

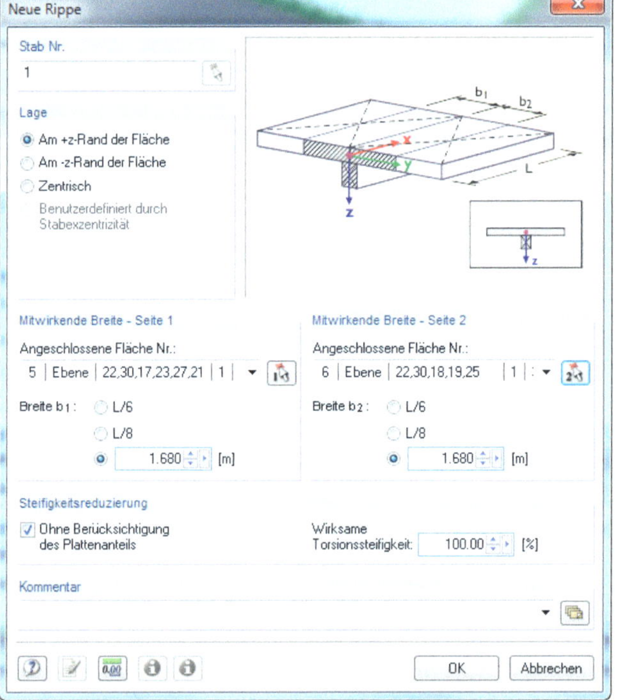

Die Eingabe wird durch Schließen der Dialoge mit *„OK“* abgeschlossen. Damit ist die Modellierung der Strukturdaten beendet. Im nächsten Schritt werden Lastfälle und Lastkombinationen erzeugt.

5.4 Eingabe der Belastung in RFEM

Es werden acht Lastfälle definiert:

LF 1: Eigengewicht der Decke mit Aufbau (alle Flächen mit Flächenlast 2.5 kN/m²)

LF 2: Nutzlast Feld 1 (Fläche 1 mit Flächenlast 3.0 kN/m²)

LF 3: Nutzlast Feld 2 (Fläche 2 mit Flächenlast 3.0 kN/m²)

LF 4: Nutzlast Feld 3 (Fläche 3 mit Flächenlast 3.0 kN/m²)

LF 5: Nutzlast Feld 4 (Fläche 4 mit Flächenlast 3.0 kN/m²)

LF 6: Nutzlast Feld 5 (Fläche 5 mit Flächenlast 3.0 kN/m²)

LF 7: Nutzlast Feld 6 (Fläche 6 mit Flächenlast 3.0 kN/m²)

LF 8: Nutzlast Feld 7 (Fläche 7 mit Flächenlast 3.0 kN/m²)

Durch den Ansatz eines Lastfalls pro Feld können durch spätere Kombination automatisch die ungünstigsten Werte der Feld- und Stützmomente ermittelt werden.

Neue Lastfälle erzeugen

Die Grundlastfälle lassen sich übersichtlich in der Tabelle *„2.1 Lastfälle"* eingeben. Dort wird neben der Lastfallbezeichnung sogleich die Einwirkungskategorie nach der anfänglich gewählten Norm für die Lastkombinationen gewählt.

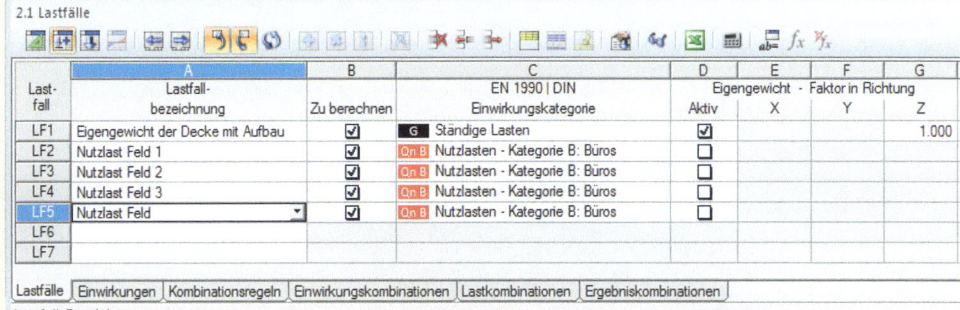
2.1 Lastfälle

	A	B	C	D	E	F	G
Last-fall	Lastfall-bezeichnung	Zu berechnen	EN 1990 | DIN Einwirkungskategorie	Eigengewicht - Aktiv	Faktor in Richtung X	Y	Z
LF1	Eigengewicht der Decke mit Aufbau	☑	G Ständige Lasten	☑			1.000
LF2	Nutzlast Feld 1	☑	Qn B Nutzlasten - Kategorie B: Büros	☐			
LF3	Nutzlast Feld 2	☑	Qn B Nutzlasten - Kategorie B: Büros	☐			
LF4	Nutzlast Feld 3	☑	Qn B Nutzlasten - Kategorie B: Büros	☐			
LF5	Nutzlast Feld	☑	Qn B Nutzlasten - Kategorie B: Büros	☐			
LF6							
LF7							

Hinweis:

Die Berechnung erfolgt bei Lastfällen standardmäßig nach Theorie I. Ordnung. Für den Lastfall 1 wird als Einwirkungskategorie *„Ständige Lasten"* gewählt und das Eigengewicht der definierten Struktur automatisch ermittelt. Für die anderen Lastfälle wird als Einwirkungskategorie *„Nutzlasten – Kategorie B: Büros"* eingestellt.

Durch Bearbeiten der Lastfälle in dem Navigator links sind die Berechnungsparameter und weitere Einstellungen zugänglich.

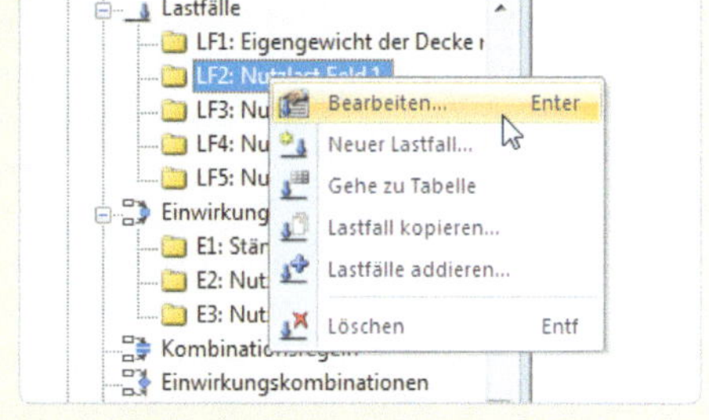

Anschließend werden die Flächenlasten allen Flächen mit folgenden Schritten zugewiesen.

Flächenlasten eingeben

Der Dialog zur Eingabe der Last wird über den Button *„Neue Flächenlast grafisch"* aufgerufen.

Die Flächenlast muss daraufhin in Wert und Richtung definiert werden.

Nach *„OK"* wird die Flächenlast den Flächen durch einfaches Anpicken zugewiesen.

Die Flächenlastsymbole mit Werten zeigen die bereits eingegeben Lasten und ermöglichen ein eventuell späteres grafisches Selektieren und Editieren.

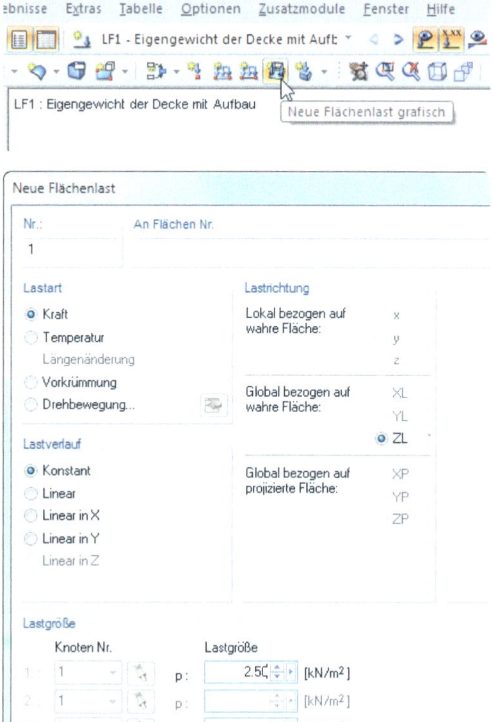

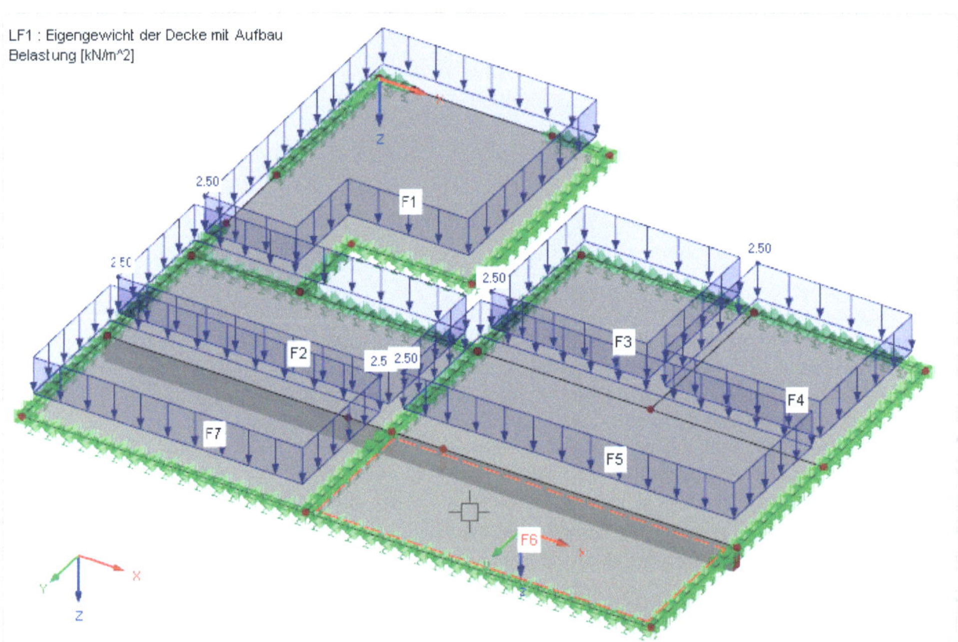

Grafische Lasteingabe in RFEM - Auswahl der Flächen

Die Eingabe der anderen Lastfälle erfolgt analog zum Eigengewicht, wobei aber jeweils pro Lastfall nur eine Fläche belastet wird. Das Eigengewicht der Struktur bleibt jetzt unberücksichtigt.

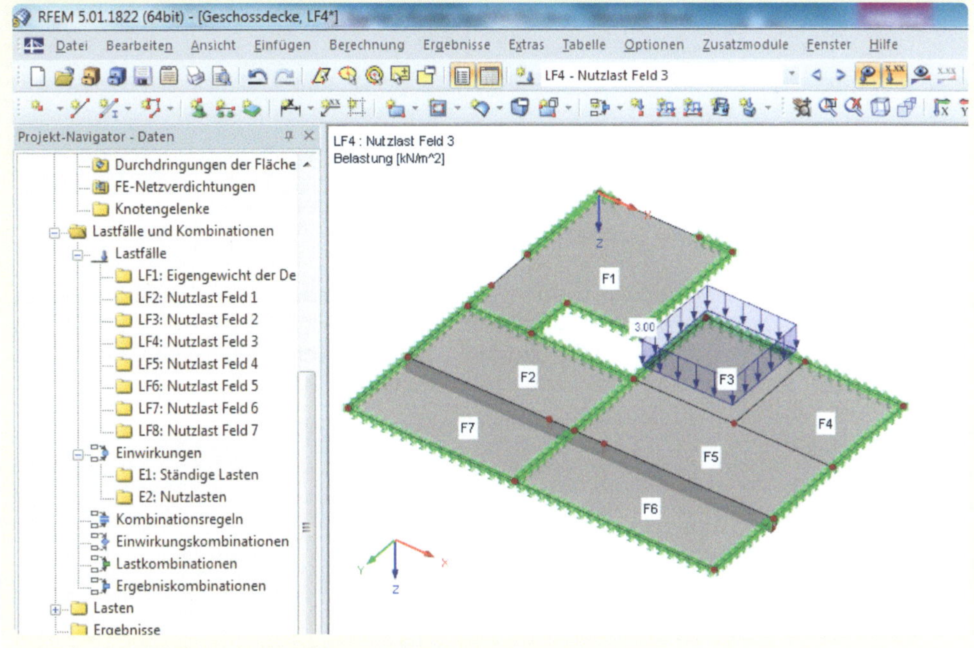

Feldweise Belastung in individuellen Lastfällen für jede Flächenlast

5.5 Lastkombinationen nach EN 1990

Nach Eingabe der Grundlastfälle müssen die Lastkombinationen unter Berücksichtigung anzusetzender Teilsicherheitsbeiwerte und Kombinationsbeiwerte erstellt werden. Da die resultierenden Sicherheitsfaktoren je nach beteiligten Lastfällen unterschiedlich sind, entsteht sehr schnell eine große Anzahl von Kombinationen. Eine manuelle Eingabe dieser Kombinationen ist in RFEM möglich, jedoch bei der großen Anzahl zeitaufwendig. Daher bieten anwenderfreundliche Programme spezielle Generierungstools dafür an. Die Vorgehensweise wird im Folgenden erläutert.

Bereits beim Anlegen des neuen Modells in RFEM wurde als zu verwendende Norm für die Kombinationen die EN 1990 mit dem Deutschen Anhang sowie die automatische Erzeugung von linear überlagerten Ergebniskombinationen gewählt. Bei der Verwendung von Ergebniskombinationen werden zunächst die Ergebnisse der einzelnen Lastfälle berechnet und diese daraufhin nach der Kombinationsvorschrift überlagert. Beim Eingeben der Lastfälle wurde jedem Lastfall bereits eine normenspezifische Einwirkungskategorie zugeordnet. In unserem Fall existiert neben der Einwirkung der ständigen Lasten aus Eigengewicht nur noch die Einwirkung der Nutzlasten aus der Verwendung der Büroräume. Durch die Zuordnung zu den Einwirkungskategorien kann das Programm die zugehörigen Teilsicherheitsbeiwerte und Kombinationsbeiwerte gemäß EN 1990 eindeutig ermitteln. In den Tabellen 2.1 und 2.2 spiegelt sich dies wider.

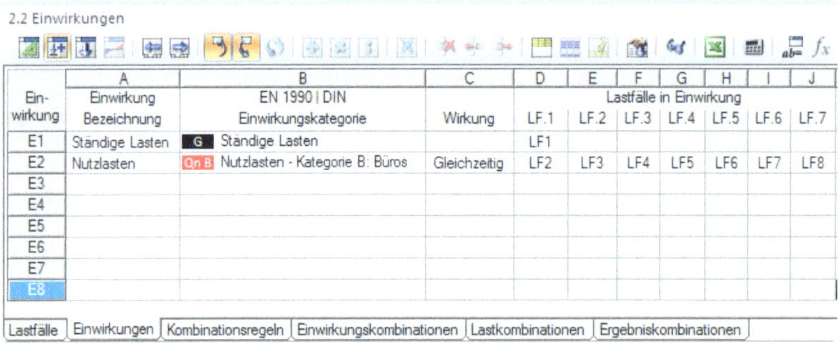

2.2 Einwirkungen

Ein-wirkung	A Einwirkung Bezeichnung	B EN 1990 | DIN Einwirkungskategorie	C Wirkung	D Lastfälle in Einwirkung LF.1	E LF.2	F LF.3	G LF.4	H LF.5	I LF.6	J LF.7
E1	Ständige Lasten	G Ständige Lasten		LF1						
E2	Nutzlasten	Qn B Nutzlasten - Kategorie B: Büros	Gleichzeitig	LF2	LF3	LF4	LF5	LF6	LF7	LF8
E3										
E4										
E5										
E6										
E7										
E8										

Lastfälle | Einwirkungen | Kombinationsregeln | Einwirkungskombinationen | Lastkombinationen | Ergebniskombinationen

Einwirkungen und Zuordnung der Lastfälle

Im Register *„Kombinationsregeln"* werden die zu berücksichtigenden Bemessungssituationen definiert. Dabei schlägt RFEM standardmäßig die Bemessungssituation für den Grenzzustand der Tragfähigkeit (GZT) und drei unterschiedliche Bemessungssituationen für den Grenzzustand der Gebrauchstauglichkeit (GZG) vor.

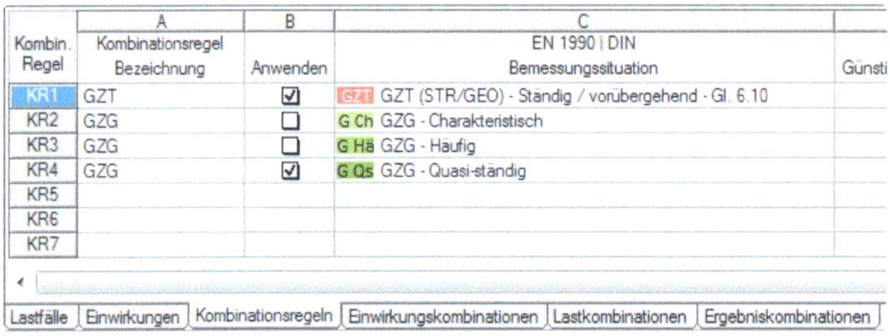

Kombin. Regel	A Kombinationsregel Bezeichnung	B Anwenden	C EN 1990 | DIN Bemessungssituation	 Günsti
KR1	GZT	☑	GZT GZT (STR/GEO) - Ständig / vorübergehend - Gl. 6.10	
KR2	GZG	☐	G Ch GZG - Charakteristisch	
KR3	GZG	☐	G Hä GZG - Häufig	
KR4	GZG	☑	G Qs GZG - Quasi-ständig	
KR5				
KR6				
KR7				

Lastfälle | Einwirkungen | Kombinationsregeln | Einwirkungskombinationen | Lastkombinationen | Ergebniskombinationen

Auswahl der relevanten Bemessungssituationen

In unserem Fall wenden wir nur die Bemessungssituation für den Grenzzustand der Tragfähigkeit sowie die quasi-ständige Bemessungssituation für den Grenzzustand der Gebrauchstauglichkeit an. Daraus ergeben sich im nächsten Register *„Einwirkungskombinationen"* folgende Kombinationen auf Basis der Einwirkungen.

Einwirk.-Kombin.	A Einwirkungskombination Bezeichnung	B Anwenden	C EN 1990 | DIN Bemessungssituation	D Einwirkung.1 Faktor	E Nr.	F Krit.	G Gr.	H Einwirkung.2 Faktor	I Nr.	J Krit.
EW1	1.35G/s + 1.50QiB/s	☑	GZT GZT (STR/GEO) - Ständig / vorüber	1.35	G E1	/S	-	1.50	Qn B E2	/S
EW2	1.00G/s + 0.30QiB	☑	G Qs GZG - Quasi-ständig	1.00	G E1	/S	-	0.30	Qn B E2	

Lastfälle | Einwirkungen | Kombinationsregeln | Einwirkungskombinationen | Lastkombinationen | Ergebniskombinationen

Übersicht über die Einwirkungskombinationen mit Angabe der Kombinationsfaktoren gemäß der Einwirkungen und der Bemessungssituation

Die Teilsicherheitsfaktoren und Kombinationsbeiwerte sind jeder Kombinationsnorm im Programm hinterlegt. Bei Bedarf, etwa bei Änderungen im Nationalen Anhang eines Landes, kann der Anwender diese grundsätzlichen Werte auch selbst anpassen. Zu Kontrollzwecken müssen in einem Berechnungsprogramm die verwendeten Kombinationsfaktoren und deren Basiswerte eindeutig nachvollziehbar sein.

Das nächste Register *„Lastkombinationen“* bleibt leer, da ja die Verwendung von linearen *„Ergebniskombinationen“* gewählt wurde. Letztere werden automatisch beim Wechsel in das Register *„Ergebniskombinationen“* generiert und sind dort übersichtlich aufgeschlüsselt.

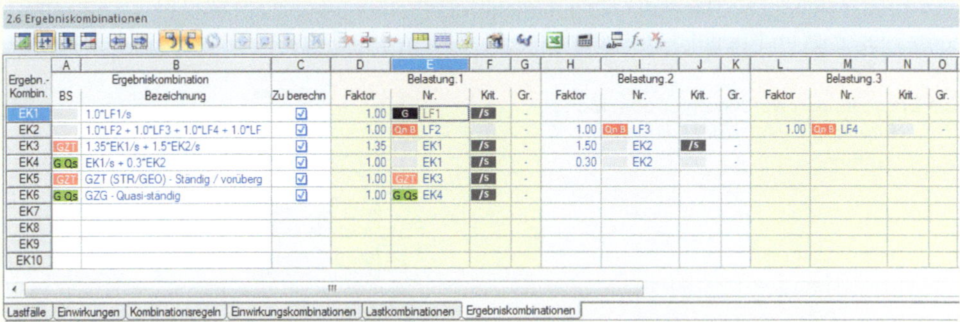
2.6 Ergebniskombinationen

Ergebn.-Kombin.	A BS	B Ergebniskombination Bezeichnung	C Zu berechn	D Belastung.1 Faktor	E Nr.	F Krit.	G Gr.	H Belastung.2 Faktor	I Nr.	J Krit.	K Gr.	L Belastung.3 Faktor	M Nr.	N Krit.	O Gr.
EK1		1.0*LF1/s	☑	1.00	G LF1	/s	-								
EK2		1.0*LF2 + 1.0*LF3 + 1.0*LF4 + 1.0*LF	☑	1.00	Qn B LF2		-	1.00	Qn B LF3		-	1.00	Qn B LF4		-
EK3	GZT	1.35*EK1/s + 1.5*EK2/s	☑	1.35	EK1	/s	-	1.50	EK2	/s	-				
EK4	G Qs	EK1/s + 0.3*EK2	☑	1.00	EK1	/s	-	0.30	EK2		-				
EK5	GZT	GZT (STR/GEO) - Ständig / vorüberg	☑	1.00	GZT EK3	/s	-								
EK6	G Qs	GZG - Quasi-ständig	☑	1.00	G Qs EK4	/s	-								
EK7															
EK8															
EK9															
EK10															

Lastfälle | Einwirkungen | Kombinationsregeln | Einwirkungskombinationen | Lastkombinationen | Ergebniskombinationen

Ergebniskombinationen für die Grenzzustände der Tragfähigkeit und Gebrauchstauglichkeit

RFEM generiert zunächst je eine Ergebniskombination für jede Einwirkungskategorie mit dem Faktor 1,00 (EK1 und EK2). Daraufhin werden die Ergebnisse dieser Ergebniskombinationen ein weiteres Mal mit den ermittelten Kombinationsfaktoren für die jeweilige Bemessungssituation überlagert (EK3 und EK4). Schließlich ergeben sich abschließend für jede Bemessungssituation je eine zusammenfassende Ergebniskombinationen (EK5 und EK6), welche die maximalen und minimalen Grenzwerte der Ergebnisse und deren zugehörige Werte enthalten. Diese Ergebniskombinationen sind dann bei der Bemessung zu verwenden. Da die Ergebnisse überlagert werden, ist diese Methodik nur dann verwendbar, wenn das Superpositionsprinzip gültig ist, d.h. lineare Berechnungen durchgeführt werden und keine konstruktiv nichtlinearen Bauteile, wie Zug- oder Druckstäbe oder elastische Bettungen vorhanden sind.

5.6 FE-Netz und Berechnung

Bevor die Berechnung erfolgen kann, ist ein geeignetes Netz zu generieren. Feinere Netze liefern in nicht singulären Bereichen wegen des Näherungscharakters der FE-Methode im Allgemeinen genauere Ergebnisse. Jedoch steigen mit zunehmender Zahl der FE-Elemente der Rechenaufwand und die Datenmenge an. Daher gilt der Grundsatz, das Netz nur dort zu verdichten, wo es für eine ausreichende Genauigkeit notwendig ist. In der vorliegenden Struktur sind an verschiedenen Stellen hohe Gradienten (Differenzen) in Verzerrungen bzw. Spannungen zu erwarten. Typische Stellen sind Wandenden, Einsprünge oder Orte großer konzentrierter Lasteinleitungen, wie es bei Stützen und Auflagern von Unterzügen der Fall ist. An diesen Stellen treten bei der Stahlbetonbemessung dann als Folge großer innerer Kräfte Bemessungsprobleme, insbesondere bei der Schubbemessung, auf. Durch die elastischen Lagerungen werden diese singulären Effekte in unserem Beispiel entschärft. Trotzdem sollten diese Bereiche erkannt und gegebenenfalls mit Netzverdichtungen versehen werden.

RFEM bietet die Option, singularitätsgefährdete Bereiche mit hohen Verzerrungs-, bzw. Spannungsdifferenzen zu lokalisieren. Dazu sind zunächst mit einem geeigneten Netz ohne Verdichtungen Ergebnisse zu berechnen.

Allgemeine FE-Netz-Kantenlänge

In der vorliegenden Struktur gibt es frei zu überbrückende Bereiche mit einer minimalen Länge von 2,64 m. Bei einer angestrebten Länge der Finiten Elemente von 0,5 m würde das 5 bis 6 Elemente ergeben. In Betracht der Qualität der FE-Elemente von RFEM kann das für nicht singuläre Bereiche als ausreichende Elementierung angesehen werden. Weiteres hierzu ist im Kapitel 3 zu finden.

Die Einstellungen werden unter dem Menü *„Berechnung - FE-Netz-Einstellungen“* vorgenommen.

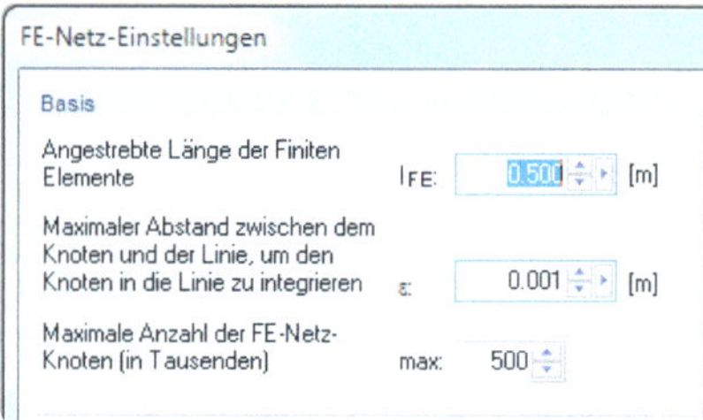

Mit dieser Standardeinstellung wird zunächst ein Netz generiert und dann werden die Ergebnisse der Ergebniskombination 5 für den Grenzzustand der Tragfähigkeit berechnet. Am einfachsten kann die Berechnung über das Menü *„Berechnung - Alles berechnen“* gestartet werden. Bei der Ergebnisanzeige muss nun eine Spannnung, am besten die Vergleichsspannung *„Sigma-v, Mises“*, eingestellt werden. In der Symbolleiste *„Ergebnisse“* können dann *„Differenzen“* aktiviert werden. In dieser Einstellung wird der größte Differenzwert pro FE-Element des gewählten Spannungsergebnisses in Prozent angezeigt.

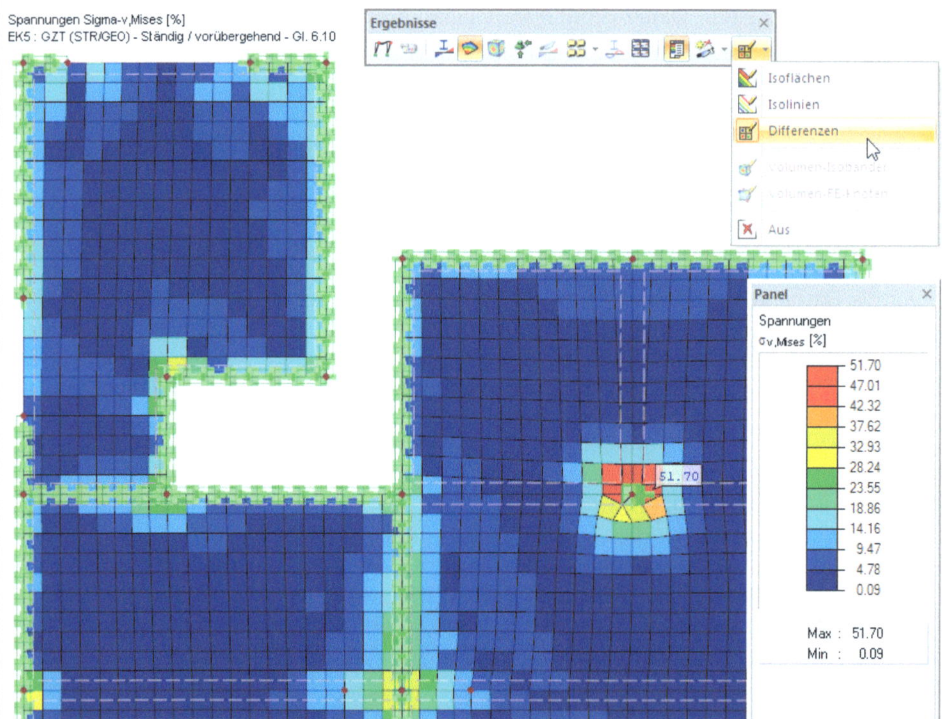

Darstellung der Spannungsdifferenzen zur Visualisierung eventueller singulärer Stellen

So können Bereiche großer Differenzen leicht an den rot eingefärbten FE-Elementen erkannt werden. Im vorliegenden Beispiel weist die Stelle der Stütze mit Werten von etwa 47% die größten Differenzwerte auf. Es folgen die einspringenden Ecken und die Auflagerpunkte des Unterzugs. An diesen Stellen können nun örtliche Netzverfeinerungen eingeführt werden, welche die Spannungsdifferenzen verringern und die unbrauchbaren Ergebnisse auf eine geringere Ausdehnung isolieren.

Beispielhaft wird diese Vorgehensweise an der Stütze nachfolgend erläutert. Dazu bearbeitet man mit Hilfe der rechten Maustaste den Lagerknoten und wählt im Kontextmenü *„FE-Netzverdichtung – Neu…“*. Im darauf folgenden Dialog kann eine neue kreisförmige FE-Netzverdichtung im Radius von 2.500 m mit einer angestrebten FE-Netzlänge von 0.500 m außen (analog zur globalen Netzdichte) und 0.100 m innen vorgegeben werden. Durch Bestätigen von *„OK“* wird der Vorgang abgeschlossen.

Spannungsdifferenzen vor Netzverdichtung. Dialog zur Eingabe einer FE-Netzverdichtung.

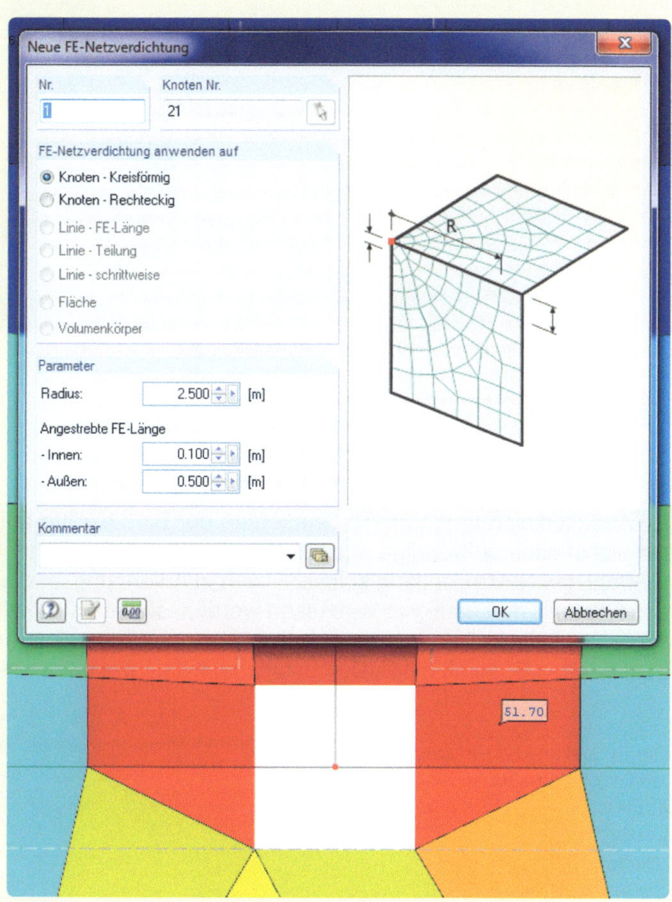

Nach erneuter Berechnung fällt die Differenz im Bereich der Stütze an gleicher Stelle auf ca. 19 % ab. Insgesamt beträgt die größte Spannungsdifferenz bei der Stütze ca. 25 % und ist damit etwa nur noch halb so groß als vor dem Einfügen der Netzverfeinerung. Der singuläre Bereich konzentriert sich zudem auf die Fläche innerhalb der Stütze (hier ohne Ergebnisse dargestellt).

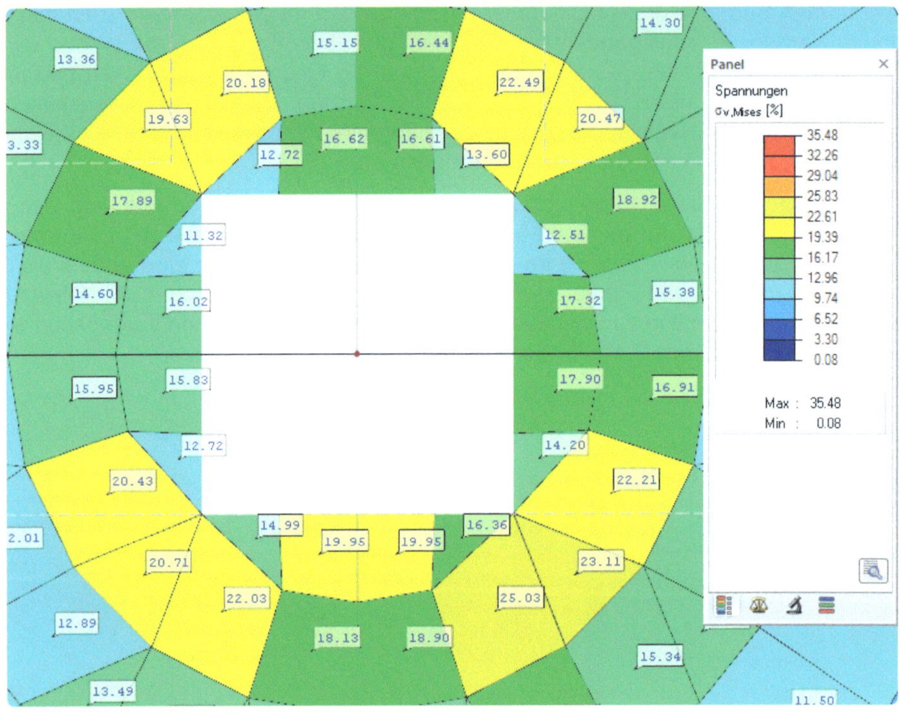

Spannungsdifferenzen nach Netzverdichtung

Spezielle Netzverdichtungen entlang von Linien

An Auflagerlinien treten große Gradienten der Schubkräfte auf. Bei Platten versucht man möglichst ohne aufwendige und teure Schubbewehrung auszukommen. Durch eine feinere Wahl des Netzes entlang solcher Linien in Anlehnung an die Breite des Auflagers, kann das Ergebnis dort häufig so verbessert werden, so dass sich keine oder nur in unmittelbarer Nähe der Auflagerlinie rechnerisch Schubbewehrung ergibt. Im Zweifelsfall ist dies jedoch gesondert, z.B. durch einen Durchstanznachweis weiter zu untersuchen.

Die Einstellung für die speziellen Linienelemente findet man ebenfalls bei den FE-Netz-Einstellungen im Menü *„Berechnung"*.

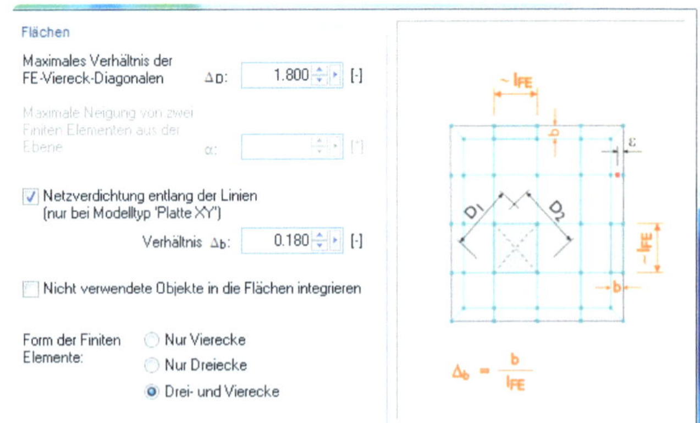

Das modifizierte Netz ergibt sich in den Randbereichen der Flächen und an der Stütze dann wie folgt:

Wichtiger Hinweis!

Die Option der *„Netzverdichtung entlang von Linien“* existiert in RFEM nur bei Strukturen des Typs *„2D-XY“*.

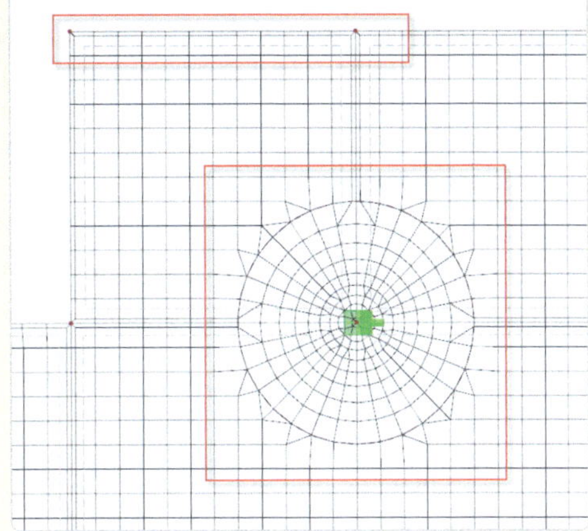

Damit ist die Eingabe der Strukturdaten und Lastdaten abgeschlossen und es kann mit der Berechnung der Schnittgrößen fortgefahren werden. Der Rechenkern ist das „Herz“ eines jeden FEM-Programms. Für den Anwender ist wichtig, die Grundsätze der FEM-Methode und die verwendeten Lösungsmethoden zu verstehen, um die angebotenen Berechnungsverfahren sicher anzuwenden. Die Berechnung erfolgt linear nach Theorie I. Ordnung. Als Ergebnisse ergeben sich Verformungen, Schnittgrößen und Auflagerkräfte, die als Grundlage für die spätere Bemessung dienen.

Start der Berechnung

Die Berechnung startet man mit dem Menübefehl *„Berechnung - Alles berechnen“*.

Nach der Berechnung erscheint ein neues zusätzliches Baummenü im Navigatorbereich links, mit dem sich die Ergebnisse in Inhalt und Darstellung steuern lassen.

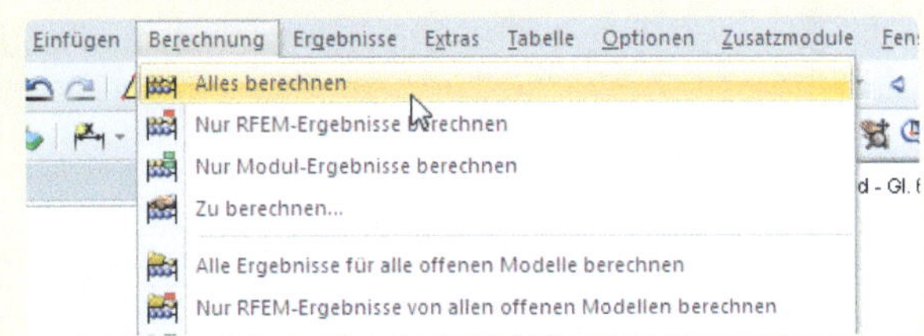

Der jeweilig betrachtete Lastfall oder die Ergebniskombination kann oben in einem Kombinationsfeld in der Symbolleiste ausgewählt werden.

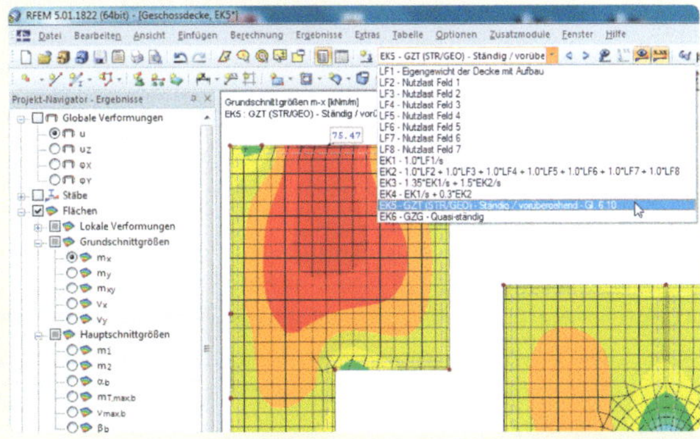

5.7 Ergebnisausgabe

Mit zeitgemäßer Statiksoftware für die Modellierung und Berechnung von 2D- und 3D-Tragwerken wird der Statik-Ingenieur in die Lage versetzt, umfangreiche Berechnungen auch von sehr komplexen Strukturen durchzuführen. Damit geht eine erhebliche Menge an Daten einher, die es zu prüfen und zu dokumentieren gilt. Die Statiksoftware muss in der Lage sein, alle wichtigen Ergebnisse auf Abruf auszugeben. Zu den wichtigsten Optionen und Werkzeugen gehören:

- Inhaltlich vollständige Ausgabe der Daten für Struktur und Belastung mit möglichst nachvollziehbarer Herkunft der Steifigkeitswerte und Lastwerte (grafisch und/oder numerisch)
- Ausgabe wichtiger Kontrollparameter, wie verwendete Berechnungsmethode, Iterationsverlauf, Abbruchschranken, Summen von Belastung und Auflagerkräften
- Numerische Ausgabe von Stab- und Flächenergebnissen in Tabellen mit Angabe der am Ergebnis beteiligten Lastfälle
- Grafische Ausgabe von Flächenergebnissen in Form von Isolinien und Isoflächen in Farbe und schwarz-weiß
- Automatische Grafikerstellung verschiedener Ergebnisse für mehrere Lastfälle, Lastkombinationen und Ergebniskombinationen
- Schnittdarstellung der Ergebnisverläufe an Flächen, Auflagern und Linien, wahlweise mit oder ohne Glättung von Ergebnisspitzen an Singularitäten
- Leistungsfähige Filter-, Beschriftungs- und Kommentarfunktionen für Tabellen und Grafik
- Möglichkeit der Darstellung von Ausschnitten mit darauf bezogener Angabe von Extremwerten
- Steuerungsfunktionen des Ausgabeformats für Ausdruckprotokolle und Grafiken in verschiedenen Größen bis hin zu großformatigen Plänen
- Exportoptionen in CAD-Programme
- Updatefunktionalität für die Dokumentation zur Handhabung von Änderungen

Im Folgenden werden einige ausgewählte Möglichkeiten am Beispiel von RFEM näher erläutert.

Verformungen - Flächen

Die Darstellung der Verformungen erfolgt wahlweise in Form von Isoflächen oder in Isolinien. Bei farbiger Ausgabe erscheinen Isoflächenbilder aussagekräftiger. Bei schwarz-weißer Ausgabe bieten Isoliniendarstellungen Vorteile. Nach Bedarf lassen sich alle Werte oder nur Extremwerte anzeigen. Die Ausgabe kann direkt zum Drucker oder in ein Ausdruckprotokoll-Dokument erfolgen, welches alle für die Statik relevanten Daten in Form von Tabellen und Grafiken enthält. Der Grafikdruck bildet immer die aktuelle Bildschirmdarstellung des Arbeitsfensters ab und kann über den Menübefehl *„Datei-Drucken“* aktiviert werden.

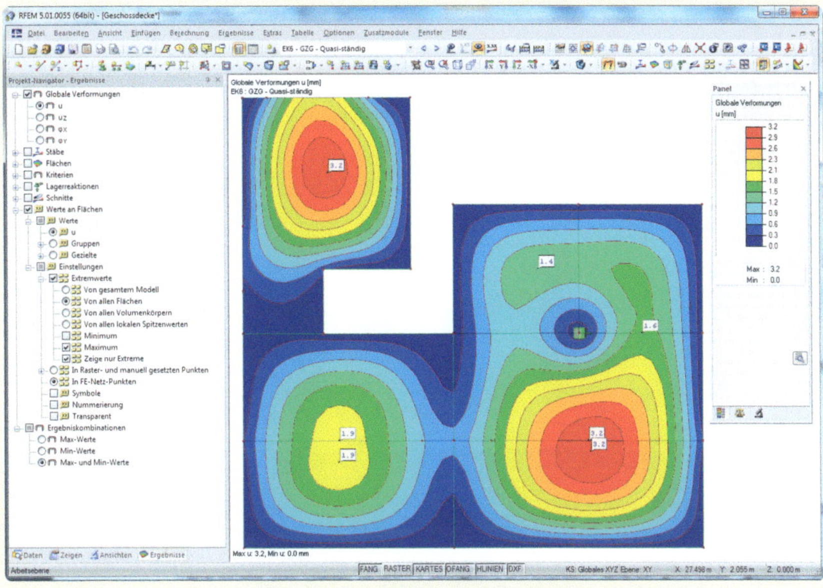

Darstellung der Verformungen mit aktivierten Maximalwerten

Die in die vier Reiter *„Daten“*, *„Zeigen“*, *„Ansichten“* und *„Ergebnisse“* geteilte Navigatorleiste links eröffnet vielseitige Einstellmöglichkeiten für alle Objekte wie Linien, Flächen, Auflager und Ergebnisse. Besonders häufig notwendige Einstellungen lassen sich auch als Vorlage abspeichern.

Verformungen - Stäbe

Durch Aktivieren der zugehörigen Einträge im Navigationsbaum kann die Darstellung der Stabverformungen für den Unterzug eingestellt werden. Das Anzeigepanel erlaubt eine entsprechende Überhöhung der Verlaufslinie. In RFEM stehen viele weitere Ausgabevarianten zur Verfügung, die im Handbuch dokumentiert sind. Hier soll nur auf die wichtigsten Möglichkeiten eingegangen werden.

Insbesondere bei Stäben ist eine tabellarische Ausgabe der genauen Verläufe entlang der Stablänge (x-Stelle) sinnvoll. Dazu lassen sich Ergebnistabellen zusätzlich zur grafischen Arbeitsfläche einblenden. Grafik und Tabelle sind interaktiv und eine in der Tabelle selektierte Stelle wird synchron in der Grafik hervorgehoben.

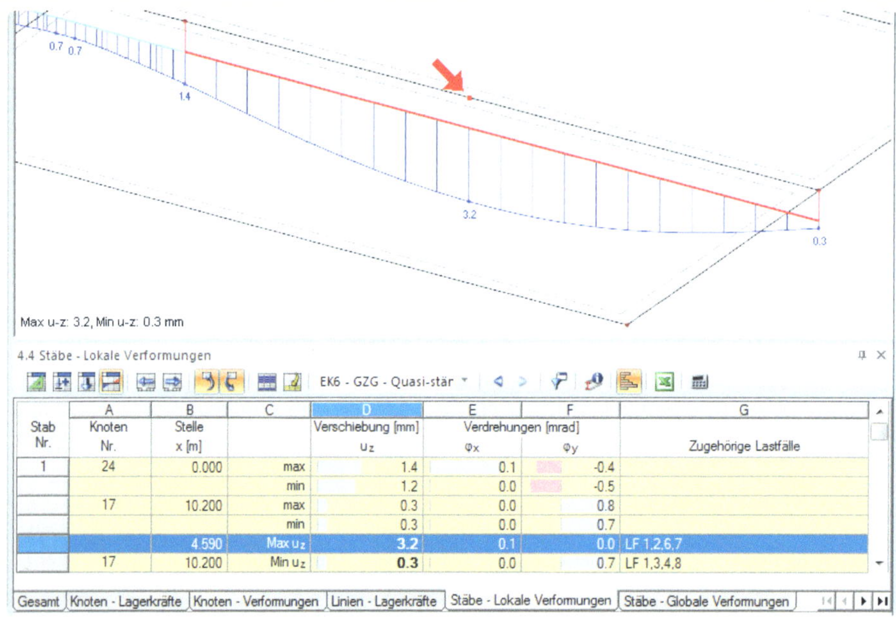

Stab Nr.	A Knoten Nr.	B Stelle x [m]	C	D Verschiebung [mm] u_z	E Verdrehungen [mrad] φ_x	F φ_y	G Zugehörige Lastfälle
1	24	0.000	max	1.4	0.1	-0.4	
			min	1.2	0.0	-0.5	
	17	10.200	max	0.3	0.0	0.8	
			min	0.3	0.0	0.7	
		4.590	Max u_z	3.2	0.1	0.0	LF 1,2,6,7
	17	10.200	Min u_z	0.3	0.0	0.7	LF 1,3,4,8

Schnittgrössen - Flächen

Für die Bemessung von Platten im Stahlbetonbau interessieren die Momente m_x, m_y und m_{xy} sowie die zugehörigen Querkräfte. Für die Ausgabe bietet sich an, Grafiken für die Maximalwerte und die Minimalwerte einer Lastkombination auszugeben, die als Einhüllende aller Einzel-Lastkombinationen erstellt wurde. Die Anzeigesteuerung der Werte erfolgt wieder im Baumnavigator für die Ergebnisse wie bei den Verformungen. Die Farbabstufung der Farbskala kann über Doppelklick auf die Skala editiert werden.

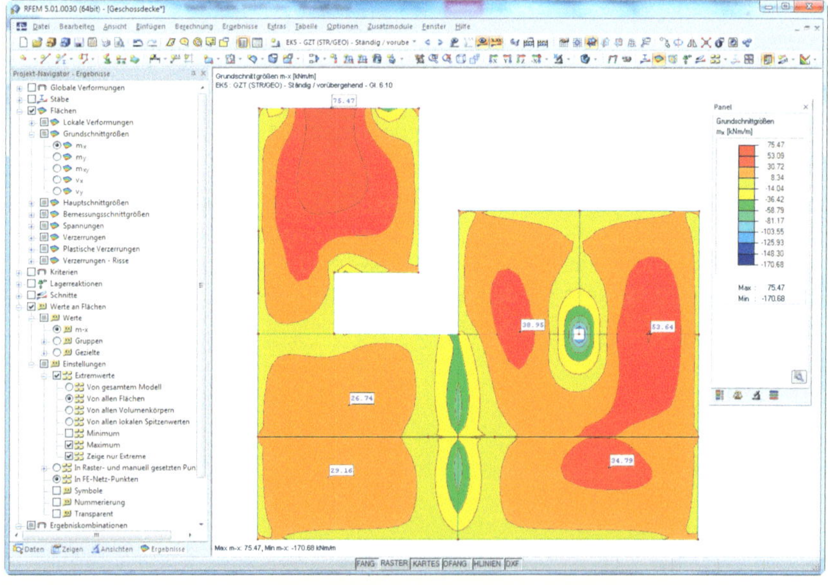

Hinweise:

Optional können zu den automatisch eingeblendeten Extremwerten noch manuell an beliebiger Stelle Werte hinzugefügt oder entfernt werden (Menü *„Ergebnisse-Ergebniswerte manuell setzen“*). Durch Rechtsklick auf einzelne Werte sind Filterfunktionen für diese zugänglich.

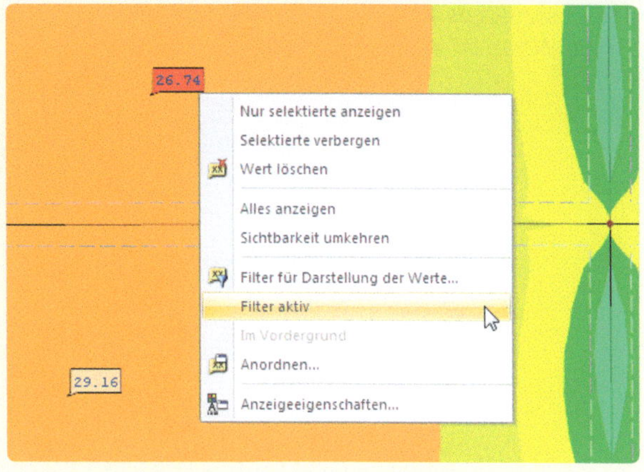

Lagerreaktionen

Bei der Ausgabe der Lagerreaktionen empfiehlt es sich, die Flächen- und Stabergebnisse auszublenden. Bei ebenen Systemen ist eine Darstellung der Lagerreaktionen im Grundriss sinnvoll. Das Bild zeigt die Lagerreaktionen für den Lastfall 1- Eigengewicht der Decke.

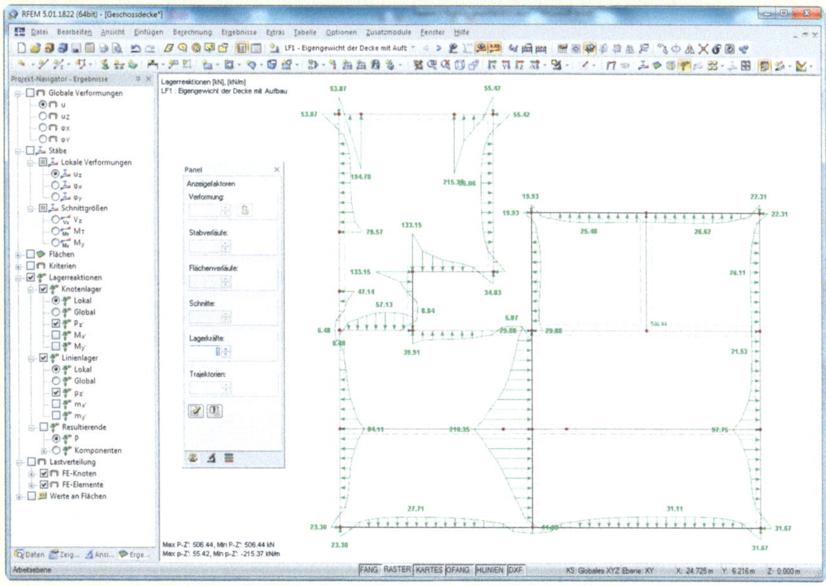

Darstellung des tatsächlichen Lagerkräfte-Verlaufs - gedreht in xy-Ebene

Als Besonderheit kann in RFEM der tatsächliche aus der FEM-Berechnung entstandene Verlauf der Lagerreaktionen zu einer konstanten Linienauflagerreaktion aufintegriert werden (Einstellung mit den Optionen im Zeigen-Navigator-Ergebnisse-Lagerreaktionen). Dabei sind auch Informationen über die Summe der Auflagerlast pro Linie und Lage des Schwerpunkts der Resultierenden verfügbar. Dies erlaubt zum einen eine zusätzliche einfachere Kontrolle des Lastabtrags und zum anderen eine ingenieurmäßige Idealisierung des Lastverlaufs für weitere Berechnungen, z.B. für Streifenfundamente. Die Schriftgröße für die Werte ist ebenfalls skalierbar.

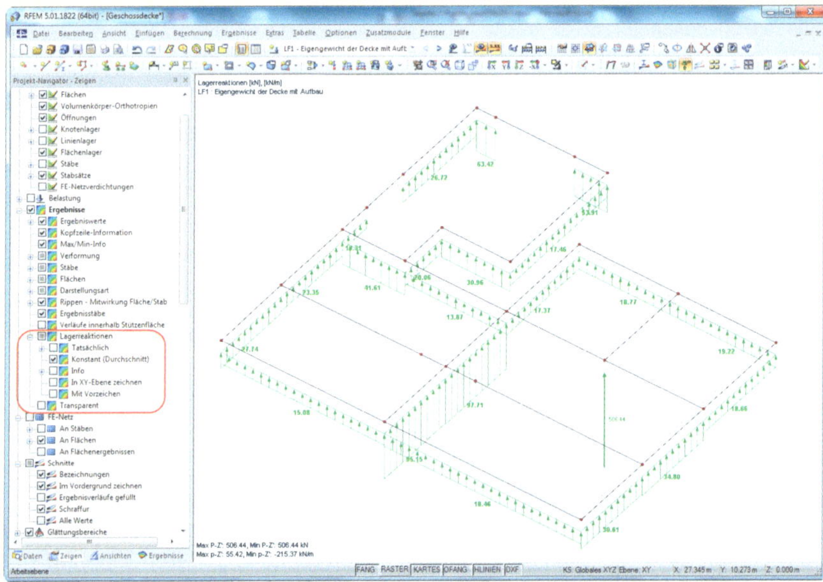

Darstellung konstanter Lagerkräfte anstelle des tatsächlichen Verlaufs

Schnitte und Ergebnisverläufe für Flächen und Stäbe

In einzelnen Bereichen, z.B. über Auflagern, lassen sich die Ergebnisse sehr anschaulich über Schnitte darstellen. Die Schnittabbildungen können in RFEM dabei sowohl innerhalb der Struktur als auch in einem eigenen Fenster abgebildet werden. Beide Darstellungsoptionen sind druckfähig. Die Definition der Schnitte kann grafisch oder numerisch durch Angabe des Anfangs und Endes der Schnittlinie erfolgen. Die entsprechende Funktion findet man im Menü *„Einfügen-Schnitte"*. Im Schnittfenster werden die links anwählbaren Ergebnisse untereinander aufgetragen (vgl. Bild). Zusätzliche Tabellen mit den wichtigsten Ergebniswerten der Verläufe rechts ergänzen die Darstellung. Es existieren umfangreiche Einstellmöglichkeiten (siehe Handbuch) und es können alle Ergebnisse an beliebigen Stellen abgegriffen werden.

Schnittdarstellung der Ergebnisse im Auflagerbereich (Stütze)

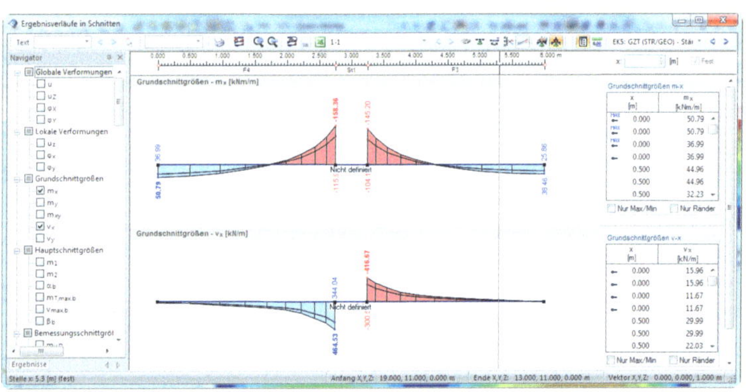

Die gleiche Funktionalität lässt sich auch für Stabelemente verwenden, indem man diese einfach mit der rechten Maustaste anklickt und im Kontextmenü *„Ergebnisverläufe"* wählt. Anstelle der Schnittwerte werden jetzt die Stabschnittgrößen angezeigt. An Singularitätstellen oder an Stellen mit ausgeprägten (theoretischen) Spitzenwerten können, ebenso wie bei den Schnitten für die Flächenschnittgrößen oben, sogenannte Glättungsbereiche definiert werden. Die spitzförmige Fläche des Ergebnisverlaufes kann dann innerhalb des definierten Glättungsbereichs durch ein gleichflächiges Rechteck oder Trapez ersetzt werden. Die (theoretisch zu großen) Spitzenwerte werden dadurch auf einen definierten Bereich „verschmiert" und können so für die weitere Beurteilung oder Bemessung verwendet werden.

Die Entscheidung, ob diese Methode im Einzelfall sinnvoll ist und welche Abmessung der Glättungsbereich besitzt, liegt beim Anwender. Hinweise dazu finden sich in verschiedener Literatur z.B [3.4] und Kapitel 3, S. 204 in diesem Buch.

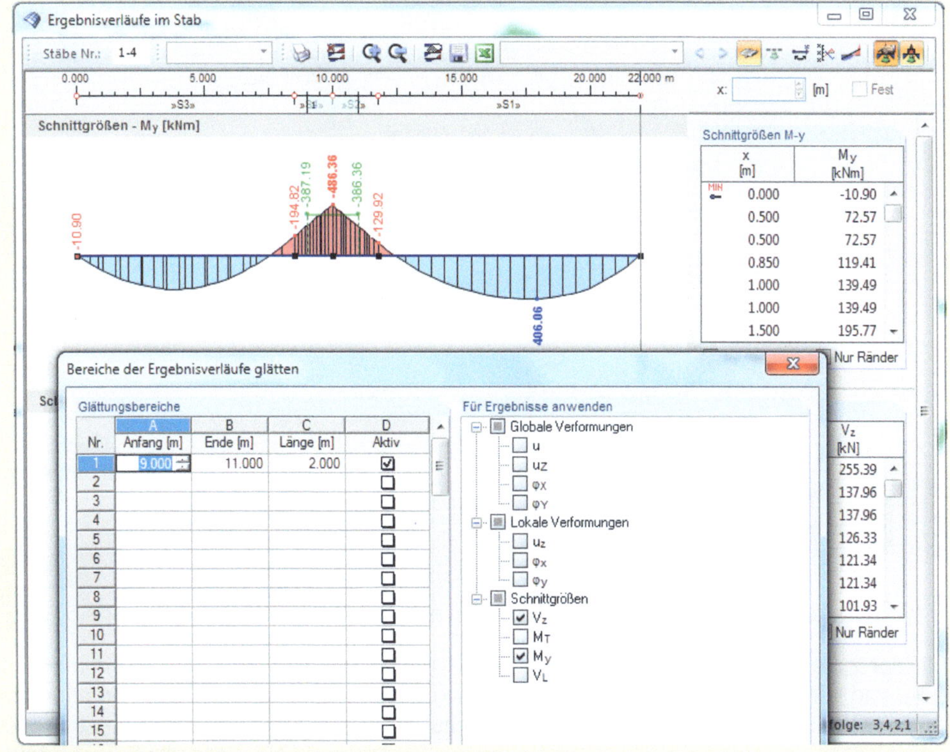

Definition eines Glättungsbereichs für den Ergebnisverlaufs M_y im Bereich des mittleren Wandauflagers des Unterzugs

Schnittgrössen für Stäbe

Die Schnittgrößen von Stabelementen und Rippen lassen sich ebenso wie bei Flächen darstellen. Die Anzeige erfolgt über das Menü *„Ergebnisse-Ergebnisse an Stäben"* bzw. über den zugehörigen Icon in der Symbolleiste. Das Navigationsmenü links erweitert sich um die betreffenden Einträge zur Steuerung der einzelnen Ergebnisse wie Verformungen und Schnittgrößen. Bei eingeblendeten Tabellen synchronisieren sich die angezeigten Werte mit der Selektion der Stäbe in der Grafik. Auf diese Weise können schnell alle zugehörigen Schnittgrößen am Stab an beliebiger Stelle ermittelt werden.

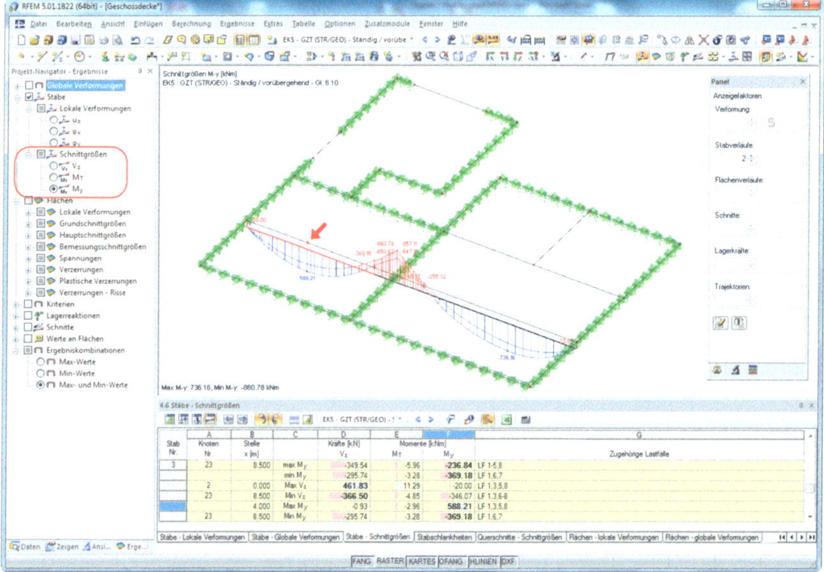

Darstellung der Stabschnittgrößen M_y für den Unterzug für eine Ergebniskombination Grenzlinien für Maximal- und Minimalwerte

5.8 Erstellung von Statikdokumenten

Mit der zunehmenden Leistungsfähigkeit der Programme und der Fähigkeit, immer größere und komplexere Systeme zu berechnen, kommt der prüffähigen Dokumentation statischer Berechnungen eine besondere Bedeutung zu. Ein Statikdokument muss in sich geschlossen und klar gegliedert sein. Es muss so aufgebaut sein, dass alle Eingabedaten für das statische System, Einwirkungen und Einwirkungskombinationen enthalten sind. Die geführten Nachweise müssen vollständig und nachvollziehbar dokumentiert werden. Dabei sind maßgebende Berechnungsergebnisse wie z.B. Schnittgrößen oder ermittelte Bewehrungen hervorzuheben. Die für weitere statische Berechnungen erforderlichen Resultate wie Auflagerkräfte oder die Schnittgrößen in noch nachzuweisenden Anschlüssen sind übersichtlich zusammenzustellen. Neben den EDV-Ausdrucken sind weitere Vorbemerkungen, Annahmen, Erläuterungen und Übersichtspläne zum Bauwerk, Standort, verwendete Normen und Angaben zur Stabilisierung des verwendeten Tragwerks notwendig.

Weitere Hinweise zu Inhalt und Form von prüffähigen statischen Berechnungen finden sich in [2.8].

Zusammenstellung eines Statik-Dokuments in RFEM

RFEM verfügt über ein eigenes integriertes Statik-Ausdruckprotokoll. Der Aufbau entspricht der thematischen Gliederung, welche schon beim Arbeiten mit dem Programm selbst verwendet wurde. Die Daten sind nach Strukturdaten, Belastung und Ergebnissen geordnet. Zu jedem Thema gibt es entsprechende Filter- und Auswahlfunktionen. Damit können alle Inhalte der statischen Berechnung in beliebiger Tiefe ausgegeben werden.

Es bietet sich an, die Eingabedaten von Struktur und Belastung sowohl tabellarisch als auch grafisch auszugeben. So können Knotenkoordinaten, Flächenangaben mit Material und Dicke, Stabinformationen, Lagerbedingungen und die Grundlastfälle eindeutig dokumentiert werden. Dies ist die Grundlage für eine unabhängige Berechnung mit einer weiteren Software im Falle der Prüfung. Im Ausdruck müssen auch die Koordinatensysteme, Querschnittswerte und Berechnungstheorien enthalten sein.

Anlegen eines Ausdruckprotokolls - Selektion der Themen

Bereits beim Anlegen eines Ausdruckprotokolls ermöglicht es RFEM, die gewünschten Themen gegliedert nach den verwendeten Modulen zu selektieren. Die Selektionstiefe ist dabei nach Bedarf einstellbar und man kann z.B. nur bestimmte Lastfälle oder einzelne Stäbe, Querschnitte oder nur Extremwerte an den Stäben auswählen. Es besteht weiter die Möglichkeit, die gewählten Voreinstellungen in ein *„Ausdruckprotokoll - Muster“* abzuspeichern, so dass man dieses als Vorlage für weitere Protokolle verwenden kann.

Wurden in den einzelnen Reitern die gewünschten Kapitel selektiert, kann man die Vorschau des Protokolls einsehen. Im Vorschaumodus kann das Ausgabeprotokoll kontrolliert werden. Dabei lassen sich die einzelnen Themen über den Navigationsbaum links (siehe Bild Seite 135) verschieben. Es besteht die Möglichkeit, Kommentare zu jedem Thema oder Bild zu verfassen. Ebenso ist es möglich, auch eigene Grafiken oder Texte als Erläuterung einzubinden.

Der Druckkopf und die Seitennummerierung sowie die verwendeten Fonts lassen sich beeinflussen. Die Drucksprache spielt bei internationalen Projekten eine wichtige Rolle. Verbreitete Sprachen liefert eine gute Software bereits mit, eine weitere freie Übersetzbarkeit der Texte ist von Vorteil. Beides ist bei RFEM gegeben.

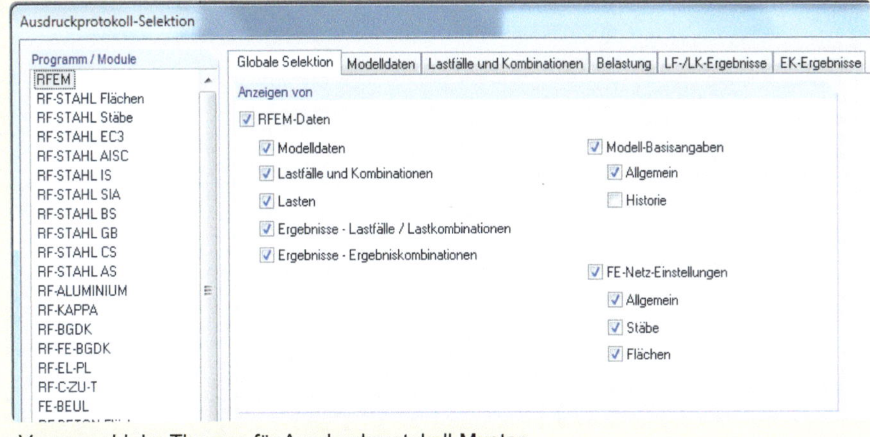

Vorauswahl der Themen für Ausdruckprotokoll-Muster

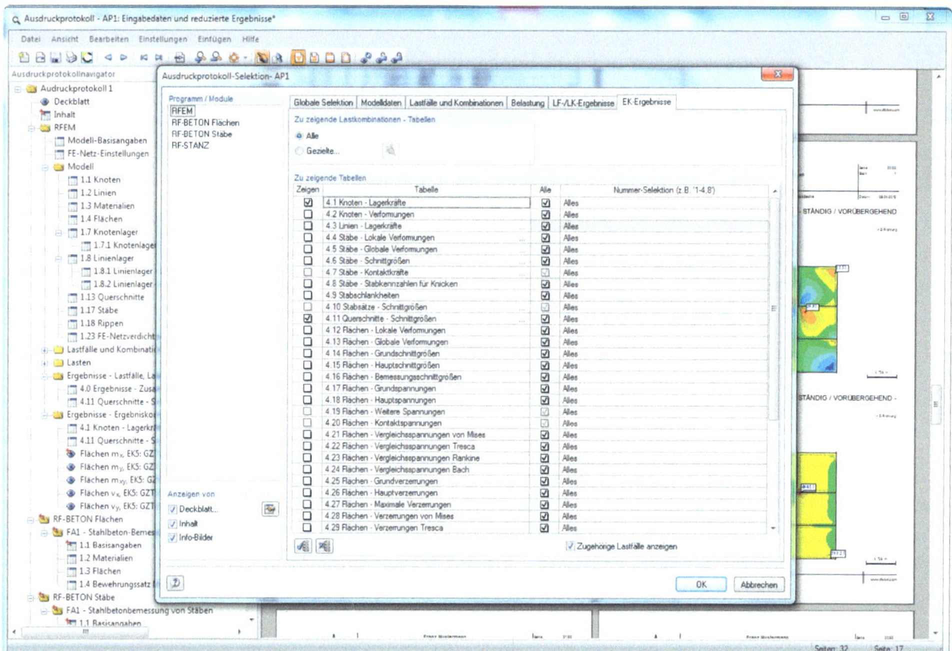

Selektion im RFEM Ausdruckprotokoll

Automatische Generierung von Grafiken über Seriendruckfunktion

Durch die Vielzahl der verschiedenen Ergebnisse ist es sehr aufwendig, jedes Grafikbild manuell zu erstellen. Daher besteht im RFEM-Ausdruckprotokoll die Möglichkeit, automatisch von einer eingestellten Ansicht, verschiedene Ergebnisgrafiken für alle Lastfälle, Lastkombinationen und Ergebniskombinationen über eine Seriendruckfunktion zu erstellen. Zusätzlich können einzelne Grafiken nach Belieben im Ausdruckprotokoll abgelegt werden.

Seriendruck von Ergebnisgrafiken mit Auswahl der darzustellenden Schnittgrößen. Die Grafiken werden für alle gewünschten Lastfälle, Lastkombinationen und Ergebniskombinationen automatisch angelegt.

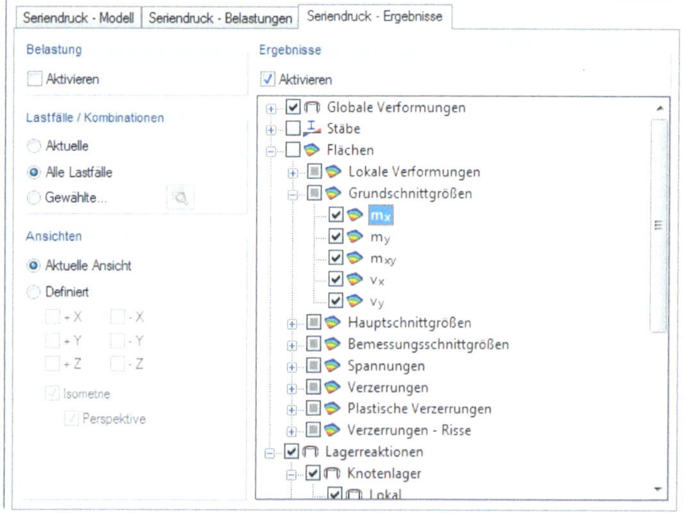

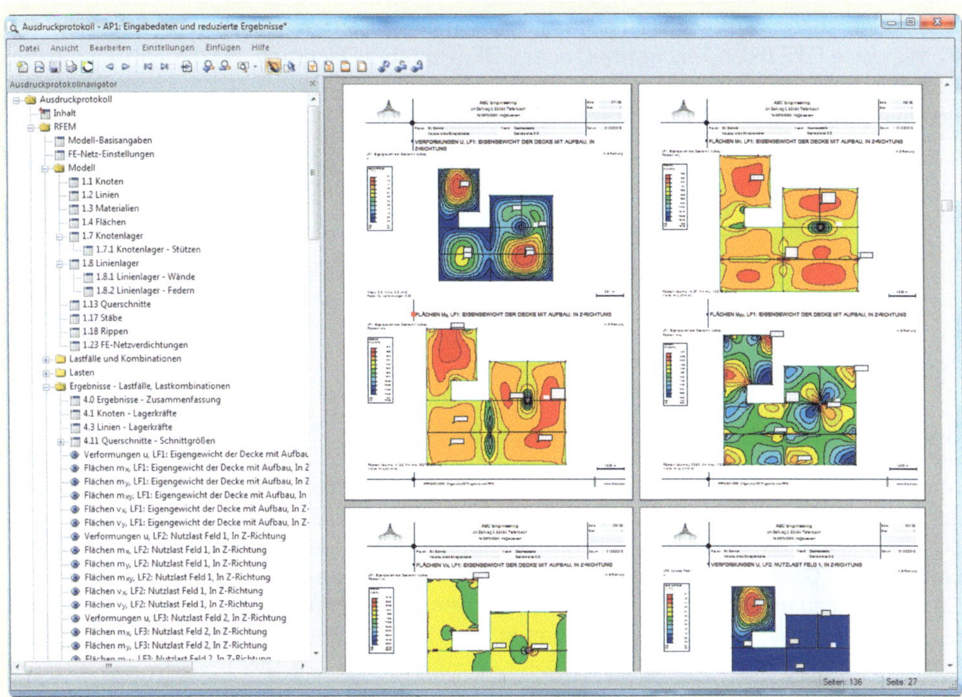

Vorschau des Ausdruckprotokolls mit Navigationsbaum links und generierten Grafiken

Druck von Schnitten

An bestimmten Stellen, wie Stützen-, Wandanschnitten oder Lagern, ist es vorteilhaft, eine Schnittdarstellung verschiedener Ergebnisse untereinander zu verwenden. Die Schnittdarstellung ist hinsichtlich der Anzeige der Ergebniswerte und Skalierung der Diagramme flexibel und lässt sich ins Ausdruckprotokoll integrieren.

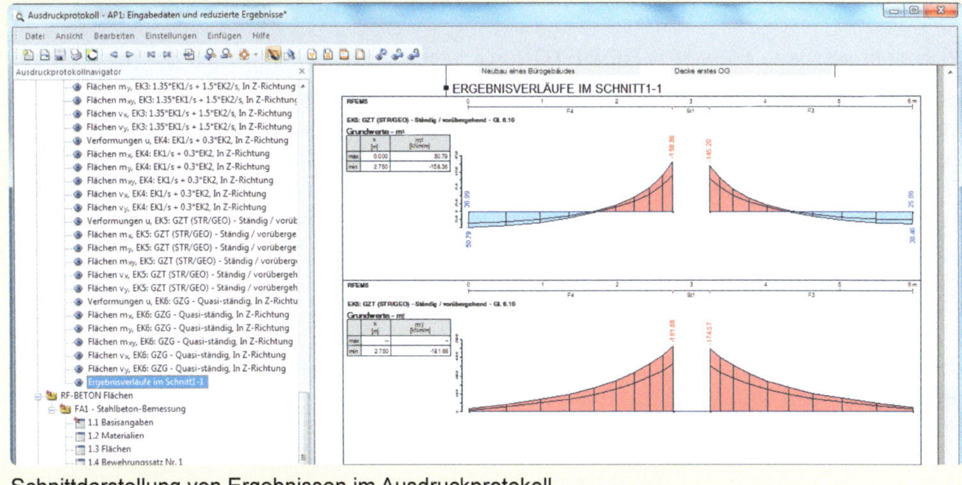

Schnittdarstellung von Ergebnissen im Ausdruckprotokoll

Das fertige Ausdruckprotokoll ist zusätzlich in ein freies Format exportierbar. Es bieten sich Formate wie RTF (Rich Text Format) oder PDF (Portable Document Format) an. Durch den Export in freie Formate besteht auch die Option, das Statikdokument mit einem Textverarbeitungsprogramm in ein beliebiges Layout zu bringen.

Der Vorteil einer „digitalen Statik" besteht darin, dass diese schnell per E-Mail zustellbar ist und die Aufbewahrung von Sicherungskopien in digitaler Form im Vergleich zur gedruckten Form sehr viel komfortabler ist.

5.9 Bemessung der Platten und Unterzüge

Nach erfolgter Berechnung der Schnittgrößen und Verformungen wird im nächsten Schritt die Ermittlung der erforderlichen Bewehrung durchgeführt. Die Bemessung erfolgt in diesem Beispiel für die Grenzzustände der Tragfähigkeit (Bemessung auf Biegung und Querkraft) und der Gebrauchstauglichkeit (Rissbreitennachweis) nach DIN EN 1992-1-1:2011-01. Es ist darauf zu achten, dass angefangen von den Baustoffen, Lasten, Lastkombinationen bis hin zur Bemessung durchgängig das in EN 1992-1-1 und den zugehörigem Nationalem Anhang festgelegte Sicherheitskonzept verwendet wird. Die DIN EN 1992-1-1:2011-01 sieht dafür die Anwendung der DIN EN 206-1 (Beton), DIN 488 (Betonstahl), DIN EN 1990 (Grundlagen der Tragwerksplanung, Sicherheitskonzept und Bemessungsregeln) sowie DIN EN 1991 (Einwirkungen auf Tragwerke) vor (siehe normative Verweisungen in [2.9, Seite 13]). Da viele Programme modular aufgebaut sind, muss sich der Anwender über das Zusammenspiel der einzelnen Module im Klaren sein, um zu verhindern, dass mit falschen Materialkennwerten, Lastkombinationen oder Sicherheiten gerechnet wird. Im Falle von RFEM erfolgt die Bemessung für beide Grenzzustände mit dem Zusatzmodul RF-BETON. Dieses Modul ist in RFEM integriert und setzt auf die bereits vorhandenen Daten nahtlos auf. Die Bemessung erfolgt getrennt für die Flächenelemente (hier Platten) und Stabelemente (Unterzug).

Plattenbemessung - Eingabe in RF-BETON Flächen

Über die Bemessung von Flächentragwerken im Stahlbetonbau existiert eine Reihe von Methoden, die in der Fachliteratur ausführlich diskutiert werden. Häufig verwendet man Bemessungstafeln für Rechteck- und Plattenbalkenquerschnitte oder Platten (siehe [2.7], [2.11]). Für die Anwendung in Programmen sind diese Bemessungsdiagramme aber weniger geeignet. Die Bemessung erfolgt hier für alle FE-Netz-Punkte (und je nach verwendeter Software in weiteren Rasterpunkten) mit analytischen Verfahren, in denen iterativ nach dem Gleichgewichtszustand zwischen den äußeren Schnittgrößen und den resultierenden inneren Spannungen in Beton und Stahl gesucht wird. Im Falle der Bemessung von allgemeinen Schalen und Platten hat sich in den Programmen das so genannte „Baumann-Verfahren" [2.10] durchgesetzt, indem die resultierenden Zug- und Druckkräfte an der Ober- und Unterseite der Platte in der jeweiligen Richtung der Bewehrung aus den Schnittgrößen Normalkraft und Biegemoment ermittelt werden [2.12]. Die wichtigsten Eingaben in RF-BETON Flächen werden im Folgenden zusammengestellt.

Auswahl der Bemessungsnorm und der zu bemessenden Lastkombinationen

Es steht eine Reihe von Bemessungsnormen zur Verfügung, welche in der ersten Eingabeseite angewählt werden können. Die Bemessung in diesem Beispiel erfolgt nach EN 1992-1-1:2004/AC:2010 (gleichbedeutend mit EN 1992-1-1:2011-01) für die zuvor generierte Ergebniskombination *EK5 - GZT (STR/GEO) - Ständig / vorübergehend - Gl. 6.10 bzw. EK6 - GZG - Quasi-ständig.*

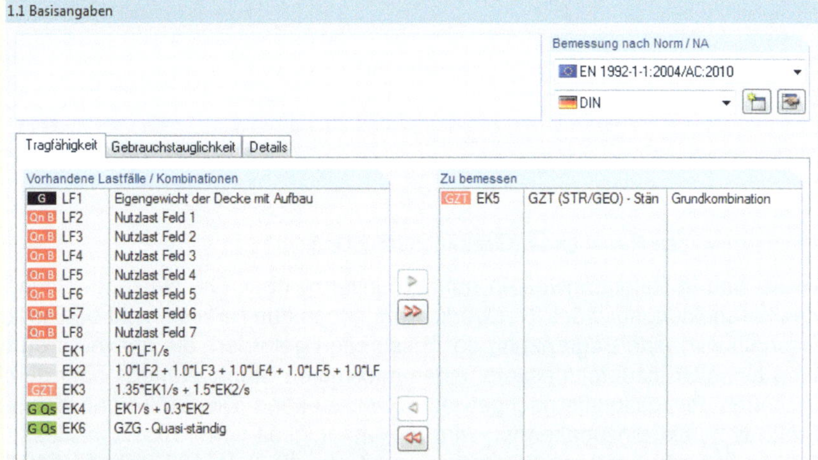

Auswahl der Norm und der zu bemessenden Kombination in RF-BETON Flächen

Begrenzung der Spannungen (Gebrauchstauglichkeit)

Um die dauerhafte Nutzbarkeit des Bauwerks sicherzustellen, fordert DIN EN 1992-1-1, 7.2 eine Begrenzung der Betondruckspannungen und Betonstahlspannungen. Die Begrenzung der Betondruckspannungen auf $0{,}45 \cdot f_{ck}$ wird mit Hinblick auf die Vermeidung von überproportionalen Kriecheinflüssen vorgegeben. Kommt es unter Gebrauchslasten zu Stahlspannungen, die oberhalb der Streckgrenze liegen, dann entstehen im Allgemeinen große und ständig offene Risse, welche sich für die Dauerhaftigkeit des Tragwerks sehr negativ auswirken. Es ist daher sinnvoll, die Stahlspannungen auf $0{,}8 \cdot f_{yk}$ zu beschränken. DIN EN 1992-1-1, 7.2 (5) fordert dies für die charakteristische (seltene) Bemessungssituation. Im Programm können die Spannungsnachweise daher für einzelne Bemessungsfälle aktiviert bzw. deaktiviert werden. Soll dieser Nachweis geführt werden, dann wäre es sinnvoll, dafür einen eigenen Bemessungsfall für die noch zu generierende Bemessungssituation mit der charakteristischen (seltenen) Kombination anzulegen.

Hinweis:

Diese oben genannten Gesichtspunkte sind bereits weitestgehend im Bemessungskonzept der DIN EN 1992-1-1 enthalten, und daher kann ein rechnerischer Nachweis bzw. die Beschränkung selbst in vielen Fällen entfallen (siehe [2.9], 7.1 (NA.3)).

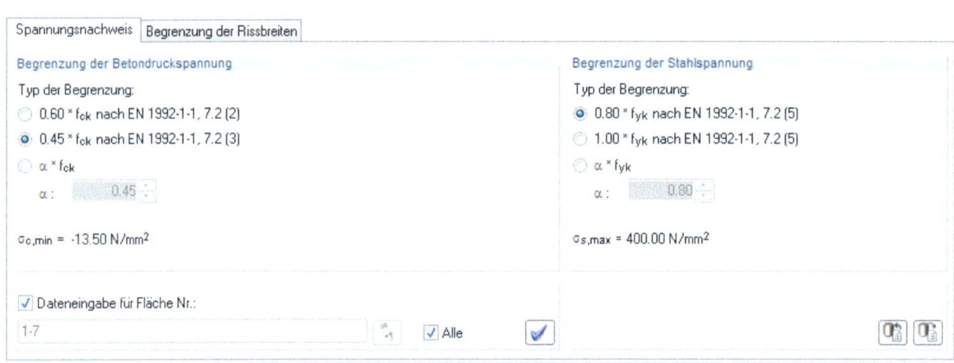

Einstellungsoptionen zur Begrenzung der Spannungen nach DIN EN 1992-1-1

Begrenzung der Rissbreiten (Gebrauchstauglichkeit)

Risse sind in Betontragwerken nahezu unvermeidbar. Die Nutzung, Dauerhaftigkeit und das Erscheinungsbild des Tragwerks darf jedoch durch Risse nicht beeinträchtigt werden. Deshalb wird eine Begrenzung der Rissbreiten gefordert, die entweder durch die Einhaltung eines Grenzdurchmessers, eines maximalen Stababstandes oder durch direkte Berechnung der Rissbreite nachgewiesen werden kann. Die Größe der rechnerischen Rissbreite w_{max}, die einzuhalten ist, wird in Abhängigkeit von Expositionsklasse vorgegeben. Für die Expositionsklasse XC1 gilt w_{max}=0,4 mm ([2.9], S. 105, Tabelle 7.1DE).

Mindestbewehrung zur Aufnahme von Zwangeinwirkungen (Gebrauchstauglichkeit)

Die Mindestbewehrung wird zur Aufnahme von Zwangeinwirkungen und Eigenspannungen vorgesehen und muss immer eingelegt werden, es sei denn, Zwangsbeanspruchungen sind durch konstruktive Maßnahmen ausgeschlossen. Innere Zwangsbeanspruchungen entstehen z.B. durch Abfließen von Hydratationswärme. Weitere Hintergründe siehe DIN EN 1992-1-1.

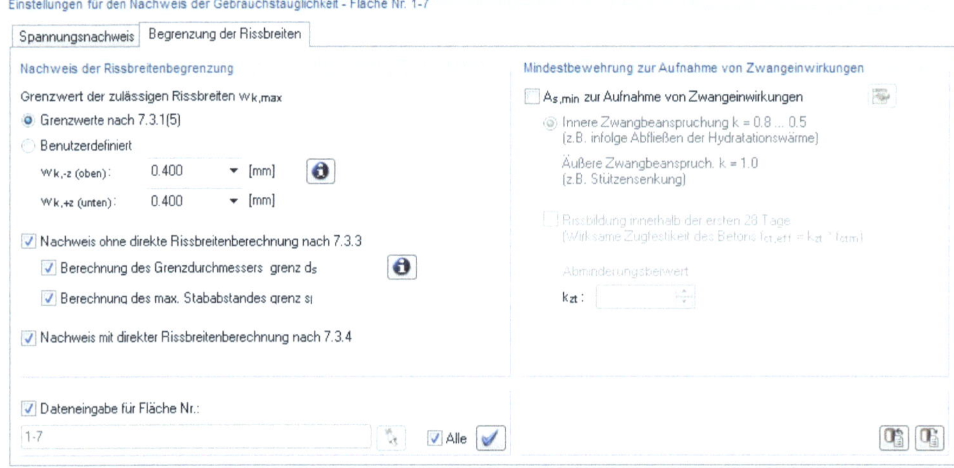

Einstellungsoptionen zur Begrenzung der Rissbreiten nach DIN EN 1992-1-1

Da für verschiedene Bauteile eines Modells unterschiedliche Anforderungen hinsichtlich der Gebrauchstauglichkeit bestehen können, sollte die verwendete Software unterschiedliche Einstellungen für einzelne Platten (Flächen) ermöglichen.

Bewehrungsanordnung und Betondeckung

In der Regel wird man ein orthogonales und zweibahniges Bewehrungsnetz wählen. In RF-BETON werden die für die Bewehrung maßgebenden Normalkräfte in den jeweiligen Richtungen des Bewehrungsnetzes berechnet und zur Ermittlung des notwendigen Bewehrungsquerschnitts verwendet. Für den Statiker ist es daher sehr wichtig, über die im Programm verwendeten Richtungen genau Bescheid zu wissen, da es sonst zu einer falschen Ausführung der Bewehrungspläne kommen kann. Die nominell notwendige Betondeckung c_{nom} wird aus der Mindestbetondeckung c_{min} und dem Vorhaltemaß Δc_{dev} berechnet. Die Betondeckung schützt die Bewehrung gegen Korrosion und ist für die sichere Übertragung von Verbundkräften wichtig. Das Vorhaltemaß berücksichtigt unplanmäßige Abweichungen durch die Bauausführung. Die Mindestbetondeckung hängt von der Expositionsklasse ab und ist wie das Vorhaltemaß in DIN EN 1992-1-1 geregelt.

$c_{nom} = c_{min} + \Delta c_{def}$ für die Expositionsklasse XC1 ergibt sich:

$$c_{min} = \max \begin{Bmatrix} c_{min} \\ c_{min,dur} \\ 10\text{ mm} \end{Bmatrix}$$

c_{min} maximaler Durchmesser des Bewehrungseinzelstabes, Annahme 10 mm
$c_{min,b}$ beschreibt dabei die Mindestbetondeckung aus der Verbundanforderung
$c_{min,dur}$ 10 mm [2.9], Tabelle 4.4DE
Δc_{def} 10 mm [2.9], 4.4.1.3

$$c_{nom} = 10\text{ mm} + 10\text{ mm} = 20\text{ mm}$$

In RF-BETON können die Einstellungen gemäß folgender Abbildung gewählt werden. Dabei ist zu berücksichtigen, dass für eine Grundbewehrung und eventuell notwendige Zusatzbewehrung unterschiedliche Deckungen anzusetzen sind (vgl. Bild). Da die Betondeckungen die statischen Nutzhöhen wesentlich mitbestimmen, ist hier auf eine möglichst korrekte Eingabe zu achten. Bei der späteren Wahl der Bewehrungsstäbe sind diese Eingaben eventuell auf Richtigkeit zu überprüfen bzw. zu korrigieren.

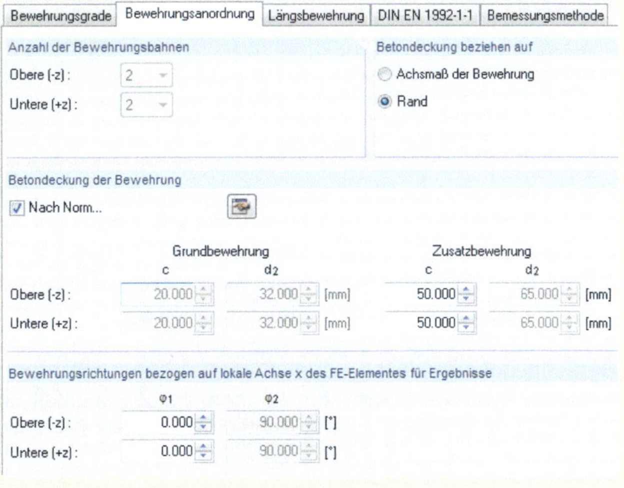

Vorgabe der Betondeckungen für Grund- und Zusatzbewehrung

Bemessungsparameter für DIN EN 1992-1-1

Bei der Bemessung von Stahlbetontragwerken nach EN 1992-1-1 gibt es eine Reihe von variablen Parametern und Bemessungsoptionen, die vom Anwender frei wählbar sind, oder in den verschiedenen Nationalen Anhängen geregelt sind. Diese sollten in der Bemessungssoftware frei einstellbar sein.

Vorgabe verschiedener Bemessungsparameter nach DIN EN 1992-1-1

In der Regel ist eine Mindestbewehrung zur Vermeidung von unangekündigten Versagens und breiter Risse sowie zur Aufnahme von Zwangsschnittgrößen vorzusehen. Die bestimmende Größe dafür ist das Rissmoment M_{cr}.

Die Ermittlung der Querkraftbewehrung erfolgt aufgrund einer Fachwerkanalogie bestehend aus Ober-/Untergurt und zugehörigen geneigten Druckstreben. Bei geringer Beanspruchung stellt sich ein flacher Winkel der Neigung der Druckstreben ein. Bei hoher Schubbeanspruchung ergibt sich dann ein Neigungswinkel von etwa 45 Grad. Nach [2.9], 6.2.3 (2) ist die Neigung der Druckstreben zu begrenzen.

Die einzelnen Bemessungssituationen verwenden unterschiedliche Teilsicherheitsbeiwerte und Reduktionsfaktoren, die in den einzelnen Nationalen Anhängen abweichen können. Die Druckzonenhöhe muss gegebenenfalls bei der Ausbildung von plastischen Gelenken beschränkt werden. Optional kann eine aus Biegemomenten resultierende Druckbewehrung verhindert werden.

Nachvollziehbarkeit der Bemessung

Die Bemessung von Stahlbetontragwerken stellt eine sehr komplexe Aufgabe dar, die von einer Vielzahl von Unwägbarkeiten, wie z.B. des in der Regel bei linearen Berechnungen nicht berücksichtigten Einflusses der Rissbildung auf die Steifigkeit von Querschnitten, bestimmt ist. Insbesondere die volle Kenntnis der Transformationsregeln der Schnittgrößen auf die vorgesehenen Bewehrungsrichtungen kann dem „normalen Statiker“ in der Regel nicht zugemutet werden. Jedoch sollte jeder pflichtbewusste Anwender die Richtigkeit der Berechnungsergebnisse der Software anhand von manuellen Vergleichsrechnungen für einfache Systeme überprüfen können. Im Zweifelsfall sollte die Software nicht nur das Endergebnis, sondern auch Zwischenschritte der Bemessung dokumentieren.

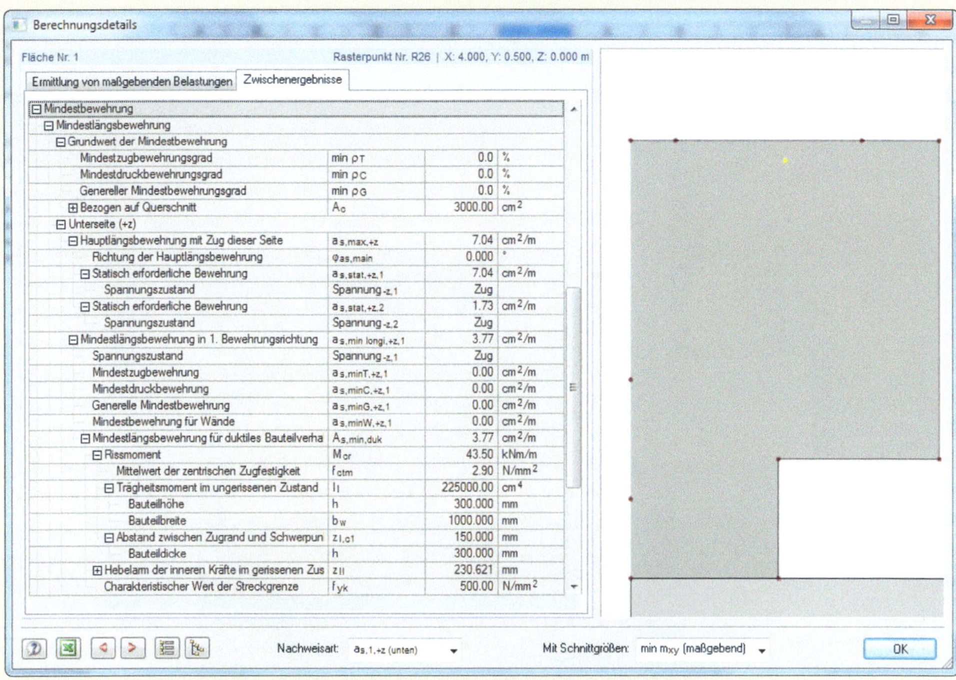

Abfrage von Bemessungsdetails für eine Bemessungsstelle in RF-BETON

Grafische Ergebnisausgabe für Bewehrung und Gebrauchstauglichkeit

Nach Berechnung der Ergebnisse erhält man eine Vielzahl von Ergebniswerten, die numerisch in Tabellenform eine kaum zu übersehende Datenflut ergeben. Daher ist eine detailliert einstellbare grafische Ausgabefunktion eines der wichtigsten Dinge überhaupt, welche eine zeitgemäße Statiksoftware mitbringen muss. Einige wichtige Merkmale sind:

- Darstellung wahlweise als Isoflächen oder Isolinien mit automatischer Beschriftung von lokalen Maximalwerten mit Angabe der Bewehrungsart und der Einheiten
- Grafische Ausgabe von Bewehrungsmengen für erforderliche Bewehrung, Grundbewehrung, Zusatzbewehrung, Schubbewehrung sowie der Ausnutzungen für Beton- und Stahlspannungen, Rissweiten und Mindestbewehrung
- Anzeige der Werte in skalierbaren Rastern mit der Möglichkeit, zusätzlich beliebige Stellen manuell zu beschriften
- Darstellung der Bewehrungen in Schnitten
- Grafische Ausgabe der Bewehrungsrichtung
- Wahlweise, speicherbare Steuerung der Schrittweite der Farbskala
- Exportmöglichkeiten zu CAD-Programmen (siehe 5.10)

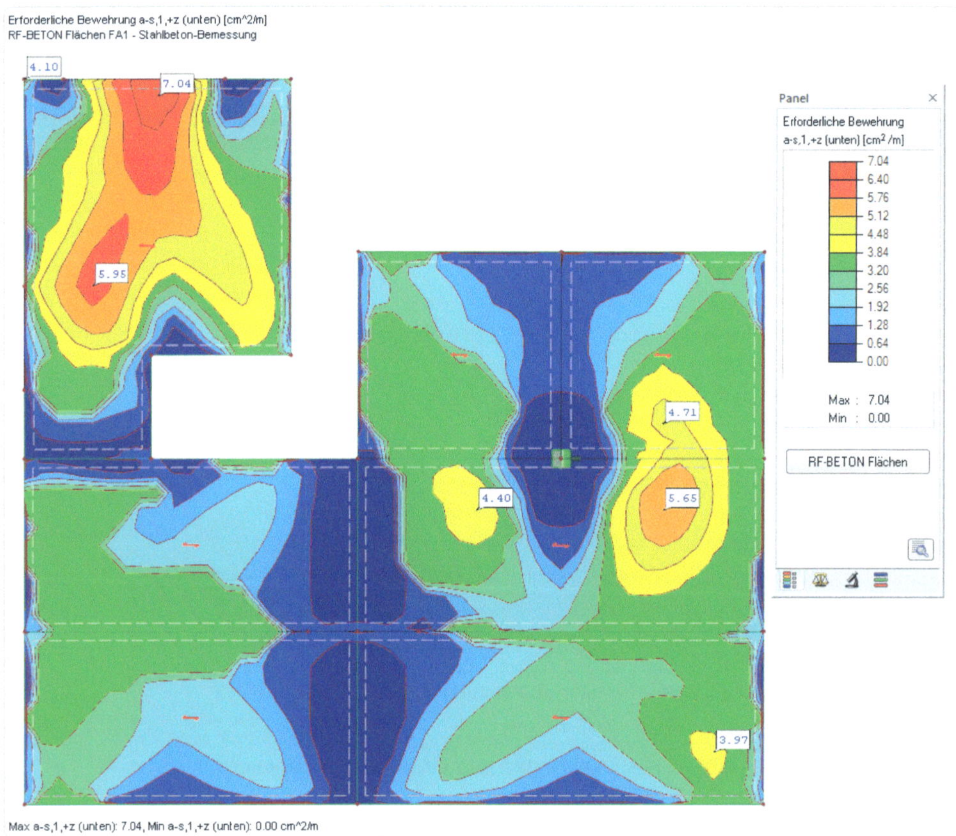

Grafische Darstellung der unteren, erforderlichen Bewehrung mit lokalen Extremwerten und Angabe der Verlegerichtung. Die Mindestlängsbewehrung beträgt hier 3,77 cm²/m und ist hellgrün dargestellt.

Alle Grafiken können, wie bereits unter Punkt 5.8 beschrieben, in das Ausdruckprotokoll aufgenommen werden.

Durchstanznachweis für Decken bei Stützen

An punktförmig gestützten Platten sind weitere Nachweise gegen Durchstanzen notwendig. Dabei handelt es sich um einen besonderen Fall der Querkraftbeanspruchung, bei dem ein kegelförmiger Bereich um die Stütze aus der Decke „gestanzt" wird. Durchstanznachweise sind nicht nur in Stützenbereichen, sondern auch bei Wänden zu führen, die ein geringes Verhältnis von Länge zu Breite (DIN EN 1992-1-1 gibt hier als maximalen Wert 2 an) aufweisen. Bei den Nachweisen spielen die Lage der Stützung (am freien Rand oder im Innenbereich der Platte) und in der Umgebung liegende Öffnungen eine Rolle. Eine Bemessungssoftware für Platten sollte auch für den Durchstanznachweis eine Lösung anbieten. Diese Software sollte in der Lage sein, folgende Punkte zu berücksichtigen:

- Ermittlung der Durchstanzlasten aus einer FEM-Berechnung und Umrechnung der Belastung in den notwendigen Rundschnitten (z.B. durch Übernahme von Auflagerkräften)
- Verschiedene Formen für Stützen (kreisförmig und rechteckig) und Wände mit Berücksichtigung der Lage (Innenbereich, Randbereich)
- Bemessung auf eventuell notwendige Mindestmomente (von der verwendeten Norm abhängig)
- Möglichkeit der Berücksichtigung von Öffnungen, welche die Länge des kritischen Rundschnitts verkürzen
- Reduktionsmöglichkeit der Durchstanzlasten infolge von Bodenpressungen und Eigenlastanteilen
- Vorgabe eventuell schon vorhandener Längsbewehrung aus einer Deckenbemessung
- Unterschiedliche Ausführungen von Durchstanzbewehrung (vertikal, schräg) und eventuelle Einbindung von Software von Herstellern spezieller Bewehrungselemente (z.B. bauaufsichtlich zugelassene Dübelleisten)
- Tabellarische und grafische Ausgabe mit wahlweiser Angabe von für die Berechnung wichtigen Zwischenwerten

Das RFEM-Zusatzmodul RF-STANZ erlaubt einen komfortablen Durchstanznachweis für Stützen. Dabei werden die einwirkenden Querkräfte für Lagerpunkte (entweder bei Auflagern oder bei modellierten Stützen in 3D-Modellen) automatisch erkannt.

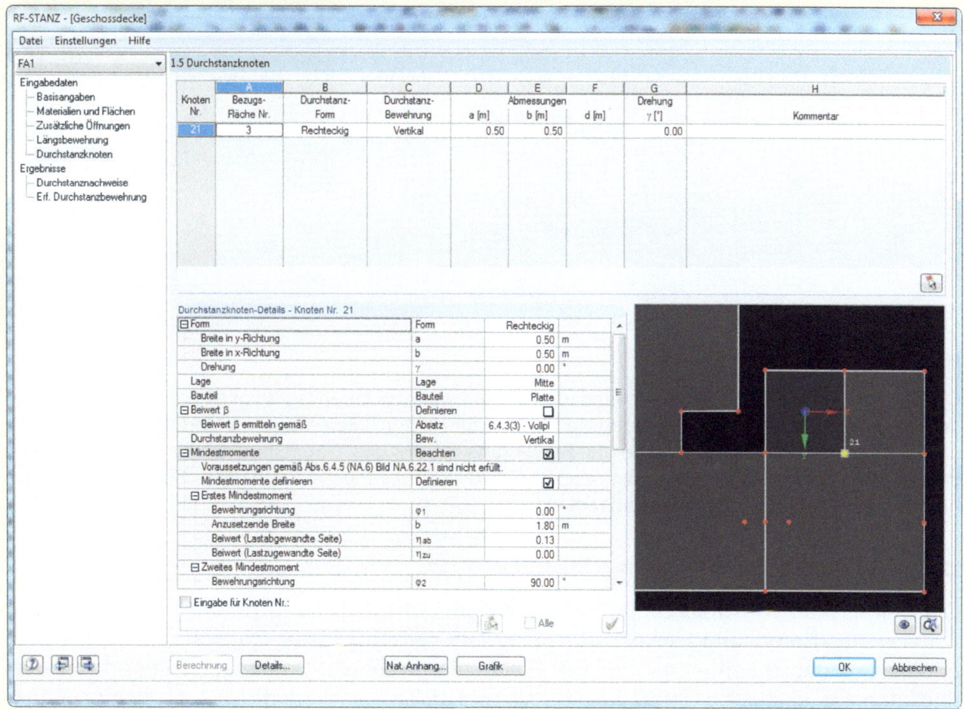

Eingabetabellen in RF-STANZ

Die Eingabe erfolgt analog zu den anderen Zusatzmodulen in RFEM über nur wenige, thematisch gegliederte Eingabetabellen. Im Regelfall erhöht das Zusatzmodul die Plattenlängsbewehrung solange, bis der nach DIN EN 1992-1-1 zulässige Längsbewehrungsgrad erreicht ist. Erst dann wird zur Steigerung der Querkraftbeanspruchbarkeit eine zusätzliche Durchstanzbewehrung ermittelt.

Die Ergebnisse werden tabellarisch nach den notwendigen Nachweisen gegliedert und grafisch dokumentiert. Ebenso ist ein Export zu der externen Bemessungssoftware für HDB Dübelleisten (www.halfen.de) möglich.

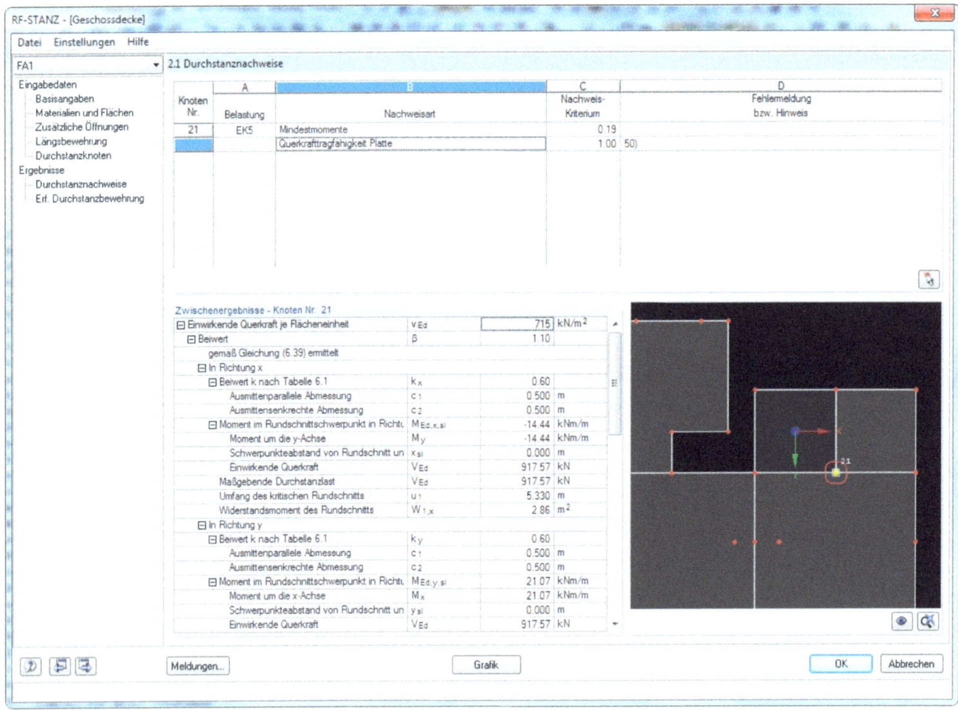

Ergebnisse in RF-STANZ

Hinweis

Da der Durchstanznachweis einen besonderen Nachweis auf Quertragfähigkeit darstellt, ersetzt dieser den normalen Nachweis der Quertragfähigkeit für Platten, wie er etwa im Modul RF-BETON Flächen geführt wurde. Die einzulegende Bewehrung ist die des Durchstanznachweises. Eventuelle Unbemessbarkeiten in der Plattenbemessung in RF-BETON Flächen in diesem Bereich sind daher bei erfülltem Durchstanznachweis abgedeckt.

Unterzugsbemessung - Eingabe in RF-BETON Stäbe

Die Bemessung von Unterzügen kann in einem ganzheitlichen FE-Modell im Gegensatz zur isolierten Berechnung als aus dem Tragwerk herausgelöster Trägerstab realitätsnäher erfolgen, da das Zusammenwirken von Flächentragwerk und Unterzug besser erfasst werden kann. Die einzelnen Unterzugsmodelle und deren Auswirkungen auf die Bemessungsschnittgrößen werden in Kapitel 4 ausführlich diskutiert. Da im vorliegenden Fall von einem ebenen Modell ausgegangen wurde, stehen zur Bemessung im Wesentlichen nur Biegemomente und Querkräfte an. Aufgrund unsymmetrischer Geometrien und Lasten können auch noch Torsionsmomente auftreten. Grundsätzlich gilt, dass die durch die Modellierungsannahmen entstehenden Schnittgrößen auch in die Bemessung einfließen müssen. Die ermittelte Bewehrung ist unter Berücksichtigung weiterer konstruktiver Regeln so einzulegen, dass diese dem zu Grunde gelegten Modell entspricht. Zusätzlich gilt es zu beachten, dass der Plattenanteil des Unterzugs bereits bei der Flächenbemessung mit berücksichtigt wurde. Die im Überschneidungsbereich Unterzug/Platte einzulegende Längsbewehrung für den Unterzug ist die maximale Bewehrung aus der Flächenbemessung oder der Unterzugsbemessung. Quer zur Unterzugsrichtung ist die ermittelte Plattenbewehrung anzuordnen. Gleiches gilt sinngemäß auch für eventuelle Mindestbewehrungen.

Nachfolgend werden die wichtigsten Eingabeparameter für die Bemessung am Beispiel von RF-BETON Stäbe zusammengestellt.

Die Vorgehensweise ist dem der Flächenbemessung sehr ähnlich. Es sind zunächst die für die Nachweise der Grenzzustände der Tragfähigkeit und der Gebrauchstauglichkeit maßgebenden Lastkombinationen einzustellen. Materialien und Querschnitte werden automatisch aus dem Hauptprogramm RFEM übernommen.

Integrationsbreiten und effektive Breiten bei Rippen (Unterzügen)

Die Schnittgrößenermittlung erfolgte in RFEM mit den Integrationsbreiten in Anlehnung an die DIN EN 1992-1-1, 5.3.2.2. In [2.9], 9,2,1,2 wird empfohlen, dass die Zugbewehrung bei Plattenbalken höchstens bis zur halben rechnerischen Gurtbreite eingelegt werden soll (effektive Breite).

Damit ergibt sich für die effektive Breite im Bereich der Stützung des Unterzugs über der Zwischenwand:

$$b_{eff,i}^{*} = 0{,}66m : 2 = 0{,}33m$$

In RF-BETON Stäbe findet dies dadurch Berücksichtigung, dass eine zweite Querschnittsbreite für die Bemessung der Stäbe im Wandauflagerbereich angegeben werden kann (vgl. Bild - hier noch mit Ausgangswert 0,66m).

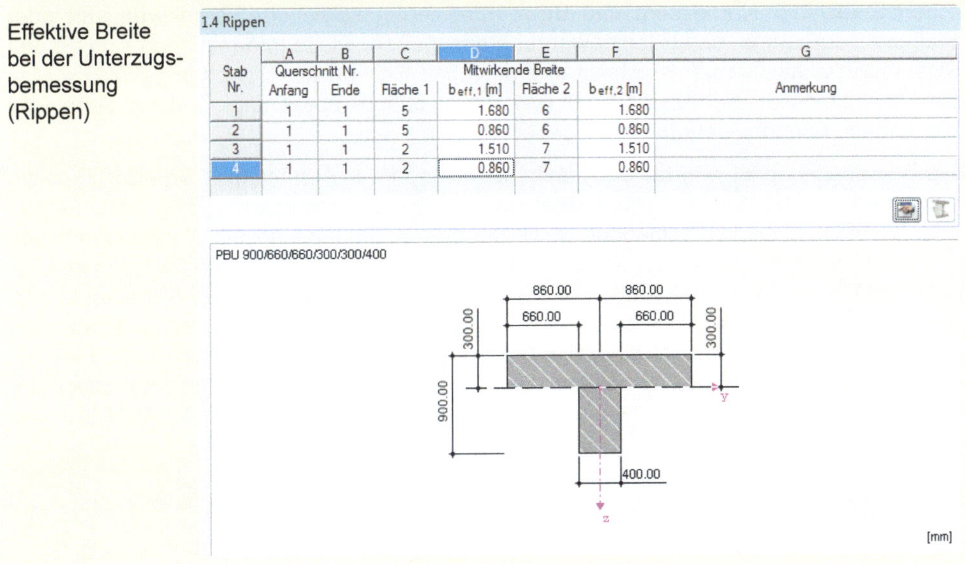

1.4 Rippen

Stab Nr.	A Querschnitt Nr. Anfang	B Ende	C Mitwirkende Breite Fläche 1	D $b_{eff,1}$ [m]	E Fläche 2	F $b_{eff,2}$ [m]	G Anmerkung
1	1	1	5	1.680	6	1.680	
2	1	1	5	0.860	6	0.860	
3	1	1	2	1.510	7	1.510	
4	1	1	2	0.860	7	0.860	

Effektive Breite bei der Unterzugsbemessung (Rippen)

Lagerbedingungen

Im Bereich von Lagern kann der Bemessungswert V_{Ed} der Querkraft nach EN 1992-1-1, 6.2.2 bzw. 6.2.3 abgemindert werden. Weiter besteht unter bestimmten Bedingungen die Möglichkeit einer begrenzten Momentenumlagerung nach EN 1992-1-1, 5.5 und Momentenausrundung von Stützmomenten nach EN 1992-1-1, 5.3.2.2. In RF-BETON Stäbe finden sich für diese spezifischen Gegebenheiten entsprechende Eingabefelder.

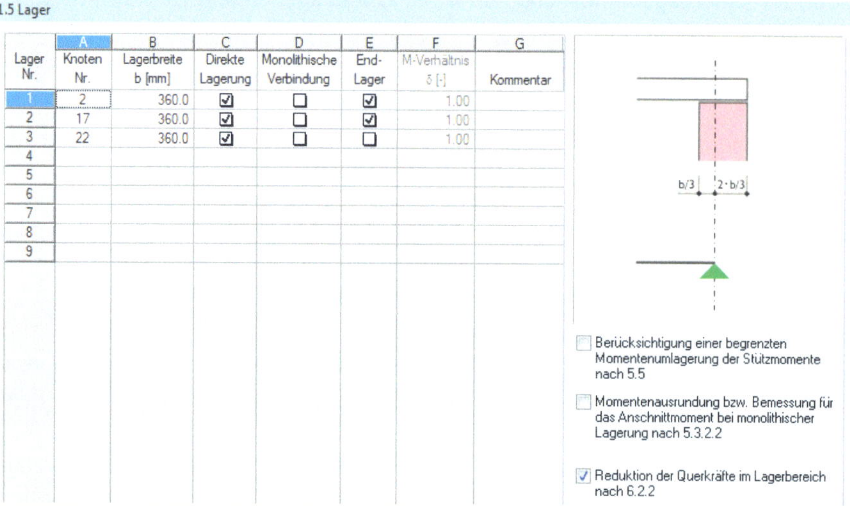

Lager Nr.	A Knoten Nr.	B Lagerbreite b [mm]	C Direkte Lagerung	D Monolithische Verbindung	E End-Lager	F M-Verhältnis δ [-]	G Kommentar
1	2	360.0	☑	☐	☑	1.00	
2	17	360.0	☑	☐	☑	1.00	
3	22	360.0	☑	☐	☐	1.00	
4							
5							
6							
7							
8							
9							

Berücksichtigung von Lagerungsbedingungen, Momentenausrundung und und begrenzter Momentenumlagerung

Bewehrungsvorgaben

Ähnlich wie bei der Flächenbemessung, sind für die Unterzugsbemessung Werte zu möglichen Stabstahldurchmessern und Bewehrungslagen sowie der Verankerungsart oder Staffelung der Längs- und Bügelbewehrung anzugeben. Diese Informationen sind für den Rissbreitennachweis und den damit erforderlichen Entwurf der Bewehrungsführung (Anzahl, Durchmesser und Abstand der Bewehrungsstäbe) notwendig. Optional kann eine vorhandene Grundbewehrung vorgegeben werden.

Die Betondeckung ist, wie bei der Flächenbemessung, in Abhängigkeit von der Expositionsklasse voreinzustellen. Je nach Beanspruchung mit überwiegender Biegung/Querkraft oder Normalkraft sind verschiedene Bewehrungsverteilungen sinnvoll. Wahlweise können einzelne Schnittgrößen bei der Bemessung nicht berücksichtigt werden. Diese Einstellungen sind für Vergleichsrechnungen und zur Verifikation der Ergebnisse hilfreich, da z.B. die aus der FEM-Berechnung aus Unsymmetrien entstehenden kleineren Schnittgrößen für die Bemessung vernachlässigt werden können. Würde der Unterzug mit einem 1D Durchlaufträger-Programm bemessen, so würden sich als Schnittgrößen nur Biegemoment und Querkraft ergeben und ein Vergleich mit den Ergebnissen von RF-BETON wäre dadurch erschwert.

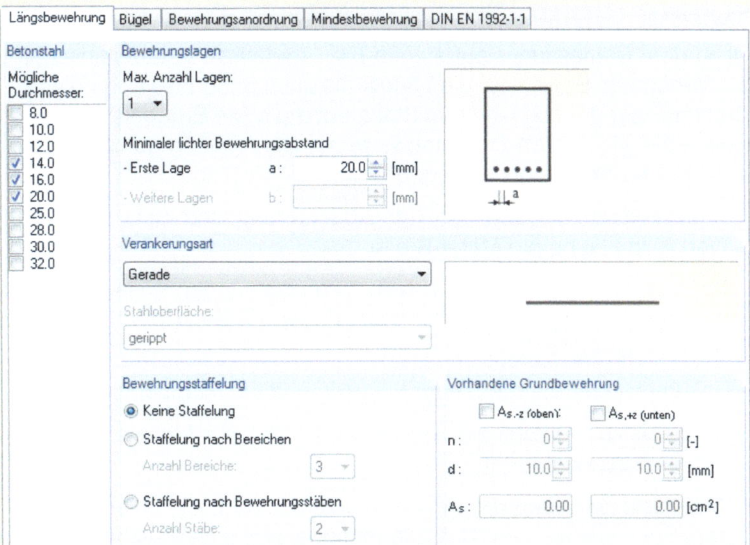

Vorgabe der Einstellungen für die Längsbewehrung

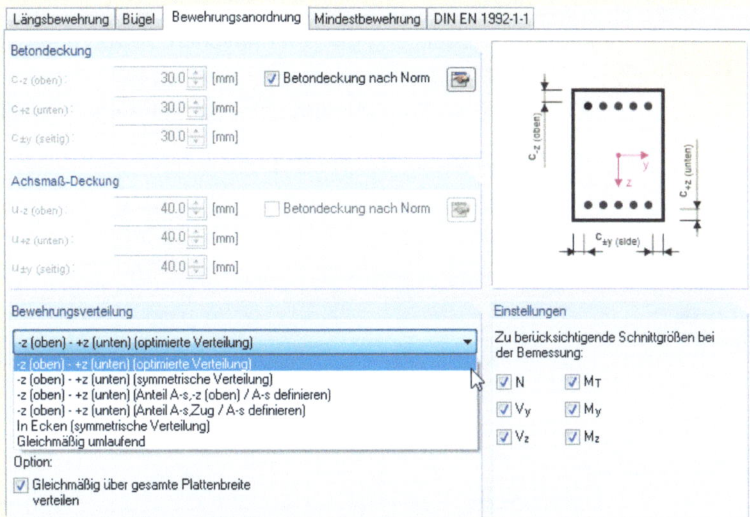

Einstellungen zu Betondeckung, Bewehrungsanordung und zu den bei der Bemessung zu berücksichtigenden Schnittgrößen

Weitere wichtige Steuerungsparameter sind:

- Zulässiger Grenzwert für Rissweite (in Abhängigkeit von der Expositionsklasse)
- Wahlweise Begrenzung der Druckzonenhöhe
- Berücksichtigung eines maximal zulässigen Bewehrungsgrades
- Möglichkeit der Berücksichtigung von Zwang beim Nachweis zur Begrenzung der Rissweiten
- Optionale Steuerung von zu verwendenden Stabdurchmessern und Verankerungsvarianten

Ergebnisse

Nach dem Bemessungslauf stehen die Ergebnisse in tabellarischer und grafischer Form zur Verfügung. Sowohl für die Längs- als auch Schubbewehrung wurde die Anzahl und der Durchmesser der notwendigen Stäbe ermittelt. Die Ergebnisse müssen prüfbar sein. Dazu sollten die wichtigsten Zwischenwerte der Berechnung abrufbar sein. Die wichtigsten Gesichtspunkte der Ergebnisausgabe sind:

- Tabellarische Ausgabe von Längsbewehrung und Schubbewehrung als numerischer Wert A_s in Fläche pro Meter Breite
- Ausgabe von Grenzdurchmessern, Grenzabständen, Rissweiten und Rissabständen mit zugehörigen Stahl- und Betonspannungen (je nach Nachweisart im Grenzzustand der Gebrauchstauglichkeit)
- Dokumentation maßgebender Lastfälle und Lastkombinationen
- Hinweise zu Herkunft der Bewehrung (z.B. aus Mindestbewehrung) und eventuellen Unbemessbarkeiten
- Wichtigste Zwischenwerte müssen dokumentiert sein, eventuell mit Grafik (z.B. Dehnungen, Stahlspannungen, Druckzonenhöhe, statische Nutzhöhe, Druckstrebenneigung)
- Skizzen für ausgelegte Bewehrungen, eventuell Visualisierung und Angabe von Verankerungsart und -länge
- Grafische Anzeige der Abdeckung der erforderlichen Bewehrung durch die vorhandene Bewehrung
- Ausgabe einer Stahlliste als Eingabeparameter für eine Angebotskalkulation

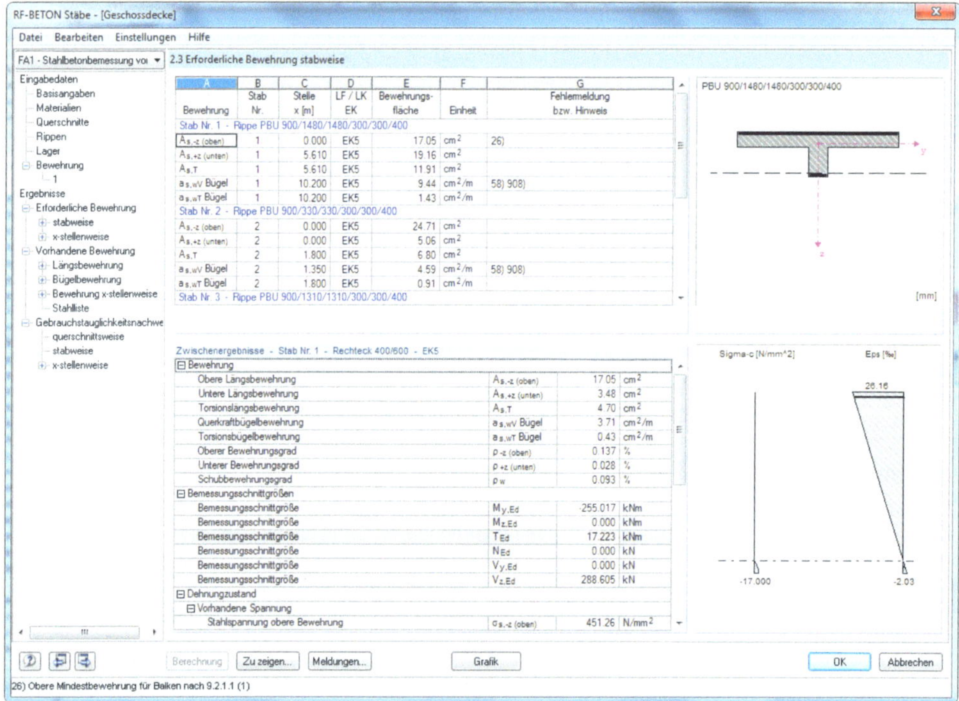

Erforderliche Bewehrungsangabe oben und zugehörige Zwischenwerte unten

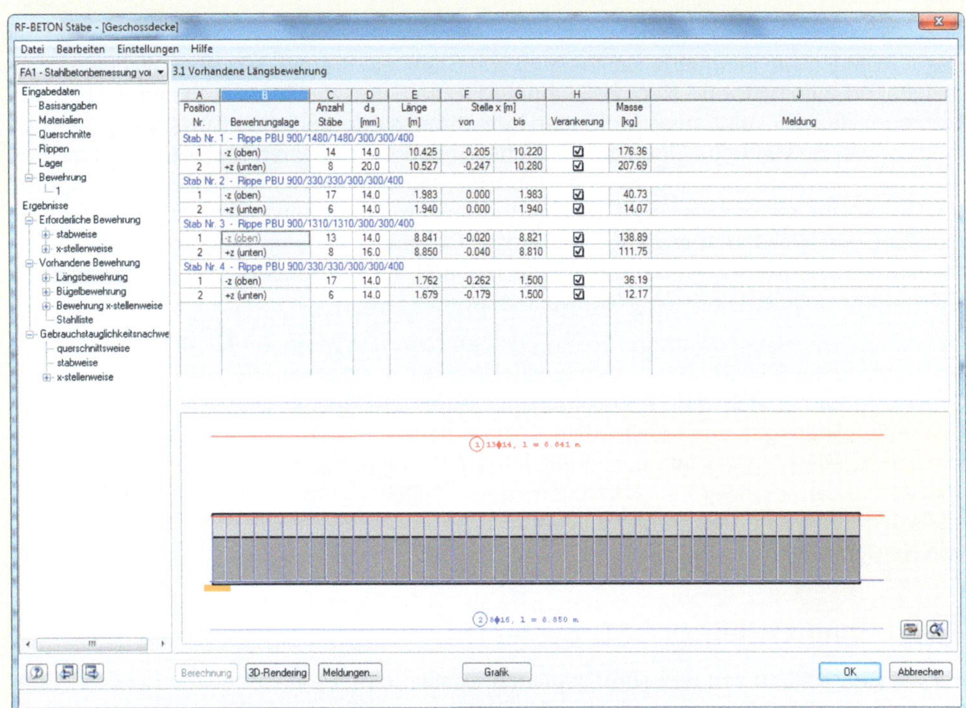

Vorhandene Längsbewehrung mit grafischer Darstellung der Stabanordnung

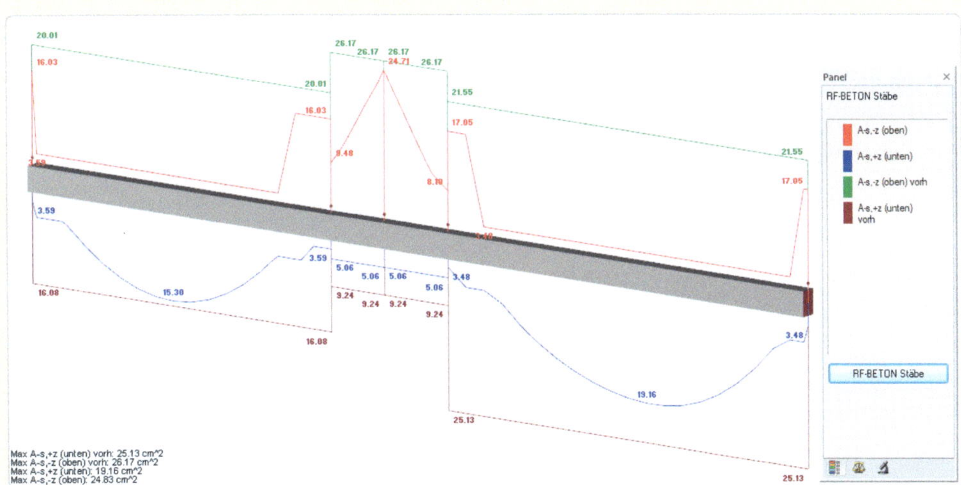

Grafischer Abgleich von erforderlicher und vorhandener Längsbewehrung

ZUSAMMENFASSUNG

Die in FEM-Pakete integrierte Bemessung von Stahlbetontragwerken ermöglicht eine weitestgehend automatisierte Nachweisführung für die Grenzzustände der Tragfähigkeit und Gebrauchstauglichkeit. Die so für Platten berechneten erforderlichen Bewehrungsmengen in Form von Bewehrungs-Querschnittsflächen (bezogen auf einen Meter Breite) basieren auf den in die Bewehrungsrichtungen transformierten Flächenschnittgrößen. Bei Rissbreitennachweisen spielt die explizit eingelegte Bewehrung mit den spezifischen Stabdurchmessern und Abständen eine wichtige Rolle. Die Software kann hier Vorschläge unterbreiten. Letztendlich ist es dann die Entscheidung des Anwenders, welche tatsächliche Bewehrung eingelegt und zum Nachweis verwendet wird.

Die rohen Bemessungswerte an Rasterpunkten bzw. die Vorgaben für Stabdurchmesser und Abstand der Bewehrungen stellen unter Beachtung allgemeiner Bewehrungsregeln die Grundlage für nachfolgende Bewehrungspläne dar. Die Ausführungspläne müssen auch Verbundbedingungen und konstruktive Anforderungen einzelner Bemessungsnormen beinhalten. Diese Aufgabe fällt dem Ersteller der Bewehrungspläne zu, der wiederum auf spezifische CAD-Software zurückgreifen kann. Ein besonderer Vorteil ist daher, wenn die statisch erforderliche Bewehrung von dem FEM-Paket an diese CAD-Programme übergeben werden kann.

5.10 Schnittstellen zu CAD-Systemen

Für die Bearbeitung von Bewehrungsplänen existiert eine Reihe von CAD-Applikationen, die speziell dafür entwickelt wurden. In der Regel werden Statik und Bewehrungsplan nicht von der gleichen Person erstellt. Diese Arbeitsteilung spiegelt sich auch in der Anwendung unterschiedlicher Programmpakete wider. Es besteht jedoch ein Trend hin zu einer ganzheitlichen Lösung, in der Statik und CAD ineinander übergehen. Dieser Trend ist verbunden mit der Entwicklung verschiedener Austauschformate und Schnittstellentechnologien, auf die im Folgenden eingegangen wird.

In RFEM sind mehrere spezielle Schnittstellen zur Bewehrungsausgabe bereits integriert. Der Export wird über den Menübefehl *„Datei-Exportieren“* aktiviert.

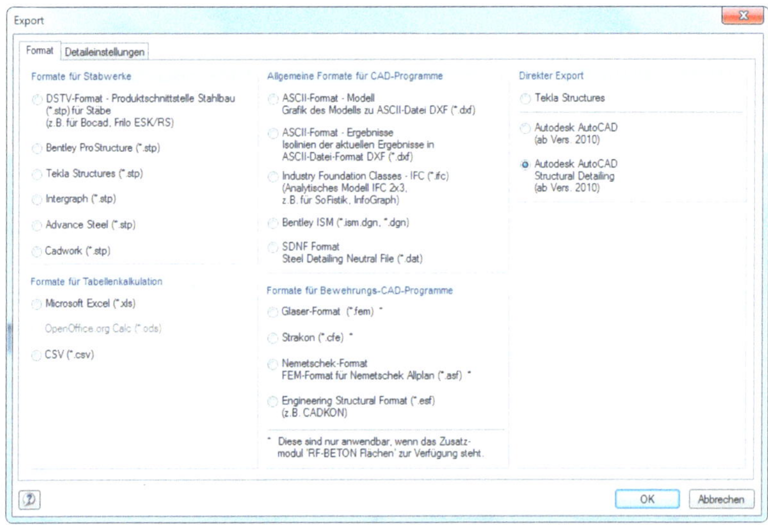

Exportoptionen in RFEM (Version 5)

Export der Bewehrungsergebnisse in DXF/DWG-Dateien

Eine einfache, aber hilfreiche Methode der Weitergabe der Berechnungsergebnisse ist der Export von Isolinien-Darstellungen und Rasterwerten der Plattenbewehrungen in eine DXF/DWG-Datei. Die Daten können aufgrund des weit verbreiteten Datenformats praktisch in jedes CAD-Programm eingelesen werden. Der CAD-Konstrukteur erhält damit die visuelle Information über den Bewehrungsgehalt in seinem gewohnten Programm und kann die entsprechenden Matten und Zulagestäbe lagegerecht anordnen. Die DXF/DWG-Dateien können dazu in der Regel als Layer unter den Bewehrungsplan gelegt werden.

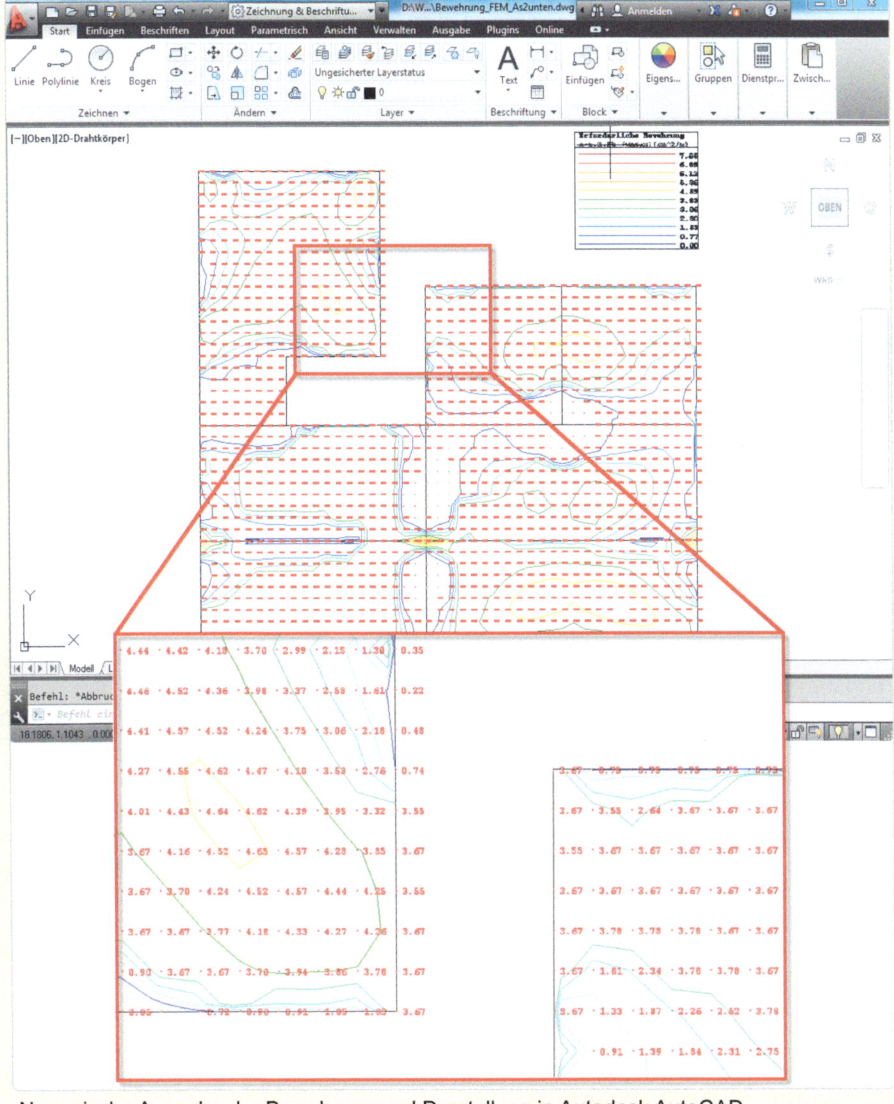

Numerische Ausgabe der Bewehrung und Darstellung in Autodesk AutoCAD

Export zu Autodesk Revit Structure

Ähnlich zu den DXF/DWG-Folien können auch in Autodesk Revit Structure die erforderlichen Bewehrungen in ein 3D-Modell referenziert werden und im Maßstab auf einem Plan ausgegeben werden.

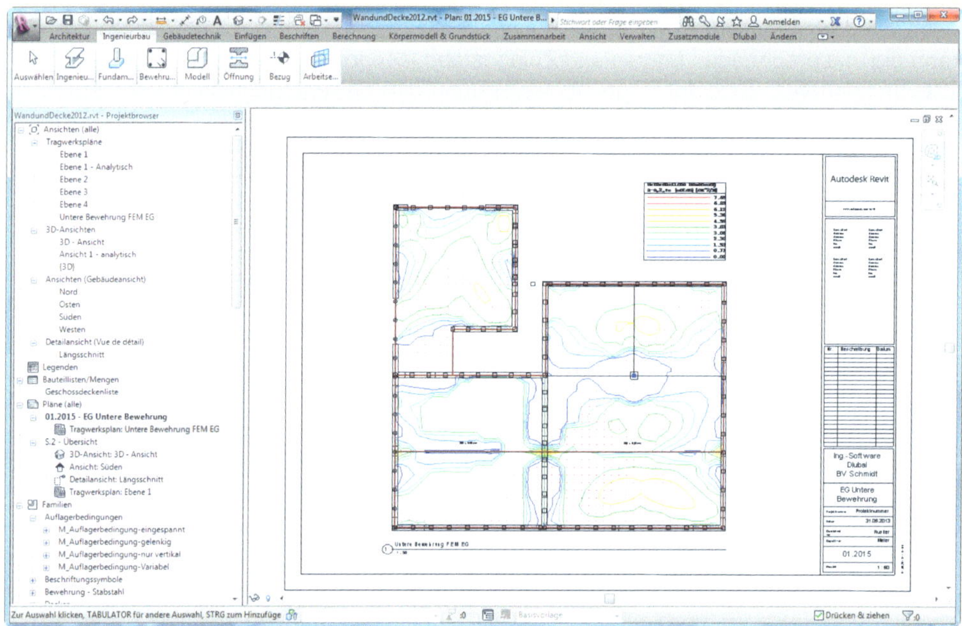

Numerische Ausgabe der Bewehrung und Darstellung in Autodesk Revit Structure

Weitere direkte Schnittstellen

Wie eingangs erwähnt, besteht bei einigen CAD-Programmen die Möglichkeit, die Bewehrungsergebnisse intelligent zu verarbeiten, so dass verlegte Bewehrung und berechneter Bewehrungsquerschnitt direkt in Verbindung gebracht werden. Dabei wird die Flächenbewehrung über ein definiertes Austauschformat in eine Datei exportiert. Das CAD-System importiert diese Daten und zeigt die erforderliche Bewehrung in Werten an. Gibt der CAD-Anwender anschließend in einem Bereich eine Mattenbewehrung zur Verlegung an, dann wird der Wert der erforderlichen Bewehrung sofort um den Wert der bereits verlegten Bewehrung korrigiert. Der Konstrukteur bewehrt dann solange, bis alle Werte abgedeckt sind. Der manuelle Abgleich von Bewehrungsmenge und örtlicher Lage entfällt. RFEM unterstützt diese Vorgehensweise z.B. mit dem Programmsystem Allplan von Nemetschek (http://www.nemetschek-allplan.de), isb-cad von GLASER (www.isbcad.de) und AutoCAD Structural Detailing (www.autodesk.de).

Export der Bewehrung zu AutoCad Structural Detailing

Durch die direkte Bewehrungsschnittstelle zu AutoCAD Structural Detailing können auf digitalem Weg die oberen und unteren Bewehrungslagen direkt in die CAD-Software zur Erstellung der Bewehrungspläne exportiert werden. Der Export wird über den Befehl *„Datei-Exportieren“* von RFEM aus aufgerufen. Nach Auswahl der Schnittstelle zu *„Autodesk AutoCAD Structural Detailing“* und Start des Exportvorgangs, kann der Anwender neben weiteren Parametern entscheiden, welche Bewehrungslage exportiert werden soll.

Exportoptionen für den direkten Export der Bewehrung zu Autodesk AutoCAD Structural Detailing

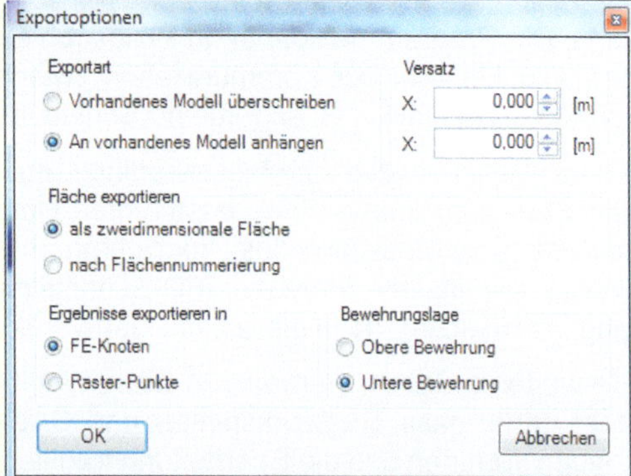

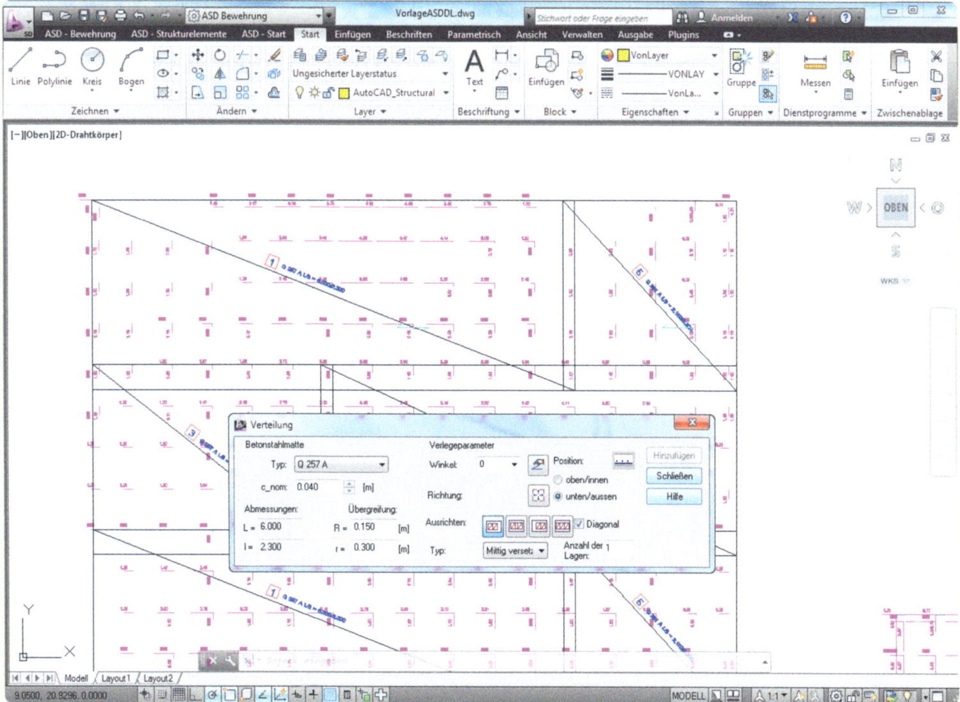

Verlegen von Bewehrungsmatten in Autodesk Structural Detailing

5.11 Ausblick

In der Baubranche ist seit einigen Jahren ein verstärkter Trend zu einer engeren Bindung von CAD und Statik zu erkennen. Einige wenige große CAD-Softwarehäuser haben sich das Statik-Know-How dadurch erworben, indem sie kleinere Statik-Programmhersteller übernommen haben.

Es gibt verschiedene Versuche, die Statikprogramme direkt im CAD zu implementieren und so Schnittstellen nach außen hin zu vermeiden. Der Vorteil besteht darin, dass bei „Entwicklung unter einem Dach“ wesentlich flexibler und direkter vorgegangen werden kann. Die Programme können in Philosophie und Aussehen aneinander angeglichen werden. Der Umfang der Kommunikation zwischen den Programmen unterliegt keinen Beschränkungen, die z. B. allgemeine Schnittstellen mit sich bringen.

Als nachteilig erweist sich hier allerdings, dass nur eine bestimmte Kombination für CAD- und Statikprogramme eines bestimmten Herstellers zum Einsatz kommen kann. Zudem schwindet die Motivation des Programmherstellers, allgemeine Schnittstellen (z. B. DSTV-Produktschnittstelle Stahlbau, IFC-Schnittstellen für Architektur und Statik) im vollen Umfang umzusetzen, da ja die eigene Softwarelösung favorisiert wird.

Ein weiterer Grund, warum sich diese „All-in-one“-Pakete nicht immer durchsetzen, besteht darin, dass Tragwerksplaner und CAD-Konstrukteur über unterschiedliche Ausbildungen verfügen und die Bearbeitung traditionell von verschiedenen Personen und auch in getrennten Büros durchgeführt wird. Die Leistungserbringer benutzen vorzugsweise eine Software ihrer Wahl. Die eigene Arbeit möglichst schnell und wirtschaftlich zu erbringen, steht für sie im Vordergrund. Ein reibungsloser Datenaustausch und die damit zwangsläufige Bindung an ein bestimmtes Programmsystem sind dagegen eher zweitrangig.

Neuartige weiterführende Lösungen, wie die integrierte Planungssoftware auf Basis von „Building Information Modeling“ (BIM) werden ggf. zukünftig dazu führen, dass die traditionellen Arbeitsteilungen überdacht werden müssen. Nicht zuletzt durch den anhaltenden Mangel an Fachkräften und den ständig steigenden Kostendruck wird nach neuen Auswegen und Einsparmöglichkeiten gesucht. Die Software kann und wird den Statiker im konstruktiven Ingenieurbau nicht ersetzen. Ziel ist es jedoch, in Zukunft mit diesen neuen Techniken auf einem sicheren Weg ein hochwertigeres Ergebnis in kürzerer Zeit zu erreichen.

Kapitel 3

Fehlerquellen bei Finite-Elemente-Lösungen

1 Allgemeines

Die im Bauwesen zur Verfügung stehenden Programme erlauben eine zunehmend komfortablere Generierung der statischen Systeme sowie eine perfekte drucktechnische Dokumentation der Ergebnisse. Dabei wird jedoch häufig versäumt, die gewonnenen Ergebnisse kritisch zu betrachten. Die hohe Leistungsfähigkeit der verwendeten Software täuscht darüber hinweg, dass eine Vielzahl von Fehlerquellen existiert [vgl. auch 3.7].

Man kann die möglichen Fehlerquellen zunächst in zwei Gruppen einteilen:

1. Fehler, die allgemein bei der Nutzung von Computersoftware und Lösung von ingenieurtechnischen Aufgaben entstehen können und
2. Fehlerquellen, die spezifisch für die verwendete Methode sind.

Die erste Gruppe ist weniger umfangreich und leicht erklärt.

Zum Einen können **Fehler im Berechnungsmodell** auftreten, wenn die Abbildung des Tragwerkes im Computer nicht bzw. ungenügend der Realität[1] entspricht. Ursachen sind hier fehlerhafte Geometrie-, Lagerungs-, Belastungs- oder Materialeingaben sowie ungenügende Kenntnisse über die in den verwendeten Programmen enthaltenen Gesetze, Annahmen und Hypothesen. Das ingenieurmäßige Geschick des Anwenders sowie seine Berufserfahrung sind hier außerordentlich wichtig und entscheidend.

Sehr häufig treten **Eingabefehler** auf. Sie entstehen durch Unachtsamkeit bzw. Fehlinterpretationen von Eingabemöglichkeiten. Mitunter verfälschen solche „Kleinigkeiten" das Ergebnis erheblich. Eine konzentrierte Arbeitsweise, ein vertieftes Verständnis der verwendeten Software und vielfältige Kontrollen anhand des Ergebnisses minimieren diesen Fehler.

Als letzter Fehler in dieser Gruppe ist der **Programmfehler** zu nennen. Selbstverständlich erwartet jeder Anwender, dass sein Programm fehlerfrei funktioniert. Durch die Vielzahl von Eingabemöglichkeiten und Eingabewegen kann dieser Fehler aber leider nicht 100%-ig ausgeschlossen werden. Auch hierfür sind die oben erwähnten und ohnehin notwendigen Kontrollen unbedingt durchzuführen.

Die zweite Gruppe der Fehler, die unmittelbar mit der Methode der Finiten Elemente zusammenhängt, soll im Folgenden ausführlicher betrachtet werden. Entscheidend für die Fehleranfälligkeit ist, inwieweit der Anwender über die Methode, deren Risken und Schwachpunkte Bescheid weiß und wie gut er in der Lage ist, unter Ausnutzung der verwendeten Software die Schwachpunkte der Methode zu umgehen. Dafür soll in den anschließenden Kapiteln die Grundlage gelegt werden.

Ein wichtiger Aspekt in diesem Zusammenhang ist, ob und wie die jeweilige Software den Anwender bei der Minimierung der methodisch bedingten Fehler durch nützliche Programmhilfen unterstützt. Anhand von Beispielen wird nachfolgend gezeigt, welchen Beitrag RFEM dazu leistet. Schließlich tragen nicht nur die Nutzer der Software, sondern auch die Softwarehersteller die Verantwortung für eine richtige und qualitätsgerechte Anwendung der FEM.

[1] Die üblichen Vereinfachungen und Idealisierungen eingeschlossen

2 FEM - spezifische, methodisch bedingte Fehlerquellen

Die in den nachfolgenden Themen beschriebenen grundsätzlichen Zusammenhänge werden anhand von Beispielen mit RFEM erklärt bzw. nachvollzogen, um den Verständnisprozess der Theorie und den fachgerechten Umgang mit dem Programm zu unterstützten. Besonders wichtige Eingabeschritte sind in den Beispielbeschreibungen erläutert. Die im Programm verwendeten Voreinstellungen werden in der Regel beibehalten, da sie Empfehlungen des Softwareherstellers darstellen. So wird z. B. für Platten die Biegetheorie nach Mindlin verwendet, falls nicht extra ein Hinweis auf die alternative Kirchhoff-Theorie erfolgt.

2.1 Vermeidbare Fehlerquellen (abhängig von der verwendeten Software)

Für die Eignung eines Finiten Elementes gibt es eine Reihe von Anforderungen, die **zwingend** erfüllt sein müssen bzw. andere, die aus bestimmten Gründen **möglichst** erfüllt sein sollten. Aus der oft unterschiedlichen Umsetzung im jeweiligen Softwareprodukt ergeben sich teilweise erhebliche Qualitätsunterschiede. Die Erfüllung bzw. Nichterfüllung kann für einige dieser Kriterien anhand von Beispielen nachgewiesen werden.

2.1.1 Erfüllung allgemeiner Anforderungen

Gewährleistung einer Mindestansatzordnung

Alle Schnittgrößen müssen wenigstens konstant approximiert werden, d. h. z. B. bei schubstarren Plattenelementen mit Deformationsansätzen ist mindestens eine 3. Ordnung notwendig, da die Momente (2. Ableitung) aus den Krümmungen und die Querkräfte aus den Ableitungen der Momente ermittelt werden. Bei Scheiben z.B. ist die Mindestansatzordnung linear.

Approximation konstanter Krümmungszustände bei Platten

Die Erfüllung dieser Forderung wird durch einen Patch-Test nachgewiesen. Eine Gruppe von Elementen (Patch of Elements) wird einer vorgeschriebenen Belastung ausgesetzt. Der Nachweis erfolgt in drei getrennten Lastfällen. Die Schnittmomente m_x, m_y und m_{xy} müssen lastfallweise an allen Ausgabestellen exakt konstant sein, wobei die übrigen Schnittkraftkomponenten null sind. Damit wird die Fähigkeit der Ansätze, einen konstanten Krümmungszustand abzubilden, nachgewiesen. Die Elementform sollte dabei beliebig sein (keine Sonderformen wie z. B. Quadrate oder Rechtecke). Das Beispiel Patchtest-PL zeigt den Test mit RFEM für die Ansätze des Kirchhoff-Plattenelementes.

Bei Verwendung von Mindlin-Plattenelementen ist nur die Erfüllung konstanter Krümmungszustände (Lastfall 1 und 2) möglich. Da nach dieser Theorie am freien Rand m_{xy} gegen 0 konvergieren muss, ergibt sich für die reine Torsion (Lastfall 3) kein konstantes m_{xy}.

Beispiel Patchtest-PL

Statisches System / Eingabewerte

Platte 40,00m·20,00m mit 5 allgemeinen Viereckelementen, Punktlagerung (u_z= starr)

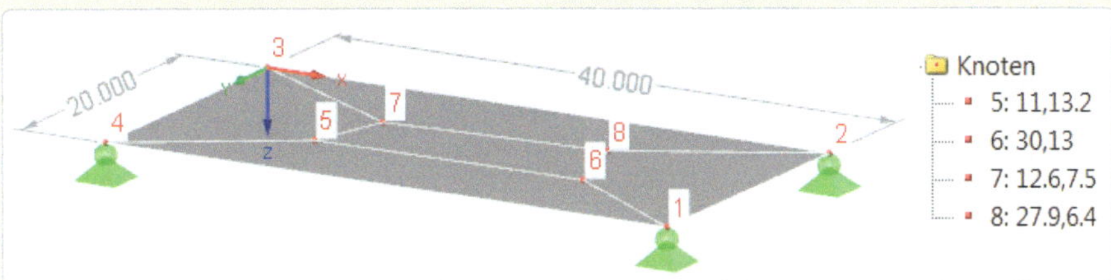

Material Platte:

E= 3.300 kN/cm²,

G= 1.370 kN/cm²

mit γ= 0 und μ= 0,2

Platte: Dicke= 18cm,

Belastung:

LF1: Linienmomente oberer und unterer Rand = 1kNm/m bzw. -1kNm/m (konstanter Krümmungszustand in y-Richtung)

LF2: Linienmomente linker und rechter Rand = 1kNm/m bzw. -1kNm/m (konstanter Krümmungszustand in x-Richtung)

LF3: Einzellast an nicht gelagerter Ecke = 2 kN (konstanter Verwindungszustand)

Die Lasten sind in den Ergebnisbildern dargestellt!

Eingabe in RFEM

Nach Eingabe der 8 Element-Knotenpunkte werden zunächst 5 Flächen generiert. In *„FE-Netz-Einstellungen…“* wird für die angestrebte Länge der Finiten Elemente ein großer Wert eingestellt, so dass jede Fläche ein Finites Element ergibt.

Unter *„Berechnung“* wird in *„Berechnungsparameter…“* unter *„Globale Berechnungsparameter“* die Biegetheorie von Mindlin auf Kirchhoff umgestellt.

Optionen

☐ Schubsteifigkeiten (Schubflächen A_y, A_z) der Stäbe berücksichtigen

☑ Stäbe bei Theorie III. Ordnung bzw. Durchschlagproblem teilen

☐ Dreh-Freiheitsgrade des Modells ignorieren

☐ Kontrolle der kritischen Kräfte der Stäbe

Methode für das Gleichungssystem: ◉ Direkt ○ Iterativ

Platten-Biegetheorie: ○ Mindlin ◉ Kirchhoff

Ergebnisse

Lastfall 1:

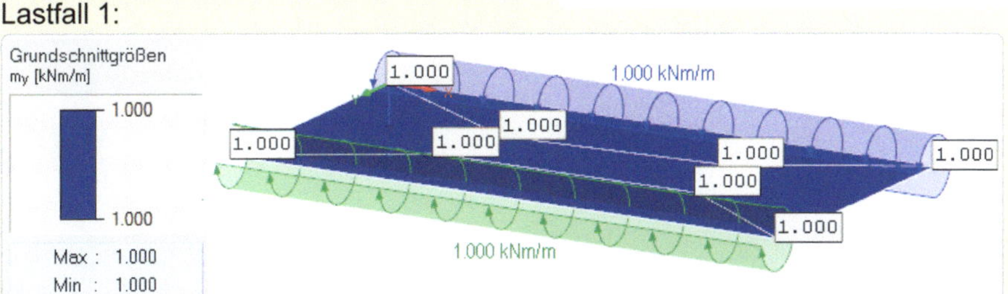

Die Ergebnisse m_x und m_{xy} ergeben sich exakt zu null

Lastfall 2:

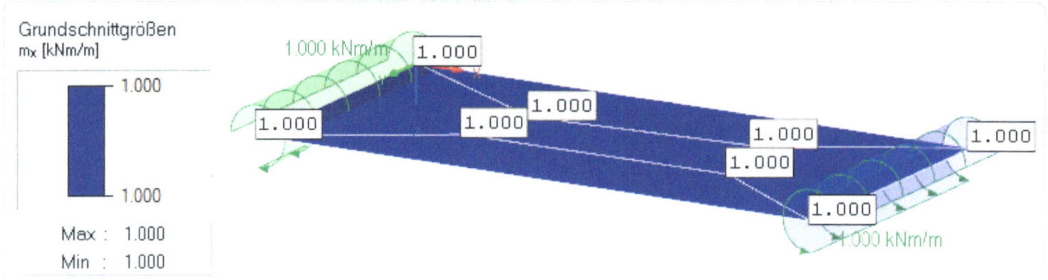

Die Ergebnisse m_y und m_{xy} ergeben sich exakt zu null

Lastfall 3:

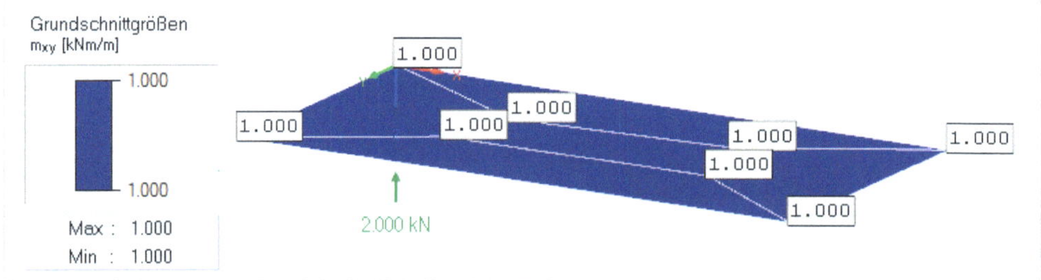

Die Ergebnisse m_x und m_y ergeben sich exakt zu null

Erkenntnisse

LF 1:
Das Ergebnis m_y= konstant = 1,00 kNm/m und m_x= m_{xy}= konstant = 0,00 beweist, dass die Ansatzfunktionen einen konstanten Krümmungszustand entsprechend der eingegebenen Belastung abbilden können.

LF 2:
Das Ergebnis m_x= konstant = 1,00 kNm/m und m_y= m_{xy}= konstant = 0,00 beweist, dass die oben gemachte Aussage auch für die andere Koordinatenrichtung erfüllt wird.

LF 3:
Das Ergebnis m_{xy}= konstant = 1,00 kNm/m und m_x= m_y= konstant = 0,00 zeigt, dass die die Ansatzfunktionen einen konstanten Verwindungszustand abbilden können.

Damit ist der Patch-Test für das Plattenelement erfüllt.

Approximation konstanter Verzerrungszustände bei Scheiben

Der Nachweis dieser Forderung erfolgt ebenfalls mit einem Patch-Test.

Ein aus mehreren finiten Elementen bestehendes statisch bestimmt gelagertes Scheibensystem wird mit Linienlasten an den Systemrändern belastet. Ziel ist die Erzeugung von konstanten Schnittkraftzuständen n_x, n_y und n_{xy} (und damit auch konstanter Verzerrungszustände) in drei getrennten Lastfällen (vgl. Bild 3-1). Die übrigen Komponenten müssen auch hier entsprechend des Lastfalls exakt null sein.

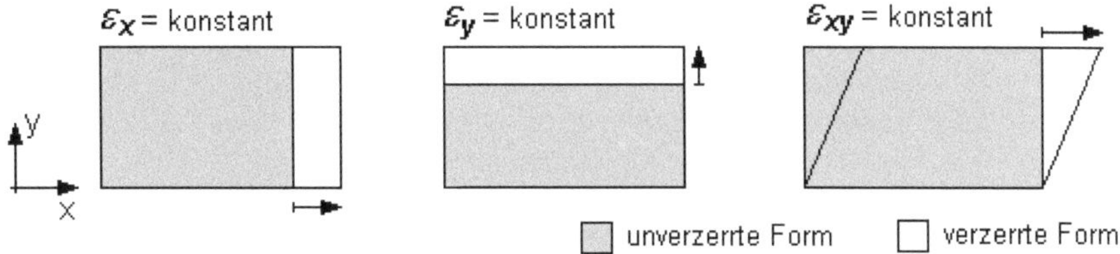

Bild 3-1: Konstante Verzerrungszustände bei Scheibenelementen

Das Beispiel Patchtest-SB zeigt die Umsetzung des Tests mit RFEM.

Beispiel Patchtest-SB

Statisches System / Eingabewerte

Scheibe 40,00m·20,00m mit starrem und beweglichem Punktlager („2D – XZ")

Material Scheibe:
E= 3.300 kN/cm²,
G= 1.370 kN/cm²
mit γ= 0 und μ= 0,2

Scheibe: Dicke= 18cm,

Belastung: LF1: Linienlast oberer und unterer Rand = 1kN/m bzw. -1kN/m
(konstanter Spannungszustand in y-Richtung)
LF2: Linienlast linker und rechter Rand = 1kN/m bzw. -1kN/m
(konstanter Spannungszustand in x-Richtung)
LF3: Linienlasten entlang der Außenränder
(konstanter Schubspannungszustand)
Die Lasten sind in den Ergebnisbildern dargestellt!

Knoten
1: 0,0 m
2: 40,0 m
3: 0,20 m
4: 40,20 m
5: 11,13.2 m
6: 30,13 m
7: 12.6,7.5 m
8: 27.9,6.4 m

Eingabe in RFEM

Die Generierungshinweise des Beispieles Patchtest-PL sind auch hier zu beachten.

Ergebnisse

Lastfall 1:

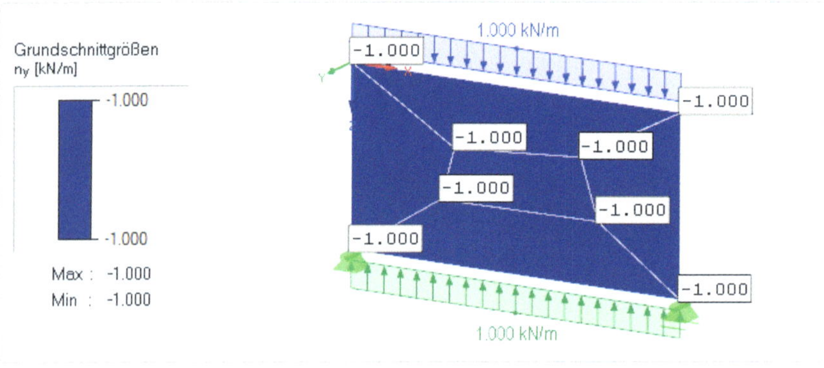

Die Ergebnisse n_x und n_{xy} ergeben sich exakt zu null

Lastfall 2:

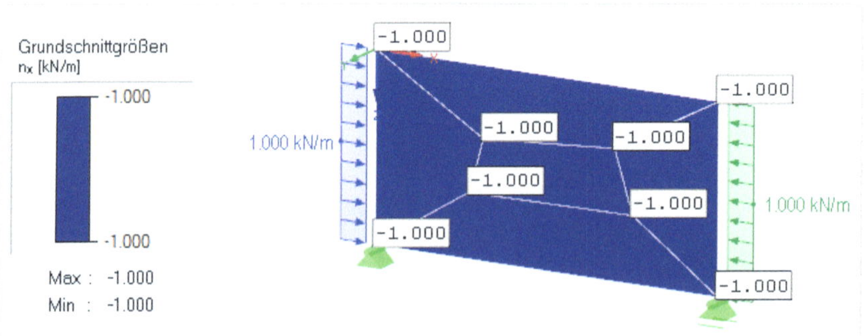

Die Ergebnisse n_y und n_{xy} ergeben sich exakt zu null

Lastfall 3:

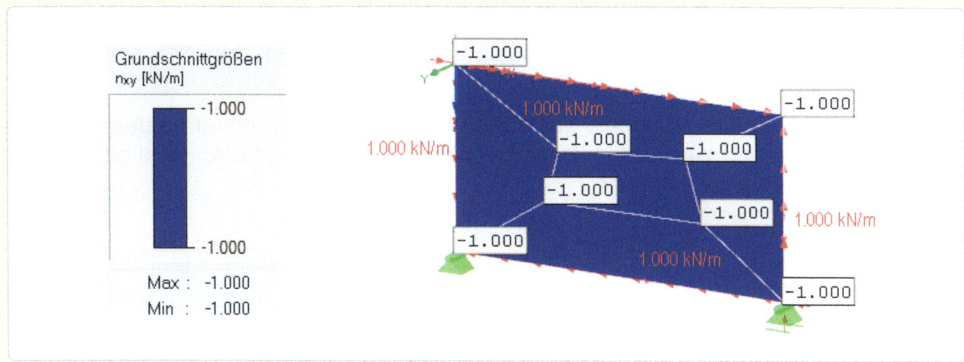

Die Ergebnisse n_x und n_y ergeben sich exakt zu null

Erkenntnisse

LF 1:
Die Schnittgrößenergebnisse n_y= konstant = -1,00 kN/m und n_x= n_{xy}= konstant = 0,00 zeigen, dass die Ansatzfunktionen einen konstanten Spannungszustand abbilden können.

LF 2:
Das Ergebnis n_x= konstant = -1,00 kNm/m und n_y= n_{xy}= konstant = 0,00 beweist, dass die oben gemachte Aussage auch für die andere Koordinatenrichtung erfüllt wird.

LF 3:
Das Ergebnis n_{xy}= konstant = 1,00 kNm/m und n_x= n_y= konstant = 0,00 zeigt, dass die die Ansatzfunktionen einen konstanten Schubverzerrungszustand abbilden können.

Hinweis: Für das Vorzeichen der Schnittgröße n_{xy} sind die Flächen-Achsensysteme x,y,z entscheidend.

Damit ist der Patch-Test für das Scheibenelement erfüllt.

Geometrische Isotropie und Drehungsinvarianz

Die Elementansätze müssen koordinateninvariant sein, d. h. eine Drehung des Tragwerkes in Bezug auf das globale Koordinatensystem darf sich nicht auf die Lösung auswirken.

Eine geometrische Isotropie erreicht man, wenn die Polynomterme des Ansatzes so gewählt sind, dass keine Koordinatenrichtung bevorzugt wird. Existiert z. B. der Term x^2y, so muss auch der Term xy^2 vorhanden sein.

Ein Ansatz ist drehungsinvariant, wenn die Polynomordnung „vollständig“ ist (vgl. Bild 3-2).

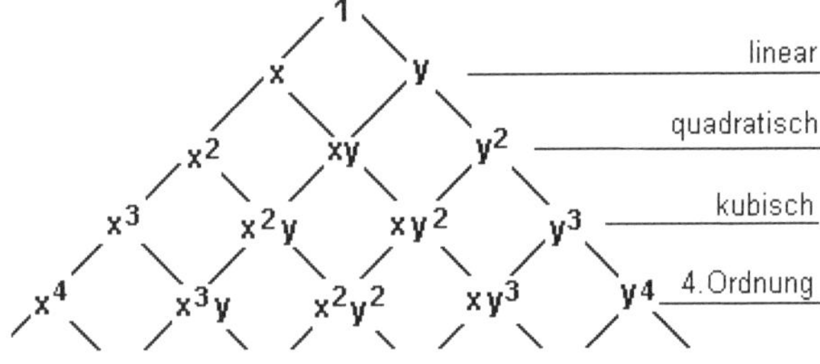

Bild 3-2: Polynomterme für vollständige Polynome

Der Nachweis kann leicht erbracht werden. Vergleicht man die Lösung von zwei gleichen Systemen, die sich nur durch ihre Lage im globalen Koordinatensystem voneinander unterscheiden, müssen die Ergebnisse identisch sein. Der Bezug der Ergebnisse z. B. auf lokale Elementkoordinatensysteme muss dabei allerdings beachtet werden. Das Beispiel Invariant-01 zeigt den Nachweis anhand eines Plattenbeispieles. Die geometrische Isotropie der Scheibenansätze verdeutlicht das Beispiel Invariant-02.

Beispiel Invariant-01

Statisches System / Eingabewerte

2 Platten 8,00m·4,00m mit unterschiedlicher Lage im globalen Koordinatensystem (Platte 2 um 30° gedreht), einseitig eingespannt (Linienlager u_Z= starr, Φ_X= starr, Φ_Y= starr bzw. nur u_Z= starr)

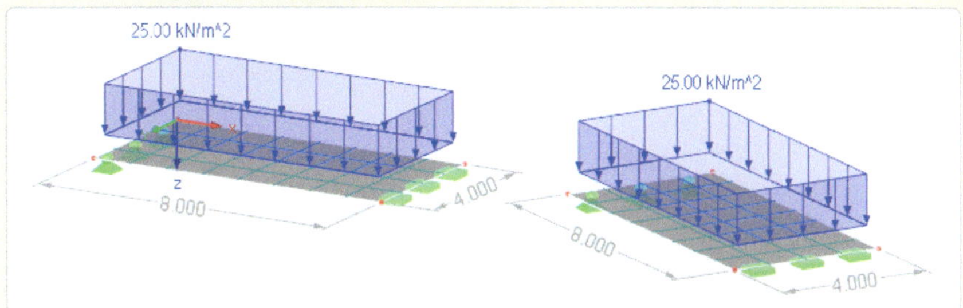

Material Platte: E= 3.300 kN/cm², G= 1.370 kN/cm² mit γ= 0 und μ= 0,2
Platte: Dicke= 18cm,
Belastung: Flächenlast= 25,00kN/m²
Vernetzung: 8·4 Elemente mit 1,00m Elementlänge

Eingabe in RFEM

Nach Erstellen der ersten Platte wird die zweite über die Funktion Kopieren und anschließend über die Funktion Drehen (um 30°) entsprechend des dargestellten Bildes erzeugt. Die Linienlager sind lokal zu definieren.

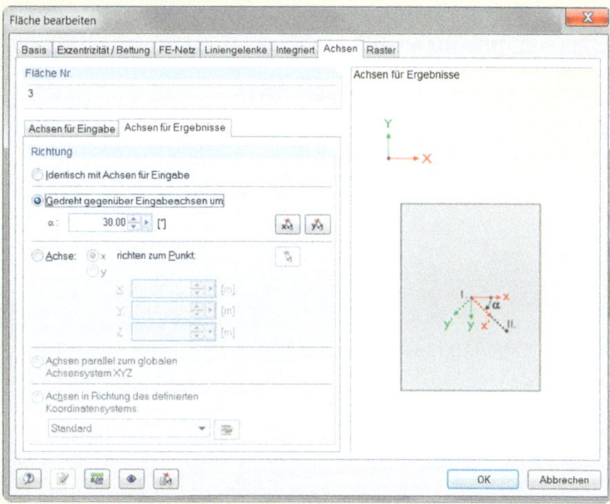

Um die Grundschnittgrößen der beiden Platten vergleichen zu können, muss das lokale Koordinatensystem der zweiten Platte um 30° gedreht werden (siehe Bild rechts).

Für dieses Beispiel wurde die Biegetheorie nach Kirchhoff verwendet.

Ergebnisse

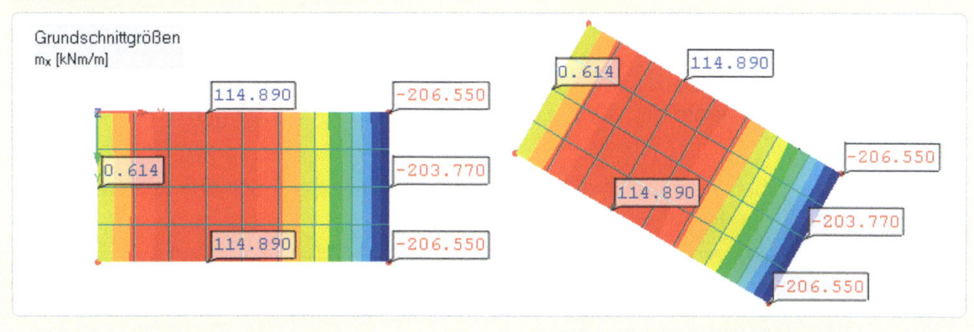

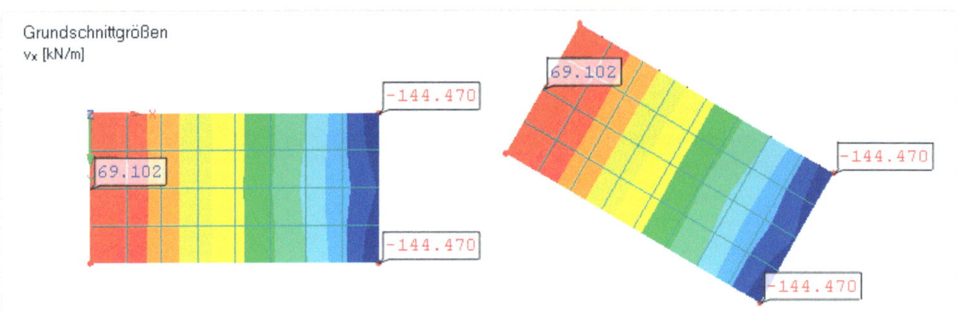

Erkenntnisse

Der Vergleich der Grundschnittgrößen m_x und v_x zwischen nicht gedrehter und gedrehter Platte zeigt eine Übereinstimmung. Die Abweichungen in der zweiten Stelle nach dem Komma sind tolerierbare Rechenungenauigkeiten.

Die oben dargestellten Ergebnisse wurden nach der Kirchhoffschen Plattentheorie ermittelt. Bei Verwendung der Theorie nach Mindlin werden mit RFEM ebenfalls koordinateninvariante Ergebnisse ermittelt. Damit ist die Koordinateninvarianz für beide Ansätze nachgewiesen.

Beispiel Invariant-02

Statisches System / Eingabewerte

2 Scheiben 8,00m·4,00m mit unterschiedlicher Lage im globalen Koordinatensystem (Scheibe 2 um 30° gedreht), Linienlager u_X= starr, u_Y= starr, ϕ_z= frei

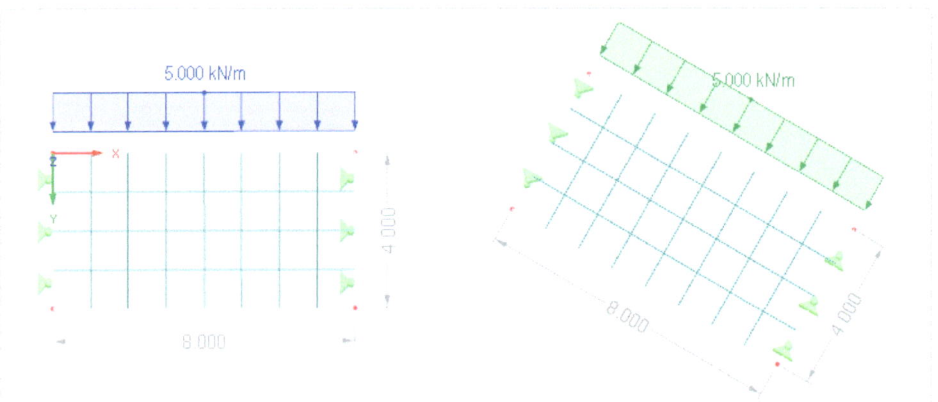

Material Scheibe: E= 3.300 kN/cm², G= 1.370 kN/cm² mit γ= 0 und μ= 0,2 Dicke= 18cm
Vernetzung: 8 · 4 Elemente mit 1,00m Elementlänge Belastung: Linienlast= 5,00 kN/m

Eingabe in RFEM

Analog dem Vorgehen beim Beispiel Invariant-01 wird die zweite Scheibe kopiert und anschließend um 30° gedreht.

Um die Grundschnittgrößen der beiden Scheiben vergleichen zu können, muss auch hier das lokale Koordinatensystem der zweiten Scheibe um 30° gedreht werden.

Ergebnisse

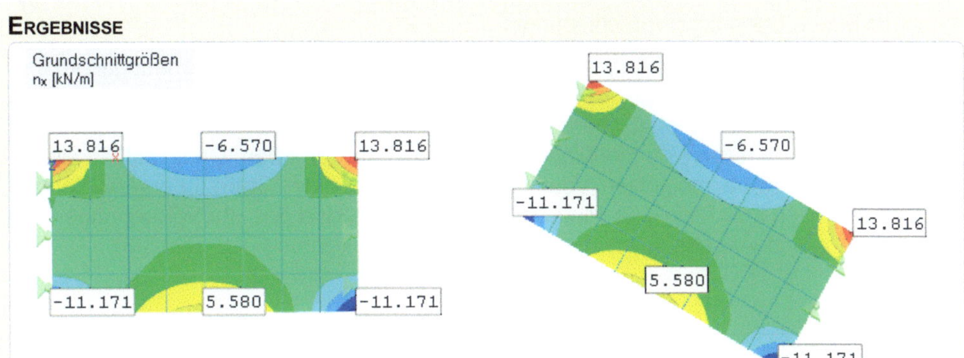

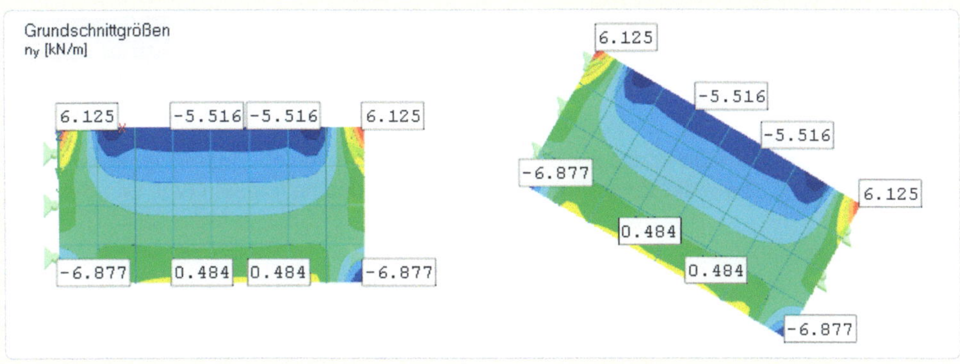

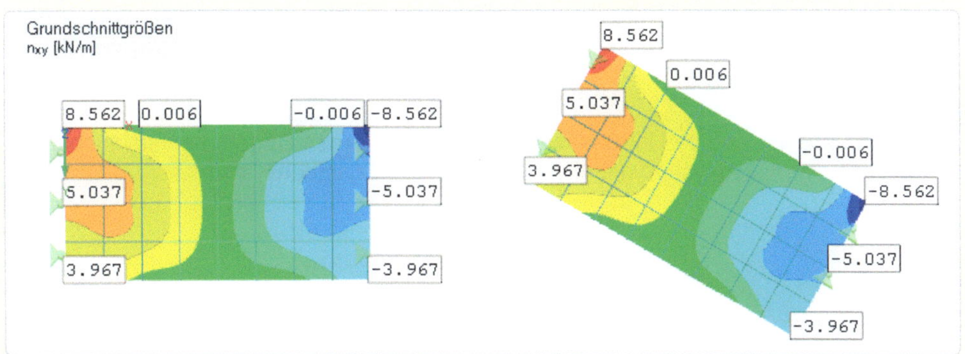

Erkenntnisse

Der Vergleich der Grundschnittgrößen n_x, n_y und n_{xy} zwischen nicht gedrehter und gedrehter Scheibe zeigt Übereinstimmung.

Damit ist nachgewiesen, dass auch die Scheiben-Ansätze von RFEM koordinateninvariant sind.

Invarianz gegen Starrkörperverschiebungen

Starrkörperverschiebungen dürfen keine Schnittgrößen bzw. Spannungen im Element hervorrufen. Wird ein Tragwerk z. B. durch eingeprägte Stützenverschiebungen so verschoben, dass es sich real ohne Verzerrungen als starrer Körper bewegt, müssen sich die Kräfte im System zu null ergeben. Dabei sollten alle für das Tragwerk möglichen Verschiebungsanteile in der Starrkörperverschiebung enthalten sein. Für eine Platte in der x-y-Ebene sind das die Verdrehungen um die x- und y-Achse sowie die Verschiebung in z-Richtung (vgl. Bild 3-3).

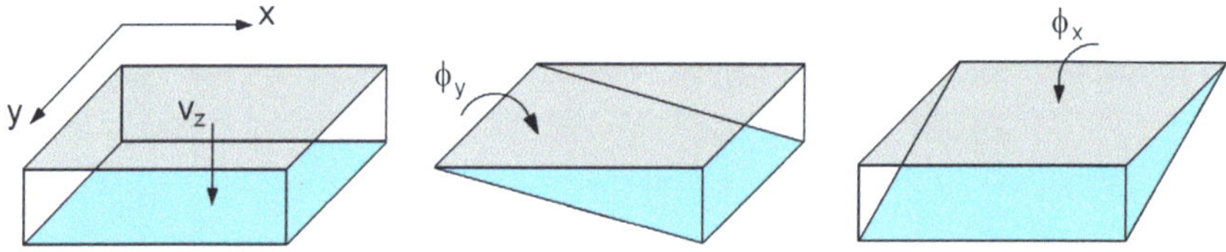

Bild 3-3: Starrkörperverschiebungszustände einer Platte

Für eine Scheibe in der x-z-Ebene sollten die Verschiebungsanteile in x- und z-Richtung sowie die Verdrehung um die y-Achse enthalten sein (vgl. Bild 3-4).

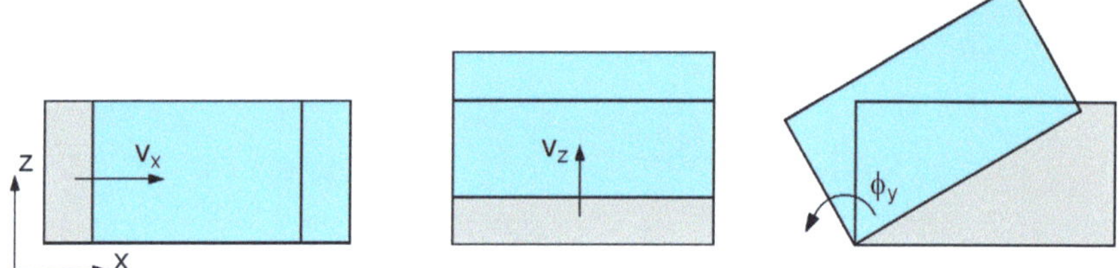

Bild 3-4: Starrkörperverschiebungszustände einer Scheibe

Das Beispiel Invariant-03 weist die Invarianz gegen Starrkörperverschiebungen für ein Plattensystem und Invariant-04 für ein Scheibensystem nach.

Beispiel Invariant-03

Statisches System / Eingabewerte

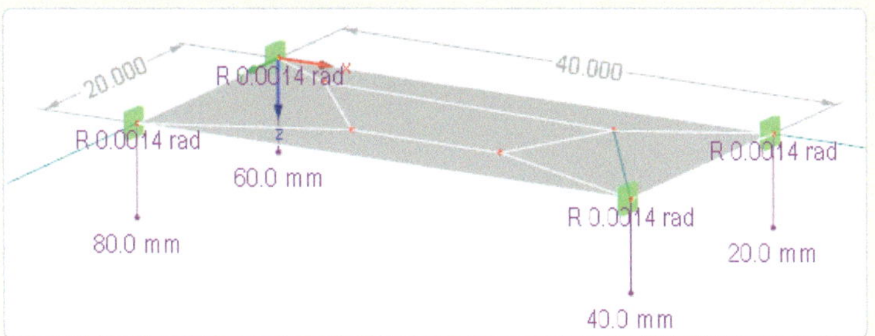

Platte 40,00m·20,00m -vernetzt mit 5 beliebigen Viereckelementen,
4 Punktlager (u_Z= starr, Φ_X= starr, Φ_Y= starr)

Material Platte: E= 3.300 kN/cm², G= 1.370 kN/cm² mit γ= 0 und μ= 0,2 Dicke= 18cm

Belastung: Die oben dargestellten Zwangsverformungen sind so gewählt, dass die Platte eine Starrkörperbewegung ausführt.

Eingabe in RFEM

Zwangsverformungen sind wie Lasten zu behandeln.

Für jeden Freiheitsgrad der vier Eckknoten sind die entsprechenden Zwangsverschiebungen bzw. Zwangsverdrehungen einzugeben.

Der zugehörige Freiheitsgrad muss gelagert sein. Die im nebenstehenden Bild dargestellten Definitionen sind zu beachten.

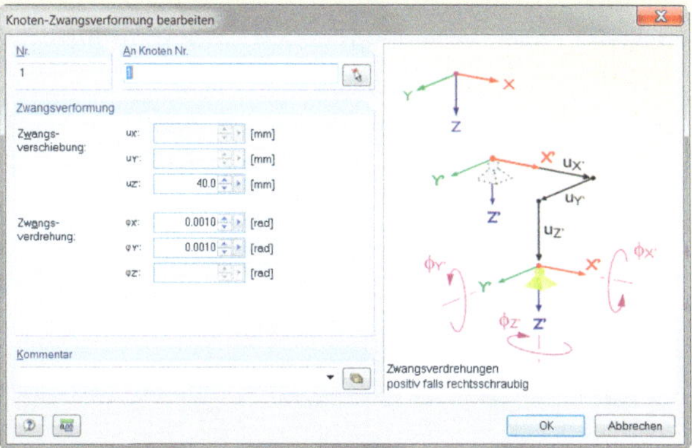

Ergebnisse

Das Verformungsbild zeigt die sich ergebende Starrkörperbewegung (Tragwerk bleibt eben).

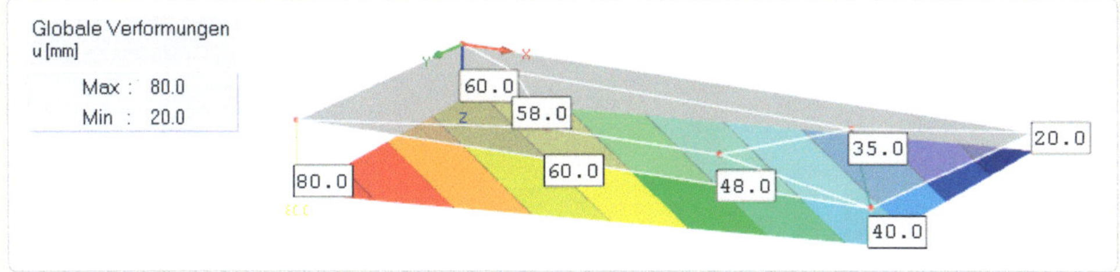

Die Schnittgrößen m_x, m_y und m_{xy} ergeben sich zu null

Erkenntnisse

Die Platte führt eine Starrkörperverformung aus, die aus einem Verschiebungsanteil und zwei Verdrehungsanteilen besteht. Da sich die Plattenschnittgrößen m_x, m_y und m_{xy} exakt zu null ergeben, ist damit die Invarianz gegen Starrkörperverschiebungen nachgewiesen.

Beispiel Invariant-04

Statisches System / Eingabewerte

Scheibe 40,00m·20,00m - vernetzt mit 5 beliebigen Viereckelementen,

4 Punktlager (u_x= starr, u_z= starr)

Material Scheibe:
E= 3.300 kN/cm²,
G= 1.370 kN/cm²
mit γ= 0 und μ= 0,2, Dicke= 18cm

Belastung: Die rechts dargestellten Zwangsverformungen sind so gewählt, dass die Scheibe eine Starrkörperbewegung ausführt.

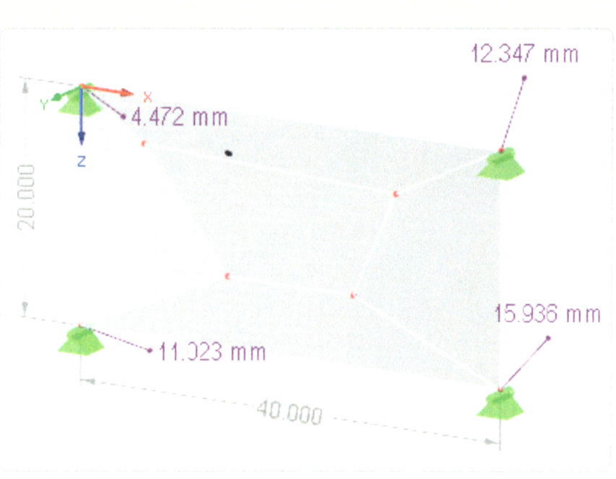

Eingabe in RFEM

Die Eingabe erfolgt analog dem Vorgehen von Invariant-03.

Der rechts dargestellte Auszug aus dem Datennavigator weist die eingegebenen Zwangsverformungen aus.

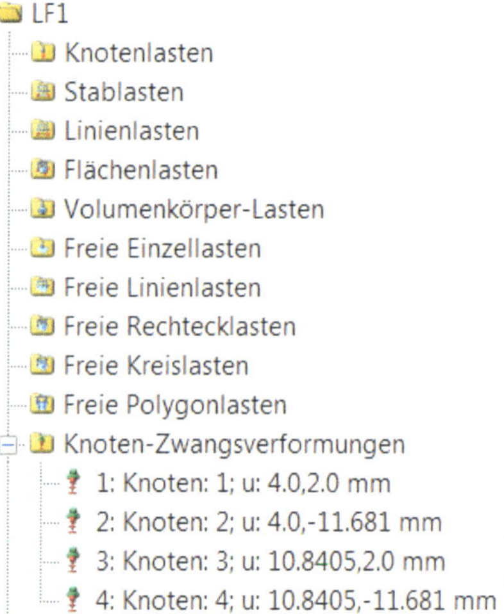

Ergebnisse

Die Verformungsbilder zeigen die sich ergebenden Starrkörperbewegungen getrennt für die Verschiebungen in x- und z-Richtung sowie die resultierenden Verschiebungen u.

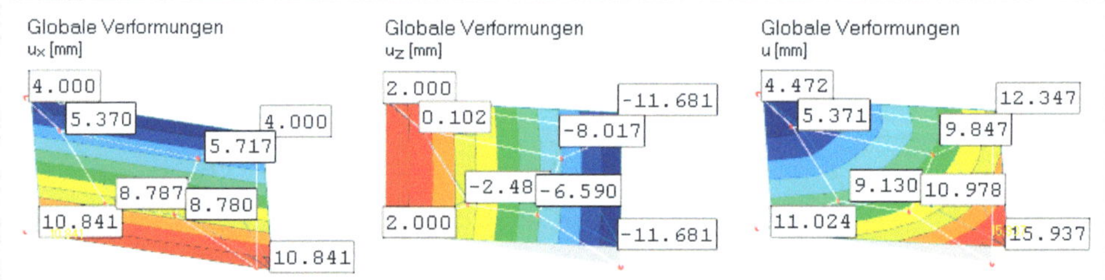

Die Schnittgrößen n_x, n_y und n_{xy} ergeben sich zu null

Erkenntnisse

Die Scheibe führt eine Starrkörperverformung aus, die aus zwei Translationen und einer Verdrehung besteht. Da sich die Scheibenschnittgrößen n_x, n_y und n_{xy} exakt zu null ergeben, ist damit die Invarianz gegen Starrkörperverschiebungen nachgewiesen.

Konsistenzfehlerfreie Theorie z. B. Gewährleistung der Konformität

Die in den Elementansätzen enthaltene Theorie sollte widerspruchsfrei sein.

Konforme Ansätze zeichnen sich wie folgt aus:

Alle Verschiebungen und deren Ableitungen, die um eine Ordnung niedriger sind, als die in der Elementformulierung verwendeten höchsten Ableitungen, müssen stetig sein. Diese Forderung bezieht sich nicht nur auf die Knotenpunkte, sondern auch auf den Verlauf zwischen den Knotenpunkten.

Bei schubstarren Platten (Kirchhoffsche Plattentheorie) wird eine C^1-Stetigkeit gefordert, d. h. die Verschiebungen und deren erste Ableitungen müssen stetig sein. Bei einer Verletzung dieser Forderung, z. B. wenn die erste Ableitung nicht stetig ist, entsteht ein unbestimmtes Energie-Integral, das einen Fehler hervorruft. Bild 3-5 verdeutlicht diesen Sachverhalt. In diesem Fall würde das Tragwerk weicher approximiert werden.

Wenn nur die Stetigkeit der Verschiebungen gefordert wird, wie bei schubweichen Platten (Mindlinsche Plattentheorie), spricht man von C^0-Elementen.

Scheibenelemente müssen ebenfalls nur stetige Verschiebungen aufweisen.

Bei nichtkonformen Elementen konvergiert das Ergebnis bei einer Verfeinerung des Netzes gegen einen Wert, der einen bestimmten Abstand zur genauen Lösung hat. Dieser Fehleranteil bleibt demnach auch bei einem „unendlich feinen Netz“ erhalten.

Die Ansätze von RFEM sind konform. Die Ergebnisse der Konvergenzuntersuchungen in den späteren Beispielen bestätigen die Konvergenz der Drei- und Viereck-Plattenelemente gegen die genaue Lösung.

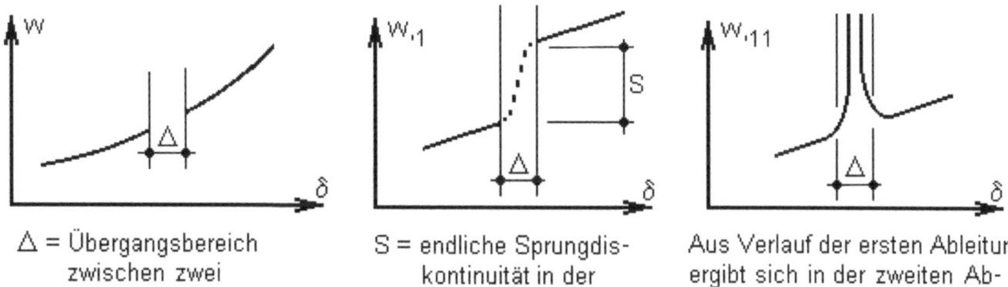

Δ = Übergangsbereich zwischen zwei Elementen

S = endliche Sprungdiskontinuität in der ersten Ableitung

Aus Verlauf der ersten Ableitung ergibt sich in der zweiten Ableitung ein Pol, der ein unbestimmtes Energieintegral darstellt

Bild 3-5: Beispiel für nichtkonforme Plattenlösung

“Shear Locking” freie Elemente bei der Theorie der dicken Platte

Ein Vorteil der Theorie der schubweichen Platte (dicke Platte nach Mindlin) ist, dass sie grundsätzlich vom Ansatz her sowohl für die Berechnung von dicken als auch von dünnen Platten geeignet ist. Häufig gibt es aber gerade hier Probleme. Der Übergang von der dicken Platte (schubweich) zur dünnen Platte (schubstarr) ist bei bestimmten schubweichen Elementformulierungen mit Versteifungseffekten verbunden. Dieser Zustand wird mit “Shear Locking” bezeichnet. Das bedeutet, dass bei diesen Elementen nur dicke Platten mit der Mindlin Theorie richtig berechnet werden. Bei extrem dünnen Systemen können die Ergebnisse sogar völlig unbrauchbar werden.

Zunächst ist dieses Phänomen nicht nachvollziehbar, da die Theorie der schubstarren Platte (dünne Platte nach Kirchhoff) als Sonderfall in der allgemeingültigen Theorie der dicken Platte enthalten ist. Die Diskrepanz der Ergebnisse ist in der FEM selbst begründet. Durch die Projektion der exakten Lösung des Randwertproblems auf den FEM-Ansatzraum erhalten wir bekannterweise nur eine Näherungslösung, die hier zu den beschriebenen Versteifungseffekten führen kann.

Neuere Elemententwicklungen enthalten eine Reihe von Maßnahmen, die das "Shear Locking" vermeiden.

In den Mindlin-Plattenelementen von RFEM wird über einen speziellen Faktor automatisch das Niveau des Anteils der Querschubspannungsenergie an der Gesamtenergiebilanz optimal angepasst. Dadurch sind die Elemente von RFEM frei von Shear Locking Effekten. Das Beispiel Shear Locking zeigt die entsprechenden Ergebnisse.

Beispiel Shear Locking

Statisches System / Eingabewerte

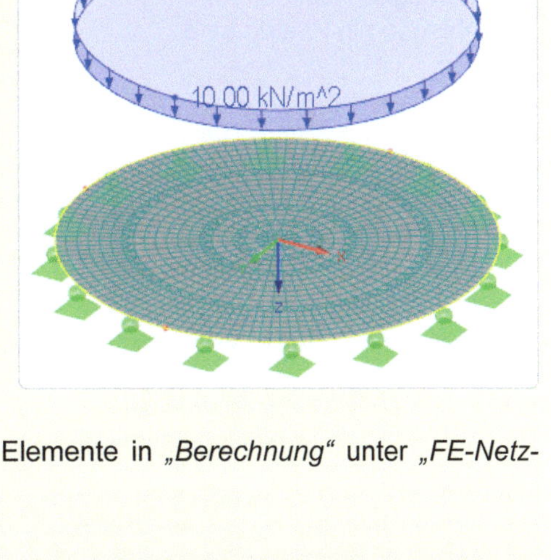

Dünne Kreisplatten, Radius= 5,00m mit gelenkiger Randlagerung (u_z= starr)

Material Platte:

E= 2.830 kN/cm²,
G= 1.179,17 kN/cm²
mit γ= 0 und μ= 0,2

Platte:

Dicke= Variation von 5cm bis 30cm,
Theorie nach Kirchhoff und Mindlin

Belastung: Flächenlast 10 kN/m²

Vernetzung: Angestrebte Länge der Finiten Elemente in *„Berechnung"* unter *„FE-Netz-Einstellungen"* = 0,25 m

Eingabe in RFEM

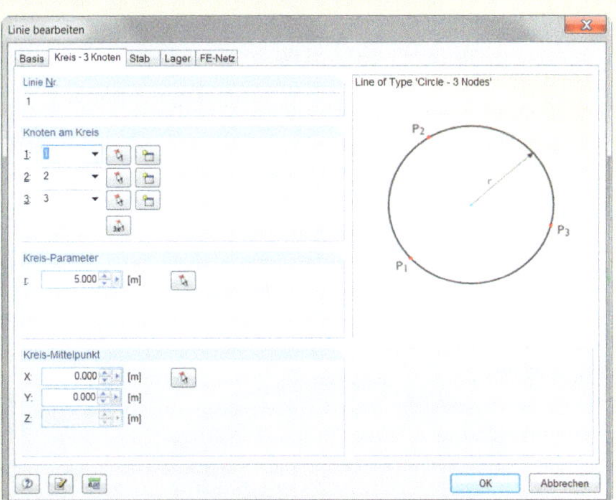

Zur Generierung der Kreisplatte wird zunächst entsprechend dem nebenstehenden Dialog eine Kreislinie erzeugt.

Die neue Fläche wird über *„Linie picken"* der kreisförmigen Linie zugeordnet.

Da die Platten mit den variierenden Dicken mit der Theorie nach Kirchhoff und Mindlin berechnet werden sollen, ist unter *„Berechnung"* in *„Berechnungsparameter..."* unter *„Globale Berechnungsparameter"* die Biegetheorie nach Mindlin und Kirchhoff entsprechend umzustellen.

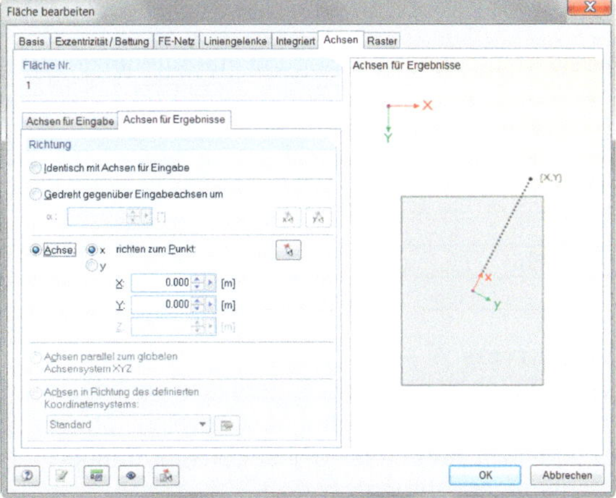

Um die Schnittgrößen der Kreisplatte auf die radialen bzw. tangentialen Richtungen zu beziehen, ist das Elementkoordinatensystem im Dialog *„Fläche bearbeiten"* entsprechend des nebenstehenden Bildes einzustellen.

Ergebnisse

Analytische Lösung:

In Abhängigkeit von den unterschiedlichen Dicken erhält man nach [3.11] für die maximale Durchbiegung in Plattenmitte:

$$w = \frac{p \cdot r^4}{64 \cdot K} \frac{(5+\mu)}{(1+\mu)} \quad \text{mit } p = \text{Lastordinate}, \; r = \text{Radius und}$$

$$K = \frac{E \cdot h^3}{12(1-\mu^2)} \quad \text{mit } E = \text{E-Modul}, \; h = \text{Plattendicke}, \; \mu = \text{Querdehnzahl}$$

Nach Einsetzen der Parameter entsprechend des Beispiele ergibt sich:

$$w = 0{,}17226 / h^3 \quad [\text{mm}]$$

Das maximale Moment ist unabhängig von der Plattendicke und beträgt:

$$M_t = M_\varphi = \frac{p \cdot a^2}{16} \cdot (3+\mu) = 50 \text{ kNm/m}$$

Das Schnittmoment m_{xy} ergibt sich zu null.

RFEM-Lösung:

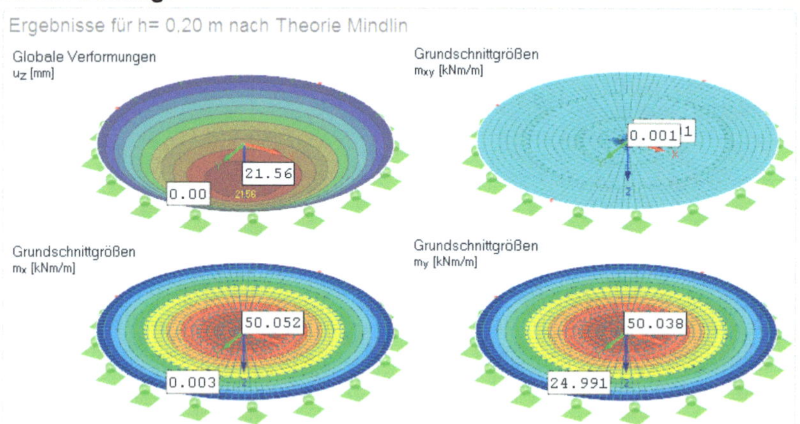

Auswertung der Durchbiegung in Plattenmitte [mm]

h [m]	h/D	Kirchhoff		Mindlin
		analytisch	RFEM	RFEM
0,30	0,030	6,38	6,38	6,40
0,25	0,025	11,02	11,03	11,05
0,20	0,020	21,53	21,54	21,56*
0,15	0,015	51,04	51,05	51,08
0,10	0,010	172,30	172,31	172,30

*vgl. Verformungsbild oben

Erkenntnisse

In der Tabelle werden die Ergebnisse der beiden Theorien bei kleiner werdenden Plattendicken verglichen. Die sehr gute Übereinstimmung der Ergebnisse der Theorie von Kirchhoff und Mindlin zeigt, dass selbst bei sehr dünnen Platten keine Shear Lockig Effekte in der Elementformulierung von RFEM auftreten.

2.1.2 Konsistente Lasten

Da die Elementlasten nicht „direkt“ in einer FE-Lösung berücksichtigt werden können, muss jedes Programm eine Umrechnung in diskrete Knotenkräfte vornehmen.

In den Anfängen der Entwicklung der Methode hat man in den Programmen die Verteilung der Elementlasten auf die Knoten nach einfachen statischen Prinzipien, quasi wie „von Hand“, vorgenommen.

Da diese Vorgehensweise der Überlagerung der Lasten mit linearen Ansatzfunktionen entspricht - also somit andere Funktionen verwendet werden, als für die Erstellung der Steifigkeitsmatrix - spricht man von **nichtkonsistenten Lasten**. Bei einer Plattenlösung, z. B. unter Gleichlast, entstehen dadurch nur vertikale Lasten, die Knotenmomente fehlen hier.

Die mechanisch korrekte Lösung zur Ermittlung der äquivalenten Knotenkräfte erfolgt durch Überlagerung der Lastwerte mit den Einheitsverformungen der Ansatzfunktionen. Die so ermittelten Knotenkräfte bezeichnet man als **konsistente Lasten**, da die Lasten nach energetischen Gesichtspunkten passend zu den übrigen im Programm enthaltenen Algorithmen ermittelt werden. Als logische Konsequenz folgt daraus in der Regel eine genauere Lösung.

In RFEM werden die Elementflächenlasten konsistent ermittelt. Damit entstehen neben den Knotenkräften auch Knotenmomente (vgl. Bild 3-6).

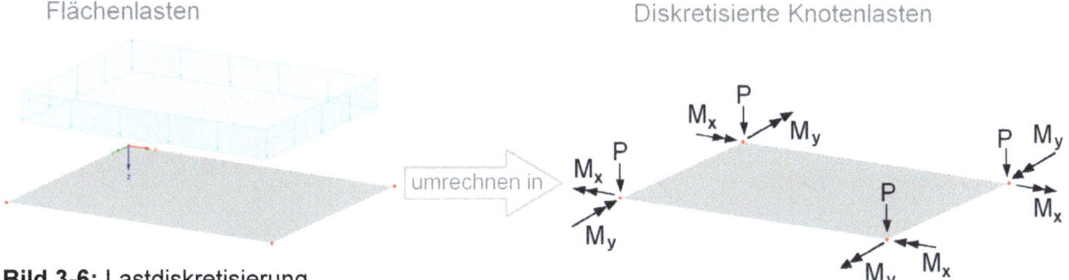

Bild 3-6: Lastdiskretisierung

In einigen kommerziellen Softwareprodukten existiert die Möglichkeit zwischen konsistenter und nichtkonsistenter Lastermittlung zu wählen.

Durch einfache Beispiele kann der Anwender die vom Programm durchgeführte Lastermittlung sichtbar machen. Das Beispiel Konsistent-01 demonstriert diese Vorgehensweise. Die Verbesserung der Lösung bei konsistenter Lastermittlung gegenüber nicht konsistenter zeigt das Beispiel Konsistent-02. Da RFEM grundsätzlich mit einer konsistenten Lastermittlung rechnet, werden in diesem Vergleich für die linke Platte durch eine zusätzliche manuelle Lasteingabe die vom Programm erzeugten konsistenten Momente wieder aufgehoben.

Beispiel Konsistent-01

Statisches System / Eingabewerte

Platte 8,00m·4,00m, alle Knotenfreiheitsgrade der Platte sind gelagert (u_Z= starr, Φ_X= starr, Φ_Y= starr)

Die über RFEM erzeugten Lasten „wandern“ ohne die Platte selbst zu belasten als Reaktionskräfte in die Stützkräfte

Material Platte:
E= 3.300 kN/cm²,
G= 1.370 kN/cm²
mit γ= 0 und μ= 0,2

Platte:
Dicke= 18cm,

Belastung:
Flächenlast= 12,50kN/m²

Vernetzung:
2,00m·2,00m

Eingabe in RFEM

Alle Freiheitsgrade, einschließlich der im späteren Generierungsprozess erzeugten „inneren“ Knoten, sind gelagert. Dazu mussten für den „inneren“ Bereich Knoten gesetzt werden. Bei dieser Vorgehensweise sind die vom Programm erzeugten Lasten in der Ausgabe als Stützkräfte (Reaktionskräfte) sichtbar.

Ergebnisse

Lagerreaktionen der Platte:

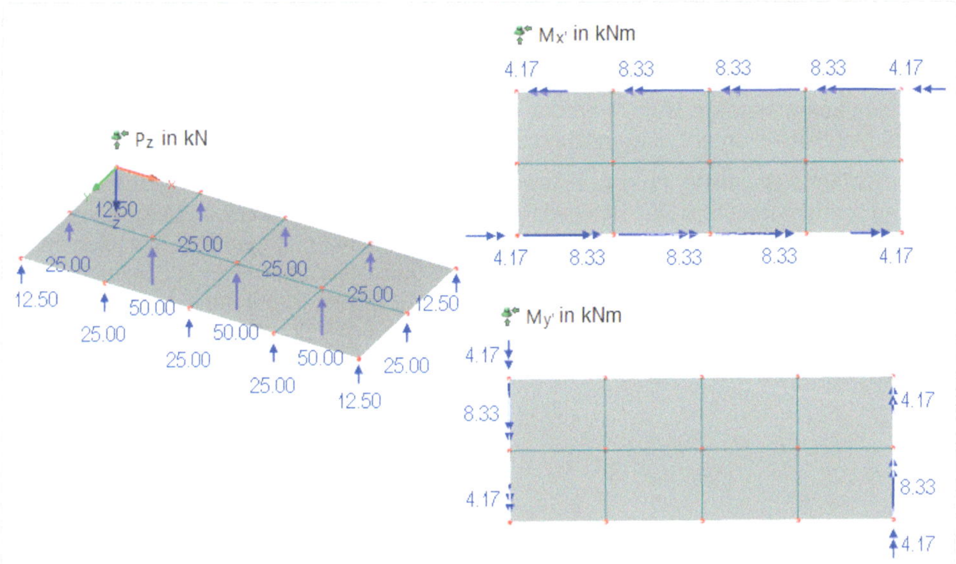

Die Schnittgrößen und Verschiebungen ergeben sich zu null

Erkenntnisse

Die der Flächenlast äquivalenten vertikalen Knotenlasten ergeben sich für das rechteckige finite Element nach einfachen statischen Regeln zu:

$$P = \frac{p \cdot A}{4} = \frac{12{,}5\,kN/m^2 \cdot 2m \cdot 2m}{4} = 12{,}5\,kN$$

mit p = Flächenlastordinate und

A = Elementfläche

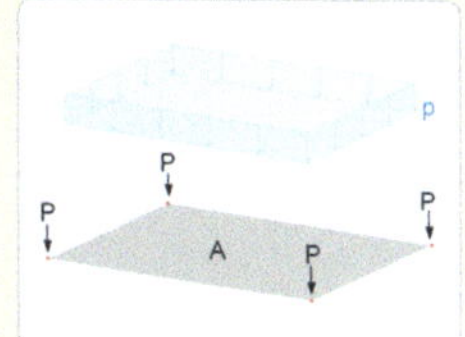

Je nachdem ob ein, zwei, drei oder vier Elemente am Knoten angrenzen, werden entsprechend des Flächenanteils die oben als Reaktionskräfte dargestellten Lasten erzeugt.

Bei **konsistenten Lasten** werden **zusätzlich noch Lastmomente** erzeugt. Auch diese Lasten kann man hier nach einfachen statischen Prinzipien nachvollziehen. Analog einer eingespannten Platte ergibt sich für den Knoten des Rechteckelementes folgendes Lastmoment:

$$M_X = M_Y = \frac{p \cdot l^2}{12} = \frac{12{,}5\,kN/m^2 \cdot 2^2\,m^2}{12} = 4{,}17\,kN$$

mit p = Flächenlastordinate

A = Elementfläche und

l = Elementlänge

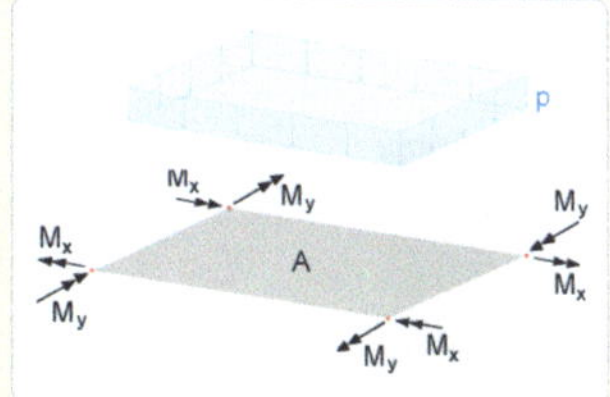

RFEM erzeugt diese Lasten allerdings auf anderem Weg aus der inneren Arbeit der Flächenlasten entsprechend der verwendeten Ansatzfunktionen.

Da die Elemente gleich groß sind und die Lastmomente von den am Knoten angrenzenden Elementen gegenläufig, heben sich diese im inneren Bereich auf. Im Randbereich bleiben die Momente entsprechend ihres Flächenanteils aus den angrenzenden Elementen erhalten und ergeben das oben dargestellte Momentenbild.

Zusammenfassung:

RFEM erzeugt hier konsistente Lasten. Anhand dieses einfachen Beispiels kann man die Arbeitsweise des Programms sichtbar machen.

Beispiel Konsistent-02

Statisches System / Eingabewerte

2 Platten 8,00m·4,00m mit gelenkiger Randlagerung ($u_z = \Phi_x =$ starr)

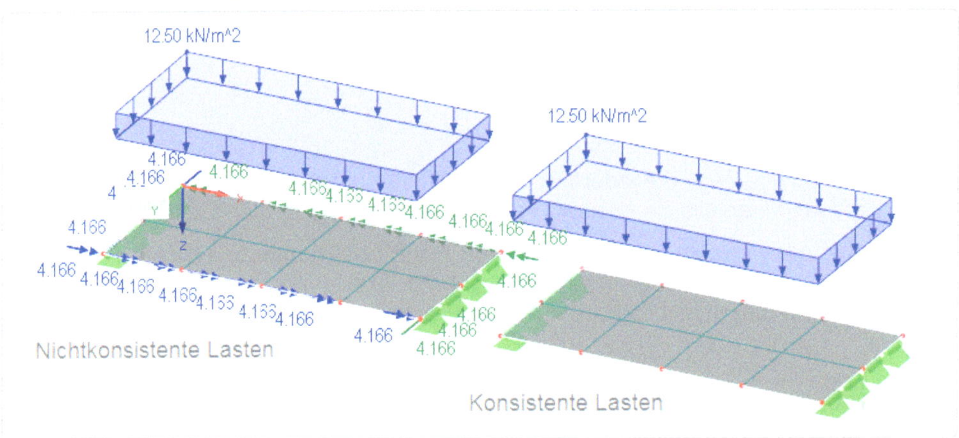

Material Platte: E= 3.300 kN/cm², G= 1.650 kN/cm² mit γ= 0 und μ= 0, Dicke= 18cm

Vernetzung: 2,00m·2,00m

Belastung: Flächenlast= 12,50kN/m²

Die bei der linken Platte eingegebenen Knotenmomente, sind den vom Programm erzeugten Momenten entgegengerichtet, so dass quasi hier mit nicht konsistenten Lasten (nur Kräfte in z-Richtung) gerechnet wird.

Ergebnisse

Moment m_x als mittiger Längsschnitt:

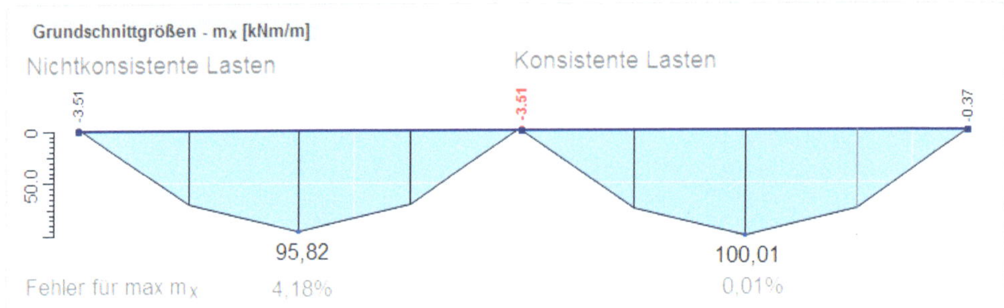

Erkenntnisse

Ausgehend von der oben dargestellten Aufgabenstellung liegt ein Träger auf zwei Stützen vor. Da die Querdehnzahl null ist, ergibt sich nach der strengen Lösung ein über die Plattenbreite konstant verteiltes Ergebnis, das mit dem des Balkens identisch ist. Das maximale Feldmoment beträgt demnach max $m_x = q \cdot L^2/8 =$ 100kNm/m.

Aus dem Ergebnisvergleich ist ersichtlich, dass die programminterne Erzeugung von konsistenten Lasten die Genauigkeit der Ergebnisse erheblich verbessert.

2.1.3 Integrationsfehler

Der Integrationsfehler spielt im Vergleich zu den zuvor diskutieren Fehlern eher eine untergeordnete Rolle - er soll jedoch der Vollständigkeit wegen mit aufgeführt werden.

Für die Erstellung des Lastvektors und der Elementsteifigkeitsmatrix ist es notwendig zu integrieren. Diese Integration wird zweckmäßigerweise numerisch durchgeführt. In den meisten Fällen wird die Gauß-Quadratur n-ter Ordnung benutzt. In Abhängigkeit von der Anzahl der gewählten Gaußpunkte kann die Integration genau oder mit Fehlern behaftet durchgeführt werden. Eine „höhere“ Integration erfordert mehr Programmier- und Rechenaufwand. Werden die für eine genaue Integration notwendigen Gauß-Stützpunkte verringert, spricht man von einer reduzierten Integration. Finite Elemente, die reduziert integriert werden, verhalten sich weicher. Häufig bilden Finite Elemente die Struktur steifer ab. Deshalb benutzen Softwarehersteller mitunter die reduzierte Integration, um den Fehler auszugleichen. Dieses Thema wird in der einschlägigen Fachliteratur kontrovers diskutiert, z.B. warnt Bathe [3.10] diese Vorgehensweise einzusetzen, da das Risikopotential ggf. zu groß ist.

2.1.4 Schlussbemerkung

Die Meinungen in der Fachliteratur, welche Forderung erfüllt sein muss bzw. erfüllt sein sollte, gehen mitunter stark auseinander. Die Gewährleistung einer Mindestansatzordnung ist unverzichtbar. Nach Meinung der Autoren stellt die Approximation konstanter Krümmungszustände bei Platten und die Approximation konstanter Verzerrungszustände bei Scheiben eine weitere Grundanforderung dar. Ebenso stellen konforme und “Shear Locking” freie dicke Elemente, sowie eine ausreichend genaue Integration wichtige Qualitätsmerkmale für ein zeitgemäßes FE-Programm dar.

Falls geringe Fehlereinflüsse durch eine nicht vorhandene geometrische Isotropie und Drehungsinvarianz bzw. Invarianz gegen Starrkörperverschiebungen entstehen ist das durchaus tolerierbar. Auch wenn das Prinzip der konsistenten Lasten nicht konsequent für alle Lastarten und Lasttypen im Programm realisiert ist, stellt dies keinen Qualitätsmangel dar.

2.2 Nicht vermeidbare Fehlerquellen (Software unabhängig)

Unter dieser Überschrift werden all jene Fehlereinflüsse zusammengefasst, mit denen jeder Anwender unabhängig von der verwendeten Software konfrontiert wird. Aus dem inneren Verständnis der Methode heraus und unter Ausnutzung der Möglichkeiten, welche die Software bereitstellt, ist es notwendig, diesen Fehler soweit zu „reduzieren“ bzw. zu „isolieren“, dass er baupraktisch nicht mehr relevant ist. Dazu sind ausführlichere Betrachtungen notwendig.

2.2.1 Projektionsfehler

Der Begriff **Projektions**fehler begründet sich aus der Tatsache, dass bei FE-Anwendungen die Lösung des exakten Randwertproblems auf einen FEM-Ansatzraum **projiziert** (näherungsweise umgesetzt) wird. Das heißt, dass das Ergebnis nicht aus der strengen Lösung der Differentialgleichung des Problems (wenn überhaupt möglich) gewonnen wird, sondern aus einem Näherungsansatz unter Verwendung von FEM typischen Ansatzfunktionen. Häufig wird auch der Begriff Diskretisierungs- oder Vernetzungsfehler benutzt, da dieser Fehler im Wesentlichen vom Anwender über die Feinheit des FE-Netzes beeinflusst werden kann. Diese Bezeichnungen sind aber nicht sehr zutreffend, da die Feinheit des Netzes nur einen, wenn auch wesentlichen, Einflussfaktor darstellt.

Der Projektionsfehler hat die Eigenschaft, bei immer feiner werdendem Netz gegen null zu gehen.

Grundsätzlich unterscheidet man zwischen den Begriffen p- und h-Konvergenz.

Unter p-Konvergenz versteht man die Verbesserung des Ergebnisses durch die Erhöhung der Polynomordnung der Ansatzfunktionen. Diese Option ist in kommerziellen FE-Programmen im Bauwesen kaum anzutreffen. Vereinzelt gibt es Software, in denen durch die Wahl zwischen unterschiedlichen Elementtypen im Programm die Ansatzfunktionen indirekt beeinflusst werden können.

Der Begriff h-Konvergenz steht, wie oben bereits erwähnt, in engem Zusammenhang mit der Netzfeinheit. Bild 3-7 zeigt, wie eine bestehende Funktion durch eine Erhöhung der Elementzahl angenähert und damit der Fehler stark reduziert werden kann.

Annäherung einer Funktion mit linearen Ansätzen

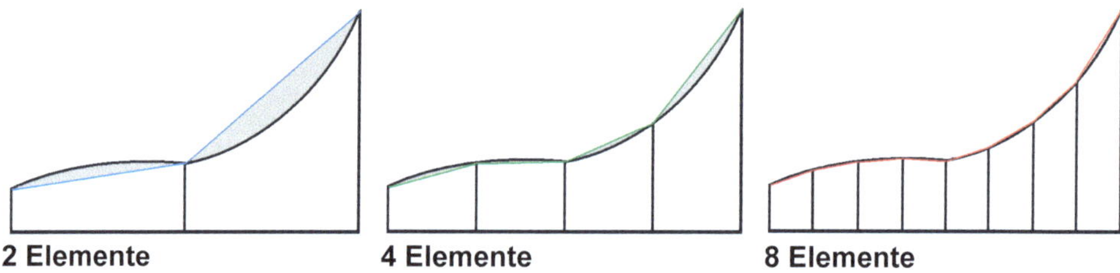

Bild 3-7: Effekt einer Netzverfeinerung (h-Konvergenz)

Die Erstellung des FE-Netzes ist ein außerordentlich wichtiger Punkt. Der Anwender muss das Netz so gestalten, dass der damit verbundene Fehler für die Belange des Bauwesens vernachlässigbar ist. Die Software, das heißt der automatische Netzgenerator mit all seinen nützlichen Optionen, wird ihn dabei unterstützen. Die Verantwortung dafür, dass das Netz ausreichend gut ist, kann das Programm dem Anwender allerdings nicht abnehmen.

Die wichtigsten Einflussfaktoren sind die Netzdichte, die Form der Elemente, die Kontinuität im Netzverlauf und die Vernetzung in den so genannten Problemzonen.

Für die Gestaltung des Netzes gibt es Regeln, die allgemein gültig sind und damit eine Art Handlungsvorschrift darstellen. Erschwerend wirkt allerdings, dass die einzelnen Softwareprodukte meist unterschiedliche Ansatzfunktionen verwenden und dadurch die Ergebnisse selbst bei identischen Netzen mitunter stark schwanken. Die implementierten Elemente unterscheiden sich hinsichtlich ihrer Leistungsfähigkeit z. B. in ihrem Konvergenzverhalten und besitzen auch unterschiedliche Stärken und Schwächen, je nachdem in welchen Bereichen man das Lösungsverhalten untersucht. So gibt es in Bezug auf das Gesamtverhalten mehr oder weniger gute Elemente, aber wohl kein Element, das in allen Bereichen „Bestnoten" erzielt. Der Anwender sollte deshalb mit seiner Software Erfahrungen sammeln. Es ist erstaunlich, wie selbst mit einfachen Beispielen die Leistungsfähigkeit der Elementansätze beurteilt werden kann und wie schnell ein Gefühl für eine sinnvolle Gestaltung des Netzes entstehen kann.

Als Nächstes soll etwas ausführlicher auf die Netzgestaltung eingegangen werden. In [3.6] ist eine Zusammenfassung der wichtigsten allgemeinen Regeln enthalten. Aus der Vielzahl der Gestaltungsmöglichkeiten sollen die 10 wesentlichsten Regeln aufgeführt und teilweise mit Beispielen hinterlegt werden:

Regel 1: Als Kriterium für die Genauigkeit der Ergebnisse sind nicht die absoluten Abmessungen des Finiten Elementes entscheidend, sondern die Besonderheiten des statischen Systems, wie Stützweiten, Lasteintragungen usw. und die in diesen Bereichen vorgenommene Elementteilung. Im Bereich mit hohen Schnittkraftgradienten ist feiner zu vernetzen. In unmittelbarer Nähe von zu erwartenden Extremwerten sollte ein Netzknoten bzw. eine Ausgabestelle liegen (vgl. Ergebnisse der Beispiele Netz-01 bis Netz-04).

Regel 2: Im Allgemeinen sind die Ergebnisse bei Verwendung von Viereckelementen im Gegensatz zu Dreieckelementen genauer.

Regel 3: Die Form der Elemente hat Einfluss auf die Genauigkeit der Ergebnisse. Die ideale Form des Vierecks ist ein Quadrat. Welche Seitenverhältnisse bzw. welche Grenzwinkel kritisch sind, hängt von den verwendeten Ansätzen ab. Im Allgemeinen sollte sich das Seitenverhältnis a/b zwischen 0,5 und 2 und die Innenwinkel zwischen 30° und 150° bewegen.

Regel 4: Das günstigste Dreieckelement ist das gleichseitige Dreieck, wobei nach den üblichen Literaturangaben die Innenwinkel von 60° abweichend zwischen 30° und 120° liegen sollten.

Regel 5: Nicht nur die Form, sondern auch die Anordnung der Elemente im Netz beeinflusst das Ergebnis. Das rechte Netz in Bild 3-8 ist ggf. günstiger, da die wechselnden Diagonalen den Ergebnissen keinen „Richtungssinn" aufprägen.

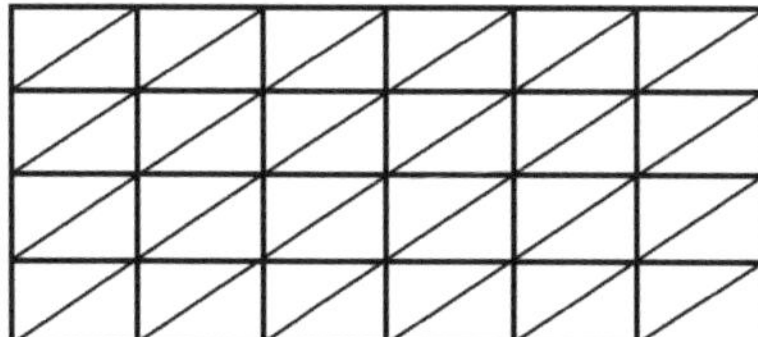
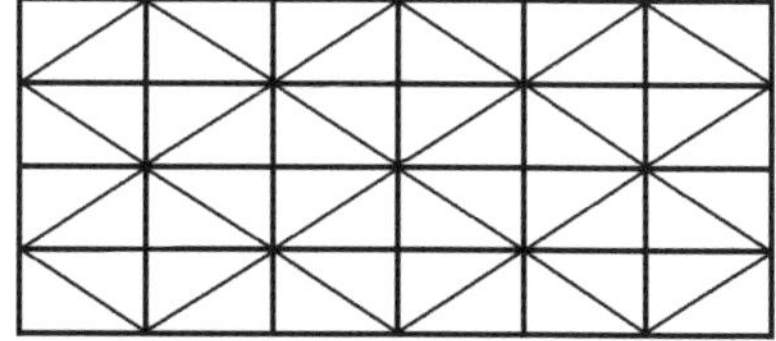

Bild 3-8: Vernetzungsvarianten mit Dreieckelementen

Regel 6: Eine Verdichtung des Netzes erhöht die Genauigkeit. Ausnahmen bilden Unstetigkeitsstellen und Finite Elemente, die mit einem Defekt behaftet sind (z. B. nicht konforme Elemente).

Regel 7: Das Netz sollte nicht unnötig fein sein, da mit zunehmender Elementzahl die Anzahl der Knoten wächst und damit auch die Rechenzeit für die Lösung des Gleichungssystems. Bei größeren Systemen beansprucht dieser Anteil den Hauptteil der Rechenzeit. Mit der Erhöhung der Knotenanzahl wächst die Zeit für die Lösung des Systems exponentiell.

Regel 8: Sobald die Größe des Gleichungssystems die verfügbaren Ressourcen des Arbeitsspeichers überschreitet, kann sich die Rechenzeit in Größenordnungen erhöhen.

Regel 9: Bei der Berechnung der Schnittgrößen ermittelt die FEM für die einzelnen Knoten des FE-Netzes je angeschlossenes Element ein Ergebnis. Auf Grund des Näherungscharakters der Methode weichen diese im Allgemeinen mehr oder weniger voneinander ab. Die arithmetische Mittelung der Elementergebnisse am Knoten nach Gl. 3-1 verbessert die Genauigkeit erheblich - man spricht hier von einer „Konvergenz beschleunigenden Wirkung“ (vgl. Ergebnisse Beispiel Mittelbildung). Falls nicht zwingende Gründe[2] dagegen sprechen, ist deshalb die Mittelbildung oder eine andere Form der Ergebnisglättung immer im Programm einzustellen.

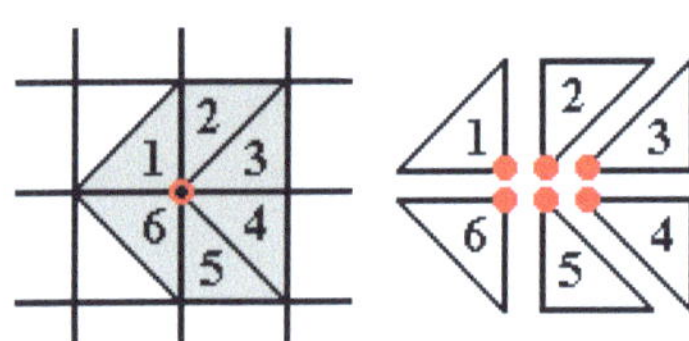

Bild 3-9: Mittelbildung am Knoten

$$m_m = \frac{\sum_{k=1}^{n} m_k}{n} \qquad (3\text{-}1)$$

mit m_m = gemitteltes Moment
m_k = Moment am Einzelelement
n = Zahl der angrenzenden Elemente

Regel 10: Obwohl die Netzgestaltung ein wichtiges Thema ist, sollten trotzdem Aufwand und Nutzen für eine Optimierung in einem sinnvollen Verhältnis stehen, da die Genauigkeit der ohnehin vorhandenen Idealisierungen (Modellbildung usw.) bereits eine Grenze darstellt und Verbesserungen darüber hinaus keinen merklichen Effekt erzielen.

Generell ist wichtig, wie der automatische Netzgenerator den Anwender bei der Erstellung des von ihm gewünschten Netzes unterstützt. Durch möglichst wenige Eingaben sollte sich ein automatisch erzeugtes Netz intelligent der jeweilig vorgegebenen Problemstellung anpassen, in Zusammenhang mit den verwendeten Ansätzen sinnvolle Elementformen (Einhaltung von Seitenverhältnissen und Grenzwinkeln) erzeugen und dabei trotzdem noch einen Freiraum für die Kreativität des kundigen Nutzers zulassen.

In den folgenden Beispielen Netz-01 bis Netz-04 und Mittelbildung werden zunächst Plattentragwerke untersucht.

Entscheidend ist z. B. die Frage, wie viele Elemente über die Stützweite notwendig sind, um ausreichend genaue Ergebnisse zu erhalten. Die anschließend dargestellten Syste-

[2] Falls Schnittgrößensprünge bewusst sichtbar gemacht werden sollen, mit unterschiedlichen Koordinatensystemen gearbeitet wird oder 3-Dimensionale Modelle berechnet werden, ist die Mittelbildung gezielt auszuschalten

me stellen Sonderfälle mit zum Teil idealen Bedingungen dar, wie Rechteckplatten, einfache Geometrien und die Vernetzung ausschließlich mit Drei- oder Viereckelementen. Auch wenn bei praktischen Aufgabenstellungen häufig eine komplizierte Geometrie vorliegt und gemischte Netze aus Drei- und Viereckelementen entstehen, sind die Beispiele aussagefähig und repräsentieren die Konvergenzeigenschaften der Elementansätze. Der Anwender kann durch diese Tests die für sein FE-Programm gültigen Regeln ableiten.

Einen ersten Anhaltspunkt zu diesem Thema können Hinweise aus der einschlägigen Fachliteratur geben. Avak [3.4] empfiehlt z. B. bei wenig veränderlichen Schnittgrößen 8 bis 11 Elemente und bei stärker veränderlichen Schnittgrößen sogar 20 Elemente über die Stützweite.

Beispiel Netz-01

Statisches System / Eingabewerte

4 Platten 8,00m·4,00m mit unterschiedlicher Vernetzung,

gelenkig gelagert (Linienlager $u_z = \Phi_x =$ starr)

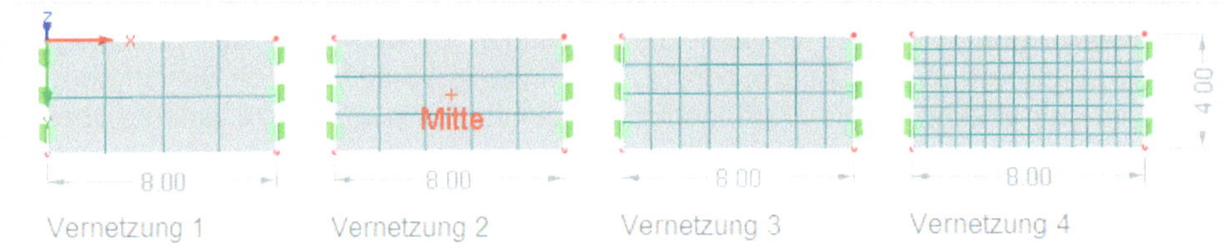

Material Platte:

E= 3.300 kN/cm², G= 1.650 kN/cm²

mit γ= 0 und μ= 0!

Platte: Dicke= 18cm,

Belastung:

Flächenlast= 12,50kN/m²

Vernetzung:

Netz1: 2,00m·2,00m (2·4 Elemente),

Netz2: 1,60m·1,60m (3·5 Elemente),

Netz3: 1,00m·1,00m (4·8 Elemente),

Netz4: 0,50m·0,50m (8·16 Elemente)

Eingabe in RFEM

Über Netzverdichtungen werden den Flächen die entsprechenden Netzdichten zugewiesen und anschließend *„FE-Netz generieren"* gestartet.

Ergebnisse

Moment m_x als Isolinien:

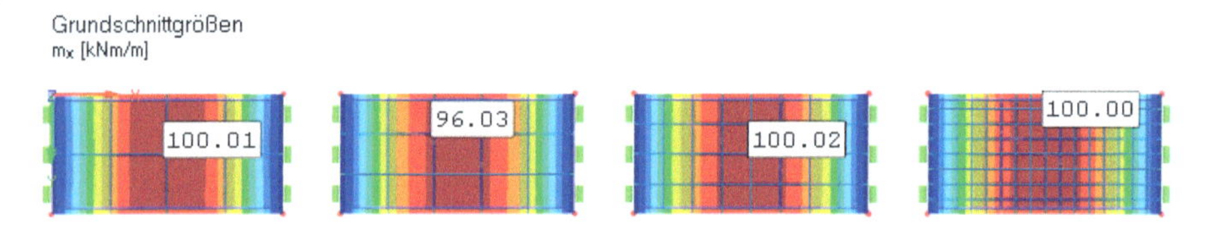

Moment m_x als mittiger Längsschnitt:

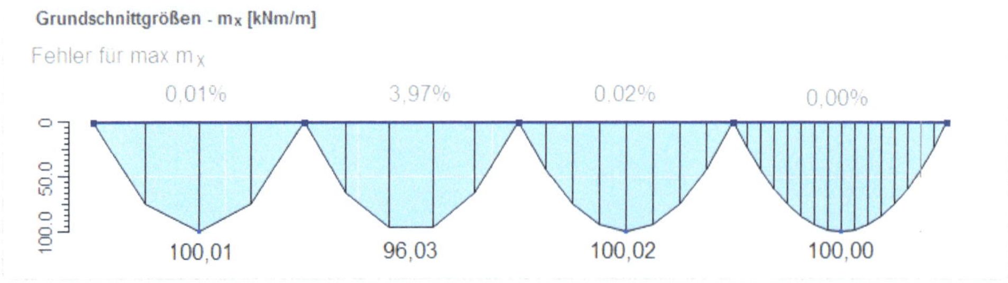

Erkenntnisse

Ausgehend von der oben dargestellten Aufgabenstellung liegt quasi ein Träger auf zwei Stützen vor. Da die Querdehnzahl null ist, ist ein über die Plattenbreite konstant verteiltes Ergebnis zu erwarten, das mit dem des Balkens identisch ist. Das maximale Feldmoment ergibt sich demnach zu max $m_x = q \cdot L^2/8 = 100\text{kNm/m}$.

Bereits bei 4 Elementen über die Stützweite erreicht RFEM das genaue Ergebnis. Damit erübrigen sich weitere Konvergenzbetrachtungen.

Da es sich hier um Viereckelemente handelt und diese noch dazu eine ideale Form (Quadrat) aufweisen, sind die Ergebnisse im Allgemeinen bei allen FE-Programmen unproblematisch. Für die im Bauwesen üblicherweise tolerierbare Fehlergrenze von 3% sind für diese Konstellation häufig nur 4 bis 6 Elemente über die Stützweite ausreichend. Allerdings sollten in der Nähe der zu erwartenden Extremwerte auch Netzknoten liegen. Wie die Vernetzung 2 zeigt, kann bei Nichtbeachtung dieser Regel der Fehler trotz einer feineren Vernetzung gegenüber dem Netz 1 erheblich ansteigen.

Das nächste Beispiel soll zeigen, wie sich der Fehler bei Verwendung von Dreieckelementen entwickelt.

Beispiel Netz-02

Statisches System / Eingabewerte

Abweichung von Beispiel Netz-01:

Die Viereckelemente werden durch je zwei Dreiecke ersetzt.

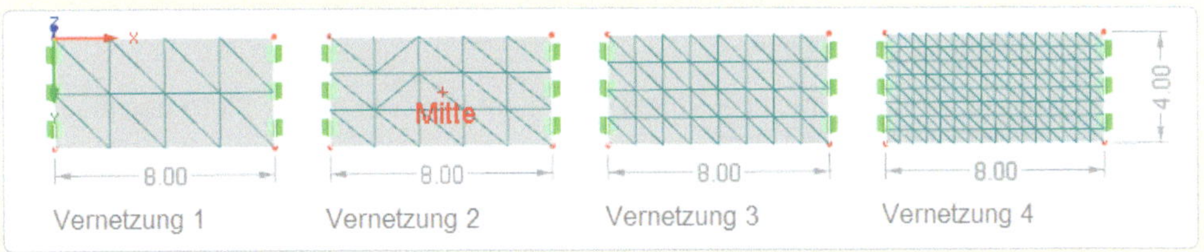

Eingabe in RFEM:

Unter *„Berechnung“* ist im Menü *„FE-Netz-Einstellungen“* der Schalter *„Nur Dreiecke“* generieren einzuschalten. Die bereits eingestellten FE-Netzverdichtungen bleiben unverändert erhalten.

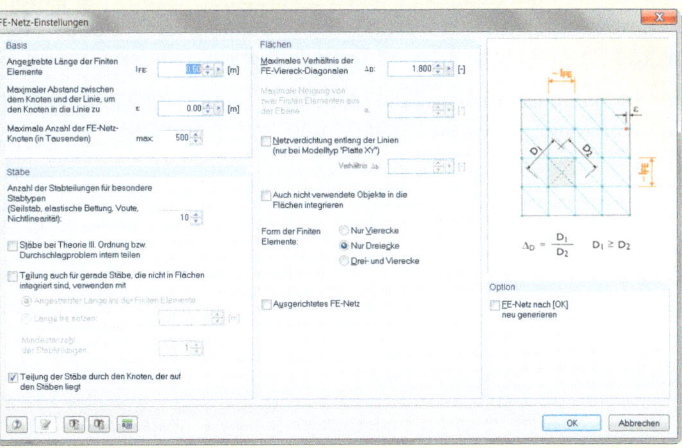

Ergebnisse

Moment m_x als Isolinien:

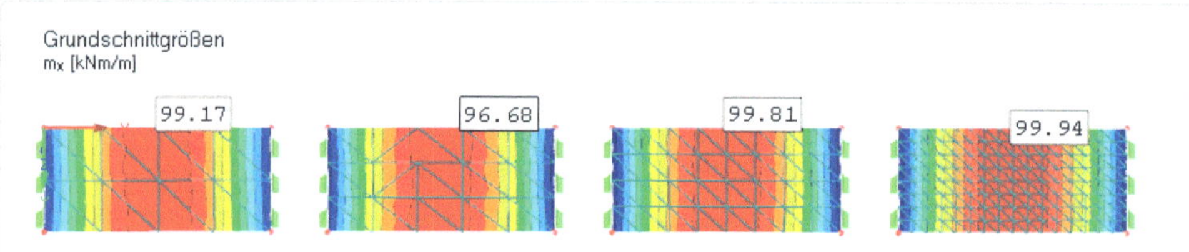

Moment m_x als mittiger Längsschnitt:

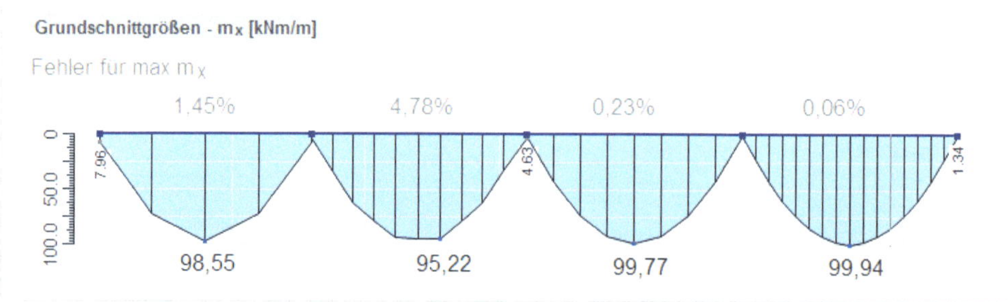

Erkenntnisse

Erwartungsgemäß ist der Fehler bei Verwendung von Dreieckelementen im Vergleich zu Viereckelementen bei allen Vernetzungen höher (wenn auch gering), obwohl die Elementzahl bereits doppelt so hoch ist.

Der höchste Fehler tritt hier auch bei Vernetzung 2 auf, bei dem an der Stelle des maximalen Momentes kein Netzknoten liegt.

Die Parallelität der Isolinien wird durch die Diagonalen der Dreieckelemente stärker gestört. Bei feineren Vernetzungen schwächt sich der Einfluss allerdings ab.

Um unter der Fehlergrenze von 3% zu bleiben, benötigt RFEM nur vier Dreieckelement-Reihen über die Stützweite. Da die Verschlechterung der Ergebnisse bei Verwendung von Dreieckelementen in der Regel höher ausfällt, kann dieses Ergebnis nicht verallgemeinert werden. Häufig sind 8 bis 12 Dreieckelement-Reihen über die Stützweite notwendig.

Im nächsten Beispiel soll ein statisches System gewählt werden, bei dem die Schnittkraftfunktion einer größeren Veränderung unterworfen ist.

Beispiel Netz-03

Statisches System / Eingabewerte

4 Platten 8,00m·4,00m mit unterschiedlicher Vernetzung,

Eingespannt (Linienlager u_Z= starr, Φ_X= starr, Φ_Y= starr)

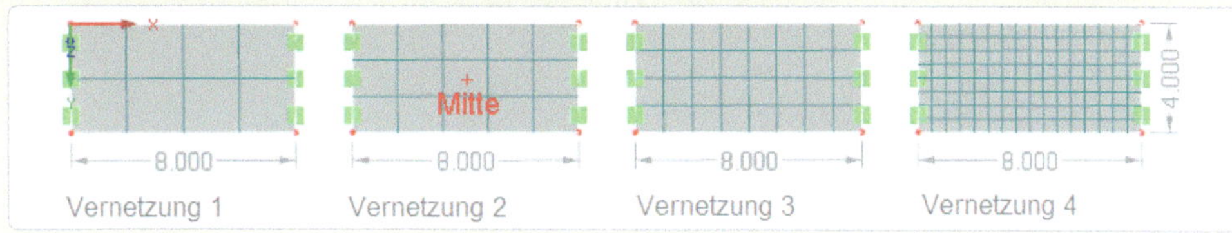

Material Platte:

E= 3.300 kN/cm², G= 1.650 kN/cm² mit γ= 0 und μ= 0!

Platte: Dicke= 18cm,

Belastung:

Flächenlast= 37,50kN/m²

Vernetzung:

Netz1: 2,00m·2,00m (2·4 Elemente),
Netz2: 1,60m·1,60m (3·5 Elemente),
Netz3: 1,00m·1,00m (4·8 Elemente),
Netz4: 0,50m·0,50m (8·16 Elemente)

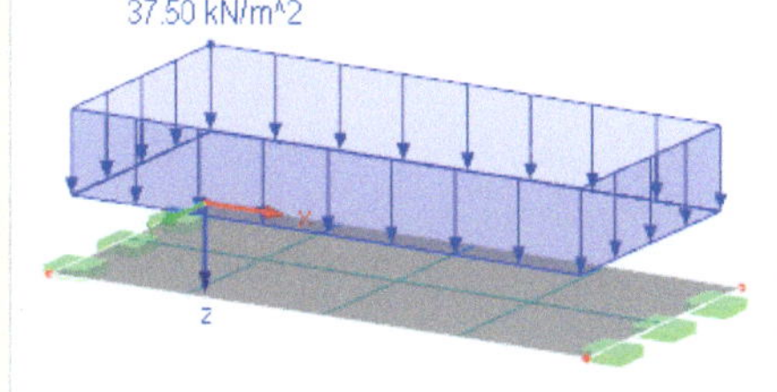

Ergebnisse

Moment m_x als mittiger Längsschnitt:

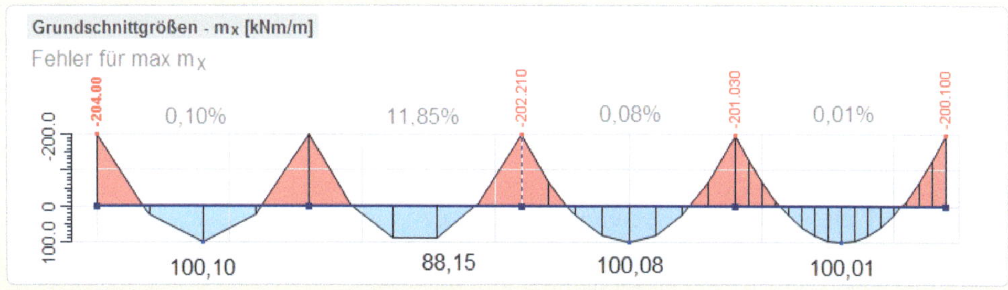

Erkenntnisse

Auch für dieses Beispiel ist die Balkenlösung als Referenzbeispiel verwendbar. Die Ergebnisse sind über die Plattenbreite konstant verteilt (μ= 0). Die Belastung wurde so erhöht, dass sich für den nun eingespannten Träger wieder ein maximales Feldmoment von max $m_x = q \cdot L^2/24$= 100kNm/m ergibt.

Im Vergleich zu Beispiel Netz-01 weist das Schnittmoment m_x eine höhere Veränderlichkeit auf. Damit sind normalerweise mehr Elemente notwendig, um die Zustandslinien gut anzunähern. Ein Vergleich mit den Fehlerwerten aus Beispiel Netz-01 zeigt, dass dieser Einfluss bei RFEM jedoch unwesentlich ist. Auch hier sind bezogen auf RFEM nur 4 Elemente über die Stützweite notwendig. Im Allgemeinen sollten allerdings 6 bis 8 Elemente als sinnvoller Richtwert gelten.

Der Fehler durch den fehlenden Netzknoten im Bereich des maximalen Feldmomentes bei der Vernetzung 2 vergrößert sich allerdings durch die erhöhte Veränderlichkeit der Zustandslinie erheblich.

Das nächste Beispiel soll zeigen, wie sich der Fehler für die eingespannte Platte bei Verwendung von Dreieckelementen entwickelt.

Beispiel Netz-04

Statisches System / Eingabewerte

Abweichung von Beispiel Netz-03:

Die Viereckelemente werden durch je zwei Dreiecke ersetzt.

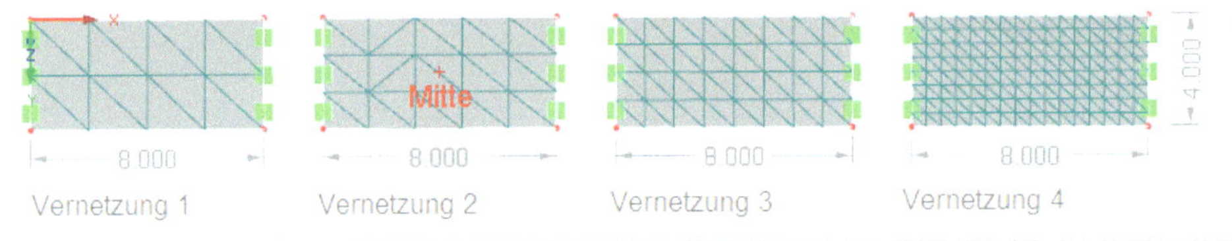

Ergebnisse

Moment m_x als mittiger Längsschnitt:

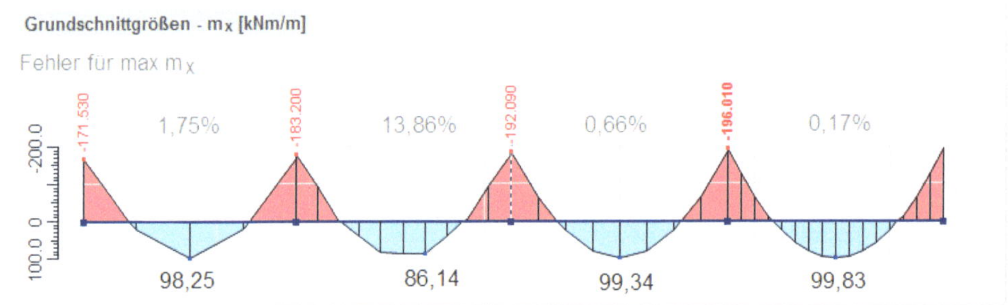

Erkenntnisse

Auch hier ist festzustellen, dass der Fehler bei Dreieckelementen im Vergleich zu den Viereckelementen bei allen Vernetzungen nur etwas höher ausfällt. Für dieses Beispiel ist die Vernetzung 3 bei Verwendung der RFEM-Ansätze ausreichend. Im Allgemeinen sollte aber mit 12 bis 14 Dreieckelement-Reihen vernetzt werden.

Kritisch ist wiederum der fehlende Netzknoten im Bereich des maximalen Feldmomentes bei Vernetzung 2. Immerhin beträgt hier der Fehler 13,86%.

Zusammenfassung

Für die untersuchten Beispiele Netz-01 bis Netz-04 würde RFEM mit 4 Viereckelementen bzw. 8 Dreieckelementreihen über die Stützweite auskommen. Trotzdem sollte nicht zu sparsam mit den Elementen umgegangen werden. Eine feinere Vernetzung schadet prinzipiell nicht und erhöht durch die genaueren und dichteren Ergebnisse letztlich die Sicherheitsreserve.

Es sei an dieser Stelle noch einmal darauf hingewiesen, dass die Qualität der im Programm enthaltenen Ansatzfunktionen bei derartigen Betrachtungen einen entscheidenden Einflussfaktor darstellt. Konvergenzbetrachtungen mit dem jeweils vorliegenden Programm sind demnach unerlässlich.

Zusammenfassend kann gesagt werden, dass bessere Ergebnisse durch leistungsfähige Ansätze für den Anwender immer einen Gewinn darstellen. Sie entbinden ihn allerdings nicht davon, das Netz so zu gestalten, dass im Bereich von zu erwartenden Extremwerten auch Ergebniswerte, sprich Netzknoten, vorhanden sind. Die Beispiele Netz-01 bis Netz-04 zeigen das sehr deutlich.

Beispiel Mittelbildung

Statisches System / Eingabewerte

4 Platten 8,00m·4,00m mit unterschiedlicher Vernetzung,

einseitig eingespannt (Linienlager u_Z= starr, Φ_X= starr, Φ_Y= starr bzw. nur u_Z= starr)

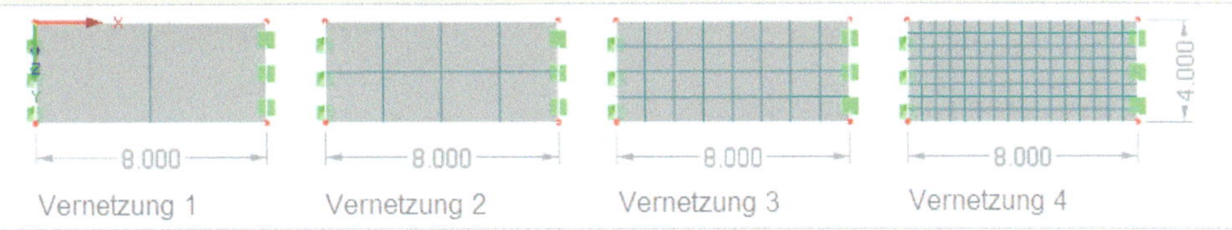

Material Platte:

E= 3.300 kN/cm², G= 1.650 kN/cm² mit γ= 0 und μ= 0!

Platte: Dicke= 18cm,

Belastung:

Flächenlast= 25,00kN/m²

Vernetzung:

Netz1: 4,00m·4,00m (1·2 Elemente),
Netz2: 2,00m·2,00m (2·4 Elemente),
Netz3: 1,00m·1,00m (4·8 Elemente),
Netz4: 0,50m·0,50m (8·16 Elemente)

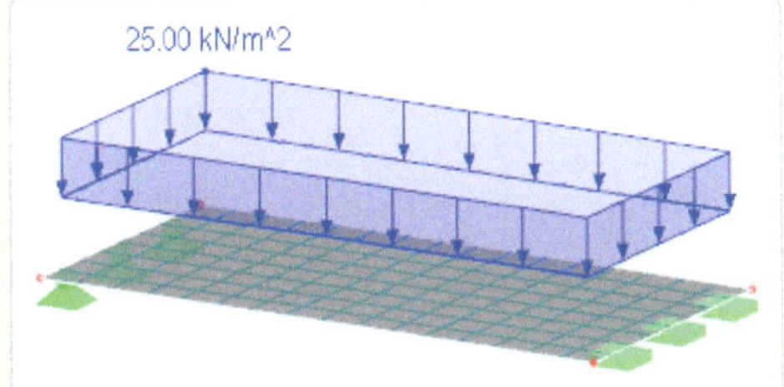

Eingabe in RFEM

Die Art der Mittelbildung wird im Zeigen-Navigator eingestellt.
RFEM unterscheidet fünf Möglichkeiten:

Ergebnisse
Ergebniswerte
Kopfzeile-Information
Max/Min-Info
Verformung
Stäbe
Flächen
Verlauf der Schnittgrößen/Spannungen
Konstant in Elementen
Nicht durchlaufend
Durchlaufend innerhalb Flächen
Durchlaufend gesamt
Kontinuierlich gruppenweise

- **Konstant in Elementen**
  konstanter Verlauf im Element ohne Mittelbildung
- **Nicht durchlaufend**
  Interpolation im Element ausgehend von den Ergebnissen in speziellen Punkten ohne Mittelbildung
- **Durchlaufend innerhalb Flächen**
  Mittelbildung am Knoten innerhalb der definierten Flächen mit anschließender Interpolation über das Element
- **Durchlaufend gesamt**
  Alle Ergebnisse werden am Knoten gemittelt (unabhängig von den definierten Flächen). Anschließend erfolgt die Interpolation über das Element
- **Kontinuierlich gruppenweise**
  Steuerung über Mittelwertsgruppen

Ergebnisse

Um die Konvergenz beschleunigende Wirkung der Mittelbildung zu verdeutlichen, werden die Ergebnisse mit und ohne Mittlung (häufig auch als Glättung bezeichnet) verglichen. Das Moment in der Mitte des Systems wird als Vergleichswert zu Grunde gelegt. Damit rechts und links dieses Wertes bei ausgeschalteter Mittlung unterschiedliche Ergebnisse vom Programm berechnet werden, wurde bewusst ein nicht symmetrisches System gewählt.

m_x als Isolinien bei eingestellter Mittelbildung:

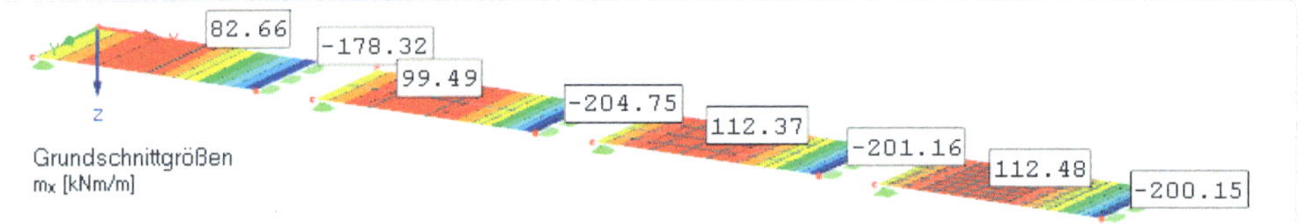

Moment m_x als mittiger Längsschnitt:

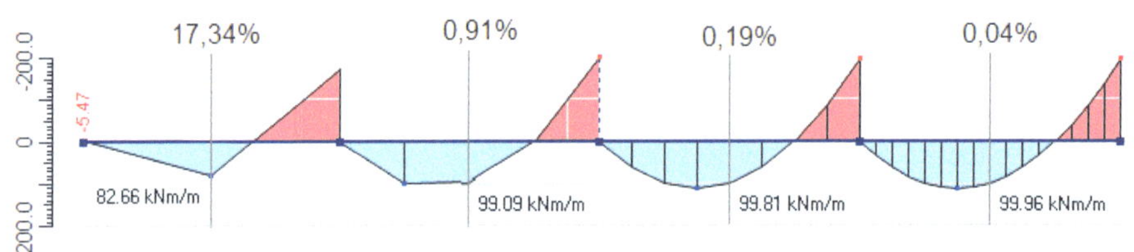

Fehler für m_x in der Mitte des Systems bei ausgestellter Mittelung (Nicht durchlaufend)

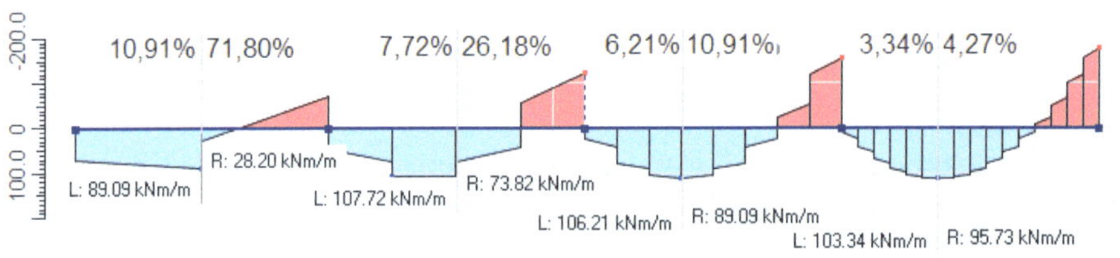

Erkenntnisse

Ausgehend von der Referenzlösung des einseitig eingespannten Balkens ergeben sich folgende über die Plattenbreite konstant verteilten Ergebnisse:

Moment am eingespannten Rand:	$-q \cdot L^2/8=200{,}00$kNm/m
Maximales Moment:	$9q \cdot L^2/128=112{,}50$kNm/m bei $\xi=0{,}375$
Moment in der Mitte des Systems:	$q \cdot L^2/16=100{,}00$kNm/m bei $\xi=0{,}5$

Die Sprünge in der Zustandslinie m_x im oben dargestellten Längsschnitt (untere Reihe) weisen auf die ausgeschaltete Glättung hin. Bei feiner werdender Vernetzung werden die Sprünge geringer. Die Größe des Schnittkraftsprunges kann auch als Fehlerindikator für die Genauigkeit der Lösung interpretiert werden.

Der geglättete Wert ergibt sich nicht aus dem arithmetische Mittel der Ergebnisse der angrenzenden Elemente, da RFEM diesen Wert nach einer speziell neu entwickelten Integration berechnet.

Die Fehlerwerte der ungeglätteten Ergebnisse fallen relativ hoch aus. Werden dazu die Fehlerwerte der geglätteten Ergebnisse verglichen, wird eindrucksvoll deutlich, welche Bedeutung die Glättung im Hinblick auf die Verbesserung der Schnittgrößenergebnisse hat.

Für Scheibentragwerke sind natürlich Konvergenzbetrachtungen ebenso interessant. Die Beispiele Netz-05 und Netz-06 geben Aufschluss über das Konvergenzverhalten der Scheibenansätze in RFEM.

Es sei an dieser Stelle noch einmal bemerkt, dass für die Berechnung von dreidimensionalen Systemen mit Flächenelementen die Leistungsfähigkeit der Platten- und Scheibenelemente gleichermaßen wichtig ist, da dort eine Kopplung der beiden Tragwirkungen existiert.

Beispiel Netz-05

Statisches System / Eingabewerte

3 Scheiben 4,00m·0,40m mit unterschiedlicher Vernetzung

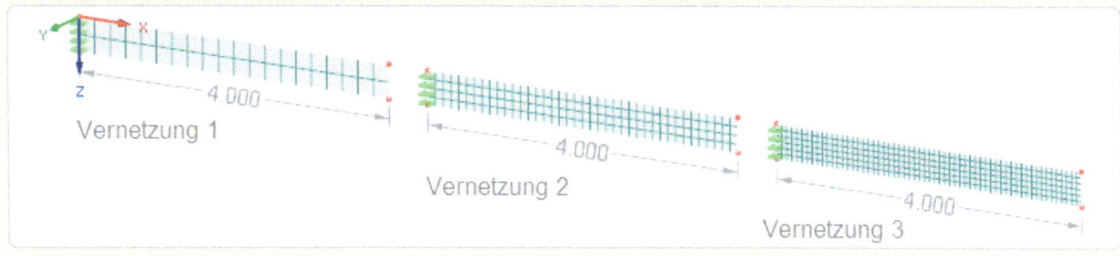

Festes Lager (Linienlager starr u_X= starr, u_Z= starr, ϕ_Y= starr)

Material Scheibe:

E= 3.300 kN/cm², G= 1.370 kN/cm²
mit γ= 0 und μ= 0,2

Scheibe: Dicke= 20cm,

Belastung:

Linienlast= 3,333 kN/m

Vernetzung:

Netz1: 0,200m·0,200m (2 Elemente über Höhe),
Netz2: 0,100m·0,100m (4 Elemente über Höhe),
Netz3: 0,066m·0,066m (6 Elemente über Höhe)

Eingabe in RFEM

Die Netzverdichtung wird analog dem Beispiel Netz-01 eingegeben.

Ergebnisse

Scheibenschnittgrößen als Isoflächen (Vernetzung 3):

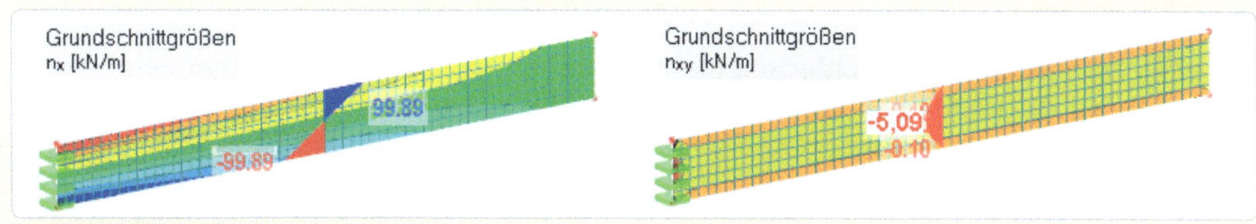

Abweichung zur Balkentheorie für max n_x und max n_{xy} in Trägermitte (Schnitt 1-1):

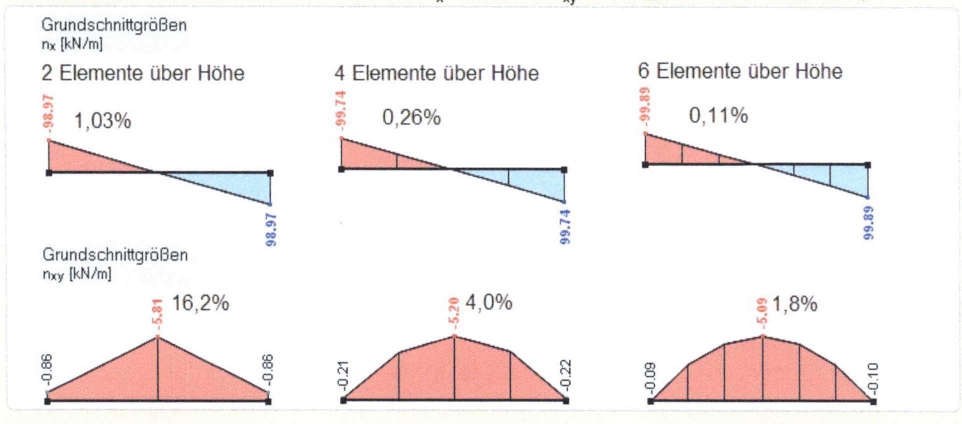

Erkenntnisse

Ausgehend von der oben dargestellten Aufgabenstellung wird hier ein eingespannter schubweicher Balken mit Scheibenelementen nachgerechnet. Bei diesem schlanken Träger (Seitenverhältnisse 1/10) erwarten wir einen linearen Schnittgrößenverlauf über die Trägerhöhe. Insofern können die Schnittgrößen der Balkentheorie als Referenzlösung aufgefasst werden.

Da an der Einspannstelle bei der Scheibenlösung am Anfang und Ende des Linienlagers eine Singularitätsstelle vorliegt, werden die Ergebnisse in der Mitte des Trägers ausgewertet.

Die Einzellastlast am Trägerende beträgt 1,333 kN. Es ist sinnvoll, diese Last für das Flächenmodell durch eine Linienlast zu ersetzen. Sie beträgt 1,333 kN / 0,4m = 3,333 kN/m (siehe auch Lastwert im statischen System).

Für das Moment in der Mitte des Trägers erhält man: M= 1,333 kN · 2,0m = 2,666 kNm

Für das Balkenmodell ergibt sich für die maximale Längsspannung in der Trägermitte:

$$\sigma_{max} = \pm \frac{M}{W} = \pm 500 \text{ kN/m}^2 \qquad \text{mit } W = \text{Widerstandsmoment}$$

bzw. für die maximale Schubspannung:

$$\tau_{max} = \frac{3}{2} \cdot \frac{Q}{A} = 25 \text{ kN/m}^2 \qquad \text{mit } A = \text{Querschnittsfläche}$$

Die Schnittkräfte für die Scheibenlösung ergeben sich aus dem Integral der Spannungen über die Scheibendicke:

$$\max\ n_x = \sigma_{max} \cdot d = 100 \text{ kN/m} \qquad \text{mit } d = \text{Scheibendicke} \qquad \text{und}$$

$$\max\ n_{xy} = \tau_{max} \cdot d = 5 \text{ kN/m}$$

Ausgehend von diesen Werten erfolgt die Beurteilung der Ergebnisse.

Bei einer Vernetzung mit Rechteckelementen werden für die linear verlaufenden Schnittgrößen n_x schon bei zwei Elementen über die Höhe ausreichend genaue Ergebnisse erzielt. Die quadratisch verlaufenden Schnittgrößen n_{xy} erfordern eine feinere Vernetzung. Als Empfehlung gelten hier 4 bzw. mehr Elemente über die Höhe.

Diese Erkenntnisse sind z. B. wichtig, wenn Rippen durch Flächenelemente modelliert werden. In diesem Fall entstehen auch schlanke Bauteile, die als Scheibe statisch wirken. Auch hier sollten mindestens 4 Elemente über die Höhe gewählt werden.

Die Schnittgröße n_y wird bei den drei Vernetzungen wie erwartet zu null ermittelt. Dieses Ergebnis kann allerdings bei der Vernetzung mit nur einem Element über die Höhe nicht erreicht werden.

Interessant sind auch die Ergebnisse für die Schnittgröße n_x in einem horizontalen Schnitt am oberen Rand. Der lineare Verlauf von n_x infolge der Zunahme des Hebelarmes zur Lasteintragung wird nur an der Einspannstelle gestört. Da hier die Linienlagerung endet, handelt es sich um eine Singularitätsstelle. Entsprechend typisch ist auch der Verlauf. Die Referenzlösung des Balkenmodells beträgt an dieser Stelle 200 kN/m. Die FE-Lösung liegt schon bei zwei Elementen über die Höhe mit ca. 1% darüber, bei sechs Elementen bereits ca. 8% und bei 20 Elementen übersteigt das FE-Ergebnis mit ca. 25% (nicht im Bild dargestellt) das Ergebnis der Referenzlösung. Die Tendenz der Zunahme der Ergebnisse an Singularitäten mit feiner werdender Vernetzung wird hier also sehr anschaulich bestätigt.

Horizontaler Schnitt am oberen Rand der Scheibe:

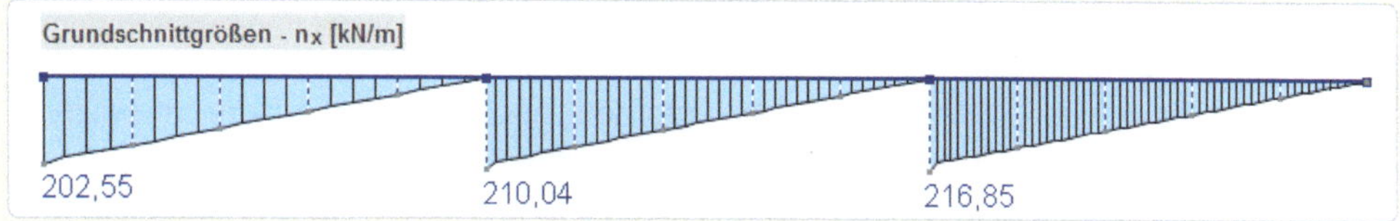

Das nächste Beispiel soll zeigen, wie sich der Fehler bei Verwendung von Dreieckelementen entwickelt.

Beispiel Netz-06

Statisches System / Eingabewerte

Abweichung von Beispiel Netz-05:
Die Viereckelemente werden durch je zwei Dreiecke ersetzt.

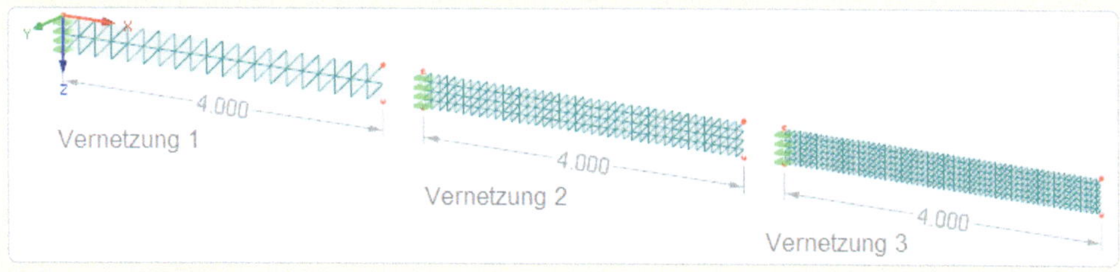

Eingabe in RFEM

Unter *„Berechnung"* ist im Menü *„FE-Netzeinstellungen"* der Schalter *„Nur Dreieckelemente generieren"* einzuschalten. Die bereits eingestellten FE-Netzverdichtungen bleiben unverändert erhalten.

Ergebnisse

Abweichung zur Balkentheorie für max n_x, n_y und max n_{xy} in Trägermitte:

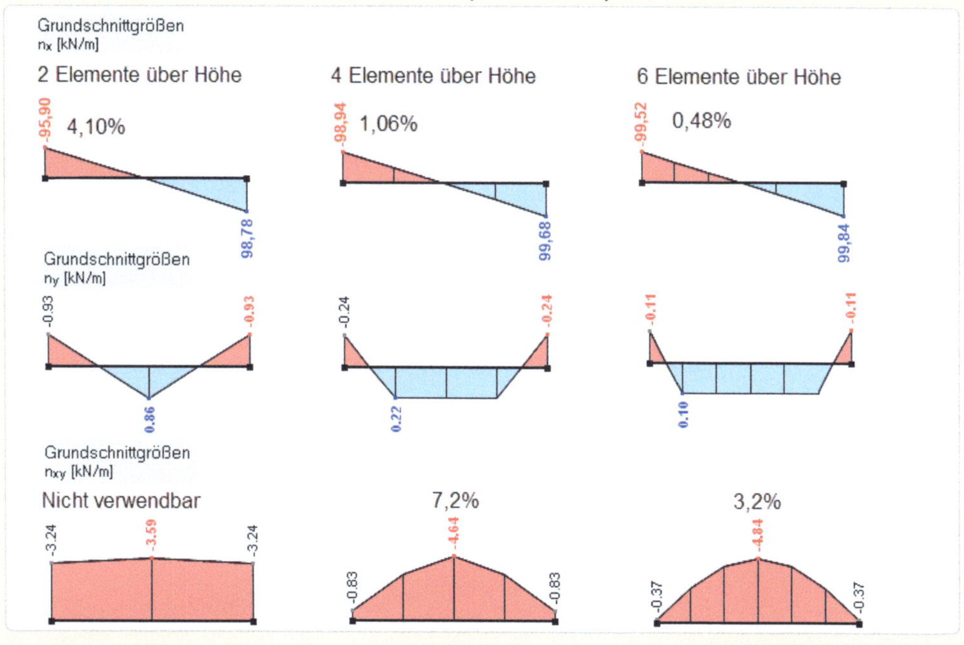

Erkenntnisse

Bei der Vernetzung mit Dreieckelementen werden für die linear verlaufenden Schnittgrößen n_x bei 4 Elementreihen über die Höhe ausreichend genaue Ergebnisse erzielt. Die quadratisch verlaufenden Schnittgrößen n_{xy} erfordern auch hier eine feinere Vernetzung. Da die Schnittgrößen n_{xy} für die Bemessung nicht so entscheidend sind, wären ggf. 4 Elementreihen über die Höhe noch tolerierbar. Bei 6 Elementreihen liegt der Fehler im Bereich von 3,2%.

Die Schnittgröße n_y, die sich bei der Vernetzung mit Rechteckelementen exakt zu null ergab, fällt bei der Dreiecksvernetzung ausreichend niedrig aus.

Das nachfolgende Bild zeigt, dass die Unstetigkeitsstelle bei einer Dreiecksvernetzung mit ca. 12% (bei 6 Elementreihen über die Höhe) über den Wert der Referenzlösung intensiver abgebildet wird. Bei einer Vernetzung mit Viereckelementen waren es ca. 8%.

Horizontaler Schnitt am oberen Rand der Scheibe:

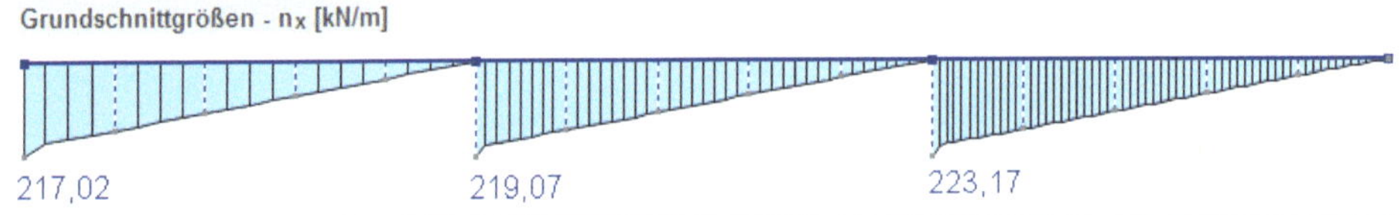

2.2.2 Singularitäten

Bei 1D-Elementen, wie sie von der Stabstatik her bekannt sind, treten keine echten Singularitäten auf. Hingegen stellen Singularitäten bei Flächentragwerken, wie Scheiben, Platten, Faltwerken oder Schalen, ein Risiko bei der Anwendung dar. Deshalb sollte sich der Anwender mit dieser Thematik auseinandersetzen. Exakt formuliert spricht man von Singularitäten der Zustandsgrößen. Es sind Stellen im Tragwerksmodell, an denen die FEM keine aussagefähigen Ergebnisse liefert. Die Ergebnisse hängen von der Feinheit des umliegenden Netzes ab und sind zufällig. Eine Netzverdichtung verbessert das Ergebnis hier nicht. Im Rahmen der Elastizitätstheorie gehen die Zustandsgrößen bei einem immer feiner werdenden Netz gegen „unendlich".

Zunächst sollen die Singularitäten von Plattenlösungen behandelt werden. Für die anderen oben genannten Flächentragwerke gelten die gewonnenen Erkenntnisse im übertragenen Sinne.

Die Bilder 3-10 und 3-11 zeigen die durch Lasten und Lagerungen hervorgerufenen klassischen Singularitäten (rote Punkte). Der Anwender sollte sich hauptsächlich auf die punktförmigen Lasten und Lagerungen konzentrieren - aber auch nur dann, wenn diese maßgebend für die Zustandsgrößen sind. Die Unstetigkeitsstellen am Anfang und Ende von Linienlasten und Linienlagerungen sind in der Regel von untergeordneter Bedeutung.

Punkt- und Linienlasten

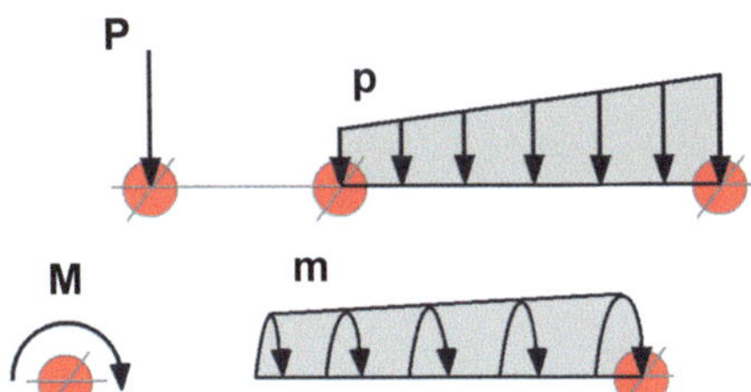

Bild 3-10: Unstetigkeitsstellen-Lasten

Punkt- und Linienlager

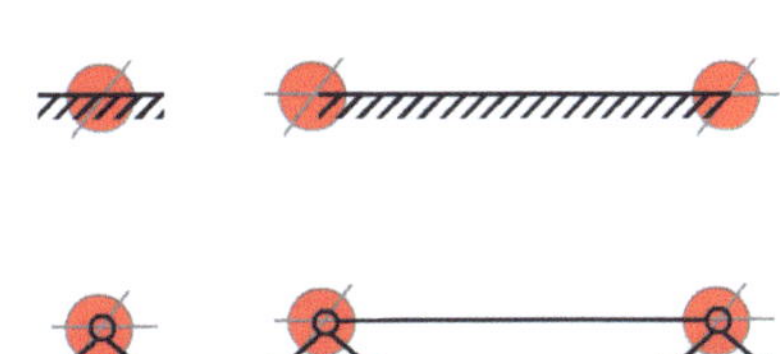

Bild 3-11: Unstetigkeitsstellen-Lager

Die Beispiele Last-01 und Stütze-01 verdeutlichen das typische Verhalten des singulären Momentes im Bereich einer Punktlast bzw. an einer Punktstützung.

Beispiel Last-01

Statisches System / Eingabewerte

4 Platten 8,00m·6,00m mit unterschiedlicher Vernetzung
Linienlager u_z= starr

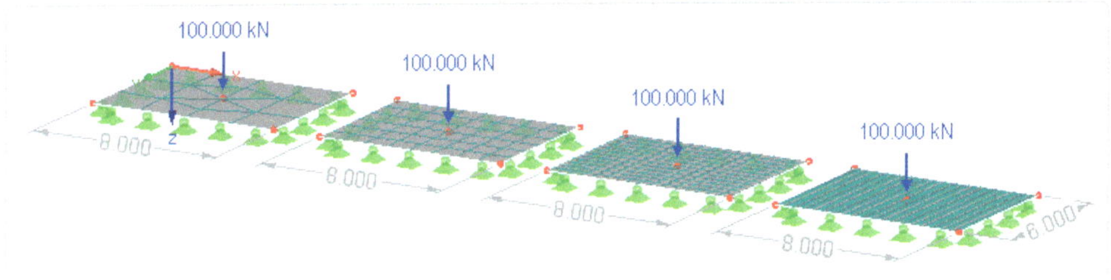

Material Platte:
E= 3.300 kN/cm², G= 1.370 kN/cm² mit γ= 0 und μ= 0,2

Platte: Dicke= 20cm,

Belastung:
Knotenlast= 100kN

Vernetzung:
Netz1: 2,00m·2,00m,
Netz2: 1,00m·1,00m,
Netz3: 0,50m·0,50m,
Netz4: 0,25m·0,25m

Eingabe in RFEM

Nach Eingabe der Knotenlast wird diese über *„Knoten picken“* den Knoten in der Mitte der Fläche zugewiesen. Diese müssen vorher gesetzt werden.

Die vier verschiedenen Netzdichten werden über FE-Netzverdichtungen den Flächen zugeordnet.

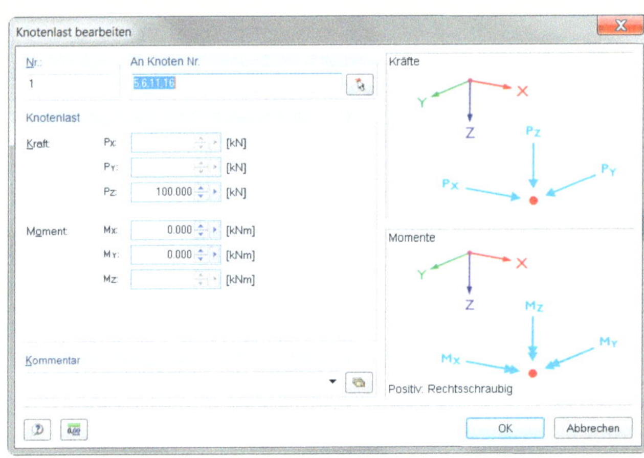

Ergebnisse

Moment m_x als mittiger Längsschnitt:

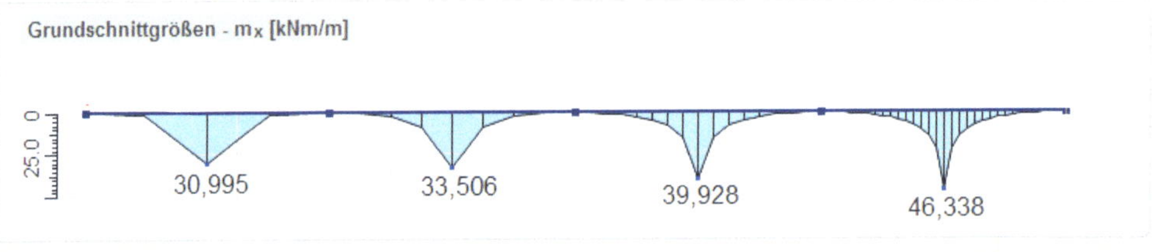

Erkenntnisse

Die Ergebnisse im Bereich der Punktlast zeigen deutlich singuläres Verhalten. In Abhängigkeit von der Netzdichte schwanken die Werte extrem zwischen 30,995 und 46,338 kNm/m. Bei weiterer Netzverdichtung strebt das Moment an der Punktlast gegen unendlich.

Noch dazu kommt, dass jedes Programm in Abhängigkeit von den verwendeten Ansätzen an den singulären Punkten andere Ergebnisse ermitteln wird. Letztlich ist das Ergebnis an diesen Stellen nicht definiert und damit auch nicht verwertbar.

Beispiel Stütze-01

Statisches System / Eingabewerte

4 Platten 8,00m·4,00m mit unterschiedlicher Vernetzung

Linienlager u_z= starr, Punktlager elastisch $c_{1,z}$= 707.500kN/m bei x=2,00m, y=2,00m

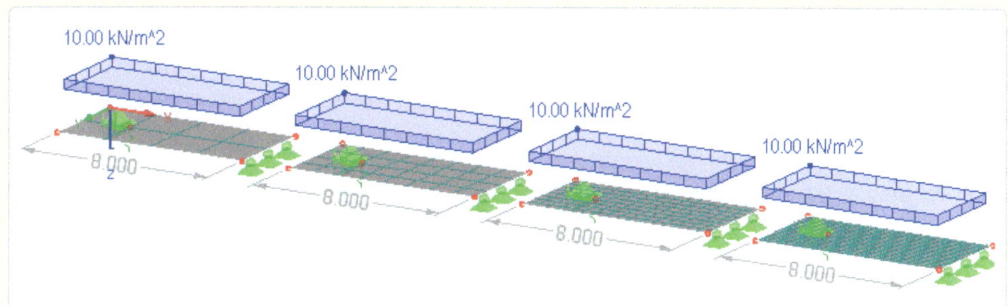

Material Stütze und Platte:

E= 2.830 kN/cm², G= 1.179,17 kN/cm²
mit γ= 0 und μ= 0,2

Platte: Dicke= 20cm,

Stütze: Gelenkig angeschlossen,
x= 25cm, y= 25cm, h= 2,50m

Belastung:

Flächenlast= 10kN/m²

Vernetzung:

Netz1: 2,00m·2,00m,
Netz2: 1,00m·1,00m,
Netz3: 0,50m·0,50m,
Netz4: 0,25m·0,25m

Eingabe in RFEM

In RFEM gibt es zwei grundsätzliche Eingabemöglichkeiten. Zum einen kann im Dialog *„Knotenlager bearbeiten“* eine Punktlagerung als „fest“ (Haken im Schalter Stützung) oder als „elastisch“ (Steifigkeitswert der Weg- oder Drehfeder) eingegeben werden. Da es sich hier um ein Plattenmodell handelt, sind nur die Parameter uz, φx und φy zur Eingabe frei gegeben.

Die Vernetzung im Bereich der Punktstützung wird durch diese Eingabe nicht beeinflusst.

Für das Beispiel wurde eine elastische Feder in Z-Richtung entsprechend der Eingabewerte realisiert. Die Federkonstante ergibt sich zu:

$$C_{\text{Trans,Z}} = \frac{E \cdot A}{h} = 707.500\ \text{kN/m}$$

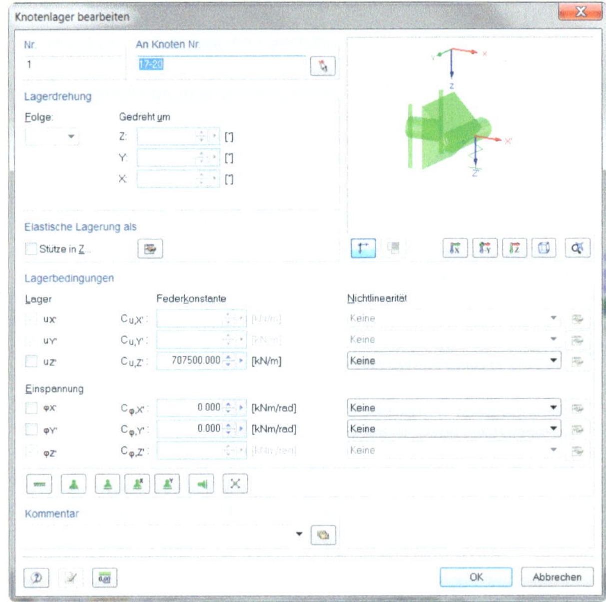

Eine andere Möglichkeit ist die Eingabe über den Dialog *„Elastische Lagerung als"*. Dieses Eingabeprinzip soll hier prinzipiell beschrieben werden, obwohl es für die unten dargestellten Ergebnisse nicht verwendet wird. Nach Setzen von ☑ Stütze in Z und Anwählen von [Symbol] können im folgenden Dialog *„Stütze bearbeiten"* weitere Parameter eingegeben werden. Bei dieser Eingabe wird automatisch ein angepasstes FE-Netz über der Lagerstelle erzeugt. Das Netz orientiert sich dabei an den im Dialog eingegebenen Stützenabmessungen.

RFEM errechnet hier komfortabel die Federsteifigkeiten in Abhängigkeit von den Abmessungen der Stütze und deren Material. Die Schnittgrößen unmittelbar im Mittelpunkt des Lagers erscheinen entsprechend der Voreinstellung im Ergebnisnavigator nicht in der Ausgabe.

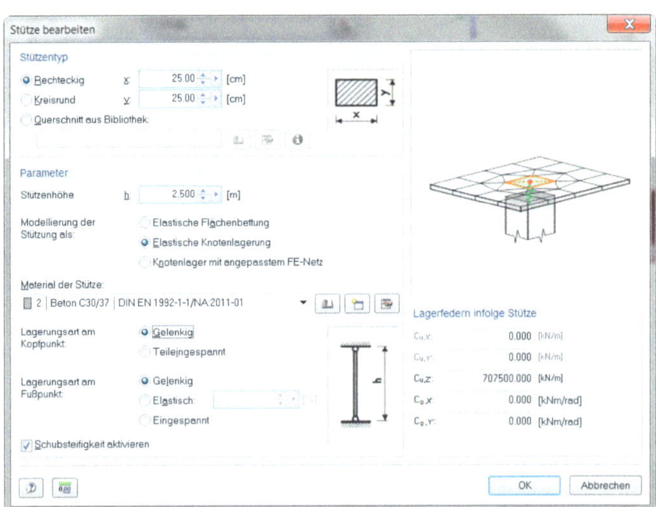

Wählt man im Dialog *„Stütze bearbeiten"* den Schalter *„Elastische Knotenlagerung"* und für die Lagerung am Kopf- und Fußpunkt *„Gelenkig"*, ermittelt RFEM selbständig die zuvor im Dialog *„Knotenlager bearbeiten"* per Hand ermittelte elastische Lagerfeder (vgl. Bild).

Über die Modellierung *„Elastische Flächenbettung"* können weiterhin die Bettungen von Stützen in Abhängigkeit von deren Fußpunktlagerung errechnet werden.

Die dritte Modellierungsvariante *„Knotenlager mit angepasstem FE-Netz"* erzeugt ein festes Lager - allerdings mit dem oben erwähnten angepassten FE-Netz über der Lagerstelle.

Ergebnisse

Die Eingabevarianten über den hier beschriebenen Dialog *„Stütze in Z"* wurden für die nachfolgend dargestellten Ergebnisse allerdings nicht benutzt. Die Berücksichtigung der errechneten Lagersteifigkeit von 707.500 kN/m erfolgte über den Dialog *„Knotenlager bearbeiten"*.

Moment m_x als mittiger Längsschnitt über Punktlager:

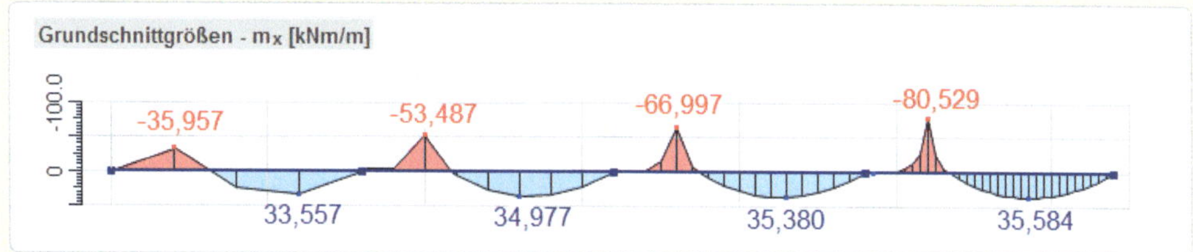

Erkenntnisse

Die Ergebnisse an der Singularitätsstelle über der Stütze zeigen deutlich den Einfluss der Vernetzung. Die Werte schwanken extrem zwischen -35,957 und -80,529 kNm/m. Das Ergebnis ist hier nicht definiert. Bei weiterer Netzverdichtung strebt das Moment über der Stütze gegen unendlich.

Im Feldbereich sind die Werte hingegen fast konstant. Abgesehen von der Vernetzung 2,00m·2,00m, bei der das maximale Feldmoment durch das zu grobe Netz nicht erfasst werden kann, schwanken die Werte nur zwischen 34,977 und 35,584 kNm/m.

Die Auswirkungen von Singularitäten können nicht beseitigt, sondern allenfalls abgemindert werden.

Bei **Lasten** empfehlen sich folgende Maßnahmen:

- Zustandsgröße nicht an der Singularitätsstelle selbst, sondern in unmittelbarer Umgebung auswerten[3]
- Punktlast bzw. Einzelmoment als flächenhaft verteilte Last eingeben, z. B. Einzellast P auf Flächenlast p= P/A umrechnen, wobei A die Lasteintragsfläche darstellt. Dabei kann entsprechend Bild 3-12 für die Lasteintragungsfläche der Lastausbreitungswinkel mit in Ansatz gebracht werden

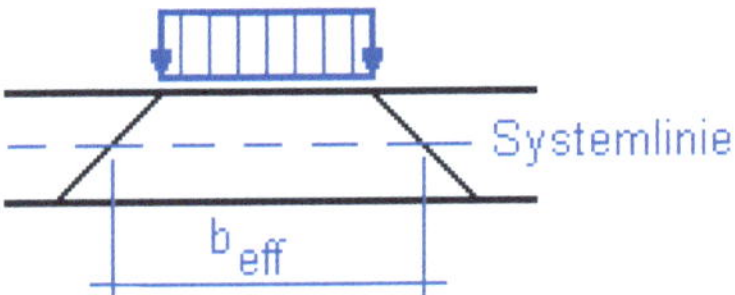

Bild 3-12:
Effektive Lasteintragungsbreite

Bei **Lagerungen** empfehlen sich folgende Maßnahmen:

- Auflager grundsätzlich als elastische Lagerung und nicht als starres Lager eingeben[4]
- Zustandsgröße nicht an der Unstetigkeitsstelle selbst, sondern in unmittelbarer Umgebung auswerten[3]
- Punktförmige Lager als flächenhaftes Lager ausbilden (z. B. Federkonstante des Punktlagers auf konstante Bettung über Stützenquerschnitt umrechnen)

Bei Berechnung von komplexen 3D-Strukturen, in denen Stützen und Wände als Bauteile und nicht ersatzweise durch Federn bzw. Lasten modelliert werden, sind mitunter andere Techniken anzuwenden.

Anhand von weiteren Beispielen sollen einige der oben genannten Lösungsvorschläge nachvollzogen werden.

Die Eingabe einer Punktlast als flächenhaft verteilte Last zeigt das Beispiel Last-02. Die dadurch erhaltenen weitestgehend konstanten Ergebnisse bei unterschiedlichen Netzdichten belegen die Wirksamkeit dieser Maßnahme.

[3] Gegebenenfalls ist das Netz in diesem Bereich zu verfeinern

[4] Elastische Lagerungen sind ohnehin realitätsnäher

Beispiel Last-02

Statisches System / Eingabewerte

Abweichung von Beispiel Last-01:

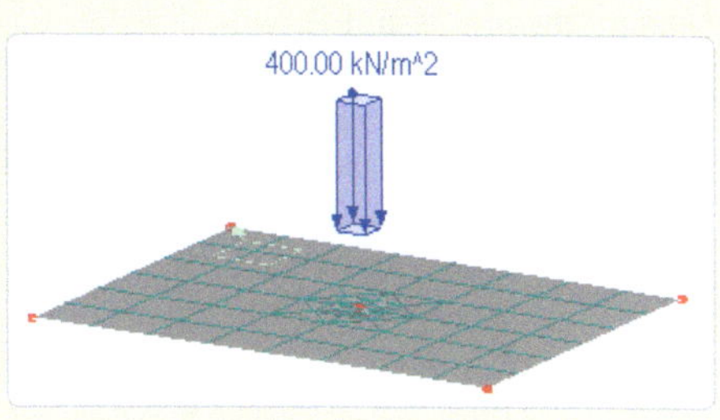

Die Knotenlast wurde in eine Flächenlast umgerechnet. Unter der Voraussetzung der gleichen Lastsumme und einer gewählten Fläche von 0,5m·0,5m (ggf. = Lasteintragsfläche) ergibt sich:

$$p = P/A = 100kN / 0{,}5m \cdot 0{,}5m = 400kN/m^2$$

Es wurde mit den nebenstehenden Netzverdichtungen gearbeitet. Im Bereich der Flächenlast entstehen damit 4 Viereckelemente.

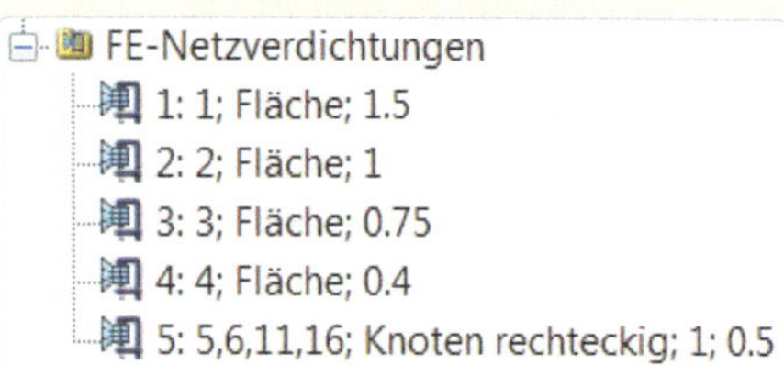

Es ergeben sich folgende Netze:

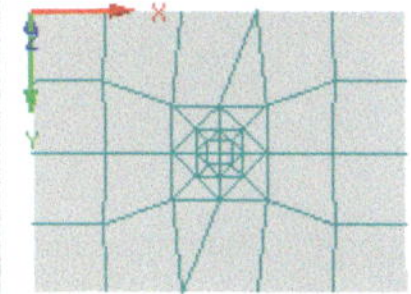
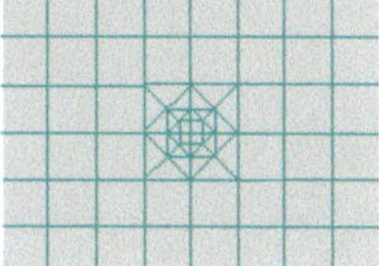
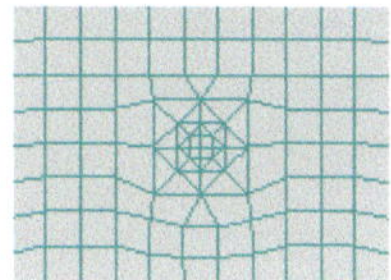
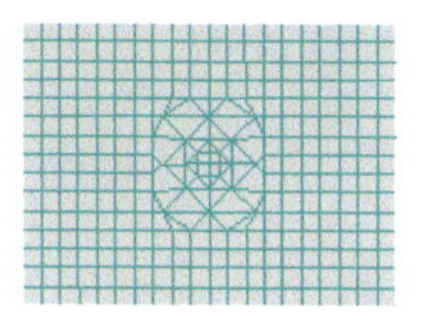

Eingabe in RFEM

Die umgerechnete Last wird als *„freie Rechtecklast“* eingegeben (vgl. Bild). Im Dialog *„Freie Rechtecklast bearbeiten“* wird die Lastfläche in *„Laststellung“* durch Angabe von zwei Punkten des Rechteckes definiert.

Es handelt sich hier um eine netzunabhängige Last. Diese Last hat somit keinen Einfluss auf die Gestaltung des Netzes und wird in RFEM intern nach dem Energieprinzip auf die Knoten des betreffenden Elementes „verteilt“.

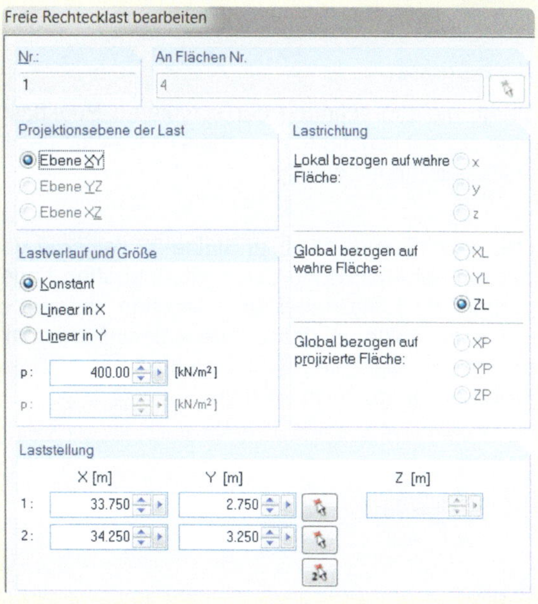

Es sollte darauf geachtet werden, dass die gewählte Maschenweite des FE-Netzes der Lasteintragsfläche angepasst ist. Deshalb wird die oben dargestellte FE-Netzverdichtung im Bereich des Lasteintrags vorgenommen.

Die im Dialog *„FE-Netzverdichtung bearbeiten“* wählbare Verdichtung *„Knoten Rechteckig“* ist dazu sehr gut geeignet.

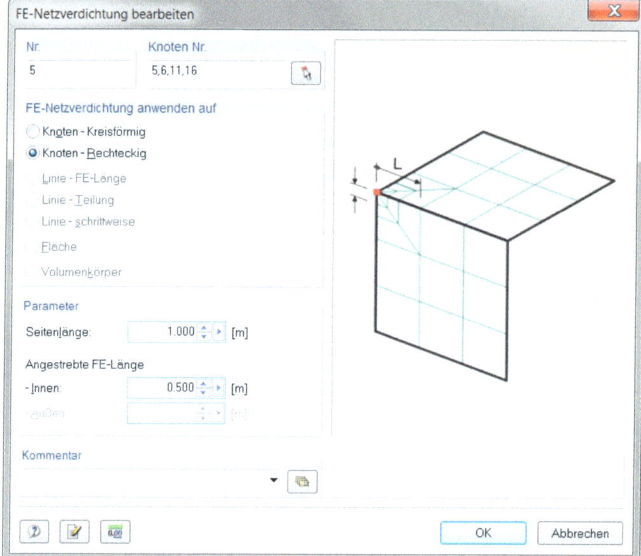

Ergebnisse

Moment m_x als mittiger Längsschnitt:

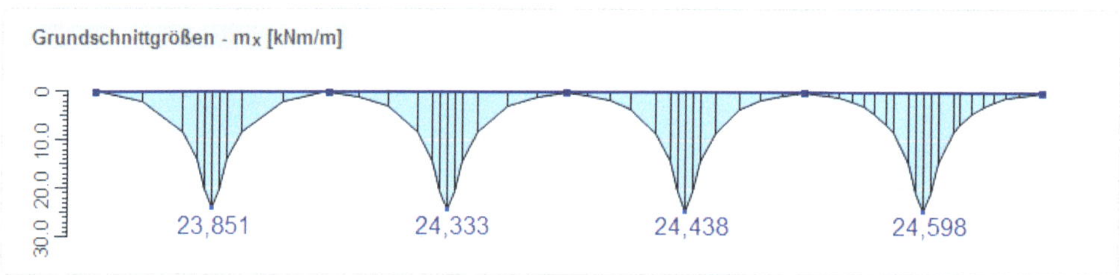

Erkenntnisse

Durch die Umrechnung der singulären Punktlast in eine äquivalente Flächenlast erhält man ein fast konstantes Ergebnis im Bereich des Lasteintrags. Die Singularität ist damit im weitesten Sinne beseitigt.

Das nachfolgende Beispiel Stütze-02 zeigt die Verbesserung der Ergebnisse im Stützenbereich bei Ausbildung einer flächenhaften Lagerung (Bettung) an Stelle einer Punktlagerung. Es sollte dabei aber beachtet werden, dass durch eine Flächenbettung immer Einspanneffekte entstehen. Diese beeinflussen allerdings, wie Vergleichsrechnungen zeigen, in der Regel die Ergebnisse nur unbedeutend. Ausnahmen bilden steifere Stützen mit größeren Querschnittsflächen.

Beispiel Stütze-02

Statisches System / Eingabewerte

Abweichung von Beispiel Stütze-01:

Anstelle des elastischen Punktlagers von

u_z mit $c_{1,z}$= 707.500kN/m

wird über einem Stützenquerschnitt von 0,25 · 0,25m eine Bettung von

$C_{1,z}$= 707.500kN/m:(0,25m·0,25m)= 11.320.000kN/m³

eingegeben.

Es wurde mit den nebenstehenden Netzverdichtungen gearbeitet.

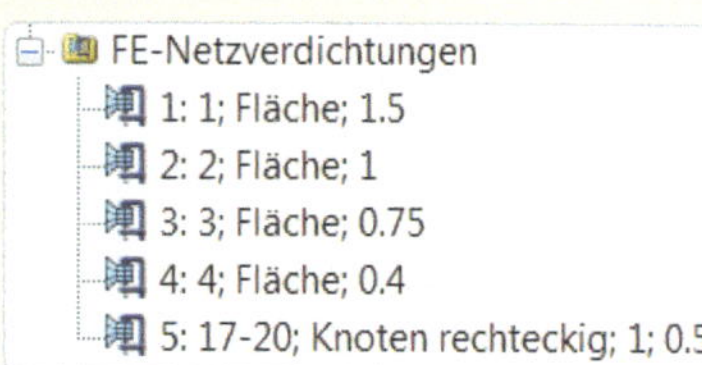
FE-Netzverdichtungen
1: 1; Fläche; 1.5
2: 2; Fläche; 1
3: 3; Fläche; 0.75
4: 4; Fläche; 0.4
5: 17-20; Knoten rechteckig; 1; 0.5

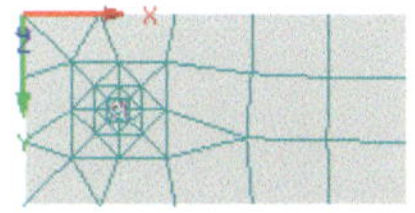
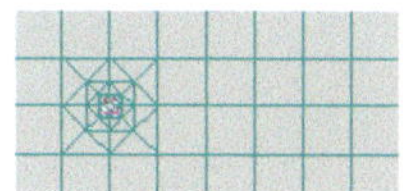
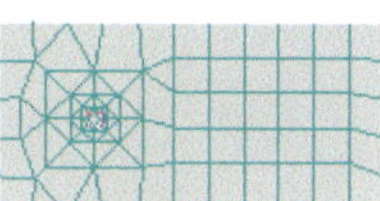
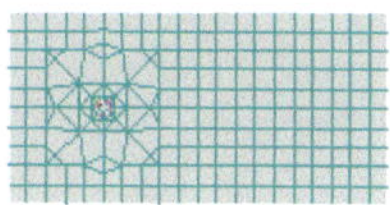

Eingabe in RFEM

Für die oben dargestellte FE-Netzverdichtung Nummer 5 wurden die Knoten 17-20 für die vier Flächen in der Mitte des Stützenquerschnittes gesetzt.

Für die Bettung im Stützenbereich ist es notwendig, zuvor eine entsprechende Fläche von 0,25m · 0,25m einzufügen. Zwei Hilfsknoten, welche die Diagonale des Rechtecks definieren, erleichtern hier die Eingabe. Beim Setzen der Flächen 5-8 erscheint die Abfrage, ob die neuen Flächen in die bestehenden integriert werden sollen. Damit nicht zwei Flächen übereinanderliegen, wird bei Bestätigung dieser Frage gleichzeitig eine Öffnung erzeugt.

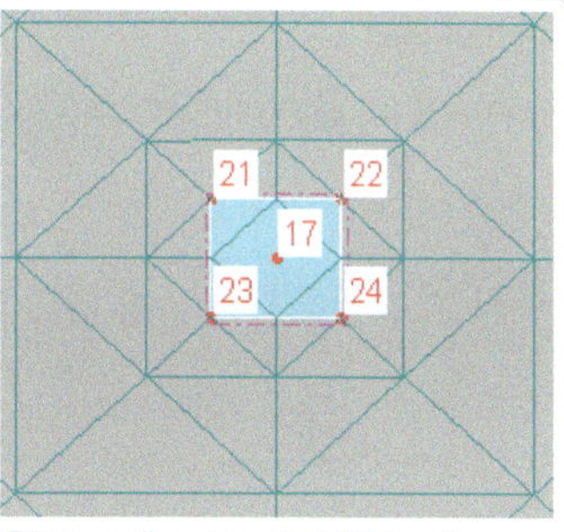

Diagonalknoten als Hilfsknoten für Fläche

Schließlich wird die Flächenbettung den neu generierten Flächen zugeordnet (vgl. Bild nächste Seite).

Bezüglich der Mittelbildung ist noch eine Einstellung im Zeigen-Navigator vorzunehmen. Entsprechend der Voreinstellung werden die Ergebnisse nur innerhalb der Fläche und nicht zwischen den Flächen gemittelt. Da es keinen Grund gibt, die Mittelbildung zwischen den Flächen im Stützenbereich zu unterdrücken, wird *„Durchlaufend gesamt“* eingestellt.

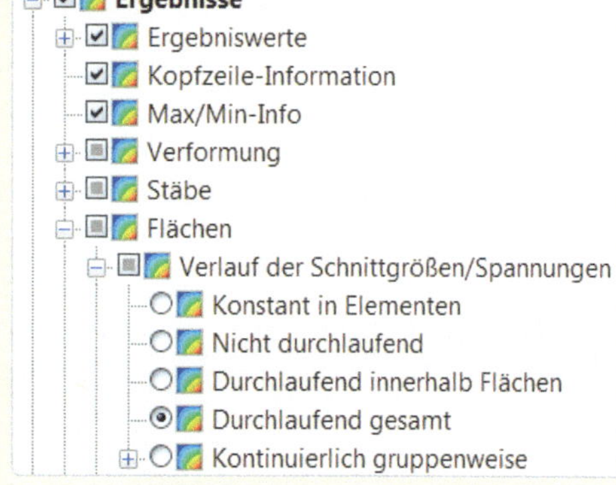

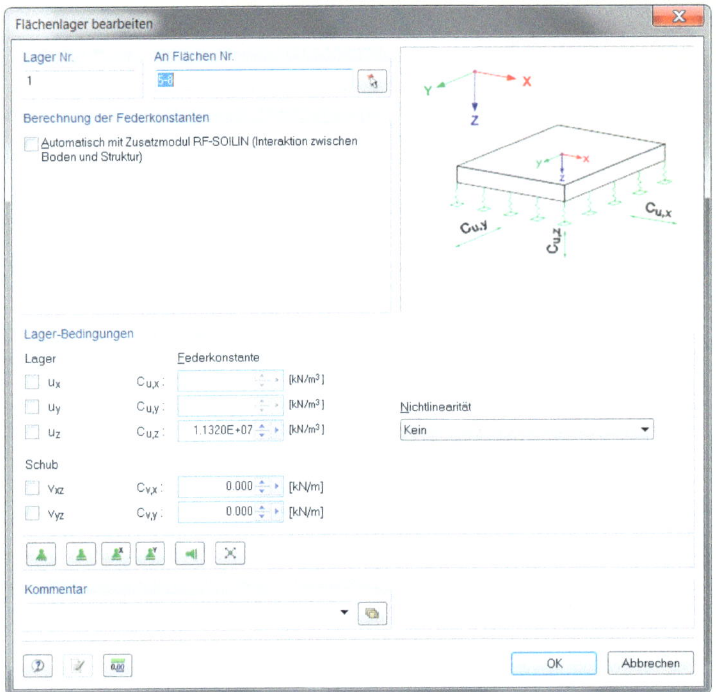

Ergebnisse

Moment m_x als mittiger Längsschnitt über Punktlager:

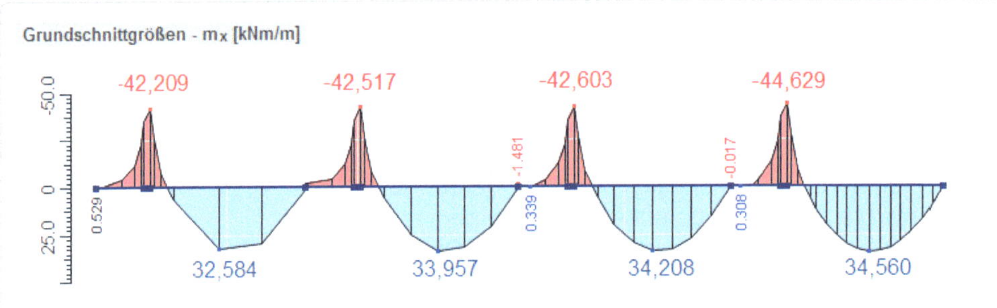

Erkenntnisse

Durch die Einführung einer Bettung über der Fläche des Stützenquerschnitts anstelle der elastischen Punktstützung wird die vorher vorhandene Unstetigkeitsstelle „entschärft". Die Ergebnisse über der Stütze weisen dadurch im Vergleich zum Beispiel Stütze-01 wesentlich geringere Schwankungen auf.

Die Werte im Feldbereich sind weiterhin fast konstant. Eine Ausnahme bildet nur das Netz 1. Das maximale Feldmoment wird durch das gröbere Netz nicht ganz erreicht.

Das in Beispiel Stütze-02 praktizierte Vorgehen ist nur sinnvoll, wenn die Steifigkeit der Stütze im Vergleich zur Platte nicht zu hoch ist. Ansonsten besteht die Gefahr, dass die Einspanneffekte durch die flächenhafte Lagerung im Stützenbereich zu massiv sind. Durch eine starke Erhöhung der Stützensteifigkeit kann diese Situation erzeugt werden. Beispiel Stütze-03 zeigt die dadurch entstehende Verfälschung der Ergebnisse.

Beispiel Stütze-03

Statisches System / Eingabewerte

Im Vergleich zum Beispiel Stütze-02 wurde die Steifigkeit der elastischen Bettung von $1{,}132 \cdot 10^7$ kN/m³ auf $2 \cdot 10^8$ kN/m³ erhöht.

Ergebnisse

Moment m_x als mittiger Längsschnitt über dem Punktlager mit Netz 3 und 4 aus Beispiel Stütze-02:

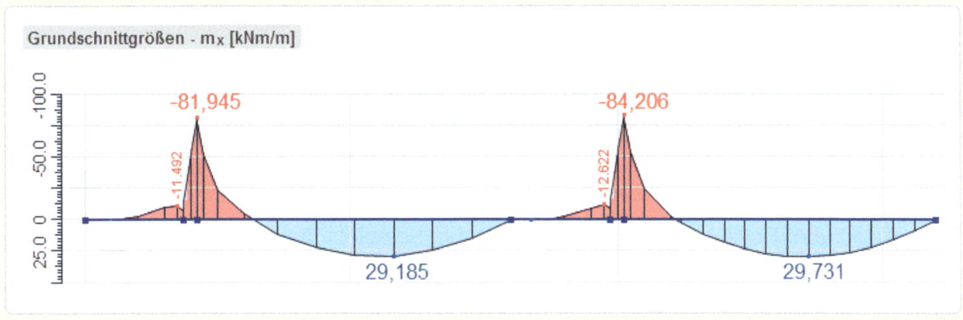

Erkenntnisse

Durch die starke Anhebung der Steifigkeit im Bereich der Stütze entstehen erhöhte Einspanneffekte, die in diesem Fall praktisch unrealistisch sind. Das Stützmoment wird zu hoch und das Feldmoment zu niedrig abgebildet.

Die Einspanneffekte spiegeln sich in dem oben dargestellten typischen Schnittkraftverlauf wider. Durch das Durchschlagen des negativen Stützmomentes in Richtung des positiven Momentes sind derartige Situationen gut zu erkennen.

Ist die Steifigkeit der Stütze wie hier im Vergleich zum übrigen Tragwerk entsprechend hoch und treten dadurch die oben beschriebenen Effekte auf, ist es nicht sinnvoll, eine Verteilung der Federsteifigkeit am Punktlager auf eine Flächenbettung in dieser Form vorzunehmen.

Im Zeigen-Navigator ist für die Mittelbildung innerhalb der Flächen *„Durchlaufend innerhalb Flächen“* einzustellen. Unter *„FE-Netz-Einstellung“* ist *„Auch nicht verwendete Objekte in die Flächen integrieren“* zu aktivieren.

Liegt eine Situation entsprechend dem Beispiel Stütze-03 vor, sollte nach weiteren Alternativen gesucht werden. Eine sinnvolle Strategie wäre hier, das Ergebnis direkt an der Singularitätsstelle zu verwerfen und dafür die Auswertung in unmittelbarer Nähe vorzunehmen. Diese Ergebnisse sollten dabei als grobe Orientierung in einem Abstand von etwa einer Elementdicke zur Verfügung stehen. Ist das Netz in diesem Bereich zu grob, besteht die Gefahr einer Unterbemessung.

Eine weitere Möglichkeit ist die Ermittlung eines „integralen Momentes", indem ein Flächenausgleich über eine definierte Bezugslänge bzw. Fläche durchführt wird. Die beiden in Bild 3-13 dargestellten grauen Flächen müssen demnach den gleichen Flächeninhalt aufweisen. Der „integrale Flächenausgleich" erfolgt z. B. für das Moment m_x in x-Richtung.

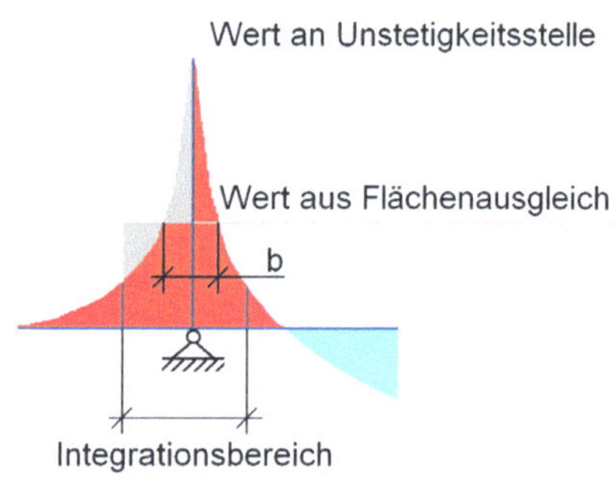

Bild 3-13:
Ergebnisausgleich durch Integration

Nach Avak [3.4] sollte bei Stahlbeton unter Zugrundelegung seiner Rotationsfähigkeit der Wert an der Unstetigkeitsstelle auf höchstens 70% reduziert werden. Weiterhin sollte der Abstand b in Bild 3-13 kleiner als 0,7 m und kleiner als das Dreifache der Plattendicke sein.

Bei der Umsetzung all der hier diskutierten Strategien ist die Unterstützung der jeweils vorliegenden Software sehr wichtig, da sonst die Systemgenerierung zu aufwendig wird.

Prinzipiell ist die Ermittlung des integralen Momentes nicht nur bei Punktlagerungen, sondern auch bei Punktlasten anwendbar.

Ausgehend vom Beispiel Last-01 verdeutlicht das Beispiel Flächenausgleich diese Vorgehensweise. Es sollten allerdings nicht mehrere Strategien gleichzeitig zur Reduzierung der Momente an den Singularitätsstellen angewendet werden. Die Ermittlung eines integralen Momentes für das Beispiel Last-02, wo bereits schon eine Umrechnung der Einzellast auf eine Flächenlast erfolgte, ist z. B. nicht sinnvoll.

Beispiel Flächenausgleich

Statisches System / Eingabewerte

Dieses Beispiel entspricht dem Beispiel Last-01.

Eingabe in RFEM

Im Arbeitsfenster *„Ergebnisverläufe in Schnitten“* wurden unter *„Glättungsbereiche bearbeiten“* die im Bild dargestellten Eingaben durchgeführt. In Anlehnung an [3.4] wurde für den Integrationsbereich 2*0,6m in Ansatz gebracht.

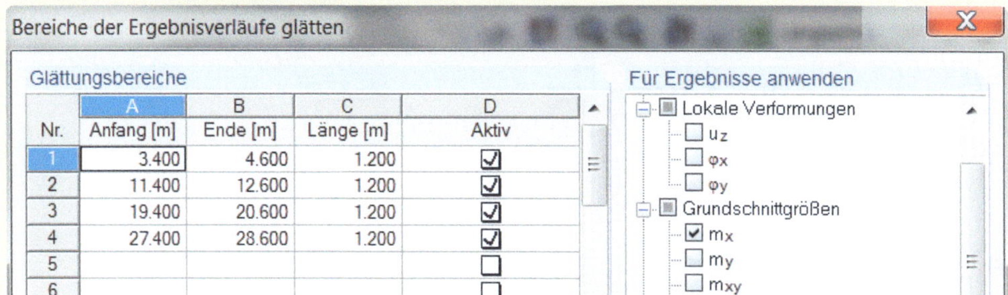

Über das Icon *„Flächenbereiche“* können die durch Integration ermittelten Werte in der Schnittdarstellung sichtbar gemacht werden.

Ergebnisse

Moment m_x als mittiger Längsschnitt mit Darstellung der geglätteten Bereiche:

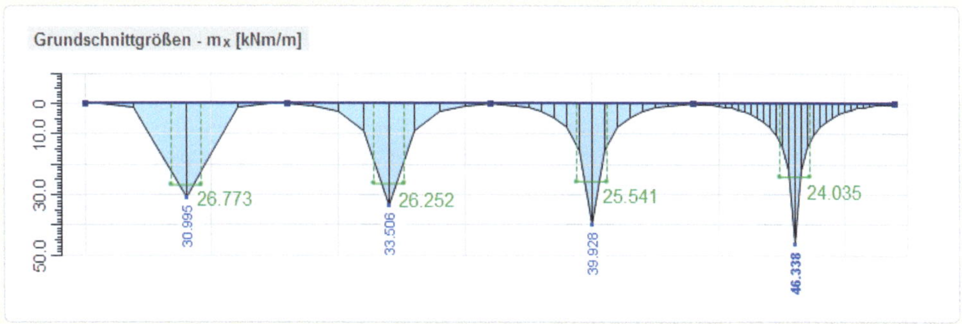

Erkenntnisse

Die bereichsweise integrale Betrachtung und Auswertung der Momente m_x an den Singularitätsstellen führt zu einer deutlichen Abminderung und Annäherung der Ergebnisse. Die im Bild dargestellten „integralen Werte“ (grün) zeichnen sich durch eine gute Übereinstimmung aus. Durch diese Methode wird damit eine weitestgehende Unabhängigkeit von der Netzdichte im Bereich der Einzellast erreicht.

Die geglätteten Ergebnisse über der Stütze sind mit den Werten aus dem Beispiel Last-02 annähernd vergleichbar.

Singularitäten entstehen auch bei starken Steifigkeitsänderungen durch Dickensprünge oder Änderungen im E-Modul (vgl. Bild 3-14). In solchen Fällen ist mit einer „Abtreppung" bzw. über „zwischengeschaltete" E-Module ein gleitender Übergang[5] zu schaffen.

Die einspringende Ecke stellt eine weitere Singularität dar. Eine sinnvolle aber aufwendige Gegenmaßnahme wäre hier die „Ausrundung" der Ecke. Einfacher ist es, wie Bild 3-15 zeigt, das Netz in diesem Bereich zu verdichten, das Ergebnis in der Ecke zu verwerfen und dafür sicherere Ergebnisse in unmittelbarer Nähe der Singularität zu verwenden.

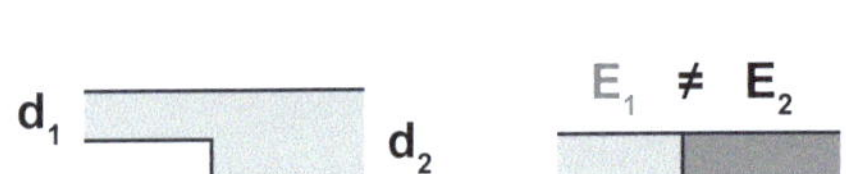

Bild 3-14: Materialsprünge

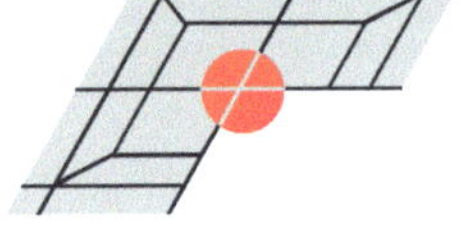

Bild 3-15: Einspringende Ecken

2.2.3 Numerischer Fehler

Der numerische Fehler entsteht aus dem Abbrechfehler und dem Rundungsfehler. Der Abbrechfehler tritt auf, weil die Steifigkeitsbeziehungen entsprechend der internen Zahlendarstellung nur bis zu einer bestimmten Genauigkeit abgebildet werden können. Der Rundungsfehler hingegen entsteht, weil bei der Lösung des Gleichungssystems nur mit einer bestimmten Genauigkeit gerechnet werden kann. Es ist an einfachen Beispielen nachweisbar, dass der Abbrechfehler groß sein kann, wenn sich die Absolutwerte der Elemente der Steifigkeitsmatrix stark unterscheiden. Dagegen kann der Rundungsfehler bei einem bzw. mehreren sehr kleinen Diagonalelementen verstärkt auftreten [3.10].

Die meisten leistungsfähigen FEM-Programme, wie auch RFEM, arbeiten bei der Aufstellung und Lösung der Systemsteifigkeitsbeziehung mit einer „doppelten Zahlengenauigkeit", d. h. mit 15 bzw. 16 Dezimalstellen. Dadurch ist die Wahrscheinlichkeit eines massiven numerischen Fehlers bei den im Bauwesen üblichen Systemen eher unwahrscheinlich. Die möglicherweise trotzdem auftretenden Probleme sind häufig auf Fehler bzw. unzweckmäßige Konstruktionen im FE-Modell zurückzuführen. Da zunehmend größere komplexe und damit schwerer kontrollierbare FE-Modelle erstellt werden, liegt hier eine nicht zu unterschätzende Gefahr. Tritt der numerische Fehler auf, kann er die Ergebnisse so nachhaltig verfälschen, dass die gesamte Lösung unbrauchbar wird. Leider gibt es Fälle, bei denen selbst bei einer genaueren Betrachtung der Ergebnisse keine offensichtlichen Unkorrektheiten zu erkennen sind.

Eine einfache erste Kontrolle besteht darin, sich das größte und kleinste Matrixelement bzw. bestimmte Teilungsverhältnisse auszugeben. Voraussetzung ist natürlich, dass die verwendete Software dies auch problemlos ermöglicht.

Zur Abschätzung der Konditionierung der Systemmatrix sind folgende Verhältnisse interessant. Bei Einhaltung der angegebenen Grenzwerte sind in der Regel keine Probleme zu erwarten[6]:

Größtes Matrixelement / kleinstes Matrixelement	$< 6{,}10 \cdot 10^{10}$
Größtes Diagonalelement / kleinstes Diagonalelement	$< 1{,}20 \cdot 10^{6}$

[5] Gegebenenfalls ist das Netz in diesem Bereich zu verfeinern

[6] Voraussetzung 15 bzw. 16 Dezimalstellen Genauigkeit

Eine wesentlich leistungsfähigere und plausiblere Abschätzung des numerischen Fehlers besteht darin, die Eigenwerte des Systems auszuwerten. Da die meisten Softwareanwendungen für Stabilitäts- und Eigenschwinganalysen ohnehin Algorithmen zur Eigenwertermittlung enthalten, sollten diese von den Herstellern für eine wirksame zusätzliche Kontrollmöglichkeit genutzt werden. Die charakteristische Gleichung unterscheidet sich nur wenig von den üblichen Stabilitäts- und Eigenschwinganalysen [vgl. auch 2.5]:

$$[K_0 - \lambda_i \cdot E] \cdot x_i = 0 \quad \text{mit} \quad \begin{array}{ll} K_0\ldots & \text{Systemsteifigkeitsmatrix} \\ \lambda_i\ldots & \text{Eigenwert i der Koeffizientenmatrix} \\ E\ldots & \text{Einheitsmatrix und} \\ x_i\ldots & \text{Eigenform i der Koeffizientenmatrix} \end{array} \tag{3-2}$$

Je kleiner der erste Eigenwert nach obiger Gleichung ist, desto größer ist die Gefahr einer numerischen Instabilität und damit eines größeren Genauigkeitsverlustes. Ergeben sich im Extremfall ein oder mehrere Eigenwerte zu null, so weist das System Starrkörperbewegungen auf. Derartige Situationen entstehen, wenn ein Tragwerk durch fehlende oder nicht wirksame Randbedingungen beweglich und damit das Gleichungssystem singulär wird. Auch Generierungsfehler bei größeren Systemen führen mitunter zu kinematischen Systemen bzw. Teilsystemen. Die zu den Null-Eigenwerten gehörenden Eigenformen zeigen die Starrkörperbewegungen an. Damit ist diese Bewertungsmöglichkeit sehr gut zur Suche der Fehlerursache singulärer Systeme geeignet.

Auch wenn der erste Eigenwert nicht null ist, kann man aus der dazugehörigen Eigenform interessante Schlussfolgerungen ziehen. Sie gibt Aufschluss über die Eigenschaften des Tragwerkes, indem diese Eigenform die Steifigkeitsverteilung des Systems anzeigt. Sind zu große Steifigkeitsunterschiede vorhanden, die ggf. die numerische Stabilität des Systems gefährden, sind diese durch Anschauen der Eigenform quasi zu visualisieren und es können gezielt entsprechende Gegenmaßnahmen eingeleitet werden.

Wie bereits schon festgestellt, führt ein kleiner erster Eigenwert zu größeren Genauigkeitsverlusten. Berechnungen haben gezeigt, dass das Verhältnis des größten zum kleinsten Eigenwert ein wichtiges Kriterium ist, welches einen Rückschluss auf den Stellenverlust zulässt [3.10].

Eine ausreichend genaue Abschätzung der Genauigkeit beim Lösen des Gleichungssystems ist nach [3.10] aus folgender Gleichung zu erhalten:

$$s \geq t - \log_{10}(\text{cond}(K)) \quad \text{mit} \quad \begin{array}{ll} s\ldots & \text{Lösungsgenauigkeit in Stellen} \\ t\ldots & \text{interne Stellengenauigkeit und} \\ \text{cond}(K) = \lambda_n/\lambda_1\ldots & \text{Konditionszahl} \end{array} \tag{3-3}$$

Für λ_n als größter Eigenwert kann vereinfacht auch näherungsweise die „∞-Norm“ verwendet werden.

Die Ermittlung von s und damit eines Wertes zur Abschätzung des numerischen Fehlers durch die vorliegende Software stellt eine sehr nützliche und wirksame Hilfe dar.

KAPITEL 4

MODELLIERUNG VON UNTERZÜGEN

1 Die FEM rechnet genauer - allgemeine Betrachtungen

Die etablierten kommerziellen FE-Programme verfolgen unterschiedliche Philosophien bei der Berücksichtigung von Unterzügen im Stahlbetonbau. Betrachtet man die einzelnen Realisierungen in den FE-Programmen und liest man dazu die Hintergrundinformationen in den Handbüchern, sind die getroffenen Annahmen meist plausibel und man kann realitätsnahe Ergebnisse erwarten. Eine Folge der unterschiedlichen Umsetzungen sind allerdings häufig mehr oder weniger große Unterschiede in den Ergebnissen. Für den Anwender ist es wichtig, dass er die in seinem Programm verwendeten Annahmen kennt und natürlich auch akzeptieren kann. Im Vergleich mit anderen Programmen (z.B. in der Diskussion mit dem Prüfer) können die Abweichungen in der Regel immer begründet werden.

Auch wenn sich die Ergebnisse der einzelnen Programme unterscheiden, ist der Genauigkeitsgewinn durch die FE-Modellierung im Vergleich zu den früheren Berechnungsmöglichkeiten enorm. Bevor leistungsfähige FE-Programme zur Verfügung standen, konnte man die Verbundwirkung zwischen Unterzug und Platte nicht bzw. nur näherungsweise berücksichtigen. Der Unterzug wurde häufig als festes Lager modelliert, um die Plattenschnittgrößen zu erhalten. Anschließend wurden die erhaltenen Stützkräfte auf einen separaten Balken als Belastung angesetzt. Da Unterzüge im Prinzip eine besondere Form der nachgiebigen Lagerung einer Platte darstellen, kann man unter bestimmten Voraussetzungen auch bei dieser Modellierung sinnvolle Ergebnisse erhalten. An Stelle der festen Lagerung sollte dann aber eine der Steifigkeit des Balkens entsprechende elastische Lagerung angesetzt werden. Die Ermittlung der richtigen Federsteifigkeiten ist dem Anwender überlassen. Die modernen FE-Programme entbinden uns von dieser Aufgabe, da automatisch entsprechend der Eingabewerte die realen Steifigkeitsverhältnisse[1] berücksichtigt werden.

Das Beispiel UZ-Klassisch-FEM vergleicht das Modell „Starre Lagerung anstelle Unterzug" mit dem „exzentrischen Faltwerksmodell". Es zeigt die Grenzen des klassischen Modells und den Genauigkeitsgewinn durch eine moderne FE-Modellierung.

Für alle RFEM-Beispiele dieses Kapitels werden unter „Berechnung" im Menü „Berechnungsparameter" in „Globale Berechnungsparameter" folgende Einstellungen verwendet:

- Biegetheorie nach Mindlin und
- Schubsteifigkeit der Stäbe aktivieren.

[1] Unter Berücksichtigung der Näherungen des zu Grunde gelegten Unterzugsmodells

Beispiel UZ-Klassisch-FEM

Statisches System / Eingabewerte

3 Faltwerke 10,00 m · 8,00 m, Linienlager u_z= starr entlang der Außenränder

Material Faltwerk und Unterzug: E= 3.300 kN/cm², G= 1.370 kN/cm² mit μ= 0,2 und γ= 0

Fläche: Dicke= 18 cm, Belastung: Flächenlast= 10,00 kN/m², (b_{eff}= 3,04m)

Vernetzung: 20 · 16 Elemente mit 0,50 m Elementlänge

System 1: Linienlager u_z= starr entlang der Mittelachse (klassisches Modell)
System 2: Unterzug am +z-Rand der Fläche, Rechteck **30/70** cm (B/H)
System 3: Unterzug am +z-Rand der Fläche, Rechteck **30/30** cm (B/H)

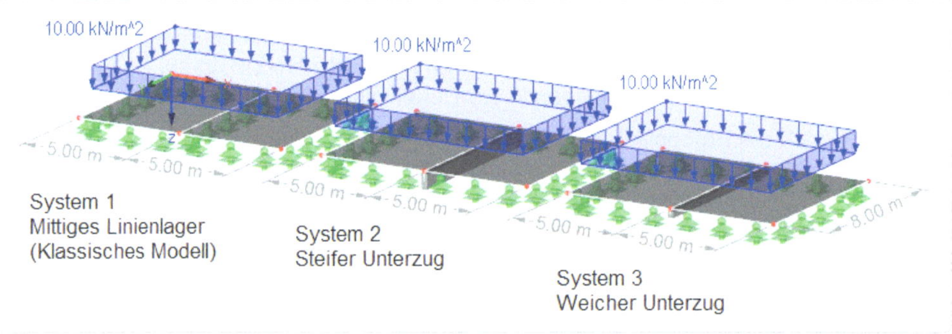

Eingabe in RFEM

Damit die Unterzüge exzentrisch angeschlossen werden können, sind die Systeme als 3D-Tragwerke einzugeben. Beim Anlegen der neuen Position ist für den Modelltyp dementsprechend *„3D“* (Faltwerk) zu wählen.

Im Dialog *„Stab bearbeiten“* wird der Dialog *„Rippe“* angewählt und für die mitwirkende Breite der unten stehende Wert von 1,52 m eingegeben. Für die Auswertung der Ergebnisse dieses Beispiels sind sie allerdings nicht relevant. Sind diese Werte null, reagiert RFEM mit einer Fehlermeldung.

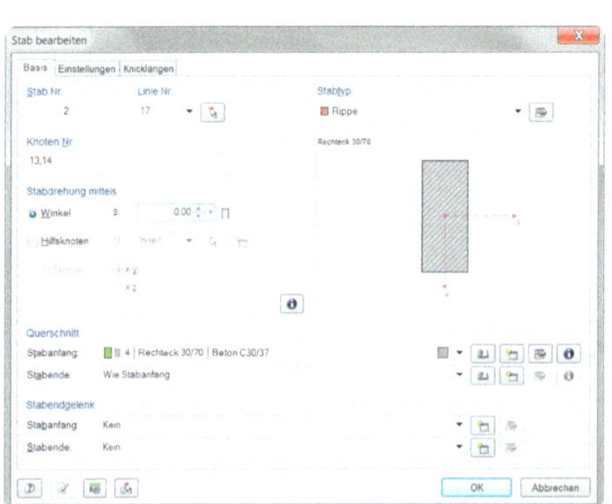

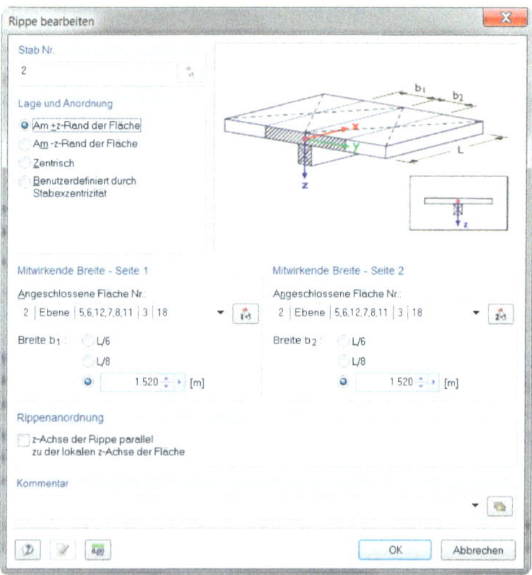

Entsprechend der gewählten Einstellung als Überzug oder Unterzug ermittelt RFEM im 3D-System automatisch die Exzentrizitäten der Rippen:

$$e = \pm 0{,}5 \cdot \text{Dicke}_{\text{Platte}} + 0{,}5 \cdot \text{Höhe}_{\text{Unterzug}}$$

Für die Lage *„Am +z-Rand der Fläche“* ergibt sich für dieses Beispiel:

System 2: e= 44 cm

System 3: e= 24 cm

Bei Auswahl von *„Zentrisch“* ist e= 0.

Bei *„Benutzerdefiniert durch Stabexzentrizität“* kann e separat durch die Einführung einer Stabexzentrizität festgelegt werden. Im Dialog *„Stab bearbeiten“* unter *„Einstellungen“* ist diese dem Stab zuzuweisen.

Um die Systeme berechnen zu können, müssen für diese zusätzlich zu den Plattenrandbedingungen auch Scheibenrandbedingungen generiert werden. Eine zwängungsfreie Lagerung erreicht man, indem für einen Knoten im System die Scheibenfreiheitsgrade u_X= starr, u_Y= starr und Φ_Z= starr (vgl. Bild) gesetzt werden. Als Lagerungsknoten bietet sich hier ein Eckknoten an.

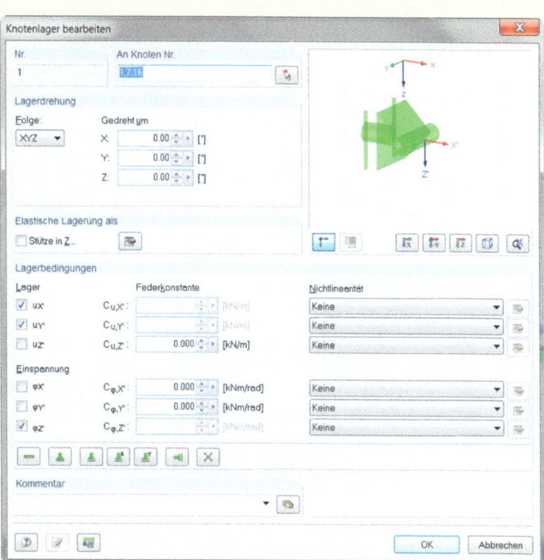

Ergebnisse

Durch die exzentrische Lage des Unterzuges werden im System 2 und 3 Scheibenkräfte aktiviert. Für das System 1 (2D-System), bei dem der Unterzug durch ein festes Lager simuliert wird, sind die Scheibenkräfte null.

Scheibenschnittgrößen n_y in Richtung der Achse des Unterzuges:

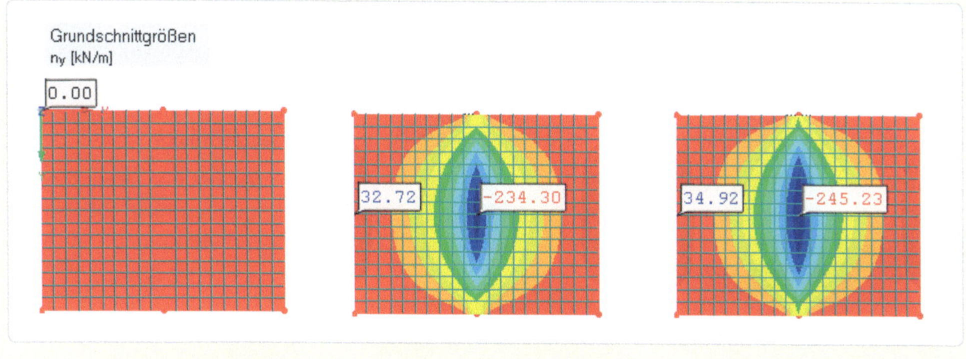

Bei Betrachtung der Plattenmomente wird deutlich, dass die Schnittgrößen zwischen festem Lager und steifem Unterzug noch ähnlich sind. Wird der Unterzug weicher, driften die Ergebnisse weiter auseinander. Durch eine elastische Lagerung des mittigen Linienlagers könnte man die Ergebnisse des Systems 1 noch angleichen.

Biegemomente m_x in Richtung der Achse des Unterzuges:

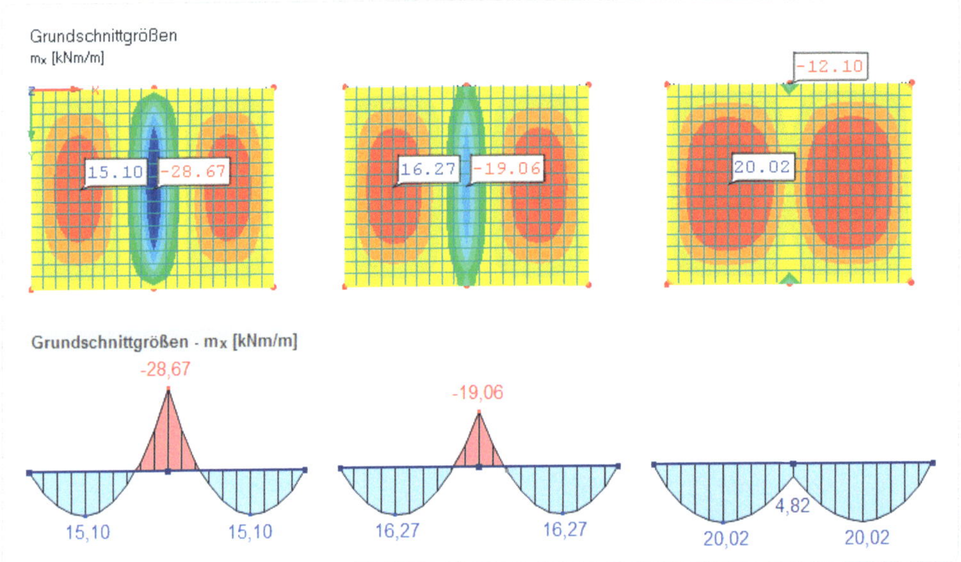

Erkenntnisse

In der Realität biegen sich Flächentragwerk und Unterzug gemeinsam durch. Das FE-Modell des exzentrischen Unterzuges ist in der Lage, dieses Systemverhalten abzubilden.

Das klassische Modell, bei dem die Plattenschnittgrößen durch ein festes Lager anstelle eines Unterzuges ermittelt werden und anschließend der Unterzug als selbständiges, entkoppeltes System berechnet wird, verletzt diese Kompatibilität. Dieses Modell ist somit in Anbetracht der neuen Möglichkeiten durch die FEM nicht mehr zeitgemäß und liefert ohnehin nur für Sonderfälle brauchbare Ergebnisse.

Bei der Umsetzung der Unterzugsmodelle werden **Berechnungsmodelle** und **Bemessungsmodelle** unterschieden. Das Berechnungsmodell steht für die Art der Berücksichtigung der Steifigkeit des Unterzuges im statischen System und hat Auswirkungen auf die Verformungen und Schnittgrößen. Das Bemessungsmodell beschreibt, welcher Querschnitt bemessen wird und welche Schnittgrößenanteile dem Unterzug letztlich zugeordnet werden. Es hat damit nur Auswirkungen auf die Bemessungsergebnisse.

Mitunter gibt es einen Wechsel vom Berechnungsmodell (z.B. exzentrischer Unterzug mit Rechteckquerschnitt) zum Bemessungsmodell (z.B. Plattenbalkenquerschnitt). Die einzelnen Programme verwenden häufig auch unterschiedliche Modelle, je nachdem ob man ein 2D- oder 3D-System erzeugt.

2 Allgemeine Unterzugsmodelle

Die anschließende Diskussion ist für die Modellierung von Unterzügen im Stahlbetonbau interessant. Für die Belange des Stahlbaus gibt es keinen besonderen Diskussionsbedarf.

Bild 4-1 zeigt die üblichen **Berechnungsmodelle**. Zunächst ist die Entscheidung zu treffen, ob ein 2D- (Platte) oder 3D-Modell (Faltwerk) zu Grunde gelegt wird.

Unterzüge führen durch ihre exzentrische Lage zu Normalspannungen im Flächentragwerk. Damit handelt es sich nicht mehr um ein Plattentragwerk, sondern streng genommen um ein Faltwerk. Hierfür sind die Modelle 4 bis 6 nach Bild 4-1 mit ihren sechs Freiheitsgraden pro Knoten zutreffend. Für die zusätzlich vorhandenen Scheibenfreiheitsgrade (v_x, v_y, ϕ_z [2]) sind entsprechende Lagerungsbedingungen festzulegen. Häufig ist es ausreichend und auch sinnvoll, wenn eine „statisch bestimmte Lagerung" für das 3D-Modell vorgenommen wird (vgl. Lagerung in Beispiel UZ-Klassisch-FEM).

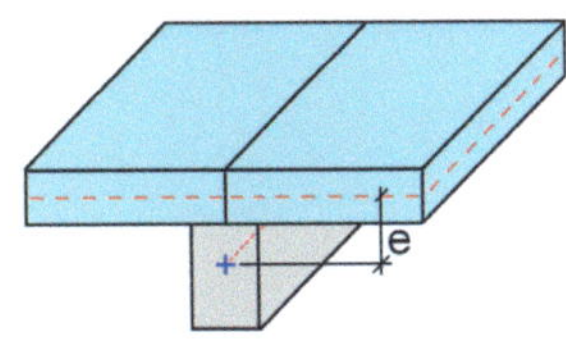

Modell 1:
Platte mit exzentrischem Balken

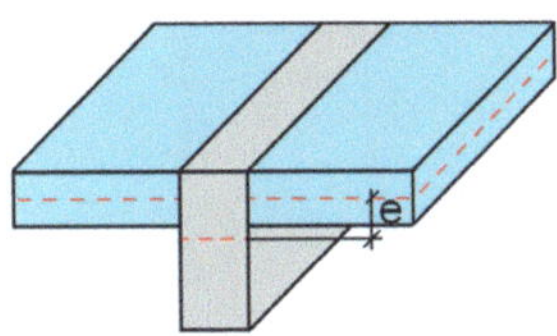

Modell 2:
Platte mit exzentrischem Flächenelement

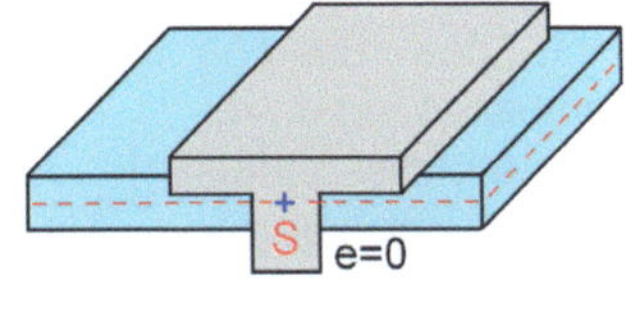

Modell 3:
Platte mit zentrischem Balken als Plattenbalkenquerschnitt

Faltwerksmodelle (FG: $v_x, v_y, v_z, \phi_x, \phi_y, \phi_z$)

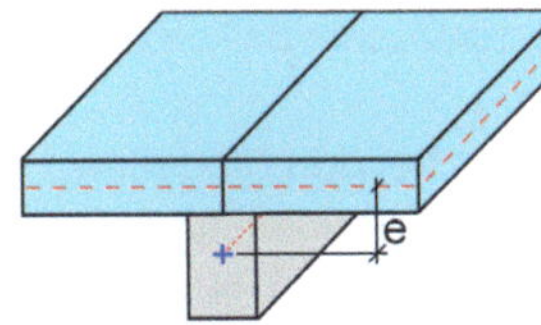

Modell 4:
Faltwerk mit exzentrischem Balken

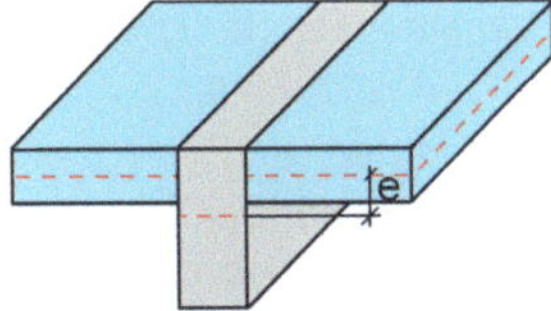

Modell 5:
Faltwerk mit exzentrischem Flächenelement

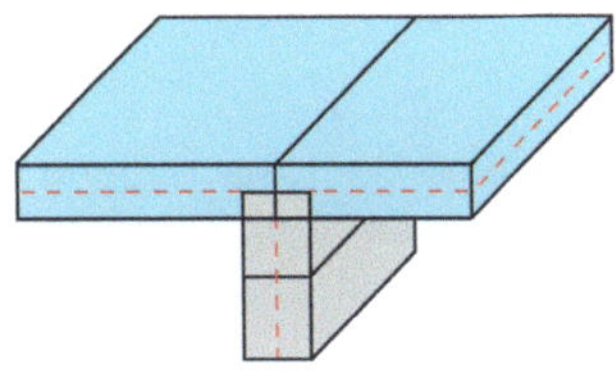

Modell 6:
3D-Faltwerk

Bild 4-1: 2D- und 3D-Unterzugsmodelle

Beim Modell 4 wird zur Abbildung des Steges ein Rechteck-Balken mit exzentrischer Bezugsachse mit dem Flächentragwerk verbunden. Beim Modell 5 hingegen wird der Steg durch ein Faltwerkselement mit größerer Dicke und ebenfalls exzentrischer Bezugsachse modelliert.

Beide Teilsysteme, d.h. Balken- und Faltwerkselemente, können auf Grund der theoretischen Annahmen nur einen linearen Spannungsverlauf über die Höhe abbilden. Weicht der reale Spannungsverlauf davon ab, ist das Modell 6 vorzuziehen, bei dem der Steg als dreidimensionales Faltwerk ersetzt wird. Wie in Bild 4-1 angedeutet, sollen dann allerdings über die Steghöhe in Abhängigkeit von der Leistungsfähigkeit der Elementansätze mehrere Elementreihen gewählt werden. Der Anwendungsbereich des Modells 6 ist am breitesten und könnte somit bei Vergleichslösungen als Referenzlösung dienen.

[2] Der sechste Freiheitsgrad Φ_z tritt nur bei Scheibenansätzen mit Drehfreiheitsgraden auf

Wegen der einfacheren Modellierung und des geringeren Rechenaufwandes werden im Hochbau häufig Plattenmodelle mit nur drei Freiheitsgraden (v_z, ϕ_x, ϕ_y) pro Knoten verwendet. Würden bei den Modellen 4 und 5 alle Scheibenfreiheitsgrade (v_x, v_y, ϕ_z) festgehalten, erhielte man zwangsläufig die Plattenmodelle 1 und 2. Der einzige Unterschied zum Faltwerksmodell liegt also darin, dass durch das Fehlen der Scheibenfreiheitsgrade in der Flächentragwerksebene keine Verformungen auftreten können. Deshalb wird dafür häufig der Begriff „dehnstarre Platte“ verwendet. Bei geringen real auftretenden Scheibenverformungen, sind die Modelle 1 und 2 eine gute Wahl. Das Modell 2 ist in den gängigen Softwareprodukten eher selten enthalten.

Bei ausgeprägten Unterzügen und im Verhältnis dazu weichen (dünnen) Platten sind die Scheibenverformungen allerdings zu berücksichtigen und auf die Faltwerksmodelle auszuweichen.

Bild 4-2 zeigt zwei Varianten für die Berücksichtigung der Exzentrizität des Balkens (Modelle 1 und 4). Die Ergebnisse unterscheiden sich nur geringfügig, da einmal die Fläche A und zum anderen die Exzentrizität e größer ermittelt wird.

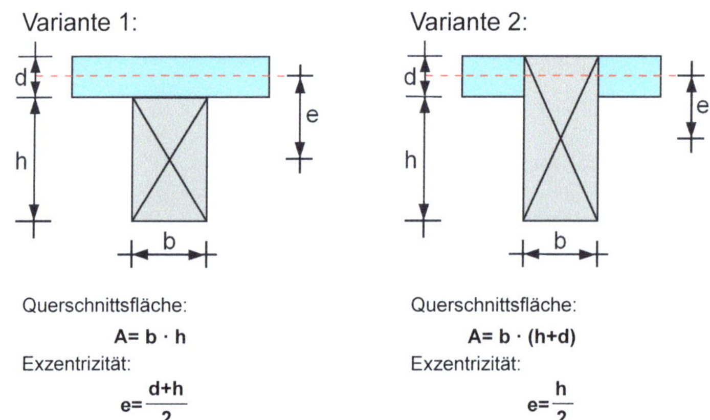

Bild 4-2: Varianten zur Berücksichtigung exzentrischer Balken

Durch eine Berücksichtigung der exzentrischen Bezugsachse fließt bei den Modellen 1, 2, 4 und 5 neben der Biegesteifigkeit des Rechteckbalkens auch die Dehnsteifigkeit in das System mit ein. Die Dehnsteifigkeit macht einen maßgeblichen Anteil des Tragverhaltens aus.

Beim Modell 3 kann durch die zentrische Lage des Balkens nur die Biegesteifigkeit berücksichtigt werden. Um für dieses Modell eine den realen Verhältnissen angepasste Steifigkeit zu erhalten, wird anstelle des exzentrischen Rechteckquerschnittes ein Plattenbalkenquerschnitt angenommen und somit die Biegesteifigkeit angemessen erhöht. Die mitwirkende Breite b_{eff} (vgl. Bild 4-3) ist dabei eine wichtige Eingabegröße.

Nach [4.1] mit Verweis auf [4.2] darf die mitwirkende Breite für die Biegebeanspruchung nach folgender Gleichung abgeschätzt werden:

$$
\begin{aligned}
& b_{eff} = b_w + \sum b_{eff,i} \\
& \text{mit } b_{eff,i} = 0{,}2 \cdot b_i + 0{,}1 \cdot L_0 \\
& \qquad\quad \leq 0{,}2 \cdot L_0 \\
& \qquad\quad \leq b_i \qquad (4\text{-}1)
\end{aligned}
$$

Für die Ermittlung des Abstandes der Momentennullpunkte L_0 entsprechend Bild 4-3 werden etwa gleiche Steifigkeitsverhältnisse vorausgesetzt.

Das Modell 3 wird häufig verwendet, da es als reine Platte unproblematisch ist. Durch die zentrische Lage des Unterzuges können keine Scheibenbeanspruchungen auftreten. Damit ist auch die Überlegung (wie bei den Modellen 1 und 2 vorab diskutiert) hinfällig, ob eine ggf. größere Nachgiebigkeit des Flächentragwerkes die Ergebnisse verfälschen kann.

Auch in Bezug auf die Handhabung bietet sich das Modell 3 an. Die meisten Programme ermitteln aus den eingegebenen Querschnittsabmessungen automatisch den Schwerpunkt des Plattenbalkens und das darauf bezogene Trägheitsmoment.

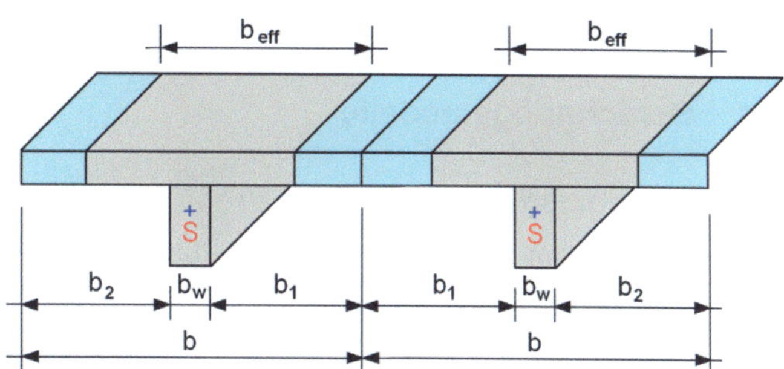

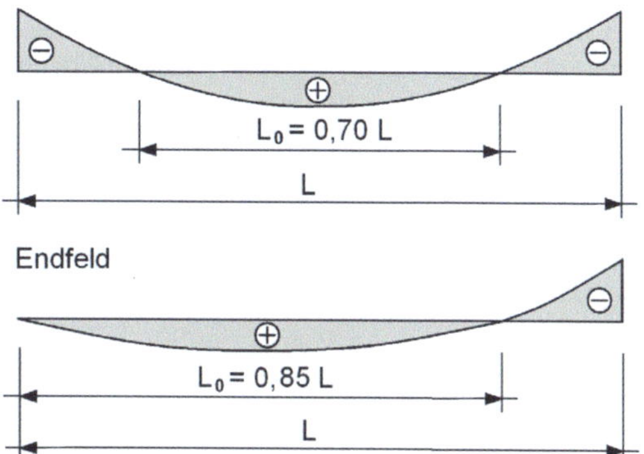

Bild 4-3: Überschlägliche Ermittlung der mitwirkenden Breite

I_{ges} setzt sich aus dem Eigenträgheitsmoment von Platte I_{Pl} und Balken I_{Ba}, sowie dem Steineranteil I_{St} zusammen:

$$I_{ges} = I_{Pl} + I_{Ba} + I_{St} \quad (4\text{-}2)$$

Da bei dieser Berechnung der Flächenanteil der Platte doppelt enthalten ist, muss dieser, allerdings ohne den Steineranteil, wieder abgezogen werden:

$$I_{FE} = I_{ges} - I_{Pl} \quad (4\text{-}3)$$

Entweder führen die Programme diesen Abzug automatisch durch oder es ist als Option wählbar.

Als **Bemessungsmodell** wird bei einer Stabmodellierung unabhängig von einer 2D- oder 3D-Berechnung in der Regel ein Plattenbalkenquerschnitt verwendet. Die Unterschiede in den einzelnen Programmen liegen darin, ob bzw. welche Schnittgrößenanteile aus dem Bereich der mittragenden Breite des Flächentragwerkes zu den Ergebnissen des Unterzuges hinzugezählt werden. Da der Unterzug statisch als Plattenbalken und nicht als Rechteckquerschnitt wirkt, ist das Hinzuaddieren von Schnittgrößenanteilen aus den Flächen logisch und auch sinnvoll.

3 Unterzugsmodelle in RFEM

3.1 Berechnungsmodelle

3.1.1 Plattenmodell

Wird in RFEM beim Eingeben einer neuen Position *„2D - XY“* (Platte) gewählt und damit ein 2D-Modell angelegt, verwendet RFEM automatisch das in Bild 4-1 beschriebene Unterzugsmodell 3. Es wird demnach ein mittig angesetzter Plattenbalken angenommen, für den die mitwirkende Breite zu ermitteln ist. Da dieser Eingabewert das Trägheitsmoment des Unterzuges mitbestimmt, werden die Steifigkeitsverhältnisse des Systems verändert und damit die Verformungen und Schnittgrößen beeinflusst. Deshalb werden bei Veränderung der mitwirkenden Breite in RFEM auch die Ergebnisse gelöscht und müssen nun neu berechnet werden. Wie später erläutert wird, hat die mitwirkende Breite im 3D-Modell keinen Einfluss auf die Verformungs- und Schnittgrößenergebnisse. Deshalb werden dort die Ergebnisse bei Veränderung der mitwirkenden Breite nicht gelöscht.

Die Berücksichtigung des Plattenanteils für das Trägheitsmoment des Unterzuges kann im 2D-Modell optional aus- bzw. eingeschaltet werden.

Das Beispiel Mitwirkende Breite-2D verdeutlicht den Einfluss der mitwirkenden Breite auf die Ergebnisse des 2D-Modells.

Beispiel Mittragende Breite-2D

Statisches System / Eingabewerte

2 Platten 6,00 m · 8,00 m, Linienlager u_z= starr gemäß Bild

Material Platte und Unterzug:
E= 3.300 kN/cm², G= 1.370 kN/cm², μ= 0,2 mit γ= 0

Platte: Dicke= 18 cm,

Belastung: Flächenlast= 10,00 kN/m²

Vernetzung: 12 · 16 Elemente mit 0,50 m Elementlänge

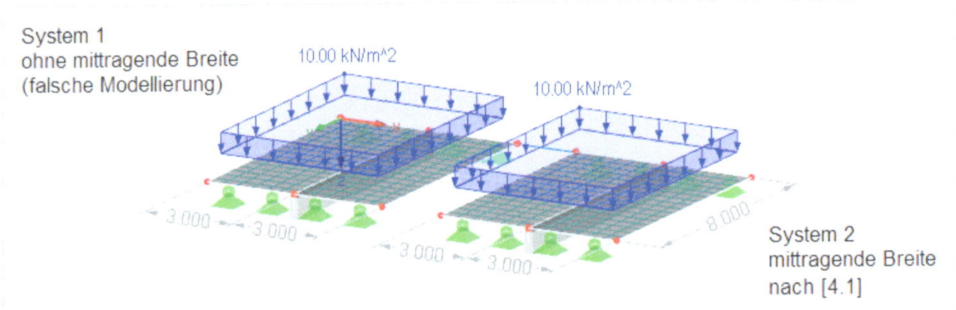

System 1: Unterzug am +z-Rand der Fläche, Rechteck 30/70 cm (B/H),
Ohne mittragende Breite **b_{eff}= 0,30 m**

System 2: Unterzug am +z-Rand der Fläche, Rechteck 30/70 cm (B/H),
Mittragende Breite nach [4.1] mit **b_{eff}= 3,04 m**

Eingabe in RFEM

Beim Anlegen der neuen Position wurde für den Modelltyp *„2D - XY“* (Platte) gewählt und damit ein 2D-Modell erzeugt.

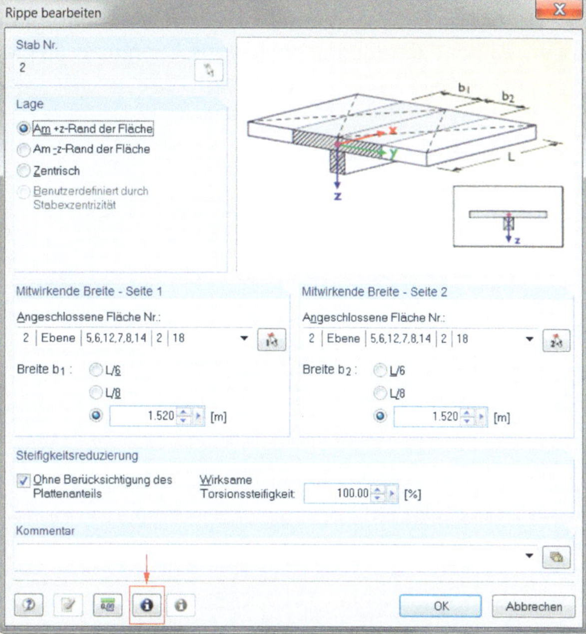

Das Bild rechts zeigt den Dialog für die Eingabe der Rippe entsprechend des Modells 3 nach Bild 4-1. Bevor die Eingaben für die Rippe durchgeführt werden können, ist es notwendig, Stäbe mit entsprechenden Material- und Querschnittsdaten zu definieren.

Für b1 und b2 des Systems 2 wurde als effektive mitwirkende Breite nach [4.1] 1,52m angenommen.

Um den Einfluss bei einer fehlerhaften Eingabe der mitwirkenden Fläche zu verdeutlichen, wurde beim System 1 keine mitwirkende Breite definiert. Wenn für b1 und b2 die halbe Unterzugsbreite (0,15 m) eingegeben wird, erhält man an Stelle der Rippe einen Rechteckquerschnitt.

Über den Info-Button im Dialog *„Rippe bearbeiten“* können die Querschnittsabmessungen und die daraus ermittelten Querschnittswerte kontrolliert werden.

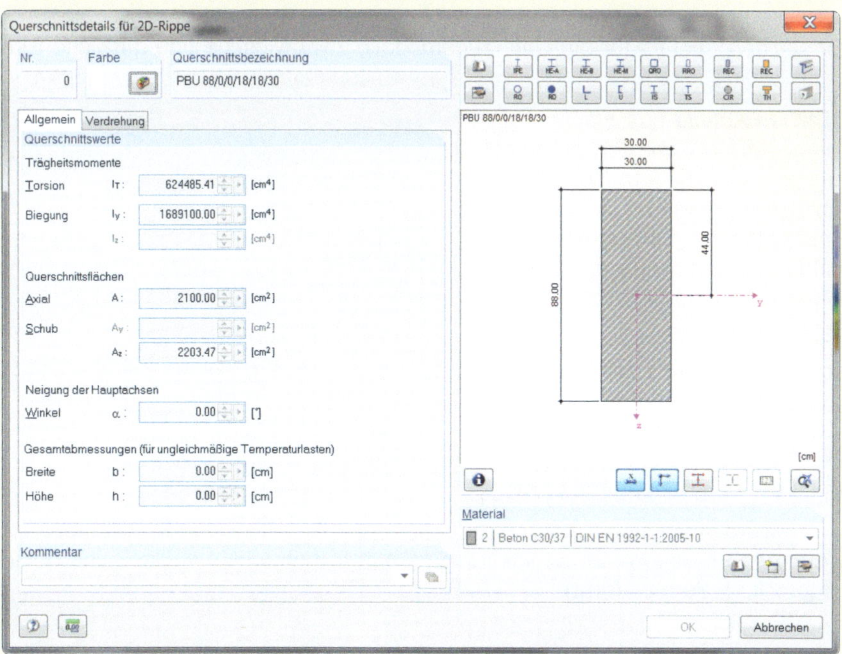

Für die Reduzierung der Steifigkeit wurde die Option *„Ohne Berücksichtigung des Plattenanteils“* gewählt. Dadurch wird der Eigenanteil des Trägheitsmomentes der Platte mit der eingegebenen mitwirkenden Breite vom Gesamtträgheitsmoment der Rippe wieder abgezogen. Anhand der Querschnittswerte kann man das leicht nachvollziehen.

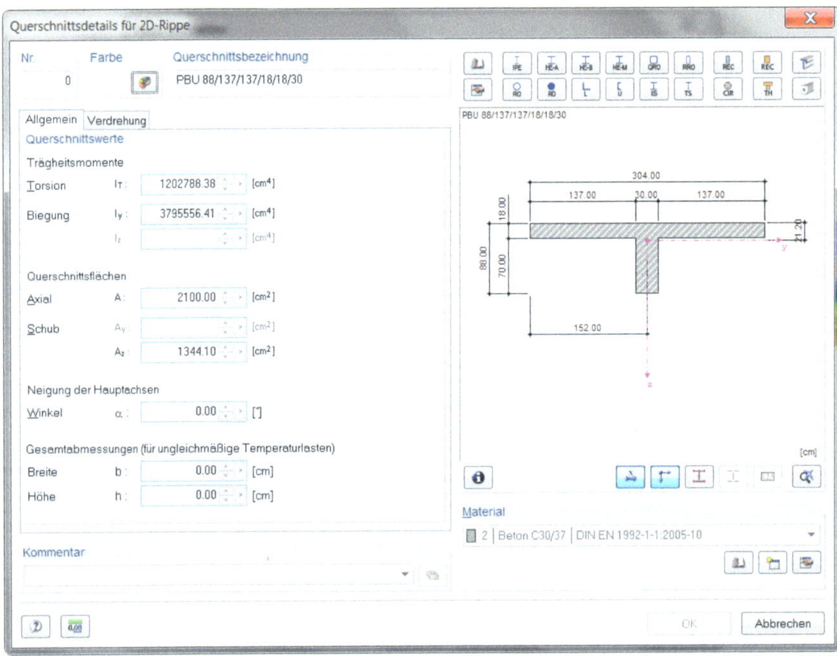

Da es sich hier um eine reine Platte handelt, entfällt die Eingabe von Scheibenrandbedingungen.

Im Navigator *„Zeigen“* gibt es für die Unterzugsmodelle zwei wichtige und nützliche Einstellungen.

Wenn *„Bei Stäben Anteile aus Flächen einbeziehen“* eingestellt ist, werden relevante Flächenschnittgrößen aus dem Bereich der mitwirkenden Breite integriert und den vom Programm ermittelten Stabschnittgrößen hinzugerechnet. Die so ermittelten Schnittgrößen werden auch der Bemessung zu Grunde gelegt.

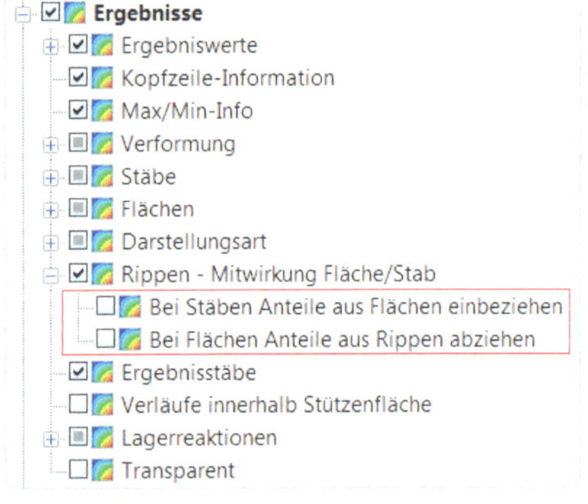

Ist *„Bei Flächen Anteile aus Rippen abziehen“* eingestellt, werden die Flächenschnittgrößen im Bereich der mitwirkenden Breite ausgeblendet. Dadurch ist eine schnelle visuelle Kontrolle der Eingabeparameter möglich.

Da wir hier die vom FE-Programm ermittelten Ergebnisse betrachten wollen, sind beide Schalter ausgestellt (Haken entfernt).

Ergebnisse

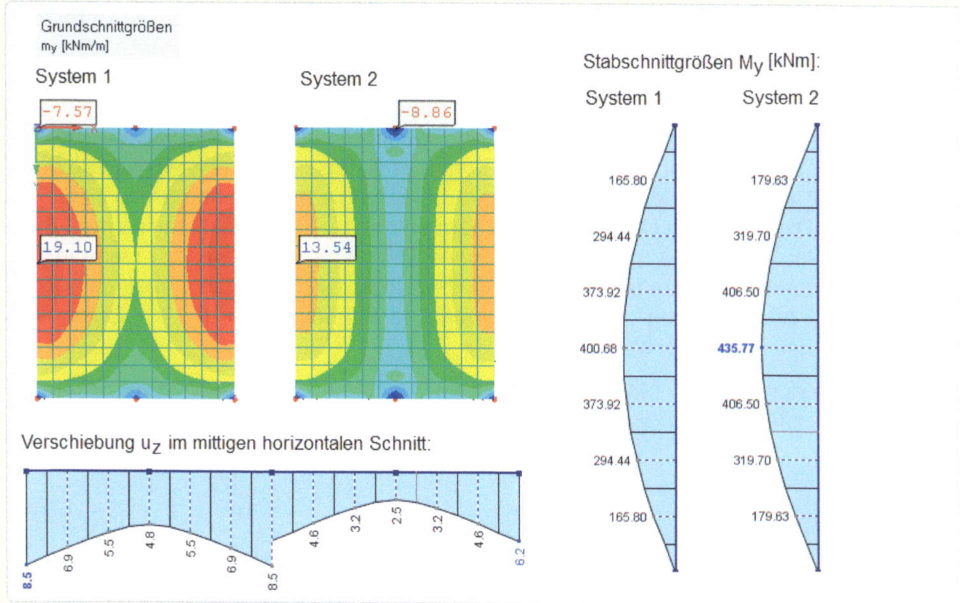

Erkenntnisse

Da der Unterzug mit mitwirkender Breite in System 2 steifer abgebildet wird, zieht dieser Schnittgrößen an. Das Balkenmoment M_y vergrößert sich um ca. 9%, die Durchbiegung in der Mitte verringert sich ca. auf die Hälfte.

Durch die höhere Steifigkeit des Unterzuges in System 2 wird die Platte in Haupttragrichtung entlastet. Das Schnittmoment an den äußeren Rändern reduziert sich z.B. um ca. 30%.

Würde man im Dialog *„Rippe bearbeiten"* den Plattenanteil mit berücksichtigen, führte das zu einer weiteren Erhöhung der Steifigkeit des Modells 2. In diesem Beispiel verändern sich die Balkenergebnisse nur unbedeutend. Die Plattenmomente in der Haupttragrichtung reduzieren sich um weitere ca. 1,5%.

Fazit:

In diesem Beispiel werden die beiden Grenzfälle keine mitwirkende Breite und nach DIN 1045-1 ermittelte mitwirkende Breite verglichen. Die Ergebnisse schwanken mitunter erheblich. Das Beispiel zeigt, dass die mitwirkende Breite im 2D-Modell eine wichtige Eingabegröße ist, die sowohl die statischen Ergebnisse als auch die Bemessungsgrößen beeinflusst.

3.1.2 Faltwerksmodell

Wählt man beim Anlegen einer neuen Position *„3D“*, verwendet RFEM für die Unterzüge automatisch das in Bild 4-1 beschriebene Unterzugsmodell 4. Die Exzentrizität e wird nach der Gleichung aus Bild 4-2 nach Variante 1 berechnet. Durch die exzentrische Lage des Unterzuges wird die Dehnsteifigkeit der Rippe mit berücksichtigt und damit die Steifigkeit richtig bewertet. Ein zusätzliches Ansetzen der mitwirkenden Breite für den Unterzug wird in RFEM im 3D-Modell nicht durchgeführt. Es wäre auch falsch, da die Steifigkeit so quasi doppelt erhöht werden würde. Der Eingabeparameter für die mitwirkende Breite ist für das 3D-Modell im Dialog *„Rippe bearbeiten“* trotzdem enthalten. Er spielt allerdings nur für die Bemessung eine Rolle. Im Kapitel 3.2 wird dieses Thema näher erläutert. Da eine Veränderung der mitwirkenden Breite die Steifigkeit des Unterzuges hier nicht beeinflusst, gibt es auch keine Auswirkungen auf Verformungen und Schnittgrößen und die Ergebnisse müssen nicht neu berechnet werden.

Das nachfolgende Beispiel Mitwirkende Breite-3D entsteht durch konvertieren des Beispiels Mitwirkende Breite-2D in ein 3D-Modell.

Beispiel Mittragende Breite-3D

Statisches System / Eingabewerte

Dieses System wurde aus dem Beispiel Mittragende Breite-2D erzeugt.

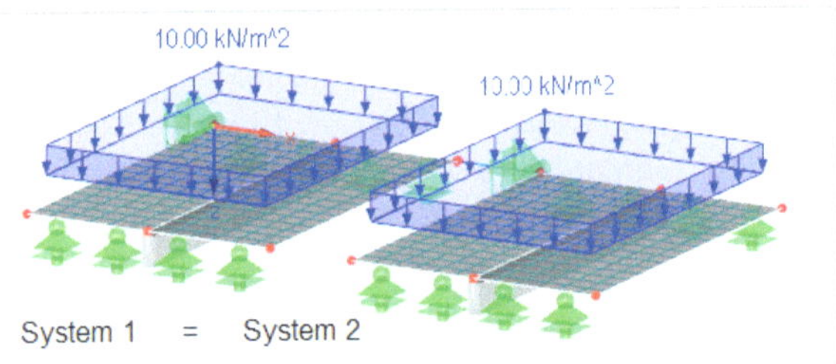

Eingabe in RFEM

Zunächst wird die Konvertierung des Beispiels Mitwirkende Breite-2D in ein 3D-Modell durchgeführt. Dazu wird im Datennavigator unter Modelldaten über das Kontextmenü (rechte Maustaste auf den Positionsnamen) unter „Basisangaben...“ der untenstehende Dialog aufgerufen und *„3D“* eingestellt.

Achtung: RFEM ergänzt bei der Konvertierung automatisch 3D-Randbedingungen, falls das sinnvoll erscheint. Deshalb sind die Randbedingungen nach der Konvertierung erneut zu prüfen. Die für die Linienlager ergänzten Festhaltungen u_x, u_y und φ_z müssen wieder gelöst werden, da sonst Zwängungen auftreten.

Um die nun beweglichen Systeme berechnen zu können, müssen für diese manuell erneut Scheibenrandbedingungen generiert werden. Die zwängungsfreie Lagerung wird durch Festhalten der Scheibenfreiheitsgrade $u_X= 0$, $u_Y= 0$ und $\varphi_Z= 0$ an einem Eckknoten des Systems erreicht.

Durch diese Konvertierung verwendet jetzt RFEM entsprechend Bild 4-1 anstelle des Unterzugsmodells 3 das Unterzugsmodell 4.

Die Einstellungen für die Schalter *„Bei Stäben Anteile aus Flächen einbeziehen“* und *„Bei Flächen Anteile aus Rippen abziehen“* sind vorerst ausgestellt.

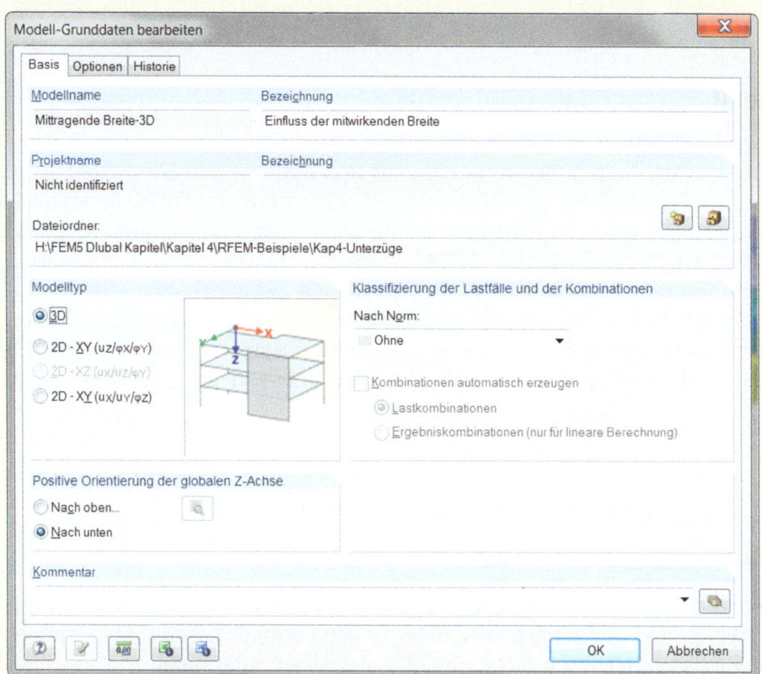

Ergebnisse und Erkenntnisse

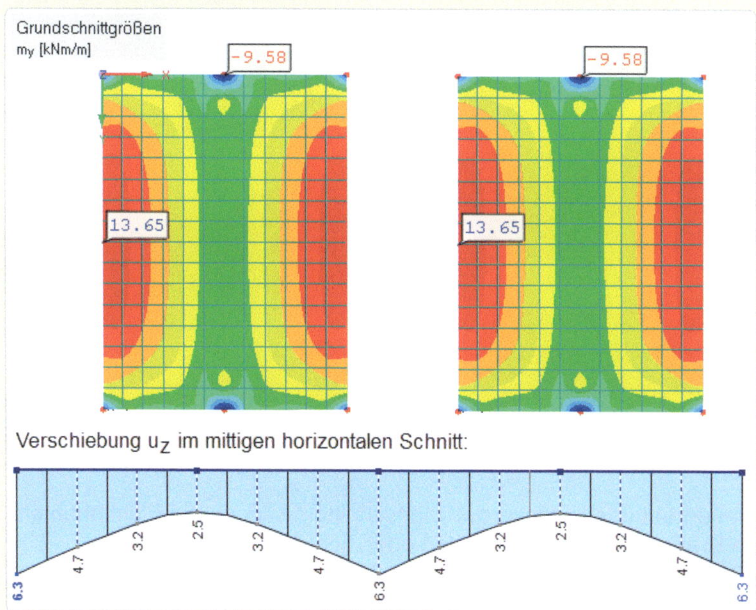

Da sich die beiden Modelle nur durch die mitwirkenden Breiten unterscheiden und diese beim Unterzugsmodell 4 keinen Einfluss auf die Schnittgrößen und Verformungen haben, sind die Ergebnisse von beiden Systemen jetzt gleich.

3.2 Bemessungsmodelle

3.2.1 Plattenmodell

Das Beispiel Mitwirkende Breite-2D soll noch einmal unter dem Gesichtspunkt der Bemessung betrachtet werden. Der Plattenbalken, bestehend aus Platten- und Steganteil, wirkt als statisches Teilsystem. Deshalb ist es für die Bemessung sinnvoll, die Plattenschnittgrößenanteile aus dem Bereich der mitwirkenden Breite dem Balken hinzuzurechnen. Wie bereits schon erwähnt, ist diese Option in RFEM enthalten. Dabei werden die in Balkenrichtung wirkenden Plattenmomente und Plattenquerkräfte integriert und dementsprechend die Balkenschnittgrößen V_z, M_T und M_y korrigiert. Das Beispiel Mitwirkende Breite-2D veranschaulicht diese Vorgehensweise. Es ist kein neues System zu generieren. Es werden lediglich die Einstellungen in Navigator *„Zeigen“* verändert und die Ergebnisse bewertet.

Beispiel Mittragende Breite-2D

Statisches System / Eingabewerte

Die Auswertung der Ergebnisse des Beispiels Mittragende Breite-2D erfolgt für das System 2, da dort die mitwirkende Fläche nach DIN 1045-1 richtig ermittelt wurde. Das System 1 diente nur als Vergleichsmodell und wird hier nicht mehr näher untersucht.

Eingabe in RFEM

Im Navigator *„Zeigen“* werden jetzt die Schalter *„Bei Stäben Anteile aus Flächen einbeziehen“* und *„Bei Flächen Anteile aus Rippen abziehen“* auf „Ein“ gestellt.

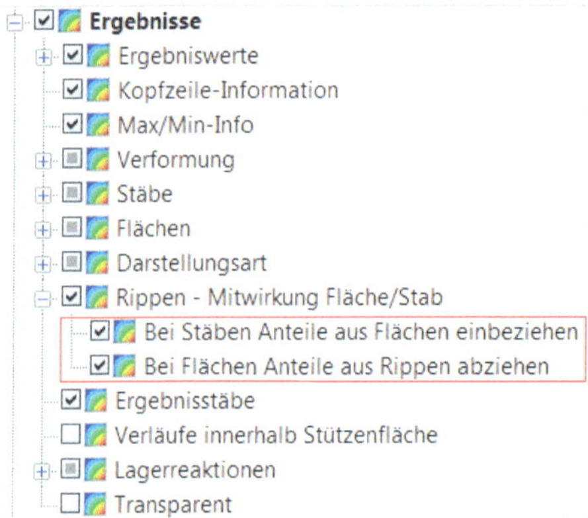

Der erste Schalter steuert bei der Ausgabe der Stabschnittgrößen, ob die Flächenanteile aus der mitwirkenden Breite berücksichtigt werden oder nicht.

Der zweite Schalter blendet in der Ergebnisdarstellung die relevanten Plattenschnittgrößen im Bereich der mitwirkenden Breite aus. Ansonsten werden die Ergebniswerte nicht verändert.

Ergebnisse Balkenschnittgrößen

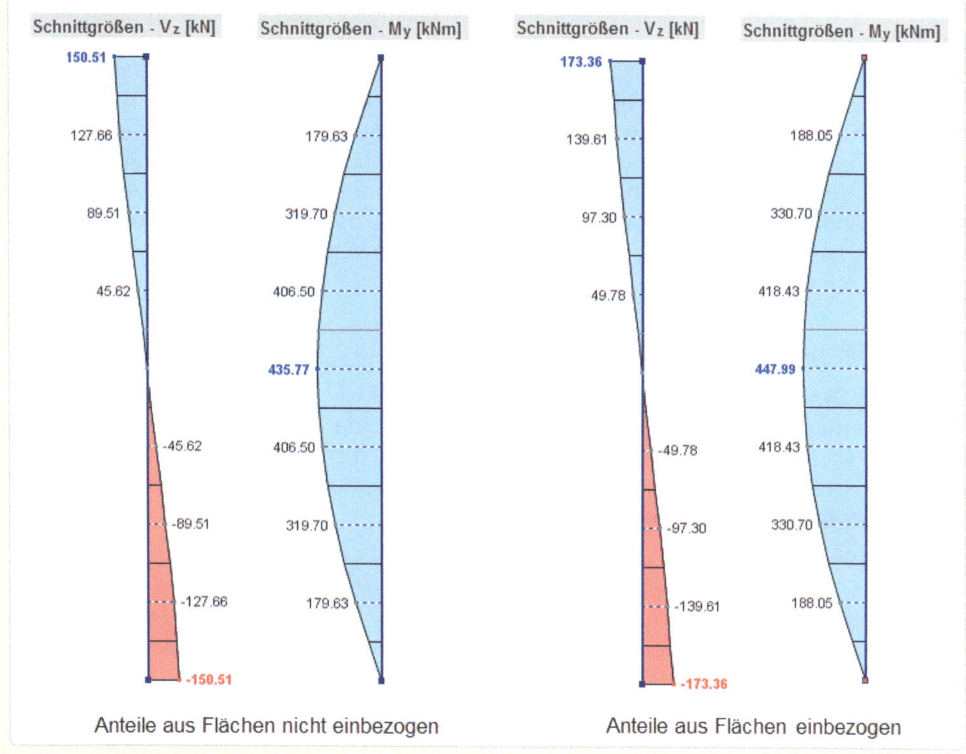

Die Querkräfte und Momente erhöhen sich erwartungsgemäß durch das Aufintegrieren der Plattenschnittgrößen in Richtung der Unterzugsachse. Durch die vorliegende Symmetrie wird das Moment M_T nicht verändert.

Bei diesem Beispiel erhöhen sich die Querkräfte um etwa 15% und die Momente um etwa 2,8%.

Ergebnisse Plattenschnittgrößen

Das Bild verdeutlicht beispielhaft das Ausblenden der Schnittgrößen, die für den Balken erhöhend angesetzt werden (hier m_y).

Da der Unterzug parallel zur y-Achse verläuft, betrifft das die Schnittgrößen v_y, m_y und m_{xy}.

Die Bemessung in RF-Beton Stäbe berücksichtigt immer die Rippenschnittgrößen, die sich aus den reinen Balkenschnittgrößen zuzüglich der aufintegrierten Flächenschnittgrößen ergeben.

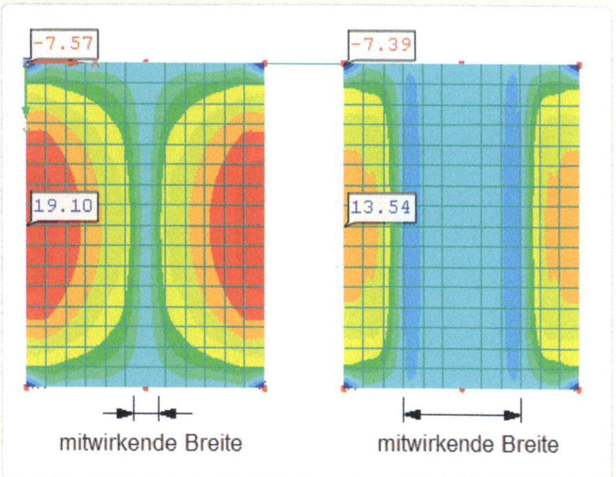

3.2.2 Faltwerksmodell

Das prinzipielle Vorgehen zur Ermittlung der bemessungsrelevanten Schnittgrößen für das 3D-System ist ähnlich. Auch hier wird ein Plattenbalkenquerschnitt bemessen. Allerdings werden die exzentrische Lage und die Scheibenschnittgrößen beim Aufintegrieren der Anteile aus dem Faltwerk mit berücksichtigt. Für den exzentrischen 3D-Balken existiert neben den Schnittgrößen V_z, M_T und M_y zusätzlich die Normalkraft N sowie V_y und M_z aus der Biegung um die zweite Achse. Alle sechs Balkenschnittgrößen werden im Allgemeinen durch das Hinzufügen von Schnittgrößenanteilen aus der mitwirkenden Breite des Faltwerks verändert. Diese Korrektur ist, wie die Ergebnisse des Beispiels Mitwirkende Breite-3D zeigen, sehr komplex. Für dieses Beispiel wird auch hier kein neues System generiert. Es erfolgt nur ein Vergleich der Ergebnisse.

Beispiel Mittragende Breite-3D

Statisches System / Eingabewerte

Die Auswertung der Ergebnisse des Beispiels Mittragende Breite-3D erfolgt für das System 2, da dort die mitwirkende Breite nach DIN 1045-1 richtig ermittelt wurde. Diese bestimmt die Breite des Integrationsbereiches für die Korrektur der Balkenschnittgrößen, die letztlich der Bemessung zu Grunde gelegt werden.

Eingabe in RFEM

Wie für das Plattenmodell sollen auch hier die Stab- und Faltwerksschnittgrößen untersucht werden, wenn im Navigator *„Zeigen"* die Schalter *„Bei Stäben Anteile aus Flächen einbeziehen"* und *„Bei Flächen Anteile aus Rippen abziehen"* eingestellt sind.

Ergebnisse Balkenschnittgrößen

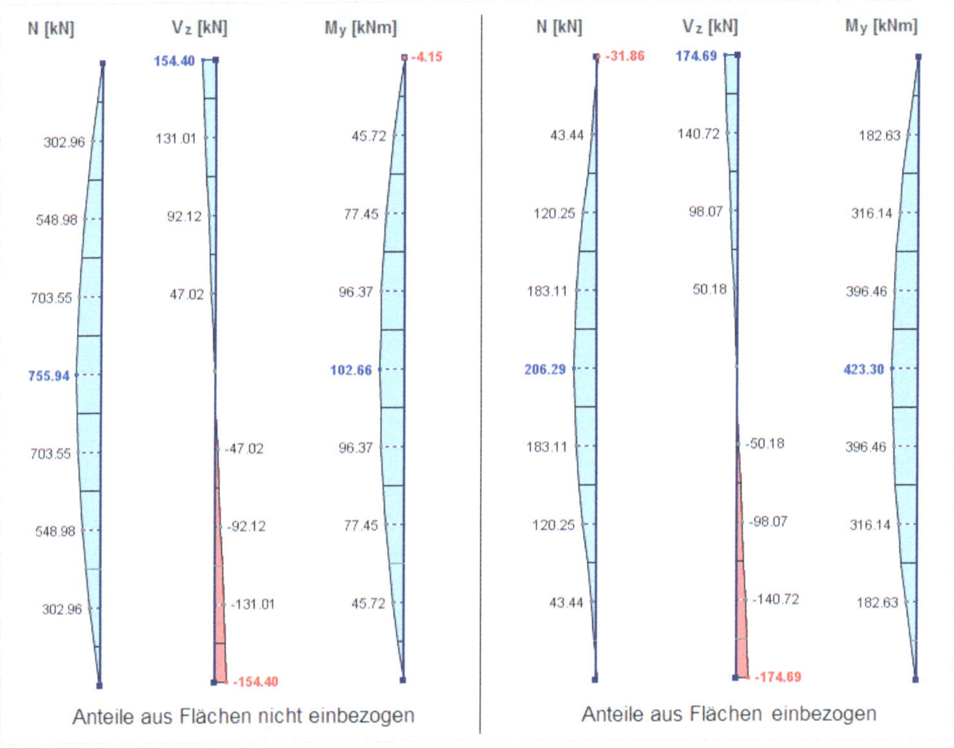

Anteile aus Flächen nicht einbezogen | Anteile aus Flächen einbezogen

Durch die vorliegende Symmetrie werden die Querkraft V_y und die Momente M_T und M_z nicht verändert

Ergebnisse Plattenschnittgrössen

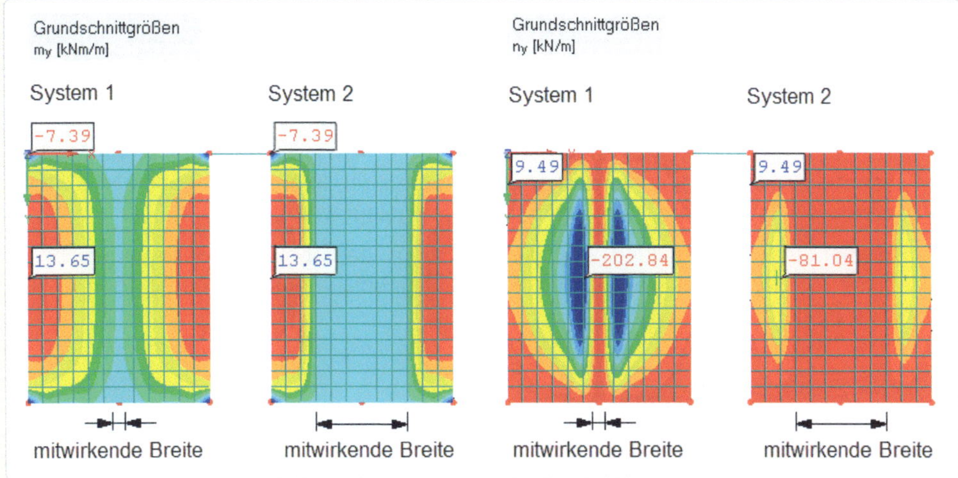

Für den parallel zur y-Achse verlaufenden Unterzug werden die Plattenschnittgrößen v_y, m_y und m_{xy} aus dem Bereich der mitwirkenden Breite integriert und den Balkenschnittgrößen zugerechnet. Die Scheibenschnittgrößen n_y und n_{xy} werden ebenfalls integriert und zusätzlich entsprechend ihrer exzentrischen Lage berücksichtigt.

Auch hier werden die Faltwerksschnittgrößen, die den Balkenschnittgrößen zugeordnet werden, in der Ergebnisdarstellung ausgeblendet.

Das Bild zeigt als Beispiel die Schnittgrößen m_y und n_y. Die ermittelten Flächenschnittgrößen der Systeme 1 und 2 unterscheiden sich nicht. Durch das Ausblenden der Ergebnisse im Bereich der unterschiedlichen mittragenden Breiten verändert sich nur ihre Darstellung.

3.3 Zusätzliche Betrachtungen

3.3.1 Ergebnisvergleich Plattenmodell - Faltwerksmodell

Je nachdem ob der Anwender ein 2D- oder 3D-Modell eingibt, verwendet RFEM verschiedene Unterzugsmodelle, d.h. einmal ein zentrisches Plattenbalkenmodell und zum anderen ein exzentrisches Faltwerksmodell. Beide Modelle sind praktikabel und liefern gute Ergebnisse. Wenn dem so ist, dürfen sich die Ergebnisse nur unwesentlich unterscheiden. Die nachfolgende Gegenüberstellung untersucht die rechten Systeme[3] der Beispiele Mitwirkende Breite-2D und Mitwirkende Breite-3D. Eine FE-Position, in der beide Modelle gemeinsam enthalten sind, kann nicht erzeugt werden, da durch die Eingabe als 2D- bzw. 3D-System auch indirekt die Unterzugsmodelle festgelegt werden.

Das Beispiel Gegenüberstellung 2D-3D-Modell zeigt, dass beide Modelle vergleichbare Ergebnisse erzielen. Auch hier werden nur die Ergebnisse aus den bereits generierten Beispielen aufbereitet.

Beispiel Vergleich 2D-3D-Modell

Statisches System / Eingabewerte

2 Flächen 6,00 m · 8,00 m, Faltwerk: Dicke= 18 cm

Material Faltwerk und Unterzug: E= 3.300 kN/cm², G= 1.370 kN/cm² mit μ= 0,2 und γ= 0

Unterzug: Am +z-Rand der Fläche, Rechteck 30/70 cm (B/H), Exzentrizität= 44 cm, Mittragende Breite nach [4.1] b_{eff}= 3,04 m,

Vernetzung: 12 · 16 Elemente mit 0,50 m Elementlänge,

2D-System: Linienlager u_Z= starr entsprechend Bild

3D-System: Linienlager u_Z= starr sowie Knotenlager u_x= starr u_y= starr ϕ_Z= starr

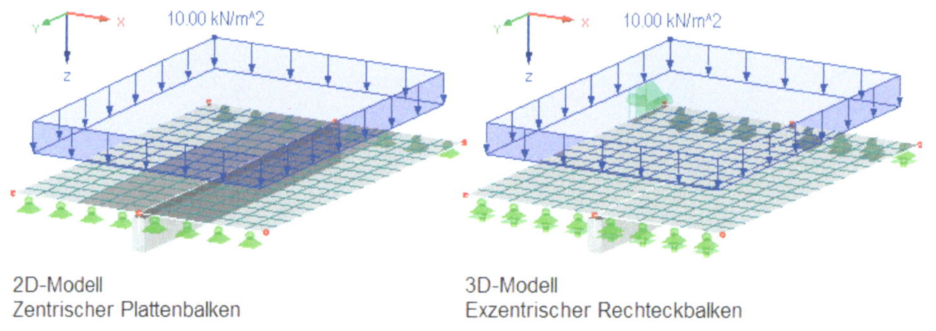

2D-Modell
Zentrischer Plattenbalken

3D-Modell
Exzentrischer Rechteckbalken

Eingabe in RFEM

Die Eingaben sind in den Beispielen Mitwirkende Breite-2D und Mitwirkende Breite-3D bereits beschrieben. Da die bemessungsrelevanten Schnittgrößen verglichen werden sollen, sind im Navigator *„Zeigen“* die Schalter *„Bei Stäben Anteile aus Flächen einbeziehen“* und *„Bei Flächen Anteile aus Rippen abziehen“* auf „Ein“ zu stellen.

[3] Durch die fehlerhafte mittragenden Breiten sind die linken Systeme nicht relevant

Ergebnisse

Balkenschnittgrößen 2D-Modell
Schnittgrößen - Vz [kN]
Schnittgrößen - My [kNm]
173.36
139.61
97.30
49.78
-49.78
-97.30
-139.61
-173.36
-3.38
188.05
330.70
418.43
447.99
418.43
330.70
188.05
-3.38
Balkenschnittgrößen 3D-Modell
Schnittgrößen - Vz [kN]
Schnittgrößen - My [kNm]
174.69
140.72
98.07
50.18
-50.18
-98.07
-140.72
-174.69
182.63
316.14
396.46
423.30
396.46
316.14
182.63

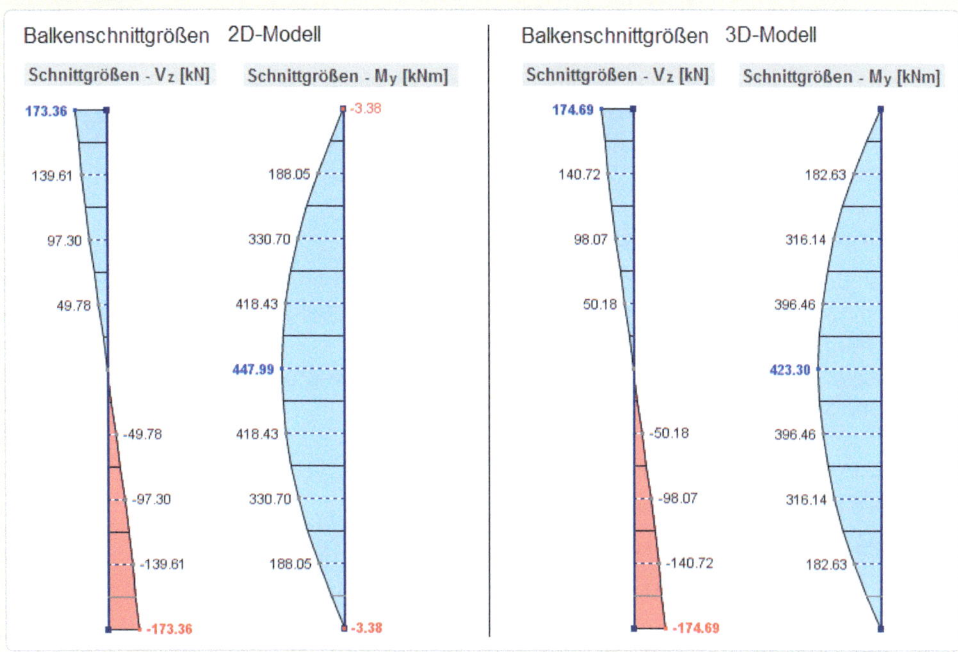

Flächenschnittgrößen 2D-Modell
Grundschnittgrößen
mx [kNm/m]
1.53
-30.95
Grundschnittgrößen
my [kNm/m]
-7.39
13.54
Grundschnittgrößen
mxy [kNm/m]
9.81
-9.81
Flächenschnittgrößen 3D-Modell
Grundschnittgrößen
mx [kNm/m]
1.53
-26.63
Grundschnittgrößen
my [kNm/m]
-7.39
13.65
Grundschnittgrößen
mxy [kNm/m]
9.79
-9.79

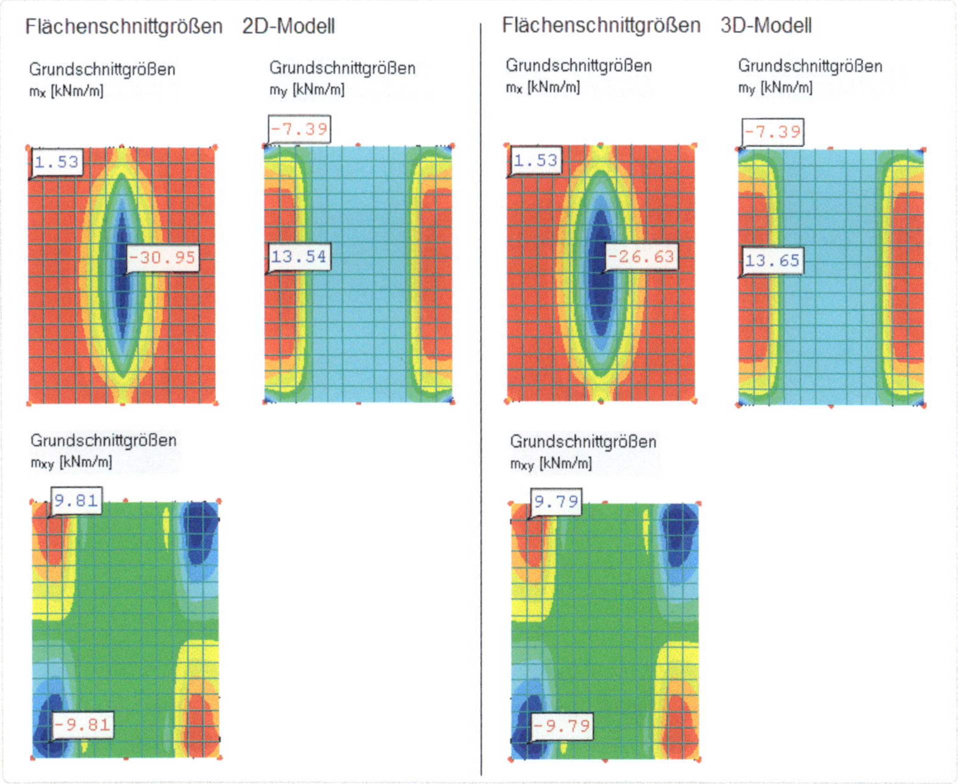

Erkenntnisse

Aus der Sicht der Modellbildung werden hier zwei in den Annahmen sehr verschiedene Modelle verglichen. In Anbetracht dieser Tatsache unterscheiden sich die Ergebnisse aber nur gering. Das maximale Balkenmoment des 2D-Systems ist um ca. 5,8% größer als das des 3D-Systems. Offensichtlich approximiert das 2D-System in diesem Beispiel den Unterzug etwas steifer. Die Schnittkräfte des Flächentragwerkes sind bei beiden Modellen ebenfalls sehr ähnlich.

3.3.2 Ergebnisvergleich 3D - Faltwerksmodelle

Nach der Beschreibung und Bewertung der im Bauwesen gängigsten Unterzugsmodelle ist auch ein Vergleich der 3D-Modelle untereinander interessant. Mit RFEM sind alle drei in Bild 4-1 dargestellten Faltwerksmodelle abbildbar.

Das Beispiel Vergleich 3D-Modelle gibt Hinweise zur Generierung und zeigt eine Auswahl der Ergebnisse.

Beispiel Vergleich 3D-Modelle

Statisches System / Eingabewerte

3 Flächen 6,00 m · 8,00 m, Horizontale Flächen: Dicke= 18 cm

Material Faltwerk, Steg und Unterzug: E= 3.300 kN/cm², G= 1.370 kN/cm²
mit μ= 0,2 und γ= 0

Linienlager u_z= starr am oberen und unteren Rand sowie ein Knotenlager u_x= u_y= ϕ_z= starr

Vernetzung: 12 · 16 Elemente mit 0,50m Elementlänge

Modell 4: Unterzug: Am +z-Rand der Fläche, Rechteck 30/70 cm (B/H),
Exzentrizität= 44 cm (e= (d+h)/2 nach Bild 4-2 Variante 1)

Modell 5: Exzentrische Fläche zur Modellierung des Unterzuges, Dicke= 88 cm,
Exzentrizität= 35 cm (e= h/2 nach Bild 4-2 Variante 2)

Modell 6: Faltwerkselemente zur Modellierung des Unterzuges,
Dicke= 30 cm, keine Exzentrizität

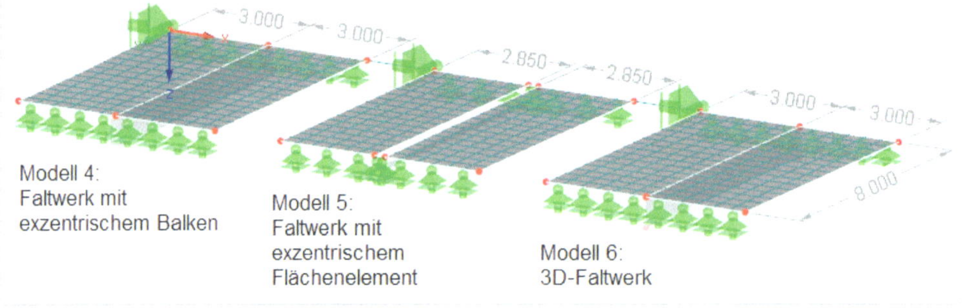

Eingabe in RFEM

Das Modell 4 entspricht dem Beispiel Mitwirkende Breite-3D.

Für das Modell 5 sind drei Flächen zu modellieren. Die mittlere Fläche ist mit der höheren Dicke und der oben ermittelten Exzentrizität einzugeben. Diese wird im Dialog *„Fläche bearbeiten“* zugewiesen (vgl. Bild).

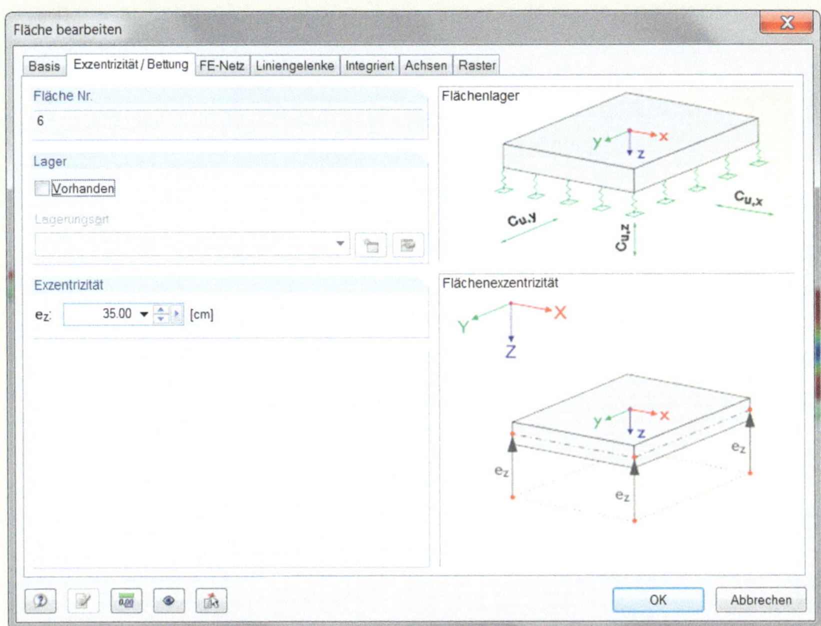

Der Steg des Modells 6 wird als separate Fläche mit einer Höhe von 79 cm und einer Dicke von 30 cm eingegeben.

Im Navigator *„Zeigen"* sind die Schalter *„Bei Stäben Anteile aus Flächen einbeziehen"* und *„Bei Flächen Anteile aus Rippen abziehen"* auf „Aus" gestellt.

Bei der Auswertung der Ergebnisse wurde die exzentrische Fläche des Modells 5 nicht mit einbezogen.

Ergebnisse

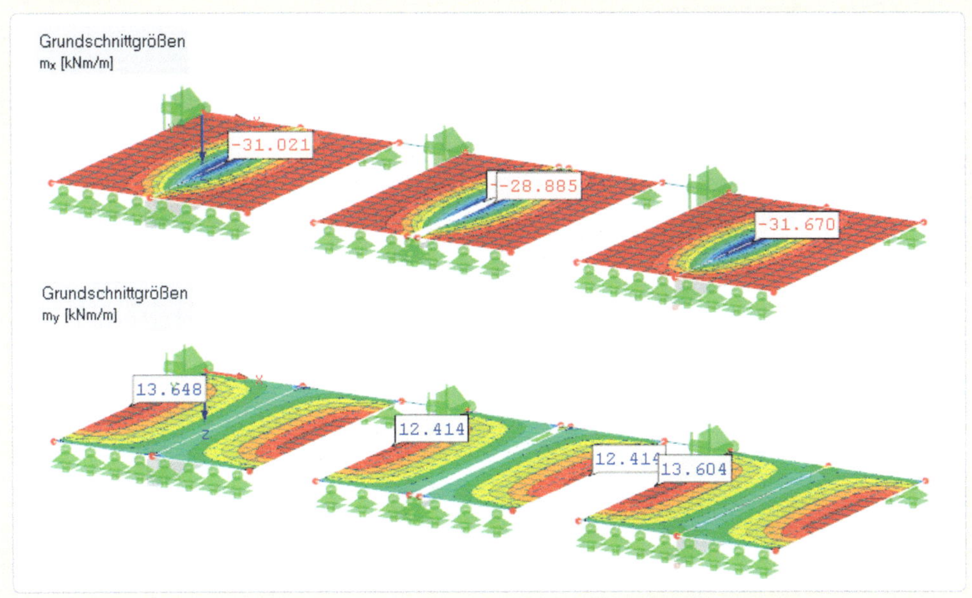

In einem mittigem horizontalen Schnitt stellen sich die Ergebnisse folgendermaßen dar:

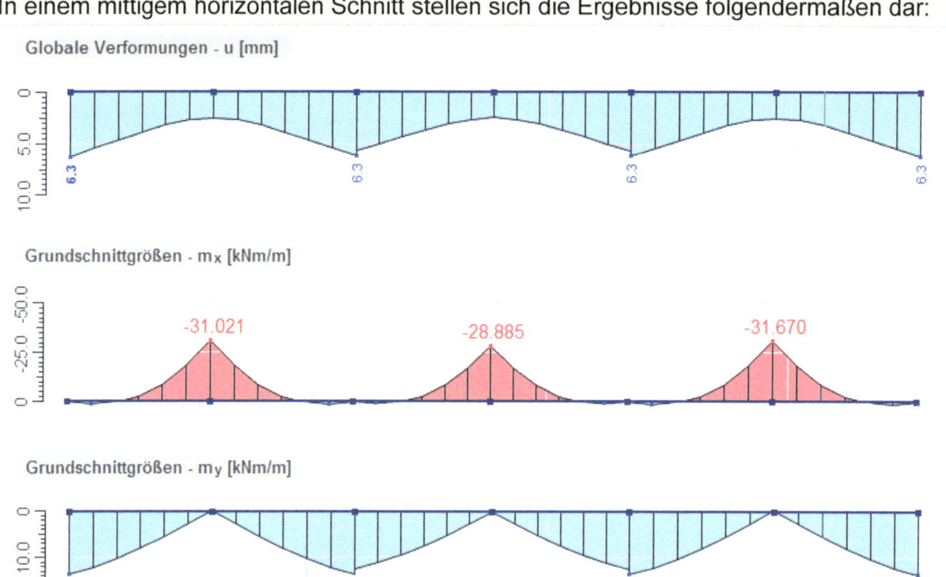

Erkenntnisse

Die drei unterschiedlichen 3D-Modelle zeigen tendenziell ähnliche Schnittgrößenverläufe.

3.3.3 Betrachtungen zur Steifigkeitsverteilung

Wie in den vorangehenden Beispielen zu erkennen, ist es ist wichtig, dass die Steifigkeit des Unterzuges im System richtig ermittelt wird. Die Nachgiebigkeit des Unterzuges kann zu merklichen Schnittgrößenumlagerungen führen. Das Beispiel Steifigkeitsverhältnis soll diesen Sachverhalt noch einmal verdeutlichen.

Beispiel Steifigkeitsverhältnis

Statisches System / Eingabewerte

3D-Modell, 5 Flächen 4,00 m · 8,00 m

Vernetzung: 8 · 16 Elemente mit 0,50 m Elementlänge,

Linienlager u_Z= starr sowie Knotenlager u_X= u_Y= ϕ_Z= starr entsprechend Bild

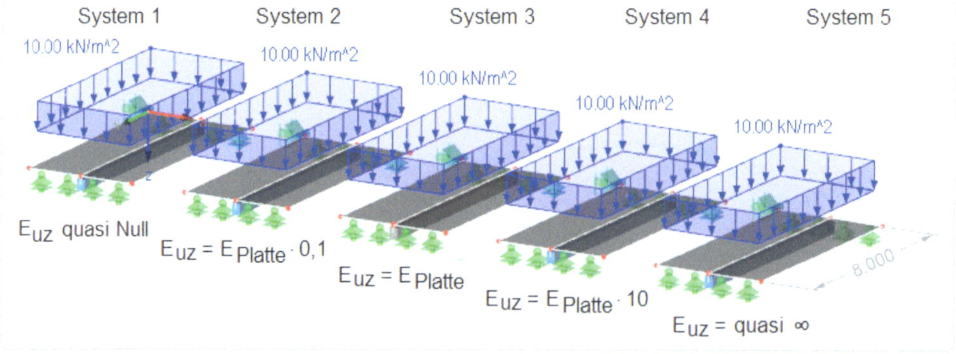

Belastung: Flächenlast 10 kN/m²

Material Faltwerk: E= 3.300 kN/cm², G= 1.370 kN/cm² mit μ= 0,2 und γ= 0

Material Unterzug: E_{Platte} mit verändertem E-Modul entsprechend Bild oben
System 1: 1,00 kN/cm² System 2: 3,3 · 10² kN/ cm²
System 3: 3,3 · 10³ kN/cm² System 4: 3,3 · 10⁴ kN/cm²
System 5: 3,3 · 10⁸ kN/cm²

Faltwerk: Dicke= 18 cm,

Unterzug: Am +z-Rand der Fläche, Rechteck 30/40 (B/H), Exzentrizität= 29 cm (angenommene mitwirkende Breite b_{eff}= 1,00 m)

Eingabe in RFEM

Die Schalter *„Bei Stäben Anteile aus Flächen einbeziehen"* und *„Bei Flächen Anteile aus Rippen abziehen"* sind im Navigator *„Zeigen"* ausgestellt. Damit erscheinen im Ergebnis die vom FE-Programm ermittelten Schnittgrößen ohne die für die Bemessung relevanten Zuschläge.

Ziel dieses Beispiels ist es, den Anteil der Platte an der Gesamttragwirkung in der Mitte des Tragwerkes zu ermitteln. Dazu ist die Integration über das Moment m_y in dem mittigen horizontalen Schnitt notwendig. Über die in RFEM verfügbare Glättungsfunktion können die Integrale vom Programm ermittelt werden. Das Bild zeigt die dazu notwendigen Eingaben.

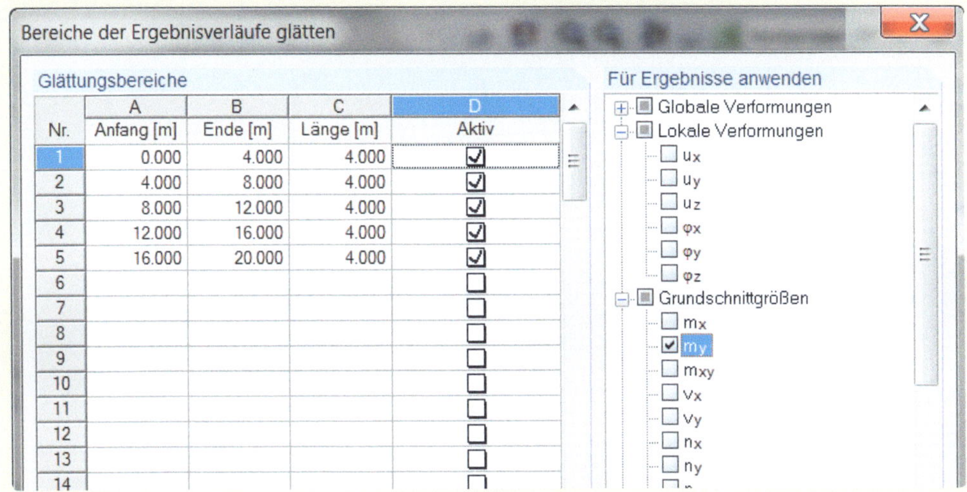

Nr.	A Anfang [m]	B Ende [m]	C Länge [m]	D Aktiv
1	0.000	4.000	4.000	☑
2	4.000	8.000	4.000	☑
3	8.000	12.000	4.000	☑
4	12.000	16.000	4.000	☑
5	16.000	20.000	4.000	☑
6				☐
7				☐
8				☐
9				☐
10				☐
11				☐
12				☐
13				☐
14				☐

Ergebnisse

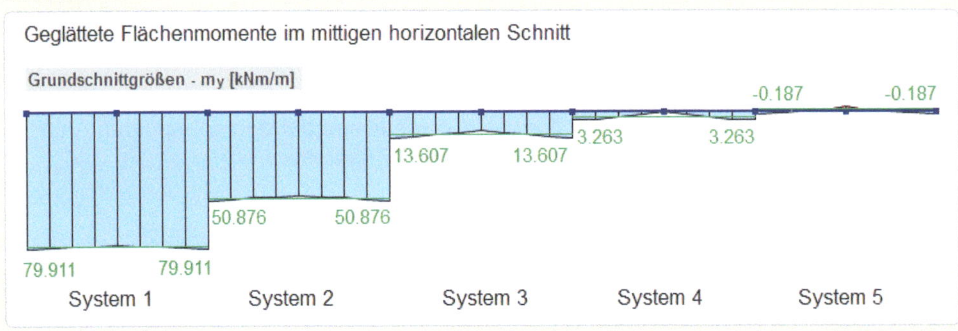

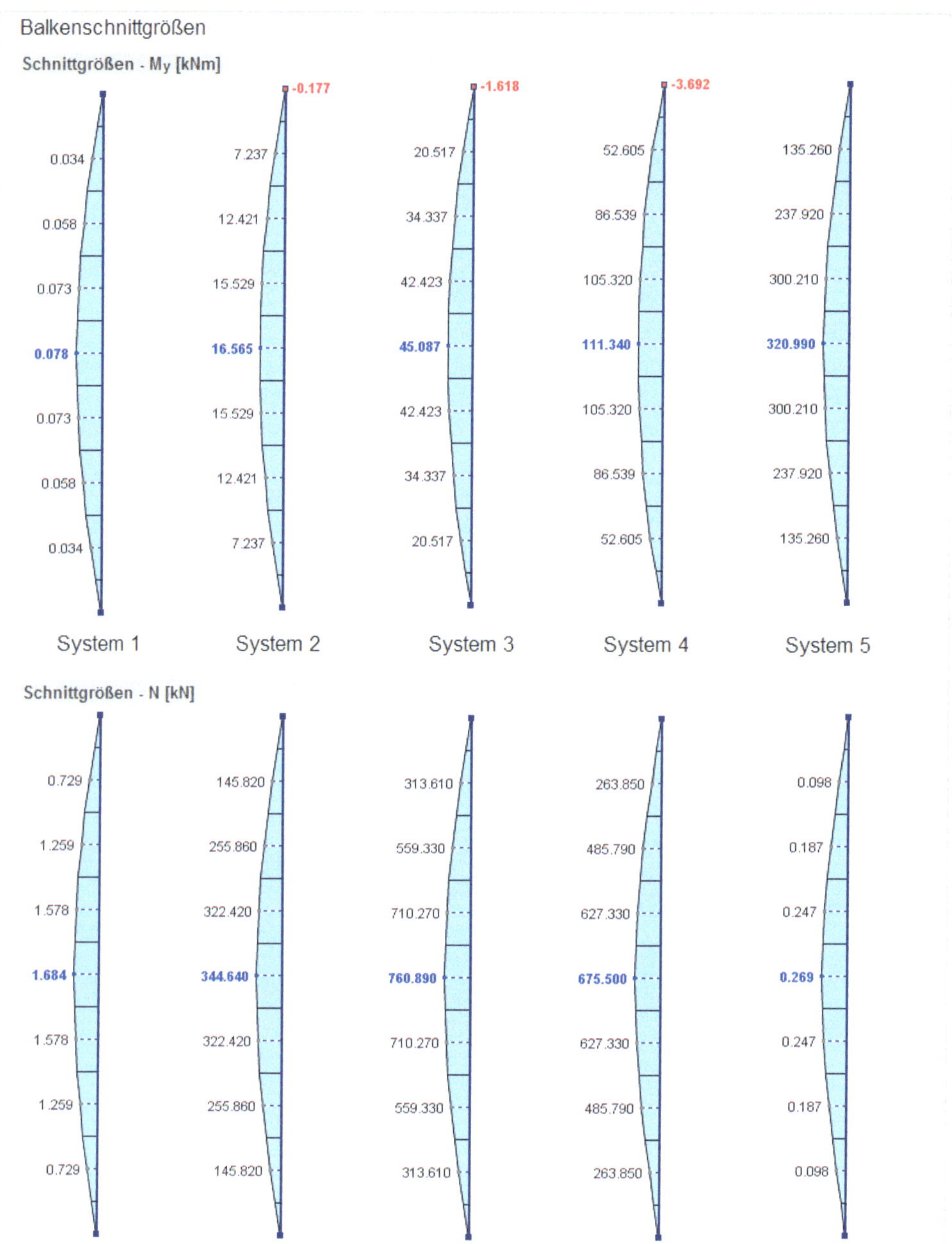

Erkenntnisse

In einem horizontalen mittigen Schnitt muss das resultierende Moment aus den Anteilen der Fläche und des Unterzuges für alle betrachteten 5 Systeme

$$M_{res} = \frac{q \cdot l^2}{8} \cdot b_{Schnitt} = \frac{10 \cdot 8^2}{8} \cdot 4 = 320\,\text{kNm}$$ betragen.

Entsprechend der Steifigkeit des Unterzuges teilt sich somit das Gesamtmoment von 320 kNm unterschiedlich auf.

Steifere Tragwerksteile ziehen Schnittgrößen an. Die Erhöhung der Steifigkeit des Unterzuges von links nach rechts geht mit einer anteiligen Reduzierung der Plattenschnittgrößen einher. Die prozentualen Anteile der Schnittgrößen aus dem integrierten m_y der Fläche und dem M_y des Unterzuges müssen zusammen 100% ergeben.

Die dargestellte Tabelle bestätigt diesen Sachverhalt.

	Integral m_y	M_y Mitte	N Mitte	M_y+N · e	% m_y	% M_y	Summe %
System 1	**319,644**	0,078	1,684	0,566	99,89	0,18	100,07
System 2	**203,504**	16,565	344,640	116,511	63,60	36,41	100,00
System 3	**54,428**	45,087	760,890	265,745	17,01	83,05	100,05
System 4	**13,052**	111,340	675,500	307,235	4,08	96,01	100,09
System 5	**-0,748**	320,990	0,269	321,068	-0,23	100,33	100,10

Da das von RFEM ausgegebene Unterzugsmoment noch nicht auf die exzentrische Stabachse bezogen ist, muss das Versetzungsmoment aus der Normalkraft multipliziert mit der Exzentrizität e noch addiert werden (vgl. Tabelle).

3.3.4 Einfluss des Schubverbundes

In den vorangehenden Beispielen wurde immer davon ausgegangen, dass zwischen dem Flächentragwerk und dem Unterzug eine starre Kopplung und damit ein 100%iger Schubverbund vorhanden ist.

Für das Modell 3 nach Bild 4-1 „Platte mit zentrischem Balken als Plattenbalkenquerschnitt“ wird diese Kopplung durch Berücksichtigung des Trägheitsmomentes des gesamten Plattenbalkenquerschnittes realisiert (Eigenträgheitsmoment für Steg und Plattenanteil + Steiner-Anteile[4]). Im Modell 4 „Faltwerk mit exzentrischem Balken“ erfolgt das auf andere Weise durch die Eingabe des Unterzuges mit der entsprechenden Exzentrizität, die ebenfalls eine starre Kopplung darstellt.

Die schubsteife Verbindung des Unterzuges mit dem Flächentragwerk beeinflusst die Tragwirkung positiv und ist deshalb in der Baupraxis häufig anzutreffen. Es gibt aber natürlich auch Fälle, wo dieser Schubverbund nur teilweise oder gar nicht vorhanden ist. In diesem Fall ist die übliche Unterzugsmodellierung nicht geeignet. Neben der andersartigen Erstellung ist das veränderte Tragverhalten durch Wegfall des Schubverbundes von besonderem Interesse.

Das Beispiel Einfluss-Schubverbund zeigt die Ergebnisunterschiede für den Fall mit Schubverbund (Modell 4) und ohne Schubverbund (separate Modellierung des Unterzuges). Für diese Gegenüberstellung kann das erste Modell aus dem Beispiel Vergleich 3D-Modelle entnommen werden. Das FE-Modell ohne Schubverbund wird neu erstellt.

[4] Ggf. mit Abzug des Eigenträgheitsmomentes des Plattenanteils

Beispiel Einfluss Schubverbund

Statisches System / Eingabewerte

2 Flächen 6,00 m · 8,00 m, Faltwerk: Dicke= 18 cm

Material Platte und Unterzug: E= 3.300 kN/cm², G= 1.370 kN/cm² mit μ= 0,2 und γ= 0

Linienlager u_Z= starr am oberen/unteren Rand sowie ein Knotenlager u_X= u_Y= ϕ_Z= starr

Vernetzung: 15 · 20 Elemente mit 0,40 m Elementlänge

Linkes Modell: Unterzug: Am +z-Rand der Fläche, Rechteck 30/70 cm (B/H), Exzentrizität= 44 cm (e= (d+h)/2 nach Bild 4-2 Variante 1)

Rechtes Modell: Unterzug als separater Balken, Rechteck 30/70 cm (B/H), um z= 44 cm (e= (d+h)/2) nach unten versetzt, Verbindung des separaten Balkens mit Fläche durch vertikale Stäbe

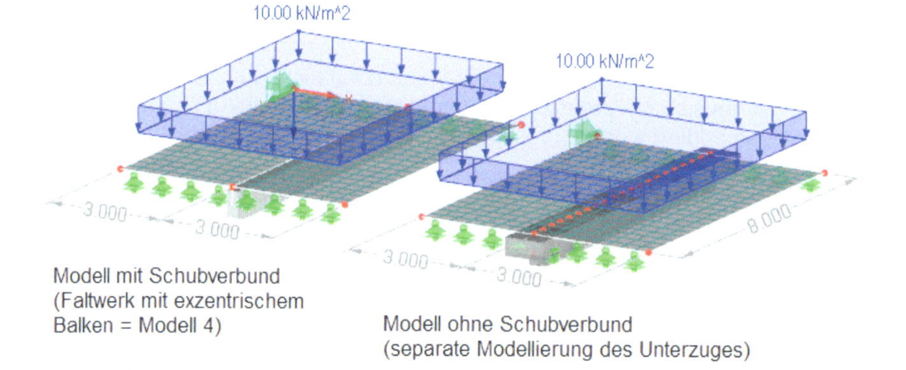

Modell mit Schubverbund (Faltwerk mit exzentrischem Balken = Modell 4)

Modell ohne Schubverbund (separate Modellierung des Unterzuges)

Eingabe in RFEM

Das linke Modell entspricht dem ersten Modell des Beispiels Vergleich 3D-Modelle.

Das rechte Modell entsteht zunächst aus der Kopie des linken ohne den Unterzug.

Nach Einfügen des Anfangs- (11 m, 0 m, 0,44 m) und Endknotens (11 m, 8 m, 0,44 m) wird der neue Stab mit oben beschriebenem Querschnitt gesetzt. Anschließend wird der Stab in 20 gleich lange Stäbe geteilt (→ Stab teilen → n Zwischenknoten → Anzahl= 19).

Anschließend werden die vertikalen Verbindungsstäbe gesetzt. Diese müssen eine ausreichende Steifigkeit besitzen (hier Rechteckquerschnitt B= 1 m, H= 1 m). Dabei erleichtert eine Kopierfunktion die Arbeit. So wird der erste Stab gesetzt und dann 20-mal kopiert (vgl. Bild).

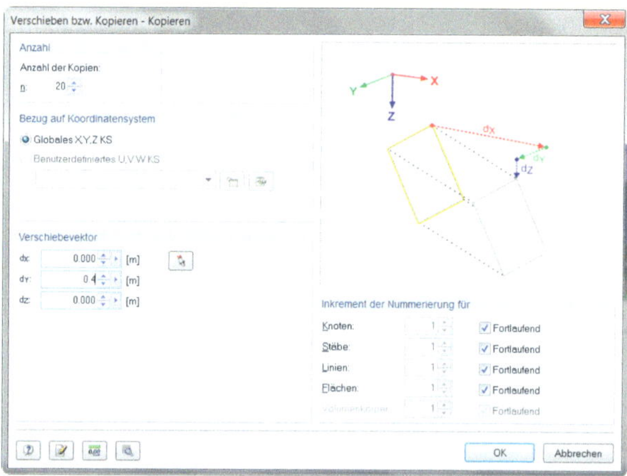

Die durch das Kopieren neu entstandenen Knoten stellen für die Fläche Zwangsknoten dar und werden bei der Netzgenerierung automatisch in das FE-Netz integriert.

Damit ein homogenes Rechtecknetz entsteht, wird in *„FE-Netzeinstellungen"* die *„Angestrebte Länge der Finiten Elemente"* auf 0,40 m gesetzt.

Im letzten Schritt wird der Schubverbund zwischen Unterzug und Faltwerk durch eine Manipulation der Anschlussbedingungen der vertikalen Stäbe gelöst. Dazu wird für alle Vertikalstäbe am oberen oder unteren Stabende ein Stabendgelenk als Querfeder (V_Y) mit der Steifigkeit null (vgl. Bild) in Richtung der Unterzugsachse definiert.

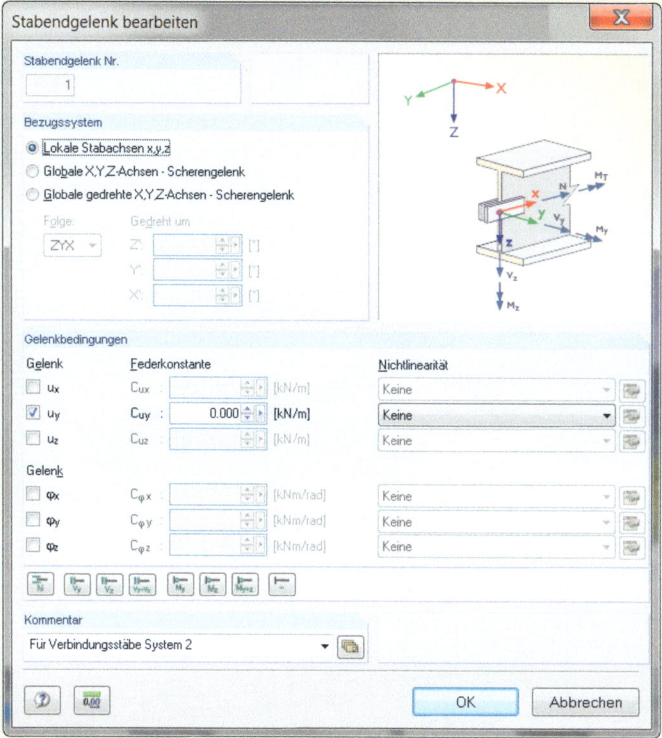

Die Richtung der Querfeder ist aus der Darstellung des Stabkoordinatensystems der Vertikalstäbe zu entnehmen (vgl. Bild).

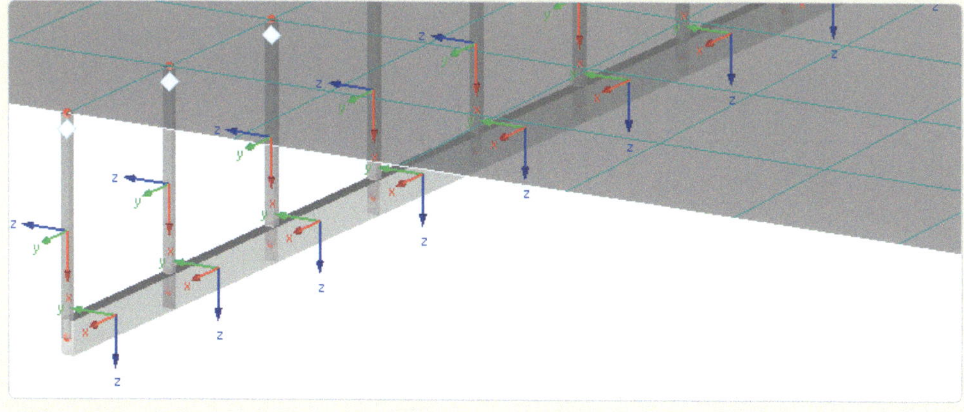

Die Beweglichkeit des horizontalen Stabes in globaler Y-Richtung ist durch ein zusätzliches Knotenlager (u_y= starr) festzuhalten.

Um einen direkten Vergleich zwischen den zwei Modellvarianten zu erhalten, sind im Zeigen-Navigator folgende Einstellungen vorzunehmen:

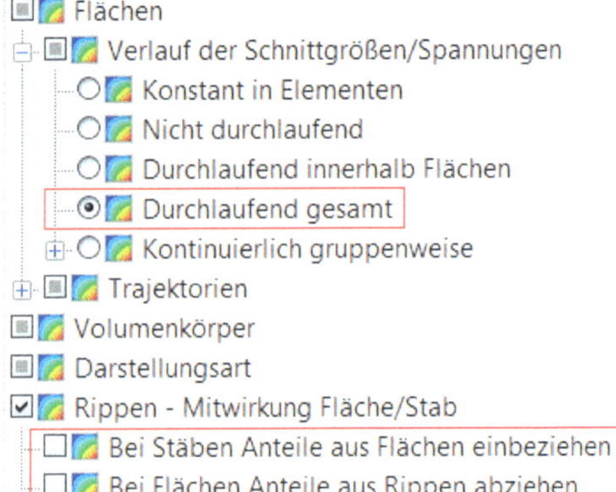

Ergebnisse

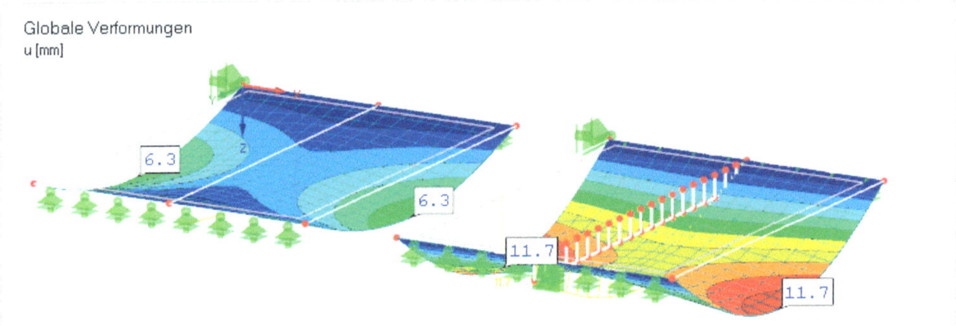

Als Plattenschnittgrößen erhält man im mittigen Schnitt:

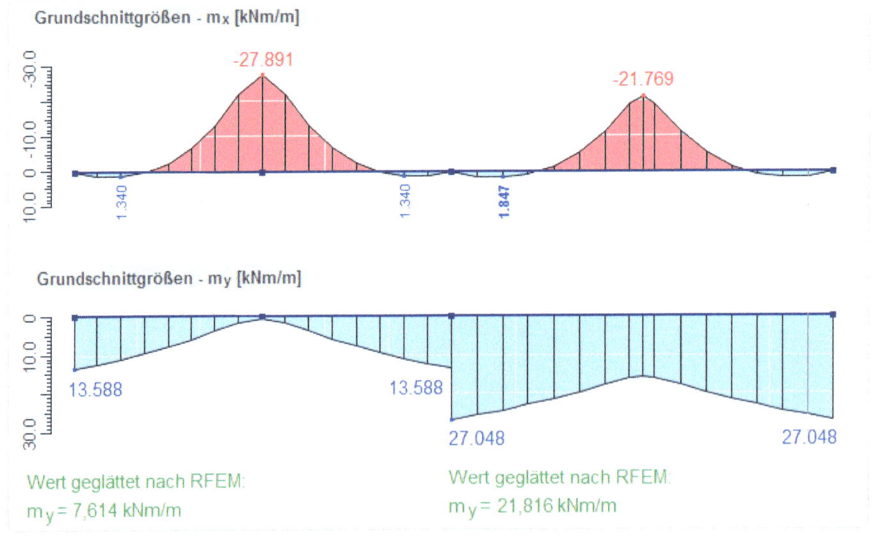

m_{xy} ergibt sich hier zu null

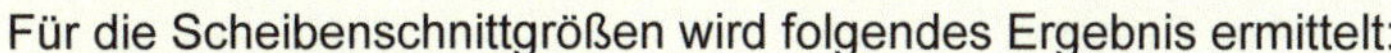

Für die Scheibenschnittgrößen wird folgendes Ergebnis ermittelt:

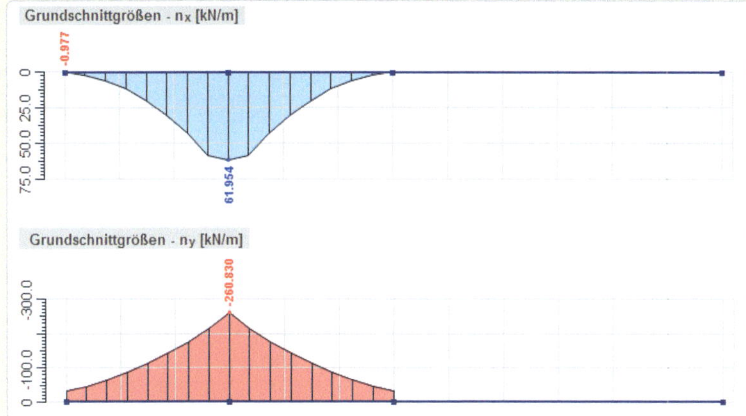

n_{xy} ergibt sich ebenfalls zu null

Die maßgebenden Balkenschnittgrößen betragen:

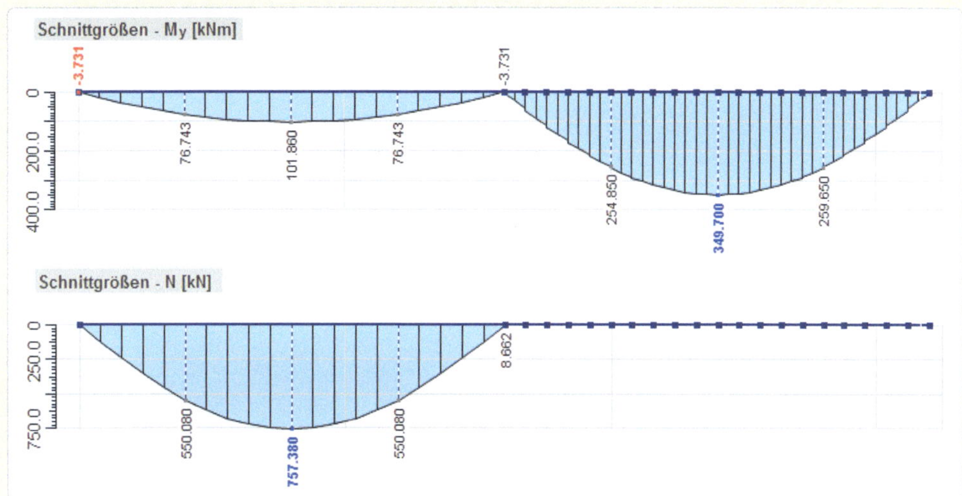

Erkenntnisse

Bei Betrachtung der Ergebnisse wird deutlich, dass der Unterzug des rechten Systems durch den fehlenden Schubverbund deutlich weicher abgebildet wird.

Die Folge sind größere Verschiebungen und eine Erhöhung des Plattenmomentes in Haupttragrichtung (vgl. m_y). Das Plattenmoment quer zur Haupttragrichtung fällt durch den weicheren Unterzug geringer aus (vgl. m_x).

Scheibenschnittgrößen und Balkennormalkraft sind am rechten System null, da die Druckkraft im Faltwerk (vgl. n_y) und die Zugkraft im Unterzug (vgl. N) durch den fehlenden Schubverbund nicht aufgebaut werden können.

Die Umverteilung der Tragwirkung durch den fehlenden Schubverbund soll die nachfolgende Tabelle verdeutlichen. Das resultierende Moment aus dem Balken- und dem Plattenanteil in der Mitte des Systems ergibt sich zu:

$$(q \cdot l^2/8) \cdot b = (10\ kN/m^2 \cdot 8\ m \cdot 8\ m/8) \cdot 6\ m = 480\ kNm.$$

System mit Schubverbund (linkes System):

Plattenmoment	"m_y (geglättet) [kNm/m]"	"b [m]"	"$m_y \cdot b$ [kNm]"	% m_y
	7,614	6,000	45,684	**9,50**
Balkenmoment	**"M_y Mitte [kNm]"**	**"N Mitte [kN]"**	**"M_y+N · e [kNm]"**	**% M_y**
	101,860	757,380	435,107	**90,50**
		M gesamt	480,791	100,00

System ohne Schubverbund (rechtes System):

Plattenmoment	"m_y (geglättet) [kNm/m]"	"b [m]"	"$m_y \cdot b$ [kNm]"	% m_y
	21,816	6,000	130,896	**27,24**
Balkenmoment	**"M_y Mitte [kNm]"**	**"N Mitte [kN]"**	**"M_y+N · e [kNm]"**	**% M_y**
	349,700	0,000	349,700	**72,76**
		M gesamt	480,596	100,00

Kapitel 5

Lagerbedingungen

1 Einleitung

Die Ausführungen in diesem Abschnitt beschränken sich auf Punkt- und Linienlager. Flächenlager werden detailliert im Kapitel 6 - Bodenmodelle - behandelt.

Grundsätzlich sind bei Lagern die im Kapitel 3 - Fehlerquellen bei Finite-Elemente-Lösungen - diskutierten Probleme an Singularitäten zu beachten.

Lagerbedingungen sollten im mechanischen Modell möglichst realitätsnah abgebildet werden. In der Realität gibt es weder 100%ig starre Lager noch reine Punktlager. Auch sehr steife Lager weisen eine gewisse Elastizität auf. Bei einer theoretisch punktförmigen Stützung geht die Fläche gegen null und damit die Spannung gegen unendlich. Realitätsnah heißt demnach, eine den wirklich vorherrschenden Verhältnissen angepasste elastische Lagerung einzuführen und reine Punktlager unter Beachtung bestimmter Regeln bzw. gar nicht einzusetzen.

Realitätsnah heißt auch, Lagerungen überlegt und sparsam einzusetzen. Unrealistische Zwängungen sind in jedem Fall zu vermeiden. In RFEM ist es z. B. bei Platten (Freiheitsgrade u-z, ϕ-x, ϕ-y) mit exzentrischen Unterzügen notwendig, 3D-Systeme zu erzeugen, um die Exzentrizität eingeben zu können. Häufig reicht es hier aus, die hinzugekommenen Scheibenfreiheitsgrade (Freiheitsgrade u-x, u-y, ϕ-z) kinematisch bzw. statisch bestimmt festzuhalten. Zuviel eingeführte Randbedingungen, die nicht vorhandene Zwängungen erzeugen, können das Ergebnis mitunter stark verfälschen.

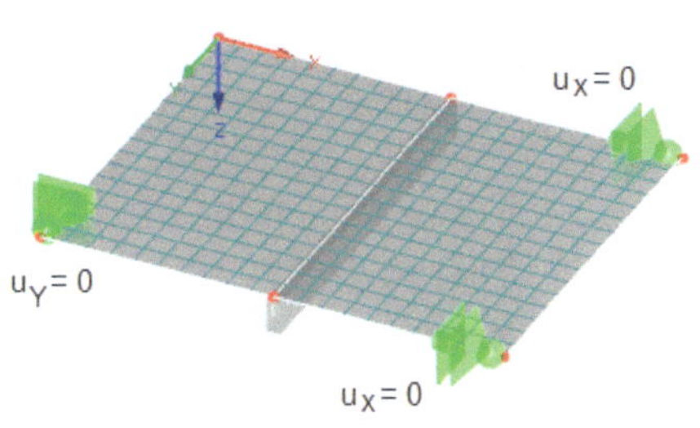

Bild 5-1: Beispiel für statisch bestimmte Lagerung der Scheibenfreiheitsgrade

2 Lösbare lineare Gleichungssysteme

Eine Steifigkeitsbeziehung ohne eingearbeitete Lagerbedingungen ist mathematisch nicht lösbar. Derartige Systemsteifigkeitsmatrizen sind singulär bzw. nicht „positiv definit“. Die Belastungssituation spielt dabei keine Rolle. Erst wenn durch die Definition der Lagerbedingungen jede denkbare Beweglichkeit (z. B bei 3D-Systemen drei Verschiebungen und drei Verdrehungen) mindestens kinematisch bestimmt festgehalten wird, existiert eine brauchbare Lösung.

Normalerweise bricht der Gleichungslöser bei beweglichen Systemen die Berechnung mit einer Fehlermeldung ab. In manchen Softwareprodukten kann es allerdings vorkommen, dass das Gleichungssystem zwar gelöst wird, dann aber die Verschiebungen extrem groß sind. Diese sehr großen Verschiebungen weisen auf eine Beweglichkeit hin. Schnittgrößen von beweglichen Systemen sind, sofern sie überhaupt entstehen, unbrauchbar. In sehr seltenen Fällen können allerdings für teilbewegliche Systeme zufällig brauchbare Ergebnisse ermittelt werden.

3 Punktlager

3.1 Allgemein

Punktlager werden in der Regel durch Stützen hervorgerufen. In den 2D-Anwendungen (Platten, Scheiben) der einzelnen Softwarelösungen existieren verschiedene Strategien für die Berücksichtigung von Punktlagern bzw. Stützen. Das hängt ursächlich u. a. damit zusammen, die dort vorhandenen typischen Singularitäten möglichst zu vermeiden bzw. zu reduzieren und brauchbare Ergebnisse im Bereich der Stütze zu erhalten.

Prinzipiell gibt es folgende Möglichkeiten:

- Elastisch oder starre Lagerung
- Punktförmige oder flächige Lagerung
- Ergebnisse über der Stütze ausblenden oder berücksichtigen
- Netzverfeinerung über der Stütze durchführen oder nicht

Es existieren mehrere unterschiedliche sinnvolle Kombinationsmöglichkeiten der oben aufgeführten Varianten, die sich auch in den verschiedenen Softwareanwendungen manifestieren.

Folgende Grundsätze können festgehalten werden:

- Eine realistische elastische Lagerung sollte einer starren immer vorgezogen werden
- Je nachdem ob die Stütze am Stützenkopf gelenkig oder eingespannt mit der Platte verbunden ist, sind Dehnfedern bzw. Dehn- und Drehfedern zu ermitteln
- Bei einer punktförmigen Lagerung (starr oder elastisch) entsteht eine Singularität. Deshalb sollen die Schnittgrößen bzw. Spannungen unmittelbar über der Stütze nicht verwendet werden. Eine Netzverfeinerung ist hier sinnvoll
- Eine flächige Lagerung als Bettung, die je nach Anschluss des Stützenkopfes als Widerstand gegen die vertikale Verschiebung bzw. zusätzlich gegen eine Verdrehung abgebildet wird, stellt praktisch betrachtet keine Singularität dar. Ein Verwerfen der Ergebnisse über dem Stützenkopf ist somit nicht unbedingt notwendig
- Eine Netzverfeinerung im Bereich der Stütze erhöht die Menge der auswertbaren Ergebnisse im Stützenbereich, bildet aber Singularitäten verstärkt ab

Die verschiedenen Programme bieten eine mehr oder weniger komfortable softwaremäßige Unterstützung für die Ermittlung der elastischen Ersatzwerte für Stützen an.

Wie wichtig eine gute Strategie bei der Modellierung von Stützen und der damit verbundenen wirklichkeitsnahen elastischen Lagerung für eine FE-Berechnung ist, sollen die folgenden Ausführungen am Beispiel von Plattenanwendungen zeigen.

Zunächst werden die einfachen Gleichungen der Grundlagenmechanik zur Ermittlung der Dehn- und Drehfedern für eine elastische Punktstützung aufgeführt.

Für die Steifigkeit in vertikaler Richtung $C_{Trans,Z}$ ergibt sich:

$$C_{Trans,Z} = \frac{E \cdot A}{h} \text{ mit} \qquad (5\text{-}1)$$

E... E - Modul

A... Querschnittsfläche

h... Stützenhöhe

Im Gegensatz zur Dehnfeder ist die Bestimmung der Drehfedern $C_{Rot,X}$ bzw. $C_{Rot,Y}$ am Stützenkopf auch von den Verhältnissen am Fußpunkt der Stütze abhängig.

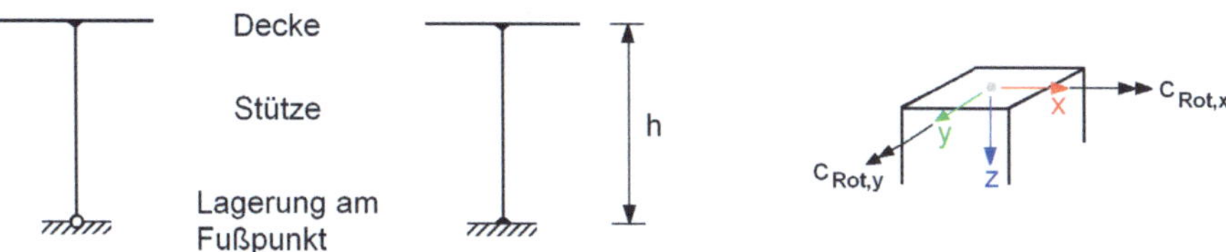

Bild 5-2: Einzellager - Gelenkig und eigenspannt gelagerter Fußpunkt

Ist der Fußpunkt gelenkig gelagert, ergeben sich folgende Federsteifigkeiten:

$$C_{Rot,X} = \frac{3E \cdot I_X}{h} \text{ mit} \qquad C_{Rot,Y} = \frac{3E \cdot I_Y}{h} \text{ mit} \qquad (5\text{-}2)$$

E... E - Modul — E... E - Modul

I_X... Trägheitsmoment — I_Y... Trägheitsmoment

h... Stützenhöhe — h... Stützenhöhe

Bei einer Einspannung am Fußpunkt erhöhen sich die Steifigkeiten und man erhält:

$$C_{Rot,X} = \frac{4E \cdot I_X}{h} \text{ mit} \qquad C_{Rot,Y} = \frac{4E \cdot I_Y}{h} \text{ mit} \qquad (5\text{-}3)$$

E... E - Modul — E... E - Modul

I_X... Trägheitsmoment — I_Y... Trägheitsmoment

h... Stützenhöhe — h... Stützenhöhe

Verfügt die verwendete Software nicht über entsprechende Eingabehilfen zur Ermittlung der Federsteifigkeiten, müssen diese nach den Gleichungen 5-1, 5-2 bzw. 5-3 per Hand ermittelt und als Federsteifigkeiten eingegeben werden.

Eine alternative Eingabevariante im Gegensatz zur punktförmigen Berücksichtigung der elastischen Lagerung ist, wie bereits schon erwähnt, die Eingabe als Flächenbettung. Die Bettung in vertikaler Richtung $c_{Trans,Z}$ hängt jetzt nur noch vom E-Modul und der Stützenhöhe ab:

$$c_{Trans,Z} = \frac{E}{h} \text{ mit} \qquad (5\text{-}4)$$

E... E - Modul

h... Stützenhöhe

Die Bettungen, die den Widerstand der Stütze gegen eine Verdrehung modellieren, lassen sich durch einfache Analogien zum eingespannten Balken ermitteln. Auch hier ist die Steifigkeit von den Verhältnissen am Fußpunkt der Stütze abhängig.

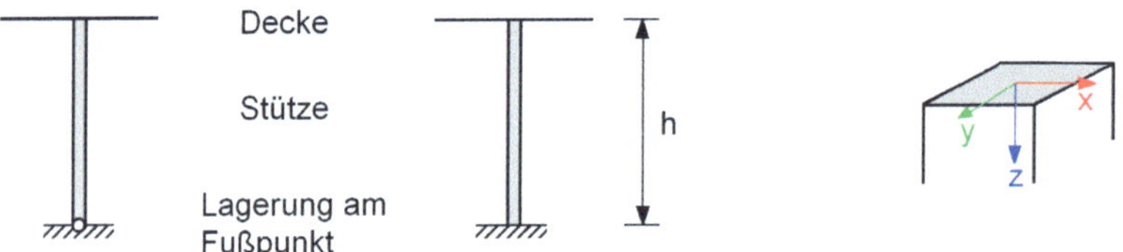

Bild 5-3: Flächenlager - Gelenkig und eigenspannt gelagerter Fußpunkt

Eine weitere interessante Variante ist das von Werkle in [5.1] beschriebene Koppelfederelement. Bei diesem Modell werden sowohl die Normalkraft- wie auch die Biegebeanspruchung der Stütze konsistent wiedergegeben. Besonders bei Rand- und Eckstützen ist das wichtig, um die dort auftretenden Einspanneffekte zuverlässig zu erfassen.

3.2 Modellierung in RFEM

RFEM verfügt über drei verschiedene Stützenmodelle, die entsprechend Bild 5-4 über das Eingabefeld *„Stütze in Z"* angesteuert werden. Dabei ermittelt RFEM komfortabel die Federsteifigkeiten entsprechend der Material- und Geometriewerte und führt grundsätzlich automatisch eine Netzverfeinerung über der Stütze durch. Die vom Programm errechneten Steifigkeiten erscheinen zur Kontrolle in Ausgabemasken.

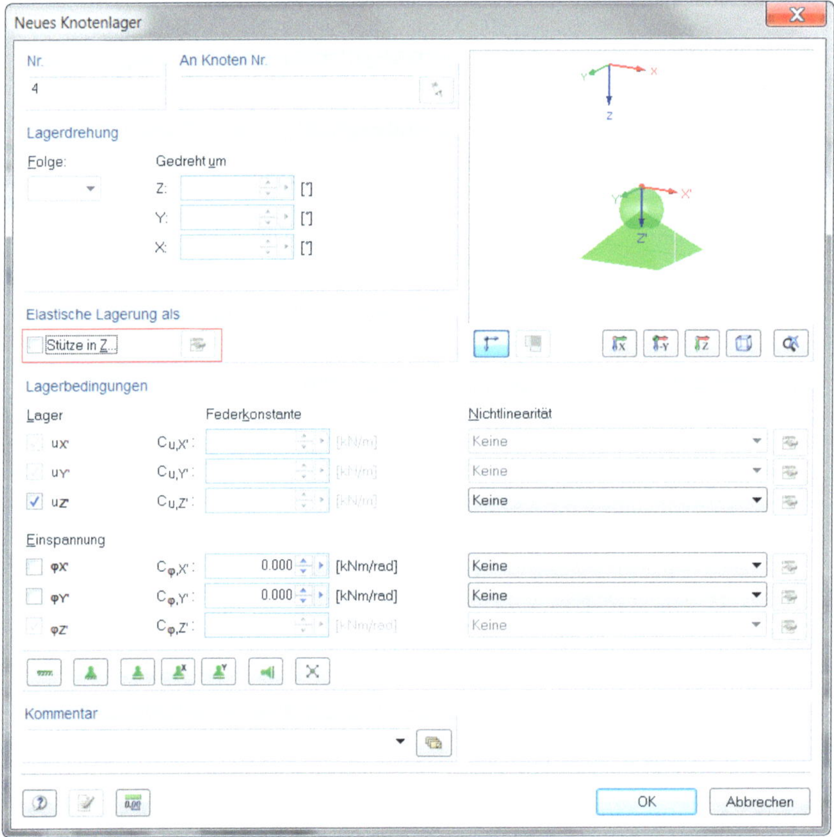

Bild 5-4: Stützenmodellierung in RFEM

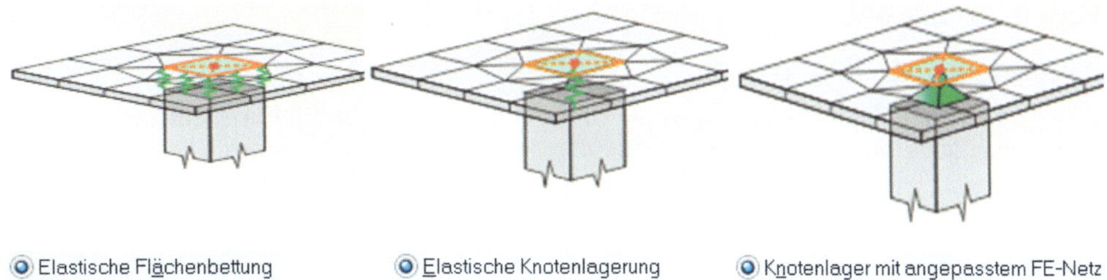

Bild 5-5: Stützenmodelle in RFEM

Die grundsätzlichen Annahmen der RFEM-Stützenmodelle sollen vorgestellt werden.

Modell 1 - Elastische Flächenbettung:
Die elastischen Festhaltungen werden in Analogie zum Balken in Abhängigkeit der Lagerung am Fußpunkt als Bettung ermittelt. Der Wert $c_{1,Z}$ steht für die Bettung in z-Richtung und die Werte $c_{2,X}$, $c_{2,Y}$ für die elastische Einspannung bezogen auf die Stützenfläche. Ein gelenkiger Anschluss am Stützenkopf kann nicht modelliert werden.

Das Ausblenden der Ergebnisse über dem Stützenquerschnitt ist hier nicht notwendig, da die Singularität durch die flächige Lagerung über dem Stützenquerschnitt nicht mehr in Erscheinung tritt.

Modell 2 - Elastische Knotenlagerung:
Die Ermittlung der Dehn- und Drehfedern erfolgt entsprechend der Gleichungen 5-1, 5-2 und 5-3. Wie der Name schon sagt, werden die Federn am Knoten, d.h. punktförmig in das FE-Modell eingefügt. Neben der Variierung der Lagerung am Fußpunkt kann hier auch am Kopfpunkt zwischen gelenkig und eingespannt unterschieden werden.

Auch wenn die Punktlagerung elastisch vorgenommen wurde, sollten die Werte an den Auflagerpunkten nicht für die Bemessung herangezogen werden, da diese singulär sind. Die *„Verläufe innerhalb der Stützenfläche“* sind auszublenden.

Modell 3 - Knotenlager mit angepasstem FE-Netz:
Bei diesem Modell wird eine starre Lagerung vorgenommen. Die Modellierung als Stütze bewirkt nur, dass eine Netzverfeinerung durchgeführt wird. Abgesehen davon, dass eine starre Lagerung in der Regel nicht die wirklichen Verhältnisse am Lager widerspiegelt, sind die Ergebnisse am Stützknoten singulär. Das heißt, auch hier sind die Werte direkt am Stützknoten streng genommen unbrauchbar.

Das Beispiel Stütze in Z zeigt die in RFEM möglichen Modellierungen für eine Stütze, die **biegesteif** am Stützenkopf mit der Platte verbunden ist. Die Einflüsse der einzelnen Modelle auf die Ergebnisse werden diskutiert.

Beispiel Stütze in Z

Statisches System / Eingabewerte

Für die 5 dargestellten Plattentragwerke (8 m · 4 m) werden für die Einzelstützen folgende unterschiedliche Modellierungen gewählt:

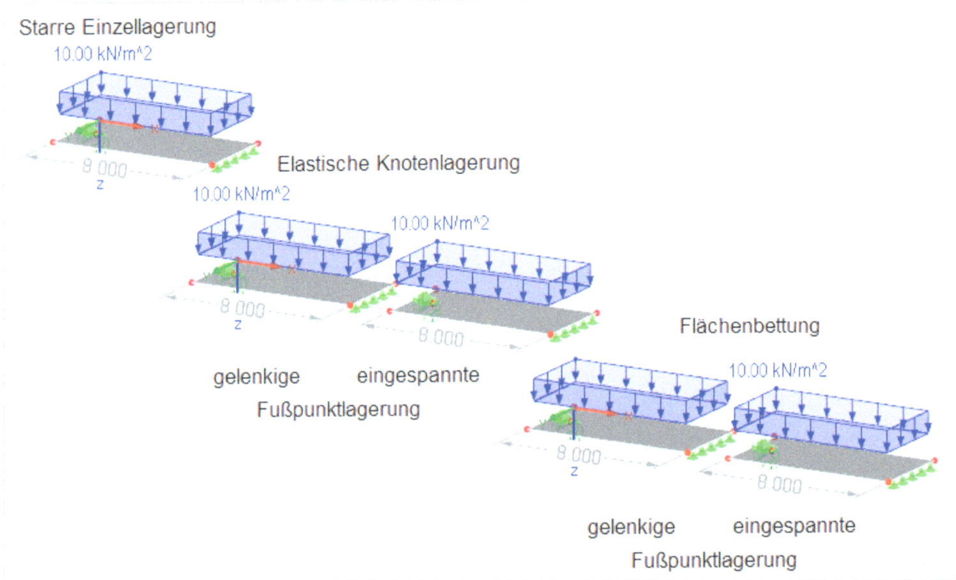

Linienlager für alle Platten: u_z= starr

Punktlager bei x= 1,00 m, y= 2,00 m entsprechend den Material- und Geometrieangaben

Material Platte und Stütze: E= 3.300 kN/cm², G= 1.370 kN/cm² μ= 0,2

Plattendicke= 18 cm, Stütze: 30 cm · 30 cm, h= 2,50 m

Belastung: Flächenlast 10 kN/m², Vernetzung: 0,25 m · 0,25 m

Eingabe in RFEM

Für alle Knotenlager wird im Dialog *„Knotenlager bearbeiten"* bzw. *„Neues Knotenlager"*

Elastische Lagerung als

die Modellierung: ☑ Stütze in Z... gewählt.

RFEM führt bei dieser Eingabe automatisch eine Netzverfeinerung über dem Stützenquerschnitt durch.

Das Knotenlager der ersten Platte wird als *„Knotenlager mit angepasstem FE-Netz"* gesetzt. Die Lagerung an diesem Punktlager ist damit starr.

Entsprechend dem untenstehenden Dialog wird für die 2. und 3. Platte die Stütze als *„Elastische Knotenlagerung"* modelliert. Die Lagerungsart am Fußpunkt ist für die Platte 2 *„Gelenkig"* und für die Platte 3 *„Eingespannt"*. RFEM erzeugt hier eine Punktlagerung und ermittelt die Steifigkeiten der Dehn- und Drehfedern nach den Gleichungen 5-1, 5-2 und 5-3.

Zur Berücksichtigung der höheren Biegesteifigkeit verdoppelt RFEM intern die Flächendicke über dem Stützenquerschnitt. Im Dialog *„Stütze"* kann über eine Prozentangabe auch eine Lagerung am Fußpunkt gewählt werden, die zwischen *„Gelenkig"* und *„Eingespannt"* liegt.

Des Weiteren kann die Schubsteifigkeit der Stütze bei der Steifigkeitsermittlung mit einbezogen werden.

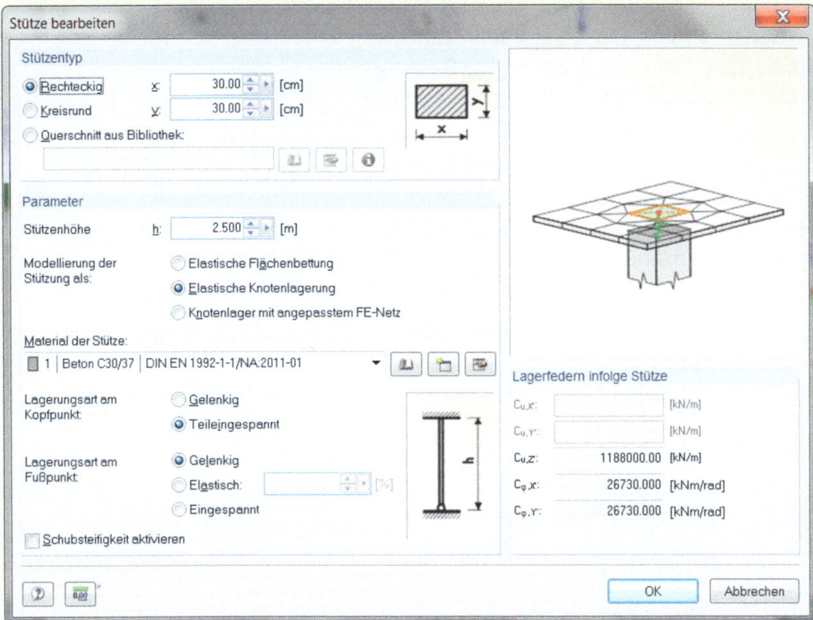

Für die Platte 4 und 5 wird für die Stütze das Modell *„Elastische Flächenbettung“* (vgl. Bild) gewählt. Auch hier werden die beiden Varianten gelenkige (Platte 4) und eingespannte Fußpunktlagerung (Platte 5) untersucht. Die Dehn- und Drehfedern werden hier als Bettungen bezogen auf den Stützenquerschnitt berechnet. Die vertikale Bettung ergibt sich nach Gleichung 5-4.

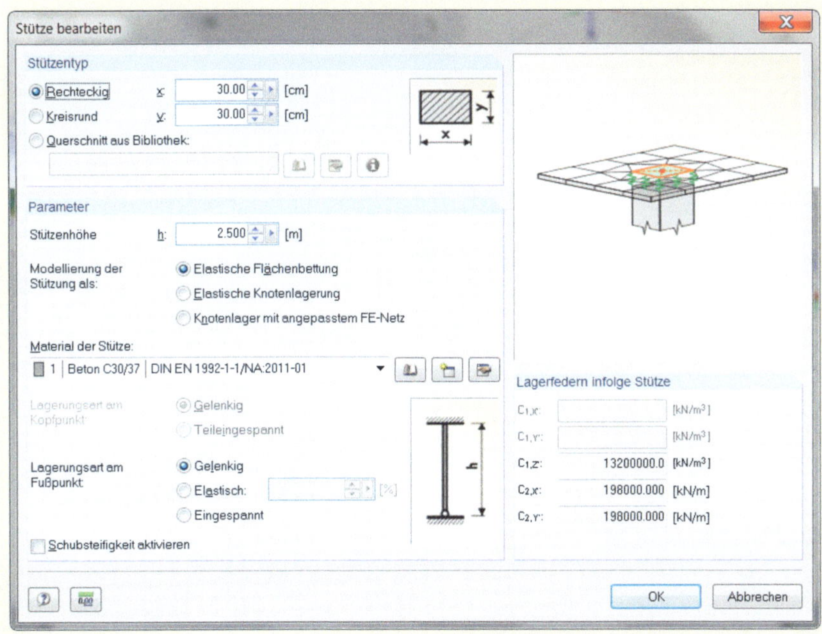

Für die ersten drei Tragwerke ist es wichtig, im *„Zeigen“*-Navigator die Verläufe innerhalb der Stützenfläche auf „aus“ zu stellen. Sonst würde der Maximalwert des Momentes an der Stütze infolge der Singularität bei diesen punktgestützten Systemen auf ca. das **5,6-Fache** ansteigen, wie der Ergebnisvergleich im Schnitt 1 zeigt.

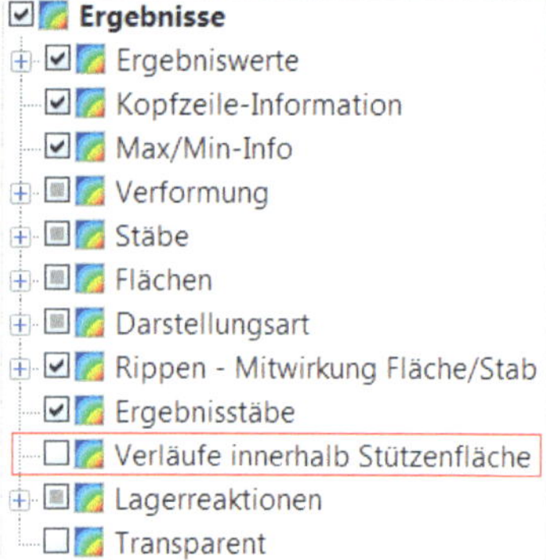

Für die letzen beiden rechten Platten sollten die Verläufe innerhalb der Stützenfläche mit ausgewertet werden, da durch die flächenhafte Lagerung keine Singularität mehr vorliegt. Häufig befinden sich die maximalen Momente ohnehin am Stützenrand.

Ein zweiter Schnitt soll die Verschiebungen und Momente aller fünf Systeme vergleichen. Da die Singularitätsstelle der drei linken Systeme im Randbereich der Stütze die Schnittgrößen beeinflusst, wurde dieser horizontale Schnitt in das untere Viertel gelegt.

Ausgewertete Schnitte:

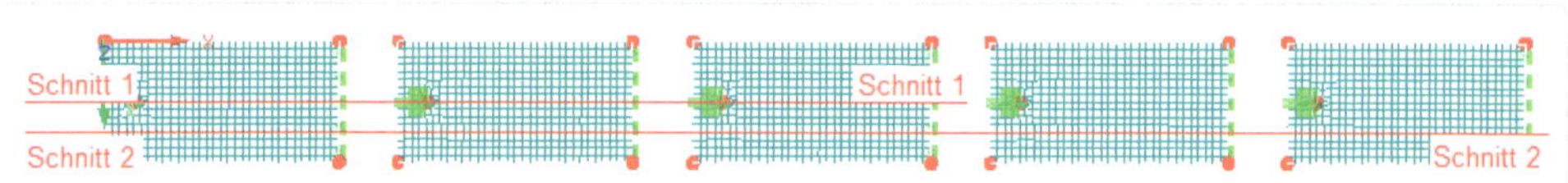

Ergebnisse

Für den horizontalen mittigen Schnitt 1 ergibt sich für die punktgelagerten ersten drei Systeme folgender Momentenverlauf:

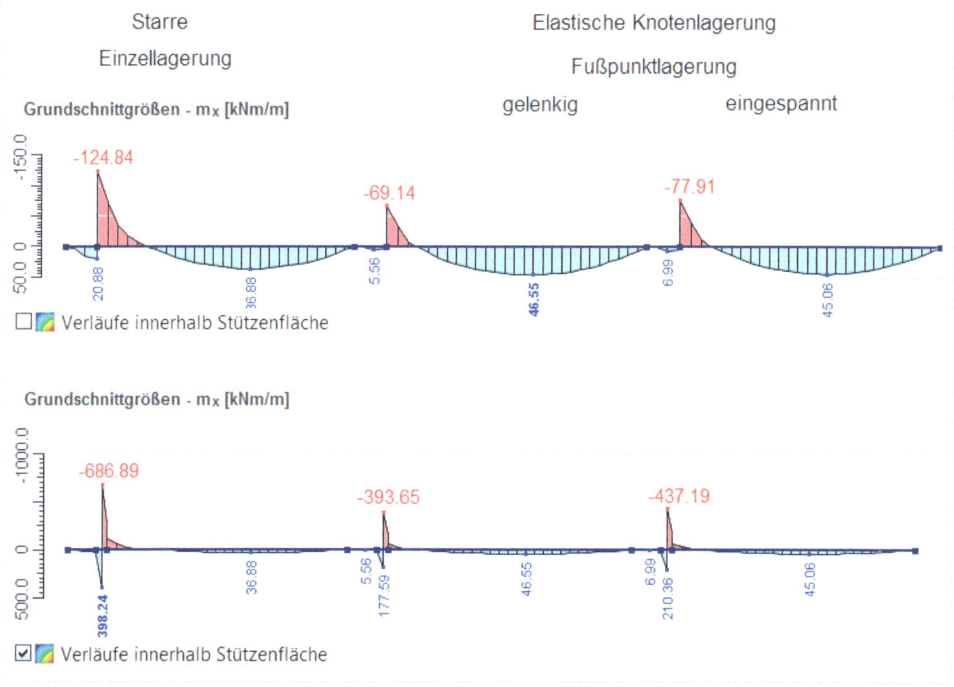

Verschiebungen und Momente im Schnitt 2:

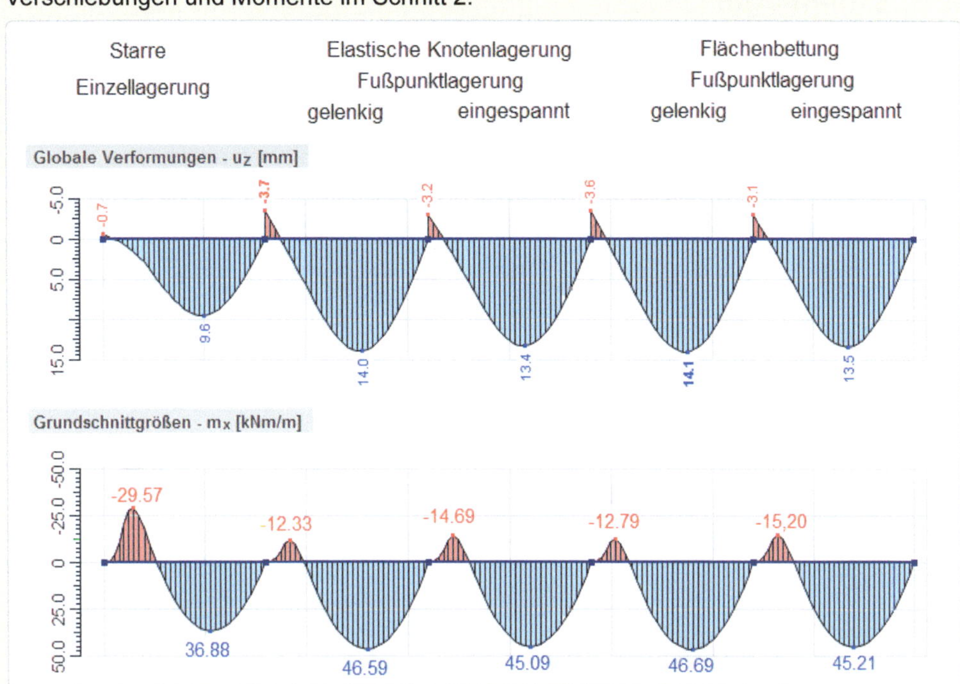

Erkenntnisse

Betrachtet wird im Folgenden der Schnitt 2. Das Verformungsbild zeigt, dass sich die Verschiebungen im Feldbereich durch eine Erhöhung des Einspanngrades an der Stütze erwartungsgemäß verringern.

Vergleicht man die Momente der starren Lagerung (erste Platte) mit denen der elastischen Lagerung (Platten 2-5), so ergibt sich bei der starren Lagerung ein um 1,0- bis 1,4-fach höheres Stützmoment und ein ca. 21%ig geringeres Feldmoment. Würde man diese Werte der Bemessung zu Grunde legen, ergäbe sich durch die viel zu steife Lagerung eine Unterbemessung im Feld- und eine Überbemessung im Stützbereich. Die starre Einzellagerung soll im Folgenden nicht mehr betrachtet werden.

Sowohl bei der elastischen Knotenlagerung (Platten 2-3) als auch bei der Flächenbettung (Platten 4-5) ergibt sich erwartungsgemäß beim Umstellen der Fußpunktlagerung von *„Gelenkig"* auf *„Einspannt"* und die damit verbundene Erhöhung der Drehfedersteifigkeiten am Stützenkopf ein ca. 19%ig höheres Stützmoment und ein ca. 3%ig niedrigeres Feldmoment.

Interessant ist noch der Vergleich zwischen Elastischer Knotenlagerung (Platten 2-3) und Flächenbettung (Platten 4-5). Die Ergebnisse beider Stützenmodellierungen sind, abgesehen vom unmittelbaren Umgebungsbereich der Stütze, sehr ähnlich. Beide Stützenmodelle stellen demnach vergleichbare und brauchbare Modellierungen dar.

4 Linienlager

4.1 Allgemein

Linienlager werden in der Regel durch Wände hervorgerufen. Analog zu den Stützen sind auch hier die elastischen Eigenschaften des Lagers wirklichkeitsnah abzubilden.

Wie im Abschnitt Punktlager sollen die wichtigsten Gleichungen zur Ermittlung der Federsteifigkeiten bezogen auf die Systemlinie der Wand bereitgestellt werden.

Für die Längssteifigkeit $c_{Trans,Z}$ bzw. $c_{Trans,t}$ einer Wand ergibt sich:

$$c_{Trans,Z} = \frac{E \cdot d}{h} \quad \text{mit}$$

$$\begin{aligned} &E... && E\text{-Modul} \\ &d... && \text{Wanddicke} \\ &h... && \text{Wandhöhe} \end{aligned} \tag{5-5}$$

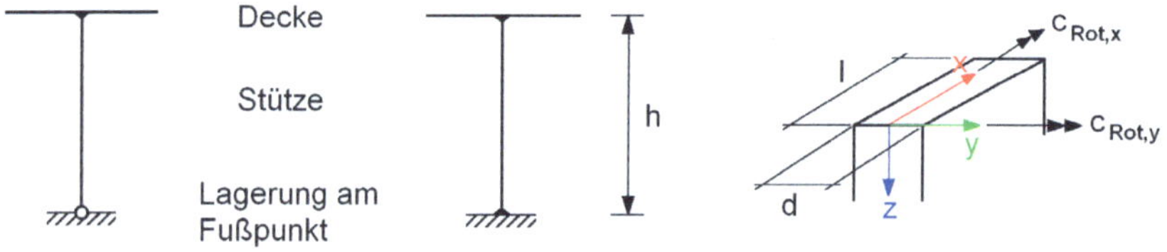

Bild 5-6: Linienlager - Gelenkig und eingespannt gelagerter Fußpunkt

Die Steifigkeiten der Drehfedern $c_{Rot,r}$ bzw. $c_{Rot,s}$ können aus den Gleichungen für die Punktlagerungen 5-2 und 5-3 gewonnen werden, indem die Trägheitsmomente pro Längeneinheit der Wand ermittelt werden. Die Ergebnisse sind auch hier von den Verhältnissen am Fußpunkt der Wand abhängig.

Man erhält für eine gelenkige Fußpunktlagerung:

$$c_{Rot,x} = \frac{E \cdot d^3 \cdot l}{4 \cdot h} \quad \text{mit} \qquad c_{Rot,y} = \frac{E \cdot d \cdot l^3}{4 \cdot h} \quad \text{mit}$$

$$\begin{aligned} &E... && E\text{-Modul} && E... && E\text{-Modul} \\ &d... && \text{Wanddicke} && d... && \text{Wanddicke} \\ &h... && \text{Wandhöhe} && h... && \text{Wandhöhe} \\ &l... && \text{Länge in Wandrichtung } (=1) && l... && \text{Länge in Wandrichtung } (=1) \end{aligned} \tag{5-6}$$

Bei einer Einspannung am Fußpunkt erhöhen sich die Steifigkeiten und man erhält:

$$c_{Rot,x} = \frac{E \cdot d^3 \cdot l}{3 \cdot h} \quad \text{mit} \qquad c_{Rot,y} = \frac{E \cdot d \cdot l^3}{3 \cdot h} \quad \text{mit}$$

$$\begin{aligned} &E... && E\text{-Modul} && E... && E\text{-Modul} \\ &d... && \text{Wanddicke} && d... && \text{Wanddicke} \\ &h... && \text{Wandhöhe} && h... && \text{Wandhöhe} \\ &l... && \text{Länge in Wandrichtung } (=1) && l... && \text{Länge in Wandrichtung } (=1) \end{aligned} \tag{5-7}$$

4.2 Modellierung in RFEM

Linienlager können in RFEM starr oder elastisch eingegeben werden.

Wird als Bezugssystem *„Global X,Y,Z"* gewählt, beziehen sich die Lagerungen auf das globale Koordinatensystem.

Ist das Bezugssystem *„Lokal x,y,z"*, wird ein lokales Koordinatensystem mit einer x-Achse in Richtung der Lagerachse entsprechend Bild 5-7 definiert. Die Randbedingungen werden automatisch auf dieses System bezogen. Besonders bei schräg zu den globalen Achsen verlaufenden Lagern ist das eine wichtige Eingabeoption.

Die Federsteifigkeiten der Wand können - ähnlich dem Dialog *„Stütze in Z"* - über den Dialog *„Wand in Z"* aus den Material- und Geometriewerten der Wand komfortabel durch RFEM ermittelt werden.

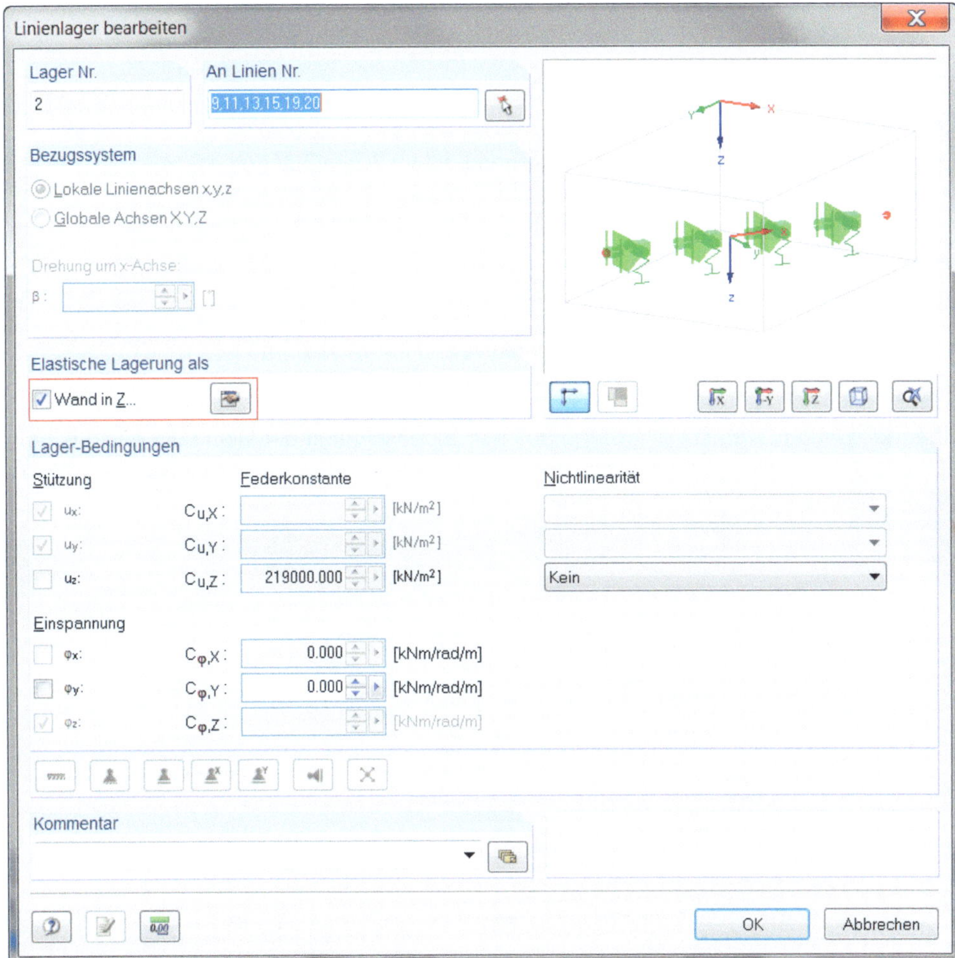

Bild 5-7: Wandmodellierung in RFEM

Die unterschiedlichen Steifigkeiten der Linienlager beeinflussen die Lösung mitunter stark.

Das Beispiel Linienlager-01 veranschaulicht die Abweichungen der Ergebnisse einer Platte mit einer starren und elastischen Lagerung in Z-Richtung.

Beispiel Linienlager-01

Statisches System / Eingabewerte

Für die 4 dargestellten Plattentragwerke (8 m · 8 m) werden für zwei unterschiedliche Vernetzungen starre und elastische Linienlager definiert.

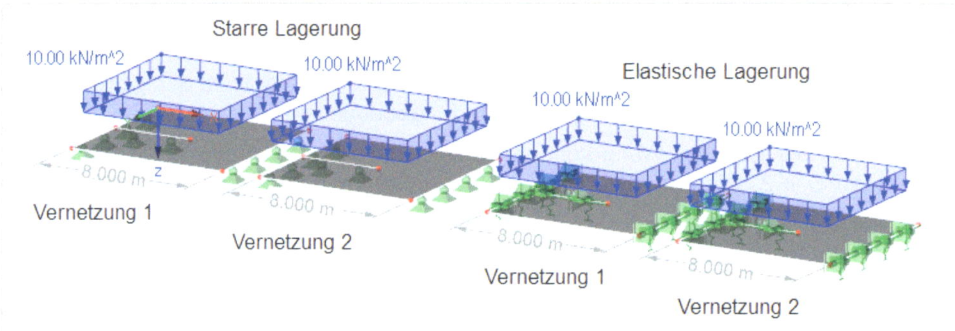

Starres Linienlager: u_z= starr
Elastisches Linienlager: 36,5 cm Ziegelwand mit h= 3,5 m, Länge= 4,0 m
Mauerziegel, Steinfestigkeit 4, Mörtelgruppe II,
mit E= 210 kN/cm², G= 91,30 kN/cm², μ= 0,15, γ= 0

Material Platte: E= 3.300 kN/cm², G= 1.370 kN/cm² μ= 0,2, Plattendicke= 18 cm

Belastung für alle Platten: Flächenlast 10 kN/m²

Vernetzung 1: 0,50 m · 0,50 m Vernetzung 2: 0,25 m · 0,25 m

Eingabe in RFEM

Über den Dialog *„Wand in Z“* werden aus den Eigenschaften der Wand die entsprechenden Lagersteifigkeiten ermittelt. Zur Berücksichtigung des E-Moduls der Wand wurde zuvor das Material *„Linienlager“* angelegt.

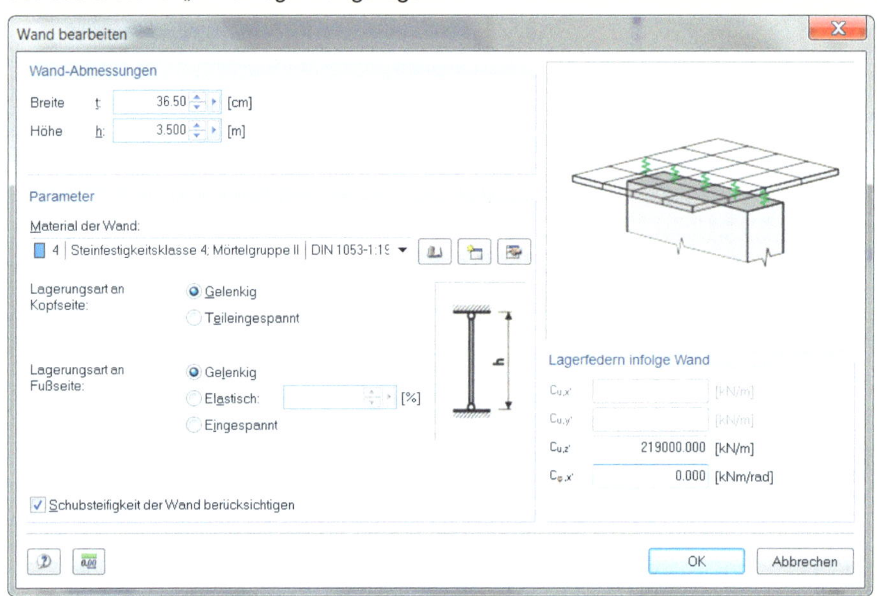

Alternativ kann die elastische Linienfeder auch direkt nach Gleichung 5-5 berechnet werden:

$$C_{Trans,Z} = \frac{2.100.000\text{kN/m}^2 \cdot 0{,}365\text{m}}{3{,}5\text{m}} = 219.000\ \text{kN/m}^2$$

Der so ermittelte Steifigkeitswert kann bereits schon im Dialog *„Neues Linienlager"* bzw. *„Linienlager bearbeiten"* eingegeben werden. Damit das Eingabefeld *„Wegfeder"* aktiv ist, muss zuvor der Haken für „u_z" entfernt werden.

Zur Variierung der Ergebnisdarstellung der Auflagerkräfte sind die entsprechenden Einstellungen im *„Zeigen"*-Navigator unter der Rubrik *„Ergebnisse"* zu verwenden.

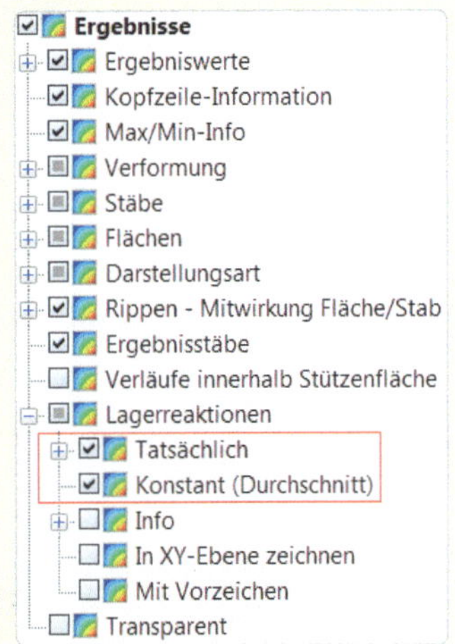

Um die Ergebnisunterschiede zwischen starren und elastischen Auflagern deutlich zu machen, wurde mit der Federsteifigkeit von 219.000 kN/m² ein relativ weiches Auflager gewählt.

Ergebnisse

Von besonderem Interesse sind die Lagerkräfte, die durch die mittige Wandscheibe hervorgerufen werden:

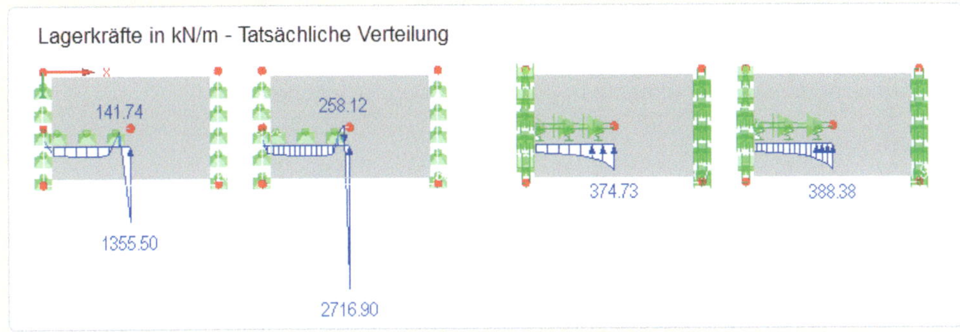

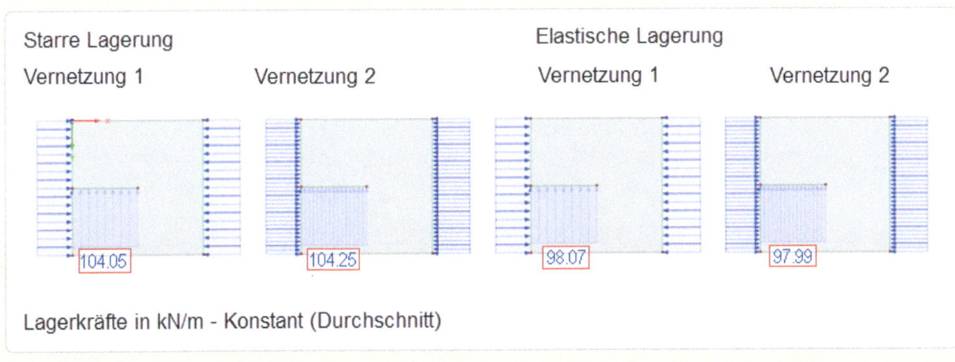

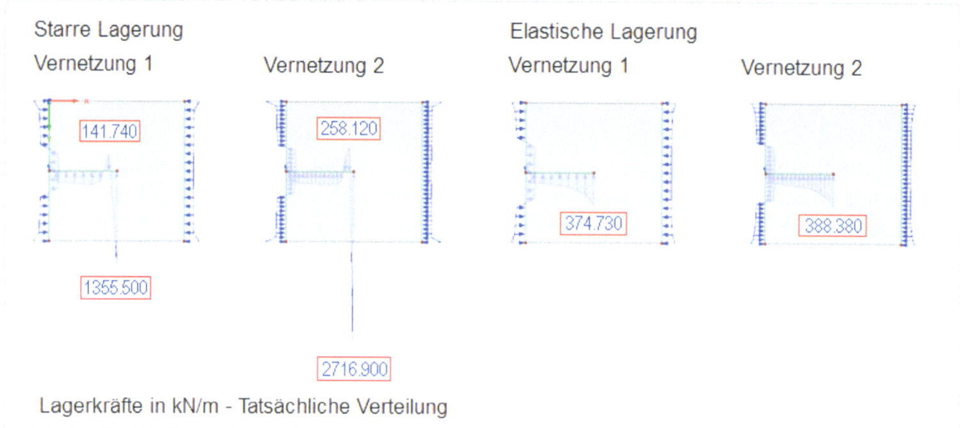

Die Momente m_x ergeben sich zu:

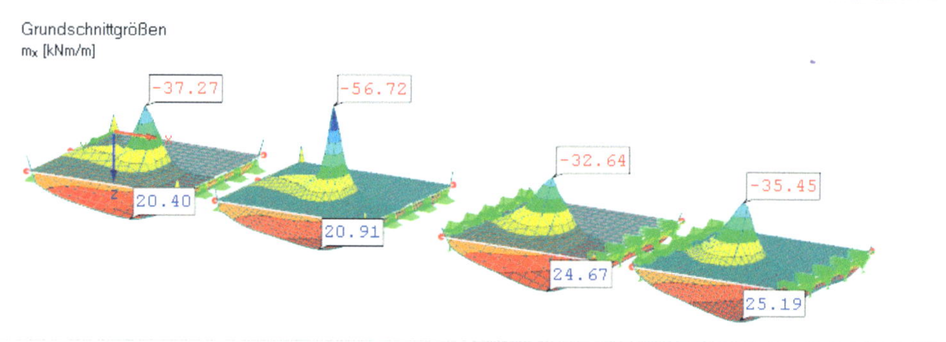

Die Verschiebungen und Momente m_x im horizontalen Schnitt betragen:

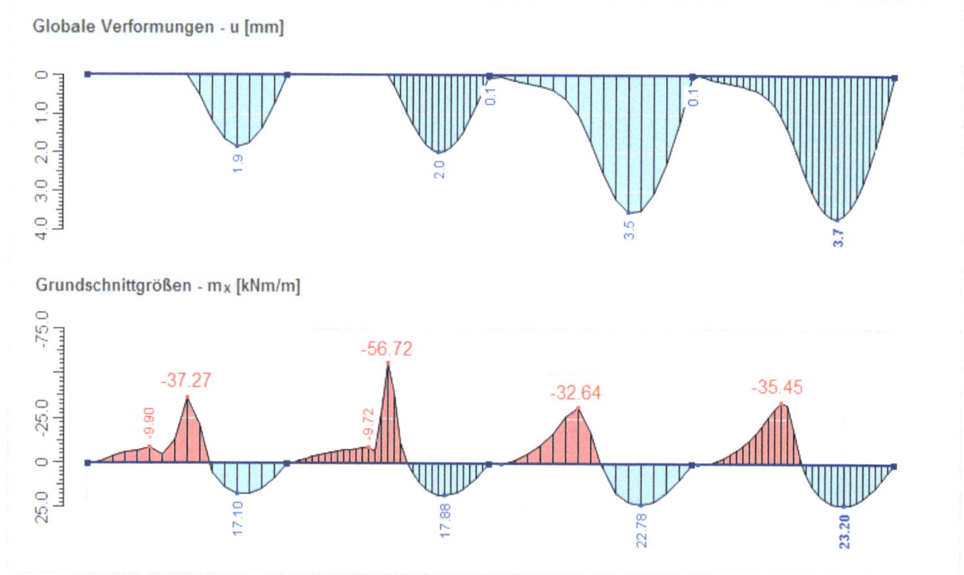

Erkenntnisse

Im Allgemeinen kann davon ausgegangen werden, dass die **tatsächlichen** Lagerkräfte am oberen Wandende sich nach unten in der Wand gleichmäßig abbauen und in etwa den dargestellten **konstanten** Kraftverlauf erreichen.

Betrachtet man die durchschnittlichen Auflagerkräfte am mittigen Linienlager, sind diese bei allen 4 Platten weitestgehend gleich. Die tatsächlichen Auflagerkräfte unterscheiden sich jedoch erheblich. Bei den beiden **Platten mit starrer Lagerung** fallen die Lagerkräfte am inneren Wandende sehr groß aus, wechseln das Vorzeichen und sind auch stark von der Vernetzung abhängig.

Auch die Momente am inneren Wandende zeigen eine erhebliche Vernetzungsabhängigkeit (Abweichung etwa 52%) und sind ebenfalls sehr groß. Bei derartigen Momenten- und Querkraftspitzen sind Bemessungsprobleme sehr wahrscheinlich. Das Ergebnis überrascht nicht, da das Ende des Linienlagers eine Singularitätsstelle darstellt. Bei noch feinerer Vernetzung würden sich die Spitzenwerte weiter erhöhen.

Bei den **Platten mit elastischen Auflagern** glätten sich die Auflagerkräfte durch die Nachgiebigkeit der Linienfedern. Sowohl der Vorzeichenwechsel als auch die starke Vernetzungsabhängigkeit ist nicht mehr vorhanden. Auch der Unterschied der Momente im Bereich des inneren Wandendes ist bei den beiden unterschiedlichen Vernetzungen geringer.

Vergleicht man das maximale Stützmoment am inneren Wandende der starren Lagerung mit dem der elastischen Lagerung, reduziert sich dieses um erhebliche 37,5% (feinere Vernetzung).

Zusammenfassung:
Die Ergebnisse zwischen den Modellen mit starrer und elastischer Lagerung weichen mitunter stark voneinander ab. Eine elastische Lagerung glättet in der Regel die Ergebnisse. Unwirtschaftliche Spitzenwerte werden dadurch abgebaut.

Auch bei der elastischen Linienlagerung stellt das Ende des Lagers eine Singularität dar. Anhand der sich stark abmindernden Vernetzungsabhängigkeit der Ergebnisse ist allerdings zu erkennen, dass die Singularität bei elastischen Auflagern abgeschwächt im FE-Modell abgebildet wird.

Ebenso wie die Steifigkeit der Dehnfedern können auch unterschiedliche Steifigkeiten bei den Drehfedern das Ergebnis stark beeinflussen. Das Beispiel Linienlager-02 zeigt den Einfluss einer starren bzw. elastischen Drehfeder.

Beispiel Linienlager-02

Statisches System / Eingabewerte

Für beide Plattentragwerke (8 m · 4 m) sind die Auflager in z-Richtung elastisch.
Die Drehfedern variieren entsprechend den untenstehenden Werten.

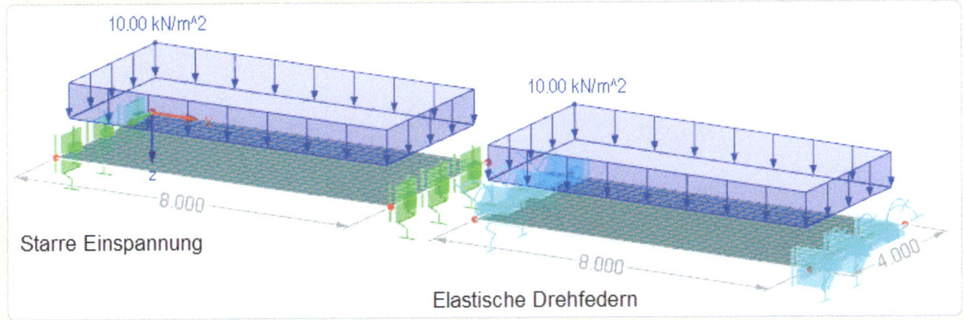

Die Linienlager modellieren Betonwände mit den Parametern Dicke= 0,2 m, Höhe= 3,0 m, E-Modul= 33.000.000 kN/m² und sind mit der Platte verbunden.
Die Wand ist am Fußpunkt gelenkig gelagert.

Lagerung u_Z: elastisch entsprechend der Wandparameter
Lagerung Φ_X: starr mit Φ_X= starr bzw. elastisch entsprechend der Wandparameter
Lagerung Φ_Y: starr mit Φ_Y= starr bzw. elastisch entsprechend der Wandparameter

Material Platte: E= 3.300 kN/cm², G= 1.370 kN/cm² μ= 0,2, Plattendicke= 18 cm,

Belastung: Flächenlast 10 kN/m², Vernetzung: 0,25 m · 0,25 m

Eingabe in RFEM

Im Dialog *„Wand bearbeiten"* werden die elastischen Eigenschaften der Wand definiert. RFEM ermittelt die entsprechenden Weg- und Drehfedern. Die Drehfedern wurden in diesem Beispiel ohne Berücksichtigung der Schubsteifigkeit der Wand ermittelt.

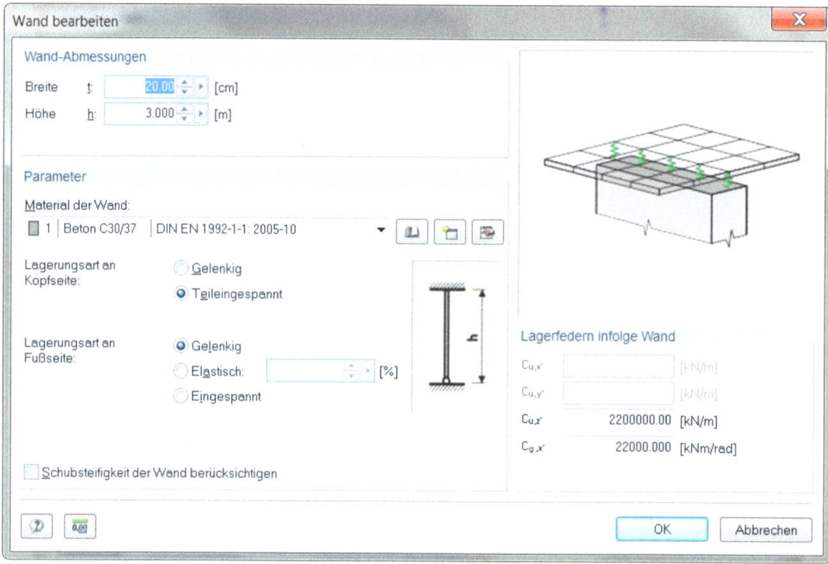

Wie im Beispiel Linienlager-01 können auch hier die Steifigkeiten ohne Benutzung des Dialoges *„Wand in Z"* nach den Gleichungen 5-5 bis 5-7 ermittelt und direkt im Dialog *„Linienlager bearbeiten"* eingegeben werden.

Für die Wegfeder ergibt sich demnach:

$$C_{\mathrm{Trans,Z}} = \frac{33.000.000\mathrm{kN/m}^2 \cdot 0{,}2\mathrm{m}}{3{,}0\mathrm{m}}$$

$$= 2.200.000\,\mathrm{kN/m}^2$$

Für die Drehfedern erhält man:

$$C_{\Phi,x} = \frac{33000000\mathrm{kN/m}^2 \cdot (0{,}2\mathrm{m})^3 \cdot 1\mathrm{m}}{4 \cdot 3{,}0\mathrm{m}}$$

$$= 22.000\,\mathrm{kNm\ pro\ m\ Länge}$$

bzw.

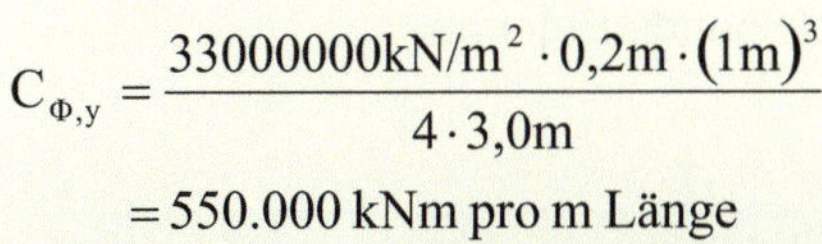

$$C_{\Phi,y} = \frac{33000000\,\text{kN/m}^2 \cdot 0{,}2\,\text{m} \cdot (1\,\text{m})^3}{4 \cdot 3{,}0\,\text{m}}$$

$$= 550.000\ \text{kNm pro m Länge}$$

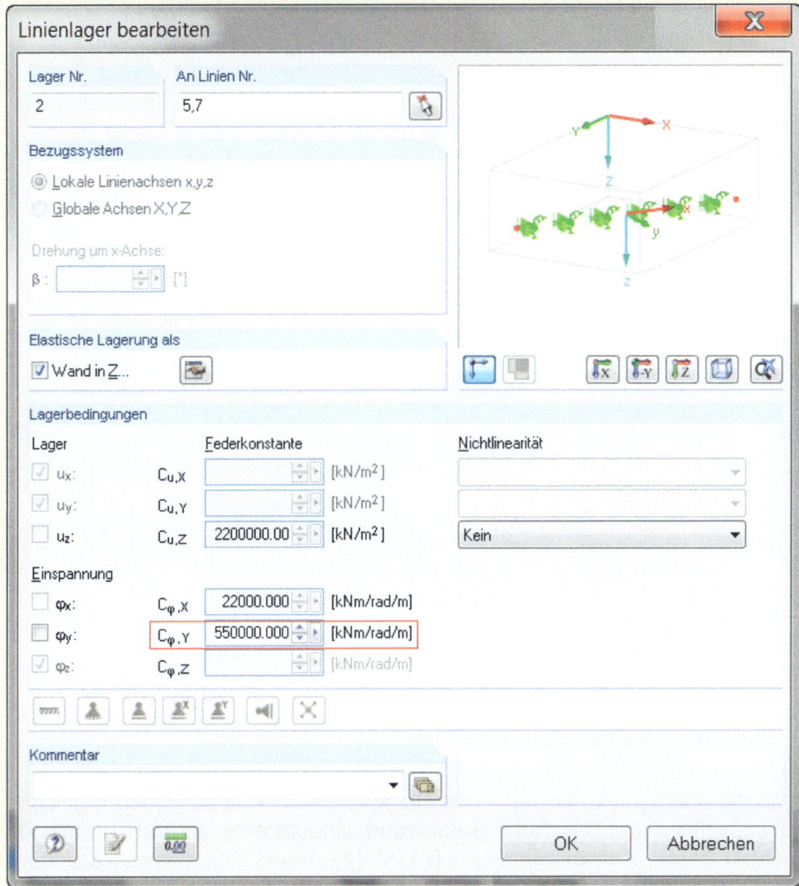

Bei Verwendung des Dialoges *„Wand in Z"* wird die Federsteifigkeit rechtwinklig zur Lagerachse nicht mitberechnet. Wie im Bild erkennbar, kann diese im Eingabefeld ergänzt werden. Der Einfluss dieses Wertes auf das Ergebnis ist ohnehin gering.

Ergebnisse

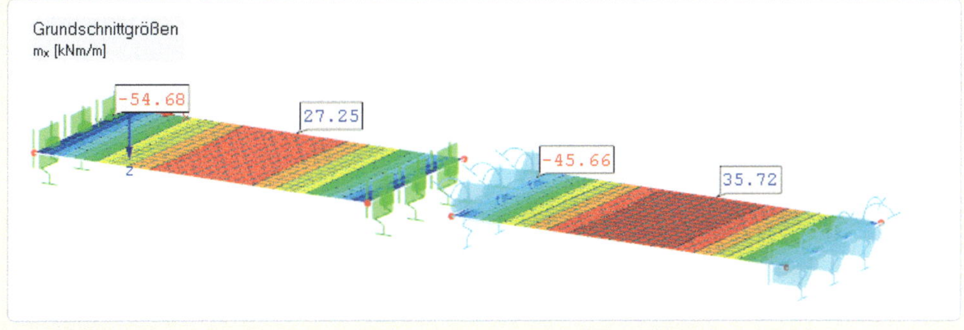

In einem mittigen horizontalen Schnitt ergeben sich folgende Ergebnisse:

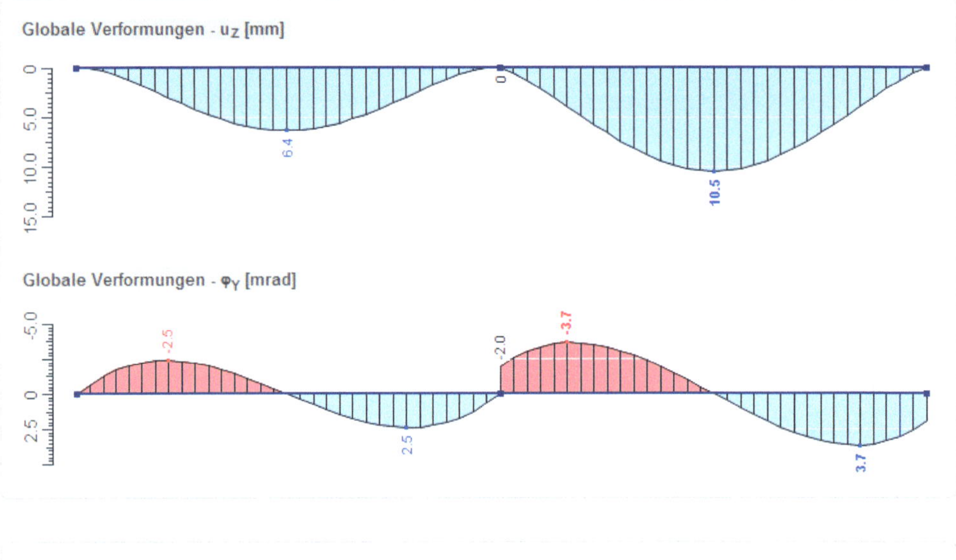

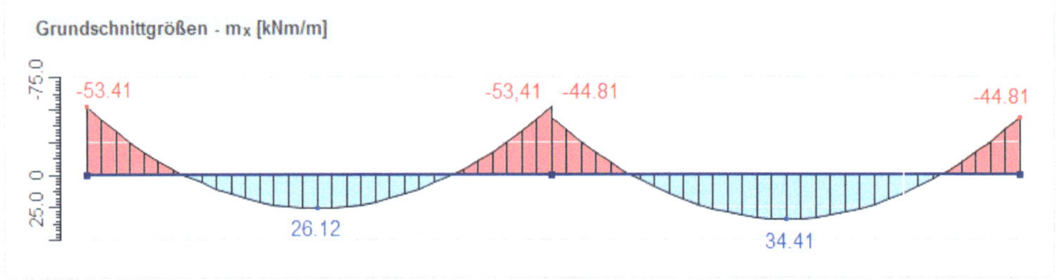

Erkenntnisse

Die Steifheit der Wand schlägt sich in den Federsteifigkeiten und damit in den Ergebnissen nieder. Die 20 cm dicke und 3 m hohe Betonwand erlaubt eine Verdrehung an den Auflagern der rechten Platte in Wandmitte von 0,115° (2,0mrad). Durch diese weichere Lagerung erhöht sich die Durchbiegung in der Mitte der Platte um 64,0% und damit das Feldmoment um 31,8%. Die Platte wäre damit bei Verwendung eines starren Auflagers im Feld unterbemessen. Das Stützmoment reduziert sich durch die elastische Lagerung um 16,1%.

Dieses Beispiel veranschaulicht die Bedeutung einer realistischen Modellierung von Drehfedersteifigkeiten.

5 Einseitige Lagerbedingungen

Wenn ein Lösen der Lager in einer Richtung möglich ist, sind unter Umständen einseitige Lagerbedingungen zu definieren. Der Ausfall eines Lagers bei Zug heißt, dass nur Drucklagerkräfte übertragen werden können bzw. umgekehrt.

Das FE-Programm muss hier iterativ rechnen. Bei jedem Schritt wird geprüft, ob die eingegebenen Bedingungen für den Ausfall erfüllt sind. Die Lagerungen werden so lange ein- bzw. ausgeschaltet, bis es keine Veränderungen mehr gibt. Mitunter existieren Fälle, in denen keine stabile Lösung erreicht werden kann.

Als Konsequenz aus der iterativen Lösung folgt, dass das Superpositionsgesetz nicht mehr gültig ist. Damit erhöht sich der Aufwand für die statische Analyse. Deshalb sollte abgeschätzt werden, ob die einseitig wirkenden Lager für die Ergebnisse auch wirklich relevant sind.

Das Beispiel Drucklager vergleicht die Ergebnisse einer Platte mit beidseitig und einseitig wirkenden Linienlagern.

Beispiel Drucklager

Statisches System / Eingabewerte

Für die dargestellten Plattentragwerke (8 m · 8 m) variieren die Ausfallbedingungen der Federn in z-Richtung.

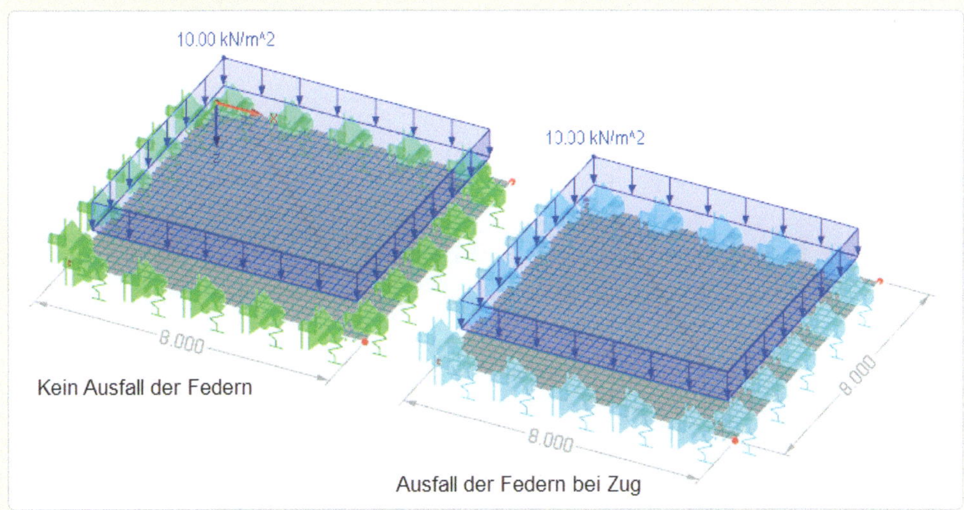

Die Linienlager modellieren Betonwände mit folgenden Parametern:

	Dicke= 0,3 m, Höhe= 3,0 m und E-Modul= 33.000.000 kN/m²
Lagerung u_z:	elastisch entsprechend der Wandparameter
Material Platte:	E= 3.300 kN/cm², G= 1.370 kN/cm² μ= 0,2
Plattendicke:	18 cm
Belastung:	Flächenlast 10 kN/m²
Vernetzung:	0,25 m · 0,25 m

Eingabe in RFEM

Für die Wegfeder ergibt sich nach Gleichung 5-5:

$$C_{Trans,Z} = \frac{33.000.000\text{kN/m}^2 \cdot 0{,}3\text{m}}{3{,}0\text{m}}$$
$$= 3.300.000\ \text{kN/m}^2$$

Entsprechend dem untenstehenden Dialog ist für das rechte System für die Lagerbedingung u_Z im Feld Ausfall des Lagers: *„Ausfall falls Lagerkraft negativ"* einzugeben.

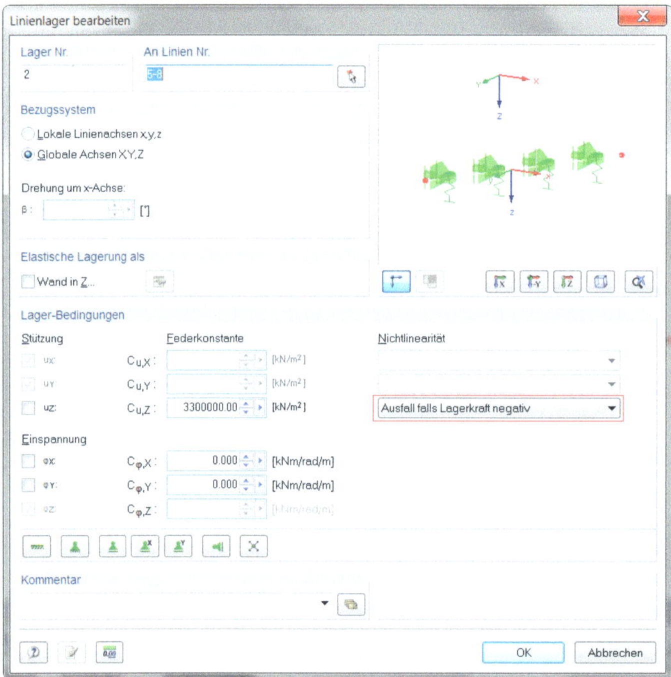

Wie in den vorhergehenden Beispielen beschrieben, kann hier auch der Dialog Elastische Lagerung als *„Wand in Z"* für die Ermittlung der Linienfedersteifigkeit benutzt werden. In diesem Fall ermittelt RFEM eigenständig die Federsteifigkeit nach Gleichung 5-5.

Ergebnisse

Die Durchbiegungen ergeben sich zu:

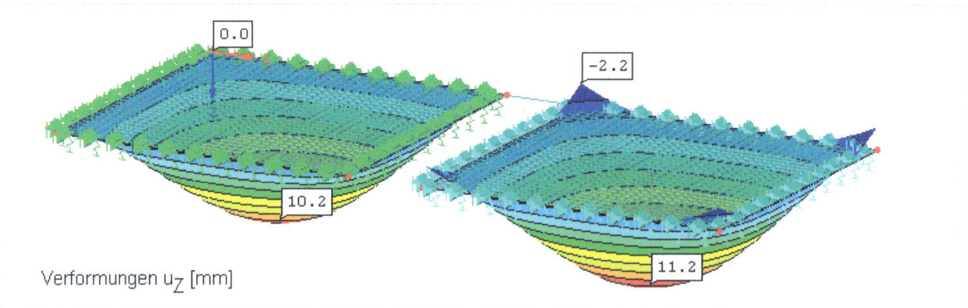

Für die Auflagerkräfte erhält man:

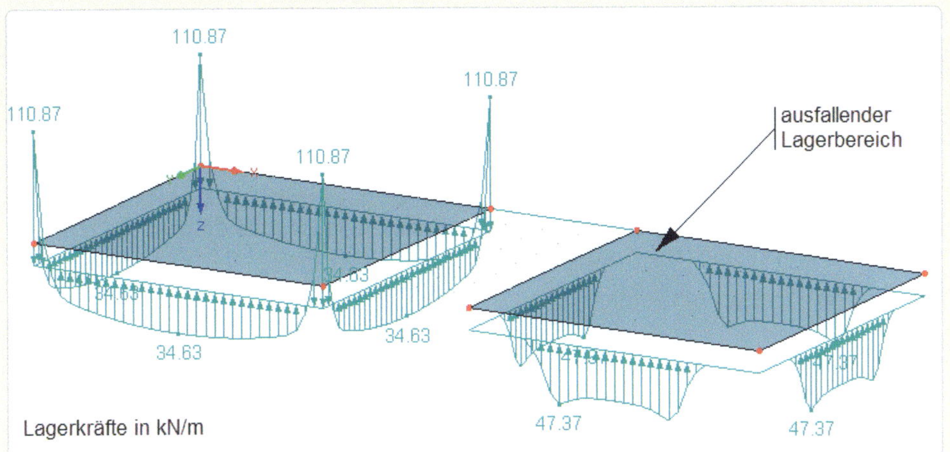

In einem mittigen horizontalen Schnitt ergeben sich folgende Ergebnisse:

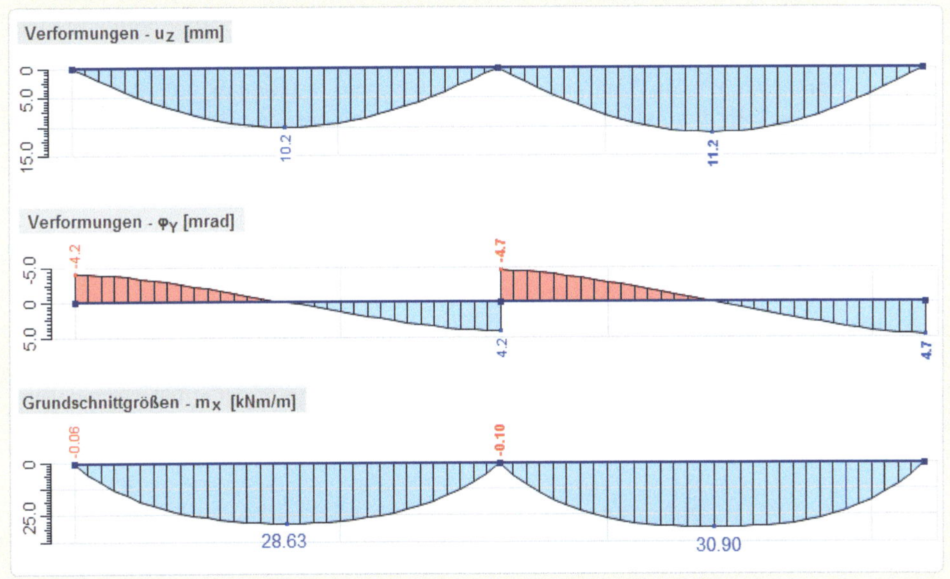

Erkenntnisse

Durch das Abheben der Lager in den Ecken erhöhen sich die Verdrehungen der Platte entlang den Auflagern (vgl. φ_Y). Durch die damit weichere Lagerung vergrößert sich die max. Durchbiegung um 9,8% und das max. Moment im Feld um 7,9%.

6 Weiche und harte Randbedingungen für schubweiche Platten

Die vereinfachten Annahmen der **Kirchhoffschen Plattentheorie** führen zu einer Differentialgleichung 4. Ordnung und damit zu Inkonsistenzen hinsichtlich der Erfüllung von Randbedingungen. Es können nur maximal zwei der drei vorliegenden statischen Randbedingungen (Biegemoment, Drillmoment, Querkraft) entlang eines Randes erfüllt werden. Um diese Unzulänglichkeit zu umgehen, müssen für die Ermittlung der Randkräfte die Randdrillmomente m_{sr} in statisch gleichwertige Ersatzquerkräfte umgerechnet und diese den Querkräften hinzugezählt werden.

Entlang eines Randes r erhält man:

$$q_s^* = q_s + \frac{\partial m_{sr}}{\partial r} \qquad (5\text{-}8)$$

Rand
s = konst.
r = variabel

Mit dieser Lösung können die Randbedingungen nicht exakt erfüllt werden. Entsprechend der oben eingegangenen Kompromisse gelten für die Kirchhoffsche Theorie entlang des Randes r folgende Bedingungen (vgl. auch [3.2]):

- An unbelasteten freien Rändern erhält man wegen $q_s^* = 0$ und $m_{sr} \neq 0$ die Querkräfte zu $q_s = -\partial m_{sr}/\partial r$, d. h. sie entsprechen den Änderungen der Drillmomente entlang des Randes r
- An gelenkig gelagerten Rändern ergeben sich die Auflagerkräfte wegen $q_s \neq 0$ und $m_{sr} \neq 0$ nach Gleichung 5-8 zu q_s^*
- An einem vollständig eingespannten Rand gilt $m_{sr} = 0$ bzw. $\partial m_{sr}/\partial r = 0$ und damit sind die Querkräfte gleich den Auflagerkräften

Durch die höhere Ordnung der Differentialgleichung bei der **Theorie nach Mindlin** ist die bei der Kirchhoffschen Theorie vorhandene Überbestimmtheit von vornherein gar nicht gegeben. Pro Rand können hier alle drei statischen Randbedingungen erfüllt werden. Eine Konsequenz daraus ist die Unterscheidung in so genannte „harte" und „weiche" Randbedingungen an gelenkigen Rändern (vgl. Bild 5-8).

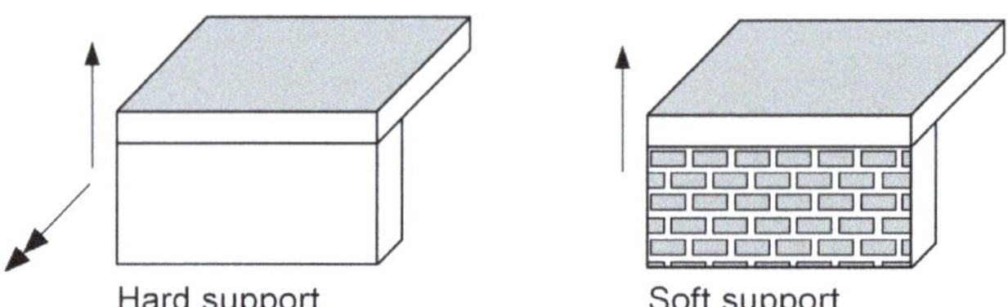

Bild 5-8: Harte und weiche Randbedingungen am gelenkigen Rand

Die wichtigsten Randbedingungen und die Auswirkungen bei Gültigkeit der Theorie nach Mindlin sind in der folgenden Tabelle zusammengefasst:

Rand s = konst. r = variabel (r, m_s, s, t, m_{sr}, q_s)	Geometrische Randbedingung	Ergebnis: Statische Randwerte
Lastfreier Rand	keine	$m_s = 0$ $q_s = 0$ $m_{sr} = 0$
Gelenkiger Rand		
Weiche Randbedingungen	$v_t = 0$	$m_s = 0$ $m_{sr} = 0$
Harte Randbedingungen	$v_t = 0$, $\phi_s = 0$	$m_s = 0$
Eingespannter Rand	$v_t = 0$, $\phi_r = 0$, $\phi_s = 0$	$m_s \neq 0$ $q_s \neq 0$ $m_{sr} \neq 0$

Tabelle 5-1: Geometrische und statische Randbedingungen nach der Theorie von Mindlin

Das heißt also: Je nachdem ob beim gelenkig gelagerten Rand die Verdrehung rechtwinklig zum Rand festgehalten ist oder nicht, erhält man ein Drillmoment bzw. es ergibt sich zu null. Die Verdrehung rechtwinklig zum Rand, die hier eine Rolle spielt, ist bei der Kirchhoffschen Theorie in der Regel von untergeordneter Bedeutung.

Übrigens werden bei allen drei Fällen in Tabelle 5-1 insgesamt drei Randbedingungen erfüllt (ggf. gemischt aus geometrischen und statischen Bedingungen).

Entscheidend für die Wahl der harten oder weichen Randbedingungen sind die vorliegenden konstruktiven Bedingungen.

Reduziert man die Plattendicke zunehmend und rechnet nach den Ansätzen von Mindlin, sollten die Unterschiede zwischen harten und weichen Randbedingungen mit dünner werdender Platte verschwinden und sich den Ergebnissen der Kirchhoffschen Theorie annähern. Das Beispiel Randbedingungen verdeutlicht dies anhand einer dünnen und dicken Platte. Die Momente m_x und m_{xy} unterscheiden sich bei den „weichen" Randbedingungen, je nachdem ob eine dünne oder dicke Platte vorliegt.

Beispiel Randbedingungen

Statisches System / Eingabewerte

4 Platten 8,00 m · 8,00 m mit unterschiedlicher Dicke und variierender Linienlagerung entsprechend Schema

Material der Platte: E= 3.300 kN/cm², G= 1.370 kN/cm² mit γ= 0 und μ= 0,2

Dicke der Platte: Dicke= 10 cm bzw. 400 cm

Belastung: Flächenlast= 10 kN/m²

Vernetzung: Angestrebte Länge der Finiten Elemente 0,5 m (Voreinstellung)

Theorie: Plattentheorie nach Mindlin

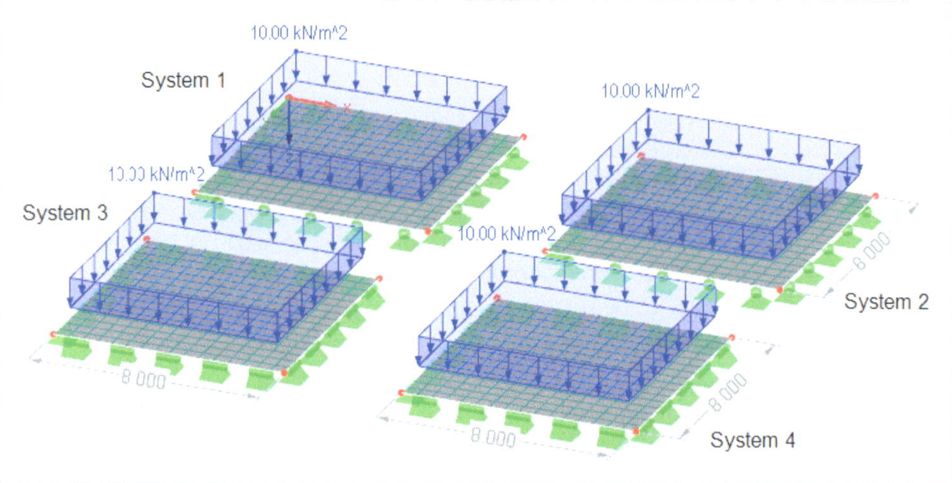

Schema der Anordnung der Teilsysteme	Dünne Platte	Dicke Platte
Weiche Randbedingungen V_z = starr	System 1	System 2
Harte Randbedingungen V_z = starr Φ_x = starr bzw. Φ_y = starr	System 3	System 4

Das Beispiel soll den Einfluss der Verdrehung **rechtwinklig zur Linienlagerachse** bei gelenkiger Lagerung verdeutlichen.

Entlang eines Randes kann die Randbedingung v_z= 0 streng als „harte" Randbedingung (zusätzlich noch Verdrehung rechtwinklig zur Lagerachse= 0) oder weniger streng als weiche Randbedingung (nur v_z= 0) gesetzt werden.

Die beiden dünnen Platten weisen ein Verhältnis Dicke / charakteristische Stützweite von 0,0125 auf - die beiden dicken Platten ein Verhältnis von 0,5. Um die Ergebnisse gegeneinander abzugrenzen, wurde bewusst eine extrem dünne und eine extrem dicke Platte gewählt.

Eingabe in RFEM

Die Verdrehung senkrecht zur Lagerachse ist am einfachsten zu setzen, indem das Bezugssystem auf lokal umgestellt und ϕ_y fest gelagert wird. Die Symbolik im Bild stellt eine gute Kontrolle dar.

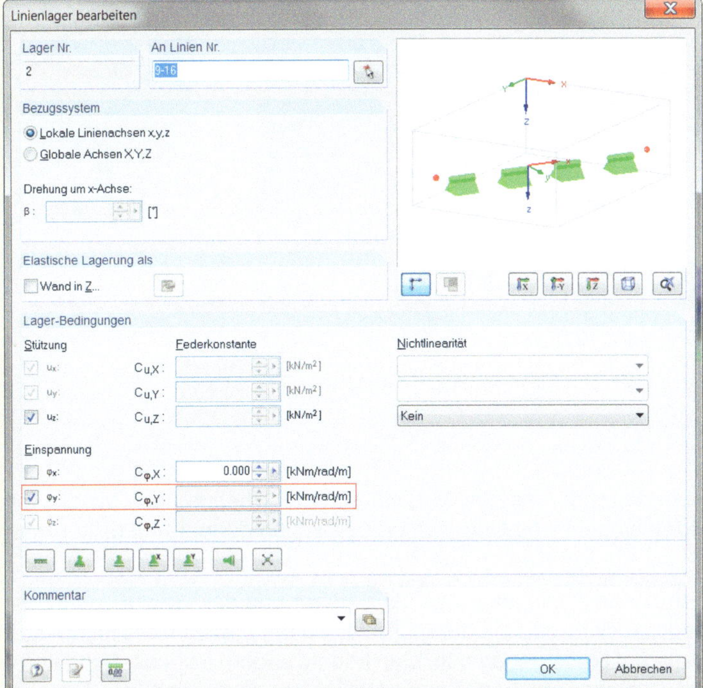

Ergebnisse

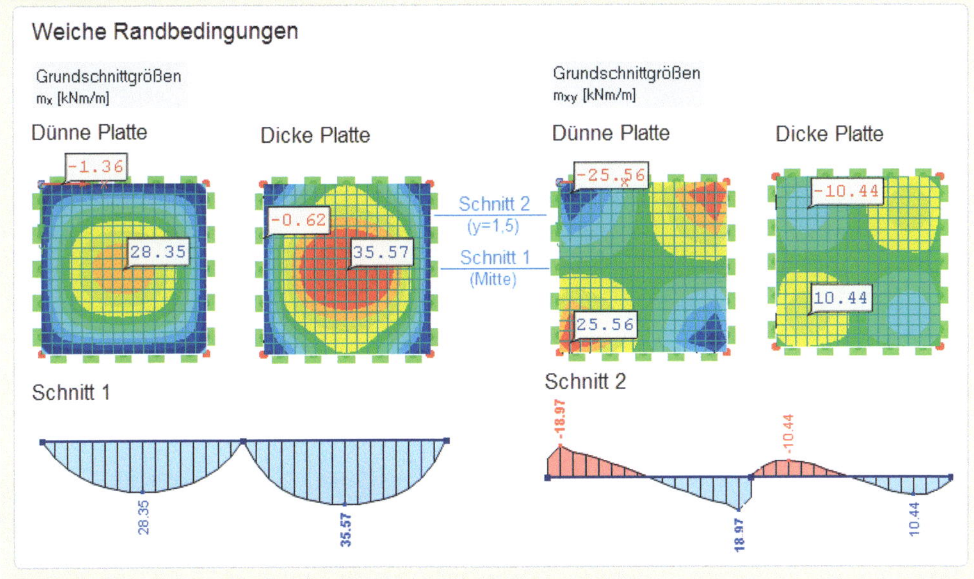

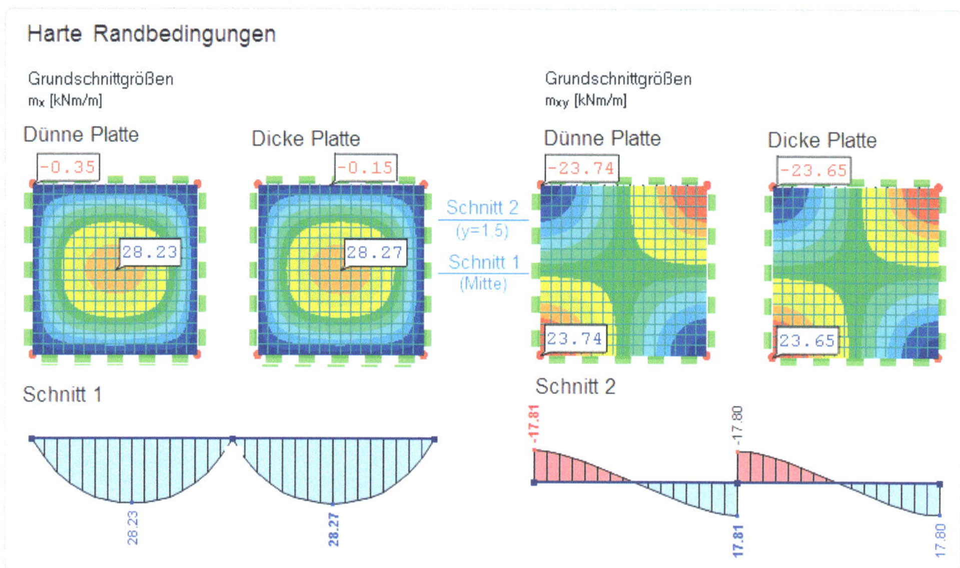

Erkenntnisse

Die Auswertung der Ergebnisse zeigt, dass bei Verwendung der Theorie nach Mindlin mit **weichen Randbedingungen** wesentliche Unterschiede zwischen dünner und dicker Platte bestehen.

Das maximale Moment der dicken Platte ist um ca. 25% höher und der Verlauf von m_{xy} ist sogar qualitativ unterschiedlich. Während die dünne Platte in Randnähe ihr Maximum hat, geht m_{xy} bei der dicken Platte am Rand gegen null. Man könnte sagen, dass die Schnittgröße m_{xy} bei der dicken Platte weniger am Lastabtrag beteiligt ist und dadurch das Moment m_x bzw. m_y entsprechend größer ausfällt (vgl. Ergebnisdarstellung).

Weiterhin wird deutlich, dass sich die Ergebnisse zwischen dünner und dicker Platte bei den **harten Randbedingungen** nur unbedeutend unterscheiden.

KAPITEL 6

BODENMODELLE

1 Einleitung

Die realistische Abbildung von Bauwerk - Boden Wechselwirkungen in Finite Elemente Programmen ist ungeachtet des gegenwärtig hohen Entwicklungsstandes der verfügbaren Software eine nicht zu unterschätzende Aufgabe. Einerseits erfordert die richtige Einbindung des Bodenmodells in die FE-Berechnung viele Überlegungen und Kenntnisse, andererseits sind aber die in der Software implementierten Bodenmodelle für den Anwender nicht immer in ihrer gesamten Komplexität durchschaubar. In den meisten Softwareprodukten, wie auch in RFEM, stehen dazu noch mehrere unterschiedliche Bodenmodelle zur Auswahl. Da sich die Art der Bodenmodellierung mitunter stark auf die Schnittgrößen und damit auf die Bemessungsergebnisse auswirkt, ist diesem Punkt der Modellbildung besondere Aufmerksamkeit zu widmen.

Im Folgenden werden Bodenmodelle für Fundamentplatten diskutiert, die sich in den kommerziellen Softwareprodukten durchgesetzt haben. Die zu Grunde gelegten Theorien und die Unterschiede der einzelnen Verfahren werden herausgearbeitet. Damit soll ein grundlegendes Verständnis für die in den Modellen enthaltenen Annahmen und Vereinfachungen sowie die daraus resultierenden Konsequenzen erzeugt werden. Schließlich obliegt es dem Anwender, die Vorteile und Nachteile der ihm im Softwaresystem zur Verfügung stehenden Modelle abzuwägen und ein für seine Belange optimales Modell auszuwählen.

Alle an den Plattenmodellen gewonnenen Erkenntnisse aus den betrachteten Bodenmodellen lassen sich prinzipiell auch auf die Bodenmodelle komplexer 3D-Strukturen übertragen.

2 Etablierte Bodenmodelle im Ingenieurbau

2.1 Bettungsmodulverfahren

Für das klassische Bettungsmodulverfahren gilt die grundlegende Beziehung, dass sich die Setzungen (s) proportional zu den Sohlspannungen (σ_0) verhalten:

$$k_S = \frac{\sigma_0}{s} \qquad (6\text{-}1)$$

k_S wird als Winklerische Bettungszahl bezeichnet. Das auch als Federkissenmodell benannte Modell geht davon aus, dass eine Last auf dem Baugrund eine Verformung nur direkt unter der Last selbst hervorruft. Der vom Anwender eingegebene Bettungsmodul wird im Programm in diskrete Federn umgerechnet, die an den FE-Knoten angesetzt werden (vgl. Bild 6-1). Die einzelnen Federn haben keine Verbindung untereinander. Eine Interaktion zwischen den Federn kann nur über die generierten Plattenelemente selbst stattfinden. Aufgrund der Modellvorstellung von einem Federkissen kann bei diesem Modell keine Setzungsmulde außerhalb der Plattenränder und auf direktem Weg auch

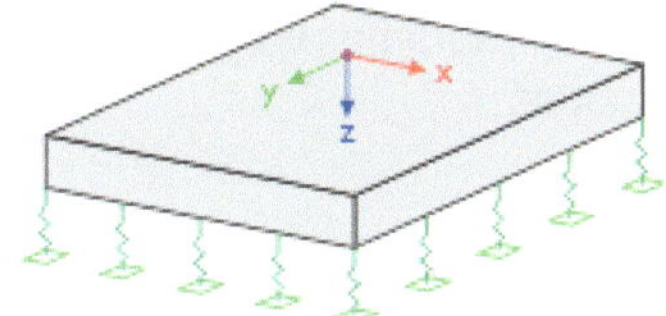

Bild 6-1:
Schema des Bettungsmodulverfahrens

keine Schubsteifigkeit des Bodens berücksichtigt werden. Bodenschichtungen und Interaktionen zwischen den Bauwerken können ebenfalls nicht abgebildet werden.

Der Anteil aus der elastischen Bettung ergibt sich im Funktional zu:

$$\Pi = \frac{1}{2}\int_{\Theta}\left(k_s w^2\right) d\Theta \qquad (6\text{-}2)$$

mit k_s... Bettungszahl
w... Querverschiebungen und
Θ... Elementfläche

Da dieses Verfahren verhältnismäßig unkompliziert und ohne großen technischen und zeitlichen Aufwand zu handhaben ist, ist es weit verbreitet und bei den Anwendern auch sehr beliebt. Damit werden die Ungenauigkeiten und Mängel leider häufig außer Acht gelassen bzw. in Kauf genommen.

Auf Grund der oben erwähnten Unzulänglichkeiten ist dieses Modell den heutigen Anforderungen nicht mehr gewachsen und steht in krassem Widerspruch zu den sich ständig weiterentwickelnden Tragwerksmodellen und einer immer präziseren Tragwerksanalyse.

In verschiedenen Quellen sind Bemühungen zu erkennen, die offensichtlichen Defekte dieses Modells abzumildern, in dem ein über die Bettungsfläche veränderlicher Bettungsmodul eingegeben wird. Man spricht dann von einem modifizierten Bettungsmodulverfahren. Nach Bellmann und Katz [6.6] werden die Ergebnisse bereits schon durch die Erhöhung des Bettungsmoduls in einem schmalen Randbereich (eine Elementreihe) um den Faktor 4 wesentlich verbessert.

Im Gegensatz zu dieser sprunghaften und von der Netzmaschenweite abhängigen Erhöhung liefert die Annahme einer linearen Vergrößerung des Bettungsmoduls im Randbereich wirklichkeitsnähere Ergebnisse. Dörken und Dehne schlagen in [6.5] einen brauchbaren Ansatz vor. Der Bettungsmodul steigt danach von einem konstanten Wert im mittleren Bereich linear auf das Doppelte zum Rand hin an (vgl. Bild 6-2). Da das Bettungsmodulverfahren in den meisten Programmen verfügbar ist, kann jeder Anwender prinzipiell diese Modifikation des Verfahrens nutzen. Die Erfahrungen haben allerdings gezeigt, dass die Eingabe in den verschiedenen Programmen unterschiedlich aufwendig ist.

Bild 6-2:
Verteilung des Bettungsmoduls k_s

Je realistischer die Verteilung des Bettungsmoduls vorgegeben wird, desto besser sind letztlich die Ergebnisse. Oder anders gesagt: Würde man die richtige Verteilung des Bettungsmoduls kennen (mit der Konsequenz, dass die Bettungsziffer eine lastabhängige Größe und damit keine eigentliche Bodeneigenschaft darstellt) und als Eingangsparameter dem Programm vorgeben können, wären die Ergebnisse bei diesem Verfahren auch brauchbar.

Zusammenfassung Bettungsmodulverfahren	
Vorteile	**Nachteile**
Einfache Eingabe In den meisten Softwaresystemen verfügbar Keine iterative Berechnung Kurze Rechenzeit Erweiterung auf modifiziertes Bettungsmodulverfahren prinzipiell möglich	Unzureichende Bodenmodellierung Keine Berücksichtigung angrenzender Bodenbereiche Schubtragfähigkeit des Bodens wird nicht berücksichtigt Keine Bodenschichtungen erfassbar Interaktion zwischen Bauwerken nicht erfassbar Wenig realitätsnahe Ergebnisse

2.2 Modifizierte zweiparametrische Bodenmodelle

Das zweiparametrische Modell geht auf Arbeiten von Pasternak [6.1] zurück und wurde durch verschiedene Erweiterungen den modernen Aspekten der FEM angepasst. Diese Erweiterungen basieren auf dem Verfahren des elastischen Halbraumes. Dabei werden die Eigenschaften des dreidimensionalen Halbraummodells über spezielle Theorien durch ein zweidimensionales Bodenmodell in der Kontaktfuge zwischen Bauwerk und Boden abgebildet. Eine Interaktion zwischen Bauwerk und Boden kann dabei aber nicht berücksichtigt werden.

Der Anteil aus der elastischen Bettung ergibt sich im Funktional zu:

$$\Pi = \frac{1}{2}\int_{\Theta}\left(c_1 w^2 + c_2\left(\frac{\partial^2 w}{\partial x^2}\right)^2 + c_2\left(\frac{\partial^2 w}{\partial y^2}\right)^2\right)d\Theta \qquad (6\text{-}3)$$

mit c_1, c_2... Bettungsparameter
w... Querverschiebungen und
Θ... Elementfläche

Der erste Term in Gl. 6-3 mit dem Parameter c_1 entspricht in etwa der Winklerischen Bettung (vgl. k_s in Gl. 6-2) und ist mit den Querverschiebungen verbunden. Im zweiten und dritten Term ist der Parameter c_2 mit den zweiten Ableitungen der Verschiebungsfunktionen gekoppelt. Während der erste Term nur die vertikale Federwirkung abbilden kann, ist der zweite Term in der Lage, die Schubtragwirkung des Baugrundes in die Bettungsgleichung (6-3) einfließen zu lassen. Ein weiterer wesentlicher Vorteil dieses Modells besteht darin, dass das Zusammenwirken des Baugrundes über den Plattenrand hinaus erfasst werden kann. Damit ist es möglich, die Setzungsmulde entsprechend den realen Verhältnissen bis in den Abklingbereich hinein näherungsweise zu modellieren.

2.2.1 Modellierung des angrenzenden Bodenbereiches durch Zusatzfedern (Variante 1 des zweiparametrischen Modells)

Dieses Modell basiert auf dem Verfahren des „Effektiven Baugrundes" nach Kolar und Nemec [6.7]. Der umliegende Baugrund wird hier eliminiert und durch zusätzliche Randbedingungen in Form von Linienfedern entlang der Außenränder und Einzelfedern in den äußeren Ecken äquivalent ersetzt (vgl. Bild 6-3). Die Berechnung der Federsteifigkeiten soll nachfolgend dargestellt werden. Die Gleichungen wurden [3.1] entnommen, die wiederum auf [6.7] basieren.

Die Modellierung des Bodens reduziert sich auf die drei Eingabeparameter c_1, $c_{2,x}$ und $c_{2,y}$. Der Parameter c_1 ist mit dem in Gl. 6-3 identisch und entspricht hier der Winklerischen Bettung. $c_{2,x}$ und $c_{2,y}$ stehen für den Parameter c_2 in Gl. 6-3, allerdings mit der Unterscheidung der Schubtragfähigkeit in x- und y- Richtung. Im Allgemeinen gilt $c_{2,x} = c_{2,y} = c_2$.

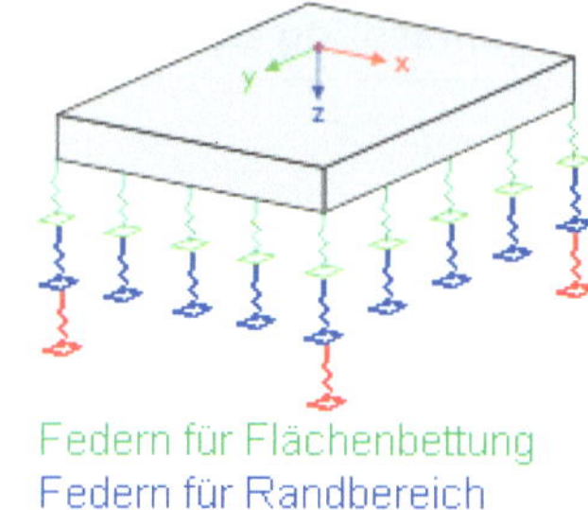

Bild 6-3:
Schema des Effektiven Baugrundmodells

Ausgangspunkt der Berechnung für c_2 ist der **Bettungsparameter c_1** und der **Koeffizient s**, wobei auch hier für s in x- und y-Richtung unterschieden wird:

$$c_{2,x} = c_1 \cdot s_x^{\,2} \qquad (6\text{-}4a)$$

$$c_{2,y} = c_1 \cdot s_y^{\,2} \qquad (6\text{-}4b)$$

Im Allgemeinen kann $s_x = s_y = s$ angenommen werden.

Nach einer empirischen Gleichung kann s mit:

$$s = s_0/(4{,}0 \text{ bis } 5{,}0) \quad \text{bzw. als Mitttelwert} \quad \text{mit} \quad s = s_0 / 4{,}5 \qquad (6\text{-}5)$$

abgeschätzt werden.

Der Parameter s_0 steht für den Begriff der „Reichweite der Setzungsmulde“ und wird baupraktisch als derjenige Abstand vom Plattenrand definiert, bei dem die Setzungen unter 1% der Fundamentrandwerte absinken [3.1].

Strebt s_0 gegen 0, erhält man für c_2= null. Die Gl. 6-3 geht in die Gl. 6-2 über und damit das Pasternakische Modell in das Winklerische Modell. Geht die Reichweite der Setzungsmulde hingegen gegen unendlich, wird auch c_2 unendlich. Die Setzungsänderungen und auch die Setzungen selbst gehen dann gegen null [3.1].

Die Schwierigkeit dieses Modells liegt letztlich in der richtigen Festlegung von c_2 und damit verbunden der Bestimmung von s_0.

In [3.1] werden ersatzweise Anhaltswerte für die Wahl von c_2 angegeben. Für die meisten praktischen Fälle gilt demnach:

$$0{,}1 \cdot c_1 < c_2 < 1{,}0 \cdot c_1 \qquad (6\text{-}6)$$

Für lockeren Sand geht z. B. c_2 gegen null. Für feste Gesteinsarten kann c_2 den Wert $1{,}0 \cdot c_1$ annehmen. Für eine mittlere Schubtragwirkung ist $c_2 = 0{,}5 \cdot c_1$ sinnvoll.

Der letzte Schritt des Verfahrens des „Effektiven Baugrundes“ besteht im Ersetzen des umliegenden Baugrundes durch elastische Federn.

Als „erste Näherung“ nach [3.1] berechnet sich die Linienfeder entlang der Außenränder k zu:

$$k = \sqrt{c_1 \cdot c_{2,\text{senkrecht}}} \qquad (6\text{-}7)$$

Für den richtungsabhängigen Parameter c_2, ist der senkrecht zur Randlinie wirkende Wert in Gl. 6-7 einzusetzen.

Die Einzelfedern in den äußeren Ecken K errechnen sich zu:

$$K = \frac{c_{2,x} + c_{2,y}}{4} \qquad (6\text{-}8)$$

Die Gl. 6-8 gilt für eine Ecke von $\alpha = 90°$. Bei abweichenden Winkeln sei auf [6.8] verwiesen. Größere Winkel von α ergeben kleinere Werte von K, für $\alpha = 0$ ist allerdings auch K= 0 [3.1].

Durch die Berücksichtigung der Schubtragwirkung des Bodens und der umliegenden Bodenbereiche sind im Vergleich zum klassischen Bettungsmodulverfahren wesentlich bessere Ergebnisse zu erwarten. Das Verfahren ist einfach und numerisch unproblematisch. Da keine großen Systeme entstehen und auch keine Iterationen notwendig sind, stellt es eine sinnvolle Alternative und Ergänzung zum energetisch defekten Bettungsmodulverfahren dar. Nachteilig wirkt hier allerdings die notwendige Ermittlung bzw. Abschätzung der Bettungswerte c_1 und c_2.

Ein weiterer Nachteil bei dieser Variante des zweiparametrischen Modells ist, dass Interaktionen zwischen sich beeinflussenden Bauwerken nicht erfasst werden können. Deshalb ist die im Folgenden beschriebene Variante 2 dieses Bodenmodells vorteilhafter.

2.2.2 Modellierung des angrenzenden Bodenbereiches durch einen Bettungskragen (Variante 2 des zweiparametrischen Modells)

Dieses Modell geht auf weiterführende Arbeiten von Pasternak und Barwaschow [6.2] zurück. Die Parameter c_1 und c_2 nach Gl. 6-3 werden hier aus dem E-Modul und der Querdehnzahl ermittelt.

Nachfolgend werden zwei Modelle vorgestellt, die sich hinsichtlich unterschiedlicher Überlegungen bei der Ermittlung der c-Parameter unterscheiden.

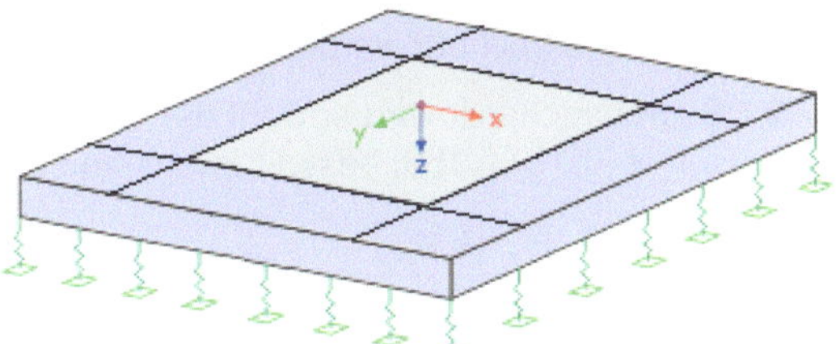

Bild 6-4:
Bodenmodell mit Bettungskragen

Pasternak [in 6.2 Gl.13] schlägt folgende Gleichungen vor:

$$c_1 = E_0 / (H \cdot (1-2\mu^2))$$

$$c_2 = E_0 \cdot H / (6 \cdot (1+\mu)) \qquad (6\text{-}9)$$

mit E_0= Elastizitätsmodul,
H= Bettungsdicke und
μ= Querdehnzahl

Barwaschow [in 6.2 Gl.12] empfiehlt für die c-Parameter Folgendes:

$$c_1 = E_0 / (H \cdot (1-\mu^2))$$

$$c_2 = E_0 \cdot H / (20 \cdot (1-\mu^2)) \qquad (6\text{-}10)$$

mit E_0= Elastizitätsmodul,
H= Bettungsdicke und
μ= Querdehnzahl

Berechnungen haben gezeigt, dass sich bei beiden Varianten tendenziell ähnliche Ergebnisse ergeben.

Bei Verwendung der Modelle nach Gl. 6-9 oder 6-10 in modernen FEM-Programmen ist es sinnvoll, den normalen Plattengrundriss um einen so genannten „Bettungskragenbereich“ bis hin zum erwarteten Abklingen der Setzungsmulde zu erweitern. Für die Platte selbst und den Kragenbereich wird dann die Bettung mit den Parametern c_1 und c_2 gesetzt. Das Schema in Bild 6-4 soll das verdeutlichen.

Entweder das Eingabeprogramm beinhaltet diese Möglichkeit direkt oder der Anwender generiert einen zusätzlichen fiktiven Plattenbereich, der allerdings durch eine sehr geringe Plattendicke keine maßgebende zusätzliche Steifigkeit erzeugen darf und setzt dort die Bettung auf gewohnte Weise.

Die Schubsteifigkeit wäre damit berücksichtigt und auch der umliegende Baugrund in die FE-Berechnung integriert. Selbst wenn sich die Setzungsmulden mehrerer Bauwerke beeinflussen, kann diese Interaktion abgebildet werden.

Da die Programme im Allgemeinen die Verschiebungen in den zusätzlichen fiktiven Bereichen ausgeben, kann mit diesem Modell kontrolliert werden, ob der Kragenbereich für die zu erwartende Setzungsmulde auch in ausreichender Größe definiert wurde.

Dieses Verfahren ist im Vergleich zu dem unter 2.2.1 beschriebenen Verfahren ebenso einfach und unproblematisch. Da sich die Systemgröße nur geringfügig erhöht und keine Iterationen notwendig sind, wird sich auch die Rechenzeit nur gering erhöhen. Der Parameter c_2 muss hier nicht abgeschätzt werden, sondern kann über den E-Modul und der Querdehnzahl berechnet werden. Das stellt einen wesentlichen Vorteil dar.

In der Bodenmechanik wird sowohl der E-Modul als auch der Steifemodul E_S verwendet. Nach Hettler [6.10 Gl.159] besteht zwischen beiden die folgende Beziehung:

$$E_S = \frac{E_0 \cdot (1-\mu)}{(1+\mu)\cdot(1-2\mu)} \qquad (6\text{-}11)$$

Zusammenfassung zweiparametrische Bodenmodelle	
Vorteile	**Nachteile**
Bei richtigem Einsatz realitätsnahe Ergebnisse Berücksichtigung angrenzender Bodenbereiche Schubtragfähigkeit des Bodens wird berücksichtigt Keine iterative Berechnung Kurze Rechenzeit Interaktion zwischen Bauwerken: Für Variante 2 erfassbar	Zusätzliche Überlegungen und Eingaben sind notwendig Nicht in allen Softwaresystemen verfügbar Interaktion zwischen Bauwerken: Für Variante 1 nicht erfassbar In seltenen Fällen können bei Variante 2 numerische Probleme auftreten Bodenschichtungen nur näherungsweise erfassbar

2.3 Steifemodulverfahren

Joseph Boussinesq [6.9] hat bereits 1885 erste Spannungs- und Formänderungsgleichungen für den elastischen Halbraum angegeben.

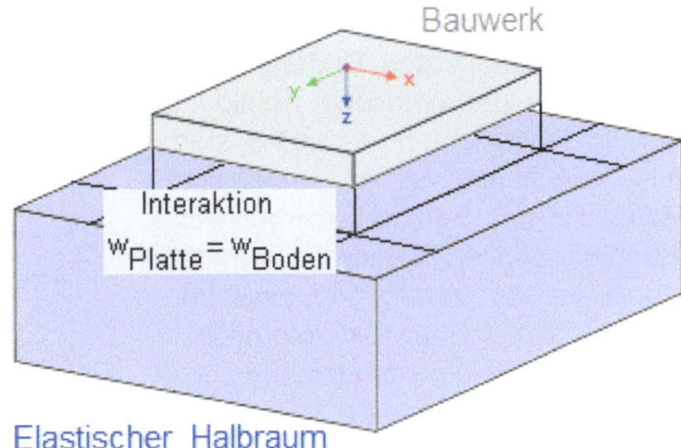

Bild 6-5:
Schema des Steifemodulverfahrens

Bei der Anwendung des Steifemodulverfahrens im Rahmen der FEM wird auf Grundlage der Boussinesq-Lösung eine auf die Kontaktfläche zwischen Bauwerk und Boden bezogene Steifigkeitsmatrix der Bodenoberfläche aufgebaut. Die über die FE-Lösung vorhandenen diskreten Knotenpunkte treten in dieser Kontaktfläche als Referenzpunkte auf. Das FE-Programm ermittelt die auf die Auflagersenkungen bezogene Systemsteifigkeit in diesen Referenzpunkten. Auf iterativem Weg werden nun die Auflagersenkungen des Plattenmodells mit denen der Oberflächensetzungen des Bodens in Übereinstimmung gebracht. Es gilt damit $w_{Platte}-w_{Boden}= 0$. Diese Interaktion ist schematisch in Bild 6-5 dargestellt. Der Boden wird durch diese Vorgehensweise als gleichberechtigtes Tragsystem in das statische Modell integriert. Die Steifigkeit des statischen Systems und des als elastischen Halbraum modellierten Bodens stellen damit eine Einheit dar. Ergänzende Gleichungen zu dieser verbalen Beschreibung sind z.B. in [3.8] zu finden.

Das Verfahren ist ohne Probleme auf geschichtete Böden erweiterbar, indem man die Gesamtsetzung eines Punktes auf der Oberfläche des Halbraumes aus den Setzungen der einzelnen Schichten berechnet.

Dem Anwender steht mit dem Steifemodulverfahren eine sehr leistungsfähige Methode zur Verfügung. Nach Hartmann / Katz [3.8] stellt das Steifemodulverfahren die „technisch sauberste Lösung" dar.

Das Manko einer höheren Rechenzeit, bedingt durch die größere Systemmatrix und die iterative Lösung, kann dafür in Kauf genommen werden. Ein größerer Nachteil des Verfahrens besteht allerdings darin, dass das Superpositionsgesetz nicht mehr gültig ist und somit ein Mehraufwand bei der Bearbeitung entsteht. Ein weiterer Nachteil ist die unter bestimmten Bedingungen auftretende schlechte Konvergenz.

Zusammenfassung Steifemodulverfahren	
Vorteile	**Nachteile**
Bis auf wenige Ausnahmefälle realitätsnahe Ergebnisse Wirklichkeitsnahe Bodenmodellierung Berücksichtigung angrenzender Bodenbereiche Bei guter softwaremäßiger Unterstützung geringer Zusatzaufwand Bodenschichtungen und Interaktion zwischen Bauwerken erfassbar	Nicht in allen Softwaresystemen verfügbar Iterative Berechnung notwendig und Superpositionsgesetz gilt nicht mehr (nichtlineare Berechnung) Durch Iterationen erhöhte Rechenzeit Mitunter keine Konvergenz

2.4 3D-Halbraumverfahren

Bei diesem Verfahren wird der elastische Halbraum des Bodens direkt durch eine geometrische Abbildung der Bodenschichten als 3D-System mit Volumenelementen modelliert. Baugrund und Bauwerk werden vollständig mit finiten Elementen vernetzt. Damit ist die Verbindung zwischen Baugrund und Bauwerk automatisch durch die Steifigkeitsbeziehung auf beste Weise hergestellt.

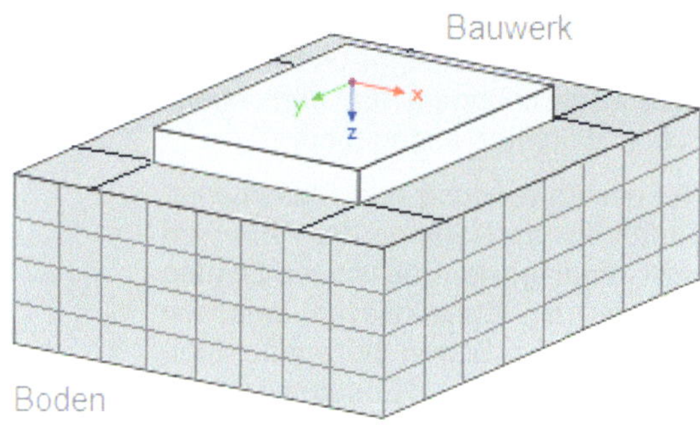

Bild 6-6:
Schema des 3D-Halbraumverfahrens

In den meisten Programmen wird der Gründungsbereich über den Abklingbereich bis hin in den Übergangsbereich in den unendlichen Halbraum mit Halbkugel- oder Zylindergeometrien modelliert. Bild 6-6 zeigt schematisch den Verbund zwischen Bauwerk und Boden. An den Außenrändern der Bodenmodellierung werden in der Regel automatisch Lagerungen generiert. Da die Setzungen bis in diesen Bereich abgeklungen sein sollten, stellt das keine Beeinträchtigung oder Störung dar.

Die Eingabe der Geometrie-, Last- und Materialdaten unterscheidet sich zu der üblichen Vorgehensweise bei FE-Berechnungen nur unwesentlich. Da es sich aber um ein größeres 3D-System handelt, leidet die Übersichtlichkeit und es erhöht sich der Eingabe- und Auswertungsaufwand. Die Anforderungen an Hard- und Software steigen stark an.

Hier ist ein übersichtliches, anwenderfreundliches und vor allem effektiv arbeitendes Programm gefragt. Auch der Speicherplatzbedarf und die Rechenzeit können auf Grund der Systemgröße schnell die Ressourcen der zur Verfügung stehenden Rechentechnik sprengen.

Das 3D-Halbraumverfahren bildet die komplexe Modellierung des Boden-Bauwerk-Systems am direktesten ab. Einschränkungen hinsichtlich der Berücksichtigung von speziellen Modellierungswünschen gibt es bei diesem Verfahren prinzipiell nicht.

Zusammenfassung 3D-Halbraumverfahren	
Vorteile	**Nachteile**
Sehr realitätsnahe Bodenmodellierung Berücksichtigung angrenzender Bodenbereiche Bodenschichtungen und Interaktion zwischen Bauwerken sehr gut erfassbar Keine iterative Berechnung	Hoher Generierungsaufwand und erhöhter Aufwand bei Ergebnisauswertung Das Softwaresystem muss über 3D-Volumenelemente verfügen Durch 3D-Modellierung des Bodens mitunter sehr große Systemmatrizen und damit hoher Speicherplatzbedarf und lange Rechenzeiten (erhöhte Systemvoraussetzungen für Rechner)

Eine zusammenfassende Betrachtung dieser Thematik kann man auch in [6.3] und [6.4] nachlesen.

3 Bodenmodelle in RFEM

Dem Anwender obliegt es, ein für seine Belange geeignetes Modell auszuwählen. Die folgenden Beispiele und die daraus gewonnenen Erkenntnisse sollen dabei helfen. Darüber hinaus sind ggf. eigene Vergleichsrechnungen an konkreten Objekten durchzuführen.

Nachfolgend wird ein Musterbeispiel mit allen in RFEM verfügbaren Bodenmodellen berechnet und ausgewertet. Die Berechnung eines wirklichen Bauwerkes und die Bewertung der Realitätsnähe der Ergebnisse ist nicht das Ziel dieser vergleichenden Betrachtungen. Dazu wären umfangreiche Untersuchungen und Diskussionen zu den Bodenkennwerten notwendig, auf die hier verzichtet werden soll. Vielmehr sollen beispielhaft die rechentechnischen Umsetzungen, die sich in den Ein- und Ausgaben niederschlagen, und die spezifischen Wirkmechanismen der verschiedenen Modelle erläutert werden. Die Unterschiede der Modellierung werden am deutlichsten sichtbar, wenn die Untersuchungen getrennt nach den Lastarten Einzellast, Linienlast und Flächenlast durchgeführt werden.

Damit unter der Einzellast keine Unstetigkeitsstelle auftritt, wird in den Beispielen diese auf eine kleine Rechteckfläche verteilt. Weiterhin werden die Beispiele mit sehr einfachen Bodenverhältnissen berechnet. Der Baugrund ist einschichtig und in einer Tiefe von 5,0 m wird eine Bodenschicht mit sehr hoher Steifigkeit angenommen, welche die rechnerische Grenze der zusammendrückbaren Schicht darstellt.

Da hier ausschließlich die Bodenmodelle diskutiert werden, wird auf den Einfluss des Steifigkeitsverhältnisses zwischen Bauwerk und Fundamentplatte, der bekanntermaßen auf die Verformungen und somit auch auf die Schnittgrößen und Sohlspannungen wirkt, nicht näher eingegangen.

3.1 Bettungsmodulverfahren mit Erweiterung zum Verfahren des „Effektiven Baugrundes“ und zum Verfahren mit Bettungskragen

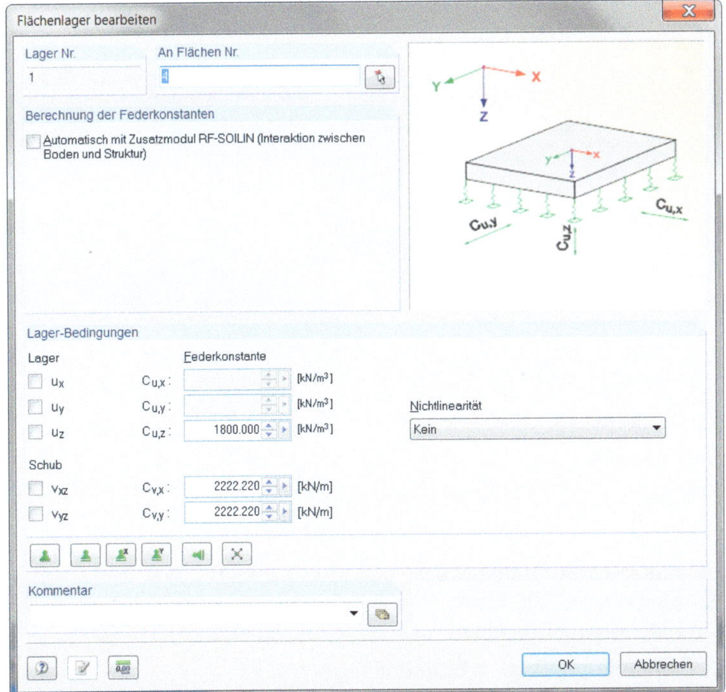

Bild 6-7: Eingabeparamenter für die Flächenbettung in RFEM

In RFEM wird dieses Modell durch **eine** Eingabemaske (vgl. Bild 6-7) angesteuert. Je nachdem, welche Werte darin belegt und welche Zusatzmaßnahmen getroffen werden, erhält man eine der drei nachfolgend beschriebenen Modellvarianten.

Der Parameter c_1 nach Gl. 6-3 entspricht im Bild 6-7 dem Wegfeder-Koeffizienten $c_{u,z}$, der Parameter c_2 (erster Term in Gl. 6-3) dem Schubfeder-Koeffizienten $c_{v,x}$ sowie c_2 (zweiter Term in Gl. 6-3) dem Wert $c_{v,y}$. Die Wegfeder-Koeffizienten $c_{u,x}$ und $c_{u,y}$ spielen nur bei Scheiben und 3D-Systemen eine Rolle, weil dort die Freiheitsgrade u_x und u_y vorhanden sind.

3.1.1 Klassisches Bettungsmodulverfahren

Bei Eingabe des Bettungsparameters $c_{u,z}$ ($c_{v,x}$ und $c_{v,y}$ sind null) wird das unter 2.1 beschriebene Bettungsmodulverfahren verwendet. Die Bettung wirkt nur unter dem Tragwerk selbst. Der außerhalb der Plattenränder liegende Boden wird quasi „abgeschnitten". Den Defekt des Winklerischen Modells erkennt man am besten, wenn die Ergebnisse einer mit Gleichlast belasteten Platte betrachtet werden. Das Tragwerk bewegt sich wie ein starrer Körper nach unten (vgl. Bild 6-8). Da es sich weder verbiegt noch verwindet sind alle Schnittgrößen null, was natürlich nicht der Realität entspricht.

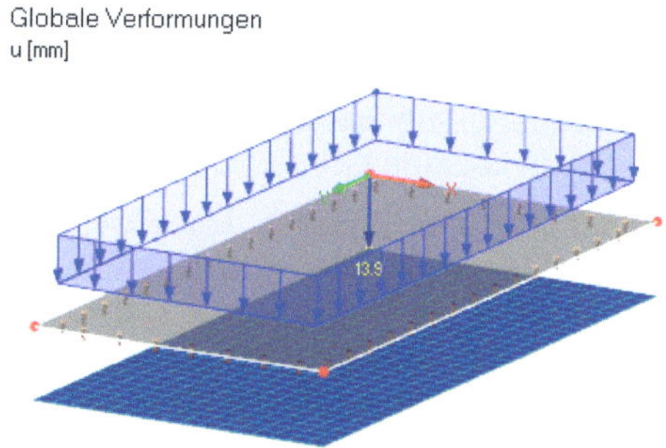

Bild 6-8:
Winklersches Bettungsmodell unter Gleichlast

Das Beispiel Bettungsmodul-Klassisch zeigt die Ergebnisse für die drei untersuchten Lastarten.

Beispiel Bettungsmodul-Klassisch

Statisches System / Eingabewerte

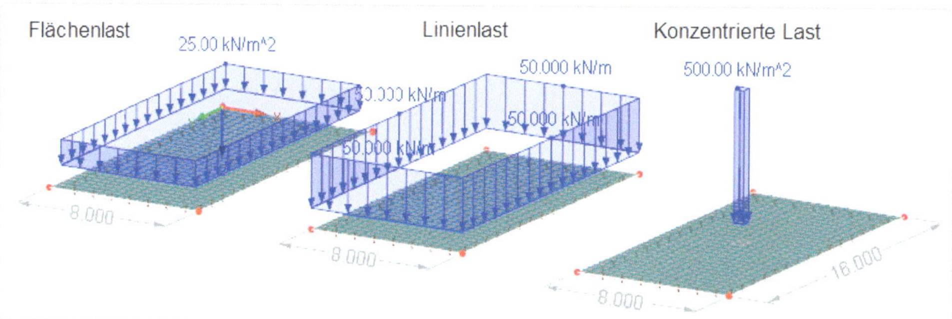

3 Platten:	8,00 m · 16,00 m
Bettung:	$c_{u,z}$=1.800 kN/m³
Material Platte:	E= 3.300 kN/cm², G= 1.370 kN/cm² mit γ= 0 und μ= 0,2
Platte:	Dicke= 25 cm,
Belastung:	Platte 1: Flächenlast 25,00 kN/m² Platte 2: Linienlast 50,00 kN/m Platte 3: Flächenlast 500 kN/m²
Vernetzung:	16 · 32 Elemente mit 0,50 m Elementlänge

EINGABE IN RFEM

Für alle drei Platten wird die Winklerische Bettung von 1800kN/m³ gesetzt.

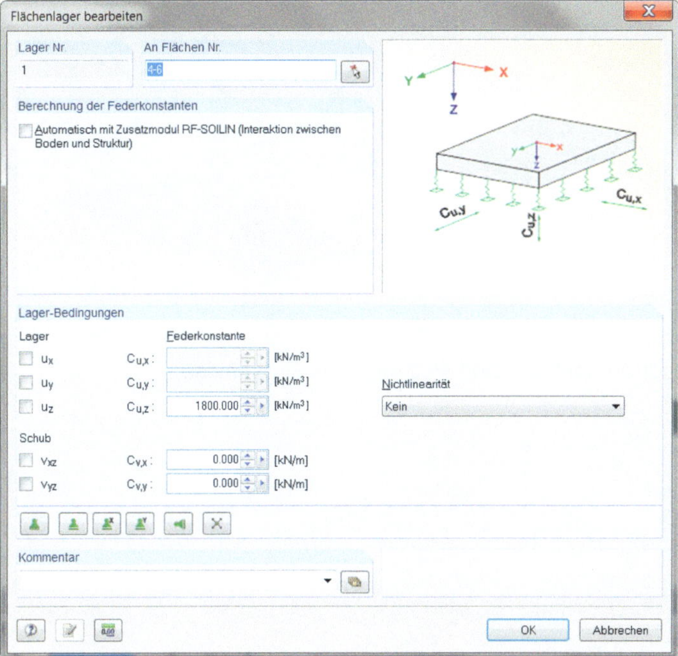

Für die Platte 3 ist es sinnvoll, die ursprünglich vorgesehene Einzellast von 125 kN auf eine Fläche von 0,5m·0,5m zu verteilen, damit an diesem Auswertungspunkt keine Unstetigkeitsstelle entsteht.

Die Flächenlast kann entsprechend dem untenstehenden Dialog als *„Freie Rechtecklast"* eingegeben werden. Sie beträgt: 125kN/(0,5m·0,5m)= 500 kN/m²

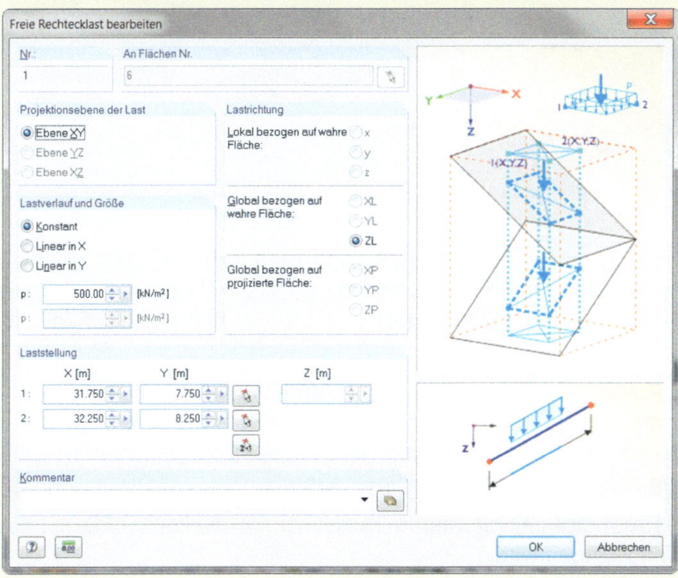

Ergebnisse

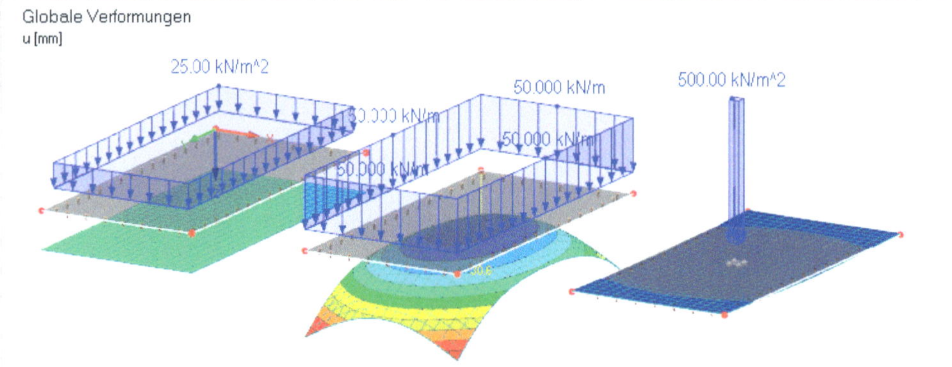

In einem horizontalen mittigen Schnitt ergeben sich folgende Ergebnisse:

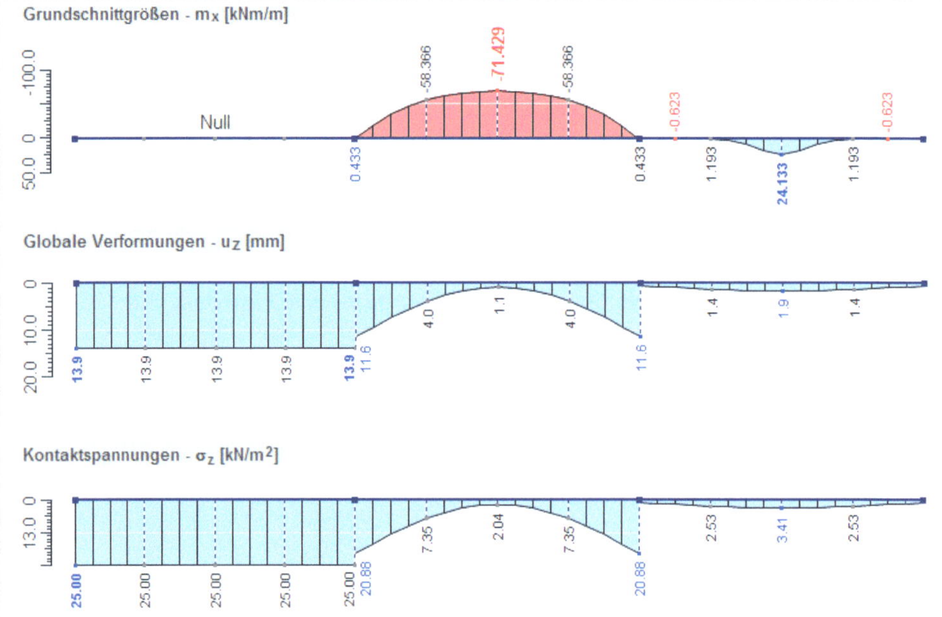

Erkenntnisse

Da das Winklerische Modell den umliegenden Boden nicht berücksichtigt, wird die Flächenlast von 25,00 kN/m² bei Platte 1 direkt in den darunterliegenden Boden eingetragen (vgl. σ_z), ohne dass sich die Platte selbst deformiert. Damit sind alle Schnittgrößen fälschlicherweise null.

Auch bei der Linienlast von Platte 2 werden die Ergebnisse durch den fehlenden „Stützenbereich" entlang der Außenränder stark verfälscht. Die dadurch entstehende größere Krümmung führt zu wesentlich höheren Schnittkräften. Im Gegensatz zur Flächenlast würde das eine Überbemessung des Tragwerkes zur Folge haben.

Nur bei der Platte 3 sind die Ergebnisse einigermaßen realistisch, da die konzentrierte Last vom Randbereich entfernt eingetragen wird.

3.1.2 Modellierung des angrenzenden Bodenbereiches durch Zusatzfedern (Variante 1 des zweiparametrischen Modells)

Zunächst müssen für dieses Modell die unter 2.2.1 beschriebenen Parameter $c_{2,x}$ und $c_{2,y}$ berechnet bzw. abgeschätzt werden und in der Eingabemaske von RFEM eingegeben werden. Zusätzlich sind als Werte $c_{v,x}$ bzw. $c_{v,y}$ die Linienfedern k entlang der Außenränder und die Einzelfedern K in den Eckpunkten zu ermitteln und ebenfalls in RFEM einzugeben. Im Beispiel Bettungsmodul-Federn wird der Lösungsweg ausführlich beschrieben und die Ergebnisse diskutiert.

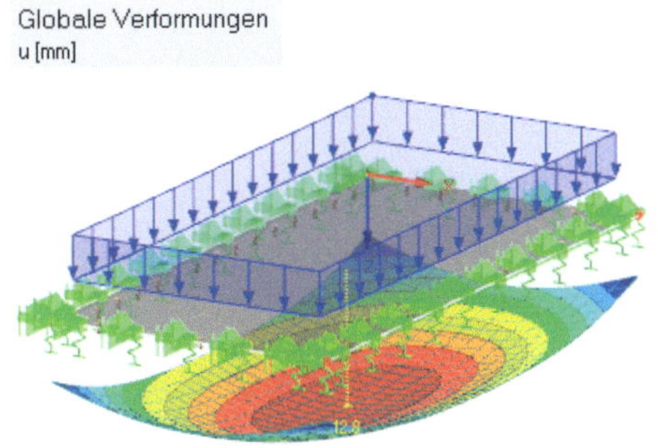

Bild 6-9: Modell des effektiven Baugrundes

Beispiel Bettungsmodul-Federn

Statisches System / Eingabewerte

Eingabewerte wie Beispiel Bettungsmodul-Klassisch

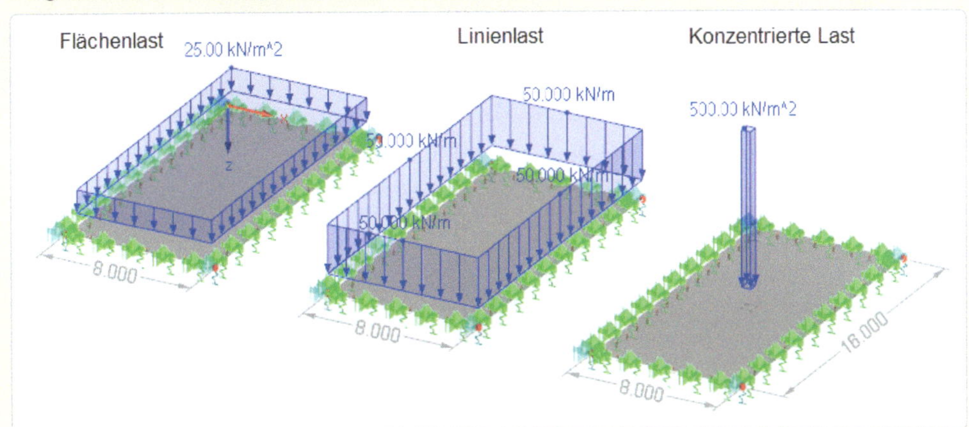

Zusätzlich: Bettung: $c_{u,z}$ = 1.800 kN/m³ $c_{v,x} = c_{v,y}$ = 2.222,22 kN/m

Einzelfedern in Ecken: K= 1.111,00 kN/m

Linienfedern entlang der Ränder: k= 2.000,00 kN/m²

Berechnung der Eingabeparameter:

Abgeschätzte Reichweite der Setzungsmulde s_0= 5m

$$s = s_0 / 4{,}5 = 5\text{m}/4{,}5 = 1{,}11 \text{ m} \quad \text{nach Gl. 6-5}$$

$$c_{2,x} = c_{2,y} = c_1 \cdot s_x^{\,2} = 2.222{,}22 \text{ kN/m} \quad \text{nach Gl. 6-4a + b}$$

$$k = \sqrt{c_{1,z} \cdot c_{2,\text{senkrecht}}} = 2.000 \text{ kN/m}^2 \text{ nach Gl. 6-7} \quad K = \frac{c_{2,x} + c_{2,y}}{4} = 1.111 \text{kN/m nach Gl. 6-8}$$

Eingabe in RFEM

Für alle drei Platten werden im Dialog „Flächenlager bearbeiten“ die Parameter $c_{v,x}$ und $c_{v,y}$ belegt.

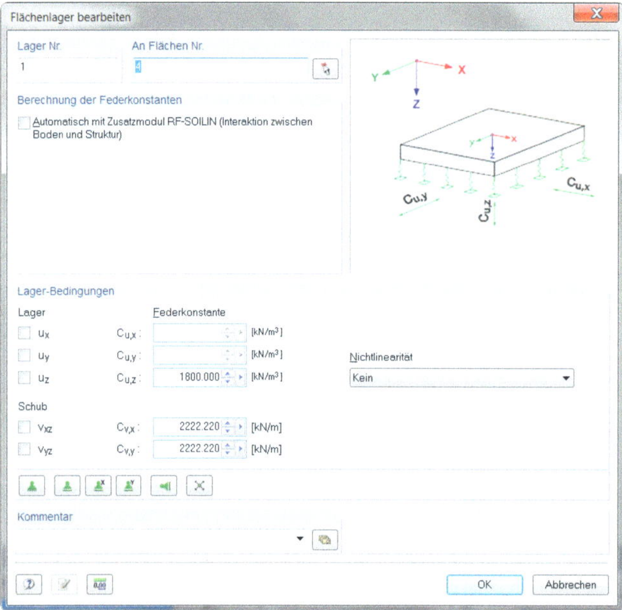

Zusätzlich erfolgt die Eingabe der elastischen Einzellager in den Eckpunkten und der elastischen Linienlager entlang der Außenränder.

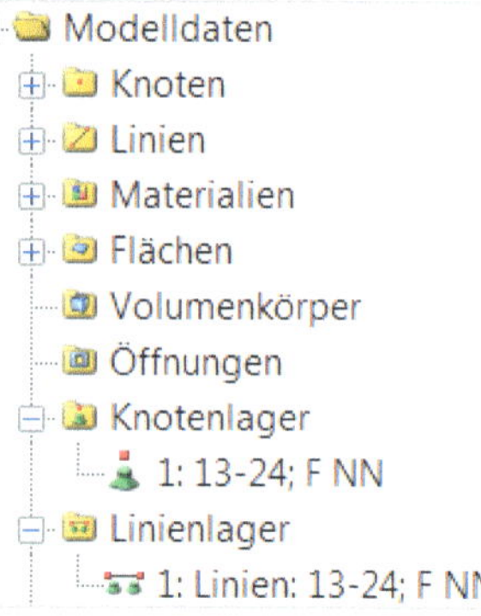

Ergebnisse

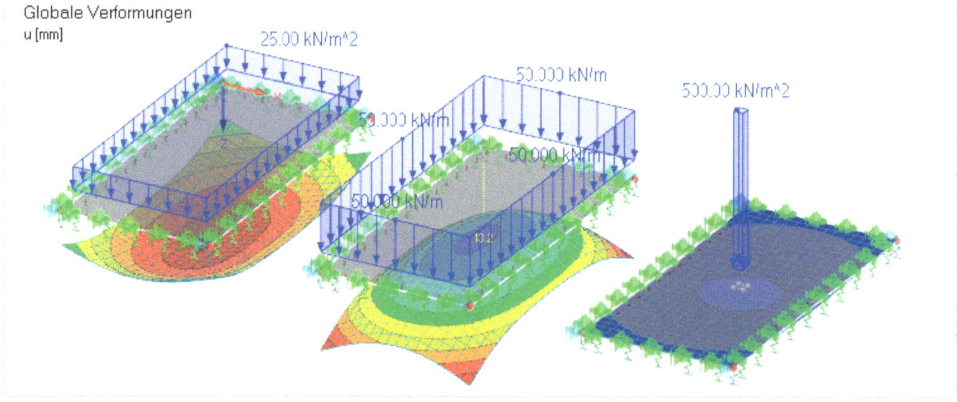

In einem horizontalen mittigen Schnitt ergeben sich folgende Ergebnisse:

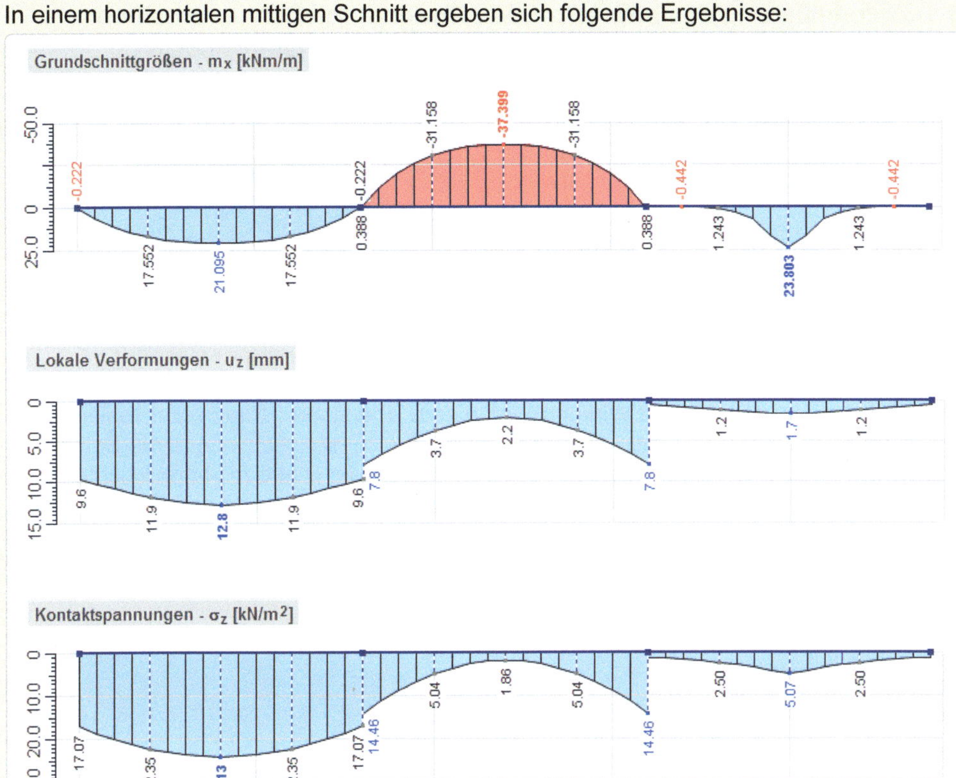

Erkenntnisse

Da die Schubtragwirkung des Baugrundes und der anschließende Bodenbereich berücksichtigt werden, ergeben sich wesentliche wirklichkeitsnähere Ergebnisse.

3.1.3 Modellierung des angrenzenden Bodenbereiches durch einen Bettungskragen (Variante 2 des zweiparametrischen Modells)

Aus dem E-Modul, der Querdehnzahl und der Bettungshöhe werden entsprechend der Gleichungen in 2.2.2 (Gl. 6-10) die Parameter c_1 und c_2 ermittelt.

In der Eingabemaske nach Bild 6-7 wird für $c_{u,z}= c_1$ und für $c_{v,x}= c_{v,y}= c_2$ gesetzt.

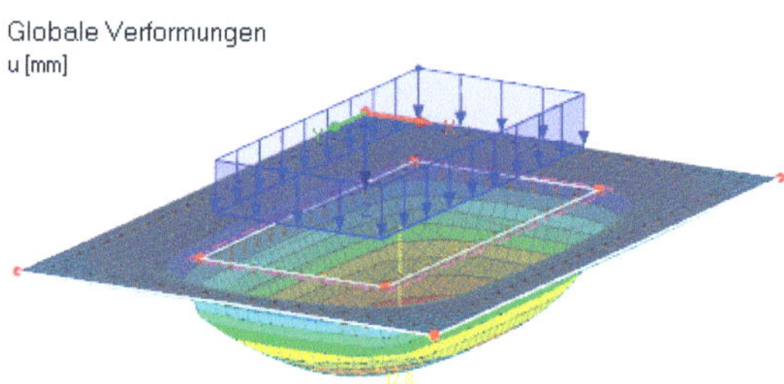

Bild 6-10: Bettungsmodell mit Kragen

Als nächstes ist eine zusätzliche Fläche mit einer sehr geringen Dicke (ohne merkenswerte statische Wirkung) und einem Überstand (Kragen) zur realen Platte einzugeben. Für die reale Platte und den Kragenbereich ist anschließend die Bettung zu setzen. Damit wird erreicht, dass der Boden im Umfeld der Platte mit berücksichtigt wird. Im Beispiel Bettungsmodul-Kragen werden die Zwischenschritte erläutert und die Ergebnisse diskutiert.

Beispiel Bettungsmodul-Kragen

Statisches System / Eingabewerte

Eingabewerte wie Beispiel Bettungsmodul-Klassisch

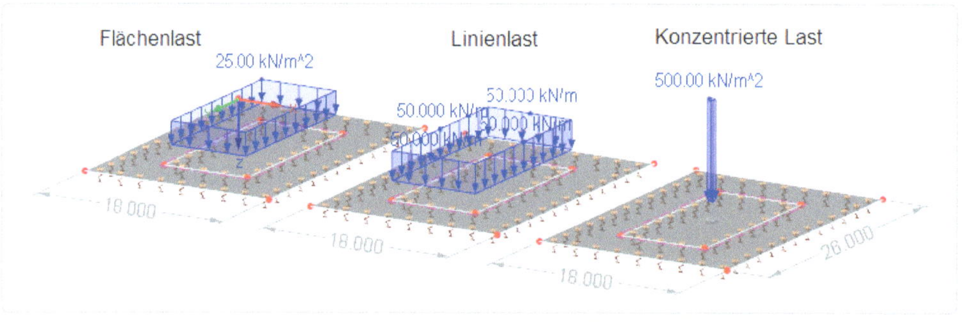

Zusätzlich bzw. abweichend:	Bettung:	$C_{u,z}$= 1.795,53 kN/m³ $C_{v,x}$= $C_{v,y}$= 2.244,42 kN/m
	Kragenüberstand:	5,0 m
	Bodenparameter:	E_0= 8.000,00 kN/m² H= 5,0 m μ= 0,33

Berechnung der Eingabeparameter:

Nach dem Bodenmodell von Barwaschow nach Gl. 6-10 ergeben sich folgende c-Parameter:

$$c_1 = E_0 / (H\cdot(1-\mu^2)) = 1.795{,}53 \text{ kN/m}^3$$

$$c_2 = E_0\cdot H / (20\cdot(1-\mu^2)) = 2.244{,}42 \text{ kN/m}$$

Eingabe in RFEM

Um den eigentlichen Plattenbereich ist ein Kragen mit einer Dicke von 0,01 cm und einem Überstand von 5,0m zu generieren.

Am besten setzt man zuerst den gesamten Kragenbereich und anschließend die Bodenplatte darüber. Damit nicht zwei Platten übereinanderliegen, ist danach noch eine Öffnung zu setzen.

Entsprechend der neu ermittelten Parameter $c_{u,z}$, $c_{v,x}$ und $c_{v,y}$ sind diese über den Dialog „Flächenlager bearbeiten", sowohl für die Platte als auch für den Kragenbereich einzugeben.

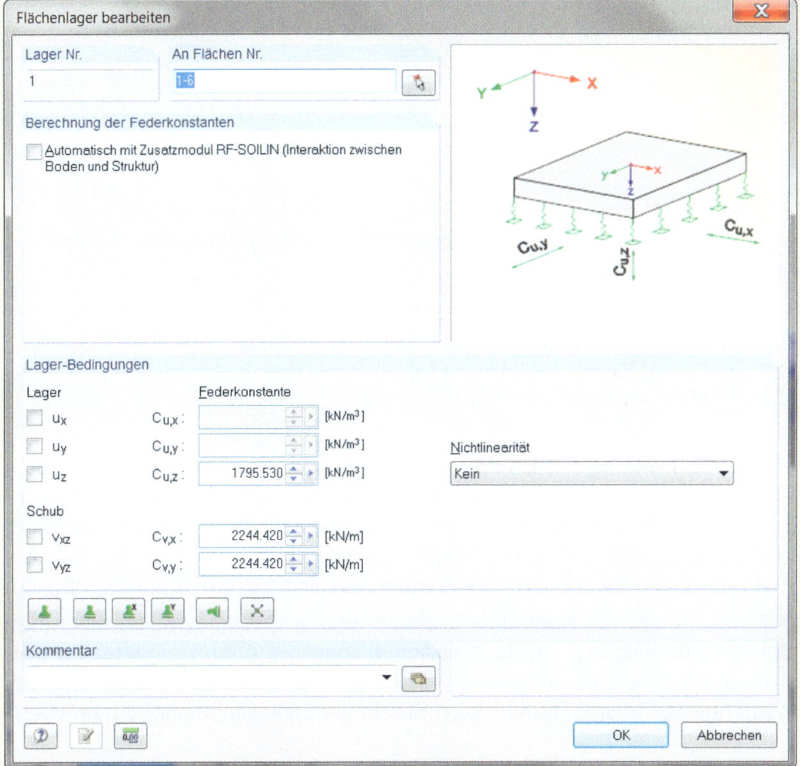

Ergebnisse

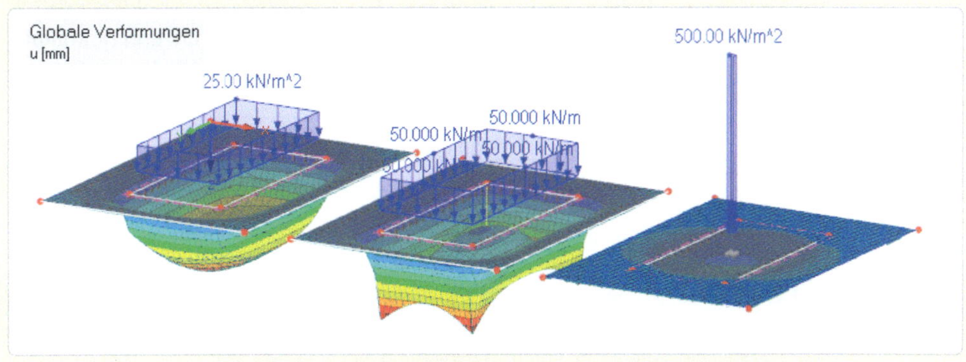

In einem horizontalen mittigen Schnitt ergeben sich folgende Ergebnisse:

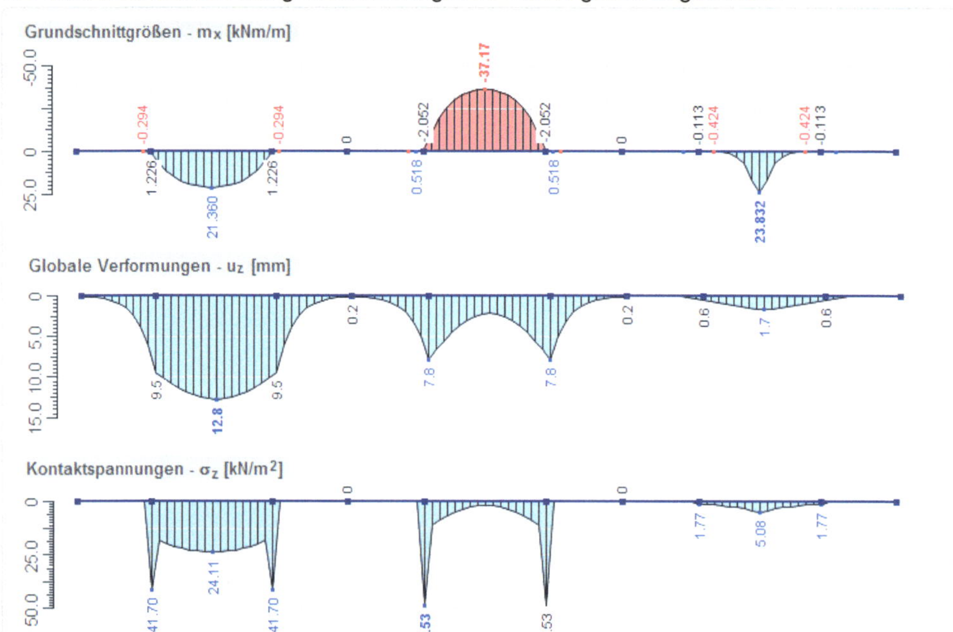

Erkenntnisse

Da auch hier die Schubtragwirkung des Baugrundes und der anschließende Bodenbereich berücksichtigt werden, sind ähnliche Ergebnisse wie für das Beispiel Bettungsmodul-Federn zu erwarten. Die sehr gute Übereinstimmung der Ergebnisse ist allerdings überraschend, wenn man bedenkt, dass sowohl die Ausgangsparameter (einmal Bettung und zum anderen E-Modul / Querdehnzahl) wie auch die verwendeten Theorien unterschiedlich sind.

Ein wesentlicher Vorteil ist hier die Kontrollmöglichkeit, ob die Setzungsmulde bis in den Abklingbereich richtig berücksichtigt wurde. Betrachtet man die oben dargestellten Verschiebungen u_z, ist zu erkennen, dass diese für alle drei Platten bis zum Außenrand des Kragenbereiches auf null abklingen. Damit ist die Setzungsmulde ausreichend modelliert.

Tabelle 6-1 fasst die wichtigsten Ergebnisse der in Punkt 3.1 untersuchten Modelle zusammen.

Die Werte des klassischen Bettungsmodulverfahrens sind erwartungsgemäß bis auf das Beispiel mit der Einzellast unlogisch und realitätsfern. Die Ergebnisse der beiden zweiparametrischen Bodenmodelle sind hingegen plausibel und weisen qualitativ und quantitativ ähnliche Verläufe auf. Die Untersuchungen zeigen somit, dass die Qualität der Lösung mit einfachen Mitteln wesentlich verbessert werden kann.

	Beispiel	Flächenlast	Linienlast	Einzellast
„Max m_x [kNm/m]"	Bettungsmodul	0,00	-71,43	24,13
	Bettungsmodul-Federn	21,10	-37,40	23,80
	Bettungsmodul-Kragen	21,36	-37,17	23,83
„Max u_z [mm]"	Bettungsmodul	13,9	11,6	1,9
	Bettungsmodul-Federn	12,8	7,8	1,7
	Bettungsmodul-Kragen	12,8	7,8	1,7
Maximalwerte für m_x und u_z in mittigem horizontalen Schnitt				

Tabelle 6-1: Ergebnisübersicht der Bettungsmodelle

Bei der Eingabe des Kragens sollte darauf geachtet werden, diesen bis in den Abklingbereich der Setzungsmulde hinein zu definieren. Wie das Beispiel Einfluss-Kragen zeigt, kann das anhand des Deformationsbildes gut kontrolliert werden. Außerdem zeigt dieses Beispiel wie unterschiedliche Kragengrößen das Ergebnis beeinflussen.

Beispiel Einfluss- Kragen

Statisches System / Eingabewerte

Die Lastarten Flächenlast, Linienlast und Einzellast wirken auf je vier Platten mit unterschiedlichen Kragenüberständen (kein Überstand, 1m-, 2m- und 5m-Überstand)

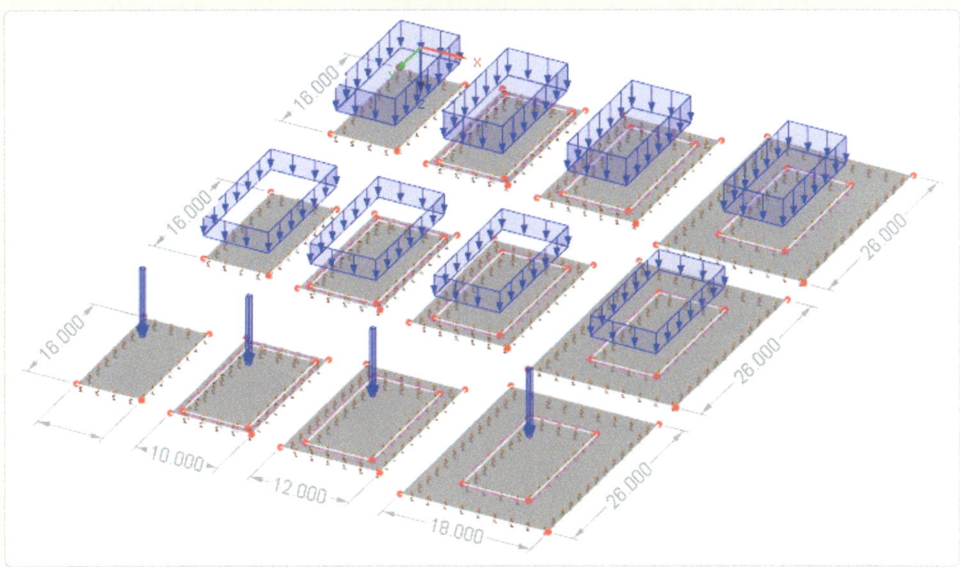

Material Platte: E= 3.300 kN/cm², G= 1.370 kN/cm² mit γ= 0 und μ= 0,2

Plattendicke= 25 cm

Bodenparameter: E_0= 8.000 kN/m², H= 5,0 m, μ= 0,33

Die aus den Bodenparametern ermittelten Bettungswerte nach dem Modell von Barwaschow entsprechend Gl. 6-10 ergeben sich zu:

$c_{u,z}$= 1.795,53 kN/m³, $c_{v,x}$ = $c_{v,y}$= 2.244,42 kN/m

Belastung und Vernetzung: wie in Beispiel Bettungsmodul-Kragen

Eingabe in RFEM

Die Eingabe erfolgt entsprechend des Beispiels Bettung-Kragen. Bei der Generierung empfiehlt es sich, die Kopierfunktion zu benutzen und nur den Kragenbereich anzupassen.

Ergebnisse

Betrachtet man die Ergebnisse der Verschiebung u_z für alle drei Lastarten, so wird deutlich, dass die Setzungen bei einem Überstand von 5,00 m abgeklungen sind. Bei einer weiteren Vergrößerung des Überstandes verändert sich das Ergebnis nicht mehr, d. h. ein zu großer Überstand ist bis auf die leicht erhöhte Rechenzeit mit keinen Nachteilen verbunden.

Interessant ist der umgekehrte Fall - welcher Fehler entsteht, wenn der Kragen zu klein gewählt wurde?

Bei den zu klein gewählten Kragenüberständen wird die Setzungsmulde, wie unten zu erkennen ist, „abgeschnitten".

Entlang eines mittigen horizontalen Schnittes ergeben sich folgende Ergebnisse:

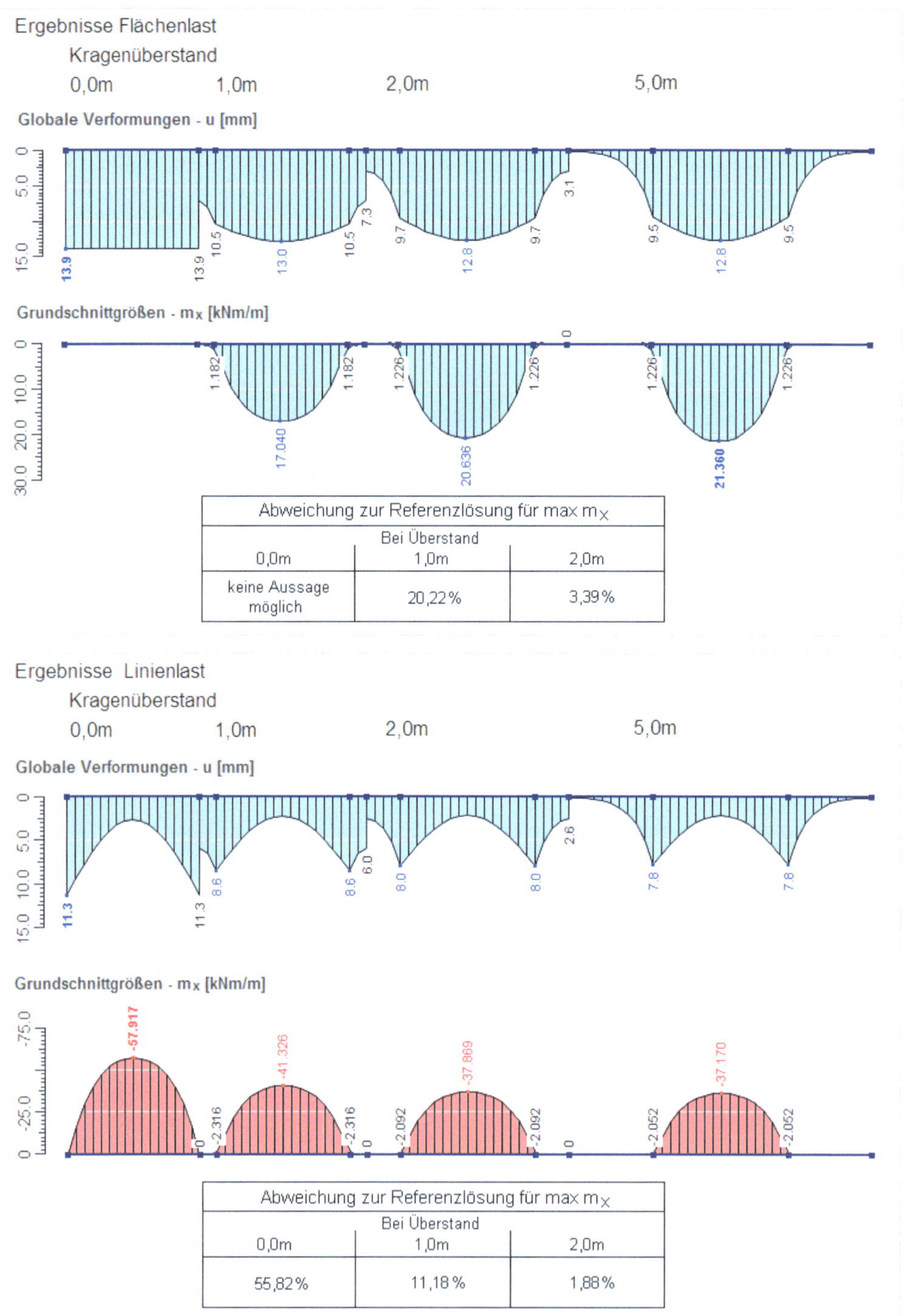

Abweichung zur Referenzlösung für max m_x		
	Bei Überstand	
0,0m	1,0m	2,0m
keine Aussage möglich	20,22 %	3,39 %

Abweichung zur Referenzlösung für max m_x		
	Bei Überstand	
0,0m	1,0m	2,0m
55,82 %	11,18 %	1,88 %

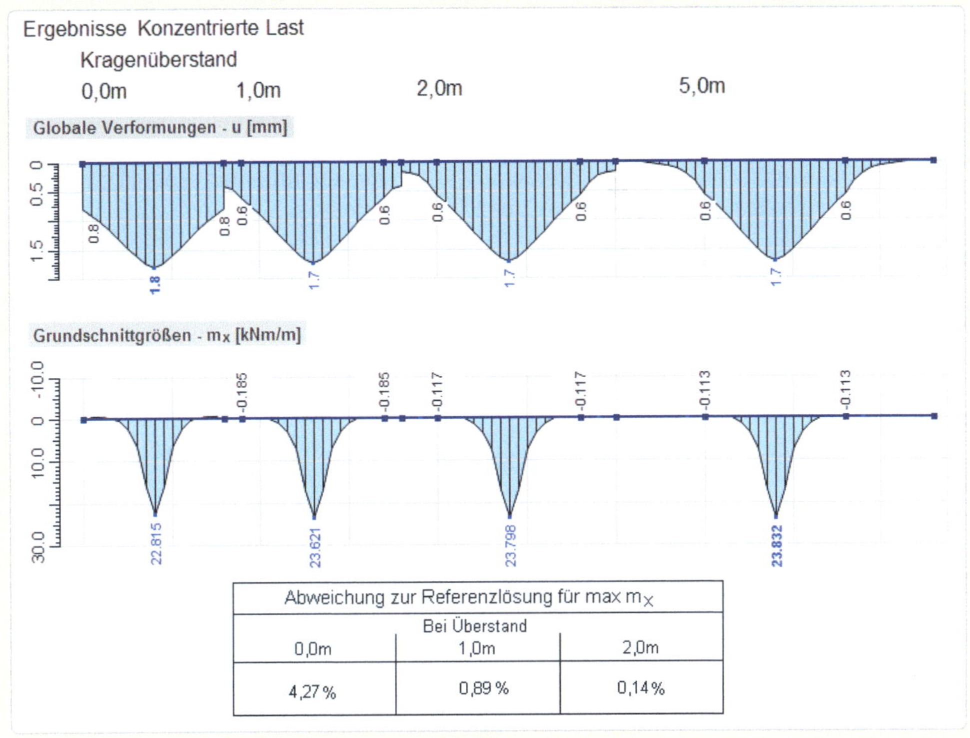

Abweichung zur Referenzlösung für max m_x		
	Bei Überstand	
0,0m	1,0m	2,0m
4,27 %	0,89 %	0,14 %

Die in den Tabellen angegebenen prozentualen Fehler beziehen sich auf die Ergebnisse der Platte mit 5,0 m Überstand, die so quasi als „richtige" Lösung angenommen wurde.

Erkenntnisse

Die Ergebnisse zeigen, dass ein geringfügig zu klein gewählter Kragenabstand die Ergebnisse nur unbedeutend verändert. Bewegt sich der Kragenabstand allerdings gegen null, was in etwa dem Winklermodell entspricht, so verschlechtern sich die Ergebnisse vehement. Eine Ausnahme bildet die weiter vom Rand entfernt wirkende konzentrierte Last.

Da man den Kragenabstand, wie schon erwähnt, durch das Deformationsbild kontrollieren kann, ist dieses Modell eine sehr praktikable Lösung.

3.1.4 Vergleichende Betrachtungen

Wie bereits beschrieben, ist das Modell mit Bettungskragen (nach Variante 2) auch in der Lage, Interaktionen zwischen Bauwerken abzubilden. Um diesbezüglich den Unterschied zum Modell mit Zusatzfedern (nach Variante 1) noch einmal zu verdeutlichen, werden im Beispiel Einfluss-Bauwerke die Ergebnisse beider Modelle für die Lastarten Flächenlast und Linienlast verglichen. Eine Berechnung mit 3D-Volumenelementen ergänzt diese Untersuchung und bestätigt die Ergebnisse des Kragenmodells.

Beispiel Einfluss- Bauwerke

Statisches System / Eingabewerte

Die statischen Systeme und die Eingabewerte entsprechen den Beispielen Bettungsmodul-Federn bzw. Bettungsmodul-Kragen. Allerdings sind die Systeme hier um 90° gedreht.

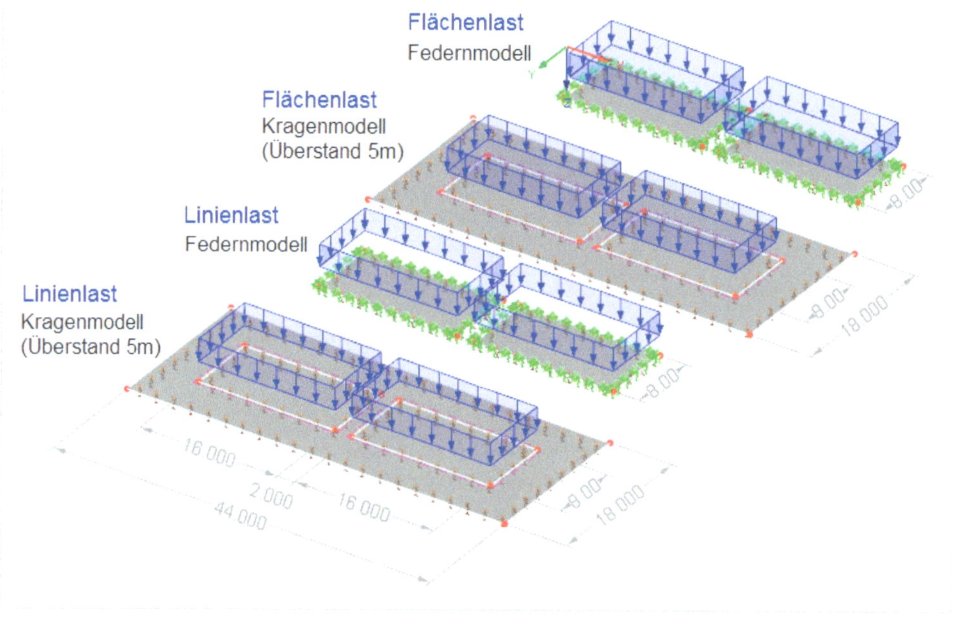

Ergebnisse

Der Vergleich erfolgt zwischen den beiden Modellen - zunächst für die Flächenlast, dann für die Linienlast.

Da eine Interaktion zwischen den beiden Platten maßgebend die Schnittgröße m_x beeinflusst, wird auch diese zur Auswertung herangezogen.

Lastfall Flächenlast (mittiger horizontaler Schnitt):
Zweiparametrisches Modell nach Variante 1:

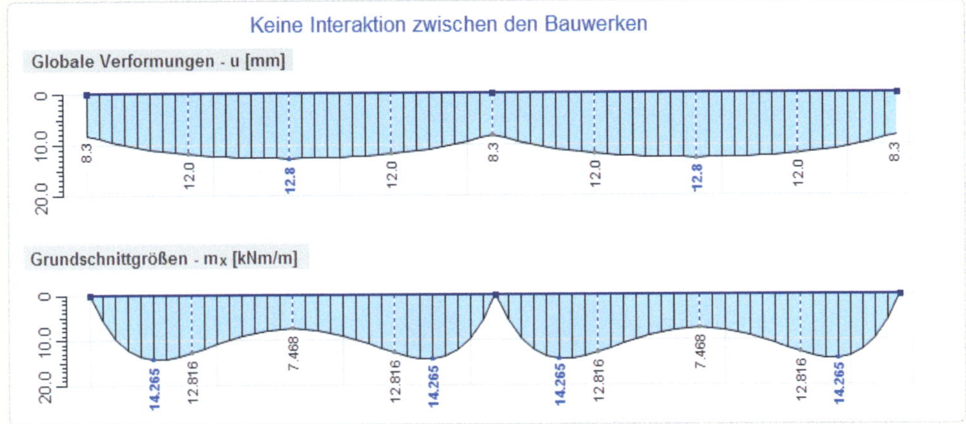

Zweiparametrisches Modell nach Variante 2:

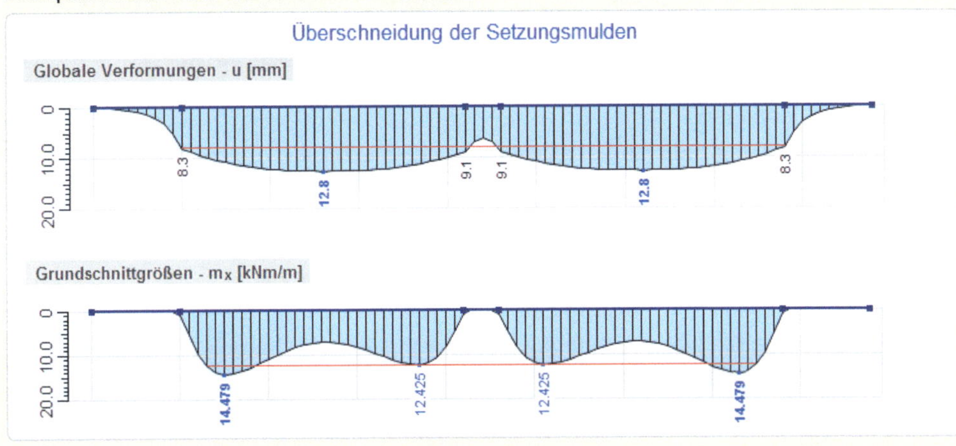

Lastfall Linienlast (mittiger horizontaler Schnitt):
Zweiparametrisches Modell nach Variante 1:

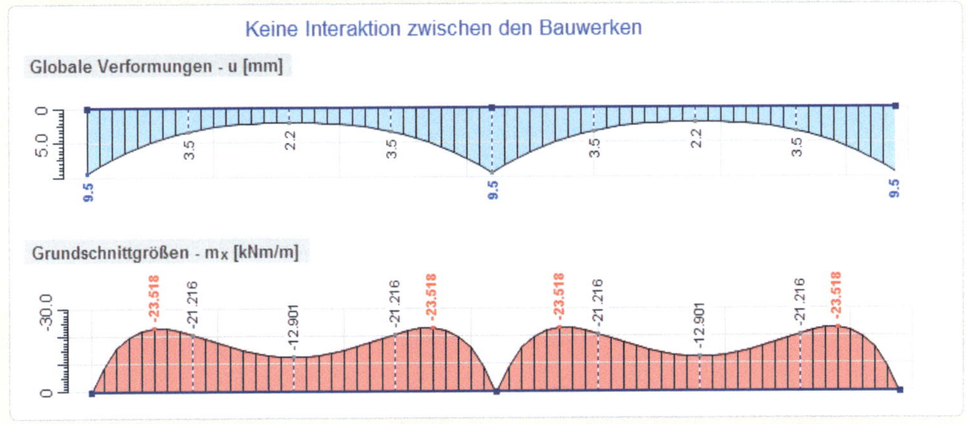

Zweiparametrisches Modell nach Variante 2:

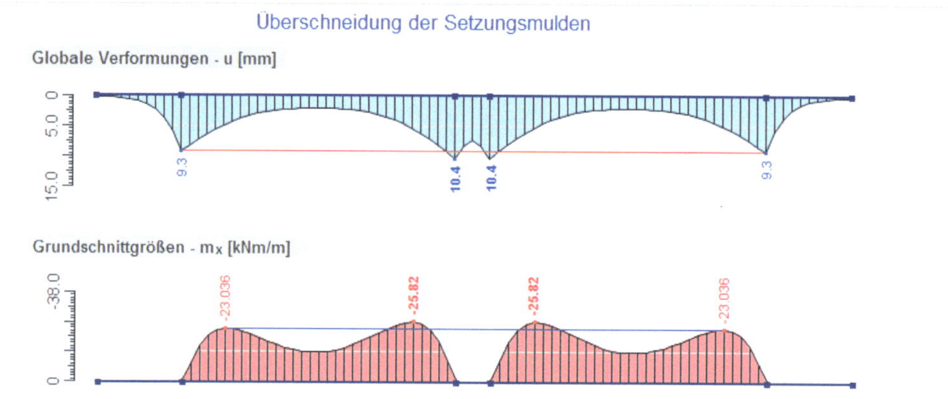

Erkenntnisse

Das zweiparametrische Modell nach Variante 1 kann die Interaktionen zwischen den beiden Platten erwartungsgemäß nicht abbilden. Die Ergebnisse sind symmetrisch und dienen hier nur zum Vergleich.

Beim zweiparametrischen Modell nach Variante 2 ergeben sich im Bereich der Überschneidung der Setzungsmulden bei den hier vorliegenden Bodenverhältnissen nur gering erhöhte Verschiebungen.

Trotzdem ist der Einfluss auf die Schnittgrößen nicht unerheblich. Es ergeben sich z. B. für die Schnittgröße m_x durch die Interaktion im Überschneidungsbereich folgende Veränderungen (Abweichung des lokalen Extremwertes im Überschneidungsbereich in Bezug auf die äußeren Werte):

bei der Flächenlast **Reduktion** des Momentes um **14,2%**,
bei der Linienlast **Erhöhung** des Momentes um **12,1%**.

Die Ergebnisse des Modells mit Bettungskragen können durch Berechnungen mit 3D-Volumenmodellen bestätigt werden:

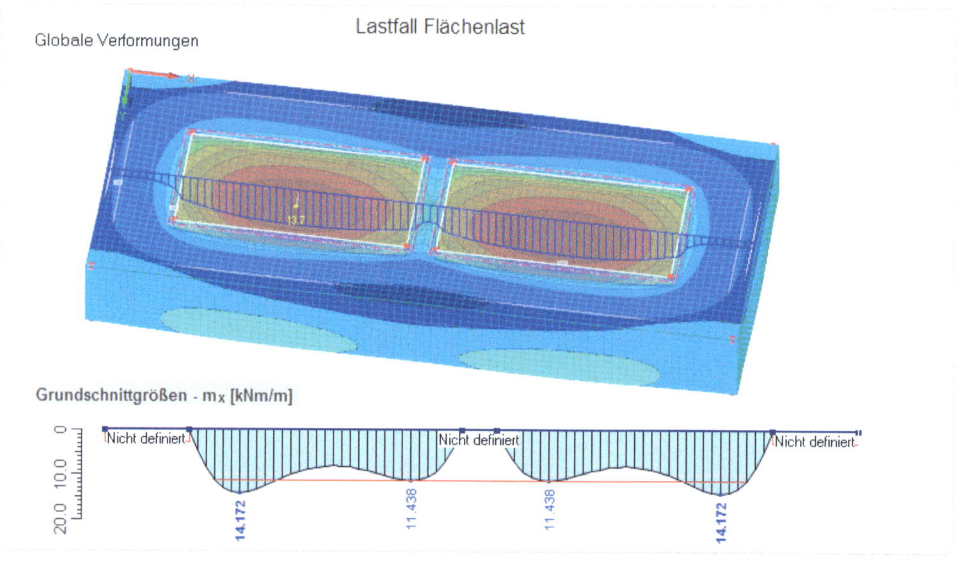

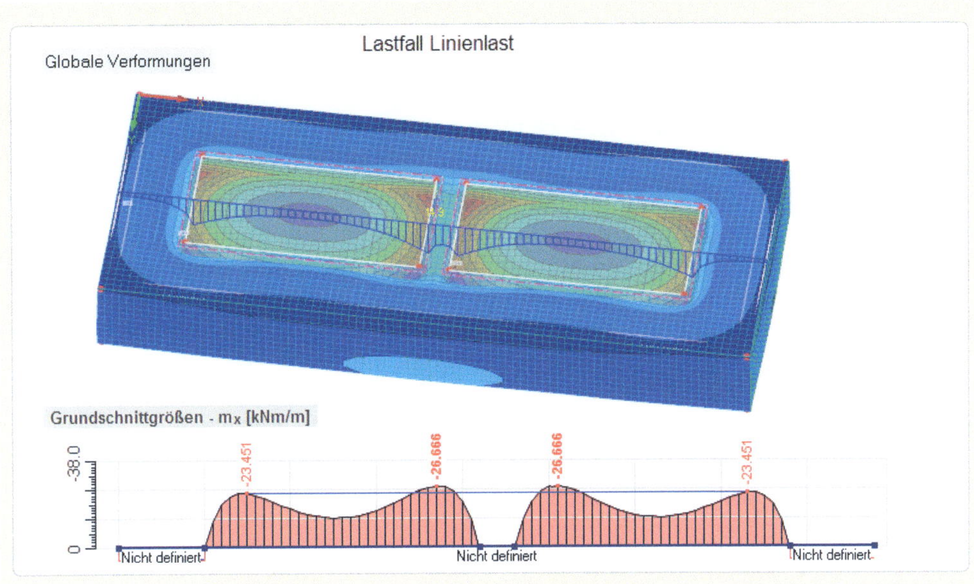

Die Größe der Abweichungen zwischen dem Winklerischen Modell und den leistungsfähigeren zweiparametrischen Modellen hängt im Wesentlichen von den Steifigkeitsverhältnissen zwischen Boden und Bauwerk ab. Es sind bereits schon interessante Tendenzen zu erkennen, wenn die Ergebnisse der Modelle für die extremen Situationen „sehr steifen Boden" bzw. „sehr steifes Bauwerk" gegenüberstellt werden. Das Beispiel Einfluss-Steifigkeit führt diesen Vergleich für die Flächenlast durch. Zur Verifizierung der Ergebnisse des Federn- und Kragenmodells werden zusätzlich die Ergebnisse einer Berechnung mit 3D-Volumenelementen herangezogen.

Beispiel Einfluss- Steifigkeit

Statisches System / Eingabewerte

Untersuchung der Extremfälle „sehr steife Platte" und „sehr steifer Baugrund"

Das jeweils erste statische System (Flächenlast) der bereits bestehenden Beispiele Bettungsmodul-Klassisch, Bettungsmodul-Federn und Bettungsmodul-Kragen wird in eine neue gemeinsame FE-Position kopiert.

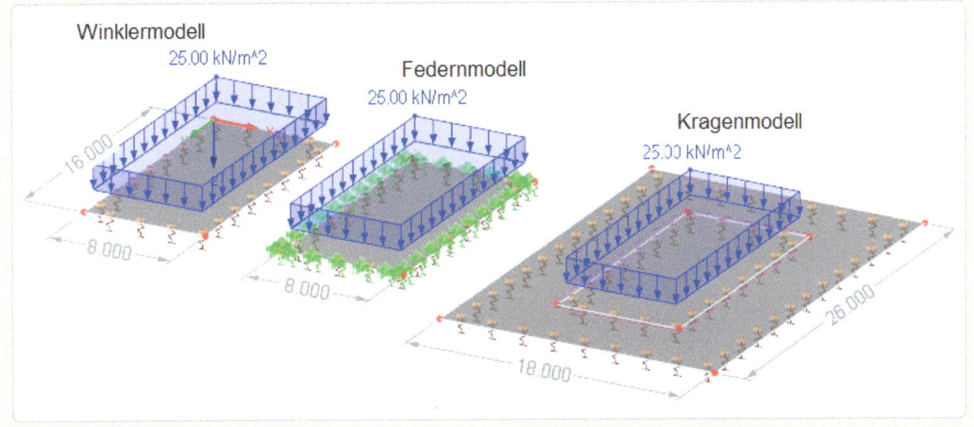

Die Eingabedaten bleiben bis auf die folgenden Ausnahmen unverändert:

Für die **„sehr steife Platte“** werden E- und G-Modul der Platte um den Faktor 100 erhöht.

Zur Modellierung des **„sehr steifen Baugrundes“** werden alle Bodenparameter ebenfalls um den Faktor 100 erhöht. Das gilt auch für die elastischen Linien- und Einzelfedern des Federnmodells.

EINGABE IN RFEM

Die neu zu erstellende FE-Position wird in RFEM geöffnet. Anschließend werden die bereits erstellten Beispiele Bettungsmodul-Klassisch, Bettungsmodul-Federn und Bettungsmodul-Kragen nacheinander geöffnet und die Teilsysteme mit der Flächenlast über die Kopierfunktion in die neue Position hineinkopiert. Beim Ausführen der Kopierfunktion wird ein Verschiebungsvektor abgefragt, der ein sinnvolles geometrisches Einbinden der Positionen in das neue Beispiel erlaubt.

Anschließend werden die oben beschriebenen Änderungen der Eingabedaten in zwei getrennten Schritten durchgeführt.

ERGEBNISSE FÜR DIE „SEHR STEIFE PLATTE“:

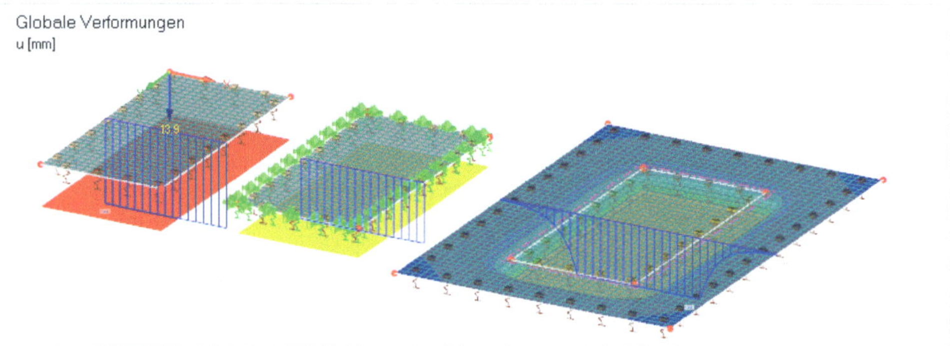

In einem horizontalen Schnitt ergeben sich folgende Ergebnisse:

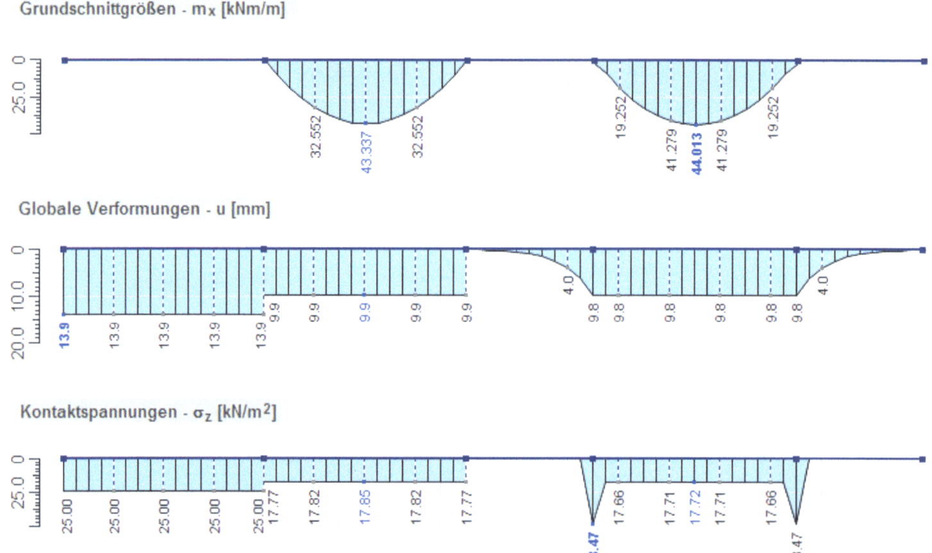

Für das 3D-Volumenmodell erhält man:

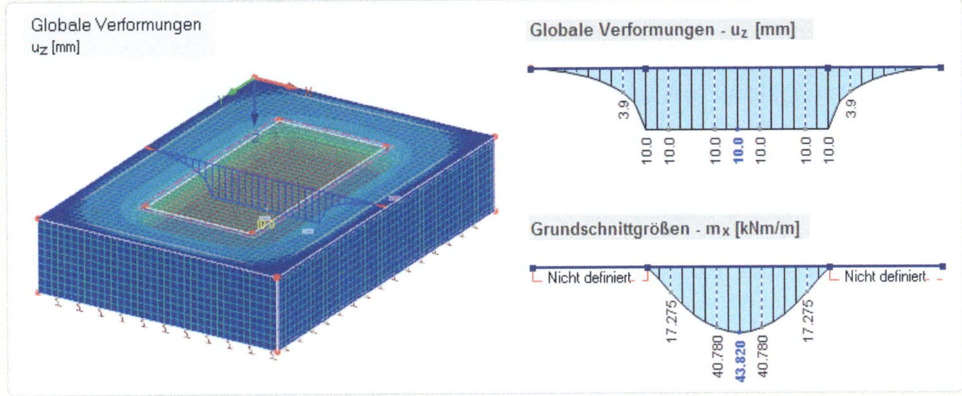

Ergebnisse für den „sehr steifen Boden“:

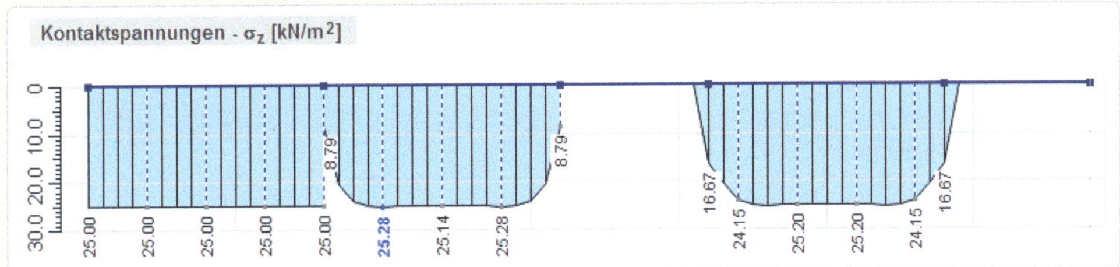

Erkenntnisse

Aus den Ergebnissen für die „sehr steife Platte“:

Die Platte bewegt sich wie ein starrer Körper nach unten. Bis auf das Winklermodell ergeben sich im betrachteten Schnitt fast identische Verschiebungsfunktionen. Die gleiche Tendenz gilt für die Momente. Auch hier zeigen die Werte m_x bis auf das Winklerische Modell eine gute Übereinstimmung. Das 3D-Volumenmodell bestätigt die Werte der zweiparametrischen Bodenmodelle.

Da der umliegende Boden beim Kragenmodell mit modelliert wird, ergeben sich bedingt durch die großen Verzerrungen des Bodens direkt neben der Sohlplatte die typischen Spannungsspitzen (Sohlpressung steigt von 17,66 auf 48,47 kN/m² an).

Ein Vergleich der vertikalen Kräfte zwischen dem Winklerischen- und dem Federnmodell lässt einen weiteren interessanten Schluss zu: Die Summe der Stützkräfte im Bodenbereich entspricht dem Integral der aufgebrachten Flächenlast. Beim Federnmodell müssen neben dem Integral über die Sohlspannungen auch die Vertikalkräfte der Federn mit in die Kräftebilanz einbezogen werden. An den Abweichungen der dargestellten Sohlspannungen zum konstanten Wert von 25,00 kN/m², der sich beim Weglassen der Federn einstellen würde, kann man die „Mitwirkung“ der Federn an der Bodenmodellierung abschätzen.

Erkenntnisse aus den Ergebnissen für den „sehr steifen Boden“:

Durch die steife Bodenmodellierung sind die Schnittgrößen und Verschiebungen bei allen Modellen fast null. Die Lösungsunterschiede zum Winklermodell verschwinden damit und die Flächenlast „wandert“ direkt in den Boden. Die Sohlpressungen nähern sich dem Wert der Flächenlast an.

3.2 Steifemodulverfahren über das Zusatzmodul RF-SOILIN

Die nachfolgenden zwei Bodenmodelle lassen eine 3D-Modellierung des Bodens zu. Damit können die Eigenschaften des Bodens wesentlich detaillierter beschrieben werden als in den zuvor gezeigten Modellen. Da die Ergebnisse der anschließenden Beispiele nur zum Vergleich der 2D-Modelle dienen sollen, wird hier auf weitere mögliche Verfeinerungen bei der Modellierung verzichtet.

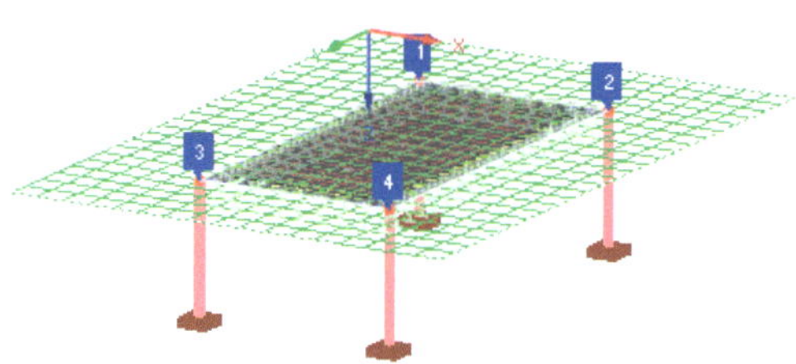

Bild 6-11: Steifemodulverfahren in RFEM

Über das Zusatzmodul RF-SOILIN werden die Bettungswerte in der Eingabemaske nach Bild 6-7 automatisch nach der unter 2.3 beschriebenen Theorie ermittelt. Es ist zu beachten, dass der Boden bis zur rechnerischen Grenze der zusammendrückbaren Schicht(en) modelliert werden muss. Die als Grenztiefe bezeichnete Größe ist lastfallabhängig. Wie schon erwähnt, wird hier vereinfacht 5,0 m angenommen.

Das Beispiel Steifemodul zeigt die wesentlichen Eingabeschritte und die Ergebnisse für den Lastfall Flächenlast.

Beispiel Steifemodul

Statisches System / Eingabewerte

Platte
Fläche: 8,00 m · 16,00 m Dicke= 25 cm
Material: E= 3.300 kN/cm², G= 1.370 kN/cm², γ= 0, μ= 0,2

Bodenparameter
4 Bodenproben in den Eckpunkten der Platte mit folgenden Werten:

Schichthöhe 5,00 m, E= 8 MN/m², μ=0,33, γ= 15,00 kN/m³
Kein Grundwasser

Gestein unterhalb der letzten Schicht: ja

Belastung: Flächenlast 25,00 kN/m², Vernetzung: 16 · 32 Elemente

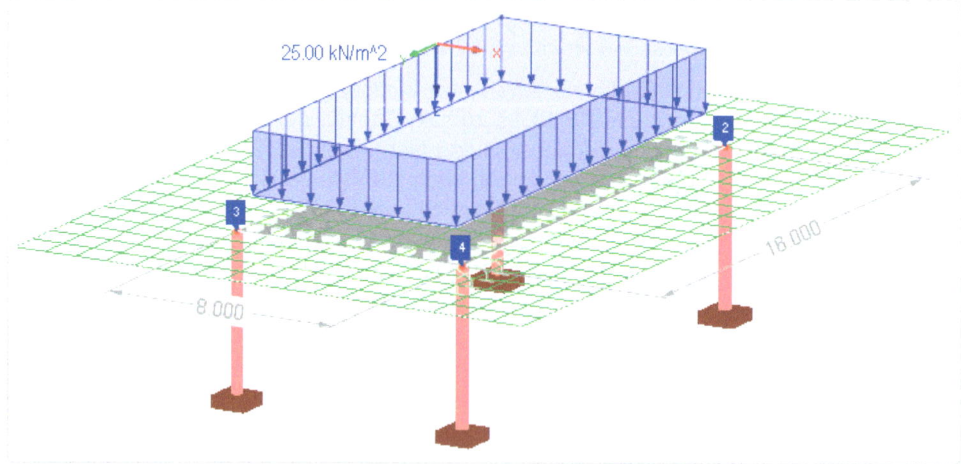

Eingabe in RFEM

Die Bodenplatte ist wie üblich einzugeben.

Über RF-SOILIN werden die Flächenbettungen automatisch ermittelt. Im Dialog *„Flächenlager bearbeiten“* sind deshalb die Felder für die manuelle Eingabe der Weg- und Schubfedern inaktiv geschaltet.

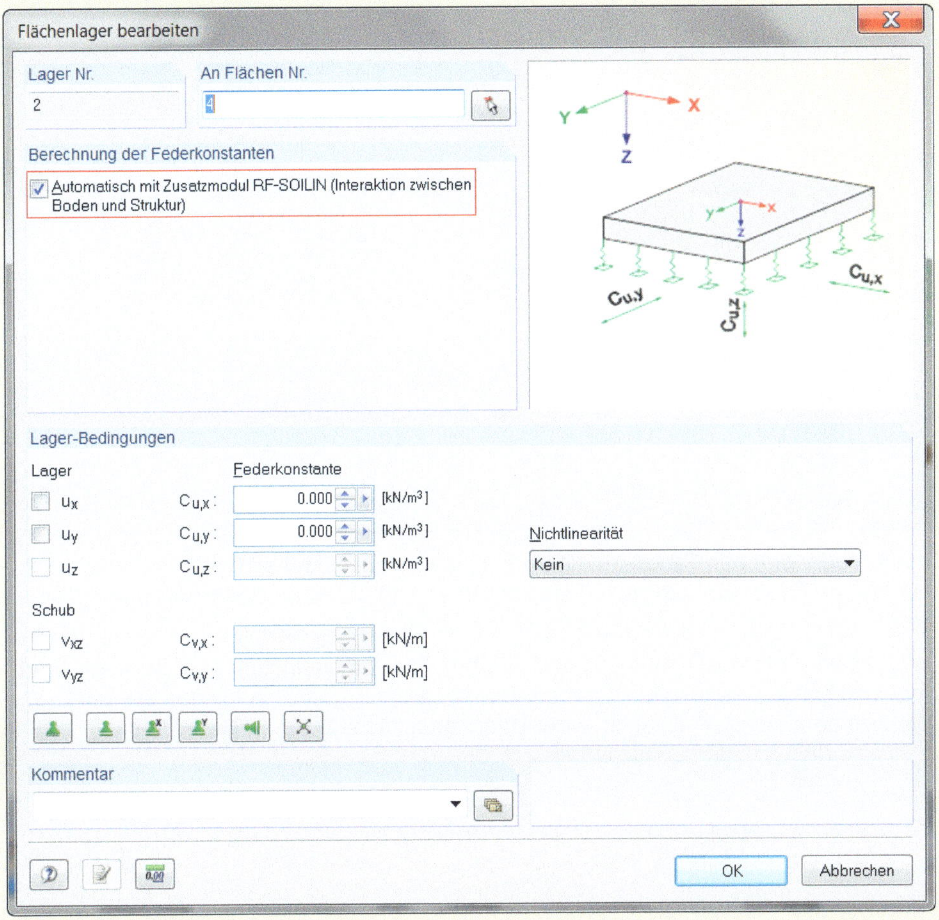

Die Eingabe der Bodenparameter beginnt mit dem Start des Zusatzmoduls RF-SOILIN.

Unter *„Basisangaben“* werden die zu bettenden Flächen, die Norm und der maßgebende Lastfall bzw. die maßgebende Lastkombination festgelegt.

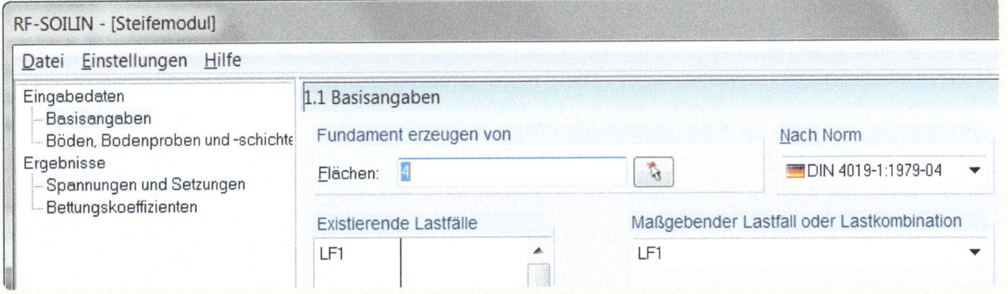

Weiterhin werden unter *„Böden, Bodenproben und -schichten“* die Bodenparameter in den Tabellen eingegeben.

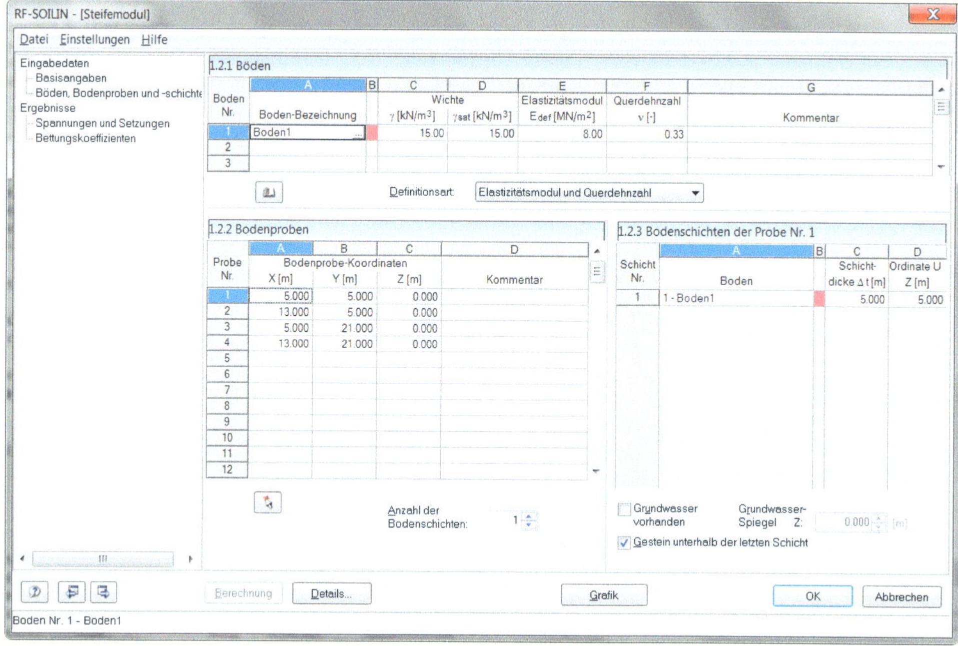

Für jede Bodenprobe in Tabelle 1.2.2 sind die jeweiligen Bodenschichten in Tabelle 1.2.3 zu definieren. Es können bis zu 100 Bodenproben und bis zu 50 Bodenschichten definiert werden.

Unter *„Details...“* sind der Randabstand von den Fundamentflächen und die Rasterwerte für die Ergebnisauswertung einzugeben. Die späteren Ergebnisse können sowohl *„...nur im Bereich der Fläche/n“* als auch in der Überstandsfläche ausgegeben werden.

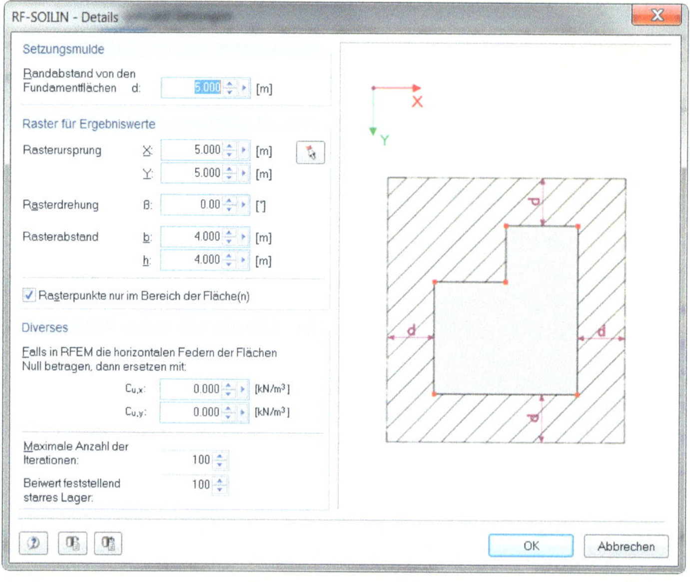

Der Randabstand sollte bis zum erwarteten Abklingen der Setzungsmulde definiert werden.

Die Berechnung bricht beim Erreichen der maximalen Anzahl der Iterationen ab, wenn bis dahin noch kein Gleichgewicht gefunden wurde.

Unter dem Button *„Grafik"* können die Eingabewerte kontrolliert werden. Die Lage der Bodenproben mit ihren Ausdehnungen in Z-Richtung werden hier dargestellt.

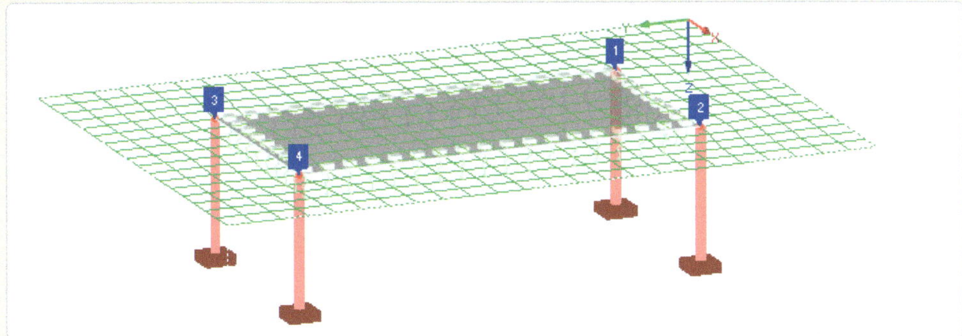

Nachdem die Eingabe abgeschlossen ist, wird unter *„Berechnung"* der iterative Lösungsprozess gestartet.

Ergebnisse

Im Modul RF-SOILIN gibt es umfangreiche tabellarische und grafische Ausgabemöglichkeiten für die Bodenspannungen und Bodensetzungen sowie für die interaktiv ermittelten Bettungskoeffizienten. Als Beispiel zeigt das Bild den Spannungsverlauf in Z für den Mittelpunkt der Platte.

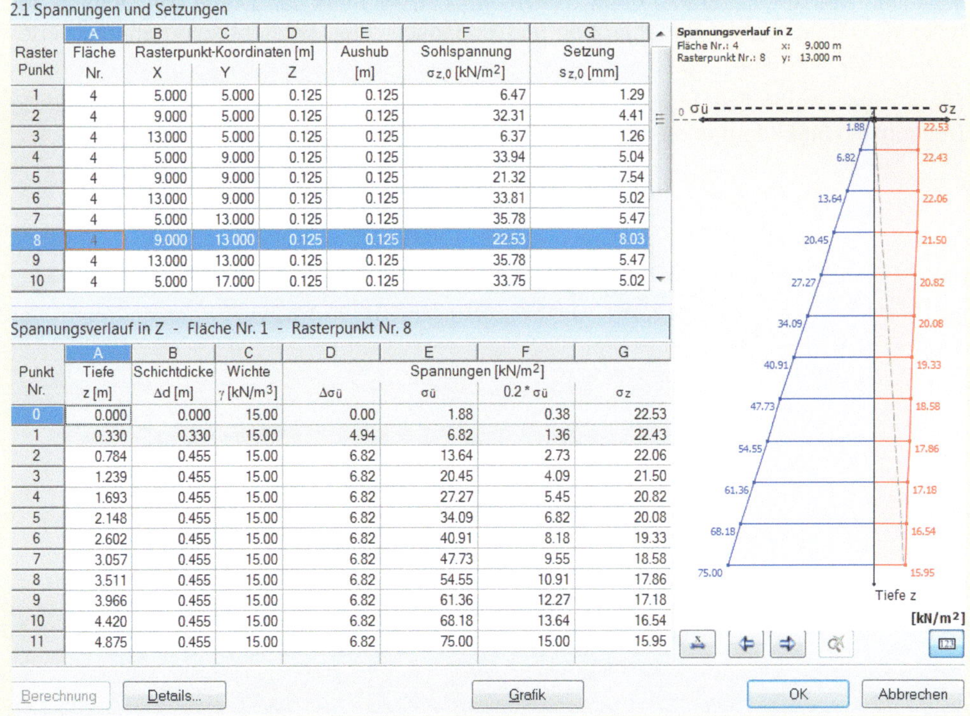

2.1 Spannungen und Setzungen

Raster Punkt	A Fläche Nr.	B Rasterpunkt-Koordinaten [m] X	C Y	D Z	E Aushub [m]	F Sohlspannung $\sigma_{z,0}$ [kN/m²]	G Setzung $s_{z,0}$ [mm]
1	4	5.000	5.000	0.125	0.125	6.47	1.29
2	4	9.000	5.000	0.125	0.125	32.31	4.41
3	4	13.000	5.000	0.125	0.125	6.37	1.26
4	4	5.000	9.000	0.125	0.125	33.94	5.04
5	4	9.000	9.000	0.125	0.125	21.32	7.54
6	4	13.000	9.000	0.125	0.125	33.81	5.02
7	4	5.000	13.000	0.125	0.125	35.78	5.47
8	4	9.000	13.000	0.125	0.125	22.53	8.03
9	4	13.000	13.000	0.125	0.125	35.78	5.47
10	4	5.000	17.000	0.125	0.125	33.75	5.02

Spannungsverlauf in Z - Fläche Nr. 1 - Rasterpunkt Nr. 8

Punkt Nr.	A Tiefe z [m]	B Schichtdicke Δd [m]	C Wichte γ [kN/m³]	D Spannungen [kN/m²] Δσü	E σü	F 0.2 * σü	G σz
0	0.000	0.000	15.00	0.00	1.88	0.38	22.53
1	0.330	0.330	15.00	4.94	6.82	1.36	22.43
2	0.784	0.455	15.00	6.82	13.64	2.73	22.06
3	1.239	0.455	15.00	6.82	20.45	4.09	21.50
4	1.693	0.455	15.00	6.82	27.27	5.45	20.82
5	2.148	0.455	15.00	6.82	34.09	6.82	20.08
6	2.602	0.455	15.00	6.82	40.91	8.18	19.33
7	3.057	0.455	15.00	6.82	47.73	9.55	18.58
8	3.511	0.455	15.00	6.82	54.55	10.91	17.86
9	3.966	0.455	15.00	6.82	61.36	12.27	17.18
10	4.420	0.455	15.00	6.82	68.18	13.64	16.54
11	4.875	0.455	15.00	6.82	75.00	15.00	15.95

Für die Verformungen im Bereich der Platte erhält man:

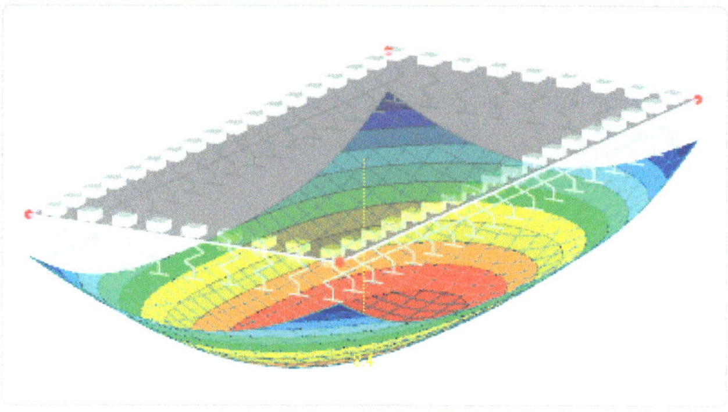

Zum Vergleich mit den vorangehenden Beispielen sollen hier die Momente m_x und die Bodenpressung Sigma-z in einem horizontalen Schnitt ausgewertet werden:

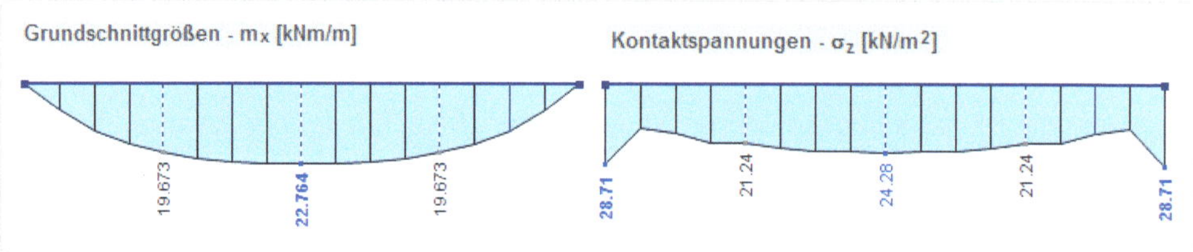

Erkenntnisse

Die detaillierte Eingabe des anstehenden Bodens und die umfangreichen Ausgabemöglichkeiten stellen eine Stärke des Zusatzmoduls RF-SOILIN dar. Durch die Eingabe der mitunter umfangreichen Bodenproben und Bodenschichten entsteht kein nennenswerter zusätzlicher Aufwand.

Die ausgewerteten Ergebnisse bestätigen prinzipiell die Ergebnisse der Bodenmodelle Bettungsmodul-Federn und Bettungsmodul-Kragen.

3.3 3D-Halbraumverfahren mit Volumenelementen

Die vollständige 3D-Volumenmodellierung des Bodens entsprechend dem unter 2.4 beschriebenen Modell, soll die hier geführten Untersuchungen abrunden. Das aufwendigste und offensichtlich wirklichkeitsnaheste Modell wird im Beispiel 3D-Halbraum beschrieben. RFEM stellt eine Reihe nützlicher Eingabehilfen zur Verfügung, so dass auch die Erstellung solcher komplexen Modelle mit vertretbarem Generierungsaufwand möglich ist.

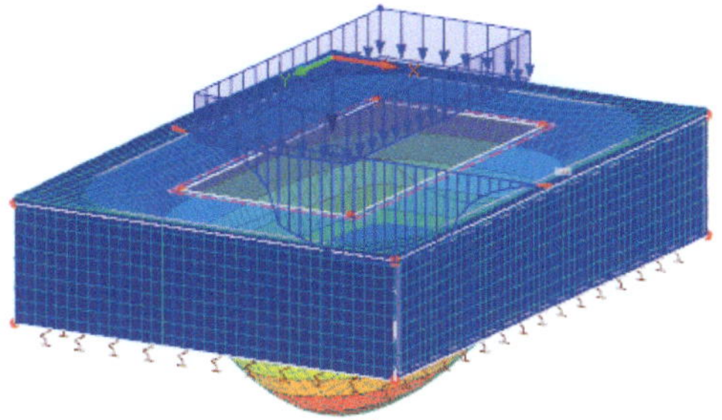

Bild 6-12: 3D-Halbraumverfahren

Beispiel 3D-Halbraum

Statisches System / Eingabewerte

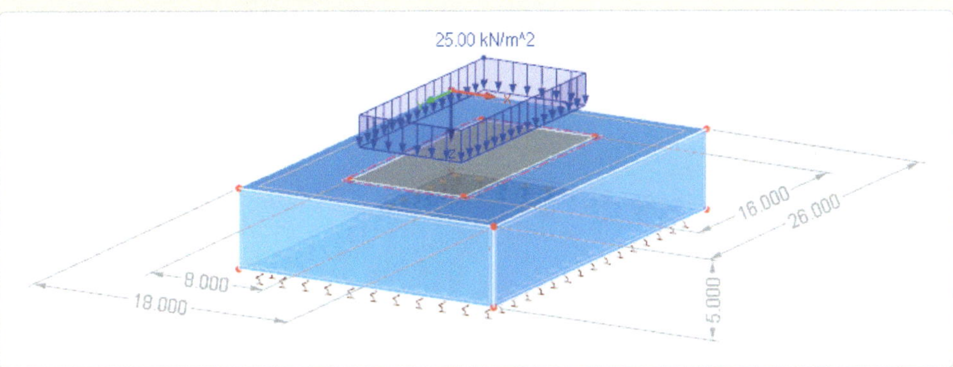

Platte Fläche: 8,00 m · 16,00 m,
Material: E= 3.300 kN/cm², G= 1.370 kN/cm², γ= 0, μ=0,2
Dicke= 25 cm

Volumina x= 18,00 m, y= 26,00 m, z= 5,00 m mit Material „Boden“
Material „Boden“: E= 0,80 kN/cm², G= 0,30 kN/cm², μ= 0,33, γ= 0

Bettung der unteren Volumenfläche:

$c_{u,x}$= 400 kN/m³
$c_{u,y}$= 400 kN/m³
$c_{u,z}$=1.000.000 kN/m³

Belastung: LF 1: Flächenlast 25,00 kN/m²
LF 2: Linienlast 50,00 kN/m

Vernetzung: Elementlänge 0,5 m · 0,5 m

Eingabe in RFEM

Die neue Position ist als 3D-Struktur anzulegen.

Die Eingabe der oberen Begrenzung des Volumenkörpers erfolgt als Fläche mit dem Materialtyp „Null“.

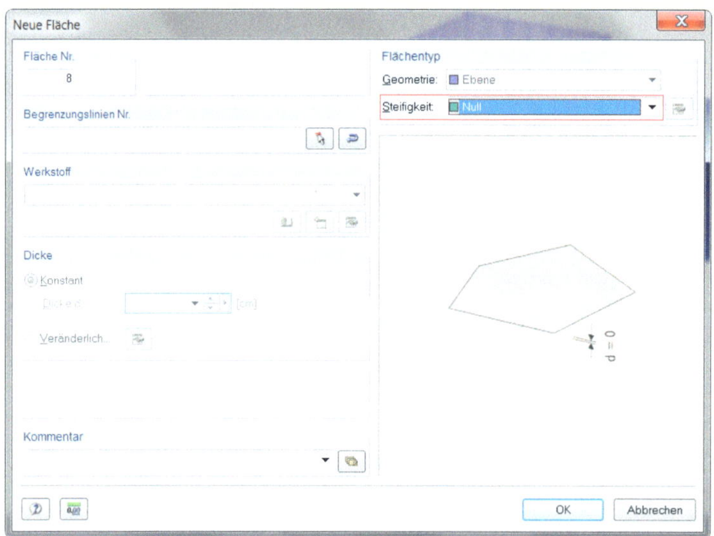

Die Platte wird anschließend in die Fläche mit dem Typ „Null" integriert. Der folgende Dialog ist mit „Ja" zu bestätigen.

Es wird gleichzeitig eine Öffnung im Bereich der Platte erzeugt. Die Fläche der Platte muss später als Begrenzungsfläche (Fläche 7) des Volumenkörpers ergänzt werden.

Durch Kopieren der oberen Fläche kann auf komfortable Weise ein Volumenkörper erzeugt werden, dessen Höhe mit 5,00 m als Verschiebungsvektor einzugeben ist.

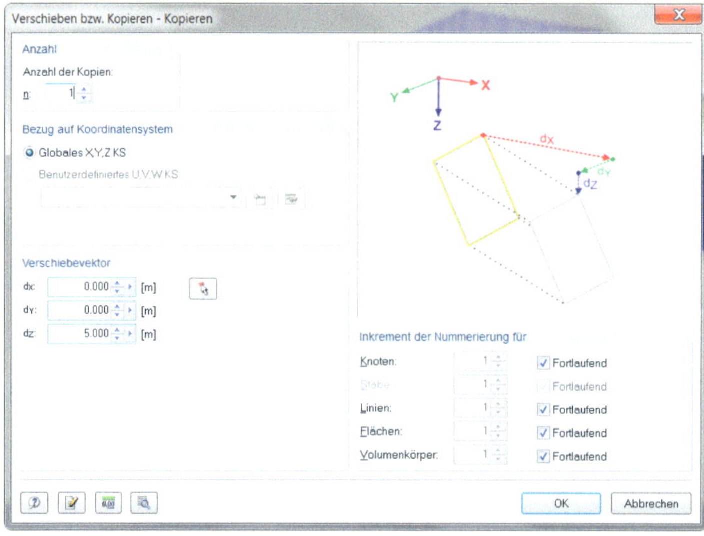

Durch Anwählen von *„Weitere Detaileinstellungen..."* wird der Dialog *„Detaileinstellungen für Verschieben/Rotieren/Spiegeln"* geöffnet.

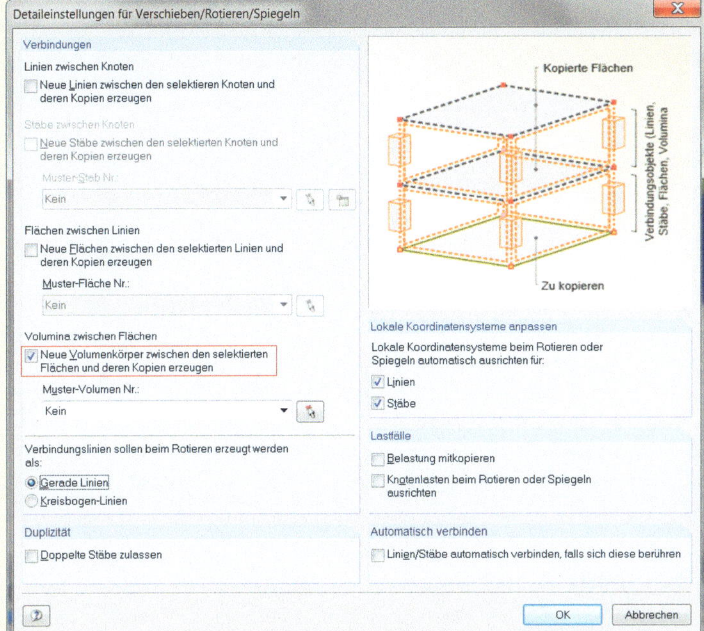

Das Erzeugen neuer Volumina zwischen den selektierten Flächen und deren Kopien ist in diesem Dialog zu aktivieren. Anschließend sind die Dialoge mit *„OK"* zu bestätigen. Der Volumenkörper wird so mit wenigen Eingaben generiert.

Dem Volumenkörper ist das Material „Boden" zuzuweisen. Das Material ist zuvor als neues Material entsprechend der Eingabeparameter zu definieren.

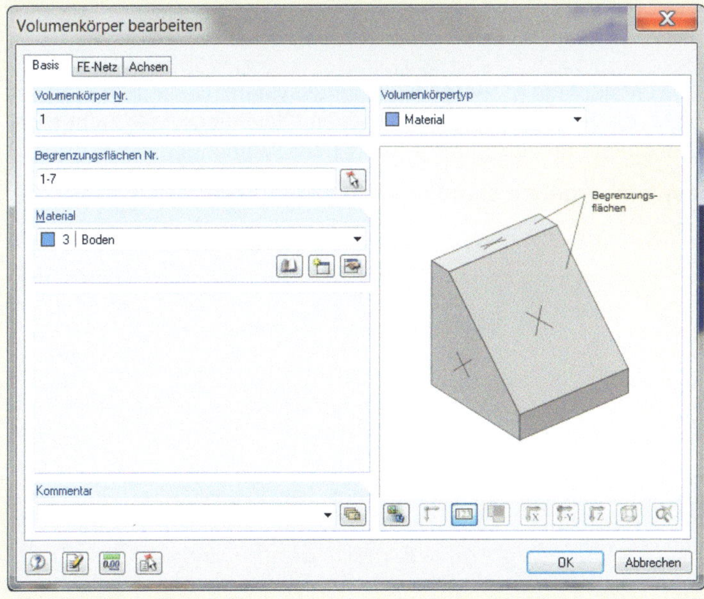

Durch Eingabe einer Bettung in x-, y- und z-Richtung in der unteren Schicht des Volumenkörpers wird das gesamte System elastisch gelagert.

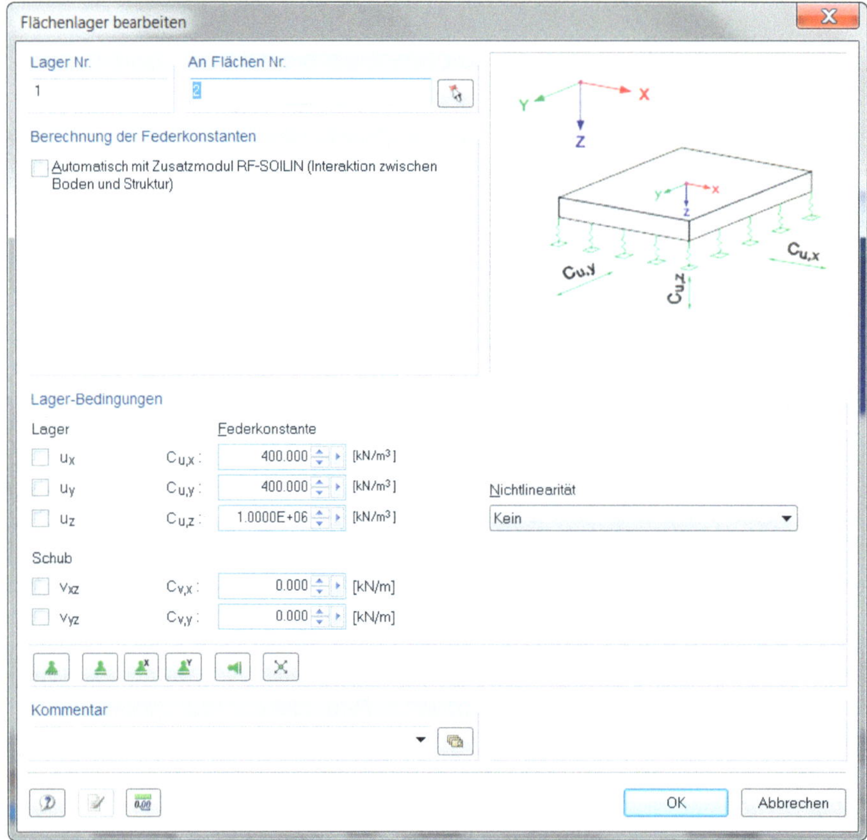

Ergebnisse

Durch die Volumenelemente entsteht ein größeres Gleichungssystem. Nach dem Start der Berechnung empfiehlt RFEM, die Position mit dem iterativen Gleichungslöser zu berechnen, da dieser geringere Ansprüche an den Speicherplatz (RAM-Abhängig) stellt.

Für den Lastfall 1 (Flächenlast) ergeben sich folgende Ergebnisse:

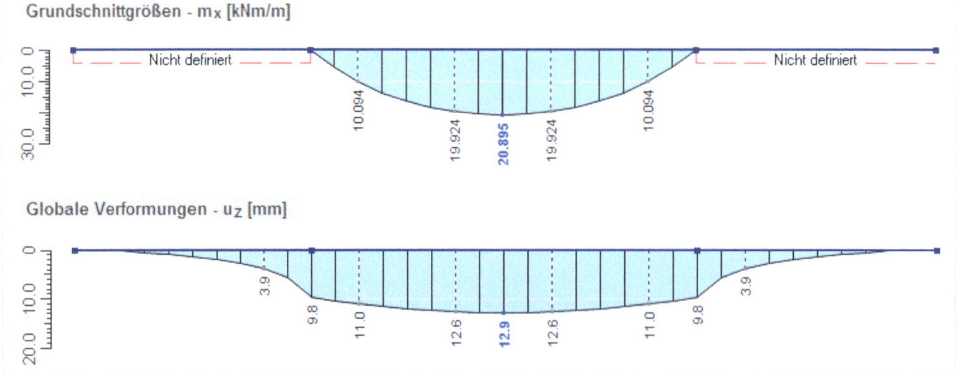

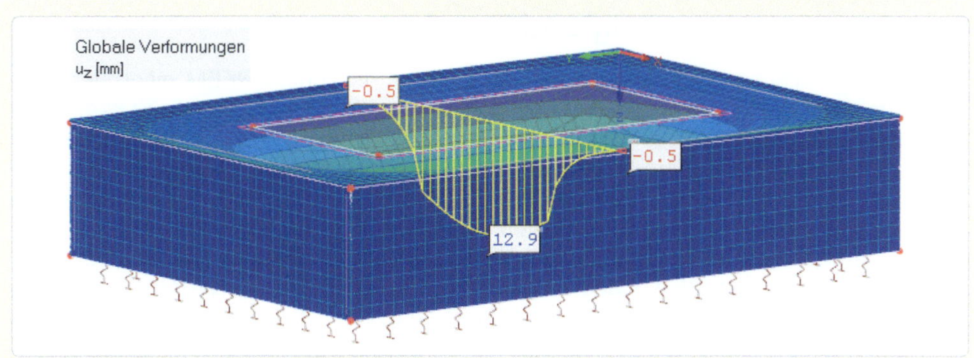

Für den Lastfall 2 (Linienlast) ergeben sich folgende Ergebnisse:

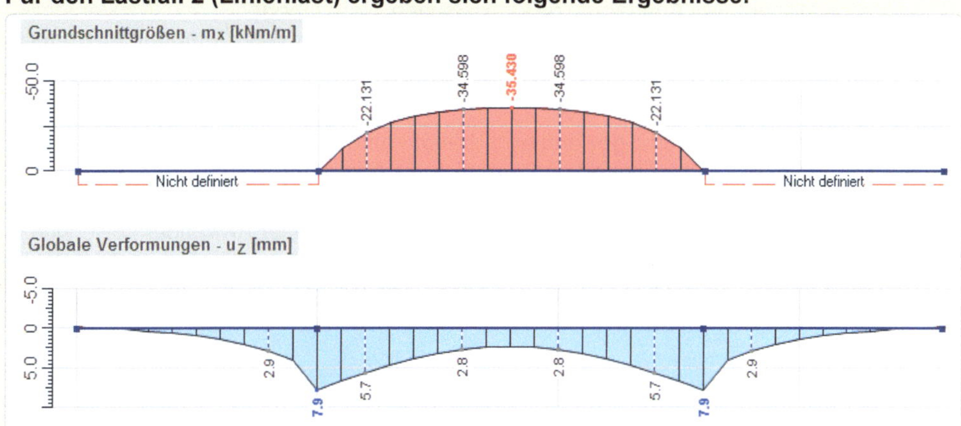

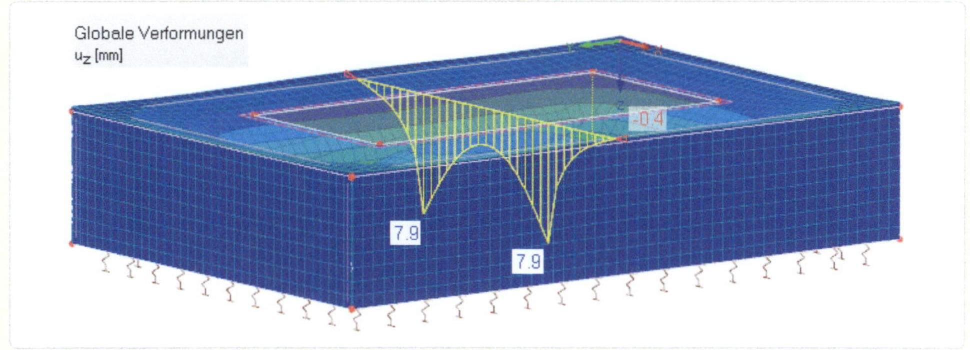

Erkenntnisse

Die 3D-Darstellung der Verschiebungen u_z ermöglicht eine übersichtliche Kontrolle der Setzungen im Bodenbereich. Die Ergebnisse zeigen, dass diese bis in den Randbereich abgeklungen sind und damit der Boden ausreichend weit um die Bodenplatte modelliert wurde.

Im Übrigen bestätigt die hier erhaltene Lösung die Ergebnisse der vorher untersuchten Bodenmodelle (außer Winklersches Bettungsmodell).

4 Zusammenfassung und Empfehlungen

Anhand von einfachen Beispielen wurde der Einfluss der fünf in RFEM möglichen Bodenmodelle auf die Verformungen und die Biegemomente gezeigt. Damit soll dem Anliegen des Buches, an einfachen Standardaufgaben die Wirkungsweise eines Modells zu verdeutlichen, auch in diesem Kapitel Rechnung getragen werden. Die wirklichkeitsnahe Abbildung des komplizierten Verhaltens des Baugrunds und die komplexe Interaktion von Bauwerk und Boden gelingen am wenigsten, oder besser gesagt gar nicht, mit dem klassischen Bettungsmodulverfahren. Das Verfahren des effektiven Baugrundes, das Bettungsmodell mit Kragen, das Steifemodulverfahren und das 3D-Halbraumverfahren hingegen stellen wesentlich bessere Modellierungsvarianten dar.

Die Ergebnisse der aufwendigeren Modelle, die eine dreidimensionale Bodenmodellierung zulassen (Steifemodulverfahren, 3D-Halbraumverfahren), bestätigen die reinen zweidimensionalen Modelle. Mit Ausnahme des klassischen Bodenmodells nach Winkler stellen die zweiparametrischen Modelle mit den beiden Lösungsvarianten (Verfahren des effektiven Baugrundes, Bettungsmodell mit Kragen) somit eine sehr gut handhabbare, einfache und vor allem effektive Alternative dar.

Welches Bodenmodell letztlich gewählt wird, hängt von der Aufgabenstellung, dem zu investierenden Generierungsaufwand und natürlich auch von der eigenen Neigung zu dem einen oder anderen Modell ab. Die im vorangehenden Text aufgeführten tabellarischen Zusammenfassungen stellen dazu eine Entscheidungshilfe dar. Der Anwender sollte sich in jedem Fall die getroffenen Vereinfachungen und die daraus folgenden Anwendungsgrenzen der Berechnungsverfahren bewusst machen und die Ergebnisse unbedingt kritisch hinterfragen bzw. kontrollieren.

KAPITEL 7

EIGENWERTLÖSUNGEN

1 Einleitung

Die Lösung von Eigenwertaufgaben hat die Mathematik schon sehr früh beschäftigt. Leonhard Euler, einer der bedeutendsten Mathematiker, hat bereits 1744 die kritische Last, die sog. Eulersche Knicklast, eines auf Druck beanspruchten und der Gefahr des Ausknickens unterliegenden schlanken Stabes ermittelt. Die wohl bekannteste Anwendung einer Eigenwertlösung war demnach eine baumechanische Aufgabenstellung.

Ausgangspunkt der Betrachtungen sei zunächst das spezielle Eigenwertproblem, das sich auf die lineare Abbildung eines endlichdimensionalen Vektorraumes bezieht und hier durch quadratische Matrizen dargestellt wird:

$$A\,x_i = \lambda_i\,E\,x_i \qquad (7\text{-}1)$$

A und E sind quadratische Matrizen, mit E als Einheitsmatrix.

x_i stellt für den Fall $x_i \neq 0$ den Eigenvektor und λ_i den zugehörigen Eigenwert der Matrix A dar.

Die Gl. 7-1 kann auch in folgender Form geschrieben werden:

$$[\,A - \lambda_i\,E\,]\,x_i = 0 \qquad (7\text{-}2)$$

Da $x_i \neq 0$ angenommen wird, ist die Gl. 7-2 unter folgender Voraussetzung lösbar:

$$\det[\,A - \lambda_i\,E\,] = 0 \qquad (7\text{-}3)$$

Der Lösungsansatz ergibt sich damit aus der Ermittlung der Determinante. Aus einer Matrix A [n,n] ergibt sich ein Polynom n-ten Grades in λ. Dieses wird charakteristisches Polynom genannt, dessen Nullstellen die Lösung λ_i darstellen. Da ein Polynom n-ten Grades maximal n Nullstellen besitzt, erhält man auch maximal n Eigenwerte.

Ein kurzes Beispiel soll den Lösungsweg verdeutlichen.

Gesucht sind die Eigenwerte der Matrix A:

$$A = \begin{bmatrix} 0 & 2 & -1 \\ 2 & -1 & 1 \\ 2 & -1 & 3 \end{bmatrix}$$

Aus Gl. 7-2 ergibt sich:

$$A - \lambda_i E = \begin{bmatrix} 0-\lambda & 2 & -1 \\ 2 & -1-\lambda & 1 \\ 2 & -1 & 3-\lambda \end{bmatrix}$$

Damit erhält man nach Gl. 7-3 (Startwerte 1.Spalte):

$$\det[\,A - \lambda_i\,E\,] = (0-\lambda)[(-1-\lambda)(3-\lambda)+1]\ -(2)[(2)(3-\lambda)-1]\ +(2)[(2)-(-1-\lambda)(-1)] = 0$$

$$0 = -\lambda^3 + 2\lambda^2 + 4\lambda - 8$$

Die Nullstellen bzw. Eigenwerte ergeben sich zu: $\lambda_1 = 2$, $\lambda_2 = 2$ und $\lambda_3 = -2$

Allgemeiner kann man anstelle der Einheitsmatrix eine Matrix B einführen. Dann stellt sich die Gl. 7-2 als allgemeines Eigenwertproblem dar:

$$[A - \lambda_i B]\, x_i = 0 \qquad (7\text{-}4)$$

Eigenwerte λ_i und Eigenvektoren x_i werden zusammen als Eigenpaare bezeichnet. Wie schon erwähnt existiert zu jedem λ_i ein entsprechendes x_i. Theoretisch gibt es soviel Eigenpaare wie die Matrizen A und B Zeilen bzw. Spalten haben. Bei einer FE-Lösung entspricht das der Anzahl der Freiheitsgrade des Systems (Anzahl der Knoten multipliziert mit der Anzahl der Freiheitsgrade pro Knoten[1]).

Praktisch interessieren aber in der Regel nur die ersten Eigenwerte mit den dazugehörigen Eigenformen. Das kommt auch den in den Programmen implementierten Eigenwertlösern entgegen, da der Zeitaufwand für die Lösung größerer Probleme mit der Anzahl der angeforderten Eigenpaare steigt.

Sollte einmal der letzte Eigenwert benötigt werden, wie z.B. für die Gl. 7-9, so wird dieser dann auch in der Regel über die so genannte Unendlichnorm (∞-Norm) nur abgeschätzt.

Es lässt sich mathematisch zeigen, dass die Unendlichnorm eine obere Schranke für die Eigenwerte darstellt und damit stets größer ist, als der letzte Eigenwert. Der Vorteil im Vergleich zur Ermittlung über den Eigenwertlöser ist eine schnelle Berechnung mit einem generell geringeren Aufwand.

Zur Abschätzung des letzten Eigenwertes der Matrix A[n,m] über die Unendlichnorm bietet sich an:

$$A_\infty = \max_{i...n} \sum_{j=1}^{m} |a_{ij}|$$

Da heute Systeme mit über 100.000 Freiheitsgraden keine Seltenheit mehr darstellen, sind die Anforderungen für die Lösung derartiger Eigenwertprobleme entsprechend hoch. Deshalb gibt es in den Softwareprodukten auch spezielle und effektive Lösungsalgorithmen.

Eine weit verbreitete iterative Lösungsvariante für die Ermittlung von Eigenwerten ist das Verfahren nach Lanczos[2] (nach Cornelius Lanczos). Dieses Verfahren ist im Lösungsverhalten sehr stabil und zeichnet sich durch eine sehr schnelle Konvergenz aus. Besonders geeignet ist die Lanczos-Methode für die Eigenwertermittlung großer „dünn besetzter“ Matrizen, die im Allgemeinen bei der Berechnung nach der Methode der Finiten Elemente entstehen.

Bewährt hat sich auch das für große Matrizen gut geeignete Unterraum-Iterationsverfahren (subspace method)[3]. Es ist ebenfalls ein iteratives Verfahren, bei dem die Lösung des ursprünglichen großen Eigenwertproblems (Problemgröße = Freiheitsgrade) auf ein kleineres Problem (Problemgröße = Anzahl der gewünschten Eigenwerte) „projiziert“ wird. Sämtliche gesuchten Eigenwerte werden in den jeweiligen Iterationsschritten gleichzeitig gelöst.

Die ICG-Iterationsmethode (Incomplete Conjugate Gradient)[3] ist eine weitere effektive Methode zur Lösung von Eigenwertaufgaben. Da die Eigenwerte nacheinander ermittelt werden, benötigt diese Methode wenig Speicherplatz. Sie ist für sehr große Systeme mit wenigen zu berechnenden Eigenpaaren besonders geeignet.

---

[1] Ggf. minus der Anzahl der starren Lagerungen des Systems

[2] In RFEM voreingestellte Lösungsmethode

[3] In RFEM alternativ zum Verfahren nach Lanczos wählbar

Nach Ermittlung der Eigenwerte sollten diese anschließend zur Sicherheit auf ihre Vollständigkeit überprüft werden. Der Test durch die „Sturmsche Folge"[4] ist dazu gut geeignet. Gibt es eine Diskrepanz zwischen den vom Eigenwertlöser gefundenen und den nach der „Sturmsche Folge" ermittelten Eigenwerte, sollte eine entsprechende Fehlermeldung darauf hinweisen.

2 Eigenwertlösungen in der Tragwerksplanung

Die Leistungssteigerung der Hard- und Software und die damit mögliche Generierung und Berechnung komplexer und umfangreicher Tragwerke eröffnet auch für die Eigenwertanalyse wie z.B. dynamische Berechnungen oder die Stabilitätsanalysen neue Möglichkeiten. Waren früher für komplexe Systeme diese Nachweise nur an stark vereinfachten und mehr oder weniger zutreffenden Ersatzsystemen möglich, erlauben die Softwarelösungen heute über die statischen Analysen hinausgehende Berechnungen. Der Vorteil liegt vor allem darin, dass ein für die Statik generiertes komplexes System ohne größere zusätzliche Eingaben auch für dynamische Berechnungen oder Stabilitätsanalysen weiter verwendet werden kann (vgl. Kapitel 1 Bild 1-3). Dass die Ergebnisse wirklichkeitsnäher sind, als die der mitunter stark vereinfachten Ersatzsysteme, versteht sich von selbst.

Tabelle 7-1 beinhaltet baupraktische Aufgabenstellungen, die auf der Lösung von Eigenwertaufgaben basieren. Welche spezielle Aufgabenstellung vorliegt bzw. welche konkrete physikalische Bedeutung die Ergebnisse der Eigenwerte und Eigenformen haben, hängt vom Inhalt der Matrizen A und B der allgemeinen Eigenwertgleichung (Gl. 7-4) ab.

Problem	Eigenwertgleichung	Eigenwerte	Eigenformen
allgemein	$[A - \lambda_i B]\, x_i = 0$ (7-4)	λ_i ... Eigenwerte	x_i ... Eigenformen
dynamische Berechnung	$[K_0 - \omega_i^2 M]\, x_i = 0$ (7-5) K_0 = Steifigkeitsmatrix M = Massenmatrix	Quadrate der Eigenkreisfrequenzen	Eigenschwingformen
Stabilitätsberechnung	$[K_0 - \nu_i K_\sigma]\, x_i = 0$ (7-6) K_0 = Steifigkeitsmatrix K_σ = geometrische Steifigkeitsmatrix	Systemknicksicherheiten	Knickformen
numerische Lösungsgenauigkeit	$[K_0 - \lambda_1 E]\, x_1 = 0$ (7-7) K_0 = Steifigkeitsmatrix E = Einheitsmatrix	kleinster Eigenwert der Systemsteifigkeitsmatrix	Steifigkeitsverteilung der Systemsteifigkeitsmatrix

[4] In RFEM Bestandteil des Eigenwertlösers (im Berechnungsprotokoll: „Sturmsche Kontrolle...")

kinematische Beweglichkeit	$[(K_0 + \lambda_0 E) - \lambda_i^* E]\, x_i = 0$ (7-8) K_0 = Steifigkeitsmatrix E = Einheitsmatrix λ_i^*= Spektralverschiebung (Shiftfunktion)	$\lambda_i = \lambda_i^* - \lambda_0$: Nulleigenwerte der System-steifigkeitsmatrix	Starrkörper-bewegungen des Systems

Tabelle 7-1: Eigenwertgleichungen nach Anwendungen im Bauwesen

Für die Matrix A aus der allgemeinen Eigenwertgleichung (Gl. 7-4) wird in den nachfolgenden Gleichungen in Tabelle 7-1 immer die Steifigkeitsmatrix K_0 eingesetzt. Sie ist quadratisch, symmetrisch und im Allgemeinen positiv definit. Die Matrix B, die von der gleichen Dimension wie K_0 ist, variiert entsprechend der vorliegenden Aufgabenstellung.

Bei einer **dynamischen Berechnung** steht für die Matrix B die Massenmatrix M des Systems. Diese kann diagonal oder diagonal mit Torsionsgliedern besetzt sein. Man spricht hier von einer nichtkonsistenten Belegung der Matrix. Im ersten Fall ist nur die Hauptdiagonale besetzt, im zweiten Fall zusätzlich die dazu gehörigen Torsionsglieder.

Bei einer vollbesetzten Massenmatrix bei der gemäß den Anteilen in der Steifigkeitsmatrix auch die entsprechenden Anteile der Massenmatrix belegt sind, spricht man von einer konsistenten Belegung.

Diagonal belegte nichtkonsistente Massenmatrizen benötigen weniger Speicherplatz und ermitteln in der Regel ausreichend genaue Ergebnisse. Die Berechnung mit konsistenten Massenmatrizen stellt die genauere Lösung dar.

In den meisten Programmen kann die Wirkung der Massen separat entsprechend der vorhandenen Freiheitsgrade[5] definiert werden. Für eine Platte in der x-y Ebene wäre das z.B. die Wirkung in z-Richtung sowie um die x- und y-Achse. Im Allgemeinen wirken die Massen in Bezug auf alle Freiheitsgrade. Mit der separaten Definition der Wirkrichtung ist eine zusätzliche Steuermöglichkeit gegeben. Damit können mitunter auftretende unerwünschte Nebeneffekte ausgeschaltet werden.

Ergebnis:

Die Berechnung erfolgt für eine gewählte Anzahl von Eigenpaaren für eine definierte Massenbelegung. Diese resultiert aus dem Eigengewicht und, falls vorhanden, aus den Knotenzusatzmassen, den Linien- und Stabzusatzmassen bzw. den Flächenzusatzmassen. Ständig wirkende Lasten, die bereits für die statische Lösung ermittelt wurden, können in der Regel übernommen und automatisch über die Erdbeschleunigung umgerechnet als weitere zusätzliche Massenbelegung in die Massenmatrix integriert werden[5].

Als Ergebnis der Eigenwertaufgabe erhält man die Eigenwerte λ_i, die hier die Quadrate der Eigenkreisfrequenzen ω_i darstellen und die zugehörigen Eigenschwingformen x_i.

Demnach ergeben sich für

- die Eigenkreisfrequenzen $\omega_i = \sqrt{\lambda_i}$
- die Eigenfrequenzen $f_i = \omega_i / 2\pi$ und
- die Eigenperioden $T_i = 1 / f_i$.

[5] Diese Option ist auch in RFEM möglich

Soll eine **Stabilitätsberechnung** durchgeführt werden, wird die Matrix B mit der geometrischen Steifigkeitsmatrix K_σ belegt. In dieser Matrix stehen die Elemente, die aus der im Programm enthaltenen geometrischen nichtlinearen Theorie resultieren. Hier ist unbedingt hervorzuheben, dass die zu erwartenden Effekte sowie die Genauigkeit der Ergebnisse von der Leistungsfähigkeit dieser Theorie abhängen. In der Literatur gibt es Untersuchungen, die belegen, dass die Ergebnisse verschiedener Softwareprodukte mitunter qualitativ unterschiedlich ausfallen können (vgl. z.B. [2.6]).

Zum Beispiel könnte die Theorie III. Ordnung (Theorie der großen Verformungen) in einem allgemeinen Programm für Stab- und Flächentragwerke nur für die Stäbe implementiert sein. Logischerweise wären dann Effekte aus Schalenbeulen nicht ermittelbar, da dafür die höhere Theorie für Flächenelemente unabdingbar ist.

Die prinzipielle Möglichkeit einer Stabilitätsberechnung und das Vorhandensein einer geometrischen Steifigkeitsmatrix bürgen demnach noch nicht für die Qualität der Ergebnisse. Aus diesem Grund sollte sich der Anwender genau informieren, was die von ihm verwendete Software leistet. Gegebenenfalls können mit Standardbeispielen aus der einschlägigen Literatur Tests durchgeführt werden. In den folgenden Kapiteln werden einige dieser Tests beschrieben.

Ergebnis:

Die Stabilitätsberechnung erfolgt für eine Anzahl von Eigenpaaren für einen definierten Lastfall bzw. einer festgelegten Lastkombination. Der jeweilige Eigenwert v_i repräsentiert den kritischen Lastfaktor - die dazu gehörige Eigenform x_i stellt die Knickform bzw. die entsprechende Versagensfigur dar. Ergibt sich $v > 1{,}0$ liegt ein stabiles Gleichgewicht vor. Für $v < 1{,}0$ ist der Zustand instabil, für $v = 1{,}0$ indifferent.

Um auseichend genaue Ergebnisse zu erhalten, ist es häufig notwendig, Stäbe die nicht in Flächen integriert sind, zu unterteilen. Auch die Feinheit des FE-Netzes spielt z.B. bei Beuluntersuchungen eine Rolle. Die in den nächsten Abschnitten beschriebenen Beispiele sollen dieses Thema vertiefen.

Einige Programme erlauben eine nichtlineare Stabilitätsberechnung[6]. Es können ggf. konstruktive (z.B. ausfallende Stäbe, Lager, Bettungen) oder physikalische (nichtlineares Materialverhalten) Nichtlinearitäten auftreten. Der kritische Lastfaktor wird in diesem Fall durch eine schrittweise Steigerung der dem Lastfall zugrunde liegenden Lasten bis zur Instabilität ermittelt. Die Steifigkeitsmatrix ändert sich ggf. nach jeder Iteration.

Sehr nützliche Zusatzinformationen für die statische Berechnung liefern die in Tabelle 7-1 aufgeführten Gleichungen 7-7 zur **numerischen Lösungsgenauigkeit** und 7-8 zur **kinematischen Beweglichkeit.**

Leider sind diese zusätzlichen Analysemöglichkeiten eher selten in den kommerziellen Softwareprodukten zu finden[7]. Das ist insofern nicht nachvollziehbar, da bei Vorhandensein eines Eigenwertlösers im jeweiligen Softwareprodukt, z.B. bei der Stabilitätsanalyse ja nur die geometrische Steifigkeitsmatrix durch die Einheitsmatrix zu ersetzen ist. Es entsteht somit kein großer zusätzlicher Programmieraufwand. Es ist nur eine zusätzliche Eingabeoption notwendig.

[6] Diese Option ist auch in RFEM möglich

[7] Diese Optionen sind ab RFEM5 verfügbar

Für die Analyse der kinematischen Beweglichkeit, die eine Ermittlung von Nulleigenwerten erforderlich macht, ist allerdings noch die in Tabelle 7-1, Gl. 7-8 aufgeführte Spektralverschiebung vorzunehmen.

Zunächst soll kurz erläutert werden, welche Ursachen zu einer Verminderung der **numerischen Lösungsgenauigkeit** führen.

Es ist allgemein bekannt, dass durch das Lösen des Gleichungssystems bei großen Steifigkeitsunterschieden in den Elementen der Systemmatrix Ungenauigkeiten entstehen können. Dieses Problem verstärkt sich noch, wenn die Größe des Gleichungssystems zunimmt. Weniger bekannt ist, dass das Spektrum von leichten Ungenauigkeiten bis hin zu unbrauchbaren Ergebnissen reicht.

Diese Steifigkeitsunterschiede resultieren mitunter aus großen Dickenunterschieden, großen Unterschieden in den Elastizitätsmodulen, zu weichen Bettungen usw. Zum Beispiel sollten sehr weiche Bauteile, die keine statische Relevanz haben, bei der Modellierung ohnehin lieber ganz weglassen werden.

Treten derartige Effekte auf, sind diese nicht immer ohne Hilfsmittel zu verifizieren. Vor allem bei größeren FE-Systemen ist es zunehmend schwierig, die Ursachen herauszufinden. Ein sehr effektives Mittel ist neben der Analyse des ersten Eigenwertes auch eine grafische Auswertung der Steifigkeitsunterschiede des statischen Systems.

Ergebnis:

Ausgangspunkt der Beurteilung sind der erste Eigenwert, die erste Eigenform nach Gl. 7-7 in Tabelle 7-1 sowie die ∞-Norm.

Erster Eigenwert:

Ist der erste Eigenwert sehr klein, so ist das System in Teilen oder insgesamt sehr weich. Bei einem Wert gegen Null wird das statische System bereits beweglich. Solche kleinen Eigenwerte deuten auf einen numerischen Fehler hin. Untersuchungen haben gezeigt, dass das Verhältnis vom größten zum kleinsten Eigenwert noch aussagekräftiger ist. Da die Bestimmung des größten Eigenwertes sehr aufwendig ist, kann man diesen, wie schon erwähnt, über die so genannte ∞-Norm abschätzen.

Wie bereits in Kapitel 3 unter Punk 2.2.3. beschrieben, kann der Genauigkeitsverlust beim Lösen des Gleichungssystem über die folgende Formel abschätzt werden. Das Ergebnis stellt eine wichtige zusätzliche Sicherheit dar.

$$s \geq t - \log_{10}(\mathrm{cond}(K)) \quad \text{mit} \quad \begin{array}{ll} s\ldots & \text{Lösungsgenauigkeit in Stellen} \\ t\ldots & \text{interne Stellengenauigkeit und} \\ \mathrm{cond} & (K)=\lambda_n/\lambda_1\ldots \ \text{Konditionszahl} \\ \lambda_n\ldots & \text{Abgeschätzt über } \infty\text{-Norm} \end{array} \qquad (7\text{-}9)$$

Erste Eigenform:

Die oben erwähnte grafische Beurteilung der Steifigkeitsunterschiede bzw. deren Verteilung im statischen System erfolgt durch Auswertung der ersten Eigenform. Man kann daraus ableiten, wo sich z.B. die ggf. kritischen weichen Tagwerksteile befinden und entsprechende Gegenmaßnahmen ergreifen.

Die Analyse der **kinematischen Beweglichkeit** nach Gl. 7-8 in Tabelle 7-1 ist ein sinnvolles Hilfsmittel, um bewegliche oder teilbewegliche Systeme zu analysieren. Diese Systeme führen bei der statischen Lösung zu einem Abbruch der Berechnung, da die Steifigkeitsmatrix singulär ist. Sie können durch fehlende Lagerungen, falsche Anschlussbedingungen oder ähnliches entstehen. Bei größeren Systemen ist es bisweilen schwer, die wahren Ursachen der Beweglichkeit zu finden. Obwohl die Gründe manchmal trivial sind, können sie mitunter dem Statiker viel Zeit kosten.

Im Gegensatz zur statischen Aufgabe ist die Eigenwertgleichung nach Gl. 7-8 von derartigen Systemen prinzipiell lösbar. Da bei beweglichen Systemen der Eigenwert Null wird, ist es allerdings notwendig, einen mathematischen Kniff anzuwenden. Die bereits erwähnte Spektralverschiebung, wie in Gl. 7-8 dargestellt, erlaubt die Lösung der Eigenwertaufgabe auch für Nulleigenwerte.

Ergebnis:

Die Eigenform stellt die Starrkörperbewegungen des Systems oder Teile davon dar und ist somit ideal zur Fehlersuche geeignet.

Die Systemsteifigkeitsmatrix besitzt soviel Nulleigenwerte und dazu gehörige Eigenformen wie Beweglichkeiten vorhanden sind. Gibt es im untersuchten statischen System ggf. mehrere Beweglichkeiten, ist es sinnvoll, auch die über die erste Eigenform hinausgehenden Ergebnisse zu analysieren.

In den nachfolgenden Gliederungspunkten werden die bisherigen theoretischen Ausführungen durch praktische Beispiele vertieft. Dabei werden reine Stabtragwerke grundsätzlich mit RSTAB und Gemischtsysteme mit RFEM analysiert.

2.1 Stabilitätsanalyse

2.1.1 Stabtragwerke

Zunächst wird ein statisches System mit einem speziellen Stahlprofil ausgewählt, für das die Eingaben als Stabmodell - bzw. in den nächsten Gliederungspunkten als Faltwerk- bzw. Volumenmodell - erläutert und die erzielten Ergebnisse gegenüber gestellt und ausgewertet werden.

Untersuchtes Hutprofil nach Peterson [7.3]:

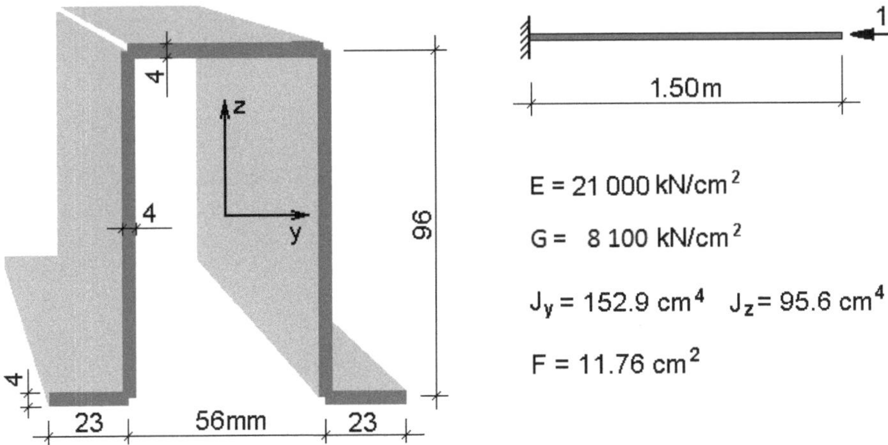

Bild 7-1: Statisches System und Profildaten

Mit Hilfe des Zusatzmoduls DUENQ (Querschnitte dünnwandiger Profile) aus RSTAB werden die aus [7.3] entnommenen Werte nachvollzogen.

Beispiel Querschnittswerte Hutprofil mit DUENQ

Nach Anlegen des Querschnittes im jeweiligen Projektordner kann die Mittellinie mit der Profilstärke von 4mm über die Funktion „*Elemente grafisch einzeln setzen*“ konstruiert werden.

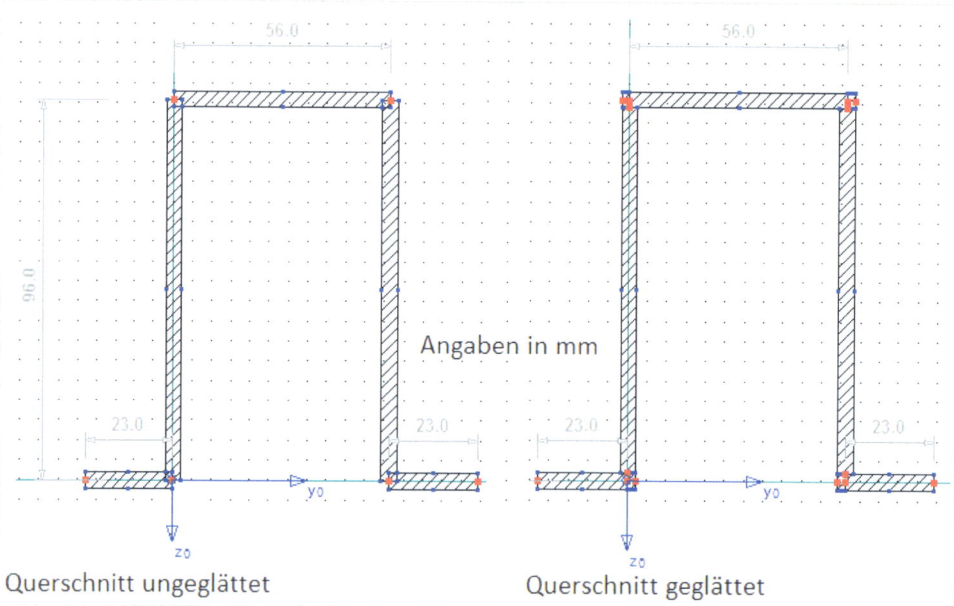

Die berechneten Querschnittswerte stimmen zunächst nicht mit den Werten nach [7.3] überein, da die Profilecken noch ausgespart sind (Bild links). Nach Anwendung des Befehls „*Ecke glätten*“ auf alle vier Ecken (Bild rechts) stimmen jetzt die mit DUENQ ermittelten Werte ausreichend mit den Werten nach [7.3] überein (vgl. Tabelle).

	Peterson [7.3]	DUENQ ungeglättet	DUENQ geglättet
Fläche A in cm^2	11,76	11,60	11,76
Trägheitsmoment I_y in cm^4	152,90	149,19	153,03
Trägheitsmoment I_z in cm^4	95,60	94,43	95,69
Torsionsträgheitsm. I_t in cm^4	0,665	0,62	0,63

Das erzeugte Profil wird gespeichert, um dann später die Querschnittswerte über RSTAB einlesen zu können.

Beispiel Hutprofil-Stabtragwerk

Statisches System / Eingabewerte

Material Stab: E= 21.000 kN/cm², G= 8.100 kN/cm² mit γ= 0

Querschnitt: Hutprofil nach DUENQ

Belastung: 1,00 kN (zentrisch am Stabende)

Lagerung: $u_x = u_y = u_z = \phi_x = \phi_y = \phi_z =$ starr (am Stabanfang)

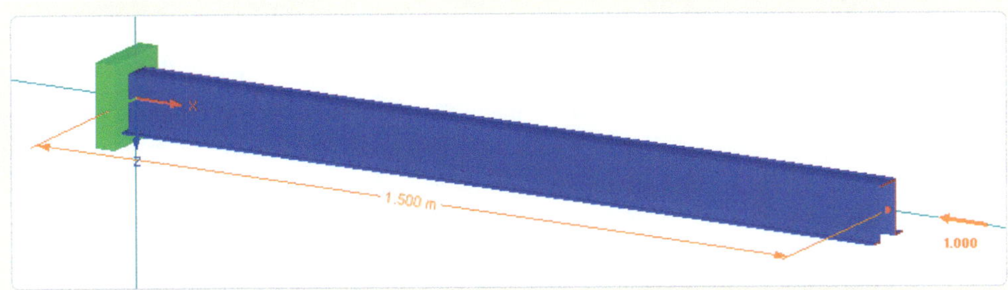

Eingabe in RSTAB

Nach Eingabe des Materials wird der in DUENQ erzeugte Querschnitt über den Dialog „*Neuer Querschnitt*" importiert.

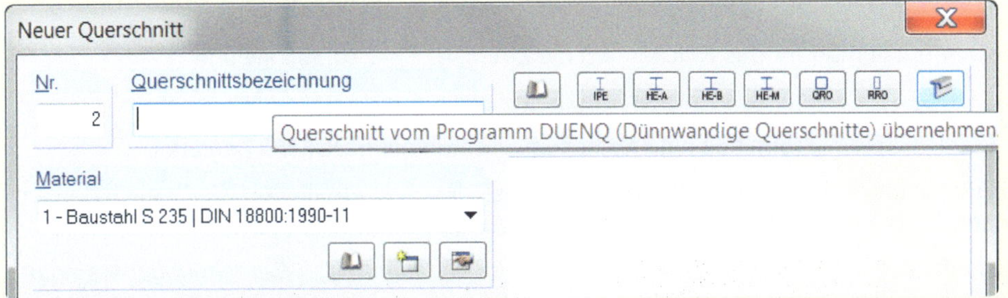

Die Einspannung am Stabanfang wird durch die starre Lagerung aller 6 Freiheitsgrade realisiert. Am Stabende wirkt die Knotenlast von 1,0 kN.

Die Stabilitätsberechnung wird durch Aufrufen des Zusatzmoduls RSKNICK gestartet. Es öffnet sich der folgende Dialog:

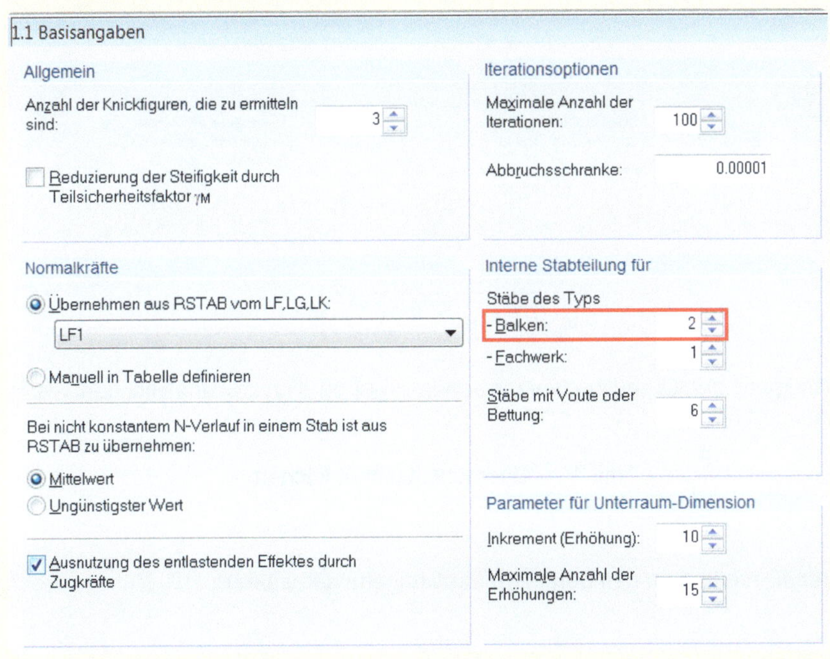

Die im voran dargestellten Dialog eingestellten Werte sollen kurz kommentiert werden:

Unter „*Allgemein*" ist die Anzahl der gewünschten Eigenpaare einzugeben (hier 3).

Die für die geometrische Steifigkeitsmatrix relevanten Normalkräfte werden aus dem Lastfall 1 übernommen.

Da die Normalkraft im Beispiel eine konstante Druckkraft ist, sind die unteren linken Einstellungen im Dialog (nicht konstanter N-Verlauf, entlastender Effekt durch Zugkräfte) ohne Wirkung.

Die interne Stabteilung für die Balken soll zwischen 1 und 4 variieren (Voreinstellung ist 2).

Die analytischen Werte ergeben sich nach dem Eulerfall 1 zu:

$$F_K = \frac{\pi^2 E I}{(\beta L)^2} \quad \text{mit} \quad \beta = 2 \quad \text{und} \quad L = \text{Stablänge}$$

Danach erhält man für das Knicken um die z-Achse: F_z= 220,365 kN und

für das Knicken um die y-Achse: F_y= 352,414 kN.

(ermittelt mit Trägheitsmomenten nach DUENQ geglättet)

Für Vergleichsrechnungen ist zu beachten, dass die oben ermittelten Werte nach den einfachen Euler-Formeln keine Querschubverzerrungen berücksichtigen.

Deshalb wird in RFEM die Einstellung unter „*Berechnung*", „*Berechnungsparameter*", „*Optionen*" <u>ohne</u> „*Schubsteifigkeiten der Stäbe berücksichtigen*" beibehalten (vgl. Bild).

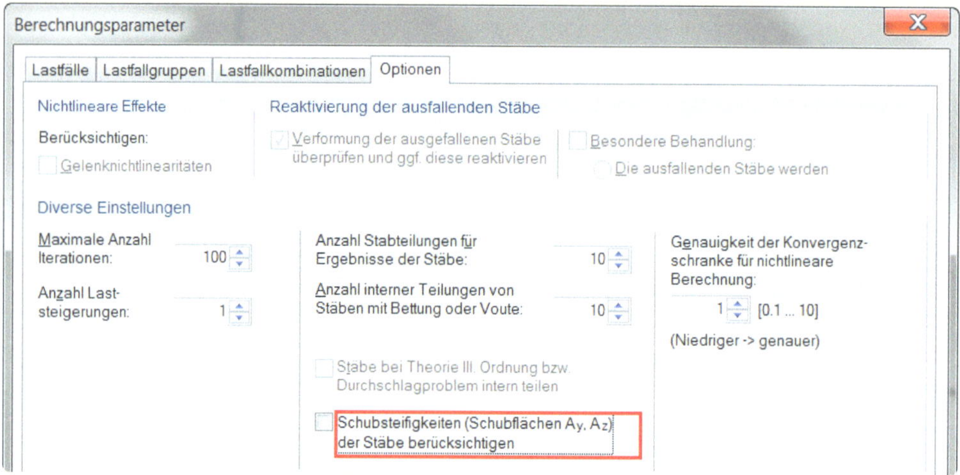

Bei Berücksichtigung der Querschubverzerrungen ergeben sich die analytischen Werte nach Timoshenko [7.5]:

$$F_{K\,Schub} = \frac{F_K}{1 + \dfrac{F_K}{G A_S}} \quad \text{mit} \quad A_S = \text{Querschnittsschubflächen}$$

Erwartungsgemäß erhält man nun geringere Laststeigerungsfaktoren.

Mit den Schubflächen für A_y= 1,18 cm² und A_z= 7,01 cm² ergibt sich

für das Knicken um die z-Achse: $F_{z\ Schub}$= 215,399 kN und

für das Knicken um die y-Achse: $F_{y\ Schub}$= 350,240 kN.

Ergebnisse

Nach der Berechnung in RSKNICK weist RSTAB für die ersten drei Eigenpaare folgende Ergebnisse aus (interne Stabteilung 4, ohne Berücksichtigung der Schubsteifigkeiten):

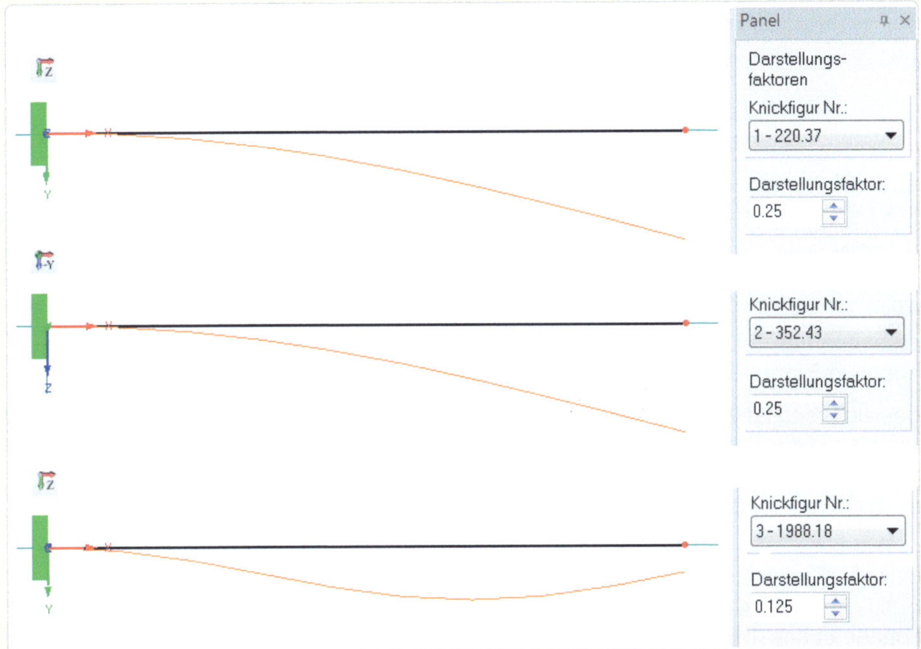

Erkenntnisse

Da bei dem untersuchten Querschnitt Schwer- und Schubmittelpunkt auf der schwachen Biegeachse (= Symmetrieachse) nicht identisch sind, ist für den ersten Eigenwert eine Biegedrillknickeigenform zu erwarten.

Übliche Stabtragwerksprogramme mit 6 Freiheitsgraden pro Knoten sind allerdings nicht in der Lage, Effekte aus dem Biegedrillknicken zu erfassen. Spezielle Programme, die z.B. nach Biegetorsionstheorie II. Ordnung mit Berücksichtigung der Verwölbung als 7. Freiheitsgrad arbeiten, führen hier zu einer Lösung. RSTAB bietet dazu das Zusatzmodul FE-BGDK an. Eine Berechnung mit diesem Modul erfolgt später.

Demnach ermittelt RSTAB zunächst als erste Eigenform eine Biegeknickeigenform um die schwache Achse (x-y-Ebene). Es folgt als zweite Eigenform Biegeknicken um die starke Achse (x-z-Ebene). Für die dritte Eigenform ergibt sich eine höhere Biegeknickeigenform wiederum um die schwache Achse (x-y-Ebene).

Wie schon erwähnt, hängt die Genauigkeit der Ergebnisse bei Stabilitätsberechnungen von der internen Stabteilung ab. Die nachfolgenden zwei Tabellen zeigen die Laststeigerungsfaktoren mit ihren Abweichungen zu den jeweiligen analytischen Lösungen bei Variierung der Stabteilung.

Ergebnisse für die untersuchten Teilungen ohne Berücksichtigung der Querschubverzerrungen:

	Referenzlösung (schubstarr)	Teilung 1	Teilung 2	Teilung 4
F_z in kN Fehler in %	220,365 -	222,016 0,75	220,472 0,05	220,366 0,00
F_y in kN Fehler in %	352,414 -	355,074 0,75	352,604 0,05	352,435 0,01

Ergebnisse mit Berücksichtigung der Querschubverzerrungen:

	Referenzlösung (schubweich)	Teilung 1	Teilung 2	Teilung 4
F_z in kN Fehler in %	215,399 -	217,463 0,96	215,628 0,11	215,423 0,01
F_y in kN Fehler in %	350,240 -	353,090 0,81	350,487 0,07	350,273 0,01

Bei einer internen Teilung von 2 (= Voreinstellung) ergeben sich für beide Varianten schon sehr genaue Ergebnisse.

Da das untersuchte Beispiel nur ein sehr einfaches Tragwerk darstellt und damit nicht repräsentativ sein kann, wird im übernächsten Beispiel zur Ergänzung eine weitere Konvergenzbetrachtung bezüglich der Stabteilung an einem Rahmen mit unterschiedlichen Querschnitten durchgeführt.

Das für das Stabilitätsversagen relevante erste (noch fehlende) Eigenpaar soll anschließend mit dem bereits erwähnten Zusatzmodul FE-BGDK ermittelt werden. Mit diesem Modul können ebene Teilsysteme aus räumlichen Stabsystemen herausgelöst und nach der entsprechenden Theorie mit Berücksichtigung der Verwölbung auf Biegedrillknicken untersucht werden.

Im Beispiel Hutprofil-Stabtragwerk-BGDK soll das Vorgehen erläutert werden.

Beispiel Hutprofil-Stabtragwerk-BGDK

Das Beispiel Hutprofil-Stabtragwerk wird geöffnet und mit der Zusatzbezeichnung „-BGDK" abgespeichert. Bevor das Modul FE-BGDK gestartet wird, müssen die in FE-BGDK zu untersuchenden Stäbe (Teilsysteme) in RSTAB als Stabsatz definiert werden. Das geschieht, indem die Stäbe ausgewählt (hier nur ein Stab) und über das Kontextmenü (Maustaste rechts = MTR) als *„Neuer Stabsatz..."* eingeführt werden.

Im Modul FE-BGDK wird der Stabsatz unter *„Basisangaben"* (vgl. Bild) ausgewählt. Damit werden die Material- und Querschnittswerte einschließlich der vorhandenen Belastung übernommen. Unter *„Materialien"* und *„Querschnitte"* (vgl. Bild) können die bereits getätigten Eingaben kontrolliert werden.

Als Eingabewert fehlt die Festlegung der Wölbeinspannung (7. Freiheitsgrad). In unserem Fall wird eine Volleinspannung in Ergänzung zu den bereits in RSTAB gesetzten 6 Freiheitsgraden hinzugefügt.

Hauptmenü in FE-BGDK:

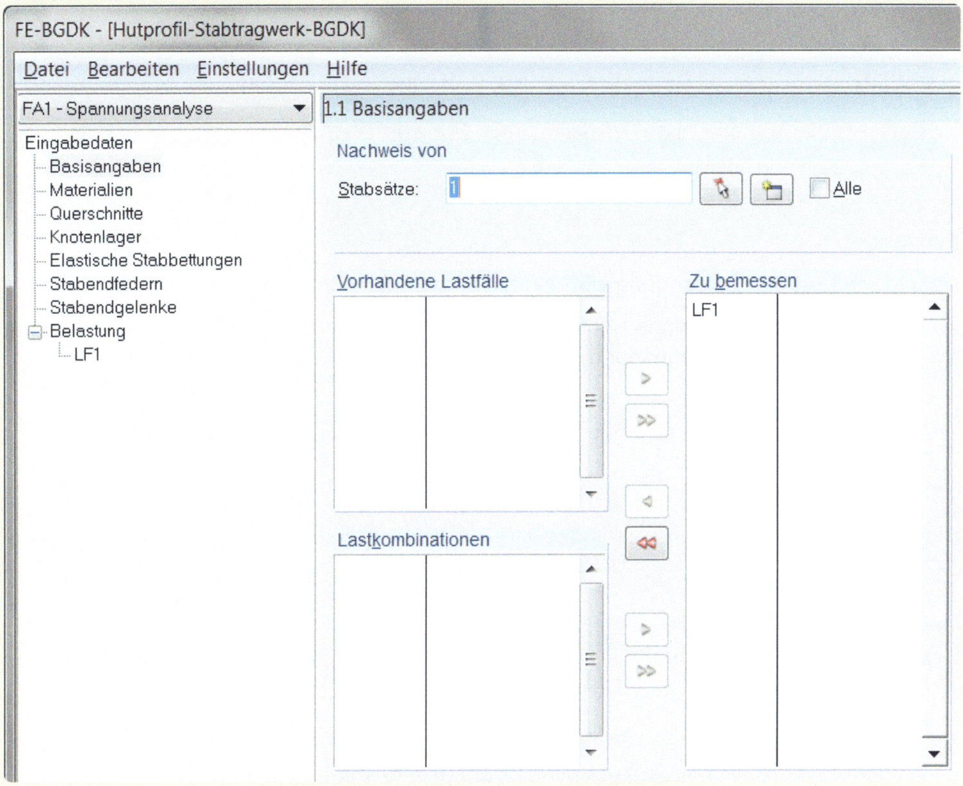

FE-BGDK - [Hutprofil-Stabtragwerk-BGDK]

Datei Bearbeiten Einstellungen Hilfe

FA1 - Spannungsanalyse

Eingabedaten
- Basisangaben
- Materialien
- Querschnitte
- Knotenlager
- Elastische Stabbettungen
- Stabendfedern
- Stabendgelenke
- Belastung
  - LF1

1.1 Basisangaben

Nachweis von

Stabsätze: 1 Alle

Vorhandene Lastfälle

Zu bemessen

LF1

Lastkombinationen

Unter *„Details“* sind die folgenden Einstellungen vorzunehmen:

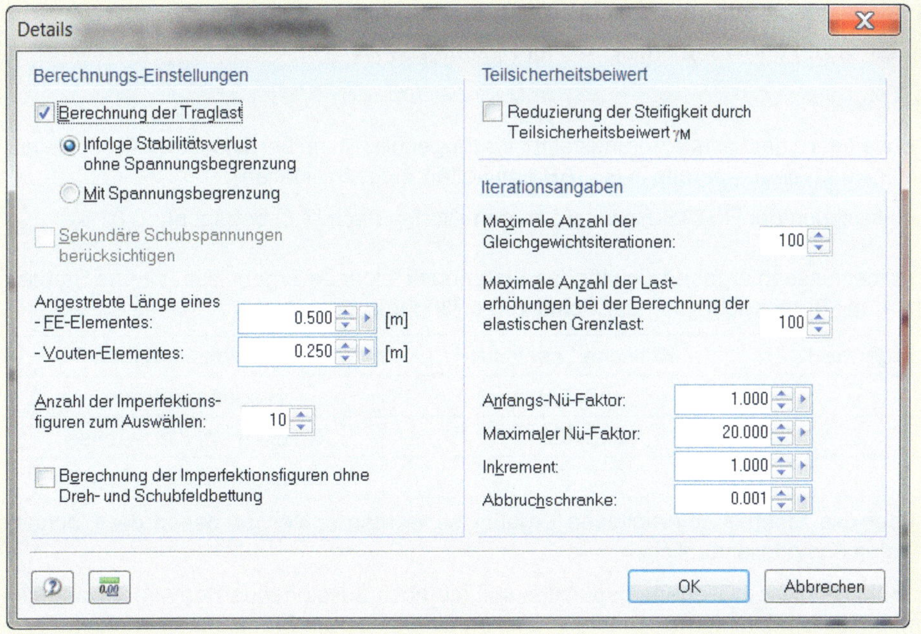

Festlegung der Wölbeinspannung:

1.4 Knotenlager

	A	B	C	D	E	F	G	H	I
Lager Nr.	Stabsatz Nr.	Knoten Nr.	Stützung bzw. Feder [kN/m] uX	uY	uZ	Einspannung bzw. Feder [kNm/rad] φX	φY	φZ	Wölbeinspannung ω [kNm³]
1	1	1	☒	☒	☒	☒	☒	☒	☒
2									
3									

ERGEBNISSE

Nach dem Start der Berechnung wird ein kritischer Lastfaktor von 55,250 ermittelt.

Zum Vergleich sollen die nach Schlechte [7.6] berechneten analytischen Werte nach den folgenden Ansätzen herangezogen werden:

$$P_{KT} = \frac{\pi^2 E A}{\lambda_{KT}^2} \qquad \text{mit} \quad \lambda_{KT} = \frac{s_K}{i_Z} \sqrt{\frac{c^2 + i_M^2}{2\,c^2} \left(1 + \sqrt{1 - \left(\frac{4\,c^2\, i_P^2}{\left(c^2 + i_M^2\right)^2}\right)}\right)}$$

wobei

$$i_Z = \sqrt{\frac{I_Z}{A}} \qquad \text{und} \qquad i_M = \sqrt{i_P^2 + z_M^2}$$

$$\text{und mit} \quad c = \sqrt{\frac{I_{\omega,M} + \dfrac{G}{\pi^2 E} I_t\, s_K^2}{I_Z}}$$

Die Eingabewerte werden aus DUENQ entnommen:

$I_{\omega,M}$= 753,68 cm^6 (Wölbwiderstand bezogen auf den Schubmittelpunkt),

E= 21.000 kN/cm^2, G= 8.100 kN/cm^2, I_Y= 153,03 cm^4, I_Z= 95,69 cm^4, I_T= 0,63 cm^4,

L= 150 cm, s_K= 300 cm, i_P= 4,6 cm, y_m= 0, z_M= -8,77cm, A= 11,76 cm^2

Nach Einsetzen der Werte erhält man für P_{KT}= 55,239 kN.

ERKENNTNISSE

Wie erwartet, ist der Laststeigerungsfaktor für Biegedrillknicken bei diesem Profil der kleinste Eigenwert (vor den bereits in RSTAB ermittelten Biegeknickfällen).

Die Abweichung der RSTAB-Resultate zu den Werten nach [7.6] beträgt nur 0,02 %.

Zusammenfassend ergeben sich für das Stabmodell folgende Ergebnisse (interne Stabteilung= 4, mit Berücksichtigung der Schubverzerrungen):

Eigenwert	Kritische Last in kN	Stabilitätsversagen
1	55,250	Biegedrillknicken
2	215,423	Knicken um die z-Achse
3	350,273	Knicken um die y-Achse

Die über das Stabmodell erhaltenen Ergebnisse werden später mit denen der Flächen- und Volumenmodelle verglichen.

Zum Schluss dieses Gliederungspunktes soll die noch ausstehende Konvergenzuntersuchung bezüglich der internen Stabteilungen an einem ebenen Stahlrahmen erfolgen.

Beispiel Rahmen-Stabtragwerk

Statisches System / Eingabewerte

Material Stab: E= 21.000 kN/cm², G= 8.100 kN/cm² mit γ=0

Querschnitt: HEB- und IPE-Profile entsprechend Bild

Belastung: Stablasten 4,0 und 8,0 kN/m

Lagerung: $u_x = u_z = \phi_y$ = starr (an den Stützenfüßen)

Interne Stabteilung: 1, 2, 4 und 6

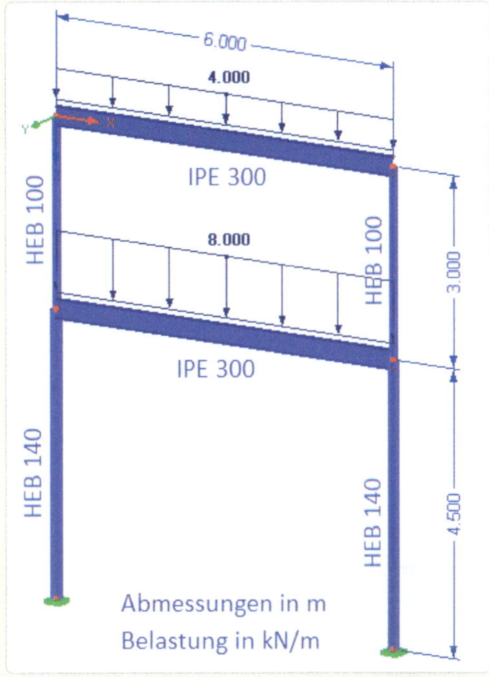

Eingabe in RSTAB

Als Typ der Struktur wird „*2D in XZ*" gewählt. Die Eingabe erfolgt in RSTAB ohne Berücksichtigung des Eigengewichtes und ohne Berücksichtigung der Schubsteifigkeiten der Stäbe.

Anschließend wird RSKNICK gestartet und die interne Stabteilung entsprechend variiert.

Ergebnisse

Im nebenstehenden Bild wird die erste Eigenform mit der dazugehörigen Knicklast dargestellt (interne Stabteilung = 6).

Als Referenzlösung wird hier das Ergebnis nach Petersen [7.3] verwendet.

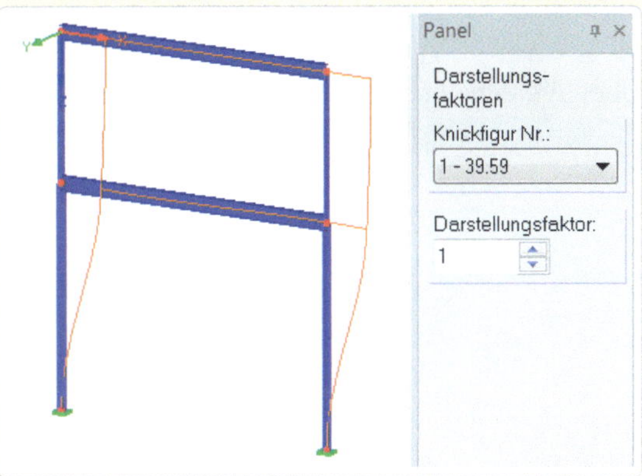

	Referenzlösung nach [7.3]	Teilung 1	Teilung 2	Teilung 4	Teilung 6
F_{Knick} in kN Fehler in %	39,59 -	40,00 1,04	39,81 0,56	39,60 0,03	39,59 0,00

Erkenntnisse

Ähnlich wie im Beispiel Hutprofil-Stabtragwerk werden auch hier mit der in RSTAB voreingestellten Teilung von 2 schon ausreichend genaue Ergebnisse erzielt.

2.1.2 Faltwerke

Das als Stabtragwerk untersuchte Hutprofil soll nun mit dem Programm RFEM als komplettes Flächentragwerk (Faltwerk) generiert werden.

Beispiel Hutprofil-Flächentragwerk

Statisches System / Eingabewerte

Material: E= 21.000 kN/cm², G= 8.100 kN/cm², μ= 0.2963 mit γ= 0

Belastung: 1,0 kN umgerechnet in Linienlast auf Stabende

$$p_L = 3{,}4014 \text{ kN/m} = \frac{1\text{kN}}{(2\cdot 0{,}023 + 2\cdot 0{,}096 + 0{,}056)\text{ m}}$$

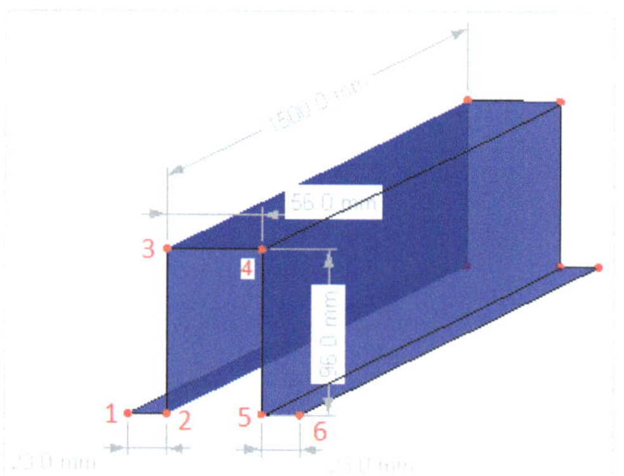

Dicke der Fläche: 4 mm

Lagerung: Linienlager $u_x = u_y = u_z = \phi_x = \phi_y = \phi_z$ = starr (am Stabanfang)

Eingabe in RFEM

Als Modelltyp wird „*3D*" gewählt. Zunächst werden die sechs Eckpunkte des Profils als „*Knoten*" eingegeben. Bei der Lage des Koordinatensystems im Knoten 2 ergeben sich die neben stehenden Koordinaten.

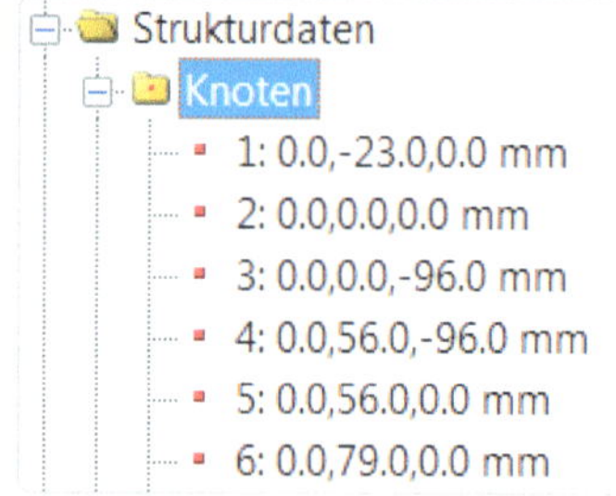

Mit dem Befehl „*neue Polylinie*" werden die 6 Knoten verbunden. Anschließend wird das Polygon markiert (Fenster von links oben nach rechts unten aufziehen).

Über „*Verschieben bzw. Kopieren*" öffnet sich der folgende Dialog:

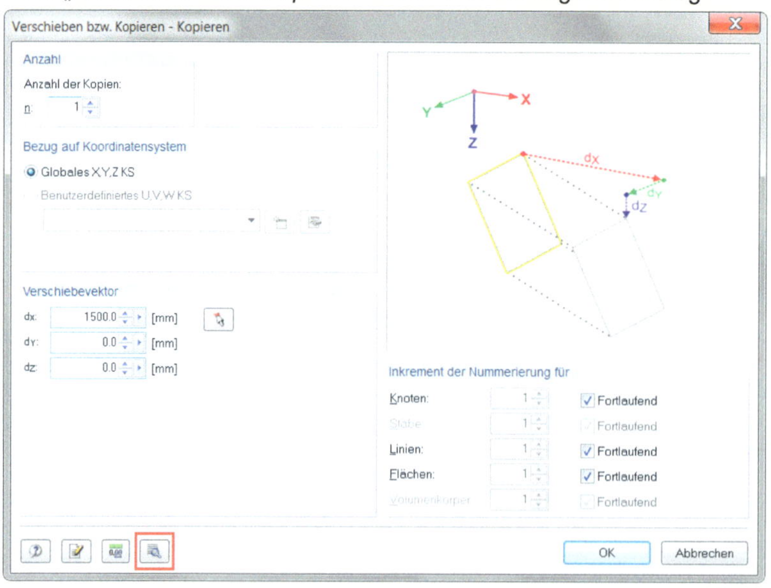

Hier sind eine Kopie und ein Verschiebungsvektor von dx= 1500 mm einzustellen.

Unter „*Weitere Detaileinstellungen…*" (im Dialog „*Verschieben bzw. Kopieren*" unten) ist die im folgenden dargestellte Option zu wählen.

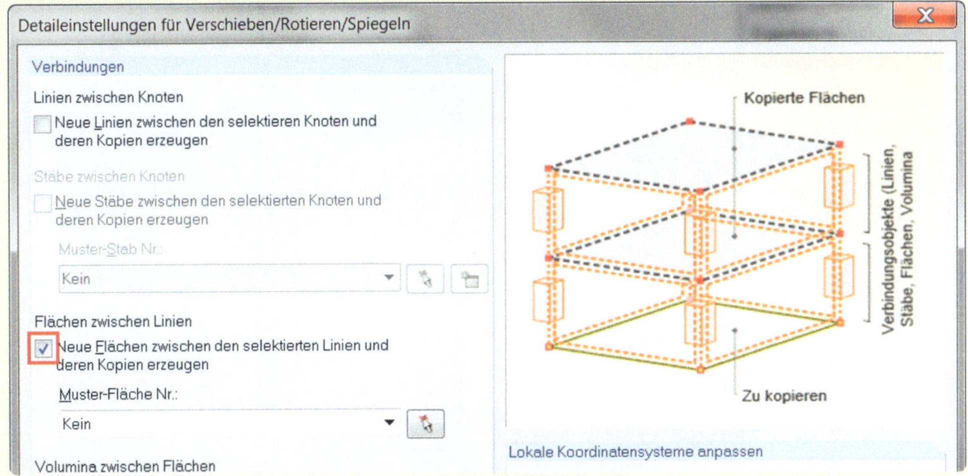

Nach Ausführen des Befehls wird der Träger in einem Schritt generiert. Es entstehen weitere sechs Knoten, zugehörigen Linien und zwischen den kopierten Linien eine Fläche vom Typ „*Null*". Diese ist unter „*Flächen*" in den Typ „*konstant*" mit einer Dicke von 4 mm umzuwandeln.

Die Belastung am Stabende von 1,0 kN wird als konstante Linienlast auf den Querschnitt „verteilt" (siehe Eingabewerte). Beim Anlegen des neuen Lastfalls ist darauf zu achten, dass ohne Eigengewicht gerechnet wird.

Die Einspannung am Stabanfang ist als Linienlager (alle 6 Freiheitsgrade= starr) zu setzen. Damit ist auch die im Stabmodell zusätzlich gesetzte Wölbeinspannung mit abgedeckt.

Unter „*Berechnung*" „*FE-Netz-Einstellungen…*" wird eine Netzdichte von l_{FE}= 23 mm eingestellt.

Abschließend wird das Modul RF-STABIL ausgewählt und die Berechnung gestartet.

Ergebnisse

Erste Eigenform (l_{FE}= 23 mm):

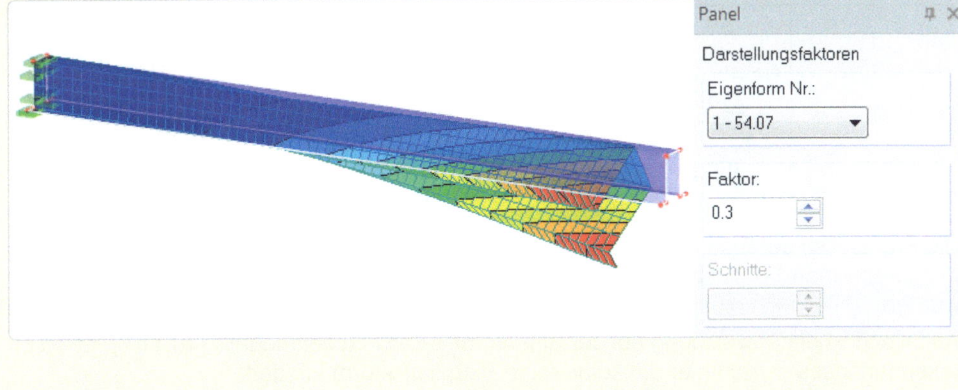

Zweite Eigenform (l_{FE}= 23 mm):

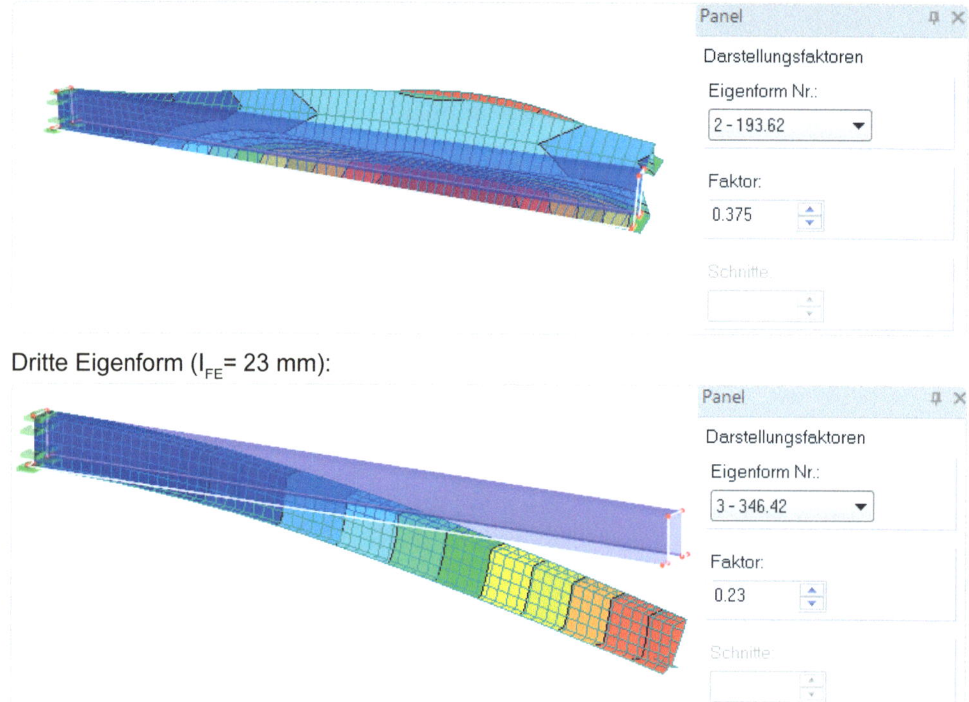

Dritte Eigenform (l_{FE}= 23 mm):

Die über das Flächenmodell erzeugten Eigenformen vermitteln, im Gegensatz zum Stabmodell, in dem nur die Verformungen der Stabmittellinie dargestellt werden können, in anschaulicher Weise ein „reales" Gesamtverformungsbild.

Erkenntnisse

In der folgenden Tabelle werden die bisher erzielten Ergebnisse gegenübergestellt.

Die prozentualen Abweichungen beziehen sich auf die analytisch gewonnene Lösung. Die %-Werte stellen keine Fehlerbetrachtung dar – sie sollen nur die zum Teil unterschiedlichen Ergebnisse dokumentieren.

Eigenform	Analytische Lösung	Ergebnisse RSTAB (Teilung 4, schubweich)	Ergebnisse RFEM (Faltwerk l_{FE}= 23 mm)
1	55,239 kN -	55,250 kN 0,02 %	54,07 kN 2,12 %
2	215,399 kN -	215,423 kN 0,01 %	193,62 kN 10,11 %
3	350,240 kN -	350,273 kN 0,01 %	346,42 kN 1,09 %

Die Ergebnisse der Eigenformen 1 und 3 kann man als sehr gut übereinstimmend bezeichnen, wenn man bedenkt, dass sie mit sehr unterschiedlichen Theorieansätzen ermittelt wurden.

Auffallend ist die Abweichung bei der Eigenform 2 des Flächenmodells (10,11%). Es ist zu erkennen, dass es sich hier um keine reine Biegeknickform handelt.

Durch die Lage des Schubmittelpunktes M (vgl. Bild) gibt es beim Knicken um die z-Achse eine zusätzliche Verdrillung. Damit reduziert sich entsprechend der Laststeigerungsfaktor im Vergleich zum reinen Biegeknicken.

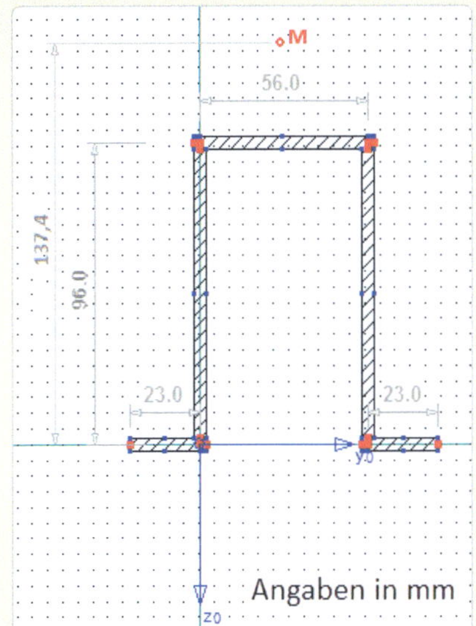

Dieses Verhalten kann über das eindimensionale Stabelement in RSTAB ohne Berücksichtigung der Verwölbung nicht abgebildet werden. Die Grenzen der Stabtheorie werden hier deutlich.

Das Flächenmodell mit seiner komplexen dreidimensionalen Abbildung des Profils eröffnet hier eine bessere Modellbildung.

Abschließend soll noch eine Betrachtung zur gewählten Netzdichte durchgeführt werden. Bei einem l_{FE}= 23 mm, das hier zunächst erst einmal angebracht erscheint, entstehen immerhin 780 Flächenelemente mit 858 FE-Knoten. Bei größeren Systemen können so schnell recht große Gleichungssysteme entstehen.

Die anschließende Tabelle verdeutlicht den Anstieg des Fehlers bei einer gröberen Netzdichte. Die Ergebnisse mit einer Netzdichte von l_{FE}= 23 mm werden dabei als Referenzlösung herangezogen.

Eigenform	l_{FE}= 23 mm	l_{FE}= 50 mm	l_{FE}= 100 mm	l_{FE}= 200 mm
1	54,07 kN -	54,13 kN 0,11 %	53,78 kN 0,54 %	53,64 kN 0,80 %
2	193,62 kN -	196,74 kN 1,61 %	200,48 kN 3,54 %	199,19 kN 2,88 %
3	346,42 kN -	348,49 kN 0,60%	357,95 kN 3,33 %	343,67 kN 0,79 %

Wie die Ergebnisse zeigen, ist die Abweichung zur Referenzlösung bei einer Netzdichte von l_{FE}= 50 mm noch relativ gering.

Erste Eigenform mit einer Netzdichte von l_{FE}= 50 mm:

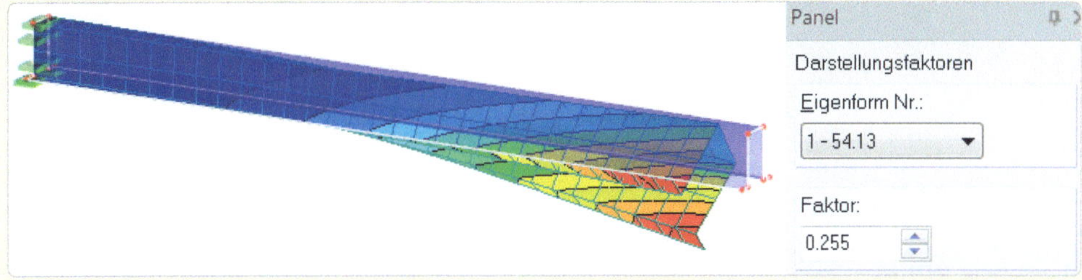

Im nächsten Gliederungspunkt erfolgt eine Berechnung des Hutprofils mit Volumenelementen.

Im Rahmen des Themas Stabilitätsberechnung von Flächentragwerken sollen anschließend zur Abrundung zwei Beispiele zum Beulen von rechteckigen Faltwerken generiert und ausgewertet werden. Auch hier ist die Wahl einer sinnvollen Netzdichte wichtig.

In der Literatur werden Beulprobleme von ebenen Tragwerken häufig als Plattenbeulen bezeichnet, dabei ist der Begriff in dieser Form nicht korrekt bzw. sogar irreführend. Unter einer Platte versteht man im Rahmen der FEM ein Tragwerk mit 3 Freiheitsgraden - das sind die Querverschiebung und die zwei Verdrehungen in der Tragwerksebene. Eine Scheibe hingegen besitzt als Freiheitsgrade die zwei Verschiebungen in der Tragwerksebene und ggf. eine Verdrehung senkrecht zur Tragwerksebene (vgl. auch Kapitel 1 unter Punkt 6.3 und 6.4). Die Behandlung von Beulproblemen setzt immer sowohl die Platten- als auch die Scheibeneigenschaften eines Elementes voraus. Außerdem sind diese durch die Theorie III. Ordnung miteinander gekoppelt. Im folgenden Beispiel ist das sehr gut nachvollziehbar, da die Scheibenbelastung beim Beulen eine Querverschiebung und Verdrehung des Systems erzeugt.

Eine zutreffende Bezeichnung wäre demnach „Beulen von Faltwerken" oder „Schalenbeulen". In diesem Zusammenhang ist mit dem Begriff „Schale" nicht die Assoziation mit einem gekrümmten Tragwerk gemeint, sondern vielmehr die Eigenschaft die Platten- und Scheibentragwirkung zu verbinden.

Beispiel Beulen-Flächentragwerk-1

Statisches System / Eingabewerte

Material: E= 20.000 kN/cm², G= 10.000 kN/cm², μ= 0, γ= 0

Belastung: Linienlast 1 kN/m

Dicke der Fläche: 10 mm

Lagerung: Linienlager u_z= starr entlang der 4 Ränder

3 Punktlager zur zwängungsfreien Lagerung der Scheibenfreiheitsgrade

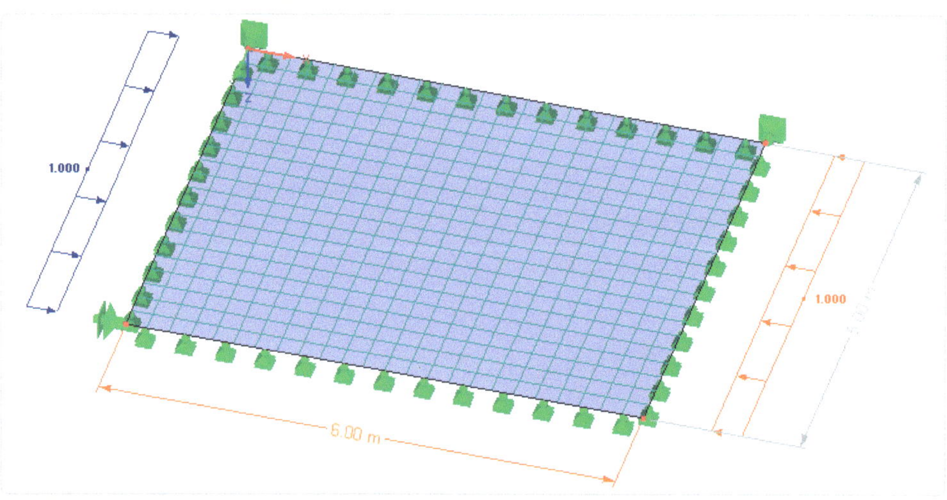

Eingabe in RFEM

Als Modelltyp wird „*3D*" gewählt. Die Fläche ist mit einer konstanten Dicke von 10 mm in der xy-Ebene einzugeben.

Anschließend werden die oben festgelegten Randbedingungen definiert.

Wird nur ein Punktlager mit der Bedingung „$u_x = u_y = \phi_z =$ starr“ eingeführt, erreicht man zwar eine zwängungsfreie Lagerung - es entsteht aber als erste Eigenform eine Rotationseigenform um den gelagerten Knoten. Um diese zu eliminieren, werden die im Bild dargestellten 3 Knotenlager gesetzt (zweimal $u_y =$ starr, einmal $u_x =$ starr).

Die Linienlast von 1 kN/m bzw. -1 kN/m wird als globale Last in x-Richtung an den kürzeren Seiten eingegeben.

Unter *„Berechnung“ „FE-Netz-Einstellungen…“* wird eine Netzdichte von $l_{FE} = 0{,}25$ m eingestellt.

Die in der Ergebnisauswertung verwendete analytische Lösung nach Weiß [7.2] basiert auf einer Lösung nach Kirchhoff. Deshalb wird die unter *„Berechnung“ „Berechnungsparameter…“ „Globale Berechnungsparameter“* voreingestellte Theorie nach Mindlin auf Kirchhoff umgestellt.

Die zwängungsfreie Lagerung wird durch eine statische Berechnung nach der Theorie I. Ordnung kontrolliert. Als Ergebnis muss für $n_x =$ konst.= -1,0 kN/m und für $n_y = n_{xy} =$ Null herauskommen.

Anschließend wird RF-STABIL gestartet.

Ergebnisse

Erste Eigenform ($l_{FE} = 0{,}25$ m):

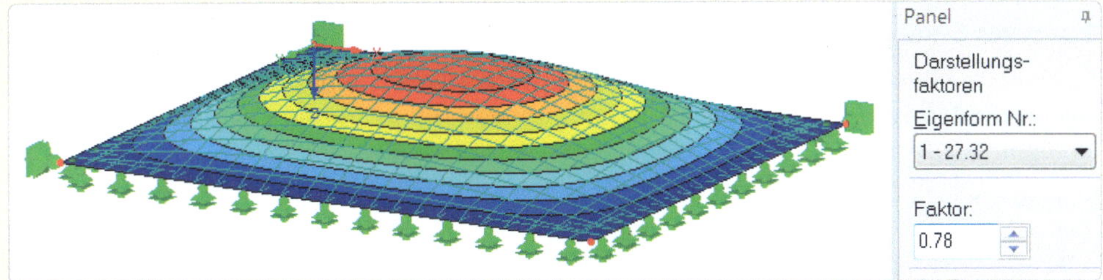

Zweite Eigenform ($l_{FE} = 0{,}25$ m):

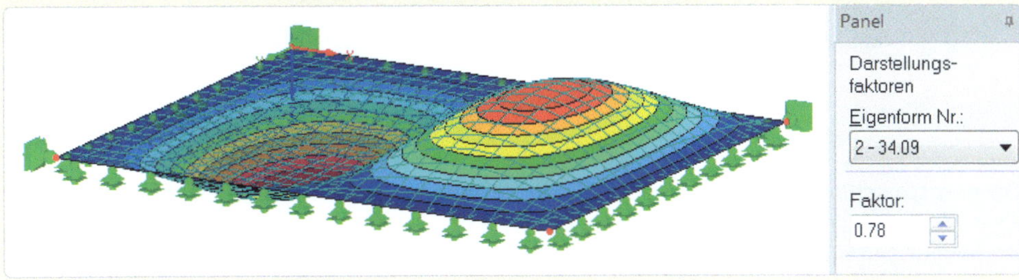

Dritte Eigenform ($l_{FE} = 0{,}25$ m):

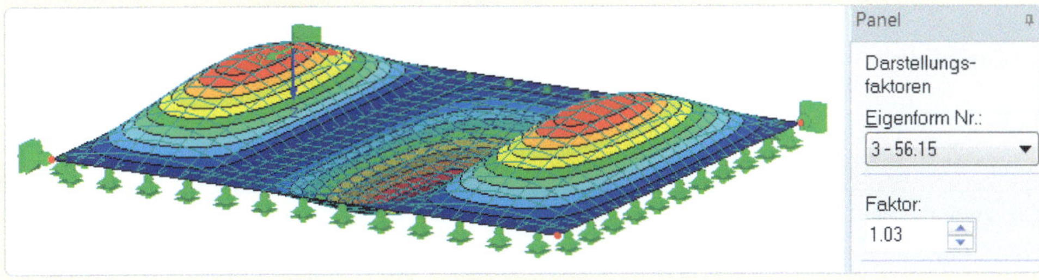

Erkenntnisse

Entsprechend der gewählten Netzdichte erhält man folgende Ergebnisse (Laststeigerungsfaktor bei Erreichen von $\sigma_{Krit.}$, Abweichung zu [7.2]):

Eigenform	Analytische Lösung nach [7.2]	l_{FE}= 0,5 m (12*10 Elemente)	l_{FE}= 0,25 m (24*20 Elemente)	l_{FE}= 0,125 m (48*40 Elemente)
1	27,204	27,686 1,77 %	27,324 0,44 %	27,234 0,11 %
2	33,805	34,956 3,40 %	34,090 0,84 %	33,876 0,21 %
3	55,336	58,655 6,00 %	56,155 1,48 %	55,539 0,37 %

Bei einer Betrachtung pro Zeile ist eine klare Konvergenz zur analytischen Lösung zu erkennen. Bei jedem Vernetzungsschritt reduziert sich der Fehler ca. um den Faktor 4. Das gilt übrigens für alle 3 Eigenformen.

Beispiel Beulen-Flächentragwerk-2

Statisches System / Eingabewerte

Ausgehend vom Beispiel Beulen-Flächentragwerk-1 wird nur die Geometrie der rechten beiden Knoten von x= 6,0 m auf x= 8,0 m geändert. Alle anderen Eingabewerte bleiben erhalten.

Ergebnisse

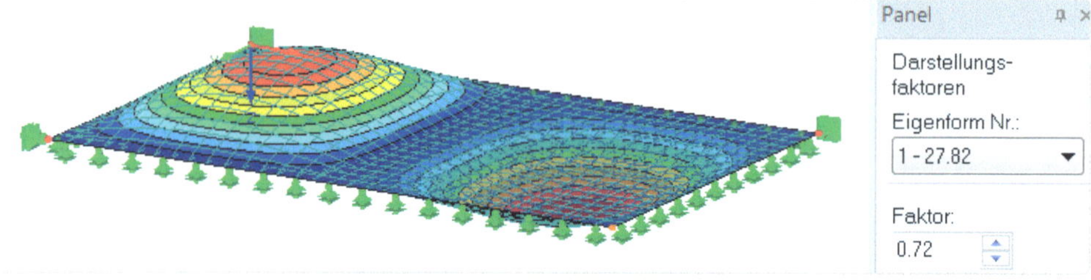

Da das Umschlagen von einer einwelligen zu einer zweiwelligen Beulform für die erste Eigenform bei einem Verhältnis von L_x / L_y =1,4142 erfolgt, ergibt sich für die geänderten Abmessungen nun eine zweiwellige erste Form.

Erkenntnisse

Eigenform	Analytische Lösung nach [7.3]	l_{FE}= 0,5 m (12*10 Elemente)	l_{FE}= 0,25 m (24*20 Elemente)	l_{FE}= 0,125 m (48*40 Elemente)
1	27,650	28,335 2,48 %	27,821 0,62 %	27,694 0,16 %

Die zweiwellige Eigenform weist im Vergleich zur einwelligen geringfügig erhöhte Fehlerwerte auf.

2.1.3 Tragwerke mit Volumenelementen

Die im vorhergehenden Gliederungspunkt ermittelte Lösung für die Stabilität des Hutprofils unter Verwendung von Flächenelementen soll anschließend durch eine vollständige Generierung mit Volumenelementen bestätigt werden. Da den Flächen- und Volumenelementen unterschiedliche Ansätze zugrunde liegen, wird damit eine weitere eigenständige Vergleichslösung erzielt.

Finite Volumenelemente werden anstelle von finiten Flächenelementen üblicherweise benutzt, wenn die Ausdehnung in der dritten Dimension einen Wechsel der Theorie hin zum dreidimensionalen Spannungszustand erforderlich macht. Typische Anwendungen im Bauwesen sind Bodenmodellierungen oder generell dicke bzw. sehr dicke Tragwerke.

Das vorliegende sehr schlanke Bauwerk mit Volumenmodellen zu generieren, stellt demnach keine typische Anwendung für diese Elemente dar. Es ist sogar so, dass die Dicke des Profils mit nur 4 mm bei der Netzgenerierung und der nachfolgenden Berechnung eine Herausforderung und somit einen guten Test für die Leistungsfähigkeit der verwendeten Software darstellt.

Beispiel Hutprofil-Volumentragwerk

Statisches System / Eingabewerte

Material: $E = 21.000\ kN/cm^2$,
$G = 8.100\ kN/cm^2$, $\mu = 0.296$
mit $\gamma = 0$

Belastung: 1,0 kN umgerechnet in Flächenlast auf Stabende
$P_F = 850{,}3401\ kN/m^2 =$

$$\frac{1kN}{(2\cdot 0{,}023 + 2\cdot 0{,}096 + 0{,}056)\cdot 0{,}004 m^2}$$

Lagerung: Linienlager $u_x = u_y = u_z =$ starr
$\phi_x = \phi_y = \phi_z =$ starr
(am Stabanfang)

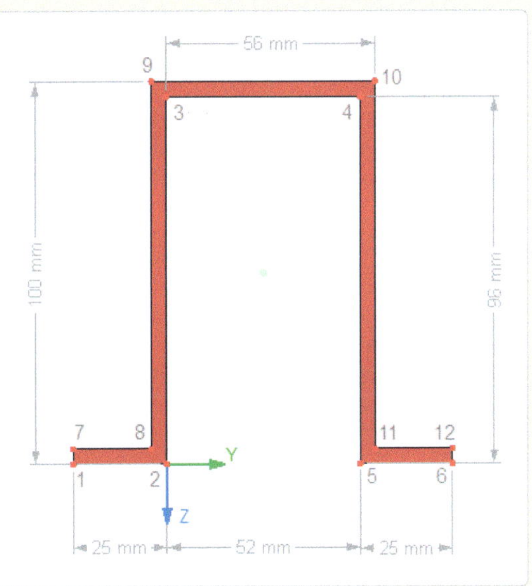

Eingabe in RFEM

Als Modelltyp wird „*3D*“ gewählt.

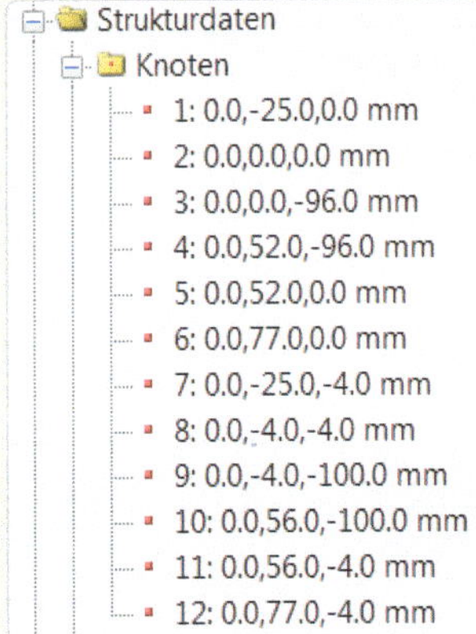

Anschließend werden die 12 Begrenzungspunkte des Profils als „*Knoten*“ eingegeben. Bei der Lage des Koordinatensystems im oben dargestellten Bild ergeben sich die neben stehenden Koordinaten.

Über den Befehl „*neue Linie grafisch*“ werden die einzelnen Knotenpunkte verbunden bis das Polygon geschlossen ist. Somit entstehen 12 neue Linien.

Anschließend ist der Bereich im Polygon mit dem Flächentyp *„Ebene"* und der Steifigkeit *„Null"* zu füllen. Das ist notwendig, um dann später das Volumen durch Verschieben dieser Nullfläche zu erzeugen.

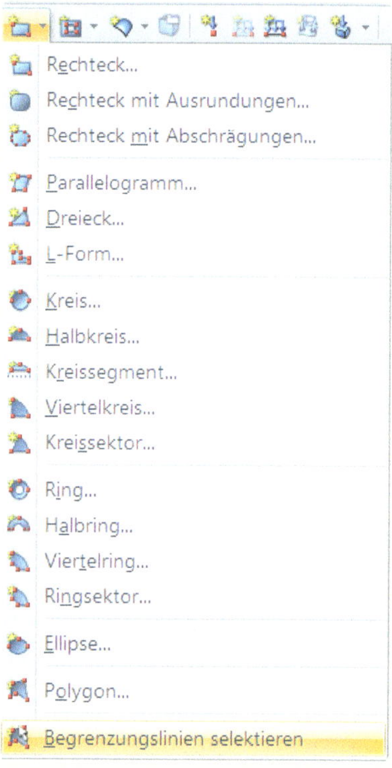

Dazu wird über *„neue Fläche grafisch"* und *„Begrenzungslinien selektieren"* (vgl. Bild) eine Begrenzungslinie angewählt. RFEM erkennt automatisch das gesamte Polygon.

Zuvor ist im aufgehenden Dialog der oben genannte Flächentyp einzustellen.

Die Nullfläche wird anschließend selektiert und über *„Verschieben bzw. Kopieren"* ähnlich wie im Beispiel Hutprofil-Flächentragwerk kopiert. Hier sind wieder eine Kopie und ein Verschiebungsvektor von dx= 1500 mm einzustellen.

Wichtig ist jetzt, dass unter *„Weitere Detaileinstellungen..."* (im Dialog *„Verschieben bzw. Kopieren"* unten) der Befehl *„Neue Volumenkörper zwischen den selektierten Flächen und deren Kopien erzeugen"* aktiviert wird.

Das Profil wird nun in einem Schritt als Volumenmodell generiert. Unter *„Volumen bearbeiten"* ist noch zu kontrollieren, ob das richtige Material zugeordnet wurde.

Der gesamten Fläche am Stabanfang muss eine Volleinspannung zugewiesen werden. Im vorliegendem Fall ist das mit einer starren Linienlagerung aller Linien an der Stelle x= 0 (erste 12 Linien selektieren und Linienlager mit allen 6 Freiheitsgraden = starr setzen) gut realisierbar, da bei der Generierung der Volumenelemente zwischen den ausgewählten Linien keine neuen FE-Knoten entstehen. Ansonsten wäre es sinnvoll, mit einer starren Bettung zu arbeiten.

Die Flächenlast (siehe Eingabewerte) wird der Fläche am Stabende zugeordnet. Damit ist sichergestellt, dass die Last wie beim Flächen- und Stabmodell im Schwerpunkt des Profils wirkt. Auch hier ist beim Anlegen des neuen Lastfalls darauf zu achten, dass ohne Eigengewicht gerechnet wird.

Vor dem Starten der Berechnung mit dem Modul RF-STABIL ist unter *„Berechnung"* *„FE-Netz-Einstellungen..."* eine Netzdichte von l_{FE}= 6 mm einzustellen.

Ergebnisse

Erste Eigenform (l_{FE}= 6 mm):

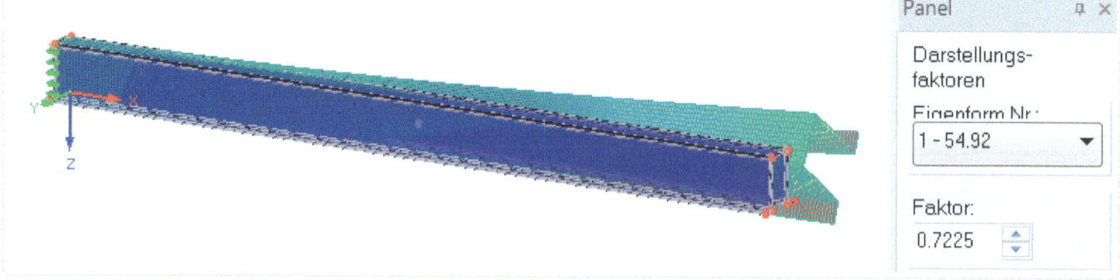

Zweite Eigenform (l_{FE}= 6 mm):

Dritte Eigenform (l_{FE}= 6 mm):

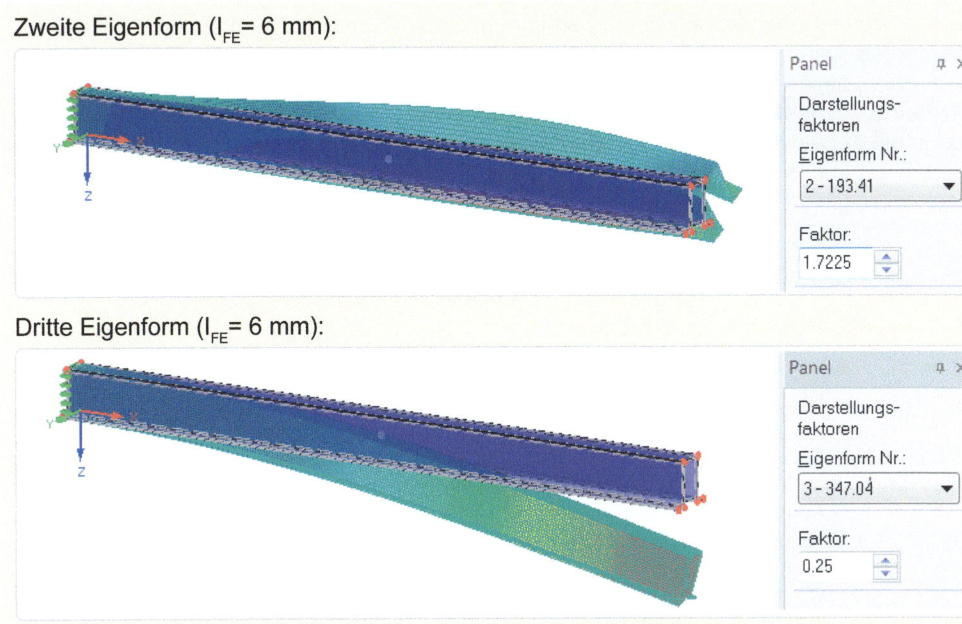

Erkenntnisse

Wie die folgende Tabelle zeigt, unterscheiden sich die Ergebnisse des Flächenmodells und die des Volumenmodells nur unwesentlich. Damit werden die bereits gewonnenen Resultate des Flächenmodells sehr gut bestätigt.

Eigenform	Ergebnisse RFEM Faltwerksmodell l_{FE}=23 mm	Ergebnisse RFEM Volumenmodell l_{FE}= 6 mm	Abweichung
1	54,07 kN	54,92 kN	1,57 %
2	193,62 kN	193,41 kN	0,11 %
3	346,42 kN	347,04 kN	0,18 %

Die in den *„FE-Netz-Einstellungen"* verwendete *„Angestrebte Länge der Finiten Elemente"* von l_{FE}= 6 mm wurde gewählt, da bedingt durch die Profilhöhe von 4 mm bei der Netzgenerierung auf diese Art kubische und weitestgehend unverzerrte Elemente entstehen, die zu sehr guten Ergebnissen führen.

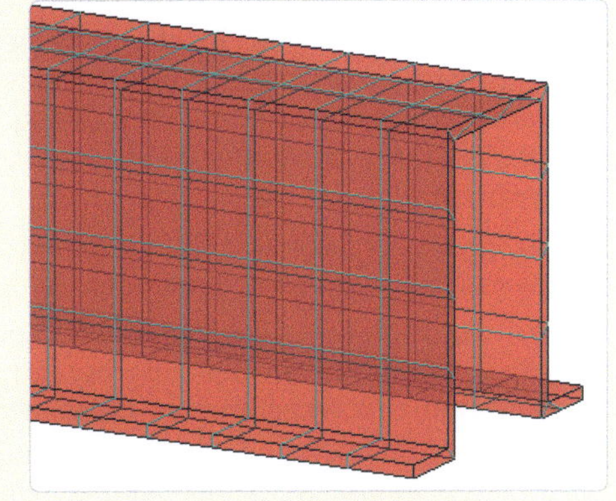

Anders sieht das z.B. bei einem gewählten l_{FE} von 23 mm aus. Das nebenstehende Bild zeigt, dass die Elemente damit sehr flach und teilweise stark verzerrt sind. Die dadurch entstehenden Versteifungseffekte führen zu deutlich höheren Laststeigerungsfaktoren. Diese Tatsache ist bei der Generierung mit Volumenelementen bei diesem ungewöhnlichen Beispiel unbedingt zu beachten.

Das im vorhergehenden Abschnitt berechnete Beispiel zum Schalenbeulen mit Flächenelementen soll nun ebenfalls unter Verwendung von Volumenelementen untersucht werden. Auch dieses sehr dünne Tragwerk ist keine typische Anwendung für Finite Volumenelemente. Als Testbeispiel ist es aber durchaus interessant. Zum einen wiederum als Leistungstest der verwendeten Volumenelemente und zum anderen, um die Frage zu beantworten, ob und mit welcher Netzdichte auch hier die Ergebnisse der analytischen Lösung nachvollzogen werden können.

Beispiel Beulen-Volumentragwerk

Statisches System / Eingabewerte

Material: E= 20.000 kN/cm², G= 10.000 kN/cm², μ= 0, γ= 0

Belastung: 1,0 kN/m umgerechnet in Flächenlast auf Seitenflächen mit h= 0,01 m
P_F= 1 kN/m : 0,01 m= 100 kN/m²

Lagerung: Linienlager u_z= starr entlang der 8 oberen und unteren Ränder
3 Linienlager zur zwängungsfreien Lagerung der horizontalen Verschiebungen an drei vertikalen Linien (zweimal u_y= starr, einmal u_x= starr)

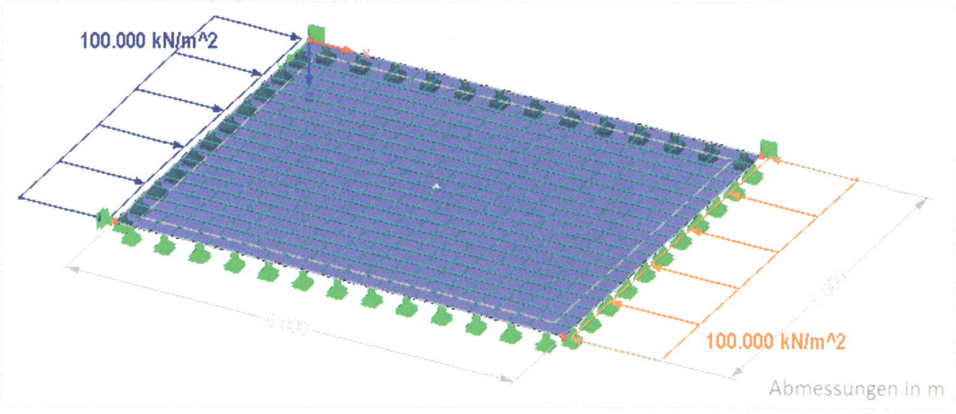

Eingabe in RFEM

Als Modelltyp wird „*3D*" gewählt. Die Fläche ist mit dem Flächentyp „*Ebene*" und der Steifigkeit „*Null*" in der xy-Ebene einzugeben.

Nach dem Selektieren der Fläche, wird diese über „*Verschieben bzw. Kopieren*" kopiert. Hier sind eine Kopie und ein Verschiebungsvektor von dz= -0,01 m einzustellen. Unter „*Weitere Detaileinstellungen…*" (im Dialog „*Verschieben bzw. Kopieren*" unten) wird der Befehl „*Neue Volumenkörper zwischen den selektierten Flächen und deren Kopien erzeugen*" aktiviert.

Das Tragwerk wird damit in einem Schritt als Volumenmodell generiert. Unter „*Volumen bearbeiten*" ist noch das zugeordnete Material zu kontrollieren.

Da die Last zentrisch eingeleitet werde soll, ist diese als Flächenlast umgerechnet (vgl. Eingabe) auf die beiden Seitenflächen zu setzen. Es empfiehlt sich die entsprechende Ebene vorher im Navigator unter „*Flächen*" zu selektieren und dann anschließend die Flächenlast aufzubringen.

Die vertikale Lagerung u_z= starr wird auf alle 8 horizontalen Linien gesetzt.

Die horizontale Lagerung wird ebenfalls als Linienlager auf die vertikalen Linien eingegeben (vgl. Bild).

Unter *„Berechnung“ „FE-Netz-Einstellungen…“* wird eine Netzdichte von l_{FE}= 0,25 m eingestellt.

Ergebnisse

Erste Eigenform (l_{FE}= 0,25 m):

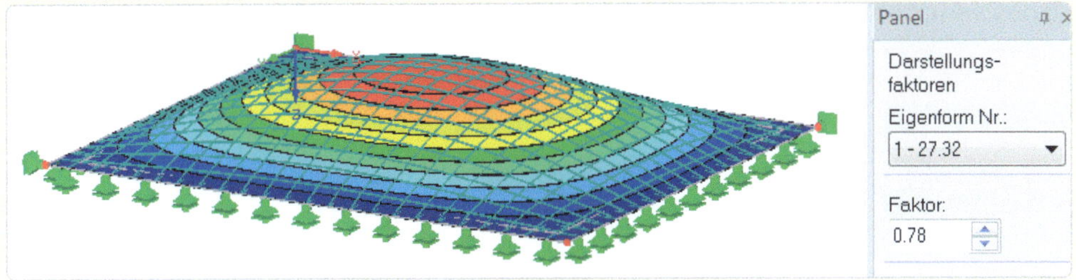

Zweite Eigenform (l_{FE}= 0,25 m):

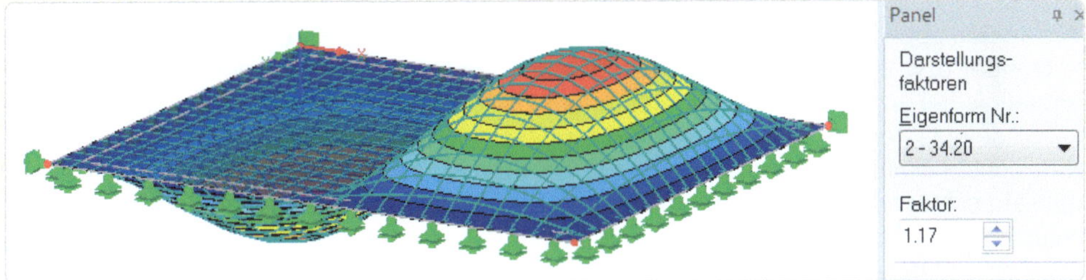

Dritte Eigenform (l_{FE}= 0,25 m):

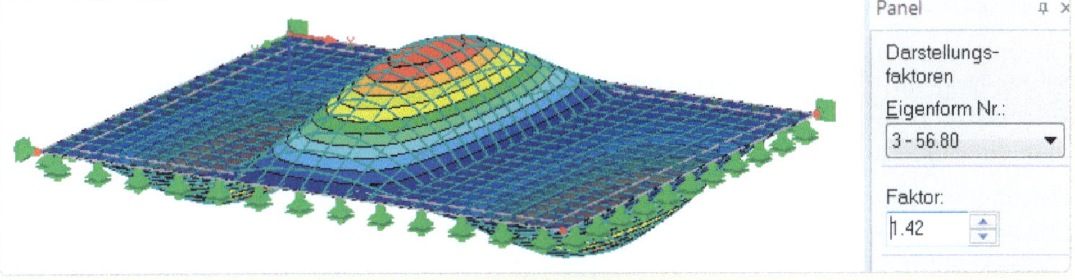

Entsprechend der gewählten Netzdichte ergeben sich folgende kritische Lastfaktoren (Abweichung zu [7,2]):

Eigenform	Analytische Lösung nach [7.2]	l_{FE}= 0,5 m (12*10 Elemente)	l_{FE}= 0,25 m (24*20 Elemente)	l_{FE}= 0,1 m (60*50 Elemente)
1	27,204	27,801 2,19 %	27,323 0,44 %	27,177 0,10 %
2	33,805	35,696 5,59 %	34,198 1,16 %	33,821 0,05 %
3	55,336	62,157 12,33 %	56,799 2,64 %	55,515 0,32 %

Erkenntnisse

Auch hier ist ähnlich dem Ergebnis bei Verwendung von Flächenelementen eine klare Konvergenz gegen die analytische Lösung zu erkennen. Die Netzdichte ist bei den beiden Modellen (Fläche, Volumen) vergleichbar. Da bei der Netzgenerierung mit Volumenelementen bei den untersuchten Netzdichten (vgl. Tabelle) und der geringen Tragwerkshöhe von 0,01 m extrem flache Volumenkörper entstehen, überraschen zunächst die doch sehr genauen Ergebnisse. Bei einer Netzdichte von l_{FE}= 0,25 m (mittlere Spalte in Tabelle oben) ist das Verhältnis Breite bzw. Tiefe zu Höhe immerhin 25:1 (vgl. Bild).

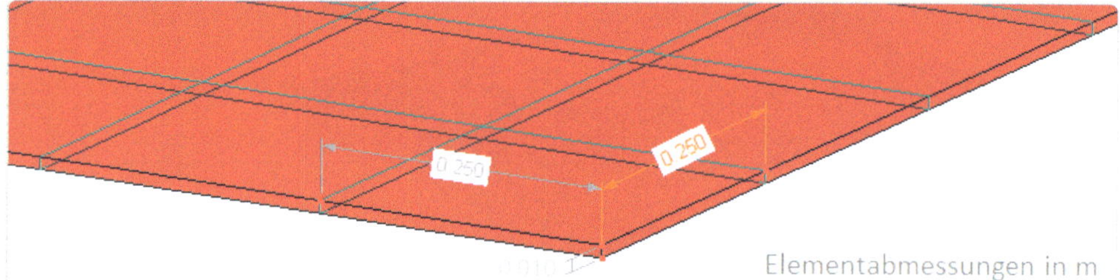

Wie im Bild oben zu erkennen ist, erzeugt der Netzgenerator in RFEM hier allerdings exakte Quader bzw. unverzerrte Volumenkörper. Da die RFEM-Volumenelemente mit diesem Verhältnis bei unverzerrten Elementen offensichtlich keine Probleme haben, fallen die Ergebnisse entsprechend aus. Ist die Struktur bei solchen dünnen Tragwerken bei ähnlichen Netzdichten allerdings komplexer, wie z.B. bei dem Hutprofil, wird es für die Netzgeneratoren sehr schwer bzw. unmöglich, unverzerrte Elemente zu erzeugen. Das Netz sollte in solchen Fällen auf stark verzerrte Elemente kontrolliert werden. Falls diese vorliegen, schafft dann eine höhere Netzdichte in der Regel schnell Abhilfe.

2.1.4 Zusammenfassung

Die untersuchten Stabtragwerke ergaben, dass bei Stabilitätsuntersuchungen eine interne Stabteilung von 2 im Normalfall schon ausreichend genaue Ergebnisse liefert. Da sich die Rechenzeit bei höheren Stabteilungen im Allgemeinen nur unwesentlich verlängert, kann man die Stäbe „auf der sicheren Seite liegend" auch feiner unterteilen.

Die Volumenelemente von RFEM wurden an extrem dünnen Tragwerken getestet. RFEM bewältigt diese ungewöhnliche Situation sowohl seitens der Netzgenerierung als auch im Hinblick auf die Ergebniskonvergenz sehr gut. Weiterhin haben die Ergebnisse der Beispiele gezeigt, dass stärker verzerrte Volumenelemente zu Versteifungen neigen. Es ist deshalb anzuraten, die Netze entsprechend zu prüfen.

An dieser Stelle sei noch einmal darauf hingewiesen, dass die hier dokumentierten Ergebnisse ausschließlich für den in RFEM implementierten Netzgenerator und die in RSTAB / RFEM verwendeten Ansatzfunktionen für die Stab- Flächen- und Volumenelemente gelten. Damit lassen sich keine allgemeingültigen Regeln aufstellen. Es empfiehlt sich demnach immer, mit dem jeweils verwendeten Programm eigene Erfahrungen zu sammeln.

2.2 Dynamische Analyse

2.2.1 Stabtragwerke

Zum Einstieg in dieses Thema soll die Eingabe und Ergebnisauswertung für einen einfachen ebenen dreistöckigen Rahmen erläutert werden. Das Beispiel wurde der Literatur [7.7, S. 678- 680] entnommen. Der ausgewählte Rahmen wird im nächsten Kapitel als Anwendungsbeispiel für die Antwortspektrenmethode weiter behandelt.

Beispiel Dynamik-Stahlrahmen

Statisches System / Eingabewerte

Material Stab:

$E= 21.000$ kN/cm^2,
$G= 10.500$ kN/cm^2
mit $\gamma=0$

Querschnitt:

Querschnitt Stütze
mit Iy= 25 000 cm^4
A= 750 cm^2

Querschnitt Riegel
mit Iy= 150 000 cm^4
A= 1 125 cm^2

Massenbelegung:
12.500 kg je Knoten

Lagerung: $u_X= u_Z= \phi_Y=$ starr
(an den Stützenfüßen)

Schubsteifigkeiten der Stäbe berücksichtigen: ausgestellt

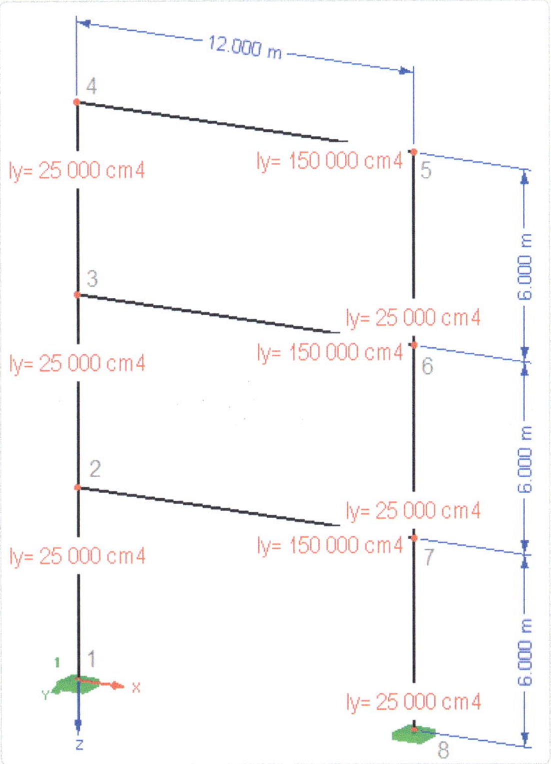

Eingabe in RSTAB

Als Typ der Struktur wird *„2D in XZ"* gewählt. Das System ist entsprechend des Bildes mit den oben stehenden Material- und Querschnittswerten einzugeben.

Anschließend wird des Zusatzmodul DYNAM gestartet.

Unter *„Zusatzmassen"* erhalten die Knoten 2 bis 7 eine Zusatzmasse in X-Richtung von 12.500 kg (vgl. Bild).

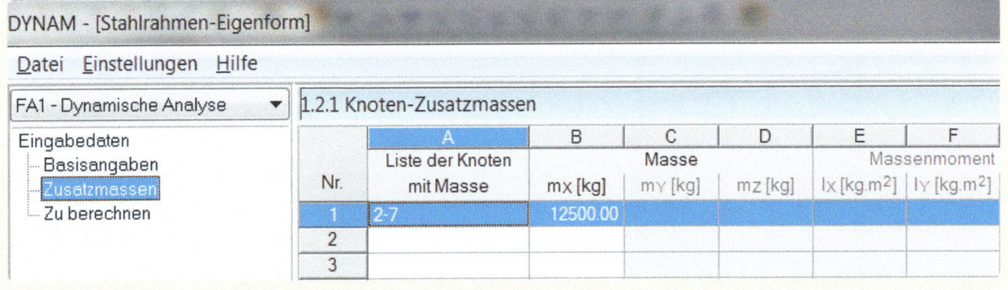

Unter „*Basisangaben*“ sind folgende Einstellungen vorzunehmen:

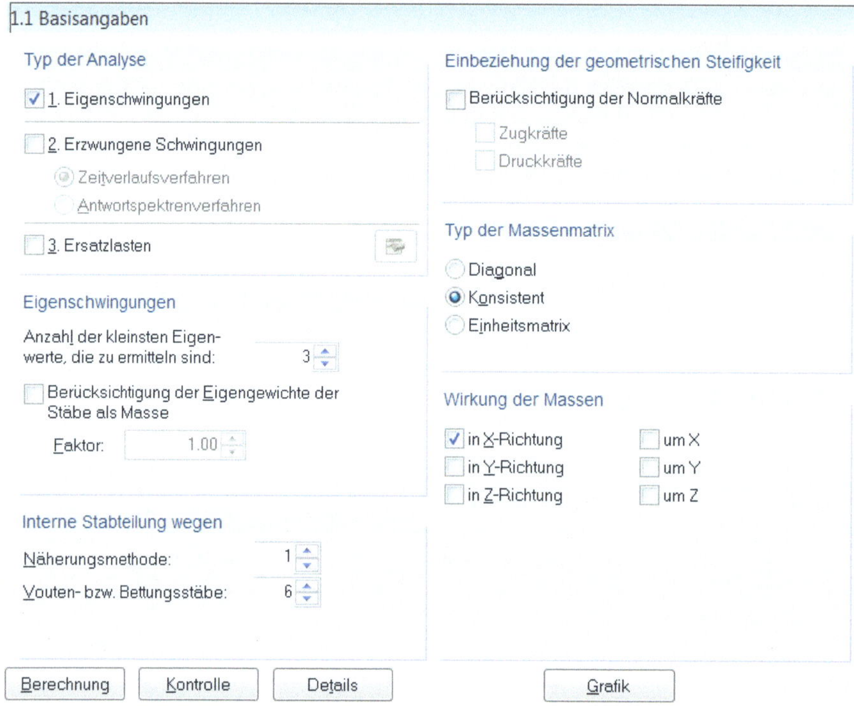

Da die Knotenmassen nur in X-Richtung definiert wurden, ist auch die „*Wirkung der Massen*“ auf die X-Richtung zu begrenzen (vgl. Bild).

Unter „*Details*“ ist die Erdbeschleunigung auf 9,81 m/s² zu korrigieren, da die Vergleichslösung mit diesem Wert ermittelt wurde.

Anschließend wird die Berechnung gestartet.

ERGEBNISSE

Erste Eigenform:

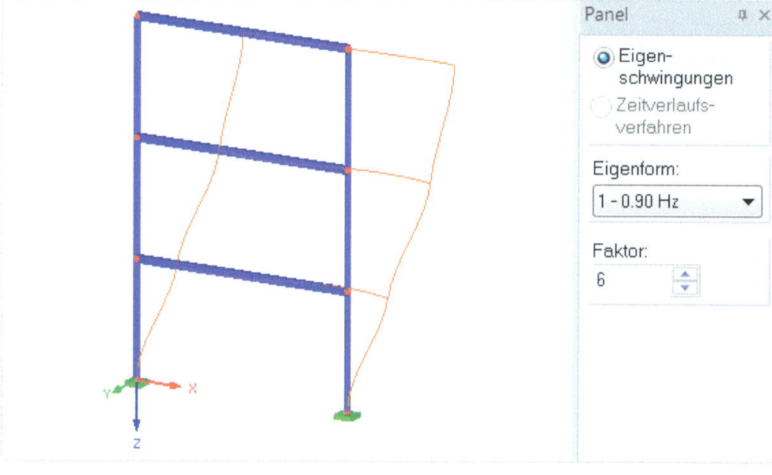

Zweite Eigenform:

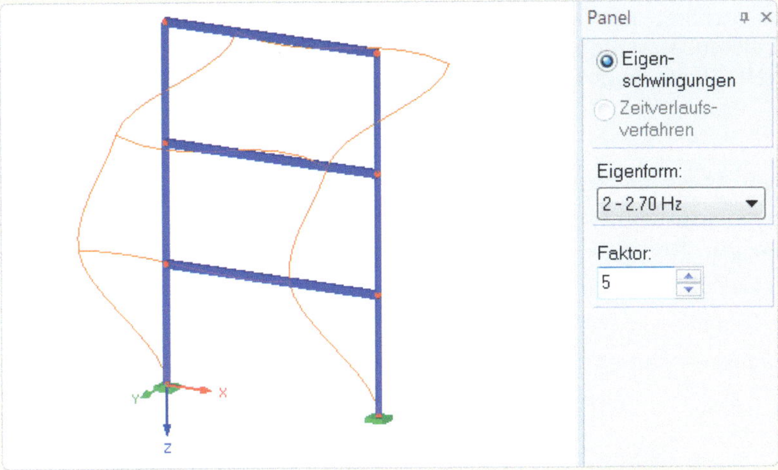

Panel
Eigen-
schwingungen
Zeitverlaufs-
verfahren
Eigenform:
2 - 2.70 Hz
Faktor:
5
Y
X
Z

Dritte Eigenform:

Panel
Eigen-
schwingungen
Zeitverlaufs-
verfahren
Eigenform:
3 - 4.23 Hz
Faktor:
5
Y
X
Z

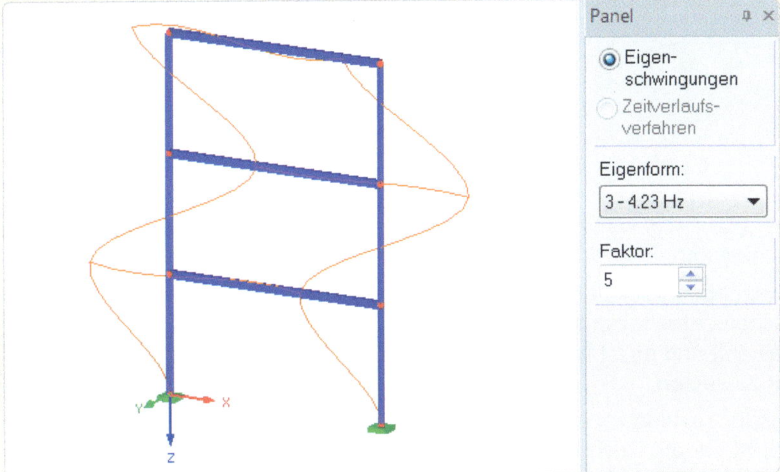

Für die Eigenfrequenzen ergeben sich folgende Abweichungen zur Referenzlösung:

Eigenform	Referenzlösung nach [7.7] f_i [Hz]	RSTAB - DYNAM f_i [Hz]	Abweichung
1	0,90301	0,90230	0,08 %
2	2,69979	2,69840	0,05 %
3	4,22989	4,22966	0,01 %

Erkenntnisse

Die Abweichungen zur Vergleichslösung sind bedingt durch die Massenbelegung in den Knotenpunkten (keine kontinuierliche Verteilung der Masse durch Eigengewicht) bereits bei einer Stabteilung 1 (vgl. Basisangaben) sehr gering bzw. vernachlässigbar. Eine erhöhte Stabteilung bzw. ein Umschalten vom „*Typ der Massenmatrix*“ von „*Konsistent*“ auf „*Diagonal*“ ergibt erwartungsgemäß bei dieser Konstellation keine anderen Ergebnisse.

2.2.2 Faltwerke

Wie bei den Stabilitätsberechnungen, soll auch hier der Einfluss der Netzdichte bei Flächentragwerken untersucht werden. Gewählt wurde eine zweiachsig gespannte, allseitig frei drehbar gelagerte Platte. Auch hier steht eine analytische Vergleichslösung zur Verfügung.

Beispiel Dynamik-Flächentragwerk

Statisches System / Eingabewerte

Material: E= 21.000 kN/cm², G= 10.500 kN/cm²
γ= 78.50 kN/m³ mit μ= 0

Dicke der Fläche: 10 mm

Lagerung: Linienlager u_z= starr entlang der 4 Ränder

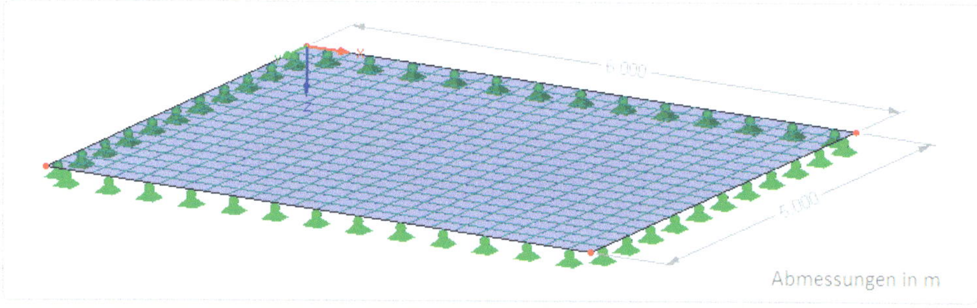

Eingabe in RFEM

Als Modelltyp wird *„2D-XY"* gewählt. Die Fläche ist mit einer konstanten Dicke von 10 mm in der xy-Ebene einzugeben.

Da sich die Schwingungsuntersuchung auf die vertikale Richtung beschränkt, ist hier eine Aktivierung der Scheibenfreiheitsgrade nicht notwendig. Deshalb wird als Modelltyp auch nur eine Platte gewählt und es ist nur notwendig, die Plattenrandbedingung u_z= starr entlang der 4 Ränder zu setzen.

Die in der Ergebnisauswertung verwendete analytische Lösung nach Weiß [7.2] basiert auf einer Lösung nach Kirchhoff. Deshalb wird die unter *„Berechnung"* *„Berechnungsparameter..."* *„Globale Berechnungsparameter"* voreingestellte Theorie nach Mindlin auf Kirchhoff umgestellt.

Nach dem Starten des Moduls RF-DYNAM wird in *„1.1 Basisangaben"* unter *„Details"* die Voreinstellung der Fallbeschleunigung auf 10,00 m/s² belassen (vgl. Bild).

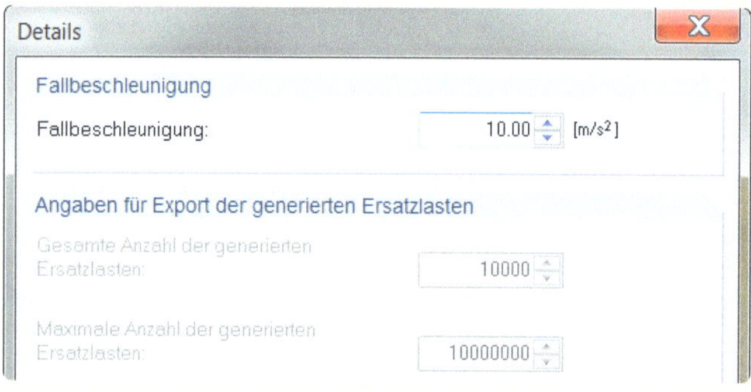

Unter „*1.1 Basisangaben*“ sind folgende Einstellungen vorzunehmen:

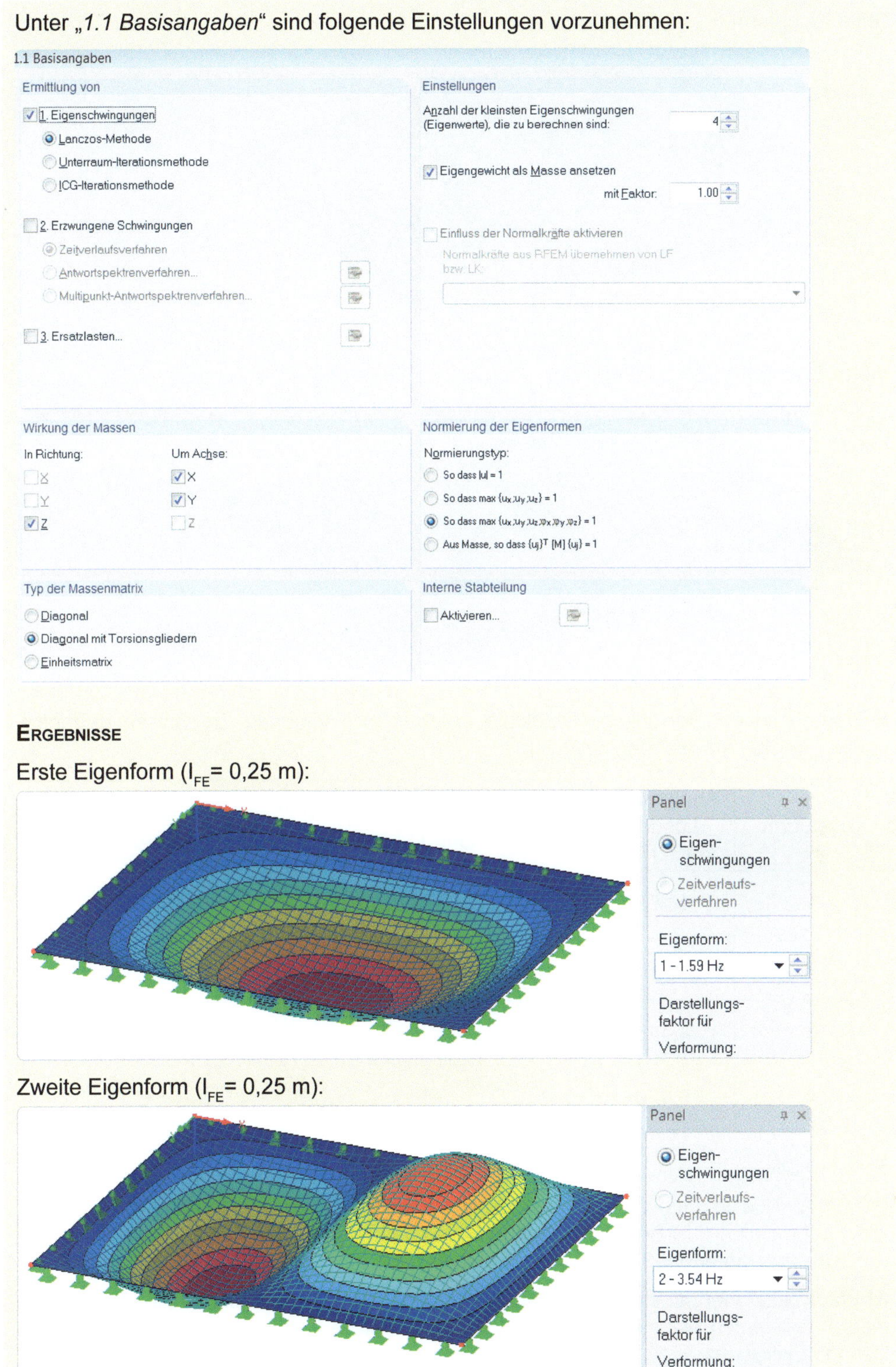

Ergebnisse

Erste Eigenform (l_{FE}= 0,25 m):

Zweite Eigenform (l_{FE}= 0,25 m):

Dritte Eigenform (l_{FE}= 0,25 m):

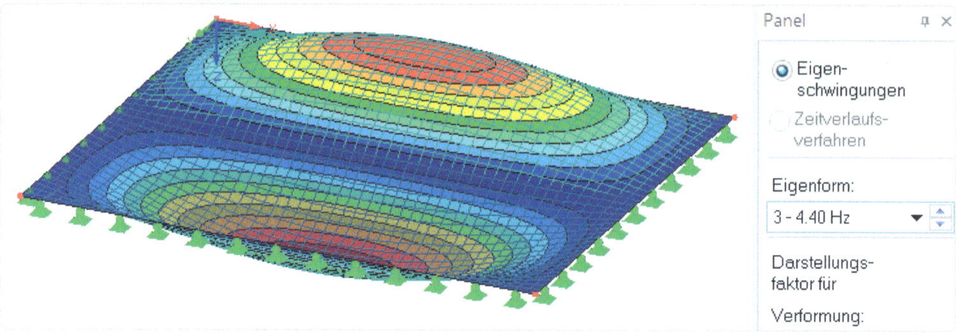

Vierte Eigenform (l_{FE}= 0,25 m):

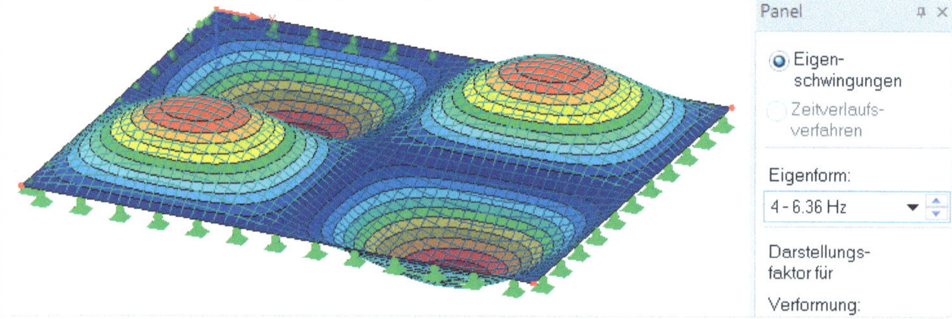

Entsprechend der gewählten Netzdichte ergeben sich folgende Ergebnisse (Eigenfrequenz f_i in [Hz], Abweichung zu [7.2]):

Eigenform	Analytische Lösung nach [7.2]	l_{FE}= 1,0 m (6*5 Elemente)	l_{FE}= 0,25 m (24*20 Elemente)	l_{FE}= 0,125 m (48*40 Elemente)
1	1,605	1,588 1,06 %	1,590 0,93 %	1,590 0,93 %
2	3,578	3,524 1,51 %	3,543 0,98 %	3,544 0,95 %
3	4,446	4,358 1,98 %	4,402 0,99 %	4,404 0,94 %
4	6,420	6,274 2,27 %	6,357 0,98 %	6.358 0,97 %

Erkenntnisse

Die Ergebnisse liegen bei den Vernetzungen mit einem l_{FE} von kleiner 0,5 m (= Voreinstellung) unter dem 1,0 %-Bereich. Selbst bei einer relativ groben Vernetzung von l_{FE}= 1,0 m werden Werte unter der 3,0 %-Grenze erreicht.

RFEM arbeitet hier mit einer diagonalisierten Massenmatrix (vgl. Bild Basisangaben). Mit einer konsistenten Massenmatrix wäre ggf. eine weitere Annäherung an die Vergleichslösung möglich.

Unter diesem Gliederungspunkt wurde bereits ein 2D-System (Beispiel Dynamik-Stahlrahmen) in Vorbereitung auf den Punkt 2.3 Antwortspektrenmethode behandelt. Dieses einfache Beispiel ist gut dazu geeignet, um die Ergebnisse der Antwortspektrenmethode an Hand einer Referenzlösung nachzuvollziehen und natürlich auch, um Vertrauen zu der verwendeten Methode zu gewinnen.

Das folgende 3D-Beispiel dient ebenfalls der Vorbreitung des Punktes 2.3. Die vielschichtigen und interessanten Effekte der Antwortspektrenmethode kann man besser an so einem komplexen 3D-Beispiel nachvollziehen. Von Nachteil ist allerdings hier, dass eine gesicherte Vergleichslösung fehlt.

Von der Mediathek des Beuth-Verlages (www.beuth-mediathek.de) kann das RFEM-Modell „Dynamik-Faltwerk-Basis" geladen und die anschließend beschriebenen Bearbeitungsschritte nachvollzogen werden. Das Modell enthält die Eingabedaten eines 8-stöckigen Gebäudes ohne Ergebnisdaten.

Beispiel Dynamik-Faltwerk

Statisches System / Eingabewerte

Material: E= 3.300,00 kN/cm², G= 1.370,00 kN/cm², γ= 25,00 kN/m³, μ= 0,2044

Dicke der Fläche:

Decken: 18 cm, 25 cm
Bodenplatte: 30 cm

Lagerung: Bettung Z-Richtung: 200.000 kN/m³

Bettung X-Richtung: 2.000 kN/m³

Bettung Y-Richtung: 2.000 kN/m³

Massenbelegung:

Eigengewicht

Flächenzusatzmassen:
Dachdecke: 350 kg/m²
Bodenplatte: 400 kg/m²
Geschossdecken: 550 kg/m²

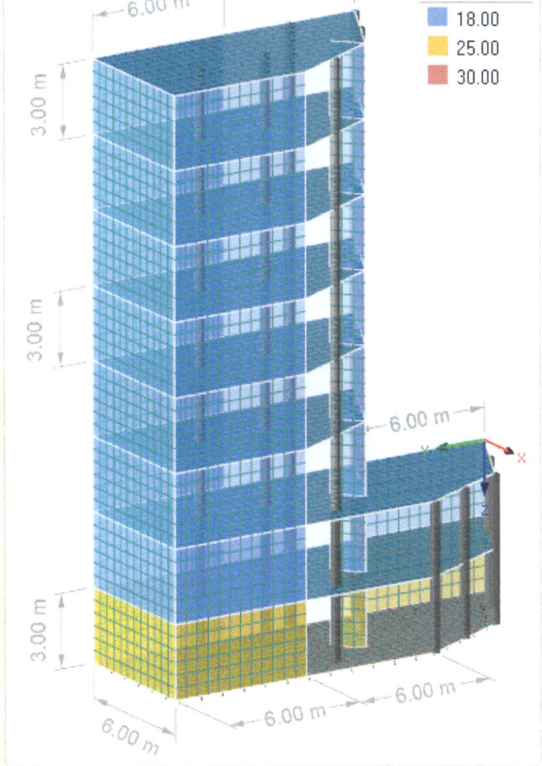

Eingabe in RFEM

Auf eine ausführliche Beschreibung der Eingabedetails wird verzichtet, da die Eingabedaten, wie bereits oben erwähnt, vorliegen.

Nach dem Starten des Moduls RF-DYNAM werden in „*1.1 Basisangaben*" die folgenden Einstellungen vorgenommen. Die oben definierten Flächenzusatzmassen sind den Decken zuzuordnen (vgl. Bild). Anschließend werden die Eigenformen berechnet.

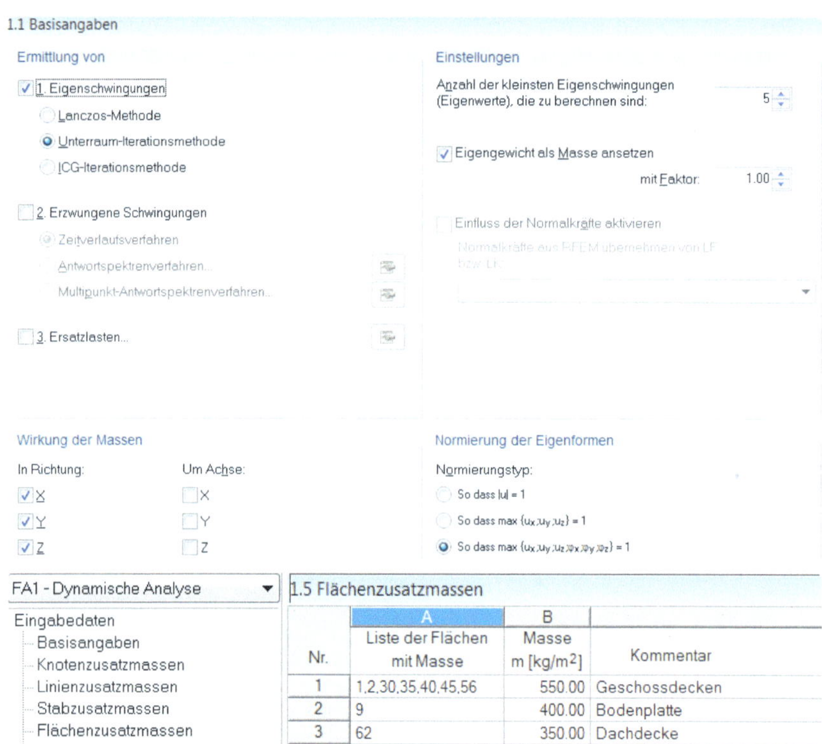

Nr.	A Liste der Flächen mit Masse	B Masse m [kg/m2]	Kommentar
1	1,2,30,35,40,45,56	550.00	Geschossdecken
2	9	400.00	Bodenplatte
3	62	350.00	Dachdecke

Ergebnisse

1. Eigenform (1,07 Hz): 2. Eigenform (1,55 Hz):

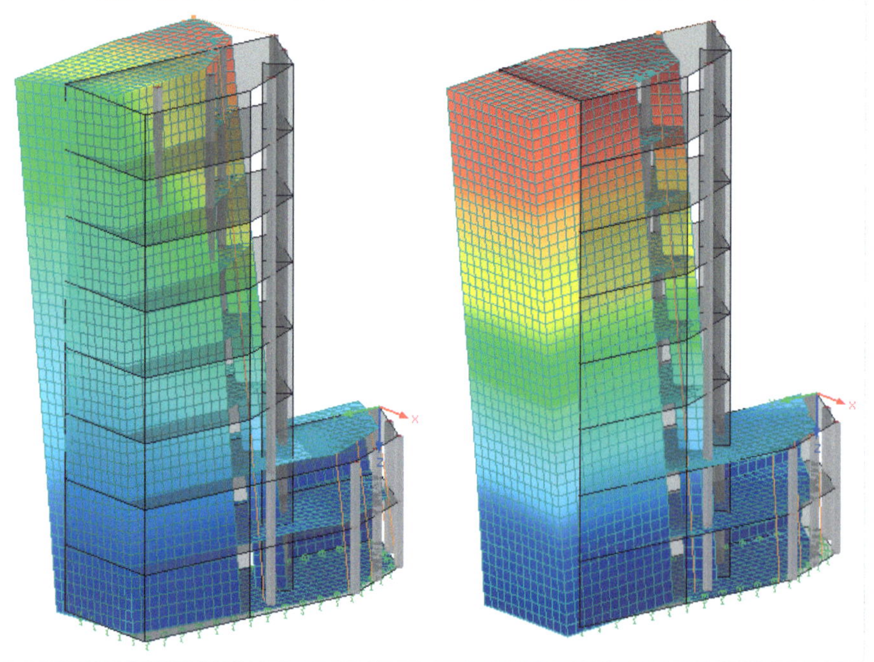

4. Eigenform (3,56 Hz): 5. Eigenform (4,44 Hz):

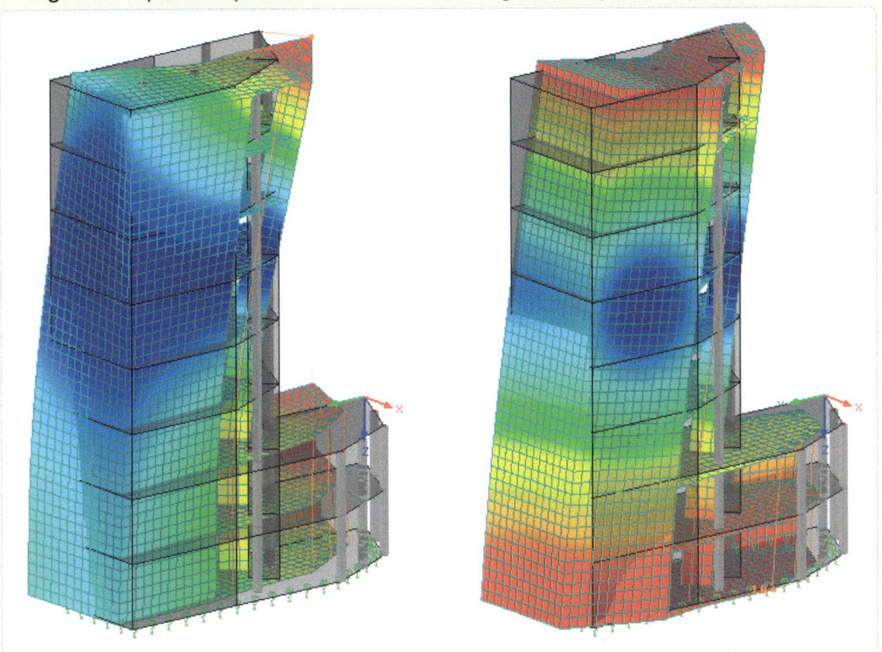

Zusammenfassend ergeben sich für die 5 Eigenformen folgende Ergebnisse:

Eingabedaten
- Basisangaben
- Knotenzusatzmassen
- Linienzusatzmassen
- Stabzusatzmassen
- Flächenzusatzmassen
- Zum Anzeigen

Ergebnisse
- Eigenwerte, -frequenzen und -perioden
- Eigenschwingung knotenweise
- Eigenschwingung stabweise
- Eigenschwingung flächenweise

	A	B	C	D
E-Form Nr.	Eigenwert λ [1/s²]	Eigenkreisfreque ω [rad/s]	Eigenfrequenz f [Hz]	Eigenperiode T [s]
1	45.546	6.749	1.074	0.931
2	94.381	9.715	1.546	0.647
3	156.888	12.525	1.993	0.502
4	501.018	22.383	3.562	0.281
5	777.346	27.881	4.437	0.225

Erkenntnisse

In der 1. Eigenform dominiert der Biegeeinfluss um die schwächere Y-Achse, quasi in X-Richtung (vgl. globales Koordinatensystem im Bild oben). Die höhere 4. Eigenform zeigt das gleiche Verhalten. Dadurch werden diese Eigenformen bei einer Erdbebenerregung in X-Richtung, wie später im Kapitel 2.3 Antwortspektrenmethode beschrieben, maßgebend Ersatzlasten in dieser Richtung erzeugen.

Die 2. Eigenform hingegen orientiert sich vorwiegend in Y-Richtung, dementsprechend auch die höhere 5. Eigenform. Die Ersatzlasten werden somit bei einer Anregung in Y-Richtung maßgebend in dieser Richtung erzeugt.

Die 3. Eigenform, die sich zwischen die zwei ersten und die zwei höheren Biegeeigenformen geschoben hat, ist durch eine Verdrillung um die Z-Achse geprägt. Wie die Untersuchungen unter 2.3.3 zeigen, ist diese Eigenform für eine Erdbebenanalyse bei Erregungen in X-, Y- oder Z-Richtung ohne Bedeutung. Sie wird aus diesem Grund hier nicht dargestellt.

2.2.3 Zusammenfassung

Die mit RFEM ermittelten Ergebnisse für die dynamischen Analysen eines ebenen Stabtragwerkes und eines Plattentragwerkes zeigen gute Übereinstimmungen mit den aus der Literatur entnommenen Vergleichslösungen.

Bei dem Flächentragwerk ist die Genauigkeit der Ergebnisse erwartungsgemäß von der jeweils gewählten Netzdichte abhängig. Ähnlich wie bei den statischen Berechnungen muss der Anwender auch hier ein Gefühl für eine ausreichend feine Vernetzung entwickeln. Da die Konvergenz der Ergebnisse bei den einzelnen Softwareanwendungen unterschiedlich sein kann, sind Vergleichsrechnungen mit dem jeweils verwendeten Produkt angeraten.

Weiterhin wurden die Eigenschwingformen eines mehrgeschossigen Gebäudes analysiert. Eine Vergleichslösung existiert hier nicht.

Das untersuchte Stabtragwerk und das mehrgeschossige Gebäude werden im anschließenden Kapitel einer weiterführenden Berechnung nach der Antwortspektrenmethode unterzogen.

2.3 Antwortspektrenmethode

2.3.1 Theoretische Grundlagen

Das Antwortspektrenverfahren dient der Beurteilung der Erdbebensicherheit von Tragwerken und hat vor allem im Bereich der Finiten Elemente Methode Dank seiner einfachen Handhabung eine weite Verbreitung erfahren.

Untersucht wird das Verhalten der Konstruktion, wenn ihre Gründung (Fußpunkte) durch Schwingungen erregt wird. Die maximale Erregung wird in Abhängigkeit von den Eigenperioden des Systems aus dem vorliegenden Antwortspektrum entnommen, und man erhält letztlich ein Ergebnis, welches zeitunabhängig ist. Für die Bemessung des Systems ist weniger der Zeitverlauf der Beanspruchung, sondern vielmehr die maximale Beschleunigung und die daraus erwachsenden Verformungen bzw. Schnittgrößen wichtig. Das erleichtert die Anwendung erheblich.

Als Standardverfahren hat sich das multimodale Antwortspektrenverfahren fest im Ingenieuralltag etabliert. Es gibt auch verschiedene vereinfachte Verfahren, die aber häufig an zusätzliche Forderungen aus den Normen gebunden sind. Eine übersichtliche Darstellung findet man in [7.11].

In den nachfolgenden Ausführungen soll das multimodale Antwortspektrenverfahren im Mittelpunkt stehen. Es ist sowohl für ebene als auch für räumliche Tragwerke geeignet. Dabei kann das System aus Stab-, Flächen- und / oder Volumenelementen bestehen. Ein für die statische Analyse bereits generiertes Tragwerk ist dann in der Regel direkt für die Erdbebenberechnung verwendbar.

Die wesentlichen Schritte des multimodalen Antwortspektrenverfahrens sind:

- Berechnung der Eigenschwingformen und Eigenperioden
- Ermittlung der Ersatzmassenfaktoren je Eigenform
- Generierung der modalen Erdbebenersatzlasten für jede Eigenform
- Elastische Tragwerksberechnung mit Ermittlung der modalen Schnittgrößen und Verformungen
- Überlagerung der modalen Antwortgrößen

Zum näheren Verständnis der oben aufgeführten Schritte sollen im Folgenden die wichtigsten Grundlagen der Methode vereinfacht und zusammengefasst dargestellt werden. Dabei wird auf Ergebnisse wie wirksame Gesamtmasse, Beteiligungsfaktor, Ersatzmasse und Ersatzmassenfaktor Bezug genommen, die in den Statikprogrammen üblicherweise ausgegeben werden[8] und zur Einschätzung bzw. Weiterbearbeitung der Ergebnisse wichtig sind. Aus diesen Werten kann man ableiten, welche Modalanteile maßgeblich zur Tragwerksantwort beitragen und als Ersatzlasten bei der statischen Analyse berücksichtigt werden sollen bzw. müssen.

Auf eine Erläuterung der Normen wird verzichtet bzw. nur punktuell eingegangen.

Von der einfachen Bewegungsgleichung des Einmassenschwingers bis hin zu den modal entkoppelten Bewegungsgleichungen des FE-Systems sollen die wichtigsten Gleichungen entwickelt werden. Matrizen sind mit unterstrichenen Großbuchstaben gekennzeichnet. Die nachfolgenden Ausführungen erheben allerdings keinen Anspruch auf eine vollständige lückenlose Darstellung. Auch hier wird auf die einschlägige Literatur verwiesen (z.B. [7.7], [7.13]).

[8] In RSTAB / RFEM unter Tabelle Ersatzmassenfaktoren

Starre Bauwerke folgen der durch ein Beben verursachten Bodenbewegung. Reale Strukturen, die mehr oder weniger nachgiebig sind, reagieren durch zusätzliche Bewegungen, d.h. das Bauwerk schwingt relativ zur Bewegung des Fundamentes.

Betrachten wir zunächst einen Einmassenschwinger.

Bild 7-2 zeigt die Absolut- und Relativbewegung des einfachen Systems. Die dem Problem zugeordnete Bewegungsgleichung lautet:

$$m \cdot \ddot{u}_g + k \cdot u = 0 \quad \text{mit: } m = \text{Masse}$$
$$k = \text{Federsteifigkeit}$$
$$\text{mit } \ddot{u}_g \text{ und } u = f(t) \qquad (7\text{-}10)$$

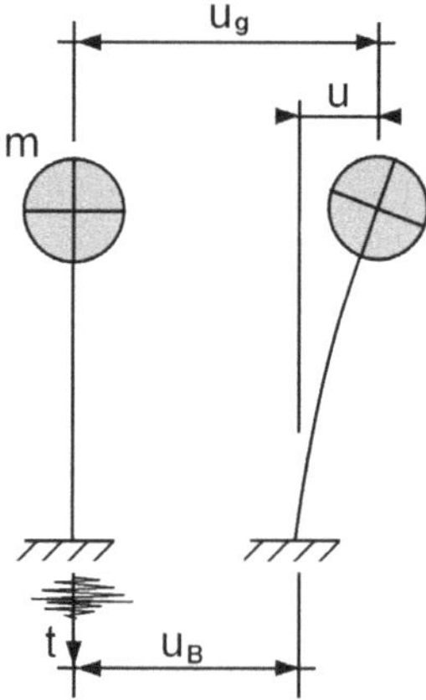

u_g Verschiebung absolut
u_B Fußpunktverschiebung
u Verschiebung relativ

Bild 7-2: Einmassenschwinger

Da in der nachfolgenden Herleitung eine Gegenüberstellung der Bewegungsgleichung des Einmassenschwingers mit denen der über die Modaltransformation gewonnenen Bewegungsgleichungen des FE-Systems erfolgt, wurde in Gl. 7-10 die Dämpfung vernachlässigt. Sie wird in der FE-Berechnung nicht extra über eine Dämpfungsmatrix berücksichtigt, sondern ist bereits in den von den Normen zur Verfügung gestellten Antwortspektren enthalten.

Mit $u_g = u_B + u$ in Gl. 7-10 eingesetzt erhält man:

$$m \cdot (\ddot{u}_B + \ddot{u}) + k \cdot u = 0$$
$$\text{mit } \ddot{u}_B = \text{Fußpunktbeschleunigung}$$
$$\text{bzw.: } m \cdot \ddot{u} + k \cdot u = -m \cdot \ddot{u}_B \qquad (7\text{-}11)$$

Gl. 7-11 durch m geteilt und mit $k/m = \omega^2$ ergibt:

$$\ddot{u} + \omega^2 \cdot u = -\ddot{u}_B \qquad (7\text{-}12)$$

Die Grundlage für das Antwortspektrum bilden Starkbebenseismogramme, die für die jeweilige Erdbebenzone typisch sind. Dabei wird die Reaktion eines Einmassenschwingers für mehrere solcher Seismogramme berechnet. Die Lösungen sind Funktionen der Zeit, der Eigenperiode und der Dämpfung. Durch eine Variation dieser Parameter und die Lösung der Bewegungsgleichung für jede dieser Erregungsfunktionen erhält man jeweils einen Größtwert. Dieser, über die betreffende Eigenperiode ($T=2\pi/\omega$) aufgetragen, stellt schließlich das komplette Antwortspektrum dar.

In den Normen als elastische Antwortspektren bezeichnet, werden sie in geeigneter Weise geglättet in den bautechnischen Regelwerken festgeschrieben.

Die Dämpfungseigenschaften sind, wie schon erwähnt, in den Antwortspektren bereits berücksichtigt.

Das Antwortspektrum lässt sich nun direkt auf einen beliebigen Einmassenschwinger anwenden. Für den berechneten Eigenwert und die daraus ermittelte Eigenperiode T_1 wird aus dem Antwortspektrum die maximale Beschleunigung $s_a(T_1)$ entnommen und damit die maximale Trägheitskraft ermittelt:

$$\max H = m * s_a(T_1) \quad \text{(vgl. Bild 7-3)}$$

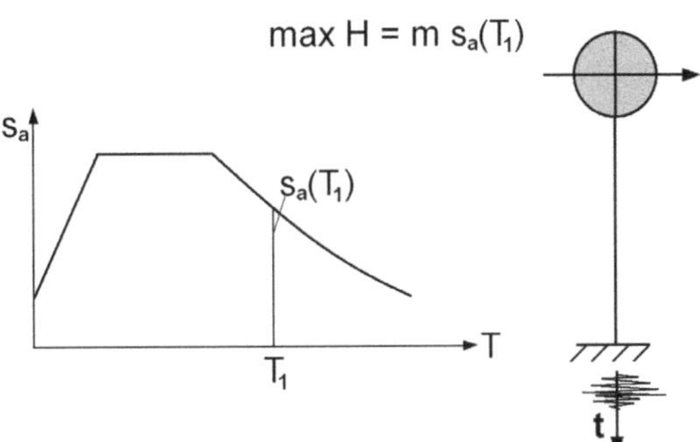

Bild 7-3: Statische Ersatzlast beim Einmassenschwinger

Diese im Massenschwerpunkt wirkende Kraft kann als quasi-statische Erdbebenersatzlast gedeutet werden.

Reale Bauwerke haben die Eigenschaft sich auf Grund ihrer mehr oder weniger ausgebildeten Duktilität den aufgeprägten Bodenverschiebungen teilweise zu entziehen. Das geschieht durch plastische Verformungen und Energiedissipation.

Der Wirkung dieser Energie verzehrenden Eigenschaften wird im Sinne einer wirtschaftlichen Bemessung in den Normen näherungsweise dadurch Rechnung getragen, dass die maximalen Beschleunigungen des elastischen Antwortspektrums durch den bau- und konstruktionsabhängigen Verhaltensbeiwert q geteilt werden. Das um den Wert q reduzierte Spektrum wird als Bemessungsantwortspektrum bezeichnet (vgl. Bild 7-4).

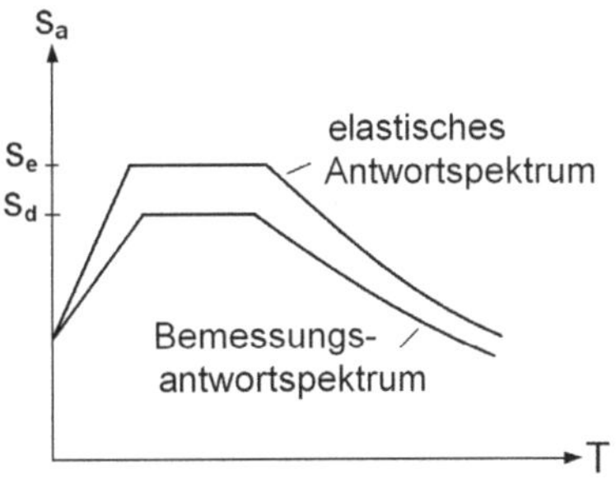

Bild 7-4: Bemessungsantwortspektrum

Dieses Vorgehen ermöglicht quasi eine elastische Tragwerksberechnung unter der näherungsweisen Berücksichtigung eines nicht elastischen Bauwerksverhaltens.

Übergang zum FE-System und Entkopplung der Bewegungsgleichungen:

Das prinzipielle Vorgehen wird nun auf den Mehrmassenschwinger bzw. im Sinne der FEM auf diskretisierte Massen übertragen.

Die Gl. 7-11 wird auf das FE-System bezogen in die Gl. 7-11a überführt:

$$\underline{M} \cdot \ddot{u} + \underline{K} \cdot u = -\underline{M} \cdot r \cdot \ddot{u}_B \qquad (7\text{-}11a)$$

mit: $\underline{M}$ = Massenmatrix

$\underline{K}$ = Steifigkeitsmatrix

u = Verschiebungsvektor

r = Richtungsvektor der Fußpunkterregung

Das in den Schwingungskoordinaten u = u(t) gekoppelte Bewegungsgleichungssystem wird nun in ein entkoppeltes, von den modalen Koordinaten y = y(t) abhängiges, Gleichungssystem überführt.

Der gewählte Ansatz lautet:

$$u = \underline{\Phi} \cdot y \quad (7\text{-}13)$$

mit: $\underline{\Phi}$ = Matrix der Eigenvektoren Φ_i

y = Vektor der modalen Koordinate y_i

Aus Gl. 7-11a folgt:

$$\underline{M} \cdot \underline{\Phi} \cdot \ddot{y} + \underline{K} \cdot \underline{\Phi} \cdot y = -\underline{M} \cdot r \cdot \ddot{u}_B \qquad (7\text{-}14)$$

Zwecks späterer Vereinfachung wird die Gl. 7-14 mit der Matrix $\underline{\Phi}^T$ von links multipliziert:

$$\underline{\Phi}^T \cdot \underline{M} \cdot \underline{\Phi} \cdot \ddot{y} + \underline{\Phi}^T \cdot \underline{K} \cdot \underline{\Phi} \cdot y = -\underline{\Phi}^T \cdot \underline{M} \cdot r \cdot \ddot{u}_B$$

Bedingt durch die Normierung der Eigenformen bezüglich der modalen Massen gilt:

$$\underline{\Phi}^T \cdot \underline{M} \cdot \underline{\Phi} = \underline{E}$$

($\underline{E}$ = Einheitsmatrix)

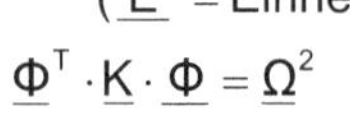

$$\underline{\Phi}^T \cdot \underline{K} \cdot \underline{\Phi} = \underline{\Omega}^2$$

($\underline{\Omega}^2$ = Diagonalmatrix mit den Quadraten der Eigenkreisfrequenzen)

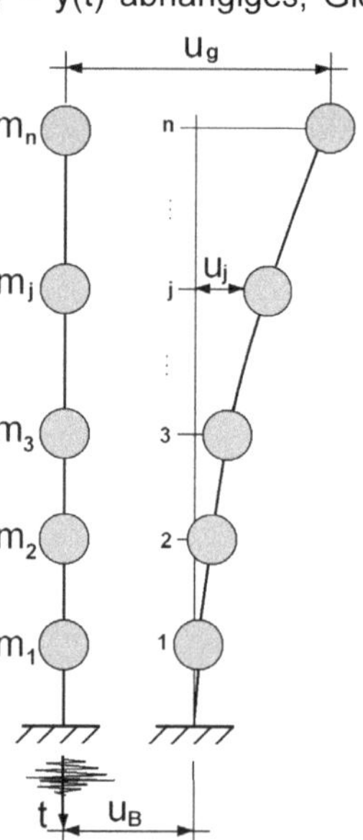

Bild 7-5: Mehrmassenschwinger

Daraus folgt:

$$\underline{E} \cdot \ddot{y} + \underline{\Omega}^2 \cdot y = -\underline{\Phi}^T \cdot \underline{M} \cdot r \cdot \ddot{u}_B \qquad (7\text{-}15)$$

Für die i-te Gleichung des Systems erhält man aus Gl. 7-15 damit:

$$\ddot{y}_i + \omega_i^2 \cdot y_i = -\Phi_i^T \cdot \underline{M} \cdot r \cdot \ddot{u}_B \qquad (7\text{-}16)$$

Wobei der Term $\Phi_i^T \cdot \underline{M} \cdot r$ als Beteiligungsfaktor Γ_i [9] bezeichnet wird. Damit gilt:

$$\ddot{y}_i + \omega_i^2 \cdot y_i = -\Gamma_i \cdot \ddot{u}_B \qquad (7\text{-}17)$$

Mit Gl. 7-17 wurde über die durchgeführte Modaltransformation eine entkoppelte Bewegungsgleichung gewonnen. Vergleicht man nun die Gl. 7-12 und 7-17, so ist zu erkennen, dass der Unterschied zwischen der Verschiebung u des Einmassenschwingers und der Koordinate der modalen Lösung y_i nur im Beteiligungsfaktor Γ_i liegt.

Anschließend folgt ein wichtiger Schritt, der eine ingenieurmäßige Lösung der Aufgabe erlaubt. Von der zeitabhängigen Bewegungsgleichung 7-17 wird über das Antwortspekrum unmittelbar auf die nun zeitunabhängige maximale modale Lösung $\tilde{y}_i$ geschlossen. Damit ergibt sich:

$$\max\{y_i(t)\} = \tilde{y}_i = \Gamma_i \cdot s_{u,i} \qquad (7\text{-}18)$$

[9] In RSTAB / RFEM unter Tabelle Ersatzmassenfaktoren je nach Koordinatenrichtung Spalten B [L_{iX}], C [L_{iY}], D [L_{iZ}]

Das ist gleichbedeutend mit:

$$\max\{y_i(t)\} = \tilde{y}_i = \Gamma_i \cdot \frac{1}{\omega_i^2} s_{a,i} \qquad (7\text{-}19)$$

mit $s_{u,i}$ = maximale Verschiebung aus dem Antwortspektrum

bzw. $s_{a,i}$ = maximale Beschleunigung aus dem Antwortspektrum

Da nun die maximale modale Lösung $\tilde{y}_i$ bekannt ist, lassen sich die zur i-ten Eigenform zugehörigen maximalen Verformungen ermitteln:

$$\max u_i = \Phi_i \cdot \tilde{y}_i \qquad (7\text{-}20)$$

Die den Eigenschwingformen zugeordneten Trägheitskräfte, die man analog dem Einmassenschwinger ebenfalls als statische Erdbebenersatzlasten auffassen kann, ergeben sich aus der bekannten Steifigkeitsbeziehung

$$P_i = \underline{K} \cdot u_i$$

bzw. nach Einsetzen von Gl. 7-20 und Gl. 7-19 für die jeweilige Schwingform i zu:

$$P_i = \underline{K} \cdot \Phi_i \cdot \tilde{y}_i = \underline{K} \cdot \Phi_i \cdot \Gamma_i \cdot \frac{1}{\omega_i^2} s_{a,i} \qquad (7\text{-}21)$$

Aus der Beziehung:

$$\underline{K} \cdot \Phi_i = \underline{M} \cdot \Phi_i \cdot \omega_i^2$$

erhält man schließlich die Lösung für die Erdbebenersatzlasten der Eigenform i:

$$P_i = \underline{M} \cdot \Phi_i \cdot \Gamma_i \cdot s_{a,i} \qquad (7\text{-}22)$$

Im Beteiligungsfaktor Γ_i ist der Richtungsvektor r enthalten, der die Richtung der Erdbebeneinwirkung definiert. Bei räumlichen Modellen muss die Einwirkung in allen maßgebenden horizontalen Richtungen sowie der vertikalen Richtung angesetzt werden.

Für jede Eigenform des zu untersuchenden statischen Systems lässt sich über die Gl. 7-22 ein entsprechender Lastvektor ermitteln. Die so erzeugten Lasten werden auf das System als statische Ersatzlasten aufgebracht. Über eine sich anschließende statische Berechnung werden daraus Verformungs-, Schnitt- und Stützgrößen ermittelt, die wiederum der entsprechenden Eigenform i zugeordnet sind.

In den einschlägigen Normen ist weitestgehend geregelt, wie diese i-Teilergebnisse zu einem Gesamtergebnis zusammengefasst werden. Die zwei bekanntesten Überlagerungsregeln werden nachfolgend aufgeführt.

Zunächst ist erst einmal zu klären, wie viel Eigenpaare als Basis für die zu ermittelnden Ersatzlasten für die nachfolgende statische Berechnung berücksichtigt werden sollen. Für Systeme mit sehr wenigen Freiheitsgraden und dementsprechend wenigen Eigenpaaren können alle Eigenformen berücksichtigt werden. Für größere Systeme ist das allerdings nicht praktikabel bzw. gar nicht möglich.

Über sogenannte Ersatzmassenfaktoren, die nachfolgend erklärt werden, ist eine sinnvolle Auswahl der relevanten Eigenformen möglich.

Zunächst gilt für die wirksame Gesamtmasse des Systems:

$$m = r^T \cdot \underline{M} \cdot r$$ [10]

Für die Ersatzmasse der i-ten Eigenform gilt:

$$m_i = \frac{\Gamma_i^2}{M_i} \quad \text{mit} \quad M_i = \Phi_i^T \cdot \underline{M} \cdot \Phi_i \quad \text{als modale Masse} \qquad (7\text{-}23)$$ [11]

Der Ersatzmassenfaktor der i-ten Eigenform beträgt:

$$\varepsilon_i = \frac{m_i}{m} \qquad (7\text{-}24)$$ [12]

Bei räumlichen Systemen existieren für Γ_i, m_i und ε_i je drei Komponenten in x, y und z-Richtung (vgl. Beispiel unter 2.3.3). Für den ebenen Fall sind im Allgemeinen nur zwei Koordinatenrichtungen belegt.

Weiterhin gilt:

$$\sum_{i=1}^{n} \varepsilon_i = 1 \qquad (7\text{-}25)$$

In Abhängigkeit von den ermittelten Ersatzmassenfaktoren gibt es in den Normen Richtlinien, welche Eigenformen berücksichtigt werden sollten. Im Kapitel 2.3.3 werden drei dieser Ansätze an Hand eines dreidimensionalen Berechnungsbeispiels diskutiert und die Ergebnisse ausgewertet.

Ein Ansatz lautet z.B., dass die Anzahl der zu berücksichtigenden Eigenformen ausreichend ist, wenn die Summe der Ersatzmassenfaktoren größer als 0,9 beträgt:

$$\sum_{i=1}^{k} \varepsilon_i > 0{,}9 \qquad (7\text{-}26)$$

Um das Tragwerk abschließend beurteilen zu können, sind die Gesamtverformungen sowie die Gesamtschnitt- und -stützgrößen für die jeweilige Erregung gefragt. Da das Antwortspektrum keine Phaseninformation enthält, ist eine eindeutige Zuordnung der aus den einzelnen Eigenformen kommenden Anteile ungewiss. Was nun benötigt wird, ist eine geeignete Superpositionsvorschrift.

Die bekanntesten Überlagerungsregeln sind die SRSS- und die CQC-Regel. Erfahrungen haben gezeigt, dass die Wahl der Überlagerungsregel das Ergebnis mitunter erheblich beeinflusst.

Die SRSS-Regel (Square Root of Sum of Squares) beruht auf wahrscheinlichkeitstheoretischen Ansätzen und lautet für die zu überlagernden Einwirkungen $E_{w,i}$ aus der i-ten Eigenform:

$$E_w = \sqrt{\sum_{i=1}^{n} E_{w,i}^{\;2}} \qquad (7\text{-}27)$$

$$\text{mit } n = \text{Anzahl der zu berücksichtigenden Eigenformen}$$

Voraussetzung ist allerdings, dass die einzelnen Anteile unkorreliert sind. Das ist gegeben, wenn die Eigenfrequenzen ausreichend weit auseinander liegen.

---

[10] In RSTAB / RFEM unter Tabelle Ersatzmassenfaktoren Summe der Spalten E[m_{eX}], F[m_{eY}], G[m_{eZ}]

[11] In RSTAB / RFEM m_i in den Spalten E [m_{eX}], F [m_{eY}], G [m_{eZ}] und M_i der Spalte A

[12] In RSTAB / RFEM in den Spalten H [f_{meX}], I [f_{meY}], J [f_{meZ}]

Ist das nicht der Fall, bietet sich die CQC-Regel (Complete Quadratic Combination) an:

$$E_w = \sqrt{\sum_{j=1}^{n}\sum_{k=1}^{n} E_{w,j}\,\rho_{jk} E_{w,k}} \qquad (7\text{-}28)$$

mit n = Anzahl der zu berücksichtigenden Eigenformen

mit ρ_{jk} als Wechselwirkungsfaktor:

$$\rho_{jk} = \frac{8\zeta^2\,(1+r)\;r^{3/2}}{(1-r^2)^2 + 4\zeta^2 r\;(1+r)^2} \qquad \text{mit } r = \frac{\omega_k}{\omega_j} = \frac{f_k}{f_j}$$

und ζ als Dämpfungsgrad (z.B. $0{,}05 = 5\%$)

Der Faktor ρ_{jk} wird auch als Korrelationsfaktor bezeichnet, der zwischen null (= keine Korrelation) und eins (= volle Korrelation) liegt.

Für gleiche Eigenfrequenzen wird ρ_{jk} mit 1 zum Maximum. Je unkorrelierter die Eigenfrequenzen sind, umso kleiner werden die ρ_{jk}-Faktoren und die Gl. 7-28 geht in die Gl. 7-27 über.

Weitere Überlagerungsregeln werden in [7.9] diskutiert.

Das Ergebnis der Überlagerungsregeln kann dann z.B. als relevante Ergebniskombination „positiv (für max) / negativ (für min)" angesetzt werden.

Ein Problem bei den oben angeführten Überlagerungsregeln ist, dass die Vorzeichen der Einwirkungen für die Suche nach der für die Bemessung ungünstigsten Schnittgrößenkombination weitestgehend verloren gehen. Deshalb können ggf. ungünstig wirkende Kombinationen nicht immer erfasst werden. Es verbleibt damit bei räumlichen Systemen eine gewisse Unsicherheit.

Weitere neuere Überlegungen [7.15] gehen ebenfalls von einem maximalen Wert der Zielgröße aus, berücksichtigen allerdings die Vorzeichen der zugehörigen Schnittgrößenkomponenten[13], so dass die oben erwähnten Nachteile kompensiert werden.

[13] Optional in RFEM möglich

2.3.2 Berechnungsbeispiel 1 (2-dimensional)

Wie bereits erwähnt, soll der unter Kapitel 2.2 berechnete ebene dreistöckige Rahmen einer Erdbebenanalyse nach der Antwortspektrenmethode unterzogen werden.

Beispiel Antwortspektrum-Stahlrahmen

Statisches System / Eingabewerte

Dieses Beispiel baut auf den bereits vorliegenden Eingabedaten und Teilergebnisse des Beispiels Dynamik-Stahlrahmen auf.

Es werden nur horizontale Erdstöße in X-Richtung berücksichtigt.

Norm entsprechend Vergleichlösung:

DIN 4149-1 1981-4 [14] mit
Regelwert a_0= 0,673 m/s²,
Abminderungsfaktor α= 1,0
Faktor für Untergrund κ= 1,0

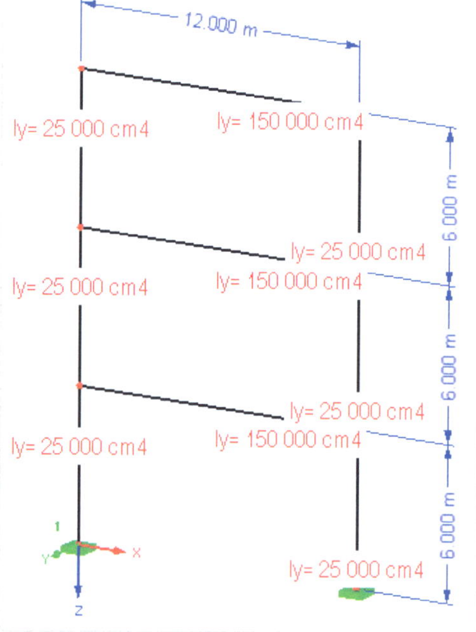

Eingabe in RSTAB

Die Position Dynamik-Stahlrahmen wird geöffnet und anschließend das Zusatzmodul DYNAM gestartet.

In „*1.1 Basisangaben*" wird „*3. Ersatzlasten*" aktiviert:

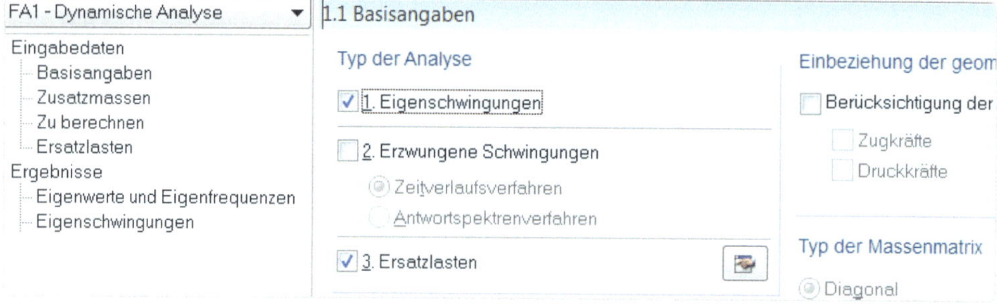

Unter „*1.4 Zu berechnen für Eigenschwingungen*" wird „*Ersatzmassenfaktoren*" ausgewählt:

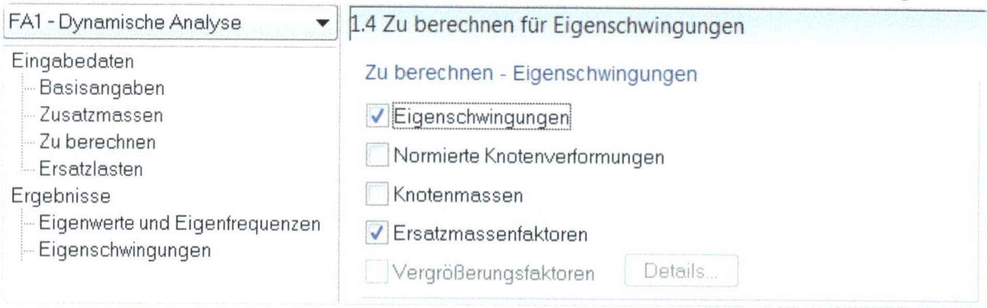

[14] Diese Norm ist nicht mehr gültig, wurde aber wegen der Vergleichslösung gewählt

Im Dialog „*1.7 Ersatzlasten*“ wird die Norm mit den entsprechenden Werten eingestellt:

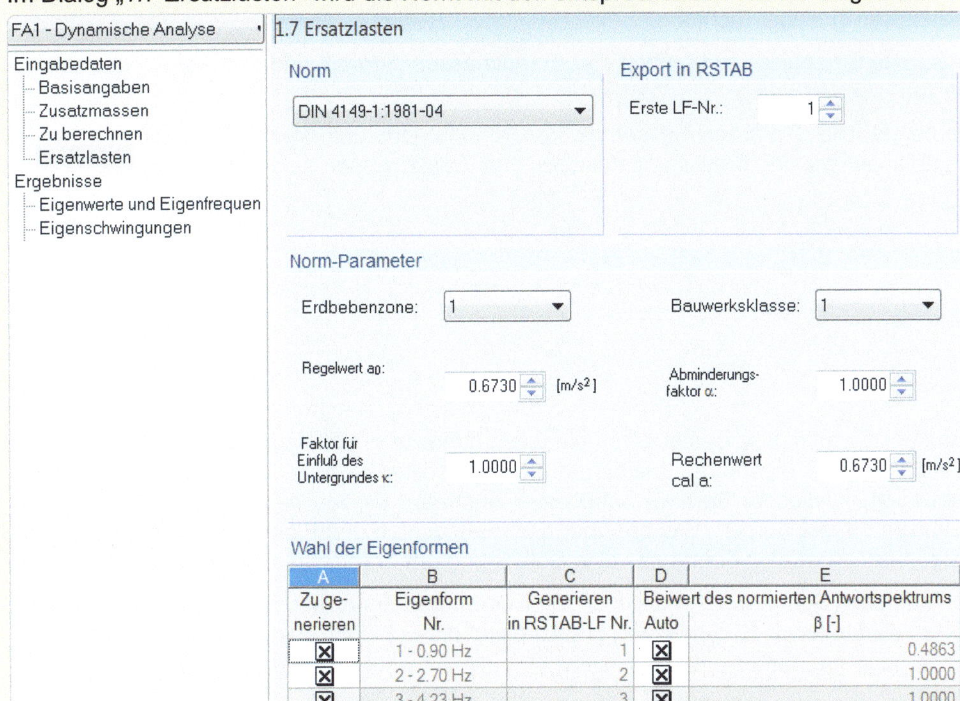

Unter „*Wahl der Eigenformen*“ sind im oberen Bild den Eigenfrequenzen die entsprechenden maximalen Beschleunigungen (β-Werte) zugeordnet.

In der Grafik des Normierten Antwortspektrums im folgenden Bild sind die in der Tabelle oben ermittelten β-Werte in Abhängigkeit der Eigenperiode T [s] dargestellt.

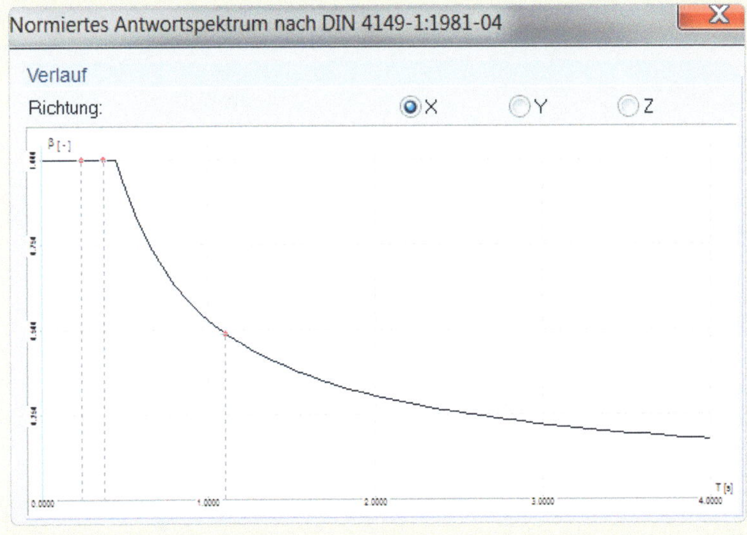

Nachdem nun alle Eingabewerte vorliegen, werden durch Auswahl von „*Berechnen*“ für jede einzelne Eigenform die entsprechenden Ersatzlasten ermittelt.

Da die „*Wirkung der Massen*“ nur in X-Richtung angesetzt wurde, entstehen auch nur Ersatzlasten in dieser Richtung.

Als neue Ergebnisse stehen nun die „*Ersatzmassenfaktoren*“ und die „*Generierten Ersatzlasten*“ zur Verfügung.

In der Tabelle „*2.5 Ersatzmassenfaktoren*“ sind für jede untersuchte Eigenform die modalen Massen mit den Beteiligungsfaktoren und Ersatzmassen aufgeführt.

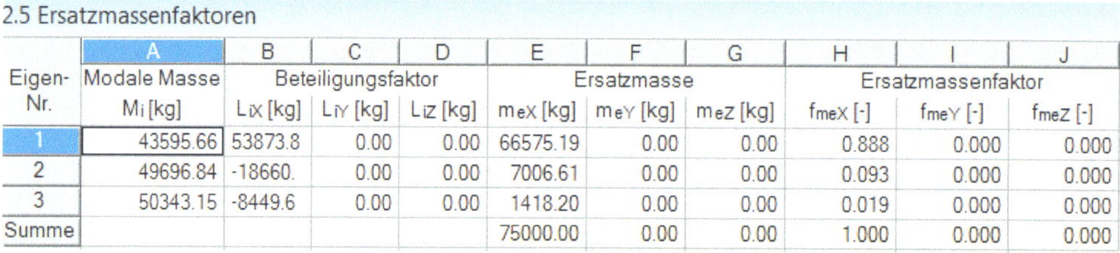

2.5 Ersatzmassenfaktoren

	A	B	C	D	E	F	G	H	I	J
Eigen-	Modale Masse	Beteiligungsfaktor			Ersatzmasse			Ersatzmassenfaktor		
Nr.	M_i [kg]	L_{iX} [kg]	L_{iY} [kg]	L_{iZ} [kg]	m_{eX} [kg]	m_{eY} [kg]	m_{eZ} [kg]	f_{meX} [-]	f_{meY} [-]	f_{meZ} [-]
1	43595.66	53873.8	0.00	0.00	66575.19	0.00	0.00	0.888	0.000	0.000
2	49696.84	-18660.	0.00	0.00	7006.61	0.00	0.00	0.093	0.000	0.000
3	50343.15	-8449.6	0.00	0.00	1418.20	0.00	0.00	0.019	0.000	0.000
Summe					75000.00	0.00	0.00	1.000	0.000	0.000

Aus der Ersatzmasse geteilt durch die Gesamtmasse ergibt sich der Ersatzmassenfaktor für die jeweilige Eigenform. Wie bereits erläutert, sollten diese in der Summe größer als 0,9 betragen. In diesem Beispiel beträgt die Summe 1,0. Das heißt, dass alle beteiligten Massen erfasst wurden. Weitere über die untersuchten drei Eigenformen hinausgehende Eigenformen würden demnach keine Beteiligung am Ersatzmassenfaktor ergeben.

Im nächsten Schritt werden die in DYNAM erzeugten Ersatzlasten nach RSTAB exportiert. Dazu wird unter „*2.12 Generierte Ersatzlasten*“ die Funktion „*Export*“ angewählt.

Nach der Bestätigung des nebenstehenden Dialoges entstehen entsprechend der drei Eigenformen drei neue Lastfälle und eine neue Ergebniskombination (hier EK-Nr. 1).

In der Ergebniskombination ist die Quadratische Überlagerung (SRSS-Regel) definiert. Außerdem ist als Vorzeichenregel voreingestellt (vgl. Bild):

für „max“ nach Überlagerung über SRSS alle Größen positiv

und

für „min“ nach Überlagerung über SRSS alle Größen negativ

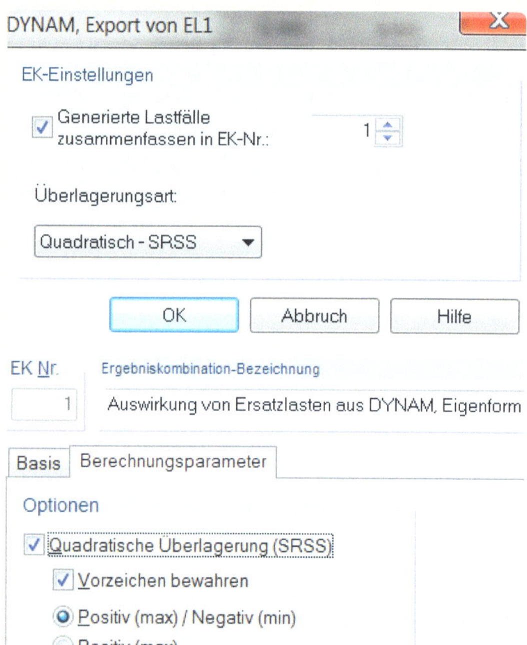

Die SRSS-Regel ist hier zulässig, da die Eigenfrequenzen der drei Eigenformen ausreichend weit auseinander liegen und damit statisch unabhängig (unkorreliert) sind.

Die erzeugten Ersatzlasten können in RSTAB anschaulich dargestellt werden:

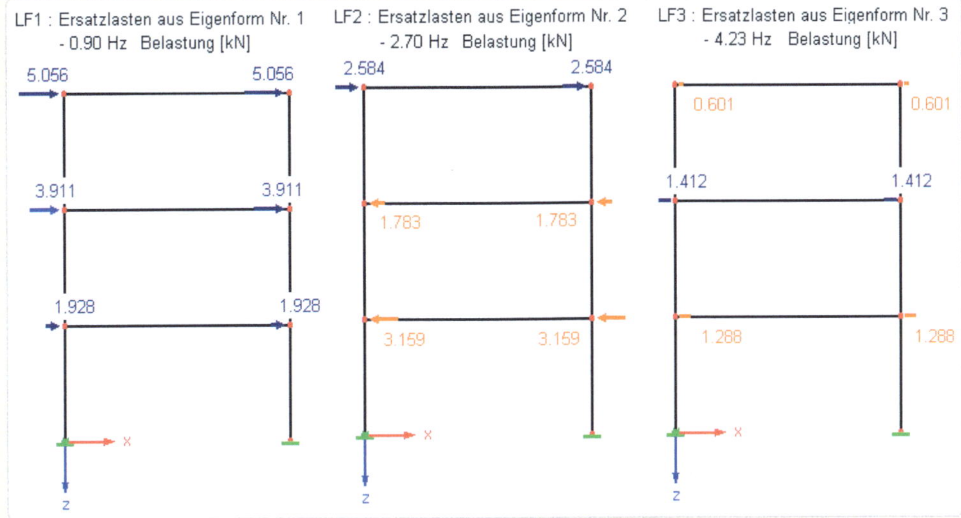

Ersatzlasten der Referenzlösung [7.7, S. 679]:

	Lastfall 1	Lastfall 2	Lastfall 3
Riegel oben	5,05 kN	2,60 kN	0,60 kN
Riegel mitte	3,90 kN	1,80 kN	1,40 kN
Riegel unten	1,95 kN	3,15 kN	1,30 kN

An dieser Stelle macht es keinen Sinn prozentuale Abweichungen zur Referenzlösung zu ermitteln. Die sehr geringen Abweichungen sind wahrscheinlich den Ungenauigkeiten der per Handrechnung ermittelten Vergleichslösung geschuldet.

In RSTAB wird abschließend die statische Berechnung mit den oben dargestellten Ersatzlasten gestartet.

ERGEBNISSE

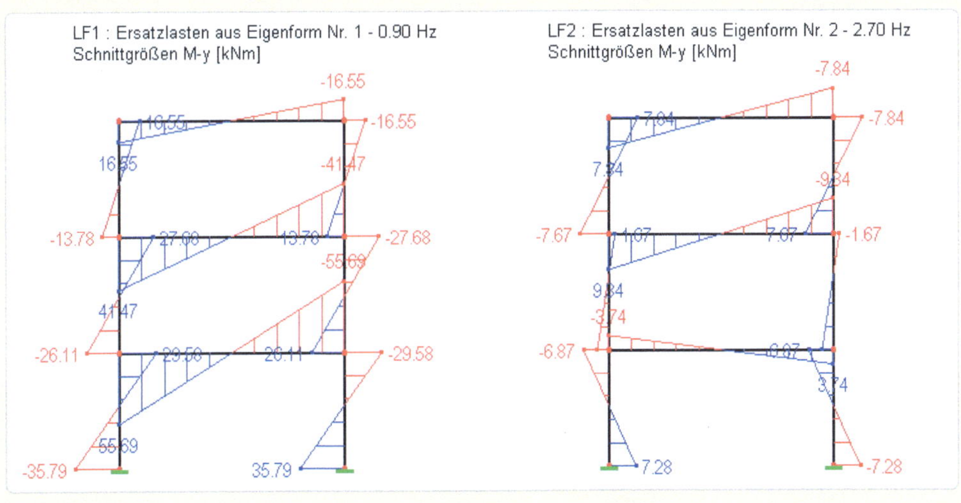

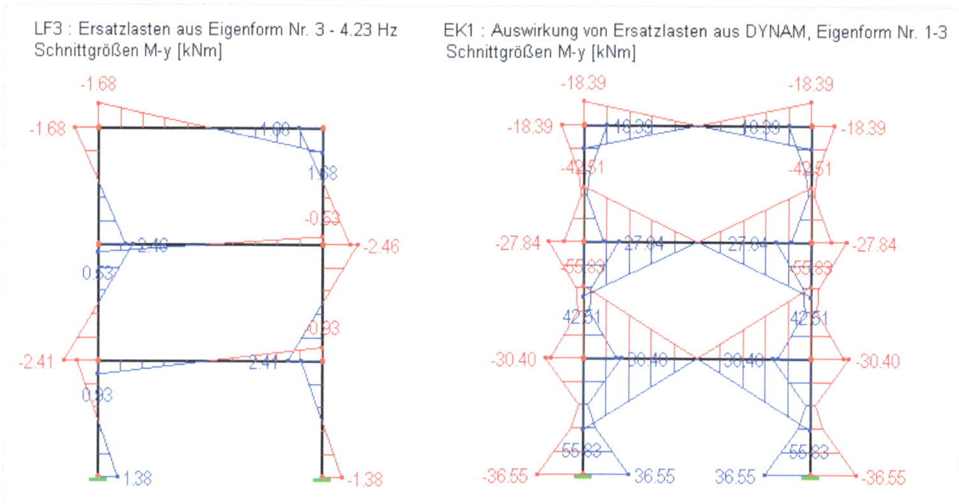

Die ermittelten Schnittmomente der EK 1 (vgl. Bild oben rechts) können über die SRSS-Regel leicht nachvollzogen werden. Beispielhaft ergibt sich für:

$$M\text{-}y_{\text{Fußpunkt Links}} = \pm\sqrt{(-35{,}79)^2 + (+7{,}28)^2 + (+1{,}38)^2} = \pm\ 36{,}55\ \text{kNm}$$

$$M\text{-}y_{\text{Riegel oben Links}} = \pm\sqrt{(+16{,}55)^2 + (+7{,}84)^2 + (-1{,}68)^2} = \pm\ 18{,}39\ \text{kNm}$$

In [7.7, S. 679] wurden für die drei Eigenformen für die linken Fußpunkte folgende Ergebnisse ermittelt:

M_1= -35,79 kNm

M_2= 7,26 kNm

M_3= 1,46 kNm

Das resultierende Moment ergab sich unter Verwendung dieser Werte zu [7.7, S. 680]:

$M_{\text{Res SRSS}}$= 36,55 kNm

Erkenntnisse

Die Zwischenergebnisse von RFEM weichen nur marginal von der Vergleichslösung ab. Vermutlich liegt das, wie schon erwähnt, an Ungenauigkeiten der per Hand ermittelten Vergleichslösung. Das in [7.7] errechnete resultierende Moment am Fußpunkt stimmt wieder exakt mit der RFEM-Lösung überein.

Für ein zweidimensionales Rahmentragwerk wurden die einzelnen Schritte einer Berechnung nach der Antwortspektrenmethode erläutert und die Zwischen- und Endergebnisse ausführlich dokumentiert. Auf diese Weise soll das Verständnis für die in 2.3.1 vermittelten theoretischen Grundlagen unterstützt werden.

2.3.3 Berechnungsbeispiel 2 (3-dimensional)

Nachdem das 2-dimensionale Beispiel behandelt und ausgewertet wurde, soll nun das unter 2.2 Dynamische Analyse bereits vorbreitete komplexe 3-dimensionale Beispiel nach der Antwortspektrenmethode berechnet werden.

Da ein fiktives Gebäude untersucht werden soll, bei dem die Standort-, Gründungs- und Nutzungssituation nicht bekannt sind, wurden die getroffenen Annahmen in den Normen frei gewählt. Ziel ist es, die Eingabe und Berechnung in RFEM zu demonstrieren und die erhaltenen Ergebnisse auszuwerten.

Beispiel Antwortspektrum-Faltwerk

Statisches System / Eingabewerte

Dieses Beispiel baut auf die bereits vorliegenden Eingabedaten und Teilergebnisse des Beispiels Dynamik-Faltwerk auf.

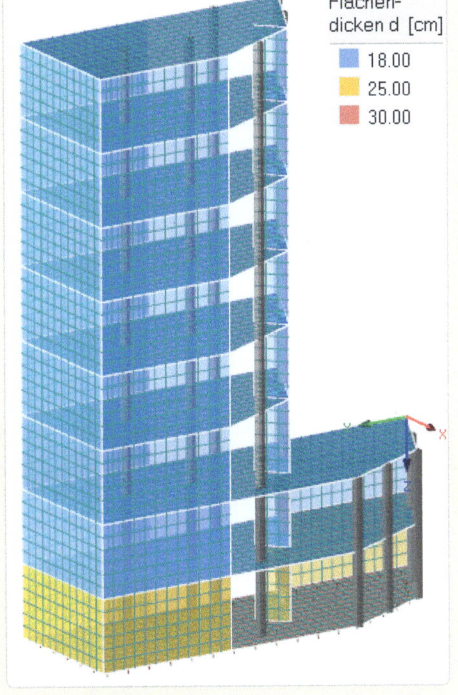

Wirkung der Massen in X-, Y- und Z-Richtung

Zusätzliche Eingaben für die Antwortspektrenmethode:

Gewählte Norm: EN 1998-1: 2010, DIN

Elastisches Antwortspektrum

Baugrundklasse: A (Festgestein unverwittert)
Untergrundklasse: R (felsartiger Untergrund)
Für das Untergrundverhältnis A-R folgt damit:
S= 1,00 T_B= 0,05 s T_C= 0,20 s T_D= 2,0 s
(für horizontales und vertikales Spektrum)

Bedeutungskategorie III γ_i= 1,2

Dämpfungs-Korrekturbeiwert η= 1,0

Bodenbeschleunigung für Erdbebenzone 3
a_{gR}= 0,8 m/s²

Eingabe in RFEM

Die Position Dynamik-Faltwerk wird geöffnet und anschließend das Zusatzmodul RF-DYNAM gestartet.

Zunächst werden die Ersatzlasten für die ersten 5 Eigenwerte ermittelt.

Dazu ist unter „*1.1 Basisangaben*“ in Ergänzung zu den bereits gewählten 5 Eigenformen „*3. Ersatzlasten*“ zu aktivieren.

Die voreingestellte Fallbeschleunigung beträgt 10 m/s².

Die Wirkung der Massen ist in X-, Y- und Z-Richtung anzusetzen. Die weiteren Einstellungen unter „*1.1 Basisangaben*“ werden beibehalten.

Unter „*1.6 Zum Anzeigen*“ wird „*Ersatzmassenfaktoren*“ ausgewählt.

Anschließend erfolgt im Dialog „*1.9 Ersatzlasten*“ die Einstellung der Normparameter:

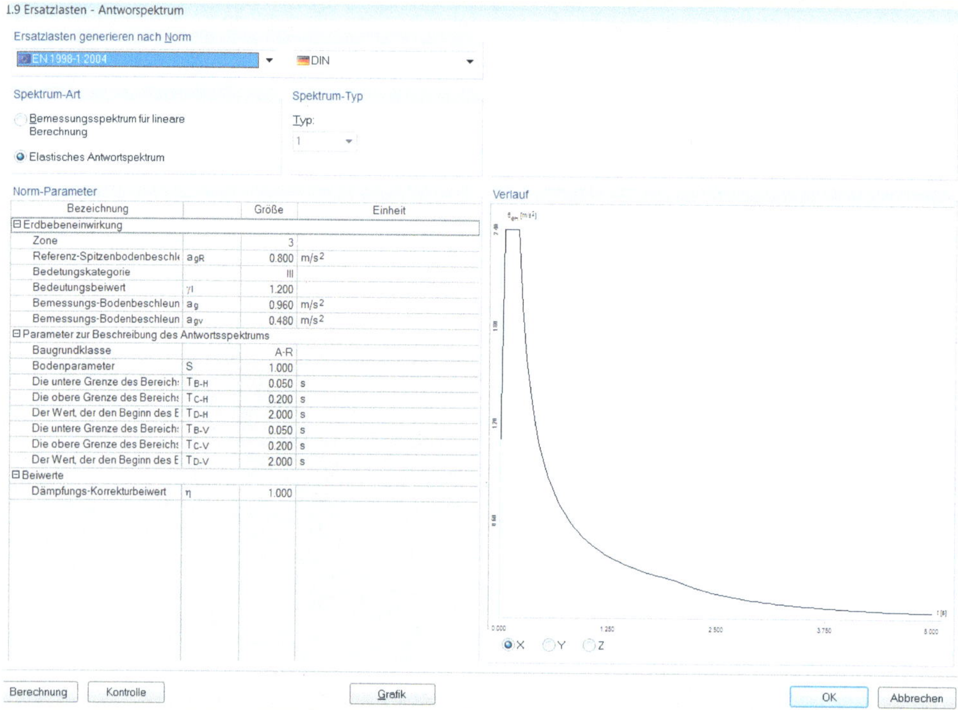

Da nun alle notwendigen Eingaben vorgenommen wurden, kann die Berechnung der Ersatzlasten durchgeführt werden.

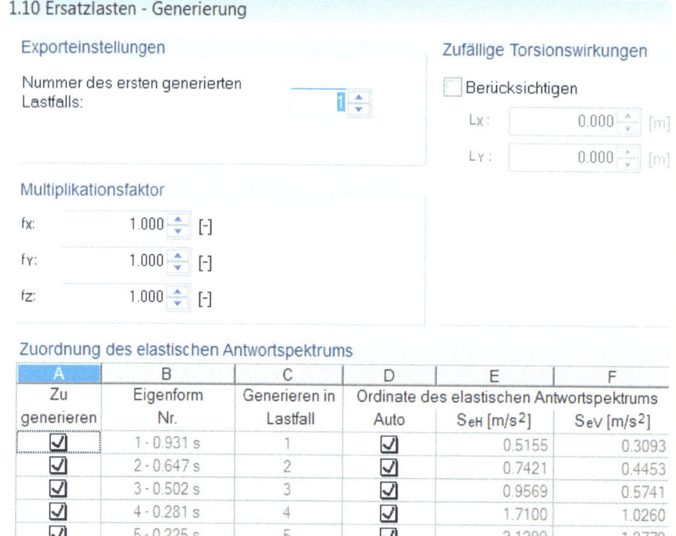

Nach Ermittlung der Eigenwerte kann unter „*1.10 Ersatzlasten - Generierung*“ die Zuordnung der Ordinaten des Antwortspektrums S_{eH} und S_{eV} zu den Eigenperioden der untersuchten 5 Eigen-formen eingesehen werden.

Es ist zu erkennen, dass die S_{eV}-Ordinaten entsprechend der Norm auf 60% abgemindert wurden.

Ergebnisse - Ersatzmassenfaktoren

Zunächst wird die Tabelle „2.7 Ersatzmassenfaktoren“ ausgewertet.

2.7 Ersatzmassenfaktoren

	A	B	C	D	E	F	G	H	I	J
E-Form	Modale Mas	Beteiligungsfaktor			Ersatzmasse			Ersatzmassenfaktor		
Nr.	Mi [kg]	LiX [kg]	LiY [kg]	LiZ [kg]	meX [kg]	meY [kg]	meZ [kg]	fmeX [-]	fmeY [-]	fmeZ [-]
1	166695.30	339120.02	-19902.10	-1291.07	689895.83	2376.15	10.00	0.730	0.003	0.000
2	359789.90	41282.58	536299.11	3932.67	4736.80	799401.92	42.99	0.005	0.845	0.000
3	189619.29	-63990.79	2536.94	-291.59	21594.96	33.94	0.45	0.023	0.000	0.000
4	204534.51	-205722.15	44976.74	-254.07	206916.69	9890.30	0.32	0.219	0.010	0.000
5	420057.39	45893.12	236490.51	-5272.60	5014.03	133143.14	66.18	0.005	0.141	0.000
Summe					928158.30	944845.45	119.93	0.982	0.999	0.000

Betrachtet man die Ersatzmassenfaktoren in X-Richtung (blaue Markierungen), so ist zu erkennen, dass die Faktoren der 1. und 4. Eigenform in der Summe schon 94,9% (73,0% + 21,9%) ergeben. Um die in der Norm geforderten 90,0% zu erreichen, ist das schon ausreichend. Die restlichen drei Eigenformen zeigen keinen wesentlichen Beitrag. Der zu erwartende dominierende Einfluss dieser zwei Eigenformen bei einer Erregung in X-Richtung wurde schon in den dynamischen Untersuchungen für dieses Beispiel unter Punkt „2.2.2 Faltwerke“ festgestellt (vgl. Bilder der Eigenformen 1 und 4 des Beispiels Dynamik-Faltwerk).

Für die Erregung in Y-Richtung ergibt sich ein ähnliches Bild (grüne Markierungen). Hier sind es allerdings erwartungsgemäß die Eigenformen 2 und 5 (vgl. Bilder der Eigenformen 2 und 5 des Beispiels Dynamik-Faltwerk), die das Ergebnis dominieren. Zusammen erhält man 98,6% (84,5% + 14,1%) der Ersatzmassenfaktoren. Auch hier ist die 90%-Forderung der Norm mit diesen zwei Eigenformen bereits erfüllt. Die verbleibenden 3 Eigenformen sind wiederum unbedeutend.

Für die Erregung in Z-Richtung (rote Markierung) ergeben sich für die ersten 5 Eigenformen keine Anteile.

Um die 90%-Forderung der Norm auch für die Z-Richtung zu erfüllen, erfolgt eine erneute Berechnung der Ersatzlasten mit Berücksichtigung von 20 Eigenformen.

2.7 Ersatzmassenfaktoren

	A	B	C	D	E	F	G	H	I	J
E-Form	Modale Masse	Beteiligungsfaktor			Ersatzmasse			Ersatzmassenfaktor		
Nr.	Mi [kg]	LiX [kg]	LiY [kg]	LiZ [kg]	meX [kg]	meY [kg]	meZ [kg]	fmeX [-]	fmeY [-]	fmeZ [-]
1	166695.30	339120.02	-19902.10	-1291.07	689895.83	2376.15	10.00	0.730	0.003	0.000
2	359789.90	41282.58	536299.11	3932.67	4736.80	799401.92	42.99	0.005	0.845	0.000
3	189619.29	-63990.79	2536.94	-291.59	21594.96	33.94	0.45	0.023	0.000	0.000
4	204534.51	205722.15	-44976.74	254.07	206916.69	9890.30	0.32	0.219	0.010	0.000
5	420057.08	-45893.11	-236490.4	5272.52	5014.03	133143.15	66.18	0.005	0.141	0.000
6	167625.57	14508.38	-3154.60	7608.33	1255.73	59.37	345.33	0.001	0.000	0.000
7	144327.32	47031.04	-1986.28	6302.10	15325.71	27.34	275.18	0.016	0.000	0.000
8	210634.95	-375.88	-2312.14	380750.50	0.67	25.38	688256.8	0.000	0.000	0.728
9	119706.83	-7662.33	-1061.09	-42612.49	490.46	9.41	15168.93	0.001	0.000	0.016
10	129414.40	-3159.67	-2862.11	91636.03	77.14	63.30	64885.84	0.000	0.000	0.069
11	20942.55	196.46	819.92	26934.42	1.84	32.10	34640.63	0.000	0.000	0.037
12	361497.67	969.13	-12156.04	-52714.24	2.60	408.77	7686.88	0.000	0.000	0.008
13	24301.88	-338.84	437.49	14744.38	4.72	7.88	8945.67	0.000	0.000	0.009
14	10743.74	186.86	174.34	-1219.49	3.25	2.83	138.42	0.000	0.000	0.000
15	60100.94	2996.61	348.74	-7380.42	149.41	2.02	906.32	0.000	0.000	0.001
16	32252.93	-636.07	115.47	-21502.34	12.54	0.41	14335.15	0.000	0.000	0.015
17	70367.54	-1226.17	-303.54	14590.19	21.37	1.31	3025.17	0.000	0.000	0.003
18	106858.10	-610.03	-169.78	-30368.39	3.48	0.27	8630.50	0.000	0.000	0.009
19	9739.91	-176.95	-32.50	-2046.64	3.21	0.11	430.06	0.000	0.000	0.000
20	37995.33	24.70	-267.37	16267.94	0.02	1.88	6965.22	0.000	0.000	0.007
Summe					945510.47	945487.83	854756.0	1.000	1.000	0.904

In den Normen gibt es drei verschiedene Ansätze, die die im Nachweis zu integrierenden Eigenformen in Abhängigkeit von den Ersatzmassenfaktoren regeln (vgl. auch [7.9]).

Anhand der Ergebnisse für diese Ersatzmassenfaktoren mit 20 Eigenformen sollen die Regeln anschließend diskutiert werden.

Ansatz 1: Die Summe der effektiven modalen Massen der zu berücksichtigenden Eigenformen beträgt mindestens 90% der Gesamtmasse des Tragwerkes.

Fazit: Wie die Tabelle oben zeigt, wird diese Forderung bei Berücksichtigung von 20 Eigenformen für die X- und die Y-Richtung wie auch für die Z-Richtung erfüllt.

Ansatz 2: Alle Eigenformen mit effektiven modalen Massen von mehr als 5% der Gesamtmasse werden berücksichtigt.

Rechnet man die in der Tabelle markierten 5%-Massen zusammen, so ergibt sich:

X-Richtung (blau): 94,9 %
Y-Richtung (grün): 98,6 %
Z-Richtung (rot): 79,7 %

Fazit: Bei Zugrundelegung dieses Ansatzes wird für die Z-Richtung kein 90%-Anteil erreicht.

Ansatz 3: Mindestens k Eigenformen sind zu berücksichtigen,

wobei $k = 3\sqrt{n}$ ist, mit n= Anzahl der Geschosse über OK Fundament und $T_K \geq 0{,}20$ s

Bei 8 Geschossen ergibt sich für k= 8,485.
Wie die nachfolgende Tabelle zeigt, ist $T_K \geq 0{,}20$ s für die ersten 5 Eigenformen erfüllt.

2.1 Eigenwerte, -frequenzen und -perioden

	A	B	C	D
E-Form Nr.	Eigenwert λ [1/s²]	Eigenkreisfrequenz ω [rad/s]	Eigenfrequenz f [Hz]	Eigenperiode T [s]
1	45.531	6.748	1.074	0.931
2	94.376	9.715	1.546	0.647
3	156.886	12.525	1.993	0.502
4	501.014	22.383	3.562	0.281
5	777.312	27.880	4.437	0.225
6	1516.487	38.942	6.198	0.161
7	2558.319	50.580	8.050	0.124
8	4799.113	69.276	11.026	0.091
9	6772.384	82.294	13.098	0.076
10	8094.288	89.968	14.319	0.070
11	10758.697	103.724	16.508	0.061
12	11431.878	106.920	17.017	0.059
13	12995.056	113.996	18.143	0.055
14	13499.044	116.185	18.491	0.054
15	16017.609	126.561	20.143	0.050
16	17608.894	132.699	21.120	0.047
17	19888.380	141.026	22.445	0.045
18	21018.117	144.976	23.074	0.043
19	23672.794	153.860	24.488	0.041
20	24668.923	157.063	24.997	0.040

Fazit: Bei Zugrundelegung dieses Ansatzes wären die ersten 5 Eigenformen relevant. Die Konsequenz ist, wie schon vorab ausgeführt, dass die 90%-Forderung für die X- und Y-Richtung erfüllt wird, die Z-Richtung aber keine Anteile aufweist.

Die relevanten Eigenschwingformen mit einem Massenanteil von größer 5% für die Anregung in X- (1. und 4. Eigenform – blau markiert) und Y-Richtung (2. und 5. Eigenform – grün markiert) wurden bereits unter Punkt „2.2.2 Faltwerke" dargestellt (vgl. Bilder der Eigenformen des Beispiels Dynamik-Faltwerk). Ergänzend sind noch die Eigenschwingformen interessant, die für die Z-Richtung Massenanteile von größer 5% ergeben (8. und 10. Eigenform - rot markiert).

8. Eigenform (11,026 Hz): 10. Eigenform (14,319 Hz):

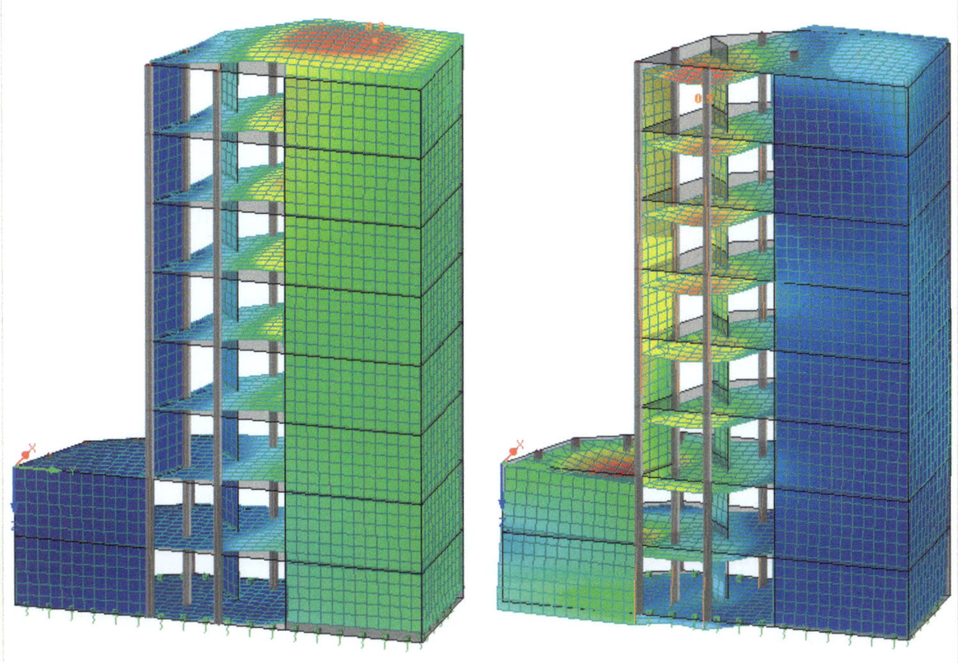

Ergebnisse – Elastische Tragwerksberechnung

Im nächsten Schritt werden die in RF-DYNAM erzeugten Ersatzlasten der 20 Eigenschwingformen nach RFEM exportiert. Dazu wird unter „*4.1 Generierte Ersatzlasten*" die Funktion „*Exportieren*" angewählt.

Der nebenstehende Dialog wird mit „*OK*" bestätigt.

Damit entstehen 20 neue Lastfälle entsprechend der 20 Eigenschwingformen und eine neue Ergebniskombination (hier EK-Nr.1), die die Ergebnisse der 20 Lastfälle nach der SRSS-Regel überlagert.

Anschließend erfolgt die lineare Berechnung für die 20 erzeugten Lastfälle.

RF-DYNAM, Export von EL1

EK-Einstellungen

☑ Generierte Lastfälle zusammenfassen in Ergebniskombination Nr.: 1

Überlagerungsart:

Quadratisch - SRSS

OK Abbrechen

Die Voreinstellungen unter „*Optionen*“ werden beibehalten (vgl. Bild unten).

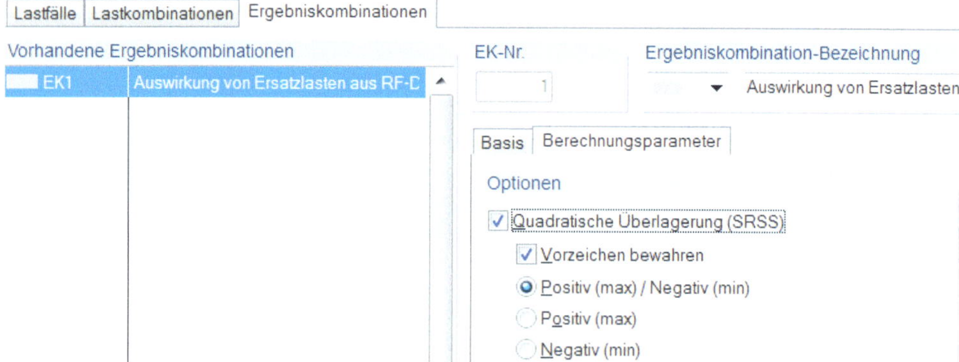

Um die vorab diskutierten Betrachtungen abzurunden, werden noch zwei weitere Ergebniskombinationen für die Ansätze 2 und 3 gebildet.

Für die nachfolgende Auswertung stehen dann 3 Ergebniskombinationen zur Verfügung (alle „*Quadratische Überlagerung*“ mit „*Vorzeichen bewahren*“):

Ergebniskombination 1 nach Ansatz 1: Lastfälle 1 bis 20
Ergebniskombination 2 nach Ansatz 2: Lastfälle 1, 2, 4, 5, 8, 10
Ergebniskombination 3 nach Ansatz 3: Lastfälle 1 bis 5

Gesamtverformung u aus Ergebniskombination 1:

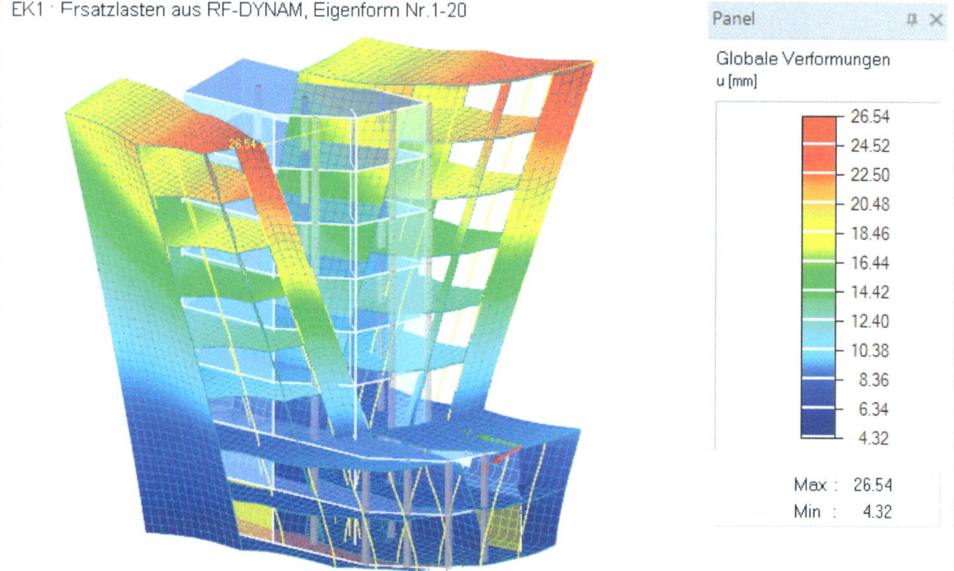

Zunächst sollen die maximalen Verschiebungskomponenten u_X, u_Y und u_Z der 3 Ergebniskombinationen gegenüber gestellt und die Abweichung zur Ergebniskombination 1 (welche alle Lastfälle enthält) ermittelt werden:

Verschiebung	EK 1	EK2 (Abw. zu EK1)	EK3 (Abw. zu EK1)
max u_X [mm]	±23,43	±23,34 (0,38 %)	±23,43 (0,00 %)
max u_Y [mm]	±12,41	±12,38 (0,24 %)	±12,41 (0,00 %)
max u_Z [mm]	±1,74	±1,73 (0,57 %)	±1,71 (1,72 %)

Wie zu erkennen ist, sind die Unterschiede in den maximalen Verschiebungen sehr gering. Schlussfolgerungen lassen sich daraus nur bedingt ziehen.

Nachfolgend werden deshalb die Schnittgrößen an ausgewählten Stellen untersucht. Die Extremwerte der Hauptbiegemomente einiger Decken und der Bodenplatte bieten sich dazu an.

Ergebniskombination 1:

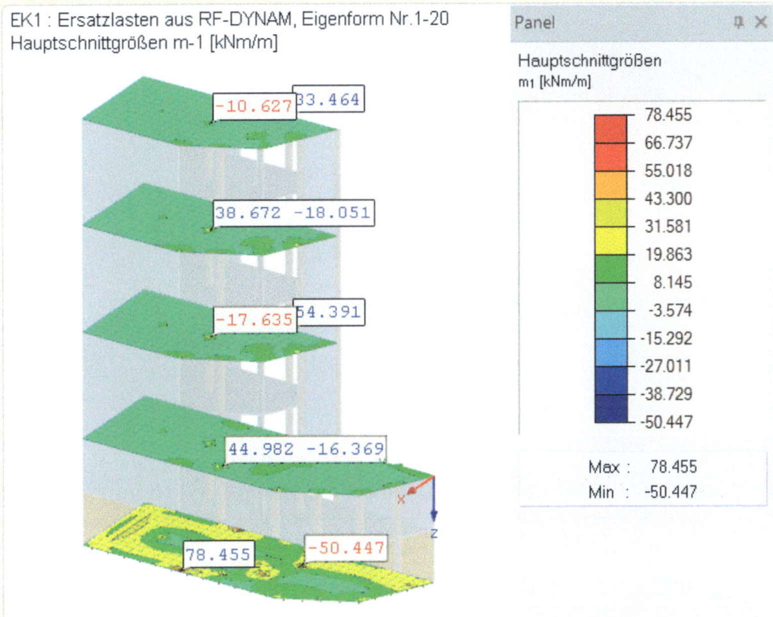

Ergebniskombination 2:

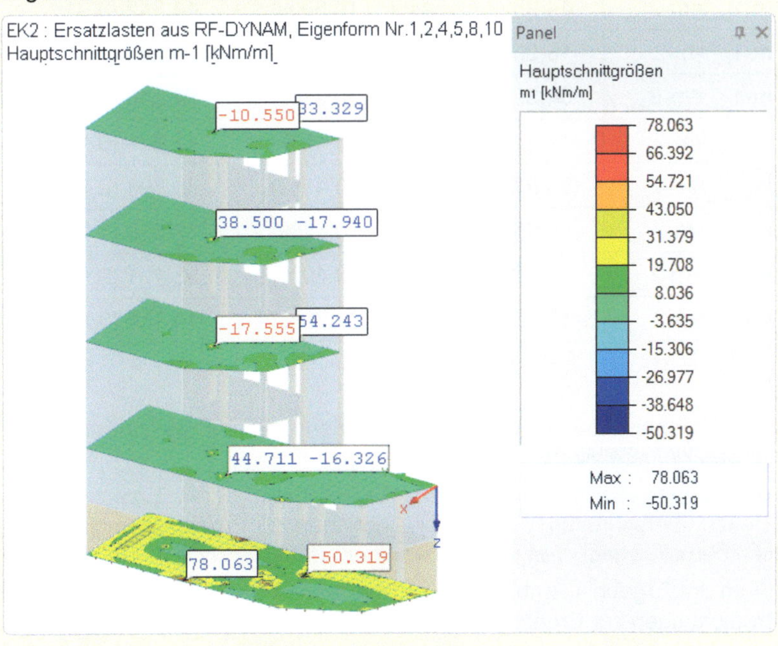

Ergebniskombination 3:

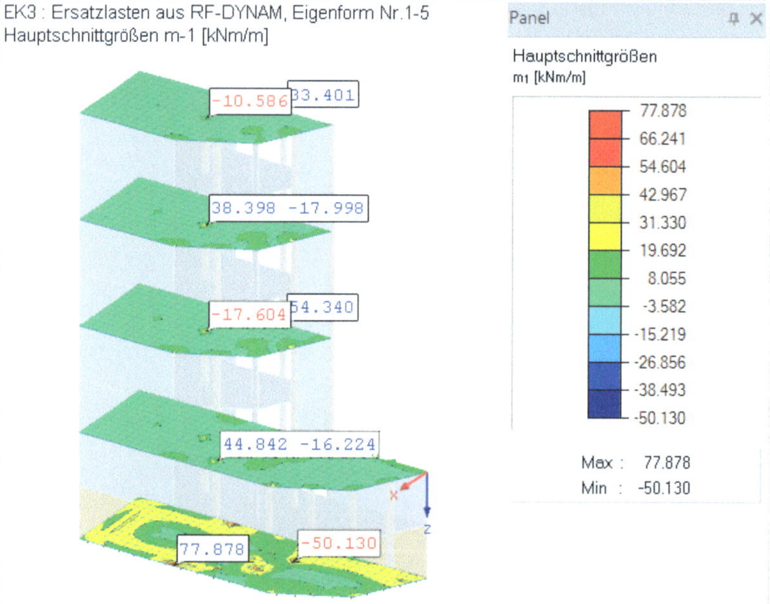

Die anschließende Tabelle fasst die Ergebnisse zusammen [m-1, m-2 in kNm/m]:

Ort		EK 1	EK2 (Abw. zu EK1)	EK3 (Abw. zu EK1)
Bodenplatte	$m\text{-}1_{max}=m\text{-}2_{min}$	78,455	78,063 (0,50%)	77,878 (0,74%)
	$m\text{-}1_{min}=m\text{-}2_{max}$	-50,447	-50,319 (0,25%)	-50,130 (0,63%)
Decke 1.Geschoss	$m\text{-}1_{max}=m\text{-}2_{min}$	44,982	44,711 (0,60%)	44,842 (0,31%)
	$m\text{-}1_{min}=m\text{-}2_{max}$	-16,369	-16,326 (0,26%)	-16,224 (0,89%)
Decke 3.Geschoss	$m\text{-}1_{max}=m\text{-}2_{min}$	54,391	54,243 (0,27%)	54,340 (0,09%)
	$m\text{-}1_{min}=m\text{-}2_{max}$	-17,635	-17,555 (0,45%)	-17,604 (0,18%)
Decke 5.Geschoss	$m\text{-}1_{max}=m\text{-}2_{min}$	38,672	38,500 (0,45%)	38,398 (0,71%)
	$m\text{-}1_{min}=m\text{-}2_{max}$	-18,051	-17,940 (0,61%)	-17,998 (0,29%)
Decke 7.Geschoss	$m\text{-}1_{max}=m\text{-}2_{min}$	33,464	33,329 (0,40%)	33,401 (0,19%)
	$m\text{-}1_{min}=m\text{-}2_{max}$	-10,627	-10,550 (0,72%)	-10,586 (0,39%)

Erkenntnisse

Die Schnittgrößen der Ergebniskombinationen mit weniger enthaltenen Eigenformen ergeben durchgehend etwas kleinere Werte.

Die Ergebnisse der Ergebniskombination 2 (alle Eigenformen deren Ersatzmassenfaktoren die 5%-Grenze überschreiten) zeigen Abweichungen zur Ergebniskombination 1 (alle 20 Eigenformen berücksichtigt) von deutlich weniger als 1%.

Bei den Schnittgrößen der Ergebniskombination 3 (Eigenformen nach dem Ansatz 3) sind ähnlich geringe Abweichungen zur Ergebniskombination 1 zu erkennen.

Die Ergebnisse zeigen, dass die in den Normen verankerten drei diskutierten Regeln bzw. Ansätze für dieses Beispiel zu brauchbaren Resultaten mit nur geringen Abweichungen führen.

Die Testrechnungen wurden stellvertretend anhand eines Beispiels durchgeführt. Für eine Bestätigung der oben ausgeführten Aussage sind natürlich weitere wesentlich umfangreichere Untersuchungen notwendig.

Betrachtungen zum Speicherplatzbedarf:

Bei größeren Systemen sind Überlegungen sehr zweckmäßig, wie viele und welche Eigenformen für die Ersatzlastberechung ausgewählt werden sollen, um die Rechenzeit und den Speicherplatzbedarf in sinnvollen Grenzen zu halten.

Deshalb soll abschließend noch gezeigt werden, wie sich der Speicherplatzbedarf im Zuge der einzelnen Berechnungsschritte bei Berücksichtigung von 5 bzw. 20 Eigenformen entwickelt.

Bearbeitungsstand	Größe des RFEM-Modells (5 Eigenformen)	Größe des RFEM-Modells (20 Eigenformen)
Nur System ohne Ergebnisse	0,53 MB	0,53 MB
System, 20 Eigenformen und entsprechende Ersatzlasten	8,13 MB	17,30 MB
System, 20 Eigenformen, Ersatzlasten, statische Ergebnisse	25,10 MB	95,25 MB

Die Speicherplatzentwicklung zeigt, dass die Datenmenge vor allem bei 3D-Systemen durch die große Anzahl von Ersatzlasten und die anderen anfallenden Berechnungsergebnisse sehr schnell ansteigt.

Ein weiteres räumliches Beispiel, welches mit einem anderen Softwaresystem mit Hilfe der Antwortspektrenmethode berechnet wurde, ist in [7.12] beschrieben.

2.3.4 Zusammenfassung

Zum besseren Verständnis der theoretischen Grundlagen wurden anhand eines einfachen 2D-Beispiels und eines komplexen 3D-Beispiels die einzelnen Eingabeschritte der Antwortspektrenmethode beschrieben und die erhaltenen Ergebnisse diskutiert.

Das 2D-Beispiel ist leicht überschaubar und die Ergebnisse der Vergleichslösung wurden bestätigt.

Obwohl die Thematik beim 3D-Beispiel wesentlich schwieriger ist, kann hier die Komplexität der Methode sehr anschaulich nachvollzogen werden. Eine gesicherte Vergleichslösung existiert für dieses Beispiel nicht, aber die hier gewonnenen Ergebnisse sind plausibel und konform zu den Festlegungen in den Normen.

2.4 Lösungsgenauigkeit und Beweglichkeitstest

Anschließend sollen die zu Beginn des Kapitels in Tabelle 7-1, Zeilen 5 und 6, aufgeführten Analysemöglichkeiten mit Beispielen hinterlegt werden.

2.4.1 Lösungsgenauigkeit

Wie schon ausgeführt, kann bei großen Steifigkeitsunterschieden in der Systemmatrix beim Lösen des Gleichungssystems ein numerischer Fehler auftreten, der von tolerierbaren leicht fehlerbehafteten bis hin zu unbrauchbaren Ergebnissen führen kann.

Mit Hilfe der Gleichung 7-7 und der Auswertung der Eigenwerte und Eigenvektoren kann dieser Fehler analysiert und dessen Ursachen sichtbar gemacht werden. Für die Ermittlung des Genauigkeitsverlustes soll die Gl. 7-9 herangezogen werden.

Das nachfolgend erläuterte Beispiel „Lösungsgenauigkeit-Faltwerk" ist zwar etwas akademisch angelegt, demonstriert aber gut die prinzipielle Herangehensweise bei der Fehleranalyse und die Aussagefähigkeit der Ergebnisse.

Beispiel Lösungsgenauigkeit-Faltwerk

Statisches System / Eingabewerte

Dieses Beispiel baut auf die bereits vorliegenden Eingabedaten des Beispiels „Dynamik-Faltwerk-Basis" auf.

Die Steifigkeitsunterschiede werden künstlich erzeugt, indem die Steifigkeiten der Wände und Stützen des 4. Geschosses (vgl. Bild) sukzessive um einen Zehnerpotenz reduziert werden. Für jeden einzelnen Schritt erfolgt die Auswertung des ersten Eigenwertes und der Unendlichnorm.

Über die Gl. 7-9 kann dann der Genauigkeitsverlust ermittelt werden.

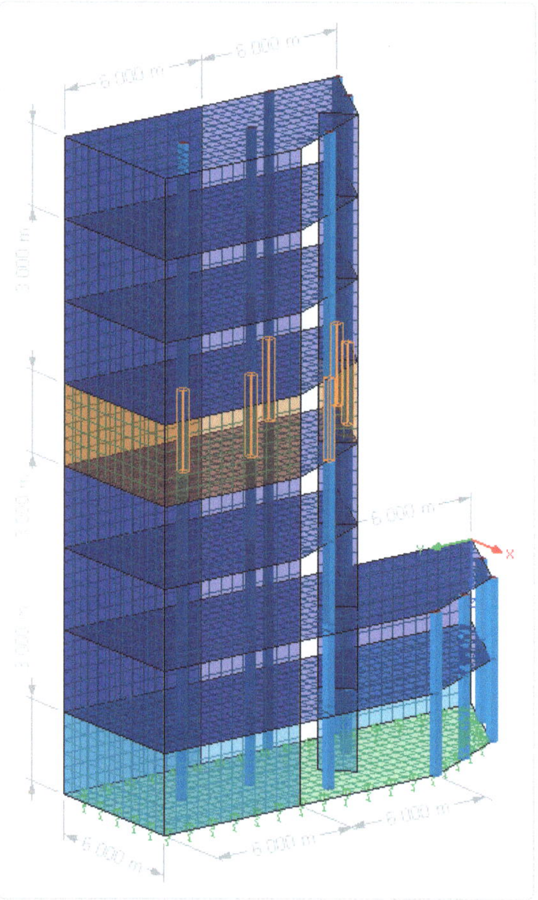

Eingabe in RFEM

Zunächst wird ein neues Material eingefügt, über welches die Reduzierung des E- und G-Moduls vorgenommen werden soll.

Die Wände und Stützen des 4. Geschosses werden selektiert (Fenster von rechts unten nach links oben aufziehen). Über die rechte Maustaste, *„Fläche"*, *„Bearbeiten..."* erfolgt die Materialzuweisung für die Flächen.

Für die Stäbe ist zuvor ein neuer Querschnitt mit dem neuen Material anzulegen. Der Querschnitt wird anschließend den betreffenden Stäben zugeordnet.

Die schrittweise Reduzierung der Steifigkeiten kann nun mit zwei Eingabeschritten (E- und G-Modul) im Dialog *„Material bearbeiten"* vorgenommen werden.

Die Erzeugung der Einheitsmatrix für die Eigenwertanalyse nach Gl. 7- 7 ist über die Zusatzmodule RF-DYNAM oder RF-STABIL möglich.

Anschließend wird die Eingabe in RF-STABIL beschrieben.

Nach dem Starten von RF-STABIL wird unter *„1.1 Basisangaben"* die Einheitsmatrix eingestellt und *„Berechnung"* gestartet.

Zuvor kann unter vier verschiedenen Prinzipien der Eigenwertermittlung (Eigenwertmethode) frei gewählt werden.

Hier wurde die Unterraum-Iterationsmethode gewählt. Die Ergebnisse unterscheiden sich bei den unterschiedlichen Methoden in der Regel nur unbedeutend.

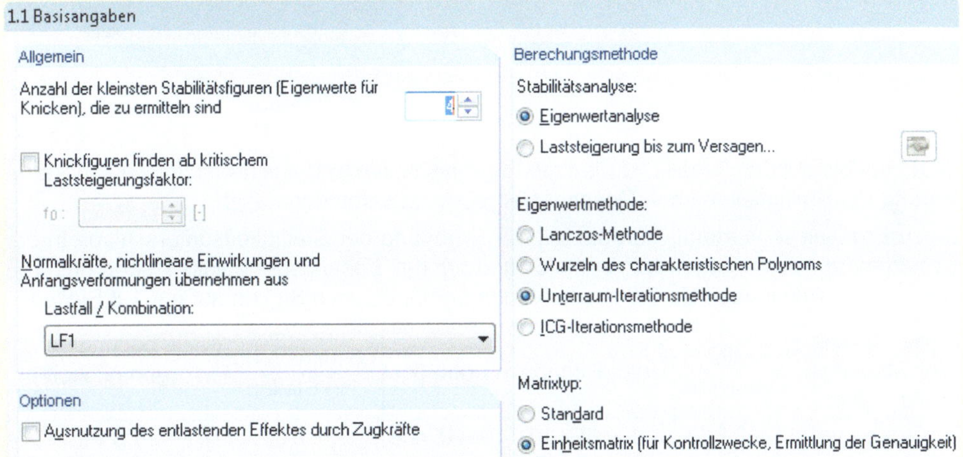

Der erste Eigenwert und die Unendlichnorm (Unendliche Norm der Seifigkeitsmatrix) sind der Tabelle *„2.1 Verzweigungslastvektoren"* zu entnehmen.

Hier sind die Ergebnisse mit der Steifigkeitsreduzierung mit 10^{-3} dargestellt.

2.1 Verzweigungslastfaktoren

	A	B	C
Figur Nr.	Verzweigungslastfaktor f [-]	Vergrößerungsfaktor α [-]	Meldung
1	1291.404	1.001	
2	2855.849	1.000	
3	5330.210	1.000	
4	5453.877	1.000	

Unendliche Norm der Steifigkeitsmatrix: 8.215e+010 [-]

Ergebnisse

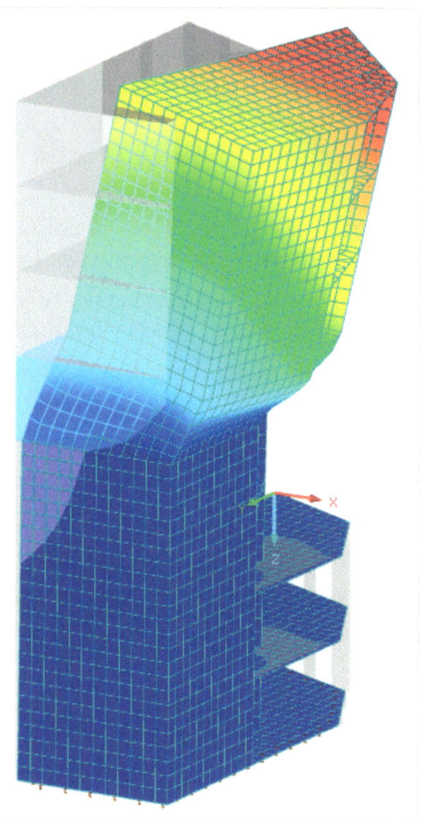

Das Bild rechts zeigt die erste Eigenform mit dem um mehrere Zehnerpotenzen reduzierten E- und G-Modul im 4. Geschoss.

Wenn der Verlust der Lösungsgenauigkeit in einem kritischen Bereich liegt, sollte die erste Eigenform analysiert werden. Sie gibt in der Regel darüber Aufschluss, in welchem Bereich sich die „weichen Tragwerksteile" befinden.

Das nebenstehende Bild zeigt deutlich die kritische Stelle im 4. Geschoss. Der untere Bereich bildet sich sehr steif ab. Der obere Bereich führt eine Starrkörperbewegung aus.

Erkenntnisse

In der nachfolgenden Tabelle werden die Ergebnisse, die sich aus der schrittweisen Reduzierung der Steifigkeiten im 4. Geschoss ergeben, zusammengefasst.

Diese Ergebnisse verdeutlichen die mit der Erhöhung der Steifigkeitsunterschiede in der Systemmatrix einhergehende Verschlechterung der Lösungsgenauigkeit sehr gut. Die Stellengenauigkeit nach Gl. 7-9 sinkt von den anfänglichen 8 Stellen auf nur 1,8 Stellen.

Reduzierung der Steifigkeit mit Faktor	erster Eigenwert	Unendlichnorm	cond (K)	Lösungsverlust in Stellen	Lösungs-genauigkeit in Stellen
ohne	8262,668	8,215E+10	9,94E+06	7,0	8,0
10^{-1}	7796,792	8,215E+10	1,05E+07	7,0	8,0
10^{-2}	5493,585	8,215E+10	1,50E+07	7,2	7,8
10^{-3} *	1291,404	8,215E+10	6,36E+07	7,8	7,2
10^{-4}	146,787	8,215E+10	5,60E+08	8,7	6,3
10^{-5}	14,876	8,215E+10	5,52E+09	9,7	5,3
10^{-6}	1,490	8,215E+10	5,51E+10	10,7	4,3
10^{-7}	0,149	8,215E+10	5,51E+11	11,7	3,3
10^{-8}	0,015	8,215E+10	5,48E+12	12,7	2,3
10^{-9}	0,005	8,215E+10	1,64E+13	13,2	1,8

* oben dargestellte Eigenform

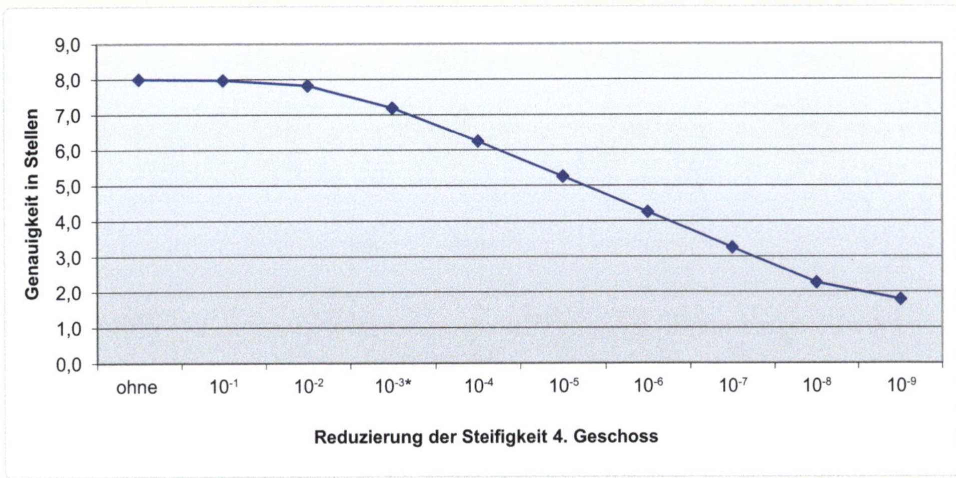

Die Werte in der letzten Spalte „Lösungsgenauigkeit in Stellen“ der oben dargestellten Tabelle bedürfen noch einer Erklärung. RFEM arbeitet intern mit einem doppelt genauen Zahlenformat. Damit lassen sich 15-16 Stellen abbilden. Diese Stellenanzahl ist in Gl. 7-9 für die „interne Stellengenauigkeit“ (Parameter t) einzusetzen. Bei der durchgeführten Berechnung wurde die untere Grenze von 15 Dezimalstellen angenommen. Dass sich ungerade Zahlen für die „Lösungsgenauigkeit in Stellen“ ergeben, hängt mit der Differenzbildung nach Gl. 7-9 zusammen. Man kann diese Werte natürlich auch gerundet angeben, verliert dann aber die Feinheit der Veränderung.

Abschließend soll mit diesem Beispiel noch ein weiterer interessanter Aspekt untersucht werden. Wie schon zuvor bemerkt, ist neben den Steifigkeitsunterschieden auch die Größe des Gleichungssystems ein wesentlicher Einflussfaktor für das Entstehen eines numerischen Fehlers. Die nachfolgende Parameteruntersuchung soll das verdeutlichen.

Ausgangspunkt ist das RFEM-Modell, mit der um den Faktor 10^3 reduzierten Steifigkeit im 4. Geschoss. In der Systemmatrix sind damit schon sehr hohe Steifigkeitsunterschiede vorhanden. Zusätzlich wird die Systemgröße über eine Verfeinerung des Elementnetzes erhöht. Unter *„Berechnung“*, *„FE-Netz-Einstellungen…“* wird dazu die *„Angestrebte Länge der Finiten Elemente“* in drei Schritten um je die Hälfte reduziert.

Diese Netzverfeinerung ist an sich für das Modell nicht zwingend erforderlich. Sie ist hier der gewünschten künstlichen Vergrößerung des Gleichungssystems geschuldet.

Für die drei Netzverfeinerungsschritte ergeben sich folgende Ergebnisse:

Vernetzung l_{FE}	erster Eigenwert	Unendlichnorm	cond (K)	Lösungsverlust in Stellen	Lösungsgenauigkeit in Stellen
0,5 m	1291,404	8,215E+10	6,36E+07	7,8	7,2
0,25 m	326,512	1,033E+11	3,16E+08	8,5	6,5
0,125 m	51,641	5,284E+11	1,02E+10	10,0	5,0
0,0625 m	3,239	2,893E+12	8,93E+11	12,0	3,0

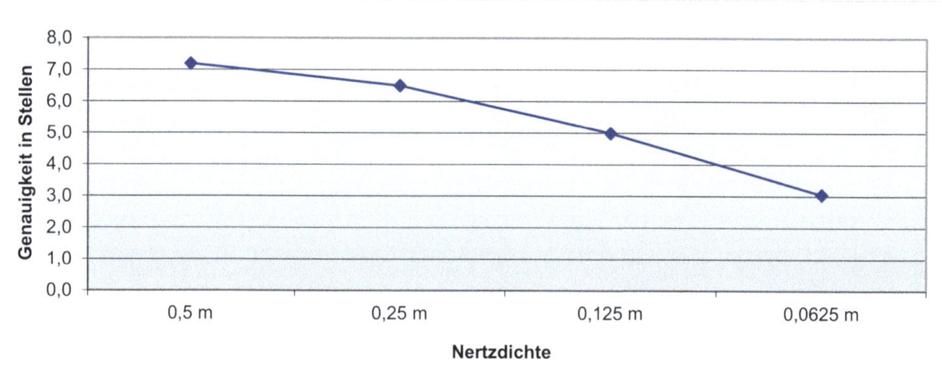

Die Ergebnisse bestätigen den zu erwartenden Genauigkeitsverlust bei zunehmender Systemgröße. Es soll in diesem Zusammenhang noch erwähnt werden, dass die Systemgröße durch die Netzverdichtungen erheblich zunimmt. Bei einem l_{FE} von 0,0625 m besteht das Gleichungssystem bereits aus 1.835.586 Gleichungen. Dem muss natürlich bei der Wertung des Lösungsverlustes Rechnung getragen werden.

Die Möglichkeit in RFEM, über die Belegung der Eigenwertgleichung mit der Einheitsmatrix einschließlich der Ausgabe der Unendlichnorm, eine Abschätzung der Lösungsgenauigkeit vorzunehmen, stellt ein sehr wertvolles zusätzliches Bewertungskriterium dar - vor allem wenn der Verdacht auf numerische Probleme besteht. Allerdings sei an dieser Stelle auch darauf hingewiesen, dass hier nur eine Aussage bezüglich der numerischen Stabilität des Gleichungssystems möglich ist (keine Genauigkeit von speziellen Ergebnissen) und dass es bedingt durch die vielen Einflussfaktoren sehr schwer ist, einen Grenzwert für die „erforderliche" Lösungsgenauigkeit anzugeben. Der Anwender sollte mit Hilfe dieser neuen Analysemöglichkeit durch eigene Tests Erfahrungen sammeln.

2.4.2 Beweglichkeitstest

Das Prinzip des Kinematiktests soll anhand eines speziellen Beispiels [7.14] veranschaulicht werden.

Beispiel Kinematiktest-Stahlschornstein

Statisches System / Eingabewerte

Ausgangspunkt ist das Beispiel „Schulungsbeispiel-Stahlschornstein", das der Mediathek des Beuth-Verlages (www.beuth-mediathek.de) zu entnehmen ist.

Zunächst sollen einige interessante Konstruktionsdetails des Beispiels erläutert werden, die für das Verständnis des im Folgenden beschriebenen Kinematiktests wichtig sind.

Ein Schornstein, bestehend aus zwei Teilen, die über eine geschraubte Flanschverbindung verbunden sind, ist am Fußpunkt entlang des Ringes in den drei Verschiebungsrichtungen gelagert.

Das nachfolgende Bild zeigt das Gesamtsystem und einen Ausschnitt der Flanschverbindung.

Im Bild ist der Übergang der gröberen Vernetzung des Zylinders zur feineren Vernetzung des Flansches, welche für die Modellierung der Schrauben notwendig ist, gut zu erkennen.

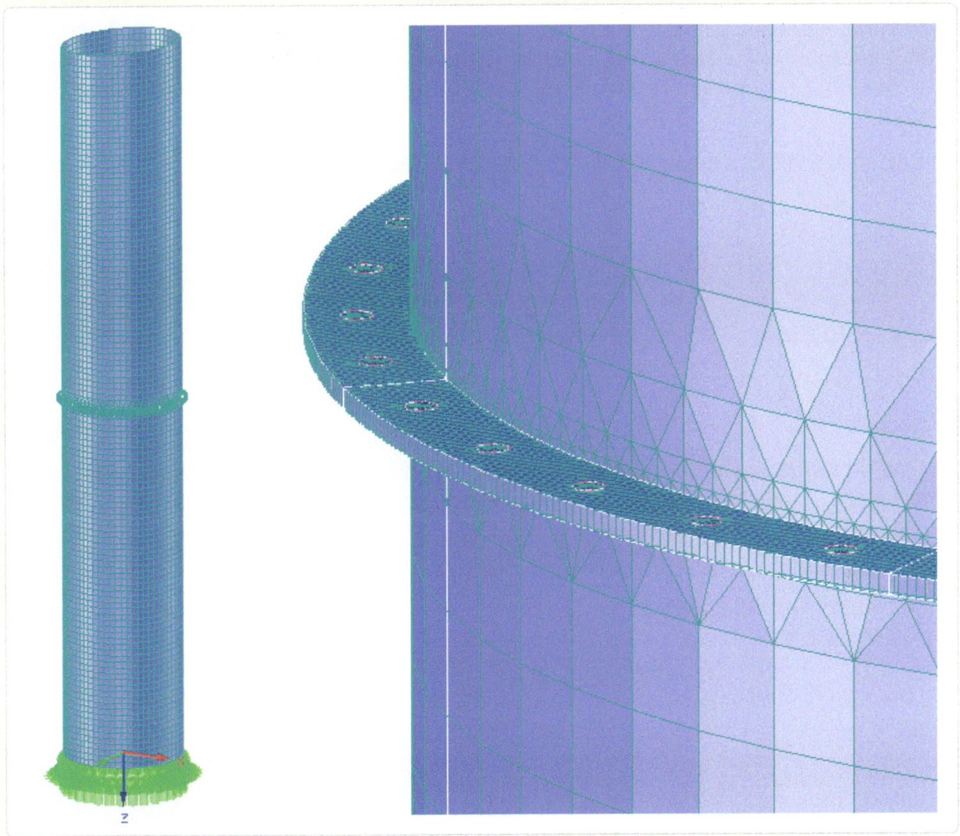

Folgende Kraftübertragung wurde für die Flanschverbindung vorgesehen:

- Die Schraubverbindungen zwischen den Flanschen werden durch Balkenstäbe modelliert, die bei Druck ausfallen sollen und zudem noch mit einer Anfangsvorspannung beaufschlagt sind.
- Zwischen den Flanschen, die über Flächenelemente abgebildet werden, ist ein Volumenkörper eingebettet. Dieser ist vom Typ *„Kontakt“* und erlaubt *„Keine Zugkraftübertragung“* senkrecht zu den Flächen. Für den Kontakt parallel zu den Flächen ist *„Volle Kraftübertragung“* eingestellt.

Auf diese Weise soll eine wirklichkeitsnahe Kraftübertragung an dieser Verbindung erreicht werden.

Bei der Modellierung derartig anspruchsvoller Verbindungen kommt es häufig zu Fehlannahmen, die nicht selten zu beweglichen Systemen führen. Im Folgenden soll ein solcher Fehler durch die Erzeugung einer horizontalen Verschieblichkeit eines Teilsystems künstlich eingebaut werden, um so die Analysemöglichkeit und Aussagefähigkeit des Kinematiktests zu zeigen.

Die horizontale Unverschieblichkeit zwischen den Flanschen wird einerseits durch die als Balkenelemente abgebildete Schraubverbindung und andererseits durch das als Volumenkörper abgebildete Kontaktelement mit voller Kraftübertragung parallel zu den Flächen erreicht.

Bei einem Ersetzen der Balkenelemente durch Fachwerkstäbe und das Aufheben der Kraftübertragung parallel zu den Flächen werden die horizontalen Bindungen zwischen dem unteren und oberen Tragwerksteil aufgehoben und es entsteht ein kinematisches System.

Im Folgenden werden diese Modifikationen beschrieben.

Eingabe in RFEM

Das bereits fertig generierte „Schulungsbeispiel-Stahlschornstein“ wird geöffnet.

1. Modifikation

Im Daten-Navigator werden alle Balkenelemente markiert und über „Rechte Maustaste“, *„Bearbeiten...“* wird der *„Stabtyp“* von *„Balkenelement“* auf *„Fachwerkstab“* umgestellt.

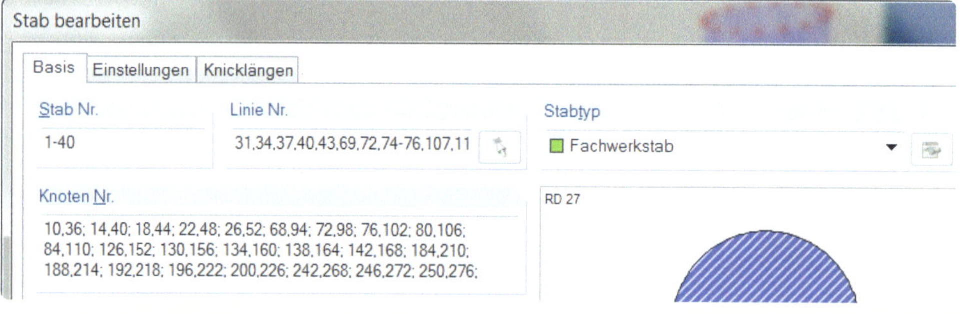

2. Modifikation

Im Datennavigator sind alle Volumenkörper auszuwählen und über „Rechte Maustaste", „*Bearbeiten…*" ist unter „*Basis*" der Volumentyp „*Kontakt*" einzustellen.

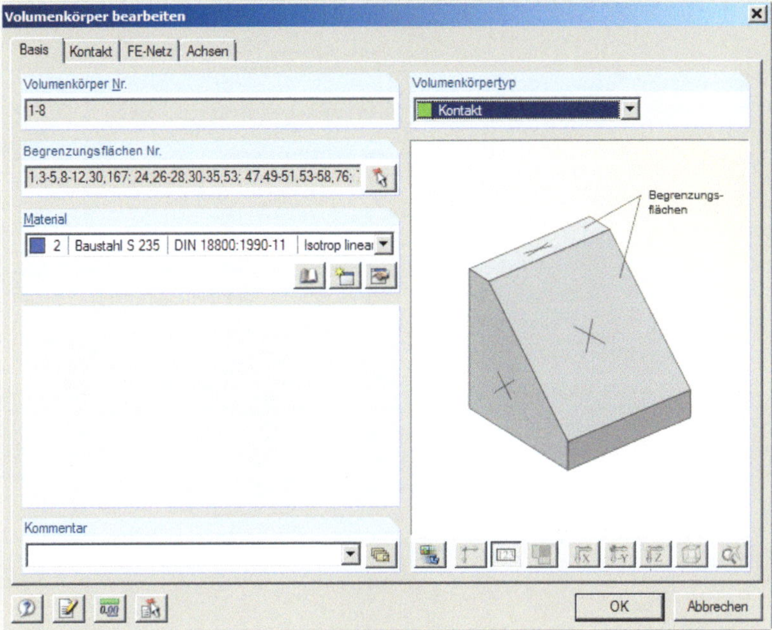

Anschließend wird unter „*Kontakt*" in „*Kontakt parallel zu den Flächen*" eine sehr weiche „*Elastische Reibung*" mit c= 1,0 E-8 kN/m³ (quasi beweglich) eingesetzt.

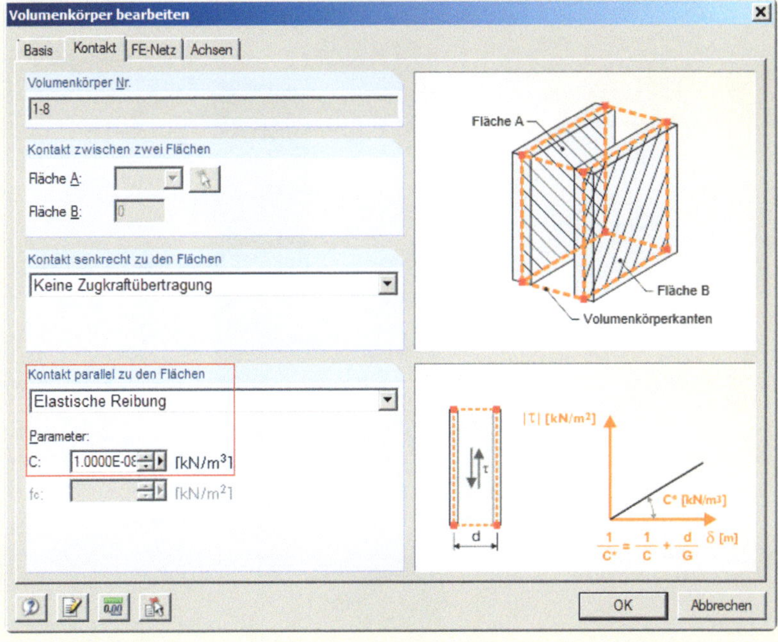

Die Berechnung ist wie im vorhergehenden Beispiel mit RF-DYNAM oder RF-STABIL möglich. Gezeigt wird anschließend die Analyse mit RF-DYNAM.

Unter *„1.1 Basisangaben“* werden folgende Einstellungen gewählt:

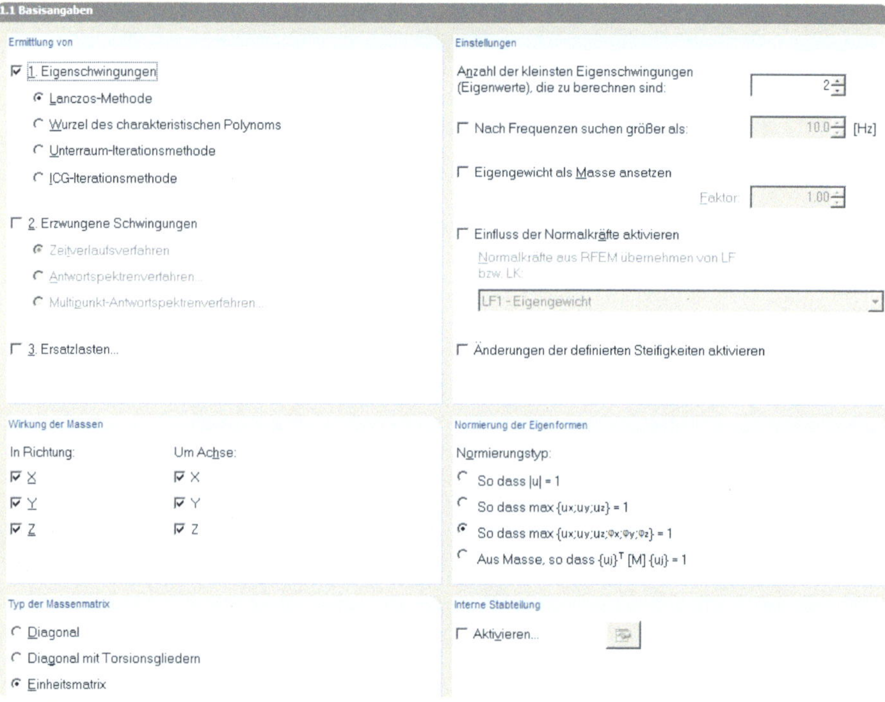

Ergebnisse

Erste Eigenform:

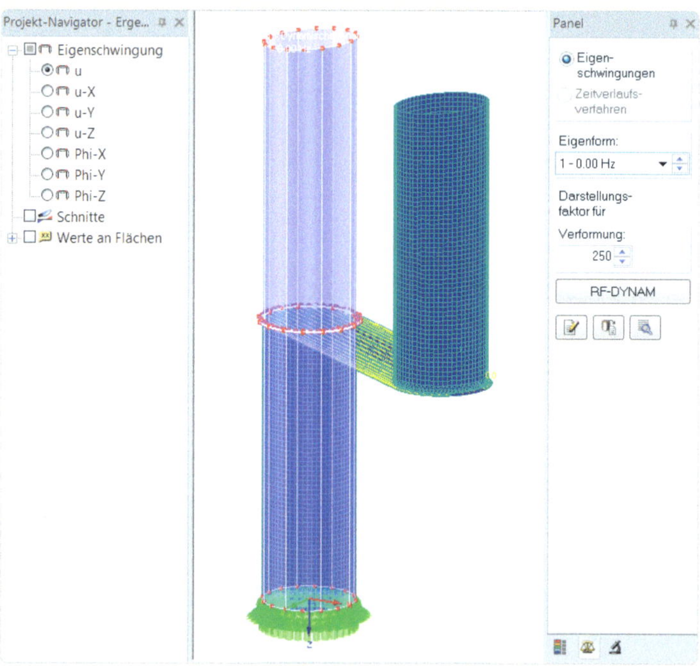

Zweite Eigenform:

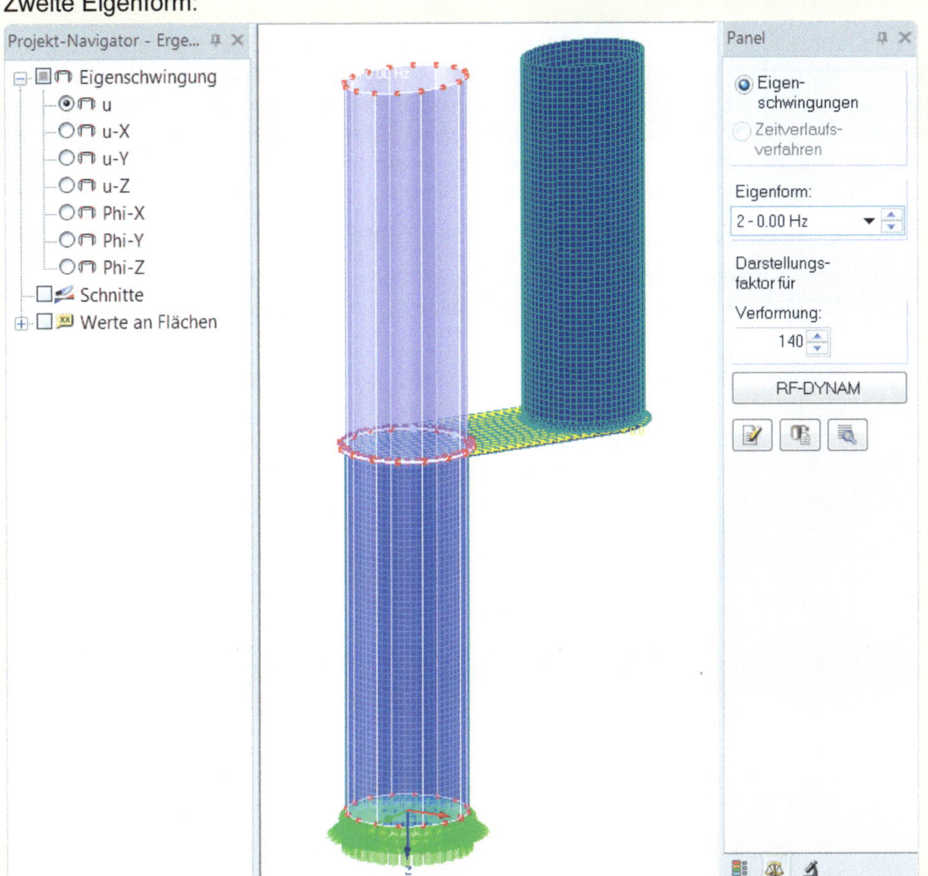

Erkenntnisse

Durch das Aufheben der horizontalen Bindungen zwischen den beiden Tragwerksteilen ist eine Verschieblichkeit des oberen Zylinders in X- und Y-Richtung zu erwarten.

Der Eigenwertlöser müsste demnach zwei Nulleigenwerte mit den dazugehörigen Eigenformen ermitteln. Da allerdings für die elastische Reibung parallel zu den Flächen nicht Null, sondern nur ein sehr kleiner Wert (c= 1,0 E-8 kN/m³) gewählt wurde, sollten sich Eigenwerte nahe dem Wert Null ergeben.

Die Ergebnisse von RFEM weisen das auch aus. Bei Ausgabe von 3 Nachkommastellen ermittelt RFEM für $\lambda_1 = \lambda_2 = 0{,}000$ /s². Die beiden oben dargestellten Eigenformen stellen die Starrkörperbewegungen des oberen Tragwerksteils dar.

Es soll an dieser Stelle noch einmal darauf hingewiesen werden, dass das Ergebnis lastunabhängig ist. Das ist insofern ein Vorteil, da es nun nicht mehr notwendig ist, verschiedene Lastfälle zu entwickeln, um ggf. kritische, zu weiche Tragwerksteile herauszufinden.

Typisch bei solchen Analysen ist, dass die Starrkörperverschiebungen nicht exakt in X- und Y-Richtung verlaufen. Da beide Eigenwerte gleich sind, stellen die Eigenformen Linearkombinationen in der X-Y-Ebene dar. Das ist aber kein Nachteil, da eindeutig zwei Beweglichkeiten ausgewiesen werden.

2.4.3 Zusammenfassung

Die Weiterentwicklung der Hard- und Software begünstigt den sich in den letzten Jahren abzeichnenden Trend der Anwender, immer umfangreichere und komplexere Systeme zu entwickeln. Die Gefahr von Modellierungsfehlern, die häufig zu singulären Gleichungssystemen und damit zu Systemabbrüchen führen, vergrößert sich damit enorm. Dazu kommt noch eine mitunter sehr mühsame Fehlersuche, da die von den jeweiligen Softwaresystemen ausgegebenen Fehlermeldungen vielfach nicht auf die wahren Ursachen hinweisen.

Das Auftreten eines numerischen Fehlers nimmt mit der Systemgröße ebenfalls stark zu.

Die beschriebene Analyse der Steifigkeitsmatrix mithilfe des Eigenwertlösers gibt hier eine sehr gute Hilfestellung. Voraussetzung ist natürlich, dass diese Möglichkeit auch von der jeweiligen Software unterstützt wird[15].

Die beiden vorab erläuterten praktischen Beispiele verdeutlichen den zusätzlichen Erkenntniszuwachs, der durch diese moderne Methode möglich wird.

[15] In RFEM nach den Gleichungen 7-7 und 7-8 entsprechend Tabelle 7-1

Glossar

A

Ansatzräume: Angenommene Ansatzfunktionen im Bereich eines Finiten Elementes

Antwortspektrenverfahren - multimodal: Ein auf der Modalanalyse beruhendes Verfahren zur Beurteilung der Erdbebensicherheit von Bauwerken

Antwortspektrum: Beschreibt die Reaktion (=Antwort) eines Einmassenschwingers auf eine definierte Schwingungsanregung ihres Fußpunktes. Grundlage für das Antwortspektrum bilden Starkbebenseismogramme, die für die jeweilige Erdbebenzone typisch sind

API - Application Programming Interface: Programmierschnittstelle für eine Software, die anderen Programmen den Zugriff auf Daten und Funktionen dieser Software ermöglicht

B

Bemessungsantwortspektrum: Um den bau- und konstruktionsabhängigen Verhaltensbeiwert q (Normwert) reduziertes elastischen Antwortspektrum

BIM - Building Information Modelling: Beschreibung des Planungs- und Bauprozesses von Gebäuden mit einem zentralen digitalen, objektorientierten Datenmodell. Alle Gebäudedaten sind im Datenmodell enthalten, auf dem sämtliche Gewerke basieren. Da alle an der Gebäudeplanung Beteiligten sich auf das eindeutige Datenmodell beziehen, spiegeln sich Änderungen sofort in allen Gewerken wider

Bettungsmodulverfahren: Einfaches Bodenmodell, bei dem die maßgebende Eingabegröße die Winklerische Bettungszahl k ist (k= Sohlspannung / Setzung)

Bettungsmodulverfahren - modifiziert: Verbessertes Bodenmodell, bei dem eine sinnvolle Verteilung des Bettungsmoduls angenommen wird

Bodenmodell - 3D Halbraumverfahren: Geometrische Abbildung der Bodenschichten als 3D-System mit Volumenelementen

Bodenmodell - Steifemodulverfahren: Spezielles Modell auf Grundlage der Boussinesq-Lösung. Auf iterativem Weg werden Auflagersenkungen und Oberflächensetzungen des Bodens in Übereinstimmung gebracht

Bodenmodell - Zweiparametrisch: Die Eigenschaften des dreidimensionalen Halbraummodells werden über zwei Parameter als zweidimensionales Bodenmodell in der Kontaktfuge zwischen Bauwerk und Boden abgebildet

C

C^0-Stetigkeit: Forderung nach Stetigkeit der Funktion selbst

C^1-Stetigkeit: Forderung nach Stetigkeit der Funktion und deren ersten Ableitungen

D

Deformationsmethode: Ansätze und Unbekannte des zu lösenden Gleichungssystems sind Formänderungen

Diskretisierung: Zerlegung des Tragwerkes in Finite Elemente und Beschreibung der Eigenschaften des Elementkontinuums in den Knoten (diskrete Punkte)

Diskretisierungsfehler: Dieser Fehler, der generell vorhanden ist, wird vom Anwender über die Feinheit des FE-Netzes beeinflusst

DKM-Elemente: Diskrete Krichhoff-Mindlin Elemente sind spezielle schubweiche Plattenelemente

Drehfreiheitsgrad bei Scheibenelementen: Neben den zwei Verschiebungsfreiheitsgraden existiert noch ein dritter Drehfreiheitsgrad

Drehungsinvarianz: Eine Drehung des Tragwerkes in Bezug auf das globale Koordinatensystem darf sich nicht auf die Lösung auswirken

Duktilität: Eine auf Bauwerke aufgeprägte Bodenverschiebung wird teilweise durch plastische Verformungen und Energiedissipation absorbiert

DWG- Format: DWG steht für „Drawing". Internes, proprietäres Dateiformat von Autodesk, das im Gegensatz zu DXF nicht offengelegt ist

DXF-Format: Drawing Interchange Format. Spezifisches von Autodesk entwickeltes Dateiformat für den CAD-Datenaustausch. Die Daten werden als reiner Text abgelegt

Dynamische Berechnung: Lösung der Eigenwertgleichung. Ergebnis sind die Eigenkreisfrequenzen mit den dazugehörigen Eigenschwingformen

E

Eigenpaar: Eigenwert mit zugehöriger Eigenform

Eigenschwingung: Eigenschaft schwingungsfähiger Systeme. Form und Frequenz sind systemabhängig

Einheitsmatrix: Quadratische Matrix mit Wert 1,0 auf der Hauptdiagonalen

Einseitige Lagerbedingungen: Randbedingungen, die unter bestimmten Voraussetzungen ausfallen (z. B. Zug- oder Drucklager)

Elementkontinuum: Bereich eines Finiten Elementes

Ergebniskombination: Lineare Überlagerung von berechneten Lastfällen, Lastkombinationen oder anderen Ergebniskombinationen in RFEM. Eine Ergebniskombination kann mit den Kriterien *Ständig* oder *Eventuell* versehen werden. Bei *Ständig* werden die Ergebnisse ohne Ausnahme überlagert. Bei *Eventuell* findet eine Überlagerung nur dann statt, wenn sich ein neuer Extremwert des Ergebnisses ergeben würde. Eine Ergebniskombination liefert als Ergebnis immer einen Maximal- und einen Minimalwert

Ersatzmassenfaktor: Charakterisiert die jeweilige Beteiligung der modalen Ersatzmasse im Verhältnis zur Gesamtmasse des Systems

F

Faltwerk: Flächentragwerk mit beliebiger Belastung (Kombination aus Scheiben- und Plattentragwerk)

Finites Element: Durch die Diskretisierung entstandenes „gedachtes“ einzelnes abgegrenztes Teilchen (Element)

Finite Elemente Methode (FEM): Das reale Tragwerk wird in ein Netz von endlichen (finiten) untereinander verbundenen Teilen (Elemente) zerlegt, für die das mechanische Verhalten durch Näherungsansätze beschrieben wird

Flächenbettung: Elastische Lagerung bezogen auf eine Fläche

Freiheitsgrade: Unbekannte in den Knotenpunkten

G

Geometrische Nichtlinearität: Verformtes System wird bei der Ermittlung der Steifigkeitsbeziehung berücksichtigt - iterative Berechnung notwendig

Geometrische Steifigkeitsmatrix: Enthält die Anteile aus der geometrischen nichtlinearen Theorie II. oder III. Ordnung

Gesamtsystem: Komplexes, in der Regel, dreidimensionales Tragwerksmodell

H

Hybride Methode: Prinzipien der Kraft- und Verschiebungsmethode werden zu einem hybriden Arbeitsprinzip verschmolzen (z.B. hybrides Spannungsmodell)

I

IFC - Industry Foundation Class: Offener, ISO-zertifizierter Standard im Bauwesen zur digitalen Beschreibung von Gebäudemodellen. IFC-Dateien, sind Textdateien, die logische Gebäudeobjekte (Wand, Träger, Stütze, Fenster, Türen, etc.) enthalten. Je nach Anwendungsschwerpunkt existieren bestimmte sogenannte Domains für den Datenaustausch von Architekturmodellen, Strukturmodellen und Statikmodellen

Inkompatible Kopplungen: Bei der Kopplung unterschiedlicher Finiter Elemente ist die Kompatibilität der Freiheitsgrade nicht erfüllt, z. B. bei Kopplung eines Volumenelementes mit nur drei Verschiebungsfreiheitsgraden mit einem Faltwerkselement mit sechs Freiheitsgraden (drei Verschiebungs- und drei Verdrehungsfreiheitsgrade)

Integrationsfehler: Fehler bei der numerischen Integration durch zu geringe Integrationsordnung bei der Ermittlung der Steifigkeitsanteile

Invarianz gegen Starrkörperverschiebungen: Starrkörperverschiebungen dürfen keine Schnittgrößen bzw. Spannungen im Element hervorrufen

Isoparametrische Elemente: Gleiche funktionelle Ansätze zur Beschreibung des Verformungsverhaltens und zur Beschreibung der Elementgeometrie

K

Kinematische Beweglichkeit eines FE-Systems: Bewegliche oder teilbewegliche Systeme, die durch Modellbildungsfehler, wie z.B. fehlende Randbedingungen, entstehen können

Knickform: Versagensfigur (Eigenform) bei Stabilitätsanalysen

Knoten: Punkte, in denen die Eigenschaften des Kontinuums der finiten Elemente beschrieben werden. Sie stellen die Verbindung zwischen den einzelnen Elementen her, so dass die Gesamtstruktur abgebildet werden kann

Knotenlasten: In den Knoten diskretisierte Elementlasten

Koinzidenzen: Zuordnung der Knotennummern zu den einzelnen Finiten Elementen

Konforme Ansätze: Alle Verschiebungen und deren Ableitungen, die um eine Ordnung niedriger sind, als die in der Elementformulierung verwendeten höchsten Ableitungen, müssen stetig sein

Konsistente Lasten: Vollständige Ermittlung der Knotenlasten nach energetischen Gesichtspunkten, passend zu den übrigen im Ansatz enthaltenen Algorithmen

Konstruktive Nichtlinearität: Spezielle statische Bedingungen, wie z.B. einseitig wirkende Lager, druck- oder zugschlaffe Stäbe oder einseitig wirkende Bettungen, werden berücksichtigt - iterative Berechnung notwendig

Kraftgrößenmethode: Ansätze und Unbekannte des zu lösenden Gleichungssystems sind Kraftgrößen

L

Lastkombination: Beschreibt eine Kombination von Lastfällen, wobei vor Berechnung ein gemeinsamer Lastvektor der zu kombinierenden Lasten gebildet wird. Die Berechnung kann daher linear oder nichtlinear vorgenommen werden

Layer: Zeichnungsebene oder Bereich, der nur bestimmte Objekte, Linien oder Texte enthält. Zeichnungsinhalte können zur besseren Strukturierung bestimmten Layern zugeordnet werden

M

Massenmatrix - konsistent: Vollbesetzte Massenmatrix gemäß den Anteilen in der Steifigkeitsmatrix

Massenmatrix – nichtkonsistent: Diagonal oder diagonal mit Torsionsgliedern besetzte Matrix

Modalanalyse: Charakterisierung der dynamischen Eigenschaften von schwingungsfähigen Systemen mit Hilfe ihrer Eigenschwingungsgrößen

2D-Modell: Zweidimensionales Tragwerksmodell (Platten- bzw. Scheibentragwerk)

3D-Modell: Dreidimensionales Tragwerksmodell (Faltwerk bzw. System mit Volumenelementen)

N

Numerische Lösungsgenauigkeit eines FE-Systems: Ein Wert, der die numerische Stabilität beim Lösen des Gleichungssystems charakterisiert

Numerischer Fehler: Fehler, der beim Lösen des Gleichungssystems durch große Steifigkeitsunterschiede und Systemgrößen auftritt

NURBS: Non-Uniform Rational B-Spline. Spezielle Spline-Funktion zur Modellierung von beliebigen Freiformlinien

P

Patch-Test: Standardtest, bei dem ein bestimmtes Ergebnis erwartet wird

PDF-Format: Portable Document Format. Von Adobe entwickeltes, plattformunabhängiges Dateiformat für Dokumente. Kann Text, Bilder und Grafik enthalten. Standard-Dateiformat zum Austausch von Dokumenten und Printmedien

Physikalische Nichtlinearität: Nichtlineares Materialverhalten wird berücksichtigt, iterative Berechnung notwendig

Plattentragwerk: Flächentragwerk mit Lasten senkrecht zur Tragwerksebene und Momente in der Tragwerksebene

Plugin: Software-Komponente, die sich in ein anderes Programm als Zusatz integriert

R

RTF-Format: Richt Text Format. Microsoft Dateiformat, das zum Datenaustausch zwischen verschiedenen Textverarbeitungsprogrammen dient. Es basiert auf ASCII Text und beinhaltet spezielle Anweisung zur Formatierung von Texten

S

Scheibentragwerk: Flächentragwerk mit Lasten in der Tragwerksebene und Momenten senkrecht zur Tragwerksebene

Schlaffe Lasten: Vorhandene Kopplungen der Lastanteile durch die jeweiligen Bauteile werden nicht berücksichtigt

Schubstarre Plattenelemente: Klassische Theorie der dünnen Platte. Die Schubverformungen infolge der Querkräfte werden vernachlässigt

Schubweiche Plattenelemente: Bei der Theorie der dicken Platte wird der Anteil des Querschubeinflusses an der Tragwirkung mit berücksichtigt

Shear Locking: Versteifungseffekte bei Berechnung von dünnen Platten mit schubweichen Elementformulierungen (Theorie der dicken Platte)

Singularitäten: Stellen, an denen im Rahmen von FE-Lösungen keine realen Ergebnisse ermittelt werden können

Spline: Funktion, definiert durch mehrere Stützpunkte, die stückweise aus stetig aneinander anschließenden Polynomen besteht. Splines finden im CAD für die Modellierung von allgemeinen Kurven Anwendung

Stabilitätsberechnung: Lösung der Eigenwertgleichung. Ergebnis sind die Systemknicksicherheiten mit den dazugehörigen Knickformen

Steifigkeitsbeziehung: Auf Elementbasis oder Gesamtsystem bezogenes Gleichungssystem der Gestalt: $K \cdot u = F$
(K= Steifigkeitsmatrix, u= Verschiebungsvektor, F= Lastvektor)

Subparametrische Elemente: Keine gleichen funktionellen Ansätze zur Beschreibung des Verformungsverhaltens und zur Beschreibung der Elementgeometrie

Systemknicksicherheit: Laststeigerungsfaktor (Eigenwert), der zum Stabilitätsversagen des Systems führt

T

Teilsystem: Aus dem Gesamttragwerk herausgelöstes Teiltragwerk - häufig Platten- oder Scheibensystem

U

Unendlichnorm: Näherungsansatz zur Ermittlung des höchsten Eigenwertes

Überlagerung CQC-Regel (Complete Quadratic Combination): Wahrscheinlichkeitstheoretischer Ansatz zur Überlagerung von korrelierten modalen Einwirkungen aus Erdbebenanalysen

Überlagerung SRSS-Regel (Square Root of Sum of Squares): Wahrscheinlichkeitstheoretischer Ansatz zur Überlagerung von unkorrelierten modalen Einwirkungen aus Erdbebenanalysen

Unique Identifier: Eindeutiger Bezeichner für ein Objekt in der Softwareentwicklung. Die Bezeichner ändern sich während ihrer Existenz nicht und können zur Identifikation von Bauteilen beim Datenaustausch verwendet werden

V

Vernetzung: Zerlegung des Tragwerkes in Finite Elemente

Volumenelement: Dreidimensionales Finites Element (Kubus, Keil, Pyramide, Tetraeder)

Verzeichnis der Beispiele

Literaturverzeichnis

[1.1] Courant, R.: Variational Methods for Solution of Equilibrium and Vibration, Bull. Am. Math Soc., Vol. 49, 1943

[1.2] Turner M., Clough R. W., Martin H. C., Topp L. J.: Stiffness and Deflection Analysis of Complex Structures, J. Aeronautical Science 23 (9), Sept. 1956

[1.3] Clough R. W., Wilson E. L.: Early Finite Element Research at Berkeley, University of California, Berkeley 1960

[1.4] Bischoff, M., Bletzinger, K.-U.: Statik am Gesamtmodell – Möglichkeiten und Ansprüche, Tagung Baustatik – Baupraxis 10, Karlsruhe 2008

[1.5] Kimmich, S., Sauer, R.: Modellbildung in der Tragwerksplanung – welchen Beitrag leistet Software bei der Lösung komplexer Ingenieuraufgaben? Tagung Baustatik – Baupraxis 10, Karlsruhe 2008

[1.6] Henke, P., Rapolder, M.: Tragwerksplanung mit Gesamtmodellen – Auswirkungen auf die bautechnische Prüfung, Tagung Baustatik – Baupraxis 10, Karlsruhe 2008

[1.7] Tremmel, F.: Berechnung und Ausführungsplanung im 3D-Modell am Beispiel des Doppelkegels der BMW-Welt in München, Tagung Baustatik – Baupraxis 10, Karlsruhe 2008

[1.8] Breinlinger, F.: Statik am Gesamtmodell –stimmen Annahmen und Realität tatsächlich überein? Erfahrungen aus der Ingenieurpraxis! Tagung Baustatik – Baupraxis 10, Karlsruhe 2008

[1.9] Fischer, O., Reinhardt, J.: Tragwerksplanung mit Gesamtmodellen aus der Sicht einer Baufirma, Tagung Baustatik – Baupraxis 10, Karlsruhe 2008

[1.10] Schütt, J., Dinkelacker, H.: Tragwerk MobileLiveCampus, Volkswagen AG Wolfsburg – Vorspannung ohne Verbund, Tagung Baustatik – Baupraxis 10, Karlsruhe 2008

[1.11] Rombach, G.: Risiken und Probleme beim Einsatz komplexer Gebäudemodelle von Stahlbetontragwerken in der Baupraxis, Tagung Baustatik – Baupraxis 10, Karlsruhe 2008

[1.12] Kang, D.: Hybrid stress finite element method, Massachusetts Institute of Technology, Thesis (Ph.D.), 1986

[1.13] Walder, U.: Beitrag zur Berechnung von Flächentragwerken nach der Methode der Finiten Elemente, Dissertation, ETH Zürich, 1977

[1.14] Barth, Ch., Lutzkanov, D. : Moderne finite Elemente für Scheiben und Schalen mit Drehfreiheitsgraden, Zeitschrift Bauinformatik, Heft 6, Nov./Dez. 1995

[1.15] Barth, Ch., Lutzkanov, D. : Neue finite Elemente für dicke und dünne Platten – Theorie, praktische Umsetzung, Ergebnisse, Zeitschrift Bauinformatik, Heft 6, Nov./Dez. 1994

[1.16] Pian, T.: Element Stiffness Matrices for Boundary Compatibility and for Prescribed Boundary Stresses, Proceedings First Conference on Matrix Methods in Structural Mechanics, AFFDL TR, 1965

[1.17] Reissner, E.: The effect of transverse-shear deformations on the bending of elastic plates, J.Appl.Mech. 12, 1945

[1.18] Mindlin, R.D.: Influence of rotory inertia and shear on flexural motions of isotropic elastic plates, J.Appl.Mech. 18, 1951

[1.19] FEM-Consulting s.r.o., Programmbeschreibung RFEM, Brno, 2006

[1.20] Batoz J.-L., Lerdeur, P.: A Discrete Shear Triangular Nine D.O.F. Element for the Analysis of Thick to very Thin Plates, Journal for Numerical Methods in Engineering, 28, 1989

[1.21] Bathe C.J.: Finite Elements Procedures, Prentice Hall, New Jersey, 1996

[2.1] Lindner, M.: Praktikum nichtlineare FEM 1, TU Chemnitz, Fakultät für Maschinenbau, Lehrmaterialien, Chemnitz 2008

[2.2] Feldmann, M.: Umdrucke zur Übung Stahlbau III, RWTH Aachen, Institut und Lehrstuhl für Stahlbau Leichtmetallbau, Lehrmaterialien, Aachen 2008

[2.3] Schlegel, R.: Nichtlineare Berechnung von Beton und Stahlbeton nach DIN 1045-1 mit ANSYS, Dynaro GmbH, Weimar 2008-06-04

[2.4] Hintze, D.: Zur Beschreibung des physikalisch nichtlinearen Betonverhaltens bei mehrachsigem Spannungszustand mit Hilfe differentieller Stoffgesetze unter Anwendung der Methode der Finiten Elemente, Hochschule für Architektur und Bauwesen Weimar, Dissertation, Weimar 1986

[2.5] Lumpe, G.: Zur Stabilität und Biege-Torsion großer Verformungen von räumlichen Stabtragwerken, Zeitschrift Bauingenieur, 80 (2005)

[2.6] Gensichen, V., Lumpe, G.: Zur Leistungsfähigkeit, korrekten Anwendung und Kontrolle räumlicher Stabwerksprogramme im Stahlbau, Zeitschrift Stahlbau, 2008 (in 3 Teilen)

[2.7] Goris, Hegger: Stahlbetonbau aktuell 2013 Praxishandbuch, Beuth Verlag GmbH, Berlin, Wien, Zürich, Edition Bauwerk 2013

[2.8] Bundesvereinigung der Prüfingenieure für Bautechnik: Ri-EDV-AP-2001, Richtlinie für das Aufstellen und Prüfen EDV-unterstützter Standsicherheitsnachweise, Ausgabe April 2001, http://www.bvpi.de/shared/ pdf-dokumente/edv-richtlinie.pdf

[2.9] Fingerloos, F, J. Hegger, K. Zilch: EUROCODE 2 für Deutschland, DIN EN 1992-1-1 Bemessung und Konstruktion von Stahlbeton- und Spannbetontragwerken, Teil 1-1: Allgemeine Bemessungsregeln und Regeln für den Hochbau mit Nationalem Anhang, Kommentierte Fassung, 1. Auflage 2012, Beuth Verlag GmbH, Berlin, Wien, Zürich; Verlag Ernst & Sohn, Berlin

[2.10] Deutscher Ausschuss für Stahlbeton, Heft 217: Tragwirkung orthogonaler Bewehrungsnetze beliebiger Richtung in Flächentragwerken aus Stahlbeton (von Theodor Baumann), Verlag Ernst & Sohn, Berlin, 1972

[2.11] Holschemacher: Entwurfs- und Berechnungstafeln für Bauingenieure, 5., vollständig überarbeitete Auflage, Beuth Verlag GmbH, Berlin, Wien, Zürich, Edition Bauwerk 2012

[2.12] Ingenieur-Software Dlubal GmbH: Programmbeschreibung zum RFEM Zusatzmodul RF-BETON Flächen, Fassung März 2013

[3.1] Ingenieur-Software Dlubal GmbH: RFEM^{3D} Programm-Beschreibung, Fassung September 2013

[3.2] Werkle, H.: Finite Elemente in der Baustatik, Band 1, Vieweg-Verlag, Wiesbaden, 1995

[3.3] Zienkiewicz, O., C.: Methode der Finiten Elemente, Fachbuchverlag Leipzig, Leipzig 1974

[3.4] Avak: Stahlbetonbau in Beispielen – DIN 1045 und europäische Normung, Teil 2, Werner Verlag

[3.5] Barth, Ch.: Eigenwertlösungen in der Tragwerksplanung, AEC-Report, Heft 5, 1999

[3.6] BARTH, CH., HAGE, A.: Grund- und Hintergrundwissen zur Finite Elemente Methode, Wissenschaftliche Zeitschrift „Berichte und Informationen" der HTW Dresden, Heft 1/2006

[3.7] BARTH, CH.: Fehlerabschätzungen von FE-Lösungen – Stand und Perspektive aus der Sicht der Baupraxis, Zeitschrift Bauinformatik, Heft 6, Nov./Dez. 1993

[3.8] HARTMANN, F., KATZ, C.: Statik mit finiten Elementen, Springer-Verlag, Berlin Heidelberg, 2002

[3.9] STEIN, E., OHNIMUS, S., SEIFERT, B., MAHNKEN, R.: Adaptive Finite Element- Methoden im Konstruktiven Ingenieurbau, Tagung Baustatik Baupraxis, München 1993

[3.10] BATHE, K.: Finite-Elemente-Methoden, Springer-Verlag, Berlin Heidelberg 1990

[3.11] HIRSCHFELD, K.: Baustatik Teil 1+2, Springer-Verlag, Berlin Heidelberg 1984

[3.12] WEISS, S.: Die Methode der Finiten Elemente, Praktikumsarbeit, HTW Dresden, 2007

[3.13] HAGE, A.: Beurteilung der Qualität der Ansätze ausgewählter kommerzieller Finite-Elemente-Programme ..., Masterarbeit, HTW Dresden, 2005

[4.1] SCHNEIDER, K-J.: Bautabellen für Ingenieure, Werner Verlag, 2004

[4.2] DIN 1045-1: 2008-08 Tragwerke aus Beton, Stahlbeton und Spannbeton, Teil 1: Bemessung und Konstruktion, Abschnitt 7.3.1 (zurückgezogen seit 2011-01)

[4.3] KEMMLER, R., RAMM, E.: Modellierung mit der Methode der Finiten Elemente, Betonkalender 2001, Teil II, Verlag Ernst & Sohn, Berlin 2001

[4.4] WUNDERLICH, W., KIENER, G., OSTERMANN, W.: Modellierung und Berechnung von Deckenplatten mit Unterzügen, Zeitschrift Bauingenieur, 69, 1994

[5.1] WERKLE H.: Konsistente Modellierung von Stützen bei der Finite-Element-Berechnung von Flachdecken, Bautechnik, Ernst&Sohn, Berlin, 2000

[6.1] PASTERNAK, P.L.: Grundlagen einer neuen Methode der Berechnung von Fundamentplatten mittels zwei Bettungskoeffizienten, Gos. Isd. Stroj. i Arch., Moskau, 1954 (russisch)

[6.2] BARWASCHOW, W. A.: Setzungsberechnungen von unterschiedlichen Modellen, Osnowania, fundamenti i mechanika gruntow, Heft 4/77, Moskau 1977 (russisch)

[6.3] BARTH, CH.; MARGRAF, E.: Untersuchung verschiedener Bodenmodelle zur Berechnung von Fundamentplatten im Rahmen von FEM-Lösungen, Bautechnik, 81 (2004), Heft 5

[6.4] BARTH, Ch.; OTTO, M.: Bodenmodelle in FEM-Anwendungen – Grundlagen, Berechnungsbeispiele und Eignungseinschätzungen, Wissenschaftliche Zeitschrift „Berichte und Informationen" der HTW Dresden, Heft 2/2004

[6.5] DÖKEN, W., DEHNE, E.: Grundbau in Beispielen, 1.Auflage, Werner Verlag, Düsseldorf, 1995

[6.6] BELLMANN, J., KATZ, C.: Bauwerk-Boden-Wechselwirkungen, 3.FEM/CAD-Tagung Darmstadt, TH Darmatadt, 1994

[6.7] KOLAR, V, NEMEC, I.: Modelling of Soil-Structure Interaction, Elsevier Science Publishers, Amsterdamm 1989

[6.8] KOLAR, V.: Kurs für Statiker von Gründungsbauwerken und Erdkörpern, Haus der Technik, Ostrau 1983

[6.9] BOUSSINESQ, J.: Application des Potentiels a l`Etude de l´Equilibre et du mouvement des Solides Elastique, Gauthier-Villars, Paris 1885

[6.10] HETTLER, A.: Gründung von Hochbauten, Ernst&Sohn, Berlin, 2000

[7.1] Nemec, I. et al.: Finite Element Analysis of Structures, Shaker Verlag, Aachen 2010

[7.2] Weiss, S.: Erarbeitung von Lehrmaterialien zu speziellen baumechanischen Themen in Verbindung mit der Methode der Finiten Elemente, Diplomarbeit, HTW Dresden, 2008

[7.3] Petersen, Ch.: Statik und Stabilität der Baukonstruktionen, Vieweg Verlag, Braunschweig, 1982

[7.4] Hackel, G.: FEM-Eigenwertberechnung in der Tragwerksplanung, AEC-Report, Heft 3, 1995

[7.5] Timoshenko, S: Strength of Materials Part II, Van Nostrand Company Inc., New York, 1940

[7.6] Schlechte, E: Festigkeitslehre für Bauingenieure, 2. Auflage, VEB Verlag für Bauwesen, Berlin, 1969

[7.7] Petersen, Ch.: Dynamik der Baukonstruktionen, Vieweg Verlag, Braunschweig / Wiesbaden, 1996

[7.8] Avak R., Goris A.: Stahlbetonbau aktuell Praxishandbuch 2007, Bauwerk Verlag, Berlin, 2007

[7.9] Stiglat, K., Linder, R., Peters, H.: Erdbebenberechnung von Hochbauten mit dem Antwortspektrenverfahren - Überlagerungsregeln, Grenzen einfacher Modelle, Beton- und Stahlbeton, Heft 5, Mai 1987

[7.10] DIN 4149: 2005-04 (zurückgezogen seit 2010-12) Bauten in deutschen Erdbebengebieten - Lastannahmen, Bemessung und Ausführung üblicher Hochbauten

[7.11] Kretz, J.: Erdbebensicherung von Bauwerken, mb-news, Heft 2 / 2011

[7.12] Lutzkanov, D., Hohenstern, S.: Erdbebennachweise in MicroFe, mb-news, Heft 2 / 2011

[7.13] Slavik, M.: Vorlesung zur Baudynamik,
Homepage Prof. Dr.-Ing. habil. M. Slavik, HTW Dresden

[7.14] Faulstich, F.: Ingenieur-Software Dlubal GmbH, RFEM-Berechnungsbeispiel, Dlubal-Infotage, Dresden, 12 / 2011

[7.15] Katz, C.: Anmerkungen zur Überlagerung von Antwortspektren, D-A-CH-Mitteilungsblatt, März 2009

STICHWORTVERZEICHNIS

G

H

I

K

L

M

N

Begleitmaterial zum Buch

Mediathek des Beuth Verlags

Alle im Buch behandelten Beispiele können mit den kostenlosen Testversionen von RFEM und RSTAB geöffnet und analysiert werden. Die Testversionen sind für 30 Tage voll funktionsfähig und laufen dann als eingeschränkte Demoversionen unbefristet weiter. Die Programme werden gleichzeitig als Viewer-Version installiert. Mit der Viewer-Version können beliebige RFEM/RSTAB-Strukturen geöffnet und deren Ergebnisse dargestellt und gedruckt werden.

Die im Buch behandelten Beispiele befinden sich in der Mediathek des Beuth Verlags unter www.beuth-mediathek.de und können dort nach Eingabe des Download-Codes (siehe gelbe Seite im Buch) kostenlos heruntergeladen werden. Ebenso finden Sie dort die Downloadlinks für die Testversionen.

Homepage zum Buch

Unter www.dlubal.de/Finite-Elemente-in-der-Baustatik-Praxis.aspx finden Sie zusätzlich aktuelle Informationen und eventuelle Korrekturen zu diesem Buch.

Hinweise für Studenten - kostenlose Studentenversion

Studenten können auf der Homepage der Dlubal Software GmbH die Studentenversionen von RFEM und RSTAB kostenlos beziehen. Diese Studentenversionen sind auf die Dauer des Studiums beschränkt und im Funktionsumfang nicht eingeschränkt. Die Versionen können unter http://www.dlubal.de/studenten.aspx beantragt werden.

Im Falle von weiteren Fragen zur Software wenden Sie sich bitte an:

Dlubal Software GmbH
Am Zellweg 2, D-93464 Tiefenbach
Tel.: ++49 (0) 9673 9203-0
Fax: ++49 (0) 9673 9203-51
info@dlubal.com
www.dlubal.de

Inserentenverzeichnis

Die inserierenden Firmen und die Aussagen in Inseraten stehen nicht notwendigerweise in einem Zusammenhang mit den in diesem Buch abgedruckten Normen. Aus dem Nebeneinander von Inseraten und redaktionellem Teil kann weder auf die Normgerechtheit der beworbenen Produkte oder Verfahren geschlossen werden, noch stehen die Inserenten notwendigerweise in einem besonderen Zusammenhang mit den wiedergegebenen Normen. Die Inserenten dieses Buches müssen auch nicht Mitarbeiter eines Normenausschusses oder Mitglied des DIN sein. Inhalt und Gestaltung der Inserate liegen außerhalb der Verantwortung des DIN.

Zuschriften bezüglich des Anzeigenteils werden erbeten an:

Beuth Verlag GmbH
Anzeigenverwaltung
Burggrafenstraße 6
10787 Berlin

Finite Elemente in der Baustatik-Praxis

Jetzt diesen Titel zusätzlich als E-Book downloaden und 70 % sparen!

Als Käufer dieses Buchtitels haben Sie Anspruch auf ein besonderes Kombi-Angebot: Sie können den Titel zusätzlich zum Ihnen vorliegenden gedruckten Exemplar für nur 30 % des Normalpreises als E-Book beziehen.

Der BESONDERE VORTEIL: Im E-Book recherchieren Sie in Sekundenschnelle die gewünschten Themen und Textpassagen. Denn die E-Book-Variante ist mit einer komfortablen Volltextsuche ausgestattet!

Deshalb: Zögern Sie nicht. Laden Sie sich am besten gleich Ihre persönliche E-Book-Ausgabe dieses Titels herunter.

In 3 einfachen Schritten zum E-Book:

❶ Rufen Sie die Website **www.beuth.de/e-book** auf.

❷ Geben Sie hier Ihren persönlichen, nur einmal verwendbaren E-Book-Code ein:

23451K593FDA554

❸ Klicken Sie das „Download-Feld" an und gehen dann weiter zum Warenkorb. Führen Sie den normalen Bestellprozess aus.

Hinweis: Der E-Book-Code wurde individuell für Sie als Erwerber dieses Buches erzeugt und darf nicht an Dritte weitergegeben werden. Mit Zurückziehung dieses Buches wird auch der damit verbundene E-Book-Code für den Download ungültig.

Mehr zu diesem Titel
... finden Sie in der Beuth-Mediathek

Zu vielen neuen Publikationen bietet der Beuth Verlag nützliches Zusatzmaterial im Internet an, das Ihnen kostenlos bereitgestellt wird.
Art und Umfang des Zusatzmaterials – seien es Checklisten, Excel-Hilfen, Audiodateien etc. – sind jeweils abgestimmt auf die individuellen Besonderheiten der Primär-Publikationen.

Für den erstmaligen Zugriff auf die Beuth-Mediathek müssen Sie sich einmalig kostenlos registrieren. Zum Freischalten des Zusatzmaterials für diese Publikation gehen Sie bitte ins Internet unter

www.beuth-mediathek.de

und geben Sie den folgenden **Media-Code** in das Feld „Media-Code eingeben und registrieren" ein:

M234514736

Sie erhalten Ihren Nutzernamen und das Passwort per E-Mail und können damit nach dem Log-in über „Meine Inhalte" auf alle für Sie freigeschalteten Zusatzmaterialien zugreifen.

Der Media-Code muss nur bei der ersten Freischaltung der Publikation eingegeben werden. Jeder weitere Zugriff erfolgt über das Log-In.

Wir freuen uns auf Ihren Besuch in der Beuth-Mediathek.

Ihr Beuth Verlag

Hinweis: Der Media-Code wurde individuell für Sie als Erwerber dieser Publikation erzeugt und darf nicht an Dritte weitergegeben werden. Mit Zurückziehung dieses Buches wird auch der damit verbundene Media-Code ungültig.